罗洛·梅文集

郭本禹 杨韶刚 主编

存在

精神病学和心理学的新方向

EXISTENCE
A New Dimension in Psychiatry and Psychology

[美] 罗洛·梅
ROLLO MAY

[加] 恩斯特·安杰尔　　主编
ERNEST ANGEL

[美] 亨利·艾伦伯格
HENRI F. ELLENBERGER

郭本禹　　　　　等译
任其平　方红　　　校

中国人民大学出版社
·北京·

总　序

罗洛·梅（Rollo May，1909—1994）被称为"美国存在心理学之父"，也是人本主义心理学的杰出代表。20世纪中叶，他把欧洲的存在主义哲学和心理学思想介绍到美国，开创了美国的存在分析学和存在心理治疗。他著述颇丰，其思想内涵带给现代人深刻的精神启示。

一、罗洛·梅的学术生平

罗洛·梅于1909年4月21日出生在俄亥俄州的艾达镇。此后不久，他随全家迁至密歇根州的麦里恩市。罗洛·梅幼时的家庭生活很不幸，父母都没有受过良好的教育，而且关系不和，经常争吵，两人后来分居，最终离婚。他的母亲经常离家出走，不照顾孩子，根据罗洛·梅的回忆，母亲是"到处咬人的疯狗"。他的父亲同样忽视子女的成长，甚至将女儿患心理疾病的原因归于受教育太多。由于父亲是基督教青年会的秘书，因而全家经常搬来搬去，罗洛·梅称自己总是"圈子中的新成员"。作为家中的长子，罗洛·梅很早就承担起家庭的重担。他幼年时最美好的记忆是离家不远的圣克莱尔河，他称这条河是自己"纯洁的、深切的、超凡的和美丽的朋友"。在这里，他夏天游泳，冬天滑冰，或是坐在岸边，看顺流而下运矿石的大船。不幸的早年生活激发了罗洛·梅日后对心理学和心理咨询的兴趣。

罗洛·梅很早就对文学和艺术产生了兴趣。他在密歇根州立学院读书时，最感兴趣的是英美文学。由于他主编的一份激进的文学刊物惹恼了校方，所以他转学到俄亥俄州的奥柏林学院。在此，他投身于艺术课程，学习绘画，深受古希腊艺术和文学的影响。1930年获得该校文学学士学位后，他随一个艺术团体到欧洲游历，学习各国的绘画等艺术。他在由美国人在希腊开办的阿纳托利亚学院教了三年英文，这期间他对古希腊文明有了更深刻的体认。罗洛·梅终生保持着对文学和艺术的兴趣，这在他的著作中也充分体现出来。

1932年夏，罗洛·梅参加了阿德勒（Alfred Adler）在维也纳山区一个避暑胜地举办的暑期研讨班，有幸结识了这位著名的精神分析学家。阿德勒是弗洛伊德（Sigmund Freud）的弟子，但与弗洛伊德强调性本能的作用不同，阿德勒强调人的社会性。罗洛·梅在研讨班中与阿德勒进行了热烈的交流和探讨。他非常赞赏阿德勒的观点，并从阿德勒那里接受了许多关于人的本性和行为等方面的心理学思想。可以说，阿德勒为罗洛·梅开启了心理学的大门。

1933年，罗洛·梅回到美国。1934—1936年，他在密歇根州立学院担任学生心理咨询员，并编辑一本学生杂志。但他不安心于这份工作，希望得到进一步的深造。罗洛·梅原本希望到哥伦比亚大学学习心理学，但他发现那里所讲授的全是行为主义的观点，与自己的兴趣不合。于是，他进入纽约联合神学院学习神学，并于1938年获得神学学士学位。罗洛·梅在这里做了一个迂回。他先学习神学，之后又转回心理学。这个迂回对罗洛·梅至关重要。他在这里学习到有关人的存在的知识,接触到焦虑、爱、恨、悲剧等主题,这些主题在他日后的著作中都得到了阐释。

在联合神学院,罗洛·梅还结识了被他称为"朋友、导师、精神之父和老师"的保罗·蒂利希(Paul Tillich),他对罗洛·梅学术生涯的发展产生了至关重要的影响。蒂利希是流亡美国的德裔存在主义哲学家,罗洛·梅常去听蒂利希的课,并与他结为终生好友。从蒂利希那里,罗洛·梅第一次系统地学习了存在主义哲学,了解到存在主义鼻祖克尔凯郭尔(Soren Kierkegaard)和存在主义大师海德格尔(Martin Heidegger)的思想。罗洛·梅思想中的许多关键概念,如生命力、意向性、勇气、无意义的焦虑等,都可以看到蒂利希的影子。为纪念这位良师诤友,罗洛·梅出版了三部关于蒂利希的著作。此外,罗洛·梅还受到德国心理学家戈德斯坦(Kurt Goldstein)的影响,接受了他关于自我实现、焦虑和恐惧的观点。

从纽约联合神学院毕业后,罗洛·梅被任命为公理会牧师,在新泽西州的蒙特克莱尔做了两年牧师。他对这个职业并不感兴趣,最终还是回到了心理学领域。在这期间,罗洛·梅出版了自己的第一部著作《咨询的艺术:如何给予和获得心理健康》(*The Art of Counseling: How to Give and Gain Mental Health*,1939)。20世纪40年代初,罗洛·梅到纽约城市学院担任心理咨询员。同时,他进入纽约著名的怀特精神病学、心理学和精神分析研究院(下称怀特研究院)学习精神分析。他在怀特研究院受到精神分析社会文化学派的影响。当时,该学派的成员沙利文(Harry Stack Sullivan)为该研究院基金会主席,另一位成员弗洛姆(Erich Fromm)也在该研究院任教。社会文化学派与阿德勒一样,也不赞同弗洛伊德的性本能观点,而是重视社会文化对人格的影响。该学派拓展了罗洛·梅的学术视野,并进一步确立了他对存在的探究。

通过在怀特研究院的学习,罗洛·梅于1946年成为一名开业心理治疗师。在此之前,他已进入哥伦比亚大学攻读博士学位。但1942年,他感染了肺结核,差点死去。这是他人生的一大难关。肺结核在当时被视作不治之症,罗洛·梅在疗养院住院三年,经常感受到死亡的威胁,除了漫长的等待之外别无他法。但难关同时也是一种契机,他在面临死亡时,得以切身体验自身的存在,并以自己的理论加以观照。罗洛·梅选择了焦虑这个主题为突破点。结合深刻的焦虑体验,他仔细阅读了弗洛伊德的《焦虑的问题》(The Problem of Anxiety)、克尔凯郭尔的《焦虑的概念》(The Concept of Anxiety),以及叔本华(Arthur Schopenhauer)、尼采(Friedrich Wilhelm Nietzsche)等人的著作。他认为,在当时的疾病状况下,克尔凯郭尔的话更能打动他的心,因为它触及焦虑的最深层结构,即人类存在的本体论问题。康复之后,罗洛·梅在蒂利希的指导下,以其亲身体验和内心感悟写出博士学位论文《焦虑的意义》(The Meaning of Anxiety)。1949年,他以优异成绩获得哥伦比亚大学授予的第一个临床心理学博士学位。博士学位论文的完成,标志着罗洛·梅思想的形成。此时,他已届不惑之年。

自20世纪50年代起,罗洛·梅的学术成就突飞猛进。他陆续出版多种著作,将存在心理学拓展到爱、意志、权力、创造、梦、命运、神话等诸多主题。同时,他也参与到心理学的历史进程中。这一方面表现在他对发展美国存在心理学的贡献上。1958年,他与安杰尔

（Ernest Angel）和艾伦伯格（Henri Ellenberger）合作主编了《存在：精神病学和心理学的新方向》(Existence: A New Dimension in Psychiatry and Psychology)，向美国的读者介绍欧洲的存在心理学和存在心理治疗思想，此书标志着美国存在心理学本土化的完成。1958—1959年，罗洛·梅组织了两次关于存在心理学的专题讨论会。第一次专题讨论会后形成了美国心理治疗家学院。第二次是1959年在美国心理学会辛辛那提年会上举行的存在心理学特别专题讨论会，这是存在心理学第一次出现在美国心理学会官方议事日程上。这次会议的论文集由罗洛·梅主编，并以《存在心理学》(Existential Psychology, 1960)为名出版，该书推动了美国存在心理学的进一步发展。1959年，他开始主编油印的《存在探究》杂志，该杂志后改为《存在心理学与精神病学评论》，成为存在心理学和精神病学会的官方杂志。正是由于这些工作，罗洛·梅被誉为"美国存在心理学之父"。另一方面，罗洛·梅积极参与人本主义心理学的活动，推动了人本主义心理学的发展。1963年，他参加了在费城召开的美国人本主义心理学会成立大会，此次会议标志着人本主义心理学的诞生。1964年，他参加了在康涅狄格州塞布鲁克召开的人本主义心理学大会，此次会议标志着人本主义心理学为美国心理学界所承认。他曾对行为主义者斯金纳（Burrhus Frederic Skinner）的环境决定论和机械决定论提出严厉的批评，也不赞成弗洛伊德精神分析的本能决定论和泛性论观点，将精神分析改造为存在分析。他还通过与其他人本主义心理学家争论，推动了人本主义心理学的健康发展。其中最有名的是他与罗杰斯（Carl Rogers）的著名论辩，他反对罗杰斯的性善论，提倡善恶兼而有之的观点。

20世纪50年代中期，罗洛·梅积极参与纽约州立法，反对美国医学会试图把心理治疗作为医学的一个专业，只有医学会的会员才能具有从业资格的做法。在60年代后期和70年代早期，罗洛·梅投身反对越南战争、反核战争、反种族歧视运动以及妇女自由运动，批评美国文化中欺骗性的自由与权力观点。到了70年代后期和80年代，罗洛·梅承认自己成为一名更加温和的存在主义者，反对极端的主观性和否定任何客观性。他坚持人性中具有恶的一面，但对人的潜能运动和会心团体持朴素的乐观主义态度。

1948年，罗洛·梅成为怀特研究院的一名成员；1952年，升为研究员；1958年，担任该研究院的院长；1959年，成为该研究院的督导和培训分析师，并一直工作到1974年退休。罗洛·梅曾长期担任纽约市的社会研究新学院主讲教师（1955—1976），他还先后做过哈佛大学（1964）、普林斯顿大学（1967）、耶鲁大学（1972）、布鲁克林学院（1974—1975）的访问教授，以及纽约大学的资深学者（1971）和加利福尼亚大学圣克鲁斯分校董事教授（1973）。此外，他还担任过纽约心理学会和美国精神分析学会主席等多种学术职务。

1975年，罗洛·梅移居加利福尼亚，继续他的私人临床实践，并为人本主义心理学大本营塞布鲁克研究院和加利福尼亚职业心理学学院工作。

罗洛·梅与弗洛伦斯·德弗里斯（Florence DeFrees）于1938年结婚。他们在一起度过了30年的岁月后离婚。两人育有一子两女，儿子罗伯特·罗洛（Robert Rollo）曾任阿默斯特学院的心理咨询主任，女儿卡罗林·简（Carolyn Jane）和阿莱格拉·安妮（Allegra Anne）是双胞胎，前者是社会工作者、治疗师和画家，后者是纪录片创作者。罗洛·梅的第二任妻子是英格里德·肖勒（Ingrid Scholl），他们于1971年结婚，7年后分手。1988年，他与第三任妻子乔治亚·米勒·约翰逊（Georgia Miller Johnson）走到一起。乔治亚是一位荣格学派的分析心理学治疗师，她是罗洛·梅的知心伴侣，陪伴他走过了最后的岁月。1994年10月22日，罗洛·梅因多种疾病在加利福尼亚的家中逝世。

罗洛·梅曾先后获得十多个名誉博士学位和多种奖励，他尤为得意的是两次获得克里斯托弗奖章，以及美国心理学会颁发的临床心理学科学和职业杰出贡献奖与美国心理学基金会颁发的心理学终身成就奖章。

1987年，塞布鲁克研究院建立了罗洛·梅中心。该中心由一个图书馆和一个研究项目组成，鼓励研究者秉承罗洛·梅的精神进行研究和出版作品。1996年，美国心理学会人本主义心理学分会设立了罗洛·梅奖。这表明罗洛·梅在今天依然产生着影响。

二、罗洛·梅的基本著作

罗洛·梅一生著述丰富，出版了20余部著作，发表了许多论文。他在80岁高龄时，仍然坚持每天写作4个小时。我们按他思想发展的历程来介绍其主要作品。

罗洛·梅的两部早期著作是《咨询的艺术：如何给予和获得心理健康》（1939）和《创造性生命的源泉：人性与神的研究》（*The Springs of Creative Living: A Study of Human Nature and God*，1940）。《咨询的艺术：如何给予和获得心理健康》一书是罗洛·梅于1937年和1938年在教会举行的"咨询与人格适应"研讨会上的讲稿。该书是美国出版的第一部心理咨询著作,具有重要的学术意义。该书再版多次,到1989年已印刷15万册。在这部著作中,罗洛·梅提倡在理解人格的基础上进行咨询实践。他认为,人格是生活过程的实现,它围绕生活的终极意义或终极结构展开。咨询师通过共情和理解,调整患者人格内部的紧张,使其人格发生转变。该书虽然明显有精神分析和神学的痕迹,但已经在一定程度上表现出罗洛·梅的后期思想。《创造性生命的源泉:人性与神的研究》一书与前一部著作并无大的差异,只是更明确地表述了健康人格和宗教信念。在与里夫斯(Clement Reeves)的通信中,罗洛·梅表示拒绝该书再版。这一时期出版的著作还有《咨询服务》(The Ministry of Counseling,1943)一书。

罗洛·梅思想形成的标志是《焦虑的意义》(1950)一书的问世。该书是在他的博士学位论文基础上修改而成的。在这部著作中,罗洛·梅对焦虑进行了系统研究。他在考察哲学、生物学、心理学和文化学的焦虑观基础上,通过借鉴克尔凯郭尔的观点,结合临床案例,提出了自己的观点。他将焦虑置于人的存在的本体论层面,视作人的存在受到威胁时的反应,并对其进行了详细的描述。通过焦虑研究,罗洛·梅逐渐形成了以人的存在为核心的思想。在这种意义上,该书为罗洛·梅此后的著作奠定了框架基础。

1953年,罗洛·梅出版了《人的自我寻求》(Man's Search for Himself),这是他早期最畅销的一本书。他用自己的思想对现代社会进行了整体分析。他以人格为中心,探究了在孤独、焦虑、异化和冷漠的时代自我的丧失和重建,分析了现代社会危机的心理学根源,指出自我的重新发现和自我实现是其根本出路。该书涉及自由、爱、创造性、勇气和价值等一系列重要主题,这些主题是罗洛·梅此后逐一探讨的问题。可以说,该书是罗洛·梅思想全面展开的标志。

在思想形成的同时,罗洛·梅还积极推进美国存在心理学的发展。这首先反映在他与安杰尔和艾伦伯格合作主编的《存在:精神病学和心理学的新方向》(1958)中。该书是一部译文集,收录了欧洲存在心理学家宾斯万格(Ludwig Binswanger)、明可夫斯基(Eugene Minkowski)、冯·格布萨特尔(V. E. von Gebsattel)、斯特劳斯(Erwin W. Straus)、库恩(Roland Kuhn)等人的论文。罗洛·梅撰写了两篇长篇导言:《心理学中的存在主义运动的起源与意义》和《存在心理治疗的贡献》。这两篇导言清晰明快地介绍了存在心理学的思想,其价值不亚于后面欧洲存在心理学家的论文。该书被誉为美国存在心理学的"圣经"。罗洛·梅对美国存在心理学发展的推进还反映在他主编的《存在心理学》中。书中收入了罗洛·梅的两篇论文:《存在心理学的产生》和《心理治疗的存在基础》。

1967年,罗洛·梅出版了《存在心理治疗》(*Existential Psychotherapy*),该书由罗洛·梅为加拿大广播公司系列节目《观念》所做的六篇广播讲话结集而成。该书简明扼要地阐述了罗洛·梅的许多核心观点,其中许多主题在罗洛·梅以后的著作中以扩展的形式出现。次年,他与利奥波德·卡利格(Leopold Caligor)合作出版了《梦与象征:人的潜意识语言》(*Dreams and Symbols: Man's Unconscious Language*)。他们在书中通过分析一位女病人的梦,阐发了关于梦和象征的观点。在他们看来,梦反映了人更深层的关注,它能够使人超越现实的局限,达到经验的统一。同时,梦能够使人体验到象征,象征则是将各种分裂整合起来的自我意识的语言。罗洛·梅关于象征的观点还见于他主编的《宗教与文学中的象征》(*Symbolism in Religion and Literature*, 1960)一书，该书收入了他的《象征的意义》一文，该文还收录在《存在心理治疗》中。

1969年，罗洛·梅出版了《爱与意志》(*Love and Will*)。该书是罗洛·梅最富原创性和建设性的著作，一经面世，便成为美国最受欢迎的畅销书之一，曾荣获爱默生奖。写作该书时，罗洛·梅与第一任妻子的婚姻正走向尽头。因此，该书既是他对自己生活的反思，也是他对现代社会的深刻洞察。该书阐述了他对爱与意志的心理学意义的看法，分析了爱与意志、愿望、选择和决策的关系，以及它们在心理治疗中的应用。罗洛·梅将这些主题置于现代社会情境下，揭示了人们日趋恶化的生存困境，并呼吁通过正视自身、勇于担当来成长和发展。

从20世纪70年代起，罗洛·梅开始将自己的思想拓展到诸多领域。1972年，他出版了《权力与无知：寻求暴力的根源》(*Power and Innocence: A Search for the Sources of Violence*)。正如其副标题所示，该书目的在于探讨美国社会和个人的暴力问题，阐述了在焦虑时代人的困境与权力的关系。罗洛·梅从社会中的无力感出发，认为当无力感导致冷漠，而人的意义感受到压抑时，就会爆发不可控的攻击。因此，暴力是人确定自我进而发展自我的一种途径，当然这并非整合性的途径。围绕自我的发展，罗洛·梅又陆续出版了《创造的勇气》(*The Courage to Create*, 1975)和《自由与命运》(*Freedom and Destiny*, 1981)。在《创造的勇气》中，罗洛·梅探讨了创造性的本质、局限以及创造性与潜意识和死亡等的关系。他认为，只有通过需要勇气的创造性活动，人才能表现和确定自己的存在。在《自由与命运》中,罗洛·梅将自由与命运视作矛盾的两端。人是自由的,但要受到命运的限制;反过来,只有在自由中,命运才有意义。在二者间的挣扎和奋斗中,凸显人自身以及人的存在。在《祈望神话》(*The Cry for Myth*,1991)中,罗洛·梅将主题拓展到神话上。这是他生前最后一部重要的著作。罗洛·梅认为,神话能够展现出人类经验的原型,能够使人意识到自身的存在。在现代社会中,人们遗忘了神话,与此同时也意识不到自身的存在,由此导致人的迷失。

罗洛·梅还先后出版过两部文集,分别是《心理学与人类困境》(*Psychology and the Human Dilemma*,1967)和《存在之发现》(*The Discovery of Being*,1983)。《心理学与人类困境》收录了罗洛·梅20世纪五六十年代发表的论文。如书名所示,该书探讨了在焦虑时代生命的困境,阐明了自我认同客观现实世界的危险,指出自我的觉醒需要发现内在的核心性。从这种意义上,该书是对《人的自我寻求》中主题的进一步深化。罗洛·梅将现代人的困境追溯到人生存的种种矛盾上,如理性与非理性、主观性与客观性等。他对当时的心理学尤其是行为主义对该问题的忽视提出严厉批评。《存在之发现》以他在《存在:精神病学和心理学的新方向》中的导言为主题,较全面地展现了他的存在心理学和存在治疗思想。该书是存在心理学和存在心理治疗最简明、最权威的导论性著作。

罗洛·梅深受存在哲学家保罗·蒂利希的影响,先后出版了三本回忆保罗·蒂利希的书,它们分别是《保卢斯[①]:友谊的回忆》(*Paulus: Reminiscences of a Friendship*,1973)、《作为精神导师的保卢斯·蒂利希》(*Paulus Tillich as Spiritual Teacher*,1988)和《保卢斯:

---

① 保卢斯是保罗的爱称。

导师的特征》(*Paulus: The Dimensions of a Teacher*,1988)。

罗洛·梅积极参与人本主义心理学运动,他与罗杰斯和格林(Thomas C. Greening)合著了《美国政治与人本主义心理学》(*American Politics and Humanistic Psychology*,1984),还与罗杰斯、马斯洛(Abraham Maslow)合著了《政治与纯真:人本主义的争论》(*Politics and Innocence: A Humanistic Debate*,1986)。

1985年,罗洛·梅出版了自传《我对美的追求》(*My Quest for Beauty*,1985)。作为一位学者,他在回顾自己的一生时,以自己的理论对美进行了审视。贯穿全书的是他早年就印刻在内心的古希腊艺术精神。在他对生活的叙述中,不断涉及爱、创造性、价值、象征等主题。

罗洛·梅的最后一部著作是与他晚年的朋友和追随者施奈德(Kirk J. Schneider)合著的《存在心理学:一种整合的临床观》(*The Psychology of Existence: An Integrative, Clinical Perspective*,1995)。该书是为新一代心理治疗实践者所写的教科书,可视作《存在:精神病学和心理学的新方向》的延伸。在该书中,罗洛·梅提出了整合、折中的存在心理学观点,并把他的人生体验用于心理治疗,对自己的思想做了最后的总结。

此外,罗洛·梅还经常发表电视和广播讲话,留下了许多录像带和录音带,如《意志、愿望和意向性》(*Will, Wish and Intentionality*,1965)、《意识的维度》(*Dimensions of Consciousness*,1966)、《创造性和原始生命力》(*Creativity and the Daimonic*,1968)、《暴力和原始生命力》(*Violence and the Daimonic*,1970)、《发展你的内部潜源》(*Developing Your Inner Resources*,1980)等。

三、罗洛·梅的主要理论

罗洛·梅的思想围绕人的存在展开。我们从以下四方面阐述他的主要理论观点。

（一）*存在分析观*

在人类思想史上，存在问题一直是令人困扰的谜团。古希腊哲学家亚里士多德说过："存在之为存在，这个永远令人迷惑的问题，自古以来就被追问，今日还在追问，将来还会永远追问下去。"有时，我们也会产生如古人一样惊讶的困惑：自己居然活在这个世界上。但对这个困惑的深入思考，主要是存在主义哲学进行的。丹麦哲学家克尔凯郭尔是存在主义的先驱，他在反对哲学家黑格尔（G. W. F. Hegel）的纯粹思辨的形而上学的基础上，提出关注现实的人的存在，如人的焦虑、烦闷和绝望等。德国哲学家海德格尔第一个真正地将存在作为问题提了出来。他从区分存在与存在者入手，认为存在只能通过存在者来存在。在诸种存在者中，只有人的存在最为独特。这是因为，只有人的存在才能将存在的意义彰显出来。与海德格尔同时代的萨特（Jean-Paul Sartre）、梅洛-庞蒂（Maurice Merleau-Ponty）、雅斯贝尔斯（Karl Jaspers）和蒂利希等人都对存在主义进行了阐发，并对罗洛·梅产生了重要影响。当然，罗洛·梅着重于人的存在的心理层面，不同于哲学家们的思辨探讨，具有自身独特的风格。

1. 存在的核心

罗洛·梅关于人的存在的观点最为核心的是存在感。所谓存在感，就是指人对自身存在的经验。他认为，人不同于动物之处，就在于人具有自我存在的意识，能够意识到自身的存在，这就是存在感。存在感和我们日常较为熟悉的自我意识是较为接近的，但他指出，自我意识并非纯知性的意识，如知道我当前的工作计划。自我意识是对自身的体验，如感受到自己沉浸到自然万物之中。

罗洛·梅认为，人在意识到自身的存在时，能够超越各种分离，实现自我整合。只有人的自我存在意识才能够使人的各种经验得以连贯和统整，将身与心、人与自然、人与社会等连为一体。在这种意义上，存在感是通向人的内心世界的核心线索。看待一个人，尤其是其心理健康状况如何，应当视其对自身的感受而定。存在感越强、越深刻，个人自由选择的范围就越广，人的意志和决定就越具有创造性和责任感，人对自己命运的控制能力就越强。反之，一个人丧失了存在感，意识不到自我的存在价值，就会听命于他人，不能自由地选择和决定自己的未来，就会导致心理疾病。

2. 存在的本质

当人通过存在感体验到自己的存在时，他首先会发现，自己是活在这个世界之中的。存在的本质就是存在于世（being-in-the-world）。人存在于世界之中，与世界密不可分，共同构成一个整体，在生成变化中展现自己的丰富面貌。中国俗语"人生在世"就说明了这一点。人的存在于世意味着：（1）人与世界是不可分的整体。世界并非外在于人的存在，并非如行为主义所说的，是客观成分（如引起人的反应的刺激）的总和。事实上，人在世界之中，与事物存在独特的意义关联。比如，人看到一块石头，石头并非客观的刺激，它对人有着独特的意义，人的内心也许会浮起久远的往事，继而欢笑或悲伤。（2）人的存在始终是现实的、个别的和变化的。人一生下来，就存在于世界之中，与具体的人或物打交道。换句话说，人是被抛到这个世界上的，人要现实地接受世界中的一切，也就是接受自己的命运。而且，人的存在始终在生成变化之中。人要在过去的基础上，朝向未来发展。人在变化中展现出不同于他人的自己独特的经验。（3）人的存在又是自己选择的。人在世界中并非被动地承受一切，而是通过自己的自由选择，并勇于承担由此带来的责任，发展自己，实现自己的可能性。

3. 存在的方式

人存在于世表现为三种存在方式。（1）存在于周围世界（Umwelt）之中。周围世界是指人的自然世界或物质世界，它是宇宙间自然万物的总和。人和动物都拥有这个世界，目的在于维持生物性的生存并获得满足。对人来说，除了自然环境外，还有人的先天遗传因素、生物性的需要、驱力和本能等。（2）存在于人际世界（Mitwelt）之中。人际世界是指人的人际关系世界，它是人所特有的世界。人在周围世界中存在的目的在于适应，而在人际世界中存在的目的在于真正地与他人交往。在交往中，双方增进了解并相互影响。在这种方式中，人不仅仅适应社会，而且更主动地参与到社会的发展中。（3）存在于自我世界（Eigenwelt）之中。自我世界是指人自己的世界，是人类所特有的自我意识世界。它是人真正看待世界并把握世界意义的基础。它告诉人，客体对自己来说具有怎样的意义。要把握客体的意义，就需要自我意识。因此，自我世界需要人的自我意识作为前提。

现代人之所以失落精神活力，就在于放弃了自我世界，缺乏明确而坚强的自我意识，由此导致人际世界的表面化和虚伪化。人可以同时处于这三种方式的关系中，例如，人在进晚餐时（周围世界）与他人在一起（人际世界），并且感到身心愉悦（自我世界）。

4. 存在的特征

罗洛·梅认为，人的存在具有如下六种基本特征：（1）自我核心，指人以其独特的自我为核心。罗洛·梅坚持认为，每个人都是一个与众不同的独立存在，每个人都是独一无二的，没有人可以占有其他人的自我，心理健康的首要条件就在于接受自我的这种独特性。在他看来，神经症并非对环境的适应不良。事实上，它是一种逃避，是人为了保持自己的独特性，企图逃避实际的或幻想的外在环境的威胁，其目的依然在于保持自我核心性。（2）自我肯定，指人保持自我核心的勇气。罗洛·梅认为，人的自我核心不会自然发展和成长，人必须不断地鼓励自己、督促自己，使自我的核心性趋于成熟。他把这种督促和鼓励称为自我肯定，这是一种勇气的肯定。自我肯定是一种生存的勇气，没有它，人就无法确立自己的自我，更不能实现自己的自我。（3）参与，指在保持自我核心的基础上参与到世界中。罗洛·梅认为，个体必须保持独立，才能维护自我的核心性。但是，人又必须生活于世界之中，通过与他人分享和沟通，共享这一世界。人的独立性和参与性必须适得其所，平衡发展。一方面，过分的参与必然导致远离自我核心。现代人之所以感到空虚、无聊，在很大程度上就是由于顺从、依赖和参与过多，脱离了自我核心。另一方面，过分的独立会将自己束缚在狭小的自我世界内，缺乏正常的交往，必然损害人的正常发展。（4）觉知，指人与世界接触时所具有的直接感受。觉知是自我核心的主观方面,人通过觉知可以发现外在的威胁或危险。动物身上的觉知即警觉。罗洛·梅认为,觉知一旦形成习惯,往往变成自动化的行为,会在不知不觉中进行,因此它是比自我意识更直接的经验。觉知是自我意识的基础,人必须经过觉知才能形成自我意识。(5)自我意识,指人特有的觉知现象,是人能够跳出来反省自己的能力。它是人类最显著的本质特征,也是人不同于其他动物的标志。它使得人能够超越具体的世界,生活在"可能"的世界之中。此外,它还使得人拥有抽象观念,能用言语和象征符号与他人沟通。正是有了自我意识,人才能在面对自己、他人或世界时,从多种可能性中进行选择。(6)焦虑,指人的存在面临威胁时所产生的痛苦的情绪体验。罗洛·梅认为,每个人都不可避免地会产生焦虑体验。这是因为,人有自由选择的能力,并需要为选择的结果承担责任。潜能的衰弱或压抑会导致焦虑。在现实世界中,人常常感觉无法完美地实现自己的潜能,这种不愉快的经验会给人类带来无限的烦恼和焦虑。此外,人对自我存在的有限性即死亡的认识也会引起极度的焦虑。

(二)存在人格观

在罗洛·梅看来,人格所指的是人的整体存在,是有血有肉、有思想、有意志的人。他强调要将人的内在经验视作心理学研究的首要对象,而不应仅仅专注于外显的行为和抽象的理论解释。他曾指出,要想正确地认识人的真相,揭示人的存在的本质特征,必须重新回到生活的直接经验世界,将人的内在经验如实描述出来。

1. 人格结构

罗洛·梅在《咨询的艺术:如何给予和获得心理健康》一书中阐

释了人格的本质结构。他认为,人的存在的四种因素,即自由、个体性、社会整合和宗教紧张感构成人格结构的基本成分。(1)自由。自由是人格的基本条件,是人整个存在的基础。罗洛·梅认为,人的行为并非如弗洛伊德所认为的那样,是盲目的;也非如行为主义所认为的那样,是环境决定的。人的行为是在自由选择的过程中进行的。他深信,自由选择的可能性不仅是心理治疗的先决条件,同时也是使病人重获责任感,重新决定自己生活的唯一基础。当然,自由并不是无限的,它受到时空、遗传、种族、社会地位等方面的限制。人恰恰是在利用现实限制的基础上进行自由选择,实现自己的独特性。(2)个体性。个体性是自我区别于他人的独特性,它是自我的前提。罗洛·梅强调,每一个自由的个体都是独立自主、与众不同的,而且在形成他独特的生活模式之前,人必须首先接受他的自我。人格障碍的主要原因之一就是自我无法个体化,丧失了自我的独特性。(3)社会整合。社会整合是指个人在保持自我独立性的同时,参与社会活动,进行人际交往,以个人的影响力作用于社会。社会整合是完整存在的条件。罗洛·梅在这里使用"整合"而非"适应",目的在于表明人与社会的相互作用。他反对将社会适应良好作为心理健康的最佳标准。他认为,正常的人能够接受社会,进行自由选择,发掘社会的积极因素,充实和实现自我。(4)宗教紧张感。宗教紧张感是存在于人格发展中的一种紧张或不平衡状态,是人格发展的动力。罗洛·梅认为,人从宗教中能够获得人生的最高价值和生命的意义。宗教能够提升人的自由意志,发展人的道德意识,鼓励人负起自己的责任,勇敢地迈向自我实现。宗教紧张感的明显证明是人不断体验到的罪疚感。当人不可能实现自己的理想时,人就会体验到罪疚感。这种体验能够使人不断产生心理紧张，由此推动人格发展。

2. 人格发展

罗洛·梅以自我意识为线索，通过人摆脱依赖、逐渐分化的程度，勾勒出人格发展的四个阶段。

第一阶段为纯真阶段，主要指两三岁之前的婴儿时期。此时人的自我尚未形成，处于前自我时期。人的自我意识也处于萌芽状态，甚至可以称处于前自我意识时期。婴儿在本能的驱动下，做自己必须做的事情以满足自己的需要。婴儿虽然被割断了脐带，从生理上脱离了母体，甚至具有一定程度的意志力，如可以通过哭喊来表明其需要，但在很大程度上受缚于外界尤其是自己的母亲，并未在心理上"割断脐带"。婴儿在这一阶段形成了依赖性，并为此后的发展奠定基础。

第二阶段为反抗阶段，主要指两三岁至青少年时期。此时的人主要通过与世界相对抗来发展自我和自我意识。他竭力去获得自由，以确立一些属于自己的内在力量。这种对抗甚至夹杂着挑战和敌意，但他并未完全理解与自由相伴随的责任。此时的人处于冲突之中。一方面，他想按自己的方式行事；另一方面，他又无法完全摆脱对世界特别是父母的依赖，希望父母能给他们一定的支持。因此，如何恰当地处理好独立与依赖之间的矛盾，是这一阶段人格发展的重要问题。

第三阶段为平常阶段，这一阶段与上一阶段在时间上有所交叉，主要指青少年时期之后的时期。此时的人能够在一定程度上认识到自己的错误，原谅自己的偏见，在选择中承担责任。他能够产生内疚感和焦虑以承担责任。现实社会中的大多数人都处于这一阶段，但这并非真正成熟的阶段。由于伴随着责任的重担，此时的人往往采取逃避的方式，依从传统的价值观。所以，社会生活中的很多心理问题都是这一阶段的反映。

第四阶段为创造阶段,主要指成人时期。此时的人能够接受命运,以勇气面对人生的挑战。他能够超越自我,达到自我实现。他的自我意识是创造性的,能够超越日常的局限,达到人类存在最完善的状态。这是人格发展的最高阶段。真正达到这一阶段的人是很少的。只有那些宗教与世俗中的圣人以及伟大的创造性人物才能达到这一阶段。不过,常人有时在特殊时刻也能够体验到这一状态,如听音乐或是体验到爱或友谊时,但这是可遇而不可求的。

(三)存在主题观

罗洛·梅研究了人的存在的诸多方面,涉及大量的主题。我们以原始生命力、爱、焦虑、勇气和神话五个主题,来展现罗洛·梅丰富的理论观点。

1. 原始生命力

原始生命力(the daimonic)是一种爱的驱动力量,是一个完整的动机系统,在不同的个体身上表现出不同的驱动力量。例如,在愤怒中,人怒气冲天,完全失去了理智,完全为一种力量所掌控,这就是原始生命力。在罗洛·梅看来,原始生命力是人类经验中的基本原型功能,是一种能够推动生命肯定自身、确证自身、维护自身、发展自身的内在动力。例如,爱能够推动个体与他人真正地交往,并在这种交往中实现自身的价值。

原始生命力具有如下特征:(1)统摄性。原始生命力是掌控整个人的一种自然力量或功能。例如,人们在生活中表现出强烈的性与爱的力量,人们在生气时的怒发冲冠、在激动时的慷慨激昂,人们对权力的强烈渴望等,都是原始生命力的表现。实际上,这就是指人在激情状态下不受意识控制的心理活动。(2)驱动性。原始生命力是使每一个存在肯定自身、维护自身、使自身永生和增强自身的一种内在驱力。在罗洛·梅看来,原始生命力可以使个体借助爱的形式来提升自身生命的价值,是用来创造和产生文明的一种内驱力。(3)整合性。原始生命力的最初表现形态是以生物学为基础的"非人性的力量",因此,要使原始生命力在人类身上发挥积极的作用,就必须用意识来加以整合,把原始生命力与健康的人类之爱融合为一体。只有运用意识的力量坦然地接受它、消化它,与它建立联系,并把它与人类的自我融为一体,才能加强自我的力量,克服分裂和自我的矛盾状态,抛弃自我的伪装和冷漠的疏离感,使人更加人性化。(4)两重性。原始生命力既具有创造性又具有破坏性。如果个体能够很好地使用原始生命力,其魔力般的力量便可在创造性中表现出来,帮助个体实现自我;若原始生命力占据了整个自我,就会使个体充满破坏性。因此,人并非善的,也并非恶的,而是善恶兼而有之。(5)被引导性。由于原始生命力具有两重性,就需要人们有意识地对它加以指引和开导。在心理治疗中,治疗师的作用就是帮助来访者学会对自己的原始生命力进行正确的引导。

  罗洛·梅的原始生命力概念隐含着弗洛伊德的本能的痕迹。原始生命力如同本能一样,具有强大的力量,能够将人控制起来。不过,罗洛·梅做出了重大的改进。原始生命力不再像本能那样是趋乐避苦的,它具有积极和消极两重性,而且,通过人的主动作用,能够融入人自身中。由此也可以看出罗洛·梅对精神分析学说的扬弃。

2. 爱

爱是一种独特的原始生命力，它推动人与所爱的人或物相联系，结为一体。爱具有善和恶的两面，它既能创造和谐的关系，也能造成人们之间的仇恨和冲突。

罗洛·梅关于爱的观点经历了一个发展过程。早期，他对爱进行了描述性研究，指出爱具有如下特征：爱以人的自由为前提；爱是实现人的存在价值的一种由衷的喜悦；爱是一种设身处地的移情；爱需要勇气；最完满的爱的相互依赖要以"成为一个自行其是的人"的最完满的创造性能力为基础；爱与存在于世的三种方式都有联系，爱可以表现为自然世界中的生命活力、人际世界中的社会倾向、自我世界中的自我力量；爱把时间看作定性的，是可以直接体验到的，是具有未来倾向的。

后来，罗洛·梅在《爱与意志》中，将爱置于人的存在层面，把它视作人存在于世的一种结构。爱指向统一，包括人与自己潜能的统一、与世界中重要他人的统一。在这种统一中，人敞开自己，展现自己真正的面貌，同时，人能够更深刻地感受到自己的存在，更肯定自己的价值。这里体现出前述存在的特征：人在参与过程中，保持自我的核心性。罗洛·梅还进一步区分出四种类型的爱：（1）性爱，指生理性的爱，它通过性活动或其他释放方式得到满足；（2）厄洛斯（Eros），指爱欲，是与对象相结合的心理的爱，在结合中能够产生繁殖和创造；（3）菲利亚（Philia），指兄弟般的爱或友情之爱；（4）博爱，指尊重他人、关心他人的幸福而不希望从中得到任何回报的爱。在罗洛·梅看来，完满的爱是这四种爱的结合。但不幸的是，现代社会倾向于将爱等同于性爱，现代人将性成功地分离出来并加以技术化，从而出现性的放纵。在性的泛滥的背后，爱却被压抑了，由此人忽视了与他人的联系，忽视了自身的存在，出现冷漠和非人化。

3. 焦虑

在罗洛·梅看来，个体作为人的存在的最根本价值受到威胁，自身安全受到威胁，由此引起的担忧便是焦虑。焦虑和恐惧与价值有着密切的关系。恐惧是对自身一部分受到威胁时的反应。当然，恐惧存在特定的对象，而焦虑没有。如前所述，焦虑是存在的特征之一。在这种意义上，罗洛·梅将焦虑视作自我成熟的积极标志。但是，在现代社会中，由于文化的作用，焦虑逐渐加剧。罗洛·梅特别指出，西方社会过分崇拜个人主义，过于强调竞争和成就，导致了从众、孤独和疏离等心理现象，使人的焦虑增加。当人试图通过竞争与奋斗克服焦虑时，焦虑反而又加剧了。20世纪文化的动荡，使得个人依赖的价值观和道德标准受到削弱，也造成焦虑的加剧。

罗洛·梅区分出两种焦虑：正常焦虑和神经症焦虑。正常焦虑是人成长的一部分。当人意识到生老病死不可避免时，就会产生焦虑。此时重要的是直面焦虑和焦虑背后的威胁，从而更好地过当下的生活。神经症焦虑是对客观威胁做出的不适当的反应。人使用防御机制应对焦虑，并在内心冲突中出现退行。罗洛·梅曾指出，病态的强迫性症状实际是保护脆弱的自我免受焦虑。为了建设性地应对焦虑，罗洛·梅建议使用以下几种方法：用自尊感受到自己能够胜任；将整个自我投身于训练和发展技能上；在极端的情境中，相信领导者能够胜任；通过个人的宗教信仰来发展自身，直面存在的困境。

4. 勇气

在存在的特征中，自我肯定是指人保持自我核心的勇气。因此，勇气也与人的存在有着密切的关联。罗洛·梅指出，勇气并非面对外在威胁时的勇气，它是一种内在的素质，是将自我与可能性联系起来的方式和渠道。换句话说，勇气能够使得人面向可能的未来。它是一种难得的美德。罗洛·梅认为，勇气的对立面并非怯懦，而是缺乏勇气。现代社会中的一个严峻的问题是，人并非禁锢自己的潜能，而是人由于害怕被孤立，从而置自己的潜能于不顾，去顺从他人。

罗洛·梅区分出四种勇气：（1）身体勇气，指与身体有关的勇气。它在美国西部开发时代的英雄人物身上体现得最为明显，他们能够忍受恶劣的环境，顽强地生存下来。但在现代社会中，身体勇气已退化成为残忍和暴力。（2）道德勇气，指感受他人苦难处境的勇气。具有较强道德勇气的人能够非常敏感地体验到他人的内心世界。（3）社会勇气，指与他人建立联系的勇气，它与冷漠相对立。罗洛·梅认为，现代人害怕人际亲密，缺乏社会勇气，结果反而更加空虚和孤独。（4）创造勇气，这是最重要的勇气，它能够用于创造新的形式和新的象征，并在此基础上推进新社会的建立。

5. 神话

神话是罗洛·梅晚年思考的一个重要主题。他认为，20世纪的一个重大问题是价值观的丧失。价值观的丧失使得个人的存在感面临严峻的威胁。当人发现自己所信赖的价值观念忽然灰飞烟灭时，他的自身价值感将受到极大的挑战，他的自我肯定和自我核心等都会出现严重的问题。在这种情境下，现代人面临如何重建价值观的问题。在这方面，神话提供了一条可行的途径。罗洛·梅认为，神话是传达生活意义的主要媒介。它类似分析心理学家荣格（Carl Gustav Jung）所说的原型。但它既可以是集体的，也可以是个人的；既可以是潜意识的，也可以是意识的。如《圣经》就是现代西方人面对的最大的神话。

神话通过故事和意象，能够给人提供看待世界的方式，使人表述关于自身与世界的经验，使人体验自身的存在。《圣经》通过其所展现的意义世界，能够为人的生活指引道路。正是在这种意义上，罗洛·梅认为，神话是给予我们的存在以意义的叙事模式，能够在无意义的世界中让人获得意义。他指出，神话的功能是，能够提供认同感、团体感，支持我们的道德价值观，并提供看待创造奥秘的方法。因此，重建价值观的一项重要的工作，就是通过好的神话来引领现代人前进。罗洛·梅尤其提倡鼓励人们运用加强人际关系的神话，以这类神话替代美国流传已久的分离性的个体神话，能够推动人们走到一起，重建社会。

（四）存在治疗观

1. 治疗的目标

罗洛·梅认为，心理治疗的首要目的并不在于症状的消除，而是使患者重新发现并体认自己的存在。心理治疗师不需要帮助病人认清现实，采取与现实相适应的行动，而是需要加强病人的自我意识，与病人一起，发掘病人的世界，认清其自我存在的结构与意义，由此揭示病人为什么选择目前的生活方式。因此，心理治疗师肩负双重任务：一方面要了解病人的症状；另一方面要进一步认清病人的世界，认识到他存在的境况。后一方面比前一方面更难，也更容易为一般的心理治疗师所忽视。

具体来说，存在心理治疗一般强调两点。首先，患者通过提高觉知水平，增进对自身存在境况的把握，从而做出改变。心理治疗师要提供途径，使病人检查、直面、澄清并重新进入他们对生活的理解，探究他们生活中遇到的问题。其次，心理咨询师使病人提高自由选择的能力并承担责任，使病人能够充分觉知到自己的潜能，并在此基础上变得更敢于采取行动。

2. 治疗的原则和方法

罗洛·梅将心理治疗的基本原则归纳为四点：（1）理解性原则，指治疗师要理解病人的世界，只有在此基础上，才能够使用技术。（2）体验性原则，指治疗师要促进患者对自己存在的体验，这是治疗的关键。（3）在场性原则，治疗师应排除先入之见，进入与病人间的关系场中。（4）行动原则，指促进患者在选择的基础上投身于现实行动。

存在心理治疗从总体上看是一系列态度和思想原则，而非一种治疗的方法或体系，过多使用技术会妨碍对患者的理解。因此，罗洛·梅提出，应该是技术遵循理解，而非理解遵循技术。他尤其反对在治疗技术选择上的折中立场。他认为，存在心理治疗技术应具有灵活性和通用性，随着病人及治疗阶段的变化发生变化。在特定时刻，具体技术的使用应依赖于对病人存在的揭示和阐明。

3. 治疗的阶段

罗洛·梅将心理治疗划分为三个阶段：（1）愿望阶段，发生在觉知层面。心理治疗师帮助患者，使他们拥有产生愿望的能力，以获得情感上的活力和真诚。（2）意志阶段，发生在自我意识层面。心理治疗师促进患者在觉知基础上产生自我意识的意向,例如,在觉知层面体验到湛蓝的天空,现在则意识到自己是生活于这样的世界的人。(3)决心与责任感阶段。心理治疗师促使患者从前两个层面中创造出行动模式和生存模式,从而承担责任,走向自我实现、整合和成熟。

四、罗洛·梅的历史意义

(一)开创了美国存在心理学

在罗洛·梅之前,虽然已有少数美国学者研究存在心理学,但主要是对欧洲存在心理学的引介。罗洛·梅则形成了自己独特而系统的存在心理学理论体系。前已述及,他对欧洲心理学做了较全面的介绍,通过1958年的《存在:精神病学和心理学的新方向》一书,使得美国存在心理学完成了本土化。他还从存在分析观、存在人格观、存在主题观、存在治疗观四个层面系统展开,由此形成了美国第一个系统的存在心理学理论体系。在此基础上,罗洛·梅还进一步提出"一门研究人的科学",这是关于人及其存在整体理解与研究的科学。这门科学不是停留在了解人的表面,而是旨在理解人存在的结构方式,发展强烈的存在感,促使其重新发现自我存在的价值。罗洛·梅与欧洲存在心理学家一样,以存在主义和现象学为哲学基础,以人的存在为核心,以临床治疗为方法,重视焦虑和死亡等问题。但他又对欧洲心理学进行了扬弃,生发出自己独特的理论观点。他不像欧洲存在心理学家那样过于重视思辨分析,他更重视对人的现实存在尤其是现代社会境遇下人的生存状况的分析。尤为独特的是,他更重视人的建设性的一面。例如,他强调人的潜能观点。正是在这种意义上,他给存在心理学贴上了美国的"标签",使得美国出现了真正本土化的存在心理学。他还影响了许多学者,推动了美国存在心理学的发展和深化。布根塔尔(James Bugental)、雅洛姆(Irvin Yalom)和施奈德等人正是在他的基础上,将美国存在心理学推向了新的高度。

(二)推进了人本主义心理学

罗洛·梅在心理学史上的另一突出贡献是推进了人本主义心理学的发展。从前述他的生平中可以看出,他亲自参与并推进了人本主义心理学的历史进程。从思想观点上看,他以探究人的经验和存在感为目标,重视人的自由选择、自我肯定和自我实现的能力,将人的尊严和价值放在心理学研究的首位。他对传统精神分析进行了扬弃,将其引向人本主义心理学的方向,并对行为主义的机械论进行了批判。因此,罗洛·梅开创了人本主义心理学的自我选择论取向,这不同于马斯洛和罗杰斯强调人本主义心理学的自我实现论取向,从而丰富了人本主义心理学的理论体系。正是在这种意义上,罗洛·梅成为与马斯洛和罗杰斯并驾齐驱的人本主义心理学的三位重要代表人物之一。

罗洛·梅还通过理论上的争论,推进了人本主义心理学的健康发展。前面提到,他从原始生命力的两重性,引出人性既有善的一面又有恶的一面。他不同意罗杰斯人性本善的观点。他重视人的建设性,同时也注意到人的不足尤其是破坏性的一面。与之相比,罗杰斯过于强调人的建设性,将消极因素归因于社会的作用,暗含着将人与社会对立起来的倾向。罗洛·梅则一开始就将人置于世界之中,不存在这种对立倾向。所以,罗洛·梅的思想更为现实,更趋近于人本身。除了与罗杰斯的论战外,罗洛·梅在晚年还对人本主义心理学中分化出来的超个人心理学提出告诫,并由此引发了争论。他认为,超个人心理学强调人的积极和健康方面的倾向,存在脱离人的现实的危险。应该说,他的观点对于超个人心理学是具有重要警戒意义的。

(三)首创了存在心理治疗

罗洛·梅在从事心理治疗的实践中,形成了自己独特的思想,这就是存在心理治疗。它以帮助病人认识和体验自己的存在为目标,以加强病人的自我意识、帮助病人自我发展和自我实现为己任,重视心理治疗师和病人的互动以及治疗方法的灵活性。它尤其强调提升人面对现实的勇气和责任感,将心理治疗与人生的意义等重大问题联系起来。罗洛·梅是美国存在心理治疗的首创者,在他之后,布根塔尔和施奈德等人做了进一步发展,使得存在心理治疗成为人本主义心理治疗的重要组成部分。当前,存在心理治疗与来访者中心疗法、格式塔疗法一起,成为人本主义心理治疗领域最为重要的三种方法。

(四)揭示了现代人的生存困境

罗洛·梅不只是一位书斋式的心理学家,他还密切关注现代社会中人的种种问题。他深刻地批判了美国主流文化严重忽视人的生命潜能的倾向。他在进行临床实践的同时,并不仅仅关注面前的病人。他能够从病人的存在境况出发,结合现代社会背景来揭示现代人的生存困境。他从人的存在出发,揭示现代人在技术飞速发展的同时,远离自身的存在,从而导致非人化的生存境况。罗洛·梅指出,现代人在存在的一系列主题上都表现出明显的问题。个体难以接受、引导并整合自己的原始生命力,从而停滞不前,无法激发自己的潜能,从事创造性的活动。他还指出,现代人把性从爱中成功地分离出来,在性解放的旗帜下放纵自身,却遗忘了爱的真正含义是与他人和世界建立联系,从而导致爱的沦丧。现代人逃避自我,不愿承担自己作为一个人的责任,在面临自己的生存处境时感到软弱无能,失去了意志力。个体不敢直面自己的生存境况,不能合理利用自己的焦虑,而是躲避焦虑以保护脆弱的自我,结果使得自己更加焦虑。个体顺从世人,不再拥有直面自己存在的勇气。个体感受不到生活的意义和价值,处于虚空之中。在这种意义上,罗洛·梅不仅是一位面向个体的心理治疗师,还是一位对现代人的生存困境进行诊断的治疗师、一位现代人症状的把脉者。当然,罗洛·梅在揭示现代人的生存困境的同时,也建设性地指出了问题的解决之道,提供了救赎现代人的精神资料。不过,他留给世人的并非简易的行动指南,而是丰富的精神养分,需要世人认真地消化和吸收,由此才能返回到自身的存在中,勇敢地担当,积极地行动,重塑自己的未来。

罗洛·梅在著作中考察的是20世纪中期的人的存在困境。现在,当时光已经过去半个多世纪后,人的生存境遇依然没有得到根本的改观,甚至更加恶化。社会的竞争越来越激烈,人们的生活节奏越来越快,个体所承受的压力也越来越大,内心的焦虑、空虚、孤独等愈发严重。人在接受社会各种新事物的同时,自身的经验却越来越多地被封存起来。与半个世纪前相比,人似乎更加远离自身的存在。从这个意义上说,罗洛·梅更是一位预言家,他所展现的现代人的生存图景依然需要当代人认真地对待和思考。

正因为如此,罗洛·梅在生前和逝后并未被人们忽视或遗忘。越来越多的人发现了他思想的价值,并投入真正的行动中。罗洛·梅的大多数著作都被多次重印或再版,并被翻译成多国文字出版。进入

21世纪以来,这种趋势依然在延续。也正是基于此,我们推出这套"罗洛·梅文集",希望能有更多的中国读者听到罗洛·梅的声音,分享他的精神资源。

郭本禹
南京师范大学
2008年9月1日

献给

现象学精神病学的先驱尤金·明可夫斯基（Eugene Minkowski）存在分析探索者路德维希·宾斯万格（Ludwig Binswanger）以及所有在关于人的科学中在理解什么是人的问题上开辟了新领域的人

前 言

该书代表了四年劳动的成果——幸运的是，其中最多的是爱的劳动。翻译这些文章的念头最先来自恩斯特·安杰尔，后来得到了基础图书出版社（Basic Books）的响应，因为他们热心于出版关于人的科学中意义重大的新材料。我欣然接受他们的邀请，加入编者队伍，因为长期以来我也一直确信将这些作品翻译成英文具有重要的意义，尤其是在现代精神病学与心理学发展所处的这个关键时刻。

我们邀请艾伦伯格博士作为第三编者加入我们，因为他具有广泛的关于现象学和存在精神病学文献的知识，而且他在瑞士使用这些方法上具有丰富的临床经验。他和安杰尔先生主要负责遴选需要翻译的文章。在我们的介绍性章节中，艾伦伯格博士和我承担了在这些贡献与美国精神病学和心理学之间架起一座桥梁的任务，而安杰尔先生担负翻译本身这个重任。

但是，我们开始着手这项工作不久，就发现自己面临严重的困难。我们怎样才能把这种理解人的方式的关键术语和概念（甚至以 Dasein 这样一个基础的词语开始）转换成英语？实际上，我们所面临的是一直以来经常被德语称为本质和超凡特征的东西。我清晰地记得保罗·蒂利希博士曾做的评论，保罗·蒂利希博士自身就是存在运动一翼的代表，而且他对精神分析有着透彻的理解。这项工作刚开始时，有一天蒂利希和我一起开车去东汉普顿，我们停下来"吃晚饭"。在喝咖啡的时候，我递给他一张清单，上面写着一些关键术语以及它们在英语中的对应词。

他看着看着忽然惊叫起来："天啊，这是不可能的！"我希望他指的是咖啡，而不是这些术语的定义。但是，我立刻就明白他指的就是后者。

"这是不可能的，"他接着说，"但是无论如何你还是必须做这件事。"

面前这本书就是我们坚持完成这一任务的证据，我们相信我们基本上取得了成功，将这些文章深奥的且通常非常微妙的意义转换成了清晰的英语。最严重的障碍出现在"艾伦·韦斯特个案"中。宾斯万格这篇卓越的文章通常被认为是无法翻译成英语的，这主要是因为对患者进行分析时所使用的关键术语，是通过概念之间的一种复杂的相互关系构建的——德语哲学和科学著作中通常都是这样的。我们在最初的计划中曾踌躇地决定不把它放进这一卷中。随后，我们得知，来自托皮卡（Topeka）的沃纳·孟德尔（Werner Mendel）博士和约瑟夫·莱昂斯（Joseph Lyons）博士有勇气来承担"艾伦·韦斯特个案"的翻译任务。我们热情地感谢他们愿意将其劳动成果提供给我们。这篇文章内在的难度非常之高，贝亚德·摩根（Bayard Morgan）教授审校了他们的初稿，艾伦伯格博士对部分内容重新进行了翻译，而斯特劳斯博士解决了一些具体的问题。安杰尔先生和我详细地通读了最后的版本。尽管在这些共同的努力中，大家都很辛苦，但我们真的非常高兴——这篇文章被翻译成英语了，阅读这个案例的读者很快就会看到。由于时间的关系，宾斯万格博士不能详细地研究这个翻译版本，因此，我们不能说它是经原作者认可的译本，尽管它的出版得到了作者的允许。而其他所有翻译的文章都是得到原作者认可的译本。

完成这样一项劳动，编者和译者的心情当然都是复杂的。但是，就我自己而言，我可以说，在翻译整理这些文章的这些年，我一次又一次地获得了发现的体验，这种体验是济慈（Keats）非常绝妙地描述过的：

然后，感觉我就像是某个看着天空的人
一颗新的行星滑入视野……

这是给予这项工作本身的奖赏。但是，如果我们能够让我们的同事，还有其他人也有可能获得这样一种发现的体验，那我们也会深深地感到满足。

罗洛·梅
1981 年 7 月于纽约

目 录

第一部分 导 言

第一章　心理学中的存在主义运动的起源与意义　　/ 002

第二章　存在心理治疗的贡献　　/ 052

第三章　精神病现象学和存在分析的临床导论　　/ 135

第二部分 现象学

第四章　在一例精神分裂性抑郁症病例中的发现　　/ 184

第五章　感觉学与幻觉　　/ 201

第六章　强迫症患者的世界　　/ 245

第三部分　存在分析

第七章　存在分析思想学派　　／272

第八章　作为生活史现象和作为精神疾病的精神错乱：伊尔丝个案　　／304

第九章　艾伦·韦斯特个案：一例人类学－临床研究　　／337

第十章　企图谋杀一名妓女　　／520

撰稿人生平简介　　／607
译后记　　／613

第一部分

导　言

第一章
心理学中的存在主义运动的起源与意义*

罗洛·梅

在最近几年，一些精神病学家和心理学家越来越强烈地意识到，我们理解人类的方式之间存在着鸿沟。这些鸿沟是他们在临床上及在咨询室中看到那些处于危机之中，而且其焦虑不会由于理论疏导而减轻的人时不得不面对的纯粹的现实。对于心理治疗者来说，这些很可能是他们非常感兴趣的。但是，这个空白似乎也表明了科学研究中不可克服的困难。因此，欧洲的许多精神病学家和心理学家以及这个国家中的许多人一直在自问这个令人不安的问题，还有一些人意识到了那些让人痛苦的怀疑，这些怀疑也产生于那些半抑制的和未被问及的问题。

一个这样的问题是，我们能否确信我们所看到的患者就是真实的他，能否根据他本人的现实情况来认识他；还是我们所看到的仅仅是一种我们自己关于他的观点的投射？诚然，每一位心理治疗者都具有他自己关于行为的模式及机制的知识，而且精通于他那个特定流派所发展出的概念体系。如果我们想要科学地进行观察的话，那么这样一

---

* 我想感谢亨利·艾伦伯格、莱斯列·法伯（Leslie Farber）、卡尔·罗杰斯、欧文·斯特劳斯、保罗·蒂利希和伊迪丝·维格特（Edith Weigert），感谢他们阅读了这章，并提出了许多建议。

种概念体系是完全必要的。但是，关键的问题一直在于这种体系与患者之间的桥梁——我们如何能确定我们所建立的这个体系，会像它在理论上那样绝妙完美，不管怎样总能与某个特定的"琼斯先生"，即在咨询室中坐在我们对面的一个活着的、即时的现实联系在一起呢？难道不会恰恰是这个特定的个体需要另一个体系、另一种迥然不同的参考框架吗？难道不会恰恰就是因为我们依赖于我们自己这个体系的逻辑一致性，所以这个患者，或者与之相关的任何人就会逃避我们的研究，就像海洋里的泡沫一样滑过我们科学的手指吗？

另一个类似的令人痛苦的问题是：我们如何才能知道我们是否看到了那个在其真实世界中的患者，在这个世界中，他"生活着，活动着，并且拥有他的存在"，而且这个世界因为他而独特、具体，不同于我们关于文化的一般理论？很可能我们从来都没有参与到他的世界中，也没有直接地认识他的世界；然而，如果我们想要有任何机会来认识这位患者的话，我们就必须认识他的世界，而且必须在某种程度上能够存在于其中。

这些问题成为欧洲的精神病学家和心理学家的研究动机，他们后来发起了此在分析（Daseinsanalyse）或称为存在-分析运动。"精神病学中的这种存在研究取向，"其主要发言人路德维希·宾斯万格写道，"产生于对精神病学中盛行的想要获得科学理解的努力的不满……已经公认的是，心理学和心理治疗作为科学主要关注的是'人'，但绝不仅是心理上有'病'的人，而是人本身。这种新的关于人的理解，我们应将其归功于海德格尔关于存在的分析，这种新的理解是建立在这个新概念的基础之上的，即我们不再根据某种理论——可能是一种机械论的理论、一种生物学的理论，也可能是一种心理学的理论——来理解人类……"[1]

一、是什么引起了这种发展？

在转而讨论这个关于人的新概念是什么之前，让我们关注一下这个——在欧洲的不同地方、不同的流派之间自发出现的趋向，它拥有一大批形形色色的研究者和具有创造性的思想家。在巴黎有尤金·明可夫斯基，德国有欧文·斯特劳斯，后来又有冯·格布萨特尔，他们主要代表了这次运动的第一阶段或现象学阶段。在瑞士，有路德维希·宾斯万格、斯托奇（A.Storch）、鲍斯（M.Boss）、巴利（G.Bally）以及罗兰德·库恩，在荷兰有范·邓·伯格（J.H.Van Den Berg）和布顿迪克（F.J.Buytendijk），等等，他们代表了更为具体的第二阶段或存在主义阶段。这次运动是自然而然地出现的，在有些情况下，这些人都不知道他们的同事也在做着非常相似的研究，而且它不是某个领导者脑力劳动的产物，它的产生应归功于很多不同的精神病学家和心理学家——这一事实证明了我们必须响应这个时代在精神病学和心理学领域一种普遍的需要。冯·格布萨特尔、鲍斯和巴利是弗洛伊德式的分析者；虽然宾斯万格身在瑞士，但当苏黎世小组与国际精神分析协会分裂时，他在弗洛伊德的推荐下，成为维也纳精神分析协会的一员。一些存在治疗者也受到了荣格的影响。

---

[1] L .Binswanger, "Existential Analysis and Psychotherapy," in *Progress in Psychotherapy*, ed.by Fromm-Reichmann and Moreno (New York: Grune & Stratton, 1956), p.144.

尽管这些非常富于经验的人通过他们已经学会的技术所进行的治疗是有效的，但是，只要他们将自己限制于弗洛伊德式的以及荣格式的假设中，他们就不能清楚地理解为什么疗效会出现或不会出现，也不能理解在患者的存在中真正发生的是什么，这一事实使得他们焦虑不安。他们拒绝治疗者当中常见的用来减轻这些内在疑惑的方法，即加倍努力地将个人的注意力转向完善自己错综复杂的概念体系。当他们为自己正在做的事情而感到焦虑或遭受怀疑的攻击时，心理治疗者当中出现了另一种倾向，即开始专注于技术；也许减轻焦虑最直接的动因是，通过完全强调技术性而将自己从问题中抽离出来。这些人抵制住了这种诱惑。正如路德维希·勒费布雷（Ludwig Lefebre）所指出的[①]，他们同样也不愿意假定像"力比多""潜意识压抑力"这样无法证实的动因，不愿借用"移情"的概念解释正在发生的事情的各种过程。而且，他们对于把无意识理论当作一张几乎任何解释都可以写在其上的已经签好名字的空白纸张，尤其强烈地感到怀疑。正如斯特劳斯所指出的，他们意识到，"更为经常出现的是患者的无意识观念，而不是治疗者的意识理论"。

这些精神病学家和心理学家所争论的不是具体的治疗技术。例如，他们承认，精神分析对于某些案例类型来说是非常有效的，而且他们当中有一些人是真正的弗洛伊德运动的成员，他们自己也使用这种技术。但是，他们所有人都对它关于人的理论感到非常怀疑。而且他们认为，关于人的概念中的这些难点和局限，不仅会严重地阻碍研究，而且从长远来看还会严重地限制治疗技术的有效性和发展。他们

---

① 摘自与勒费布雷博士的私人交流。勒费布雷博士是一位存在心理治疗者，他是雅斯贝尔斯和鲍斯的学生。

试图理解这些特定的神经症或精神病，而且就此而言，任何一个人的危机情境都不是对这个或那个碰巧正在观察的精神病学家或心理学家的概念标准的偏离，而是在这个特定患者的存在结构中的偏离，是他的人类境况（condition humaine）的瓦解。"以存在－分析为基础的心理治疗研究这个将要接受治疗的患者的生活史……但是它并不根据任一心理治疗流派的学说或者依据它所偏好的范畴来解释这种生活史。相反，它将这种生活史理解为对这个患者整个在世存在结构的修正……"[1] 如果这些措辞让人困惑，那我们只能这样说，本介绍性章节的任务就是，尽可能清楚地阐明，在理解特定的个体时这种取向的含义。本书接下来的大多数章节都是这次运动的先驱者们自己撰写的，这些章节将会用个案研究来论证这种方法。

宾斯万格关于理解存在－分析是如何使某一特定的案例清楚明白地显示出来，以及将这种理解与其他的心理学理解方法相对比而做出的努力，都鲜明生动地体现在他关于"艾伦·韦斯特个案"的研究中。[2] 1942年[3]，宾斯万格完成了关于存在－分析的著作后，回到了由他担任主任的疗养院档案馆。他选择了一位最终自杀了的年轻女性的个案史。这个个案是非常有意义的，不仅因为有艾伦·韦斯特（Ellen West）那些生动的日记、私人记录以及诗歌可供研究，还因为该年轻女性在进入这家疗养院之前曾在精神分析学家那里接受过两个阶段的治疗，并且在进入疗养院后也接受过克雷佩林（Kraepelin）和布洛伊勒（Bleuler）的咨询。宾斯万格把这个个案作为基础，讨论艾伦·韦

---

[1] L. Binswanger, 同前书, p.145。
[2] 收录在本书中，最早出版于1945年。
[3] *Grundformen und Erkenntnis menschlichen Daseins* (Zurich: Niehans, 1942).

斯特最初在精神分析学家那里得到了怎样的诊断和理解，然后在布洛伊勒和克雷佩林以及疗养院里的其他权威那里又得到了怎样的诊断和理解，最后根据存在－分析又将怎样被理解。

在这里，需要指出宾斯万格与弗洛伊德之间长期的友谊，这段关系是他们两人都非常看重的。在一本应安娜·弗洛伊德（Anna Freud）的要求而出版的他关于弗洛伊德的回忆的小册子中，宾斯万格描述了他多次去弗洛伊德在维也纳的家中，以及弗洛伊德到他在康斯坦茨湖的疗养院中做客好几天。这段关系是弗洛伊德与所有和他的观点迥然不同的同事之间唯一维系下来的友谊，因此，它显得尤为特别。在弗洛伊德给宾斯万格写给他的新年贺信的回信中，有一种深深地打动人心的情感："你，与那么多其他人都不一样，你没有让这种事情发生，你没有让你智力的发展——这种智力的发展已经使你越来越不受我的影响——破坏我们的私人关系，而你并不知道这种美好对一个人来说有多么大的益处。"① 这种友谊得以维系是因为他们两个人之间的智力冲突就像众所周知的大象与海象之间的斗争——二者永远都不可能在同一个地方相遇一样，还是因为宾斯万格某种外交式的态度（弗洛伊德在某个地方温和地责备过他的这种倾向），或者是因为他们对彼此的尊重与情感的程度很深，我们无法判断。然而，宾斯万格与这场存在运动的其他成员在治疗中关注的并不是争论具体的动力本身，而是分析关于人性的潜在假设，并找到一个所有具体的治疗体系都能以之为基础的结构，这一事实确实是非常重要的。

---

① L. Binswanger, *Erinnerungen an Sigmund Freud*. 该书刚刚在美国出版时，书名为 *Sigmund Freud: Reminiscences of a Friendship*, trans. by Norbert Guterman (New York: Grune and Stratton, 1957)。

因此，仅仅将心理治疗中的这场存在运动等同于继荣格和阿德勒后另一个脱离了弗洛伊德主义的流派，是错误的。先前那些背离的流派，尽管是由传统治疗中的盲点引起的，而且通常出现在传统流派的"高原期"，但它们却是在一位创新领导者的创造性工作的推动下形成的。奥托·兰克（Otto Rank）对病人体验中"现在时间"的新的强调出现在20世纪20年代早期，当时经典分析陷入对病人的过去进行枯燥无味的理智化讨论这一困境之中；威廉·赖希（Wilhelm Reich）的性格分析是对突破性格铠甲的"自我防御"这个特殊需要所做出的回应，出现于20世纪20年代后期；通过霍妮（Horney）的研究，以及弗洛姆和沙利文的独特方法，新文化取向在20世纪30年代得到了发展，当时传统的精神分析没有看到神经症和精神障碍中社会方面与人际关系方面的真实重要性。现在，存在治疗运动的出现确实与这些不同的流派有一个共同的特征，那就是，正如我们在后面将要清楚阐述的，它同样也是由现存心理治疗取向中的盲点引起的。但是，它在两个方面不同于其他的流派。第一，它不是任何一位领导者的创造物，而是在欧洲许多不同的地方自发地、本土地发起的。第二，它并没有声称要创立一个新的流派来反对其他的流派，或者给出一种新的治疗技术来反对其他的技术。相反，它试图分析人类存在的结构——这项事业如果成功的话，应该会给出一种对处于危机之中的人所面临的所有情境之基础的现实的理解。

因此，这场运动的目的不仅仅是使盲点清楚明白地显示出来。宾斯万格写道："……存在分析能够扩大和深化精神分析的基本概念以及对它的理解"。在我看来，不但对于分析，而且对于治疗的其他形式，他这么说都有合理的基础。

尽管事实上这种取向在欧洲已经变得越来越重要，而且已有一些观察者报道说它是欧洲大陆上占据主导地位的运动，但是我们不需要细想就可以预测到它将会在这个国家遭遇强烈的抵制。在早期共事时，弗洛伊德曾写信给荣格说，认清并公开地唤起死寂的维多利亚文化对精神分析的抵制总是更好一些。我们将听从弗洛伊德的建议，指出我们所认为的对当前这种取向的主要抵制。

第一个对这项或任何新贡献的抵制的根源当然是这样一种假设，即这些领域中所有主要的发现都已取得，而我们所需要做的仅仅是填补细节。这种态度仿佛是一名守旧的闯入者，是一个声名狼藉地存在于心理治疗流派之间的斗争中的不速之客。它的名字是"被组织化为教条的盲点"。尽管并不值得给予这种态度一个答案，它也不容易受任何东西的影响，但是不幸的是，在我们这个历史时期，它也许比人们想象的更为普遍。

第二个，同时也是需要认真地做出回答的抵制的根源是这样一种怀疑，即认为存在分析是哲学对精神病学的一种侵犯，而且它与科学没有什么关系。这种态度部分是19世纪最后的斗争在文化上遗留下来的伤疤，当时心理科学已经脱离形而上学，赢得了自由。这次胜利因此具有极大的意义，但是，就像在任何战争的后果中所出现的一样，随之会产生相对极端的反应，这本身就是有害的。关于这种抵制，我们将做一些评论。

我们应该记住，精神病学与心理学中的存在运动正是产生于一种想要变得具有更多而不是更少实证性的激情。宾斯万格及其他人认为，传统的科学方法不但没有适当地处理数据，而且实际上倾向于隐藏而不是揭露患者身上正在发生的事情。这场存在分析运动是对这种以迎合我们自己的前概念的形式来看待患者或者对他进行改造，使其符合我们自己偏好的臆想的一种抗议。在这个方面，存在心理学在其最为广泛的意义上坚定不移地站在了科学的传统之上。但是，它通过历史的视角和学识的深度，通过接受人类在艺术、文学以及哲学中展现自己这些事实，通过得益于那些特定的、表达当代人之焦虑与冲突的文化运动的洞见，扩展了它关于人的知识。我们只有阅读以下章节才能看清这些研究人的学者在其领域所研究的是什么样的诚实智慧和学术原则。在我看来，它们代表了一种科学与人文主义的统一。

在这里，提醒我们自己这一点也是很重要的，即每一种科学方法都有赖于哲学的前提。这些前提不仅决定观察者用某种特定的方法将能够看到多少现实——它们实际上是他所感知到的景象——还决定所观察到的东西是否与真实的问题有关，并由此决定这项科学研究能否持续下去。天真地认为如果一个人避免了所有关于哲学假设的先入之见，那他就能最佳地观察到事实，这是一种严重的（尽管是常见的）错误。他因此而做的一切只是不加修饰地反映出他自己那些学识有限的狭隘学说。在我们这个时代产生的结果是，科学被等同于这样的方法，即隔离因素，并以所谓的分离为基础来观察——这种特定的方法源自 17 世纪西方文化中所产生的主体与客体的割裂，并在 19 世纪后期和 20 世纪发展出其特殊的区隔化形式。① 当然，在我们这个时代，我们正如任何其他文化中的成员一样受"方法论"的支配。但是，这看起来尤其是一种不幸，即我们在这样一个对人进行心理学研究的关键领域中的理解，以及依赖于它的对情绪与心理健康的理解，却

---

① 参见第 22 页（指英文原书页码，即本书边码，后不一一说明。——中译者注）。

由于对有限假设的不加批判的接受而被削弱。海伦·萨金特（Helen Sargent）审慎而精辟地指出："与允许研究生认识到的相比，科学提供的余地更大。"①

难道现实是合法的，并因此是可以理解的这个假设不是科学的本质吗？难道任何方法都要不断地对自己的前提进行批判不是科学完整性的一个不可分割的方面吗？移除一个人的"障眼物"（blinders）的唯一方法是，分析他的哲学假设。在我看来，在这场存在运动中，精神病学家和心理学家试图澄清他们自己所基于的东西，这是非常值得赞扬的。正如亨利·艾伦伯格在后面章节所指出的，这使得他们能够以一种新的明晰性来看待人类主体，并能够使心理体验的许多层面都清楚明白地显示出来。

第三个，而且在我看来是最为重要的抵制的根源是，这个国家全神贯注于技术，而对于研究所有技术所依据的基础的努力都表现出毫无耐心的倾向。这种倾向可以从我们美国的社会背景得到很好的解释，尤其是我们的边缘科学史，而这可以很好地被合理化为我们乐观地、能动地关注于帮助和改变人。诚然，我们在心理学领域中的天赋直到最近一直体现在行为主义、临床和应用领域，而我们在精神病学中的特殊贡献则表现在药物治疗和其他技术应用方面。戈登·奥尔波特（Gordon Allport）描述过这一事实，即美国与英国的心理学（以及整体的智力氛围）都是洛克式的，也就是实用主义的，这是一种符合行为主义、刺激与反应体系以及动物心理学的传统。相反，欧洲大陆

---

① *Methodological Problems in the Assessment of Intrapsychic Change in Psychotherapy*（未发表）。

的传统一直是莱布尼茨式的。① 现在，我们要清醒地提醒自己，心理治疗领域中每一个新的理论贡献（它们都具有创新性和发生学的力量，能够导致一个新流派的出现）均来自欧洲大陆，只有两个例外——而且其中一个还是由一位在欧洲出生的精神病学家留下来的。② 在这个国家，我们倾向于成为一个跟随者的民族；但是，让人烦恼的问题是：

---

① Gordon Allport, *Becoming, Basic Considerations for a Psychology of Personality* (New Haven: Yale University Press, 1955). 奥尔波特指出，这种洛克式的传统由一种对心理是白板的强调构成，在这个白板上，要写下所有后来即将存在于那里的东西；莱布尼茨式的传统则认为心理具有它自己潜在的主动的核心。

② 要理解这一点，我们只需指出这些新理论的创始人即可：弗洛伊德、阿德勒、荣格、兰克、斯特克尔（Stekel）、赖希、霍妮、弗洛姆，等等。据我所知，两个例外是哈里·斯塔克·沙利文（Harry Stack Sullivan）的流派和卡尔·罗杰斯的流派，而且前者与出生于瑞士的阿道夫·梅耶（Adolph Meyer）的研究有间接的联系。甚至罗杰斯也可能部分地论证了我们的观点，因为尽管他的观点具有明确的、一致的关于人性的理论含义，但是他注意的焦点一直都在"应用"方面，而不是"纯粹的"科学方面，而且他关于人性的理论在很大程度上应归功于奥托·兰克。我们并不是要对美国"应用"科学倾向与欧洲"纯"科学倾向之间的区别做一个价值判断，但是我们确实希望指出，有一个远远超越了心理学与精神病学界限的严重问题摆在了我们面前。怀特海德（Whitehead）教授在几年前哈佛大学经济学院长的就职演讲中，列出了过去三个世纪中为西方文明的智力科学发展做出了杰出贡献的20个人，如爱因斯坦（Einstein）、弗洛伊德等；这20个人全部来自欧洲或者近东，没有一个来自美国。怀特海德说，我们不能简单地将这解释为欧洲培养科学家的时间更为长久一些，因为在过去的40年中，美国培养的科学家和工程师比所有其他西方文明国家的加在一起还要多。既然在欧洲"纯科学"的源泉可能正在干涸，那么这种对于"应用科学"的偏好就为我们的将来提出了一个严峻的问题。

显然，我们一点不想挑起"欧美对决"这样的问题。我们所有人都是现代西方文明的一部分，而且由于一些可以理解的历史原因，西方人历史使命的一些方面更沉重地落在了欧洲以及美国身上。正是在这样的背景下，存在取向才有可能产生一种特定的、重要的贡献。这种取向将旨在理解人类存在之潜在结构的基本科学追求与一种对抽象本身的怀疑结合在一起，而且将其与对行动中所创造的真理的强调联系在一起。它不是在抽象的领域中，而是在具体的、存在的人类存在领域中寻求理论。因此，对于旨在将思维与行动联系在一起的美国思潮[在威廉·詹姆士（William James）那里得到了绝妙的表现]而言，它具有一种深远的、潜在的（尽管没有实现）吸引力。因此，本书接下来这些章节可能会在我们寻找"纯"科学基础（这是在我们关于人的科学中非常需要的）方面提供重要的帮助。

我们将在哪里获得我们奉行的东西？在我们对技术的全身心投入中（其本身是非常值得称赞的），我们已经倾向于忽略这一事实，即从长远来看，被自身所增强的技术甚至会挫败自己。欧洲思维一直以来得以在这些领域产生丰富得多的具有原创性的新发现的原因之一，是其在科学和思维领域具有广泛的、历史的、哲学的视角的传统。这在本书我们所关注的这个具体领域，即存在心理治疗运动中表现得非常明显。宾斯万格、斯特劳斯、冯·格布萨特尔以及这场运动的其他奠基者，尽管他们的思想与患者的真实问题相关，但是他们仍然具有"纯"科学的意味。他们所寻求的不是技术本身，而是一种对于所有技术都必须基于其上的基础的理解。

在我看来，我们提到的这些抵制，远远不能削弱存在分析的贡献，它们恰恰证明了其对于我们思维的潜在重要性。尽管存在一些困难——部分是由于它的语言，部分是由于它的思维的复杂性——但我认为，它是一项具有重要性和独创性的贡献，值得我们对它进行认真的研究。

二、什么是存在主义？

现在，我们必须开始讨论一个主要的障碍物——围绕"存在主义"这个词所产生的混乱。这个词被人们左右摆布，用来意指很多东西——从巴黎左岸中先锋派一些成员装腔作势地发出挑战这样的浅薄涉猎，到一种提倡自杀的绝望哲学，再到一种用非常深奥的语言写出来的反对理性主义的德国思维体系，其目的在于激怒所有存有经验主义思想的读者。相反，存在主义是现代情绪特征和精神特征之深刻维度的一种表现形式，而且它几乎表现在我们文化的所有方面。它不仅表现在心理学和哲学中。在艺术领域中，参见梵高（Van Gogh）、塞尚（Cézanne）和毕加索（Picasso）；在文学领域中，参见陀思妥耶夫斯基（Dostoevski）、波德莱尔（Baudelaire）、卡夫卡（Kafka）以及里尔克（Rilke），都可以发现这一点。实际上，在许多方面，这是对当代西方人心理困境的独特的、具体的描述。正如我们将要看到的，这一文化运动与引出精神分析以及其他心理治疗形式的运动一样，根源于同样的历史情境、同样的心理危机。

关于这一术语的混乱，甚至常常出现在具有很高文化水平的地方。《纽约时报》在一篇报道中，针对萨特对苏联共产主义者在匈牙利的某些行为进行谴责并最终与他们脱离了关系做出评论，将萨特确定为"存在主义，一种广泛意义上的思想的唯物主义形式"中的一位领导者。这篇报道中产生这种混乱的原因有两个。第一，随着萨特著作的广为流传，大众的心理对存在主义产生了认同。除去这一事实，即萨特在这里是由于他的戏剧、电影和小说而著名，而不是由于他主要的、深刻的心理学分析，我们必须强调，他代表了存在主义中引起了误解的主观主义的极端，而且他的见解也绝不是对这场运动最为有用的介绍。而《纽约时报》报道中第二个更为严重的混乱是，它将存在主义定义为"广泛意义上的唯物主义"。没有什么比这个更不确切了——什么都不能，除非正好相反，即将它描述为一种唯心主义的思想。这种取向的本质是，它试图在一个削弱唯物主义与唯心主义间对立这个古老的两难困境的层面分析和描画人类——无论是在艺术中、文学中、哲学中，还是在心理学中。

简而言之，存在主义是一种通过减轻主观与客观间的分裂以理解人的努力，这种主观与客观之间的分裂在文艺复兴之后不久便一直与西方的思想与科学的发展联系在一起。宾斯万格称这种分裂为"到目前为止所有心理学的肿瘤……关于世界的主观-客观分裂学说的肿瘤"。在西方历史上，有一些著名的先驱曾用存在主义的方法来理解人类，如苏格拉底（Socrates）在他的对话录中的观点、奥古斯丁（Augustine）在他对自我的深蕴心理学分析中的观点，以及帕斯卡尔（Pascal）在他为"理性并不知道的心的理性"找到一个位置而做的斗争等。但是，它正好出现于100多年之前那个理性主义占据统治地位的时代，用马利丹（Maritain）的话来说，是对黑格尔的"理性的极权主义"的强烈反对。克尔凯郭尔宣称，黑格尔将抽象的真理等同于现实，这是一种错觉，并且相当于欺骗。克尔凯郭尔写道："只有当个体自己在行动中创造真理的时候，真理才会存在。"他和那些追随他的存在主义者坚定地反对将那些人看作一个主体——也就是说，将人看作只有作为有思想的存在时才具有现实性——的理性主义者和唯心主义者。但是，除了他们强烈反对将人看作一种可以计算和操纵的物体这一倾向外，在西方世界还出现了一些几乎势不可挡的趋势，即：使人类变成毫无个性特征的单元，像机器人一样符合我们这个时代大工业的和政治的集体主义。

　　这些思想家为了他们自身的缘故而寻求理智主义确切的对立面。他们可能比经典的精神分析者更为强烈地反对将思维当作一种对抗生动性的防御，或者将其当作即时体验的一种替代物。社会学领域一位早期存在主义者路德维希·费尔巴哈（Ludwig Feuerbach）给出了很有感染力的告诫："不要单纯地希望成为一位哲学家，而要成为一个真实存在的人……不要像一位思想家那样来思考……要像一个活着的、真实的存在那样来思考。在存在中思考。"①

"存在"这个术语源自 ex-sistere 这个词根，字面意思是突出、出现。这确切地指明了不管在艺术中、哲学中，还是在心理学中，这些文化表征所寻求的东西，即不是将人类描述为一种静态的物质、机制或模式的集合，而是将他们描述为出现的和生成的，也就是说，是存在的。不管我是由某某化学物质构成，或者我是根据某某机制或模式来采取行动的这个事实多么有趣，或者从理论上讲多么正确，关键的问题一直是，我碰巧在时空中的这个特定时刻存在，而且我的问题是，我将如何意识到这个事实，而且关于这个事实我将做些什么。正如我们在后面将要看到的，存在心理学家和精神病学家并没有将关于人的精力、驱力和行为模式的研究排除在外。但是，他们坚持认为，在任何一个特定的个体身上，我们都无法理解这些，除非在这个贯穿其中的事实这一背景下来理解。即在这里，一个人碰巧存在，碰巧在这里；而如果我们不将这一点铭记于心，那我们所了解的关于这个人的所有其他东西都将失去其意义。因此，存在主义者的取向都是动态性的；存在指的是形成、生成。他们的努力是为了不要将这种生成当作一种情感上的人工制品来理解，而是将它作为人类存在的基本机构。读者们应该记住，我们在下文中所使用的"存在"（being）这个术语，不是一个静态的词语，而是一种动词的形式，是动词 to be 的分词形式。存在主义基本上是关注于本体论的，也就是关注存在的科学（*ontos*，来自希腊语的"存在"）。

如果我们回想起，在传统的西方思维中，"存在"一直被设为"本

---

① 引自 Paul Tillich, "Existential Philosophy," in the *Journal of the History of Ideas*, 5:1, 44-70, 1944。

质"的对立面，那我们就能更为清晰地看到这一术语的重要性。我们可以说，本质就好比一根树枝的绿色，以及赋予它实体的密度、质量及其他特征。总的来说，自文艺复兴以来，西方思维一直关注于本质。传统的科学试图发现这些本质或实质；正如哈佛大学的怀尔德（Wild）教授所指出的，它假定了一种本质先于存在论的形而上学。① 对本质的寻求可能真的会给科学带来具有重大意义的普遍规律，或者给逻辑学或哲学带来非常卓著的概念抽象化。但是，它只能通过抽象化才能做到这一点，不然特定的个别事物的"存在"就不被考虑了。例如，我们能够证明三个苹果再加三个等于六个。如果我们用独角兽来代替苹果，也同样是正确的；不管苹果或独角兽是否真的存在，对于这个命题的数学真理来说都没有任何影响。这就是说，一个命题可能是正确的，但无须是真实的。可能正是因为抽象的东西在某些科学领域起着非常重大的作用，所以我们往往忘记了它必然会陷入一种分离的观点，同时这些活着的个体也会被忽略。② 真理与现实之间存在很大的差别。而我们在心理学以及关于人的科学的其他方面所面临的关键问题，恰恰是对于一个特定的活着的人来说，什么从抽象方面来讲是正确的、什么从存在方面来讲是真实的这两者之间的差别。

---

① John Wild, *The Challenge of Existentialism* (Bloomington: Indiana University Press, 1955). 由于海森堡（Heisenberg）、博尔（Bohr）的观点［参见第26页（指英文原书页码。——中译者注）］，现代物理学以及与此相似的趋势都在这一点上发生了改变，正如我们将要看到的，这与存在主义发展的一个方面是相平行的。在上文中，我们所谈论的是关于西方科学的传统观念。

② 现实对于这个拥有苹果的人——也就是这个存在的一方——会产生一些影响，但是这与数学命题的真理是不相关的。再举一个更为严肃的例子，即所有人都会死，这是一条真理；而说在某个年龄死亡的百分比是多少，为这个命题提供了一种统计学上的精确性。但是，这两种观点都没有说到任何实际上对于我们每一个人来说都最为紧要的事实，也就是说，你我都必须独自面对在将来某一个未知的时刻，我们都将会死这一事实。与本质先于存在论的命题相比，后面这些是存在的事实。

为了避免看起来我们是在提出一个人造的、关于假想敌的问题，要指出的是，真理与现实之间的裂隙是行为主义和条件作用心理学那些经验丰富的思想家所公开和坦白地承认的。行为理论中某个派别的一位领导者肯尼斯·W. 斯宾塞（Kenneth W. Spence）写道："行为现象的任一特定领域是更真实，还是只是更为接近现实生活，以及由此在研究中是否应被给予优先考虑这个问题，不是或者至少不应该是向作为科学家的心理学家提出的。"这就是说，被研究的东西是否真实并不是最关键的问题。那么，应该选择哪些领域来进行研究呢？斯宾塞将优先权给予了那些屈从于"控制程度和分析（这种控制和分析是对抽象规律进行系统阐述所必需的）"的现象。[1]没有哪个地方的观点比这个更为泰然自若地、更为清晰地证实我们的观点了——所选择的是能够被还原为抽象规律的东西，而你所研究的东西是否具有现实性与这个目标并不相关。以这种取向为基础，心理学中建立起了许多令人印象深刻的、用抽象的概念高高堆积起来的体系——正如我们知识分子所习惯的那样，这些创作者们屈从于他们的"综合大厦"，直到创立了一种绝妙的、庄严的结构。唯一的麻烦是，这栋大厦时常在其根基上与人类现实相分离。现在，存在主义传统中的思想家持有与斯宾塞完全相反的观点，存在心理治疗运动中的精神病学家和心理学家也是这样的。他们坚持认为，建立一门研究现实中的人的存在的关于人的科学是必要的，也是可能的。

克尔凯郭尔、尼采以及那些追随他们的人都准确地预见了西方文化中真理与现实之间这种越来越大的裂痕，而且他们都努力将西方

---

[1] Kenneth W.Spence, *Behavior Theory and Conditioning* (New Haven: Yale University Press, 1956).

人从认为现实可以根据一种抽象的、分离的方式来理解这种错觉中召唤回来。然而，尽管他们强烈地反对枯燥无味的理智主义，但他们绝不是纯粹的行动主义分子。他们也不是反对理性主义。在我们这个时代，绝不能把令思维从属于行动的反理智主义及其他运动与存在主义相混淆。这两种选择中的任何一种——使人成为主体或者使人成为客体——都会导致失去活着的、存在的人。克尔凯郭尔以及存在主义思想家都呼吁需要一种构成主观性与客观性之基础的现实。他们坚持认为，我们不仅必须研究一个人的体验本身，更要研究这种体验正在其身上发生的这个人——这个正在体验的人。正如蒂利希所说，他们坚持认为："认知体验的客体不是现实或存在（Being），而是'存有'（existence），是即时体验到的现实，它着重于人的即时体验的内在的、个人的特征。"[1] 这种评论以及前面提到的一些评论都向读者表明了存在主义者与当今的深蕴心理学之间有着非常密切的关系。在19世纪，他们当中最伟大的人——克尔凯郭尔和尼采碰巧也都是非常卓越的心理学家（从动态的意义上说），而且这个流派的一位当代领导者卡尔·雅斯贝尔斯（Karl Jaspers）最初就是一位精神病学家，他还撰写了一部著名的关于精神病理学的教科书，这些都绝不是偶然。当一个人阅读克尔凯郭尔关于焦虑和绝望的深刻分析，或者是尼采关于伴随压抑的情绪力量而产生的愤恨、内疚以及敌意的动因那些令人赞叹的犀利洞见时，他必须时刻提醒自己才能意识到，他是在阅读上个世纪所撰写的著作，而不是当代的时兴的心理学分析。存在主义者主要关注于在现代文化的区隔化和非人化中重新发现活着的人，而为了做到这一点，

---

[1] Paul Tillich, 同前。

15　他们就要进行深度的心理学分析。他们所关注的不是他们自己身上那些分离的心理反应,而是那个正在体验的、活着的人的心理存在。这就是说,他们所使用的是具有一种本体论意义的心理学术语。①

---

① 对于那些希望获得更多历史背景的读者,我们附加了这条注释。1841年冬天,谢林(Schelling)在柏林大学给包括克尔凯郭尔、布克哈特(Burckhardt)、恩格斯(Engels)、巴枯宁(Bakunin)等在内的一群著名的听众做了一系列著名的演讲。谢林打算推翻黑格尔的观点。黑格尔庞大的理性主义体系在19世纪中期的欧洲得到了广泛的、主导性的普及,其内容包括将抽象的真理等同于现实,以及将整个历史纳入一个"绝对的整体"中。尽管谢林的许多听众对于他对黑格尔的回应感到非常失望,但是我们可以说,存在主义运动就是从那里开始的。克尔凯郭尔回到丹麦后,于1844年出版了他的《哲学片段》(Philosophical Fragments);两年后,他写下了存在主义独立的宣言《非科学的最后附言》(Concluding Unscientific Postscript)。同样在1844年,叔本华的《作为意志和表象的世界》(The World as Will and Idea)第二版出版,这部著作之所以在这场新运动中非常重要,是因为它主要强调了活力、"意志"以及"表象"。1844—1845年,卡尔·马克思(Karl Marx)撰写了两部相关的著作。早期的马克思在这场运动中非常重要,他攻击抽象的真理是"空想",他同样也是将黑格尔作为代罪羔羊。马克思所持的历史是人们与群体在其中使真理成形的竞技场这一动态性观点,以及他意义重大的关于现代工业主义的金钱经济是如何逐步将人们变成物的论断,还有他关于现代人的非人化的著作,这些在存在主义取向中同样都是非常重要的。马克思和克尔凯郭尔都接受了黑格尔的辩证方法,但将之用于完全不同的目的。也许需要特别提到,黑格尔的观点中所潜藏的存在主义元素,比他的反对者所认识到的要多。

在接下来的几十年中,这场运动平息了下来。克尔凯郭尔仍然完全不为人所知,谢林的著作遭到了轻视而被雪藏,而马克思和费尔巴哈被看作教条主义的唯物主义者。随后,到了19世纪80年代,随着狄尔泰(Dilthey)的研究,尤其是弗里德里希·尼采的研究、"生活哲学"运动以及柏格森(Bergson)的研究,一股新的推动力出现了。

存在主义的第三个阶段,也就是当代的阶段,出现在第一次世界大战引发的对西方世界的冲击之后。克尔凯郭尔以及早期的马克思被重新发现,而尼采针对西方社会精神基础与心理基础所提出的严重挑战,再也不能被维多利亚时期自鸣得意的平静遮没。第三个阶段的具体形式在很大程度上归功于埃德蒙德·胡塞尔(Edmund Husserl)的现象学,它为海德格尔、雅斯贝尔斯以及其他人提供了他们所需要的根除主观-客观分裂的工具,而主观-客观分裂一直以来都是科学以及哲学中非常大的一块绊脚石。存在主义对真理是在行动中产生的这种观点的强调,与过程哲学,如怀特海德以及美国的实用主义,尤其是威廉·詹姆士的哲学之间显然存在着一种相似性。

那些希望对这场存在运动本身有更多了解的人,可以参考蒂利希的经典论文《存在哲学》(Existential Philosophy),因为我在上文中所引用的历史资料大多数都摘自蒂利希的论文。

马丁·海德格尔通常被看作现今存在主义思想的先驱。他的创新性著作《存在与时间》(*Being and Time*)具有非常大的影响力,它为宾斯万格以及其他存在主义精神病学家和心理学家提供了他们所寻求的用来理解人类的深刻的、广泛的基础。海德格尔的思维是严密的,在逻辑上是深刻的,从他以不屈不挠的活力和透彻性来从事研究的欧洲意味上讲是"科学的"。他的著作很难翻译。只能找到很少的几篇英文文章。① 让-保罗·萨特对于我们这个主题最大的贡献在于他对心理过程做了现象学描述。除了雅斯贝尔斯以外,其他著名的存在主义思想家还有法国的加百利·马瑟尔(Gabriel Marcel)、原先是俄国人但去世前成为巴黎居民的尼古莱·别尔佳耶夫(Nicolas Berdyaev)以及西班牙的奥特加·加塞特(Ortega y Gasset)和乌纳穆诺(Unamuno)。保罗·蒂利希在他的著作中表现出了存在主义的取向,而且他的著作《存在的勇气》(*The Courage to Be*)在许多方面都是英语中最好的、最具说服力的将存在主义作为一种真实生活取向的描述。②

我们还可以补充一点:这一领域中出现的某些混乱是这些著作的书名误导所致。沃尔(Wahl)的《存在主义简史》(*A Short History of Existentialism*)篇幅虽小,但绝不是关于存在主义的历史的,就像萨特以《存在精神分析》(*Existential Psychoanalysis*)为名出版的著作却与精神分析(或者就此而言,存在治疗)无关一样。

① 和一份关于《存在与时间》的介绍及摘要一起收入沃纳·布罗克(Werner Brock)的《存有与存在》(*Existence and Being*, Chicago: Henry Regnery Co., 1949)一书出版。在"存在主义者"变得等同于萨特之后,海德格尔拒绝被冠以这个称谓。从严格的意义上说,他称他自己为一位哲学家或本体论者。但是不管怎样,我们都必须保持存在,不应该在关于这些问题的争论中纠缠不清,而是要吸收每一个人的研究的意义与精神,而不是这些字母。马丁·布伯(Martin Buber)同样对于被称为一名存在主义者感到不快,尽管他的研究与这项运动有着明确的密切联系。这与对于理解该领域中的术语感到困难的读者真是不谋而合啊!

② 《存在的勇气》(New Haven: Yale University Press, 1952)与关于存在的存在主义著作相比,提供了一种应对危机的现行方法。像上面提到的大多数思想家一样,

卡夫卡的小说描述了存在主义既以之为谈论内容，又以之为谈论对象的现代文学中令人绝望的非人化情境。阿尔贝·加缪（Camus, Albert）的《陌生人》（*The Stranger*）和《瘟疫》（*The Plague*）是现代文学中非常优秀的代表，在其中，存在主义有一部分是自觉的。不过，对于存在主义之意义描述得最为鲜明的也许是现代艺术，这部分是因为它是用象征性的手法来进行明确的表达，而不是进行自觉的思考，还有部分是因为艺术总是能够非常清晰地揭露文化中所潜在的精神特征和情绪特征。接下来，我们将会频繁地提到现代艺术与存在主义的关系。在这里我们仅仅是指出，这场现代运动中诸如梵高、塞尚、毕加索等杰出代表的作品中有一些共同的因素：第一，他们都反抗19世纪后期伪善的学术传统；第二，他们都努力地想看穿表面以领会一种新的与自然现实的关系；第三，他们都努力地想恢复充满活力的、诚实的以及直接的美的体验；第四，他们都不顾一切地试图表达现代人类情境的、即时的潜在意义，即使当这意味着要描述绝望和空虚时，他们也这样做。例如，蒂利希坚持认为，毕加索的油画《格尔尼卡》（*Guernica*）最为扣人心弦地、最具有启发意义地描述了第

蒂利希也不应该被贴上一位纯粹的存在主义者这样的标签，因为存在主义是一种提出问题的方法，它本身并不会给出答案或规范。蒂利希有两条合理的规范——在他的分析中理性的结构一直是很突出的——宗教的规范也是。一些读者可能会不赞同《存在的勇气》中的宗教元素。但是，注意到这非常有意义的一点是很重要的，即这些宗教的观点（不管人们是否赞同）确实论证了一种真正的存在取向。这可以在蒂利希的"超越上帝的上帝"这个概念，以及认为"绝对信念"不是对于某种内容或某个人的信念，而是一种存在的状态，是一种以勇气、接受、充分的承诺等为特征的与现实相联系的方法中看到。这种关于"上帝的存在"的一神论论点，不仅与主题无关，还例证了西方思维习惯中最为腐化的方面；他们将上帝看作一种物质或客体，存在于一个客体的世界上，而且在与它相联系时，我们是主体。蒂利希指出，这是"糟糕的神学"，它会导致"上帝像尼采曾经说过的那样，肯定会被杀死，因为没有任何人能够忍受被当成一个关于绝对知识与绝对控制的纯粹的客体"（p.185）。

二次世界大战之前欧洲社会原子的、分裂的状况，并且"体现了现在在许多美国人内心中都存在的分裂、关于存在的怀疑、空虚以及无意义感"[1]。

存在主义取向作为一种对现代文化中的危机固有的、自然的回应而产生这一事实，不仅表现在它出现于艺术和文学领域这一事实上，还表现在欧洲各地的不同哲学家通常都发展出了这些观点而他们互相之间并没有过有意识的联系这一事实上。尽管海德格尔的主要著作《存在与时间》是在 1927 年出版的，但奥特加·加塞特早在 1924 年就已经提出并在《艺术的非人化及其他关于艺术和文化的著作》(*The Dehumanization of Art, and Other Writings on Art and Culture*) 中部分地发表了非常相似的观点。[2]

确实，存在主义是在一种文化出现危机的时期诞生的，而且在我们这个时代总能被发现处于现代文化、文学和思想的剧烈变革的前沿。在我看来，这一事实为它的洞见的效度做了辩护，而不是相反。当一种文化陷于过渡时期的深刻骚动之中时，可以想见，这个社会中的个体会遭受精神上与情绪上的剧变；而一旦发现公认的习俗惯例与思维方式再也不能带来安全感时，他们往往就会陷入教条主义和顺从之中，放弃他们的意识或者被迫为增强自我意识而努力，这样可以用新的证据并在新的基础上意识到他们的存在。这是存在主义运动与心理治疗最为重要的类同之一——两者都关注处于危机之中的个体。且不论危机时期"仅仅是焦虑与绝望的产物"这样的洞见，正如我们在

---

[1] "Existential Aspects of Modern Art," in *Christianity and the Existentialists*, edited by Carl Michalson (New York: Scribners, 1956), p.138.

[2] Ortega y Gasset, *The Dehumanization of Art, and Other Writings on Art and Culture* (New York: Doubleday Anchor, 1956), pp.135-137.

精神分析中一次又一次地所做的一样,我们更可能发现,危机恰恰是用来使人们震惊得脱离对外部教条的无意识依赖,并且是迫使他们揭开虚假的层面,以揭露关于他们自己的赤裸裸的事实所需要的,尽管这是让人不愉快的,但它至少是可靠的。存在主义是一种态度,它将人的存在视为一直处于生成之中,意思是说一直潜在地处于危机之中。但是,这并不意味着它是令人感到绝望的。苏格拉底是乐观的,他在个体身上对真理的辩证寻求,就是存在主义的原型。但是,可以理解的是,这样一种方法更容易出现在过渡的年代,即一个年代处于濒临消亡的状态而新的年代还没有来临之际,而个体要么是无家可归,迷失了,要么是获得了一种新的自我意识。从中世纪向文艺复兴过渡的这段时期,是西方文化中一个激进的巨变时刻,帕斯卡尔有力地描述了这种被存在主义者后来称为此在(Dasein)的体验:"当我考虑我简短的一生时,就会被我这一生前后的永恒无穷淹没,考虑我所占据的,甚或是看到的那么小的空间,就会被那些我不知道的以及不知道我的无限广大的空间吞没。我感到非常害怕,并为看到我自己在这里而不是在那里而感到奇怪;因为没有理由我应该在这里而不是在那里,是现在而不是在那个时候……"① 很少有关于存在主义的问题比这个更为简单或者更为绝妙。在这段话中,第一,我们看到了对被存在主义者称为"被抛"的人类生活之偶然性的深刻认识。第二,我们看到帕斯卡尔坚定地面对在哪里这个问题,或者更确切地说,是"在哪儿"这个问题。第三,我们看到了这种认识,即我们无法在某种关于时间和空间的肤浅解释中找到庇护,这是帕斯卡尔知道得很清

---

① *Pensées of Pascal* (New York: Peter Pauper Press, 1946), p.36. 在第 41 页(指英文原书页码。——中译者注)上有对此在的界定。

楚的，尽管他是一位科学家。第四，我们看到了对由这种存在于这样一个宇宙中的刻板意识所产生的深刻震撼的焦虑。[1]

我们还需要注意存在主义与诸如老子、佛教禅宗等的著作中所表现出来的东方思想之间的关系。它们之间的相似性是惊人的。我们只要看一下老子《道德经》当中的引语就可以很快看出这种相似性："有物混成，先天地生。寂兮寥兮，独立而不改，周行而不殆，可以为天地母。"[2]

我们同样也会震惊于它与佛教禅宗之间的相似性。[3] 这些东方哲学与存在主义之间的相似性，比语言之间偶然的相似性要深刻得多。两者都关注本体论，关注对存在的研究。两者都寻求一种与在主观-客观分裂之下的现实的联系。两者都坚持认为，西方这种对征服自然并获得战胜自然的力量的专注，已经不仅导致人与自然的疏远，还间接地导致人与其自身的疏远。出现这些相似性的根本原因在于，东方的思想从来都没有遭受这种已经成为西方思想之特征的主观与客观之间的彻底分裂，而这种两分法正是存在主义试图克服的。

当然，这两种取向不能完全等同；它们是处于不同层面的。存

---

[1] 因此，并不奇怪，这种关于生活的取向尤其是针对许多现代市民说的，这些市民意识到了他们得以发现自己的情感困境和精神困境。例如，诺伯特·维纳（Nobert Wiener）在他的自传中指出，从个人方面来讲，他的科学活动将他引向了一种"积极的"存在主义，尽管他的科学研究的真实含义可能与存在主义者所强调的迥然不同。"我们并不是为了要在不确定的将来获得一个确定的胜利而进行斗争，"他写道，"存在与已经存在就是可能取得的最大胜利。没有哪种失败可以剥夺我们已经取得的这项成功，即在这个似乎对我们漠不关心的世界上，我们已经存在于时间的某些时刻当中。" *I Am a Mathematician* (New York: Doubleday).

[2] Witter Bynner, *The Way of Life, according to Laotzu, an American Version* (New York: John Day Company, 1946).

[3] 参见 William Barrett, ed., *Zen Buddhism, the Selected Writings of D.T.Suzuki* (New York: Doubleday Anchor, 1956), Introduction, p.xi。

在主义不是一种综合的哲学或生活之道，而是一种为了解现实而做出的努力。就我们的目的而言，这两者之间主要的明确差别是，存在主义沉浸于并直接地来自西方人的焦虑、疏远和冲突，而且它是我们的文化所固有的。像精神分析一样，存在主义也没有试图从其他文化中引进答案，而是尝试利用当代人格中的这些特定冲突，将其作为西方人进行更为深刻的自我理解的手段，并为与产生这些问题的历史危机和文化危机有直接联系的问题找到解决方案。在这个方面，东方思想这种特定的价值观并不是像雅典娜随时准备出生那样，它是不能够迁移到西方人心里的，相反，它是一种矫正我们的偏见的东西，凸显了导致西方发展出现当前问题的错误假设。在我看来，当前西方世界对东方思想产生了广泛的兴趣，是同样的文化危机、同样的疏离感、同样的对于超越这个导致存在主义运动的两分法恶性循环之渴望的一种反映。

三、存在主义与精神分析是怎样从相同的文化情境中产生的

现在，我们来看一下，关于现代人的问题，存在主义者一方与精神分析者一方所致力的研究之间有着惊人的相似性。从不同的视角，在不同的水平上，两者都分析了焦虑、绝望、来自人自己以及社会的异化。

弗洛伊德将19世纪后期的神经症人格描述为一种遭受分裂的人格，也就是说，遭受本能驱力的压抑、意识的阻隔、自主性丧失、自我虚弱而被动性，再加上由于这种分裂而产生的各种神经症的症状。克尔凯郭尔——他撰写了弗洛伊德之前唯一一本为人所知的专门论述

焦虑问题的著作——不但分析了焦虑,而且特别分析了由于个体的自我疏离而产生的抑郁和绝望;他还进一步根据其不同的形式和不同的严重程度来对自我疏离做了分类。[1] 在弗洛伊德出版第一部著作前十年,尼采宣称,当代人的疾病是"他的灵魂已经变得陈腐不堪",他感到"极其厌烦",而且到处弥漫着"一种坏了的气息……一种失败的气息……欧洲人灵魂的毁坏、衰退是我们最大的危险"。然后,他用一些非常明显地预测了后来精神分析的概念的术语,进一步描述了那些被阻隔的本能力量是怎样在个体内部转化成愤恨、自我怨恨、敌意和攻击的。弗洛伊德并不知道克尔凯郭尔的研究,但是他认为尼采是史上真正的伟人之一。

这三位19世纪的伟人都没有直接地影响到另外两个,他们之间是什么样的关系呢?而他们发起的这两种关于人性的取向——存在主义与精神分析之间是怎样的关系呢?或许是这两种取向撼动了传统上关于人的概念,并且实际上是导致这些传统概念瓦解的最为重要的取向?要回答这些问题,我们必须深入探究19世纪中期和后期的文化情境,这两种关于人的取向都是来自这种文化情境,而且这种文化情境是这两种取向都试图给予回答的。一种理解人类的方式,如存在主义或精神分析的真正意义,永远都无法从那些与它们的世界相分离的抽象东西中看到,相反只有在使它诞生的历史情境背景下才能看到。因此,接下来这些有关历史的讨论完全不会偏离我们的主要目的。实际上,也许正是这种有关历史的观点使得我们的主要问题清楚明白地显示了出来,即弗洛伊德为探究维多利亚时期个体的分裂而发展的特

---

[1] Sören Kierkegaard, *The Sickness unto Death*, trans.by Walter Lowrie (New York: Doubleday, & Co., 1954).

定科学技术，是怎样与由克尔凯郭尔和尼采提出并且在后来为存在心理治疗提供了一种具有广泛的深刻基础的关于人及其危机的理解联系在一起的。

19世纪的区隔化与内部崩溃

19世纪后半叶的主要特征是人格破裂成碎片。正如我们将要看到的，这些分裂文化以及个体身上表现为情感分裂、心理分裂以及精神分裂等症状。我们不但能在这个时期的心理学等科学中，而且几乎能在19世纪文化的每一个方面，都可以看到这种个体人格的分裂。我们可以在易卜生（Ibsen）的《玩偶之家》（*A Doll's House*）所鲜明地描述和抨击的家庭生活中看到这种分裂。那位将他的妻子和家庭置于一个区隔之中，而将他的生意和其他生活置于另外的区隔之中的"可敬的"市民，正在把他的家变成一个玩偶之家并导致其走向瓦解。同样，在艺术与生活现实的分离中，我们也能看到这种区隔化：人们以润饰的、浪漫的、学术的形式将艺术用作一种伪善的对于存在和自然的逃避，艺术被当作人造的东西。这是塞尚、梵高等印象主义者以及其他的现代艺术运动都非常强烈地反对的。我们还可以在宗教与日常存在的分离中进一步看到这种分裂，它们使宗教成了一种礼拜日的事务和特殊的仪式；此外，在伦理与商业的分离中也能看到这种分裂。这种分裂也正出现在哲学与心理学中——当克尔凯郭尔激情澎湃地反对推崇枯燥无味的、抽象的理性并呼吁现实的回归时，他绝不是在攻击一个假想的对手。维多利亚时期的人将自己看作分成理性、意志和情感三部分的个体，并认为这样的划分是很好的。他期望他的理性会告诉他该做什么，唯意志论的意志会给予他这么做的手段，而情感——是的，情感——最好应被引导进入强迫性的商业动机，并严格地将其组织化纳入维多利亚时期的习俗惯例中；而那些真正会扰乱形式分割的情感，如性与敌意，将会牢牢地被压抑下去，或者只在爱国精神的狂欢中、在控制得很好的波希米亚周末"畅饮作乐"中，才表现出来。这样，人们就可以像一台已经放掉了多余压力的蒸汽机一样，星期一早上一回到办公桌前就可以更为有效地投入工作。自然，这种类型的人必须非常重视"理性"。实际上，正是"非理性"这个术语，意味着一种不能去谈也不能去想的东西；而维多利亚时期的人的压抑、区隔化那些没有被想到的东西，是使这种文化表面上保持稳定性的一个前提。夏克泰尔（Schachtel）已经指出，维多利亚时期的市民如此地需要劝服自己去相信自己的理性，以至于他否认他曾经是一个小孩或者他曾具有一种小孩似的非理性并且缺乏控制这一事实；因此，成人与儿童之间出现了根本的分裂，这种分裂对弗洛伊德的研究来说是有预示性的。[①]

这种区隔化与正处于发展中的工业主义结合在一起，互为因果。一个能够使生活的不同部分完全分离、能够每天在完全相同的时间按下闹钟的人，他的行动永远都是可以预测的，他从来都不会受到非理性的冲击或富有诗意的想象力的干扰，他能够真正地用操纵机器控制杆的方式来操控他自己。这样的人不仅在流水线上是最为有用的工人，在许多更高水平的生产中也是如此。正如马克思和尼采所指出的，以下推论同样也是正确的：正是这种工业体系的成功及其把金钱

---

① Ernest Schachtel, *On Affect, Anxiety and the Pleasure Principle*. 未发表的论文。

的积累作为一种个人价值的验证,与一个人手中的真实产品完全分离,这在一个人与他人的关系以及与自己的关系中,对他产生了一种相应的失去人性的、非人化的影响。早期存在主义者所强烈反对的正是这些使人成为一台机器、对他进行改造以符合其为之劳动的工业体系意象的非人化倾向。而且他们意识到,最为严重的威胁是,理性将会与机械学一起耗竭个体的活力和果断性。他们预测,理性正在被还原成一种新的技术。

  我们这个时代的科学家通常都没有意识到这种区隔化,最终,它成了我们继承的这个世纪的科学特征。用恩斯特·卡西尔(Ernest Cassirer)的话来说,19世纪是一个"自主科学"的时期。每一种科学都朝着自己的方向发展;它们没有统一的原则,尤其在关于人的方面。这个时期关于人的观点得到了通过科学进步积累起来的经验证据的支持,但是"每一种理论都成了一种强求一致的制度,经验事实在其中被曲解以符合一种预想的模式……由于这种发展,我们现代关于人的理论失去了其智力中心。相反,我们获得的是一种完全混乱的思想状态……神学家、科学家、政治家、社会学家、生物学家、心理学家、人类学家、经济学家等都根据他们自己的观点来探讨这个问题……每一位创造者最终似乎都是遵循他自己关于人类生活的概念和评价的引导"[①]。难怪马克斯·舍勒(Max Scheler)宣称:"没有哪个关于人类知识的时代比我们这个时代更让人变得怀疑自己。我们有一种科学的、一种哲学的以及一种神学的人类学,但它们互相却一无所知。因此,我们不再拥有任何关于人的清晰的、一致的观点。从事关

[①] Ernest Cassirer, *An Essay on Man* (New Haven: Yale University Press, 1944), p.21.

于人的研究的特定科学的多重性日益增长，这已经使得我们关于人的概念变得更为混乱和难以理解，而不是对它做出阐明。"①

当然，维多利亚时期从表面上看似乎是平静的，是令人满意且井然有序的；但是，这种平静是以普遍的、深刻的、越来越脆弱的压抑为代价的。就像在一个个体的神经症案例中，随着越来越趋近于这一点，这种区隔化变得越来越刻板，直到这一天——1914年8月1日——完全崩溃。

现在需要指出的是，文化的区隔化在个体人格内的根本压抑上与心理学有类似性。弗洛伊德的才华在于发展了以科学技术来理解（并且可能治愈了）这种分裂的个体人格；但是他并没有看到——直到后来，当他用悲观主义以及某种分离的绝望来对这一事实做出反应时②——个体身上的神经症疾病仅仅是影响整个社会的分裂的力量的一个方面。对于克尔凯郭尔来说，他预见了这种分裂在个体内在的情感生活和精神生活方面所导致的结果：特有的焦虑、孤独、人与人之间的疏远，以及最终将导致终极绝望的状态，即人的自我疏离。但是，最为鲜明地描述这种趋近的情境的还是尼采，"我们生活在一个原子的时代、一个原子混乱的时代"，而且他从这种混乱中预见到，在20世纪集体主义的鲜明前提下，"恐怖的幽灵……这个单一民族国家……对于幸福的追求将永远都不会比当它必须陷入今天与明天之间时更强烈，因为后天所有追求的时光都会全部终止……"③弗

---

① Max Scheler, *Die Stellung des Menschen im Kosmos* (Darmstadt: Reichl, 1928), pp.13 f.
② 参见 *Civilization and Its Discontents*。
③ Walter A.Kaufmann, *Nietzsche: Philosopher, Psychologist, AntiChrist* (Princeton: Princeton University Press, 1950), p.140.

洛伊德根据自然科学看到了这种人格的分裂,并关注于阐述其技术性的方面。克尔凯郭尔和尼采没有低估具体的心理学分析的重要性;但是,他们更多地关注于理解人是压抑的存在,这种存在放弃了自我意识,以此作为一种对现实的反抗,随后便会遭受神经症的后果。奇怪的问题是:人,世界上这种能够意识到他是存在的并且能够知道他的存在的存在,却选择或被迫选择阻断这种意识并且遭受焦虑、自我毁灭的强迫行为以及绝望,这意味着什么?克尔凯郭尔和尼采敏锐地意识到,西方人"心灵的疾病"是一种比具体的个体问题或社会问题所能解释的更为深切、更为广泛的病态。在人与自我的关系中,有某种东西完全错了;对于自身,人已经变得非常困惑。尼采宣称:"这就是欧洲真正的困境,加之人的恐惧,我们已经失去了人的爱、对人的信心,实际上就是人的意志。"

克尔凯郭尔、尼采与弗洛伊德

现在,我们来更为详细地对克尔凯郭尔和尼采所提供的关于理解西方人的取向做出比较,以期能够更为清晰地看到他们与弗洛伊德的洞见和方法之间的相互关系。

仅仅是关于焦虑的透彻分析——我们已经在另一本书中总结了这一点[①]——就可以一直确保克尔凯郭尔在心理学天才中占有一席之

---

① *The Meaning of Anxiety*（New York: Ronald Press, 1950）, pp.31-45. 这些章节可以被当作对克尔凯郭尔的观点之重要性的简述来推荐给那些关注心理学的读者。克尔凯郭尔的两部最为重要的心理学著作是《焦虑的概念》(*The Concept of Anxiety*,在英语中,该书被翻译成 *Concept of Dread*,这个术语从字面上看与其意义更为接近,但是从心理学角度来看却不是这样)和《致死的疾病》(*The Sickness Unto Death*)。要想进一步了解克尔凯郭尔,可以看一下《克尔凯郭尔文集》(*A Kierkegaard Anthology*)。

地。他关于自我意识之重要性的洞见，关于内在冲突、自我丧失乃至身心问题的分析更让人吃惊，因为这些观点先于尼采40年、先于弗洛伊德半个世纪就出现了。这表明，克尔凯郭尔对于他那个时代的西方人意识表面之下正在发生的事情有着一种惊人的敏感性，这些事情仅仅在半个世纪以后就爆发出来了。在一段紧张的、充满激情而又孤独的创造时期之后，他在44岁就英年早逝了；在这段充满创造力的时期，他在15年的时间里差不多撰写了24本著作。尽管可以肯定在知识方面他将在未来几十年中变得非常重要，但是他从来都没有幻想过他的发现与洞见在他那个时代能够受到人们的欢迎。在一段自嘲的话中，他说："现在的作家根本就不是一位哲学家；他是……一位业余的作家，他既不写体系，不向人们保证体系的存在，也不把任何东西归于这个体系……在一个为了利于学习而已经将激情忘却的时代，在一个某位作者若想要获得读者就必须小心地以这种方式来撰写，即在下午打盹时能够毫不费力地阅读这本书的时代，他能够很容易地预见他的命运……他预见到了他的命运，他将完完全全地被忽视。"他的预言是正确的，他在他那个时代几乎无人知晓——除了《海盗船》(Corsair)这本哥本哈根的幽默杂志用讽刺性的文章提到过他。有半个世纪的时间，他一直是被遗忘的，后来到了20世纪20年代，他被重新发现，并且既对宗教和哲学产生了深刻的影响，又为深蕴心理学做出了独特的、重要的贡献。例如，宾斯万格在他关于艾伦·韦斯特的论文中提出，她"患上了克尔凯郭尔用他敏锐的天才洞见在'致死的疾病'这个标题之下从所有可能的方面进行过描述和阐明的心灵疾病。就我所知，没有哪种文献能够比这个更大地推进对精神分裂症的存在-分析解释。有人可能会说，在这一文献中，克尔凯郭尔已经用他直觉的天赋认识到了精神分裂症的即将出现……"宾斯万格进一步评论说，那些不赞同克尔凯郭尔宗教解释观点的精神病学家或心理学家也一直"深切地受到克尔凯郭尔这一著作的恩惠"[①]。

像尼采一样，克尔凯郭尔并没有打算撰写哲学或心理学著作。他仅仅是寻求理解、揭露、揭示人的存在。他与弗洛伊德、尼采有一个非常重要的共同点：他们三个人的知识都主要是以对一个个案的分析为基础的，即他们自己。弗洛伊德初期的著作，如《梦的解析》(Interpretation of Dreams)，几乎完全是以他自己的体验以及他自己的梦为基础的；他在给弗利斯（Fliess）的信中写了很多，说他与之斗争并不断地对其进行分析的个案是他自己。尼采评论说，每一个思想体系"都仅仅说：这是一幅关于所有人的画面，而你从中可以学到你的生活的意义。反之亦然。仅仅解读你的生活，然后根据其去理解普遍生活的奥妙"[②]。

克尔凯郭尔在心理学方面的主要努力可以概括为他一直不懈追求的问题：怎样才能成为一个个体？从理性的方面来讲，个体正在被黑格尔巨大的逻辑"绝对整体"吞没；从经济的方面来讲，个体正在被越来越严重的人的客体化吞没；从道德和精神的方面来讲，个体正在被他那个时代软弱的、枯燥无味的宗教吞没。欧洲病了，而且会病得越来越严重，这并不是因为缺乏知识或技术，而是因为缺乏激情和承诺。[③] 克尔凯郭尔号召说："远离思辨，远离体系，回归现实！"他

---

① Chap. Ⅸ.
② Kaufmann, 同前书, p.135。
③ 因此，如果人类让真理的客观增加作为一种替代物，代替他们自己的承诺，代替他们在自己的体验中与真理相联系，那么正是这种真理的增加很可能会给他们

深信，不但"纯粹客观性"的目标是不可能实现的，而且即使可能实现，它也是不合需要的。从另外一个角度来说，它是不道德的：我们是如此地卷入彼此和世界之中，以至于我们无法满足于毫无偏见地看待真理。像所有的存在主义者一样，他也非常认真地看待兴趣（interest）这个术语。[①] 任何一个疑问都是"针对这个单一的个体的疑问"，也就是说，针对这个活着的、具有自我意识的个体；而如果我们不是以存在于那里的人类为起点，那么我们就会用我们所有的技术和才能导致一种机器人的集体主义，这些人将不但以空虚而且以自我毁灭的绝望而告终。

克尔凯郭尔对后来的动力心理学最为根本的贡献之一，是他关于作为关系之真理的系统阐述。在那本后来成为存在主义的宣言的著作中，他写道：

> 当以一种客观的方式提出关于真理的问题时，反映就会作为一种与认识者相联系的物体而被客观地指向真理。但是，反映并非集中于关系，而是集中于与这位认识者相联系的是否真理这个问题。如果只有他与之相联系的客体是真理的话，那么主体就被认为处于真理之中。当主观地提出真理这个问题时，反映就会主观地指向个体关系的本质；如果只有这种关系的模式在真理

留下更多的不安全感。克尔凯郭尔写道，他"作为那个已经观察到了当代这一代人的人，肯定不会否认其中的不一致，并且不会否认产生这种焦虑和不安的原因在于真理在程度、数量，还有抽象的明晰性方面，朝着一个方向不断地增长，但是确定性却在稳定地下降"。

① 参见 Walter Lowrie, *A Short Life of Kierkegaard* (Princeton: Princeton University Press, 1942)。

之中，即使他碰巧与并非真理的东西联系在一起，个体也在真理之中。①

26 对于整个现代文化，特别是对于心理学来说，要夸大这些句子在过去和现在是多么具有革命性都是非常困难的。这里有激进的、具有独创性的关于关系真理的陈述。这里有存在思维中将真理作为本质，或者海德格尔所强调的将自由视为真理的根源。② 这里还有后来出现在 20 世纪物理学中的预言，也就是，与哥白尼（Copernicus）原理相反的观点，即通过分离人这个观察者，人们能够最为充分地发现真理。克尔凯郭尔预言了博尔、海森堡以及其他现代物理学家的观点，即哥白尼所提出的关于自然能够与人相分离的观点不再能站得住脚。用海森堡的话说："一种完全独立于人（即完全客观）的科学的理想是一种幻想。"③ 克尔凯郭尔的话中含有相对论以及其他观点的前兆，这些观点证实了从事自然现象研究的人类与所研究的物体之间有着一种特殊的、具有重要意义的关系，而且他必须使自己成为其程式的一

---

① 摘自 "Concluding Unscientific Postscript," in *A Kierkegaard Anthology*, Robert Bretall, ed.（Princeton: Princeton University Press, 1951), pp.210-211。（克尔凯郭尔的整篇文章都是用斜体字来写的；出于进行对比这个目的，我们将其限制在了这个新的元素方面，即与真理的主观联系。）非常有趣的是，在写完上面这些句子后，克尔凯郭尔进一步引用的例子是关于上帝的知识，他还指出那种想要证明上帝是一个"物体"的努力——一种能够省去无止境的混乱与大量的私底下争论的考虑——是完全没有结果的，而真理是存在于关系的特性之中的（"即使他很可能因此而碰巧与那种不是真实的东西联系在一起"）。相当明显的是，克尔凯郭尔并没有暗示说，某物是否客观真实的无关紧要。那是荒谬的。正如他在一个脚注中所描述的，他所指的是"那种在存在方面与存在联系在一起的真理"。

② 参见 "On the Essence of Truth," in *Existence and Being*, by Martin Heidegger, edited by Werner Brock, 见前引文献。

③ 摘自维尔纳·海森堡（Werner Heisenberg）于 1954 年 10 月在华盛顿大学圣·路易斯学院所做演讲的油印稿。

部分。这就是说，主体即人，永远都不能与他所观察的客体相分离。非常清楚的是，西方思维的肿瘤，即主体－客体之间的分裂，在克尔凯郭尔的这种分析中遭遇了致命一击。

然而，这种里程碑式的影响在心理学中显得更为明确、更为深刻。它将我们从认为真理只能根据外在的客体来理解这个教条的束缚中释放了出来。它开启了内在的、主观的现实这个广阔领域，并表明这样的现实可能是正确的，即使它与客观事实相矛盾。这是弗洛伊德后来所发现的，当时多少有些让他懊恼的是，他认识到他的许多患者所坦白承认的"儿童期强奸"的记忆，从事实角度来说，通常都是说谎，这种强奸实际上从来都没有发生过。但结果是，这种强奸的体验是非常强有力的，即使它只存在于幻想之中，而且不管怎样，关键的问题都是患者是如何对这种强奸做出反应的，而不是它事实上是真还是假。因此，如果我们接受这种观点，认为与一个事实、一个人或者一种情境的关系，对于我们所研究的这名患者或者这个人来说是非常重要的，而关于是否客观地发生了某件事情这个问题属于另一个非常不同的层面，那么我们就开辟了一片知识的新大陆。为了避免误解，即使是以重复为代价，我们也要强调一下，这种认为关系就是真理的观点完全没有暗含要抛弃关于某物是否客观真实的问题的重要性。这并不是要点。克尔凯郭尔并没有打算混淆主观主义者和唯心主义者；他打开了主观的世界，但没有失去客观性。当然，我们必须研究这个真实的客观世界；克尔凯郭尔、尼采以及与他们有着同样观点的人比许多自称他们自己是自然主义者的人更为认真地对待自然。相反，要点在于，客观事实（或者是想象的事实）对于个体而言的意义取决于他是如何与这一事实相联系的；没有哪种现存的真理能够忽略这种关系。例如，一次关于性的客观讨论可能是非常有趣且具有教育意义的；但是，一旦我们关注于某一个特定的个体，那么这个客观真理的意义就会取决于那个人与他的性伴侣之间的关系，而忽略这个因素就不但会构成一种逃避，而且会让我们看不到现实。

而且，克尔凯郭尔的句子中所阐明的观点，是沙利文"参与性观察"概念以及其他强调治疗者在与患者之关系中的重要性的先驱。因此，治疗者以一种真实的方式参与到关系之中，并成为这个"场"中不可分割的一部分这一事实，并不会削弱他的科学观察的合理性。实际上，难道我们不能说，除非治疗者是关系之中一位真正的参与者并且有意识地认识到这一事实，否则他将不能清晰地觉察到事实上正在发生的事情吗？克尔凯郭尔这个"宣言"的含义在于，让我们从传统的教条中解脱出来，这些传统的教条认为我们越少卷入某一个特定的情境，我们就越能清楚地观察到真理，这非常具有局限性，自相矛盾，而且实际上在心理学中通常是具有破坏性的。那种学说非常明显的含义在于，卷入特定情境与我们毫无偏见地进行观察的能力之间互相矛盾。而且这种学说是如此地为人们所铭记，以至于我们忽视了它另一个明显的含义，即那个对真理完全没有一点兴趣的人将会最为成功地发现真理！没有人会反对这个明显的事实，即破坏性的情绪会干扰一个人的知觉。从这个意义上讲，不言自明的是，治疗关系中的任何人，或者就此而言任何观察他人的人，都必须非常明确地澄清他在这个情境中的特定情绪以及卷入。但是，这个问题无法通过分离和抽象来得到解决。那样的话，我们最终得到的只是一把海上的泡沫，而那个人的现实已经在我们的眼前消失。在关系中由治疗者所代表的这一极的澄清只能通过一种更为充分的对于存在情境——也就是真实的、现存的关系的意识来完成。① 当我们论述人类时，没有哪一条真理单独具有现实性；它一直取决于即时关系的现实。

克尔凯郭尔对动力心理学的第二个重要贡献在于他对承诺的必要性的强调。这是顺承上面已经提到的那些观点而来的。只有当个体在行动中创造真理时，它才能变成现实，这包括在个体自己的意识中进行创造。克尔凯郭尔的论点具有激进的含义，即我们甚至不能看到一个特定的真理，除非我们已经对此有某种承诺。每一名治疗者都清楚地知道，患者能够从理论上和学术上谈论他们的问题，从现在一直谈到世界末日而不会真正地受到影响；实际上，尤其是在知识分子和专业患者的案例中，这种谈话恰恰通常是一种防止看到真理、防止自己投身其中的防御，尽管它可能在毫无偏见、毫无成见地对正在发生的事情进行探究的掩盖下进行了伪装，实际上这是一种反对某人自身活力的防御。这位患者的谈话不会帮助他接触到现实，直到他能够体验到某种东西或者某个问题，在其中他具有一种即时的、绝对的利害关系。这通常在"唤起患者之焦虑的必要性"这个问题之下得到表述。但是我认为，这样提出这个问题太简单、太片面了。难道这不是更为根本的原理吗，即患者必须在他的存在中找到或发现某个点，在这个点上，他能够在他允许自己甚至看到自己正在做什么这个真理之前投身其中？这就是克尔凯郭尔所说的"激情"和"承诺"，用来与客观的、无偏见的观察形成鲜明的对照。这种对承诺的需要所导致的一个必然结果是一种通常已经为人们所接受的现象，即我们无法通过实验

---

① 在知觉实验中，要论证这一点应该是可能的——它很可能已经得到了论证——即观察者的兴趣与卷入会增加他的知觉的精确性。罗夏反应已经表明了这一点，在那些主体在情感上卷入其中的卡片上，他对于形状的知觉变得更为（而不是更不）敏锐与精确（当然，我所说的并不是神经症情感，那将会引入不同的因素）。

室的实验进入一个人的问题的潜在层面；只有当这个人自己拥有某种想要从他的痛苦和绝望中解脱出来的希望，并希得到某种帮助来解决他的问题时，他才会对自己的错觉进行研究并揭开自己防御与合理化这个痛苦的过程。

现在，我们来看一下弗里德里希·尼采。他在气质方面与克尔凯郭尔非常不同，他生活的时间比克尔凯郭尔晚40年，他反映了19世纪一个不同阶段的文化。他从来都没有读过克尔凯郭尔的著作。在尼采去世的前两年，他的朋友布兰德斯（Brandes）才使他注意到了达内（Dane），对于尼采来说，知道他的前辈的著作实在是太晚了。达内在表面上与尼采非常不同，但是在许多本质的方面却非常相像。他们两个都在非常重要的方面描绘了关于人类生活的存在取向的出现。人们经常同时引用他们两人，认为他们是最为深刻地觉察到并最为确切地预期了20世纪西方人的心理状态与精神状态的思想家。与克尔凯郭尔一样，尼采也不是反理性的，而且也不应该将他与"感觉哲学家"或"回归自然"的福音传教士相混淆。他所攻击的不是理性，而是纯粹的理性，而且他所攻击的是理性在他那个时代所呈现出来的枯燥无味的、分裂的、理性主义的形式。他试图推动反省——也像克尔凯郭尔一样——至其最大的限度，以发现作为理性与无理性之基础的现实。因为反省毕竟是一种向其自身内部的转向，是一种反映，所以对于活着的存在个体来说，问题在于他正在反省的是什么；否则的话，反省就会掏空这个个体的活力。①像后来追随他的深蕴心理学家

---

① 克尔凯郭尔和尼采都知道，"人是不可能重新投入不加反省的即时性之中而不失去自我的；但是，他能够以这种方式坚持到最后，即不破坏反省，但中止反省植根于其之上的在他自我之中的基础"。因此，卡尔·雅斯贝尔斯在他的启发性论著中谈到了尼采与克尔凯郭尔之间的相似性，在他看来，尼采与克尔凯郭尔是

一样，尼采也试图将人的力量与伟大之处的无意识的、非理性的根源及其病态与自我毁灭纳入存在的范围。

这两个人与深蕴心理学之间存在的另一种重要的关系是，他们两个都大力发展了自我意识。他们都非常充分地意识到，在他们客体化的文化中，最具压倒性的丧失是个体自我意识的丧失——这种丧失后来在弗洛伊德的自我象征中被描述为虚弱的、被动的，"凭借伊底（Id）来生活"，已经丧失了其自身自我引导的力量。① 克尔凯郭尔曾写道，"具有越多的意识，自我就越强"。沙利文在一个世纪以后在不同的背景下也做出了这种论述。弗洛伊德关于他的技术目标是扩展意识领域的描述——"本我在哪儿，自我就将在哪儿"也暗含了这一点。但是在其特定的历史情境中，克尔凯郭尔与尼采无法逃脱他们自己的自我意识强度的悲剧性结果。他们两个都是非常孤独的，非常反对顺从，而且都知道焦虑、绝望、隔离是最为深刻的极度痛苦。因此，他们能够根据一种关于这些根本心理危机的即时的个人知识来进行谈论。②

尼采坚持认为，人们应该不仅在实验室中，而且在个人自己的体

19世纪两位最伟大的人物。参见他的著作：*Reason and Existence*, Chapter.I, "Origin of the Contemporary Philosophic Situation (the Historical Meaning of Kierkegaard and Nietzsche)"（The Noonday Press, 1955, trans.from the German edition of 1935 by William Earle)。该章重印于 Meridian 平装书 *Existentialism from Dostoevsky to Sartre*, Walter Kaufmann, ed., 1956。

① 存在思想家整体上都认为，这种意识的丧失是我们这个时代主要的悲剧性问题，而根本就不应将它限制在神经症的心理学背景下。实际上，雅斯贝尔斯认为，在我们这个时代破坏个人意识的力量、顺从集体主义那些使人盲目崇拜的过程，很可能会导致一种更为根本的作为现代人的个体意识的丧失。

② 克尔凯郭尔与尼采都享有这种值得玩味的荣幸，即被某些所谓科学的圈子视作病态的而被排斥！我认为，这个毫无价值的问题就不需要再加以讨论了；宾斯万格在一篇关于那些由于尼采最终患了精神病而排斥他的人的文章中，引用了马瑟尔的话，"一个人，如果他愿意，他就可以什么都不学"。我们如果想要探究克尔凯郭尔和尼采的心理危机，一条更为有效的路线是提出这个问题，即有没有人能够使自

验中对所有真理进行试验；每一条真理都应该面对这个问题，"人们能够实践它吗？"他说，"所有的真理在我看来都是血淋淋的。"因此，他说出了那句著名的话："错误即怯懦。"在责备宗教领导者与理智完整性不相容时，他控诉道，他们从来都没有"使他们的体验对知识的良心起作用。'我已经真正体验到的是什么？那个时候在我身上发生了什么？我的周围发生了什么？我的理由够鲜明吗？我的意志反对所有的欺骗吗？……'因此，他们当中没有人质疑……然而，我们这些渴望找到理由的其他人，想要用眼睛来看我们的体验就像在一项实验研究中那样严格！……我们想让自己成为我们的实验和豚鼠！"[①]克尔凯郭尔与尼采对于开始一项运动或者一个新的体系都完全没有兴趣，这样一种想法事实上可能会触怒他们。他们两个都宣称——用尼采的话说——"不要追随我，而是追随你！"

　　他们两个都意识到，他们将其描述为特有的（如果仍然是隐蔽的）、他们那个时期的心理与情绪的分裂，与人关于他的本质的尊严与人性的信念的丧失是联系在一起的。在这里，他们提出了一种"诊断"。直到过去十年，心理治疗流派中对这种"诊断"的关注都非常少，当时，人对自身尊严的信念的丧失开始被看作现代问题的一个真实的、严重的方面。这种丧失反过来与两种重要传统的令人信服的、强制性的力量的崩塌联系在一起，这两种重要传统即希伯来-基督教传统与人本的传统，而它们曾是西方社会的价值观的基础。这就是尼采那个强有力的寓言"上帝死了"的先决条件。克尔凯郭尔充满激情

我意识的强度超出某一个特定的点，而创造性（它是这种自我意识的一种表现形式）是否可以不因心理的剧变而丧失？

① Kaufmann, 同前书, p.93。

地谴责了基督教中那些软弱的、乏味的、贫瘠的趋势，尽管几乎没有任何人听他的谴责；到了尼采的时代，有神论的腐化形式以及在情感上不诚实的宗教实践已经成为疾患的一部分，而且即将死亡。[①]总体说来，克尔凯郭尔在一个上帝已经奄奄一息的时代大声地说了出来，而尼采是在一个上帝已经死了的时代说出来。他们两个都在根本上致力于获得人的崇高性，而且他们两个都寻求某个基础以使得这种尊严与人性可以在其之上重新建立。这就是尼采所说的"具有权力的人"和克尔凯郭尔所说的"真正的个体"的含义。

尼采对心理学和精神病学的影响到目前为止都是不系统的，都只局限于在许多地方对其某一句格言的偶尔引用，其原因之一恰恰在于他的思想丰富得让人简直不能相信，经常让人难以置信地从一种洞见闪电般地跳跃至另一种洞见。读者一方面必须提防被不加批判的钦佩牵着走，另一方面也不要由于他的思想的丰富性涵盖了那么多范畴而忽略其真正的重要性。因此，我们在这里将努力简要地、更为系统地阐明他的一些主要观点。

他的"权力意志"概念在最充分的意义上暗含了个体的自我实现。它要求个体勇敢地凭借其自己特定存在中的潜能来生活。像存在主义者一样，尼采也没有使用心理学术语来描述心理属性、心理官能或者某种简单的行为方式，如攻击或控制某人的权力。相反，权力意志是一个本体论的范畴，也就是说，是存在的一个不可分割的方面。它并不是指攻击、竞争性的努力或者任何这样的机制。它是个体凭借他本身对自己的存在以及作为一个存在的本能做出确认；正如蒂利希

---

① 参见保罗·蒂利希提及的尼采的"上帝死了"脚注，见第16页（指英文原书页码。——中译者注）。

在他关于尼采的讨论中所说的，它是"成为一个个体的勇气"。尼采是在潜力（potentia）、动力（dynamis）这个经典的意义上使用权力一词的。考夫曼（Kaufmann）简明地概述了尼采在这一点上的看法：

> 人的任务是很简单的：他应该停止让他的"存在"成为"一个缺乏考虑的偶然"。不仅存在这个词的使用，而且这种存亡攸关的想法都表明，（这篇文章）尤其与今天所谓的存在哲学密切相关。人的根本问题在于获得真正的"存在"，而不是让他的生命仅仅成为另一个偶然。在《快乐的科学》（The Gay Science）中，尼采偶然发现了一种阐述，这种阐述清楚地显示出了任何自我与真实自我之间区别的本质谬论："你的良心是怎么说的？——你将成为你自己。"一直到最后，尼采都坚持这一观念，他最后一本著作的完整标题是"Ecce Homo, Wie man wird, was man ist"——"一个个体是怎样成为他自己的"。[1]

在很多方面，尼采都坚持认为，这种权力的扩展、成长，使个人的内在潜能出现在行动中，它是生命的重要动力和需要。他的著作在这一点上与心理学中关于什么是有机体的根本驱力这个问题有着直接的联系，这种根本驱力的受阻会导致神经症：它并不是获得快乐、缓释力比多紧张、获得平衡或适应的动机。相反，根本的驱力在于凭借他的潜力来生活。尼采坚持认为："人们努力追求的不是快乐，而是权力。"[2] 实际上，幸福并不是指没有痛苦，而是"最具有活力的权

---

[1] Kaufmann，同前书，pp.133-134。
[2] 同上，p.229。

力感"①，而欢乐是一种"权力的积极感觉"②。他将健康也看作一种使用权力的副产品，权力在这一点上被明确地描述为克服疾病与痛苦的能力。③

从他一直试图将生命的每一种表现形式与自然中的一切这个广泛背景相联系的意义上说，尼采是一位自然主义者，但正是在这一点上，他弄清楚了人类心理学一直不仅仅是一种生物学。他最为关键的有关存在的强调之一，在于他坚持认为人类生命的价值绝不会自动地出现。人类能够通过他们自己的选择失去他们自己的存在，而一棵树或一块石头不能这么做。确认个体自己的存在就会创造生命的价值。"个性、价值与尊严并不是给予的（gegeben），即就像自然提供资料那样给予我们，而是上交的（aufgegeben）——作为一项我们自己必须解决的任务交代或分派给我们的。"④这与蒂利希认为勇气为存在开辟了道路这个信念中得出的强调是一致的：如果你没有"存在的勇气"，那么你就会失去你自己的存在，而且它同样以极端的形式出现在萨特的论点中，你是你自己的选择。

人们翻开尼采的著作时，几乎在每一个论点上都会发现一些心理学洞见，这些心理学洞见不但在本质上是深刻的、敏锐的，而且与弗洛伊德在十年或更长时间以后详细阐述的精神分析的机制具有惊人的相似性。例如，翻开写于1887年的《道德的系谱学》（*Genealogy of Morals*），我们会发现"所有不被允许自由活动的本能都会转向内部。

---

① Kaufmann，同前书，p.168。
② 同上，p.239。
③ 同上，p.169。
④ 同上，p.136。

这就是我所称的人的内化"①。人们再看一遍，就会发现它令人惊奇地准确预测了后来弗洛伊德的压抑概念。尼采永恒的主题是揭露自欺的行为。贯穿上面提到的整篇文章，他逐步展开了这个论点，即利他行为和道德是压抑的敌意与愤慨的结果，而且当个体的潜力转向内部时，恶的良心便是其结果。他鲜明地描述了那些"虚弱"的人，"他们内心充满了受到抑制的攻击：他们的幸福完全是被动的，并呈现受到麻醉的平静、伸着懒腰打着哈欠、和平、'休息期'、情绪懈怠的形式"②。这种指向内部的攻击会以对其他人的虐待狂式的需要形式爆发出来——这个过程后来在精神分析中被称为症状形成。而这些需要被掩饰成了道德——弗洛伊德后来称这个过程为反向形成。尼采写道："恶的良心仅仅是被迫变为潜伏的、被驱使至隐秘之处的、被迫在其自身身上发泄能量的自由的本能。"在其他地方，我们发现在我们眼前的是关于升华的引人注目的系统阐述，这是尼采特别提出的一个概念。在谈到一个人的艺术能量与性欲之间的联系时，他说："这很可能正如叔本华所认为的，审美状态的出现并不会中止性欲，而仅仅是以这样一种方式使其发生了变形，即它不再被体验为一种性诱因。"③

那么，从尼采的观点与弗洛伊德的观点之间这种显著的相似性中，我们能得出什么结论呢？弗洛伊德周围的圈子都知道这种相似性。1908年的一个傍晚，维也纳精神分析协会按照计划开展了一次关于尼采的《道德的系谱学》的讨论。弗洛伊德提到，他曾试图阅读尼采的著作，但是发现尼采的思想太丰富，以至于他放弃了这种尝试。

---

① *Genealogy of Morals*, p.217.
② 同上，p.102。
③ 同上，p.247。

然后，弗洛伊德陈述道："与任何曾经活在这个世界上的其他人，或者有可能生活在这个世界上的人相比，尼采具有一种更为透彻的关于他自己的知识。"[①]这种判断在多个场合都得到了重复，正如琼斯所说，它绝不是精神分析开创者的恭维。弗洛伊德对哲学一直有着强烈而矛盾的兴趣；他不相信哲学，甚至害怕哲学。[②]琼斯指出，这种不相信不但表现在个人的层面，而且表现在智力的层面。其原因之一在于他对枯燥无味的智力思辨感到怀疑——他的这种观点将是克尔凯郭尔、尼采以及其他存在主义者满怀激情地赞同的。弗洛伊德总感觉他自己对于哲学的潜在癖好"需要得到严格的审查，而且为了这个目的，他选择了最为有效的手段——科学训练"[③]。琼斯还评论说："尽管他努力地与哲学问题保持一定的距离，并且不相信自己有解决这些问题的能力，但是哲学的基本问题离他还是非常近的。"[④]

尼采的著作可能并没有对弗洛伊德产生直接的影响，但是显然对他产生了间接的影响。明显的是，这些后来在精神分析中得到系统阐述的观点在19世纪末的欧洲仍然"悬在半空中"。克尔凯郭尔、尼采

[①] *The Life and Work of Sigmund Freud*, by Ernest Jones, Basic Books, Inc., Vol. Ⅱ, p.344. 艾伦伯格博士在评论尼采与精神分析之间的密切关系时补充说："事实上，他们之间具有如此惊人的相似性，以至于我几乎不能相信正如弗洛伊德自己所宣称的那样，他从来没有读过尼采的著作。要么他肯定是忘记了他曾经读过，要么他很可能是以一种间接的方式读过他的著作。在那个时代，尼采在每个地方都得到了非常广泛的讨论，著作、杂志、报纸以及日常生活的谈话成千上万次地引用过他的观点，以至于对于弗洛伊德来说，没有以某种方式吸收他的观点，几乎是不可能的。"不管在这一点上人们会做出什么样的假设，弗洛伊德都确实读过爱德华·冯·哈特曼（Edward von Hartmann）的著作（克里斯指出的），他写过一部著作《无意识哲学》（*The Philosophy of the Unconscious*）。冯·哈特曼与尼采都是从叔本华那里获得他们关于无意识的观点的，叔本华的大多数研究都可以归入存在主义的行列。

[②] 同上，Vol. Ⅱ, p.344。
[③] 同上，Vol. Ⅰ, p.295。
[④] 同上，Vol. Ⅱ, p.432。

和弗洛伊德都研究过同样的关于焦虑、绝望、分裂人格以及它们的症状等问题的事实，证实了我们在前面提出的论点，即精神分析以及关于人类危机的存在主义取向都是由同样的问题引起的，同时也都是关于同样的问题的答案。后来出现在精神分析中的几乎所有的具体观点都可以在尼采（在更大的广度上）和克尔凯郭尔（在更大的深度上）那里找到，这并没有任何贬低弗洛伊德的天赋的意思。

而弗洛伊德的独特天赋在于，他将这些深蕴心理学的洞见转化进了他那个时代的自然科学的框架之中。他非常适合这项工作——在气质方面，他非常客观，能够很理性地控制自己，不屈不挠，而且能够承受这项系统研究所必需的无尽痛苦。他确实完成了太阳底下某件具有创新性的事情，即将这些新的心理学概念转换入西方文化的科学潮流中，在这种潮流中，这些改变可以得到客观的研究，可以建立在其之上，而且在特定的范围内表现为可以教授。

但是，弗洛伊德的天赋与精神分析的才华不也同样正是其最大的危险和最为严重的缺点吗？将深蕴心理学的洞见转化进客观化的科学之中会导致可以预见的结果。结果之一是，将关于人的研究领域限制在了符合这个科学领域的东西上。宾斯万格指出，弗洛伊德研究的仅仅是人性（homo natura），而且尽管他的方法使他非常适合探究周围世界（人在他的生物环境中的世界），但是出于同样的原因，它们却妨碍他充分地理解人际世界（与同伴发生人际关系的领域）和自我世界（人与自我相联系的领域）。[①] 正如我们在后面讨论决定论和自我的被动性这些概念时将要指出的，另一个更为严重的实际结果是，它会

---

① 在弗洛伊德80岁生日之际，宾斯万格被邀请到维也纳做了一个演讲。在其演讲中，他重点论述了弗洛伊德研究人性的观点。

带来一种使人格客观化并促成现代文化中那些首先导致各种困难出现的新倾向。

现在，我们来谈一个非常重要的问题，而为了理解这个问题，我们需要先做一个更为初步的区分，也就是17世纪和启蒙运动时期所使用的术语"理性"与我们今天所使用的"技术理性"之间的区别。弗洛伊德坚持使用一个直接来源于启蒙运动的理性概念，即"入迷的理性"。而且他将这个等同于科学。正如我们在斯宾诺莎（Spinoza）及17—18世纪的其他思想家身上所看到的，这种关于理性的用法涉及一种信心，即认为理性本身可以包含所有的问题。但是，那些思想家在使用理性时将这种超越即时情境、掌握整体的能力包括在内，而将诸如直觉、洞见及富有诗意的知觉这些机能严格地排除在外。这个概念还包含伦理：在启蒙运动时期，理性意味着公正。换句话说，在我们这个时代被称为"非理性的"大多数东西都包括在他们关于理性的观点之内。这就解释了为什么他们能够在这个概念上投入那样巨大的、富有激情的信念。但是，正如蒂利希最具说服力地论证的，到了19世纪末，这种入迷的特征就消失了。理性变成了"技术理性"：理性与技术结合到了一起，当致力于那些被隔离的问题时理性才能发挥最佳的机能，理性成了工业进步的一个附属品并从属于工业进步，理性变得与情感、意志相分离，理性实际上变得与存在相对立——这种理性最终成为克尔凯郭尔和尼采非常猛烈地攻击的对象。

现在，弗洛伊德有时候以这种入迷的方式来使用理性这个概念，例如当他谈到理性时，他说它是"我们的救世主"，是我们"唯一可以求助的对象"。在这里，人们会感觉时代错置，即他的这些句子直接出自斯宾诺莎或者某位启蒙运动时期的学者。因此，弗洛伊德一方面尽力地想保存这种入迷的概念，尽力地想保全这种超越技术的关于人和理性的观点，但是，另一方面，他通过将理性与科学相等同，使它成了一种技术理性。他的最大贡献在于，通过清晰地阐述人的非理性倾向，通过将人格的无意识的、分裂的、受到压抑的方面带进意识之中并为人所接受，努力地克服了人的分裂。但是，他所强调的另一面——精神分析等同于技术理性——恰恰是他试图治愈的分裂的一种表现形式。这么说并不是不公平的，在后面几十年，尤其是弗洛伊德去世后，精神分析发展的主要趋势变成抛弃他想要保留这种入迷形式的理性的努力，转为完全接受后者——技术形式的理性。通常情况下，这种趋势都不会被人们注意到，因为它非常符合我们整个文化中占主导地位的趋势。但是，我们已经指出，根据其技术形式来理解人及其机能，是导致当代人区隔化的一个主要因素。因此，我们面临一个关键的、严重的两难困境。在理论的层面，精神分析（以及心理学的其他形式，只要它们与技术理性联系在一起）本身增加了我们关于人的理论（科学理论与哲学理论）的混乱性，卡西尔和舍勒谈过这一点。[①] 在实践的层面存在相当大的危险，即精神分析和心理治疗的其他形式，以及适应心理学将成为新的关于人的分裂的代表，它们将作为个体之活力与意义丧失的例子，而不是与之相反，这些新的技术将有助于给人与其自身的异化以标准化的和文化的认可，而不是解决这个问题，它们将成为新的人的机械化的表现形式，现在这种机械化要以更大的心理学精度，并在更广泛的关于无意识与深蕴方面的维度上进行计算和控制——精神分析与心理治疗会成为我们这个时代的神经症的一部分，而不是对其进行治愈。这实际上将是历史的最大讽刺。

① 参见第 22 页（指英文原书页码。——中译者注）。

指出这一点并不是危言耸听，也不是表现一种不合时宜的热情，这些趋势当中的一些已经出现在了我们身上。直接地着眼于我们的历史情境，然后坚定不移地得出其含义，这太过简单了。

现在，我们该来看一下存在心理治疗运动的重要意义了。它正是一项反对这种将心理治疗与技术理性相等同的倾向的运动。它赞成心理治疗应以一种关于是什么使得人成为人类的理解为基础；它赞成根据是什么摧毁了人实现他自己之存在的能力来界定神经症。我们已经看到，克尔凯郭尔、尼采以及那些追随他们的存在主义文化运动的代表，不仅提出了深远的、透彻的心理学洞见（这些洞见本身对于所有试图科学地理解现代心理问题的人来说都是具有重要意义的贡献），而且做了其他的事情——他们将这些洞见放在了一种本体论，即这种关于人作为具有这些特定问题的存在的研究的基础之上。他们认为，做到这一点是绝对必要的，而且他们害怕让理性从属于技术问题将最终意味着按照机器的意象来对人进行改造。尼采曾告诫说，科学正在变为一个工厂，而其结果将是道德虚无主义。

存在心理治疗是这样一项运动，尽管它站在那种主要应归功于弗洛伊德的天赋的科学分析这一边，但它还是在更深、更广的水平上——人是一种人的存在——将关于人的理解带回到了画面之中。这是建立在这样的假设之上的，即：拥有一种不会分裂人、不会摧毁人的人性，同时对人进行研究的科学是有可能的。它将科学与本体论结合了起来。因此，这么说一点也不过分，我们在这里仅仅是讨论一种新的、与其他方法相反的方法，这种方法也许会被接受，也许会被遗弃，也许会被吸收进某种模糊的、无所不包的折中主义当中。这些问题在深刻得多的层面突然出现在了我们当代的历史情境中。

第二章

存在心理治疗的贡献

罗洛·梅

存在治疗的根本贡献在于它将人理解为存在。它并不否认动力的效度以及关于特定行为模式的研究有其恰当的位置。但是，它坚持认为，不管我们用什么样的名称来称呼它们，驱力或动力都只能在我们所论述的个体存在的结构这一背景下进行理解。因此，存在分析的独特之处在于它关注本体论，即存在的科学，以及此在，即坐在心理治疗者对面的这个特定存在的存在。

在努力澄清存在以及相关术语的定义之前，让我们提醒自己这里讨论的是每名敏感的治疗者每日频频遭遇的经验，如此我们得以存在性地开始。这种经验正是我们与另一个活生生的人的即时遭遇的经验，他与我们对他的了解处于不同水平。"即时"当然不是指实际时间的卷入，而是指经验的性质。比如，也许我们可以从病历中对一个病人所知甚多，也很了解其他的咨询者如何描述他。但是当那个病人走进门来的一刻，我们常常会产生一种意外的，有时很有意义的经验——此时他是一个全新的人——这种经验通常带有惊奇的成分，这种惊奇不是指迷惑或困惑意义上的，而是其词源学意义上的"来自其上"。这当然绝不是批评同行的报告，因为即使对我们早已熟知或者共事很久的人，我们同样也会有这种遭遇的经验。① 我们获得的关于病人的资料可能是精确的且是十分值得了解的。但是，关键的一点是，要把握完全不同于我们关于病人的特定知识的水平上发生的他人的存在。显然，关于可以控制他人行为的驱力与机制的知识是有用的，对病人人际关系模式的熟知是至关重要的，关于其社会条件作用的信息、特殊姿态和符号行为的意义的知识当然也是切中肯綮的，诸如此类，无穷无尽。但是，当我们遭遇压倒一切的、最为真实的事实，即当下活生生的个人本身的时候，所有这一切就都落入一个迥然不同的层面。当我们发现，关于这个人的全部大量知识在这种遭遇中突然间自动转换成一种全新的模式时，其意义不在于以往的知识是错误的，而在于它从这个人的现实性中获得了其自身的意义、形式与重要性，而这些特殊的东西都成为这个人的表现形式。在这里，我们绝不是否定认真收集与研究得到某个特定的人的所有特殊资料的重要性。这不过是常识而已。但是，我们不能对这个经验事实视而不见，即这些资料在与这个人本人遭遇的过程中赋予自身的一种形式。这一点在我们对来访者会谈的一般经验中亦有表现。我们可能会说，我们并未获得一种对他人的"感觉"，因而需要延长会谈的时间直到会谈资料在我们的脑海中"显现出"其自身的形式。当我们自己对与来访者的关系充满敌意或者怨恨——也就是将他人拒之于外——的时候，无论彼时我们多么心明眼亮，也尤其无法获得这种"感觉"。这正是"知道"（knowing）与"认识"（knowing about）的明确区分。当我们

---

① 我们可能会对朋友和所爱的人有这种感受。这并非一种一蹴而就的经验；实际上，在任何发展和成长着的关系中，如果这种关系极其重要，它可能甚或应该持续地发生。

致力于了解一个人的时候，关于他的知识必须附属于他的实际存在这个至为重要的事实。

在古希腊语和希伯来语中，动词"知道"与"性交"是同一个词。这在钦定版《圣经》中亦屡有佐证，"亚伯拉罕（Abraham）与其妻同房（knew），其妻就怀了孕……"①，等等。因此，知道与性爱之间的词源学关系极其紧密。虽然我们不能就此话题深入讨论，但是至少可以说知道他人，正如爱着他人，含有一种融合、与他人辨证地参与的意味。这就是宾斯万格所称的"双重模式"（dual mode）。广义上说，一个人要理解他人，就必须有爱他人的准备。

与他人存在式的遭遇拥有震撼自身的力量。它可能唤醒严重的焦虑，亦能创造欢愉。在两种情况下，它都有深深地把握以及感动自身的力量。可以理解的是，治疗者可能为自己的舒适所诱惑，通过将他人仅仅视为"病人"，或者只关注行为的某种机制而使自己从这场遭遇中置身事外。但是，如果技术性的观点在与他人关涉时占主导地位，那么显然治疗者将以与他人疏离以及严重歪曲现实为代价使自己得以避免焦虑。而治疗者也就因此不可能真正"看见"他人。强调技术性的因素（诸如资料）必须服从于治疗室中两个人的现实性这一事实，并不会有损技术的重要性。

关于这一点，萨特已经令人赞赏地做了稍有不同的表达。他写道，如果我们"认为人能够被分析和还原成原始资料和被决定的驱力（或者'欲望'），并作为某客体的属性由主体支撑"，我们就可能会终结于一种被强加的可称之为机制、动力学或者种类的实体系统。但

---

① 如《圣经·创世记》164。——中译者注

是，我们发现自己正在反对一种困境。人类已经成为"一种非决定性的，但不得不消极接受（欲望）的黏土，或者他可能会被还原成一种简单的、不可还原的驱力或倾向性。在两种情况下，人都消失了；我们不再能发现这种或者那种经验发生在其身上的'那个人'"[1]。

一、存在与非存在[2]

为"存在"和此在下定义已堪称困难，而这些术语及其内涵在很大程度上是互相对立的这一事实使得我们的任务难度加倍。一些读者或许会认为，这些词语不过是"神秘主义"（在贬抑的和相当不精确

---

[1] Jean Paul Sartre, *Being and Nothingness*, trans. by Hazel Barnes (1956), p.561. 萨特继续说道："……或在寻找这个人的时候，我们遭遇了一个无用的、矛盾的形而上学实体——抑或我们所追寻的那个存在与外部的联系在现象边界的迷雾中一起消失。但是，我们中的每个人在理解他人这一努力中所要求的，是他绝不应该诉诸此种实体观念。这是非人的，因为它完全是人的这一面而已"（p.52）。另外，"如果我们承认人是一个整体，我们就不能期望通过加法或者从经验发现的诸种倾向的组合来重构他……"萨特认为，人的每一态度都包含着对整体性的反映。"主体对某个具体日期的嫉妒，并将这一天与一个女人联系起来以将自身安置在个人经历中，对于一个知道如何解释他的人而言，意味着其与世界的整体关系，而正是由此主体将自身构成自我。换言之，此种经验态度从自身上讲是'理智性格选择'之表现。关于此并无任何神秘可言。"（p.58）

[2] 原文为 to be and not to be。此处，作者化用了莎士比亚（Shakespeare）名剧《哈姆雷特》(*Hamlet*) 中哈姆雷特（Hamlet）的著名独白，将"生存还是灭亡，这是一个问题"中的"还是"（or）改成了"与"（and）。所以，下文中作者才会强调这一部分小标题中的"与"并非印刷错误。此处依传统译法将"not to be"译为"不存在"似乎不妥，因为不存在意指意识到人的存在遭受死亡、焦虑以及程度不那么强烈却持久而稳固的盲从所导致的潜能丧失的威胁，而死亡只是这种威胁中最显著的形式。将"not to be"与下文中与之同义的"non-being"译为"非存在"同样不妥，因为非存在表示一种可以客观观察到的状态，而作者强调的是主体存在主义式选择的主观结果，而"不存在"正是这种结果之一。——中译者注

的"蒙昧"的意义上使用该词）的新花样，和科学毫无关系。但是，这种态度显然是通过贬抑整个问题来回避它。有趣的是，"神秘"一词是在这种贬抑的意义上来意指一切我们无法分割和计算的事物的。若一事物或经验无法数学化，它就不是真实的；若我们能将之还原为数字，它就是真实的——这种奇怪的观念在我们的文化中大行其道。但是，这意味着抽象化——数学是最卓越的抽象方式，这确实是其自身的荣誉，亦是其非常有用的原因所在。于是，现代西方人发现自己置身于一种奇怪的情境中，即在将某物还原为一种抽象物之后，说服自己相信它是真实的。这在很大程度上与现代西方世界所特有的疏离感和孤独相关，因为我们唯一让自己信以为真的经验恰恰不是真实的。因此，我们否认自身经验的真实性。从这种贬抑的意义上说，"神秘"一词通常是被用来为蒙昧主义服务的；当然，通过贬损一个问题来回避它仅仅是使其蒙昧化。尽力地看清我们在讨论的问题，然后探究究竟何种术语或符号能够最好地、最少歪曲地描述现实，这难道不是一种科学的态度吗？当我们发现"存在"属于像"爱"和"意识"（这是另外两个例子）这样的一类现实（要想不丧失那些我们要着手研究的东西，就不能对它们进行分割或抽象）时，我们不应该感到非常讶异。但是，这并不能让我们在尽力地理解和描述它们这一工作中松一口气。

抵制的另一个更为严重的根源贯穿于整个现代西方社会，即避免或者在某些方面压抑所有对"存在"之关切的心理学需要。正如马塞尔（Marcel）正确表达的那样，较之于其他相当关注存在的文化，尤其是印度文化或其他东方文化，以及另外一些非常关注存在的历史时期，我们西方现代的特征正是"本体感——存在感的意识——缺失了。概言之，现代人正身陷此境；即使本体需要终于能使其稍感烦忧，也只能是作为一种朦胧的冲动若隐若现"①。马塞尔指出了许多学者强调过的观点，即存在感的这种丧失，一方面和我们将存在从属于机能的倾向有关：一个人不是将自己理解成一个个体或者自我，而是理解成一名地铁售票员、杂货商、教授或者美国电话电报公司（A.T.& T.）的副总裁，或者以其自身的经济能力自居。另一方面，存在感的这种丧失也与大众的集体主义倾向和我们文化中广泛的顺从趋势有关。因此，马塞尔提出了尖锐的挑战："*精神分析比其他任何出现过的方法都要深刻和有洞察力。而我真的想知道这种方法是否也无法揭示压抑这种感觉以及无视这种需要而导致的病态结果。*"②

"就给'存在'这个词下定义而言，"马塞尔接着写道，"让我们承认这非常困难；我只提出这样一种方法：存在是经受得住，或者是能够经受得住一种关于将体验致力于一步步地还原为越来越丧失固有价值或重要价值的元素的详尽分析的东西（此类分析是弗洛伊德在其理论研究中尝试过的）"③。我所摘引的这最后一句话的意思是，当我们将弗洛伊德的分析推到极端的时候，例如，我们知道关于驱力、本能和机制的一切知识，我们对这一切了如指掌，但对存在一无所知。存在乃成遗留之物。正是这种东西使得这一套无限复杂的决定性因素构成了一个个体，体验就是发生在这个个体身上；而且正是这个个体拥有某种自由的元素（不管多么微小），能够意识到这些力量是作用在他身上的。正是在这一领域，个体具有潜在的能力，能够在做出

---

① Gabrial Marcel, *The Philosophy of Existence* (1949), p.1.
② 同上。斜体是英文译者所加。关于"压抑导致的病态结果"的相关资料，参见 Fromm, *Escape from Freedom*, 以及 David Riesman, *The Lonely Crowd*。
③ 同上，p.5。

反应之前停顿一下，并且权衡它应采取何种方式做出反应。因此，在这个领域内，他（人类）绝非仅仅是驱力和被决定了的行为形式之集合。

存在治疗者用来意指人类存在的独特之处的术语是此在（Dasein）。宾斯万格、库恩以及其他人将他们的流派称为此在分析。此在由 sein（存在）再加上 da（在那里）组成，意思是指人是在那里的存在，同时也暗含着这样的意思：从他能够知道他在那里并且能够采取一种关于那个事实的立场这个意义上说，他拥有一个"在那里"。而且，这个"在那里"不仅仅是指任何地点，而且是指那个特定的属于我的"在那里"，是在这个特定时刻的、我的存在的、时间上和空间上的特定的点。人是能够意识到他的存在并因此能够对他的存在负责的存在。正是这种能够意识到他自己的存在的能力，使得人类与其他的存在区别开来。存在治疗者认为人不仅仅是像其他所有存在一样的"实质上的存在"，而且是"为了他自身的存在"。宾斯万格和本书其他作者都这样或那样地谈到"此在选择"，意思都是指"对他自己的存在负责的那个人的选择"。

如果读者谨记，存在（being）是一个分词，是一种动词形式，意思是指正处于成为某物这一过程中的某个人，那么人类存在这个术语的完整含义将会更为清晰。不幸的是，当在英语中被用作一个普通名词时，存在这个术语意味着一种静态的物质；而当用作一个特定名词，例如一个存在时，它通常被认为是用来指一个实体，比如，一个士兵通常被看作一个单位。但是，当用作一个普通名词时，存在更应该被理解为用来指潜力（potentia），即潜能的来源；存在就是潜能，凭借这种潜能，橡树子变成了橡树，或者我们每一个人成为真正的自己。而当在一种特定的意义上使用这个词时，如一个人，它通常具有动态性的内涵，即处于过程之中的某个人、正在成为某物的某个人。因此，尽管我们在前面提到了关于这个术语的各种困难，但是在这个国家，生成（becoming）很可能可以更为确切地表达这个词的含义。只有当我们看到另一人正在朝向什么前进、他正在变成什么时，我们才能理解他；而只有当我们"在行动中投射我们的潜力"时，我们才能理解自己。因此，对于人类来说，非常重要的时态是将来时——也就是说，关键的问题在于，我所指向的是什么，在不远的将来我将会成为什么样子。

因此，在人的意义上，存在并不是一次性完全给予的。它并不是像橡树子长成橡树那样自动呈现的。在成为人的过程中，一种内在的、不可分割的元素是自我意识。人（或此在）是如果他想要成为他自己就必须意识到他自己、必须为他自己负责的特定存在。他还是那种知道在将来某个时刻他将不会存在的特定存在；他是一直与非存在、死亡之间存在一种辩证关系的存在。并且他不但知道他将在某个时刻不会存在，而且能够自己选择抛弃或丧失他的存在。"存在与非存在"——我们这一节标题中的"与"并不是一个印刷错误——并不是人们在考虑自杀那个时间点上一劳永逸地做出的一个选择；它在某种程度上反映了一个每时每刻都会做出的选择。帕斯卡尔以无与伦比的美妙语言描绘了存在于人类对他自己的存在的意识中的辩证法：

42

> 人仅仅是一棵芦苇，是自然界中最虚弱无力的芦苇，但是他又是一棵会思考的芦苇。对于整个宇宙来说，根本没有必要为了

歼灭他而全副武装——一缕蒸气、一滴水就足以杀死他。但是,尽管这个宇宙想要压垮他,人却比那些杀死他的东西更为高尚,因为他知道他会死,而且他知道宇宙超越于他的优势所在;而关于这一点,宇宙却一无所知。①

怀着想要把对于一个人来说体验他自己的存在意味着什么阐述得更为清楚的希望,我们将介绍一个摘自一个个案史的例证。这位患者是一位非常聪明的 28 岁女性,她在表达她内心所发生的一切方面非常有天赋。她前来寻求心理治疗是因为,在封闭的地方她会出现严重的焦虑,而且有时候她会出现不可控制的严重自我怀疑以及暴怒。②因为她是一个私生女,所以她在这个国家西南部的一个小村庄由亲戚们抚养长大。她的母亲在生气时经常会提到还是孩子的她的出身,说自己曾经多么想把她流产掉,而且在遇到困难时就会对这个小女孩大喊大叫:"如果没有生你,我们就不会经受这么多!"在家人争吵时,其他亲戚也会对这个小孩子喊叫:"你为什么不把你自己给杀了?""你应该在你出生那天就被掐死。"后来,作为一位年轻的女性,这位患者凭着她自己的主动性得到了良好的教育。

在接受治疗后的第四个月,她做了下面这个梦:"我在一群人当

---

① Pascal's, *Pensées*, Gertrude B.Burfyrd Rawlings, trans.and ed.（Peter Pauper Press）, p.35. 帕斯卡尔接着说:"因此,我们所有的尊严在于思维。我们必须通过思维唤醒我们自己,而不是通过空间和时间,那是我们无法填补的。因此,让我们好好地努力思考一下——在那里,存在着道德的原理。"我们当然可以评论说,他所用的"思维",指的不是理智主义或技术理性,而是自我意识,是那种同时也知道内心的理性的理性。

② 既然我们的目的仅仅是要论证一种现象,即这种存在感的体验,那我们将不报告关于这个案例的诊断细节以及其他细节。

中。他们都没有脸庞，他们就像是影子。这就像是一个人的荒野。然后，我看到了在人群当中有一个同情我的人。"在接下来的这次治疗中，她报告说，在其间的这一天，她有了一种非常重要的体验。下面的报告是根据她两年后凭记忆和笔记写下来的东西做出的。

我记得那天我走在一个贫民区架高的轨道下面，心里想着："我是一个私生女。"我记得我在极度痛苦地尝试接受那个事实时，汗水不断地往下流。然后，我理解了那种像接受"我是具有特权的白人当中的一个黑人"，或者"我是视力无碍的人当中的一个盲人"一样必须去感受的东西。那天的深夜，我醒了过来并且这样想："我接受我是一个私生女这一事实。"但是"我不再是一个孩子了"，而"我是私生的"也不是这样的——"我是非法出生的"，那么还剩下什么呢？剩下的就只有这个——"我在"。一旦抓住了接触并接受"我在"这个动作，我就会产生（我所考虑的东西对于我来说是第一次）这种体验——"既然我在，我就有存在的权利"。

这种体验是什么样子的呢？它是一种基本的感觉——感觉就像是接受我房子的契约。它是我属于自己的充满活力的体验，管它其实只是一个离子或者仅仅是一朵浪花。它就像当我还是一个非常小的孩子时，我曾经得到一个桃子的核，并把它凹陷部分弄开了，不知道我将会发现什么，于是产生了一种对发现这个甜中带苦、有点好吃的内部的种子的好奇……它就像是一艘被一个锚固定在港口的帆船（它是由地球上的东西制造的），它的桅杆是从地球上生长出来的，这样它就可以通过它的锚与地球再次联系到一起；它可以拉起它的锚来航行，但是它能够一直不时地抛锚以挺过暴风雨或者是稍微休息一下……这就是我根据笛卡儿（Descartes）的名言改编的——"我在，故我思，我感，我做"。

它就像是几何学中的一个公理——从来都没有体验过它，就像学完了一门几何学课程却不知道它的第一条公理一样。它就像是进入那个我自己的伊甸园，在那里我超越了善与恶以及其他所有的人的概念。它就像是直觉世界中的诗人、神秘主义者的体验，只是它不是纯粹的对于上帝的感觉，也没有与上帝联系到一起；它是对于我自己的存在的发现，是与我自己的存在联系在一起的。它就像是拥有了灰姑娘的水晶鞋，然后满世界地寻找那只适合穿这只鞋子的脚，然后突然意识到她自己的脚才是唯一适合穿这只鞋子的。从措辞的词源学意义上说，它是一个"事实"。它就像是一个在高山、海洋、陆地被吸引到其之上之前的地球。它就像是一个学语法的小孩正在找一个句子的动词的主语——在这种情况下，主题就是他自己的一生。它让人感觉不是一种关于个人自我的理论……

我们将其称为"我在"体验。① 上面这段文字用优美的笔触强有

---

① 一些读者可能会想到《出埃及记》（Exodus）3:14 中的片段，在其中，当耶和华（Yahweh）在燃烧的荆棘中出现在摩西面前，命令摩西（Moses）将犹太人从埃及释放出来时，摩西要求这位神将名字告诉他。耶和华给出了这个非常著名的答案："我就是我。"这个经典的、存在的句子（顺便提一下，这位患者并非有意识地知道这个句子）带有巨大的象征力量，因为这个句子来源于一个古老的时代，它让上帝宣称，神的精粹就是这种存在的力量。我们无法探究这个答案的许多丰富的含义，也不能探究这些同样复杂的翻译问题。我们只能指出，这句希伯来语也可以翻译为："我将是我将要成为的我。"这就证实了我们在前面提出的观点，即存在是一种将来的时态，而且它与生成是不可分割的；上帝是创造性的潜力，是生成的力量的本质。

力地描述的是一个复杂案例中的一个阶段,它证明了在一个人身上存在感的出现与增强。在这个人身上这种体验被刻画得更为明显,这是因为作为一个私生女,她的存在遭受了更为明显的威胁;当她两年后站在有利的地位来回顾她的体验时,她用诗一般的语言对其进行了描述。但是,我认为这两个事实中的任何一个都不能在根本的特质方面使她的体验与普通的人——不管是正常的人还是神经症患者——所经受的体验有任何不同之处。

我们将对这个案例中所举例说明的体验做最后四点评论。第一,这种"我在"体验本质上并不是解决一个人的问题的方式,相反,它是他解决问题的前提。在那以后,这位患者花了大约两年的时间来解决具体的心理问题,这是她在这种已经出现的关于她自己的存在的体验的基础上可以做到的。当然,从更为广泛的意义上说,存在感的获得是所有治疗的一个目标,但是从更为精确的意义上说,一种与自我、与自己的世界的关系,一种关于个人自己的存在(包括个人自己的同一性)的体验,才是解决具体问题的一个前提。正如这位患者所写的,它是一种"基本的事实",是一种"你的"(ur)体验。它并不等同于患者对他的任何特定能力的发现——比如,当他意识到他能够成功地进行绘画、写作或工作,或者成功地进行了性交。从外部来看,特定能力的发现与个人对自己存在的体验看起来似乎是一致的,但是,后者是基础、是根本、是前者的心理前提。我们可以有充分的理由怀疑,心理治疗中这些在或多或少的程度上并没有以"我在"体验为先决条件来解决一个人的特定问题的方式,将具有一种虚假的特质。患者所发现的这些新的"能力"在他那里很可能被体验为仅仅是补偿性的——也就是说,被体验为证明尽管他在一种更深的水平上的确不重要是个事实，但他还是具有重要性的证据，因为他仍然缺少一种对于"我在，故我思，我行动"的基本的确信。而且我们也有理由感到疑惑，这样的补偿性解决方式是否根本就不能代表什么，它仅仅是这位患者将一种防御系统换为另一种、将一套术语换为另一套，而从来都没有将他自己体验为存在的。在第二种状态下，这位患者并没有愤怒得要爆炸，而是"升华"、"内省"或"发生联系"，但是仍然没有植根于他自己的存在而采取行动。

我们的第二点评论是，这位患者的"我在"体验并不能根据移情关系来解释。上面案例中明显呈现的正移情（不管是指向治疗者，还是指向丈夫[①]）从患者前一天晚上所做的意味深长的梦中得到了说明，在这个梦中，有一个人在这个贫瘠的、非人化的人群的荒野之中对她表示同情。的确，她在这个梦中表明，只有她能够信任其他某个人，她才能产生这种"我在"的体验。但是，这并不能解释这种体验本身。这样说很可能是正确的，即对于任何人来说，被另一个人接受以及信任另一个人的可能性，是这种"我在"体验的一个必要条件。但是，这种对于个人自己的存在的觉察基本上是发生在理解自我的水平之上的；它是一种在自我觉察的领域内意识到的此在体验。它无法在社会的范畴内得到实质性的解释。被另一个人如治疗者接受就向这位患者表明，她再也不需要在关于其他任何人或者这个世界能否接受她这个问题的阵线上做全力的斗争；这种接受将她释放了出来，使她去

---

① 为了进行上面的讨论，我省略了这个问题，即在这个案例的这个特定的点上，这应该恰当地被称为"移情"，还是仅仅是人的信任。我并不否认这个得到了恰当界定的移情的概念的有效性［参见第83页（指英文原书页码。——中译者注）］，但是，说某物"仅仅是移情"，就好像它完全仅仅是过去遗留下来的一样，这是完全没有意义的。

体验她自己的存在。我们必须强调这一点，因为在很多圈子里都会经常出现这种错误：认为只有在一个人被其他某个人接受的情况下，关于他自己的存在的体验才将自动显现。这是一些"关系治疗"形式的根本错误。在生活与治疗中，"如果我爱你、接受你，那是因为这就是你所需要的"，这种态度很可能会增加被动性。关键的问题在于，个体在他对于自己存在的意识以及对于自己存在的责任中，会如何应对他能够被接受这一事实。

第三点评论直接因承上面这一点而来，即存在是一个无法被还原为社会规范与伦理规范之摄入的范畴。用尼采的话来说，它是"超越了善与恶的"。只要我的存在感是真的，那么我必须坚持的恰恰不是其他人告诉我应该成为的样子，而是一个阿基米德（Archimedes）的点，从这个点来判断父母及其他权威所要求的东西。事实上，在特定的个体身上，强迫性的和僵化的道德主义恰恰是由于存在感的缺失而产生的。僵化的道德主义是一种补偿性机制，个体凭借这种机制来劝服自己接受外在的法令，因为他根本就不能确定他自己的选择能否得到任何的认可。这并不是否认社会在所有人的道德形成中的广泛影响，而是说，这种本体论的感觉不能完全地被还原为这些影响。这种本体论的感觉并不是一种超我现象。出于同样的原因，这种存在感给这个个体提供了自尊的基础，这种自尊并不仅仅是其他人关于他的观点的反映。这是因为，从长远的观点来看，如果你的自尊必须基于社会证实，那么你就根本没有自尊，而只有一种更为复杂的社会顺从的形式。这么说一点也不过分，即个人对于自己存在的感觉尽管与各种各样的社会关联交织在一起，但它是处于基础地位的，并不是各种社会力量的产物；它一直都是以自我世界（Eigenwelt），即"自己的世界"（这是一个我们将要在下面讨论的术语）为先决条件的。

第四点评论涉及的是需要考虑的最为重要的事项，即绝对不能将这种"我在"体验与在许多圈子里都被称为"自我的机能"的东西相等同。这就是说，将这种对个人自己之存在的觉察的出现界定为"自我发展"的一个阶段是错误的。我们只需考虑一下"自我"这个概念在经典精神分析传统中的含义就会知道为什么会这么说了。自我传统上一直被看作一个相对软弱的、模糊的、被动的、衍生的动因，在很大程度上是其他更为强有力的过程的一种副现象。它是"通过从外部世界强加在其之上的矫正措施从伊底当中衍生出来的"，并且"代表了外部世界"[①]。格罗德克（Groddeck）说，"我们所称的自我在本质上是被动的"，这是弗洛伊德很赞同地引用过的一句话。[②]诚然，精神分析理论中期的发展越来越强调自我，但主要是把它当成关于防御机制的研究的一个方面；自我主要是通过它的消极防御机能来扩展其原初受到冲击的脆弱的领域，它"为三位主人服务，所以它受到三大危险的威胁：外部世界、伊底的力比多以及超我的严厉"[③]。弗洛伊德经常评论说，实际上如果自我能够在它难以控制的房子里保持某种和谐的外表，那么它就运作得非常好。

思忖片刻就可以发现，自我与我们一直在讨论的"我在"体验，即存在感之间存在着非常大的差别。后者出现在一种更为基本的水平

[①] Healy, Bronner, and Bowers, *The Meaning and Structure of Psychoanalysis* (1930), p.38. 我们是根据一种标准的关于经典精神分析中期的概述，来给出这些引语的，这并不是因为我们没有发觉后来对于自我理论所做的修正，而是因为我们希望呈现自我概念的本质，这个本质已经得到了详细的阐述，但是在本质上是没有改变的。

[②] 同上，p.41。
[③] 同上，p.38。

上，而且它是自我发展的一个前提。自我是人格的一个部分，从传统意义上看，它是一个相对虚弱的部分，而存在感指的是个人的整体体验（不仅包括意识的体验，还包括无意识的体验），而且它绝不仅仅是意识的动因。自我是外部世界的一种反映；存在植根于个人自己的存在体验，而且如果它仅仅是外部世界的一面镜子，是外部世界的一种反映，那么它恰恰就不是个人自己的存在感。我的存在感并不是我看待外部世界、估量外部世界、评估现实的能力；相反，它是我将自己看作一个在世存在、认识到自己是能够做这些事情的存在的能力。从这个意义上说，它是我们所称的"自我发展"的一个前提。自我是主体－客体关系中的主体；存在感出现在先于这种两分法的一种水平上。存在并不是指"我是这个主体"，而是指"在其他事物当中，我是作为这个主体而能够知道正在发生的事情的存在"。正如我们在后面将要指出的，这种存在感从起源来讲并不是与外部世界相对立的，而是它必须包括这种在必要的情况下让自己与外部世界相对立的能力，就像它必须包括面对非存在的能力一样。诚然，我们所称的自我以及存在感都是以在小孩身上，大约在婴儿期的头几个月到两岁之间的某个时候自我意识的出现为先决条件的，这是一个通常被称为"自我的出现"的发展过程。但是，并不是说这两者应该相等同。据说，自我通常情况下在儿童期尤其虚弱，这种虚弱是与儿童关于现实的评估以及与现实的联系相对虚弱相称的；而存在感可能特别强烈，只有到后来当儿童学会了沉湎于顺从的倾向，学会了将他的存在体验为一种关于其他人对他评价的反映，学会了失去他的一些独创性和原初的存在感时，存在感才会被削弱。事实上，存在感——也就是本体论的感觉——预先假定了自我的发展，就像它预先假定了其他问题的解决方式一样。①

当然，我们察觉到，在正统的精神分析传统中，最近几十年来自我理论得到了补充和详尽的阐述。但是，我们无法通过给这样一位软弱的君主穿上额外的礼服来使他变强，不管这些礼服被织得多么好或者被缝制得多么复杂。关于自我学说真正的、根本的问题在于，它最为卓越地代表了现代思维中的主体－客体两分法。实际上，我们有必要强调，正是自我被看作虚弱的、被动的、衍生的这个事实本身，是我们这个时代存在感丧失的一个证据，也是本体论关注的压抑的一种症状。这种关于自我的观点是将人类首先看成一种被动地作用于其身上的各种力量的接受者这种普遍倾向的代表，不管这些力量被认定为伊底，或者用马克思主义者的术语说是这个巨大的工业世界的主宰，还是用海德格尔的术语说是个体在顺从的海洋中作为"许多人当中的一个"而被淹没。这种认为自我是相对虚弱的并且受到伊底冲击的观点，在弗洛伊德那里是对维多利亚时期人的分裂的一个深刻象征，也是对那个时代肤浅的唯意志论的一种强有力的矫正。但是，当这种自我被详细阐述为基本的规范时，错误就产生了。如果自我理论要具有人与人之间的自我一致性的话，就要在这种理论之下假定存在感这种本体论的意识。

现在，我们来看一下这个关于非存在（或者正如存在主义文献中所说的虚无）的重要问题。这一节的标题"存在与非存在"中这个

---

① 如果这个反对意见是这样的，即认为"自我"这个概念至少比这种存在感更为精确，并因此在科学方面更为令人满意，那么我们就只能重复我们已经在前面说过的话，即这种精确性可以很容易地在论文中获得。但是，问题一直在于这个概念与个人现实之间的这座桥梁，而科学的挑战在于找到一个概念、一种理解的方法，尽管可能不够精确，但是它不会歪曲现实。

"与"字表明了这样一个事实，即非存在是存在的一个不可分割的部分。一个人要想理解存在的含义，就需要理解这一事实，即他可能不存在，每一个时刻他都走在可能消失的锋利的边缘上，而且他永远无法逃避这一事实，即死亡将在未来某个未知的时刻降临。存在永远都不会是自动的，它不但可以被放弃和丢失，而且实际上还在每一个时刻都受到非存在的威胁。如果没有这种对于非存在的意识——也就是说，对于死亡、焦虑以及顺从带来的不太显著但却持久的潜能丧失的威胁的意识——存在就是枯燥乏味、不真实的，并且以明确自我意识的缺乏为特征。但是，面对非存在，存在就会呈现活力和直接性，而个体会体验到一种增强的对于他自己、他的世界以及他周围的其他人的意识。

　　死亡是最为明显的非存在威胁的形式。弗洛伊德在他的死本能象征的水平上抓住了这条真理。他坚持认为，生的力量（存在）在每一个时刻都列阵反对死的力量（非存在），而且在每一个个体的生命中，后者都将取得最后的胜利。但是，弗洛伊德的"死本能"（thanatos）概念是一个本体论的真理，我们不应该将它看作一种变质的心理学理论。"死本能"这个概念是关于这一论点的一个极好的例子，即弗洛伊德超越了技术理性并试图保持对生命悲剧性方面的开放性。他对存在中敌意、攻击以及自我毁灭的必然性的强调，从某种立场来说也是这个意思。的确，当他用化学的术语来解释"死本能"时，他将这些概念都描述错了。在精神分析圈子里，用"死本能"作为与力比多相类似的词，就是这种变质的措辞的一个例子。这些错误源自试图将死亡、悲剧这些本体论真理放入技术理性的框架之中，并试图将其还原为特定的心理机制。基于这一基础，霍妮及其他人得以从逻辑上提出，弗洛伊德太"悲观"了，而且他完全把战争与攻击合理化了。我认为，反对这些惯常的、以技术理性形式出现的、过分简单化的精神分析解释，是合理的；但是，反对弗洛伊德本身却是不合理的，尽管他的参考框架存在矛盾之处，但他是在试图保存一个关于悲剧的真实的概念。实际上，他具有一种非存在感，尽管存在这一事实，即他一直试图使这种非存在感与他的存在概念都从属于技术理性。

仅仅根据生物学的术语来理解"死本能"也是错误的，它将使我们带着一种宿命论蹒跚而行。相反，独特的、关键的事实在于，人类是知道自己将要死亡、能预期自己的死亡的个体。因此，关键的问题在于他是如何与死亡这一事实联系在一起的：是像我们西方社会的习惯一样，通过逃避死亡或者使自己成为一名狂热的信徒，自动将对死亡的承认压抑到理性和信念之下来消磨他的存在，还是通过说"某某死了"，然后将它变成一个公众统计学的问题来使存在变得含糊不清（这将有助于掩盖这个非常重要的事实，即他自己在将来某个未知的时刻也将会死亡）？

另外，存在分析者也坚持认为，面对死亡给生命本身提供了最为确定的现实。它使得个体的存在变得真实、绝对和具体。这是因为，"死亡作为一种不相关的潜能，将人挑选了出来，而且当人意识到自己的死亡具有无法逃避的本质时，死亡就好像会赋予他个性，使他理解其他人（还有他自己身上）存在的潜能"[①]。换句话说，死亡是我

---

① 这是沃纳·布罗克在介绍《存有与存在》时所给出的对海德格尔的一种解释。对于那些对存在与非存在这个问题的逻辑方面感兴趣的人，我们可以很合理地补充说，就像蒂利希在《存在的勇气》中指出的，"是与否"之间的辩证，以各种各样的形式存在于整个思维的历史中。黑格尔坚持认为，非存在是存在的一个必需的部分，尤其是在他的"有神论、无神论以及综合论"的辩证的"无神论"阶段。谢

生命的一个事实，它不是相关的，却是绝对的，而我对于这一点的意识给予了我的存在以及我在每一个时刻所做的事情一种绝对的特性。

我们也并不需要一直探究至死亡这个极端的例子才能发现非存在的问题。在我们这个时代，最为普遍的、一直存在的不能面对非存在的形式很可能是顺从，即个体让自己被吸收进集体的反应与态度的海洋之中、在毫无个性特征的大众（das Man）中被吞没的趋势，与此相对应的是，个体会失去他自己的意识、潜能以及所有使他成为一个独特的、具有创新性的存在的东西。个体通过这种手段可以暂时性地摆脱非存在的焦虑，但却是以丧失他自己的力量与存在感为代价的。

从积极的一面讲，面对非存在的能力表现在个体接受焦虑、敌意与攻击的能力之中。我们在这里所说的"接受"是指忍受而不压抑，并尽可能地对其进行创造性的利用。严重的焦虑、敌意与攻击是与自我和其他人相联系的状态与方式，它们会削弱或摧毁存在。但是，通过逃离来保存个人的存在将会引出焦虑的情境或具有潜在的敌意和攻击的情境，这只会给这个个体留下枯燥乏味的、虚弱的、不真实的存在感——尼采在他关于"虚弱的人"（这些人通过压抑来回避焦虑或敌意的攻击并因此体验到"被麻醉的平静"与飘浮不定的愤慨）的描述中所指的含义。我们的论点根本没有暗含任何轻视焦虑、敌意和攻击的神经症形式与正常形式之间的区别的意思。显然，面对神经症焦

林、叔本华、尼采及其他人强调"意志"，认为它是一个根本的本体论概念，这是一种表明存在具有"否定它自己而不会失去它自己"的力量的方法。蒂利希在得出他自己的结论时坚持认为，这个关于存在与非存在是怎样联系在一起的问题，只能通过隐喻来进行回答："存在包括它自己以及非存在。"用日常的术语来说，我们能够意识到死亡，能够接受死亡，能够以自杀引入死亡。简言之，从自觉地包含死亡这个意义上说，存在包括非存在。

虑、敌意与攻击的一种建设性方式是，在心理治疗方面对它们做出澄清，然后尽可能地消除它们。但是，这项任务由于我们不能理解这些状态的正常形式而增添了双重的困难，整个问题都变得混淆不清——"正常"在这个意义上是指处在所有存在都必须应对的非存在威胁中。实际上，焦虑、敌意和攻击的神经症形式恰恰是因为个体不能接受和应对这些状态和行为方式的正常形式而出现的，这一点不是很清楚吗？保罗·蒂利希那句强有力的话对于治疗过程具有深远的影响，"一个存在的自我肯定越强，它吸收进自身的非存在就越多"，此不赘述。

二、本体论的焦虑与内疚

现在，关于存在与非存在的讨论将我们带到了能够理解焦虑的基本性质这一点上。焦虑并不是一种像快乐、悲伤等其他情感那样的情感；相反，它是人的一种本体论特征，正是以其存在本身为根源的。例如，这不是一种我可以接受或者逃离的边缘性威胁，也不是一种可以与其他反应归到一起的反应；它一直是一种对根基的威胁，即对我的存在的核心的威胁。焦虑是关于迫近的非存在这一威胁的体验。[①]

库特·戈德斯坦在他关于焦虑的理解的经典著作中强调，焦虑并不是我们所"拥有"的某种东西，而是我们"是"的某种东西。他对于精神病刚发病时，即患者在确确实实地体验到自我消亡的威胁时产生的焦虑所做的生动描述，使得他的观点非常清晰。但是，正如他自

[①] 为了节省篇幅，我们不得不省略了可引用的大量经验资料而只以警句形式就本体论焦虑的概述给出要点。这种关于焦虑的观点的一些方面得到了更为充分的发展，这可以在我的著作《焦虑的意义》中找到。

己所坚持认为的，这种自我消亡的威胁并不局限于精神病患者，而是既描述了焦虑的神经症性质，也描述了其正常的性质。焦虑是个体开始意识到他的存在可能会被摧毁、他可能会失去自我及其世界、他可能会变得"一无所有"的主观状态。①

这种关于本体论焦虑的理解阐明了焦虑与害怕之间的差异。这种差异并不是体验的程度或体验的强度之间的差异。例如，一个人在他所尊重的某个人在街上从他身边经过却没有跟他讲话时所产生的焦虑，与当牙医拿着钻头要给他钻一颗过敏的牙齿时他所体验到的害怕，强烈程度是不一样的。但是，街道上受到怠慢的那种痛苦的威胁可能会整天缠着他，晚上可能还会烦扰他的美梦，而这种害怕的感觉一旦他从牙医的椅子上站起来就会暂时消失，尽管它从量上来讲比前者大得多。差别在于，焦虑攻击了他的自尊的正中心以及他作为一个自我的价值感，这是他将自我体验为一种存在的最为重要的方面。相反，害怕是一种对他的存在的边缘的威胁；它能够被客观化，而这个人能够超越于它来观察它。在或大或小的程度上，焦虑淹没了这个人对于存在的发现，抹掉了时间感，模糊了对过去的记忆，并删除了未来②——这可能是对它攻击了一个人之存在的中心这一事实最使人不得不信的证明。当我们受到焦虑的支配时，我们在那个程度上不能在

---

① 我们在这里谈到焦虑时将它看作一种"主观的"状态，这就对主观的东西与客观的东西做出了区分，这种区分在逻辑上可能不是完全合理的，但是表明了我们可以从其进行观察这一观点。我们可以从外部观察到焦虑体验的"客观的"一面，呈现在像行为失调、破坏性行为（Goldstein）这样的案例中，或者症状-形成这样的神经症案例中，或者在像倦怠、强迫性活动、无意义的娱乐以及意识阻断这样的"正常"人的案例中。

② 参见本书中有关明可夫斯基的章节对这种现象的讨论，第 66、127 页（指英文原书页码。——中译者注）。

想象中构思存在是怎样到焦虑的"外面"去的。当然，这就是为什么焦虑如此难以忍受，为什么人们宁愿选择（如果他们有选择的机会的话）在外部的观察者看来糟糕得多的严重的身体疼痛的原因。焦虑是本体论的，而害怕不是。我们可以将害怕作为一种同其他情感一样的情感、一种同其他反应一样的反应来进行研究。但是，我们只能将焦虑理解为一种对此在的威胁。

这种将焦虑当作一种本体论特征的理解，又一次突出了我们措辞的困难。弗洛伊德、宾斯万格、戈德斯坦、克尔凯郭尔（因为他的术语被翻译成了德语）使用"畏"（Angst）这个词来指焦虑，这个词在英语中没有相对应的词。它与"苦恼"（anguish，这个词源自拉丁语 angustus，意思是"狭窄的"，而这个词又来自 angere，意思是"通过挤压来使其痛苦""窒息"）这个词最为接近。英语中"焦虑"这个词，如"我对做某事感到焦虑"，是一个语气弱得多的词。[①]因此，一些学生将 Angst 翻译成"畏惧"，就像劳瑞（Lowrie）在他对克尔凯郭尔作品的翻译以及本书中艾伦·韦斯特个案的翻译者所做的一样。我们当中有一些人也试图继续用焦虑这个术语来代替畏[②]，但是我们却陷入一个困境。这两个选择项似乎是，要么使用焦虑表述一种打了折扣的情感，这使用起来将具有科学性，却以失去这个词的力量为代价；要么使用一个像"畏惧"这样的词，这将具有文字的力量，却不能作为科学的范畴使用。因此，关于焦虑的实验室实验在非常多的情况下似乎

---

① 在说英语的国家中，我们这种回避对焦虑体验做出反应的实用主义倾向——例如，在英国是通过坚忍，而在这个国家是通过不大声叫出来或表示出害怕——是不是我们还没有发展出词语来公正地对待这种体验的部分原因？这是一个非常有趣的问题。

② 参见《焦虑的意义》，第 32 页。

都令人遗憾地缺乏；我们每天在临床研究中都会观察到的焦虑的破坏性特质及力量的研究，甚至是关于神经症症状和精神病状态的临床讨论通常也似乎会流于问题表面。对焦虑做出存在理解的结果，是要还给这个术语其最初的力量。这是一种不但带有苦恼而且带有畏惧的威胁体验，实际上，它是任何存在都会遭受的最为痛苦和基本的威胁，因此它是失去存在本身的威胁。在我看来，通过将这个概念转变为其本体论的基础，我们的心理学和精神病学关于各种类型的焦虑现象的研究都将会受益颇多。

现在，我们可以更为清晰地看到焦虑的另一个重要的方面——焦虑总是会涉及内在冲突这一事实。这种冲突不就是我们所说的存在与非存在之间的冲突吗？焦虑出现在个体面对某种正在出现的潜能或可能性、某种实现他的存在的可能性时，而这种可能性恰恰包括了对当前的安全感的破坏，这因此会引发否认这种新的潜能的倾向。将出生创伤作为所有焦虑之原型的象征是有道理的——这是一种将焦虑这个词看作"狭窄的疼痛""窒息"，就好像是穿过出生这条通道一样的词源学来源所暗含的解释。众所周知，这种将焦虑看作出生创伤的解释是兰克所支持的，他以之用来涵盖所有的焦虑；弗洛伊德也在一个不如前者那么综合的基础上赞同这一点。无疑它含有一个重要的象征性真理，即使人们不会将它与婴儿真正的出生联系在一起。如果没有某种开始的可能性、某种哭着"出生"的潜能，我们将不会体验到焦虑。这就是焦虑如此深刻地与自由问题联系在一起的原因。如果个体没有实现某种新的潜能的自由（无论多么小），那么他将不会体验到焦虑。克尔凯郭尔将焦虑描述为"自由的混乱"，并更为明确（如果不是更为清晰的话）地补充说："焦虑是自由在物质化之前作为一种潜能的现实。"戈德斯坦通过指出作为个体的人和作为集体成员的人是怎样怀着摆脱无法忍受的焦虑这一希望而放弃自由的论证了这一点，并以近几十年欧洲的个体逃避到教义的樊篱之后，或者群体性地投奔法西斯主义为证。[①] 不管选择什么样的方式来论证，这个讨论都指出了畏的积极方面——因为焦虑体验本身就证明了某种潜能是存在的，即某种受到非存在威胁的新的存在的可能性。

我们已经指出，当面对实现自我的潜能这一问题时，个体的状态是焦虑。现在，我们进一步指出，当这个人否认这些潜能，不能实现这些潜能时，他的状态是内疚。这就是说，内疚也是人类存在的一种本体论特征。

概述鲍斯引证过的一个他所治疗的严重强迫症个案能够对此做出最佳的论证。[②] 这位患者是一位医生，出现了洗刷、清扫的强迫性行为，他已经接受了弗洛伊德式的分析和荣格式的分析。有一段时间，他经常重复做一个关于教堂尖塔的梦，这个梦在弗洛伊德式的分析中根据生殖器象征得到了解释，在荣格式的分析中根据宗教原型象征得到了解释。这位患者能够非常睿智并详细地讨论这些解释，但是他的神经症强迫性行为在短暂地中止一段时间后又继续像以前一样反复。在他接受鲍斯分析的第一个月里，这位患者报告了一个他经常做的梦；在梦中，他会走向一扇老是锁着的厕所的门。鲍斯限制自己每次都只问为什么门需要锁上——正如患者所说，为了"使门上的球形捏

[①] Human Nature in the Light of Psychopathology (Cambridge: Harvard University Press, 1940).
[②] Medard Boss, Psychoanalyse und Daseinsanalytik (Bern and Stuttgart: Verlag Hans Huber, 1957). 我非常感激埃里希·海德（Erich Heydt）博士，他是鲍斯的学生和同事，他为我翻译了这部著作的一部分，还与我详细地讨论了鲍斯的观点。

手发出咯咯声"。最后，这位患者做了一个梦，在梦中，他穿过了那扇门，然后发现自己在一个教堂中，下身浸在齐腰深的粪便中，一根绳子缠着他的腰将他朝钟塔的方向使劲往上拉。这位患者被强大的拉力悬挂着，以至于他以为自己会被拉成碎片。然后，他经历了一段为期四天的精神病发作期；在这四天当中，鲍斯一直陪在他的身边。在这之后，分析继续进行，最终取得了非常成功的结果。

鲍斯在他关于这个个案的讨论中指出，这位患者非常内疚，因为他的内部锁住了一些非常重要的潜能。因此，他产生了内疚感。正如鲍斯所指出的，如果我们"忘掉了存在"——通过不将我们自己带进我们的整个存在之中，通过变得不真实，通过滑入毫无个性特征的大众的顺从匿名者之中——那么我们事实上就已经失去了我们的存在，而且在那种程度上我们是失败者。"如果你锁住潜能，你就会由于违反了你的出生、你的'核心'给予你的东西而感到内疚（或者可以这么翻译那个德语单词，是'感到负债的'）。在这种负债和内疚的存在状态基础上，出现了所有的内疚感，不管是无数具体的形式，还是现实中可能会出现的畸形的东西。"这就是这位患者身上所发生的事情。他已经锁上了他身体上和精神上的体验的可能性（鲍斯也是这样表达的，体现在"驱力"的方面和"神"的方面）。这位患者先前已经接受过力比多和原型的解释，对这些东西都很熟悉。但是，鲍斯说，逃避所有的事情是一种很好的方式。因为这位患者并没有接受这两个方面并将这两个方面带进他的存在之中，所以对于他自己，他感到内疚、负债。这就是他患上神经症和精神病的根源（Anlass）。

在治疗结束后写给鲍斯的一封信中，这位患者指出，他在第一次接受分析时不能真正地接受他的肛门性欲的原因，是他"感觉到这位分析者自己的依据并没有得到充分的验证"。这位分析者一直试图将关于教堂尖塔的梦还原为生殖器的象征，而且"在他看来，圣堂的全部分量仅仅是升华了的模糊的东西"。由于相同的原因，原型的解释也是象征性的，根本不能与身体整合在一起，同样也并不能与宗教体验紧密联系到一起。

让我们仔细地注意一下，鲍斯说这位患者是内疚的，而不仅仅是说他有内疚感。这是一个具有深远意义的重要句子。这是一种穿越许多关于内疚的心理学讨论之浓雾的存在取向——这些讨论的进行都是基于这样的假设，即我们只能论述一些模糊的"内疚感"，就好像内疚是不是真的无关紧要一样。将内疚仅仅还原为内疚感，难道不是在相当大的程度上促成了很多心理治疗中现实的缺乏与错觉的产生的原因吗？难道它不也倾向于在这个方面确认患者的神经症，即它含蓄地为他不去认真地对待他的内疚，并且与他实际上已经丧失了他自己的存在这一事实相安无事开辟了道路吗？鲍斯的观点在这一方面从根本上说是存在主义的，即他很尊重真实的现象，这里的真实现象就是内疚。内疚与这位患者或任何患者体验的宗教方面的联系不是独有的：我们同样会因抗拒肛门、生殖器或者生活中的其他任何肉体方面或是智力的、精神的方面而感到内疚。这种对内疚的理解和对这位患者的判断态度没有任何关系。这仅仅与认真地、带着尊重地去对待患者的生活与体验有关系。

我们已经引证的仅仅是本体论内疚的一种形式，即由于丧失了自我的潜能而产生的内疚。内疚还有其他形式。例如，还有一种反对某人的同伴的本体论，这种内疚产生于这一事实，即我们每个人都是一个个体，那么每个人都必然通过自己有限的、有偏见的眼光来感知自己的同伴。这就意味着，该个体一直在某种程度上歪曲了他的同伴的真实面貌，并一直在某种程度上不能充分地理解和满足其他人的需要。这不是一个道德失败或懈怠的问题——尽管它实际上会由于道德敏感性的缺乏而极大地增强。它是我们每个人都是一个孤立的个体这一事实的一个不可避免的结果，我们都别无选择，只能通过自己的眼睛来看待这个世界。这种来源于我们的存在结构的内疚，是一种合理的谦逊最强有力的来源之一，是一种原谅我们的同伴的、不涉及感情的态度。

上面提到的本体论内疚的第一种形式，即潜能的丧失，大致与我们将在第九章描述和界定的被称为自我世界或自己的世界的世界模式相对应。内疚的第二种形式大致与人际世界相对应，因为这是主要与一个人的同伴相关联的内疚。本体论内疚还有第三种形式，这种形式不但涉及周围世界，而且涉及其他两种模式，即有关作为整体的自然的"分离内疚"。这是本体论内疚最为复杂、最为综合的方面。这看起来似乎有点混乱，尤其是我们无法在这个轮廓中详细地对它做出解释。我们将它包括进来是为了保持完整性，也是为了可能希望在本体论内疚的领域做进一步研究考虑。这种关于我们与自然相分离的内疚，很可能比我们在这个现代西方科学的年代所能认识到的要有影响得多（尽管受到了压制）。希腊早期存在主义哲学家阿那克西曼德（Anaximander）最早在一个经典的片段中对它进行了优美的表述："事物的来源是没有止境的。它们从它们所产生的地方开始，也必须必然地回去，因为它们在时间秩序中确实会赎回，确实会为它们的不公正而互相补偿。"

除此以外，本体论内疚还有这些特征：第一，每个人都参与其中。我们所有人都会在某种程度上歪曲同伴的现实，而且没有人能充分地实现自己的潜能。我们每个人与自己的潜能之间一直是一种辩证的关系，这在鲍斯那位患者所做的在粪便与钟塔之间被拉来拉去的梦中得到了显著的证明。第二，本体论内疚并非来源于文化的禁忌，或是来源于文化习俗的摄入；它来源于自我意识这一事实。本体论内疚并不是由我内疚是因为我违背了父母的禁令构成的，而是源自我能将自己看作一个既能够做出选择又能够不选择的个体这一事实。每个发展了的人都有这种本体论内疚，尽管其内容会因文化的不同而不同，而且它在很大程度上是由文化给予的。第三，本体论内疚并不会与病态的或神经症的内疚相混淆。如果它不被接受或者受到压抑，那么它可能就会转变成神经症内疚。就像神经症焦虑是无法面对正常本体论焦虑的最终产物一样，神经症内疚也是无法面对本体论内疚的结果。如果个体能够意识到这一点并接受这一点（正如鲍斯的患者后来所做的），那么它就不是病态的或神经症的了。第四，本体论内疚不会导致症状形成，相反会对人格产生建设性的影响。尤其是它能够也应该在一个人与他的同伴的关系中产生谦逊和敏感性，并在发挥个人潜能时增强创造性。

三、在世存在

存在心理治疗者所做出的另一项主要的、深远的贡献——在我看来在重要性方面仅次于他们对存在的分析的——是他们对这个世界上的人的理解。"要理解强迫症患者，"欧文·斯特劳斯写道，"我们必须首先理解他的世界。"而就此而言,这对于所有其他类型的患者以及任何人来说当然也是正确的。在一起意味着在这同一个世界上在一起,而认识意味着在同一个世界的背景下认识。必须从内部理解某位特定患者的世界,必须尽可能从存在于其中的那个人的角度来认识和理解。宾斯万格写道:"就像弗洛伊德最初系统地去做的那样,我们精神病学家过多地注意了我们的患者相对于所有人看来都很平常的世界生活的非常态方面,而不是主要关注患者自己的或私人的世界。"①

问题在于我们要怎样去理解其他人的世界。它不能被理解为一个我们可以从外部去观察的物体的外在集合体(在这种情况下,我们永远都不能真正地理解它),也不能通过情感上的认同来进行理解(在这种情况下,我们的理解没有任何益处,因为我们已经不能保存我们自己的存在的现实)。这真的是一个困扰人的两难问题!我们所需要的是一种根除这个"肿瘤"的关于世界的取向,即传统的主观-客观两分法。

这种试图重新发现人是在世存在的努力之所以如此重要,原因在于,它直接冲击了现代人最为严重的问题之一——他们已经失去了他们的世界,失去了他们对社会的体验。克尔凯郭尔、尼采以及那些追寻他们的存在主义者都不断指出,现代西方人的焦虑和绝望有两个主要来源,首先是他丧失了他的存在感,其次是他丧失了他的世界。存在分析者认为,有很多证据表明,这些预言者是正确的,而且20世纪的西方人不仅体验到一种与他周围的人类世界的异化,还在自然界中遭受了一种内在的、折磨人的被疏远(比如,一个假释的罪犯)的

---

① 第197页(指英文原书页码。——中译者注)。

确认。

弗雷达·弗洛姆-理查曼（Frieda Fromm-Reichman）与沙利文的著作描述了失去了他的世界的人的状态。这些学者以及其他类似他们的人论证了关于孤独、隔离与异化的问题是怎样在精神病学文献中得到越来越多的论述的事实。这个假设看起来很可能是，不但精神病学家和心理学家对这些问题的意识有一种提高，而且这种状况本身在存在方面也有一种提高。总的来说，这些隔离与异化的症状反映了一个人与世界的关系已经被破坏的状态。一些心理治疗者已经指出，越来越多的患者表现出了精神分裂症的特征，而且我们这个时代"典型的"精神问题不像弗洛伊德那个时代一样是歇斯底里，而是精神分裂症。也就是说，是那些分离的、毫无相关的、缺乏情感的、倾向于人格解体并通过理智化和技术阐述来掩盖他们的问题的人的问题。

还有大量的证据表明，在我们这个时代不仅有病理状况的人，还有无数的"正常"人也遭受着这种隔离感，即个人自我与世界的异化。雷斯曼（Riesman）在他的研究成果《孤独的人群》（The Lonely Crowd）中列示了大量的社会心理学数据，以证明分离的、孤独的、异化的人格类型不仅是神经症患者的特征，同时也是我们这个社会中作为整体的群体的特征，而且在过去的20年中朝向那个方向发展的趋势是越来越快。他提出了这个具有重大意义的观点，认为这些人与他们的世界进行的是一种技术性的沟通；他的"外部导向的"人（我们这个时代的典型特征）都是从技术性的、外在的一面来与一切事物发生联系的。例如，他们通常不说"我喜欢这部戏"，而是说"这部戏拍得很好""这篇文章写得很好"，等等。其他关于我们社会中个人隔离与异化这种状况的描述还有弗洛姆的《逃避自由》（Escape from

Freedom），该书尤其进行了社会政治方面的探讨；卡尔·马克思特别对源自现代资本主义的以金钱这个外在的、物质中心化的东西为依据来评价一切事物的这种非人化的倾向进行了阐述；蒂利希也以精神的观点对此进行了描述。而加缪的《陌生人》和卡夫卡的《城堡》（The Castle）以惊人的相似性对我们的观点进行了论证：他们两个都对对于自己的世界而言是个陌生人的人进行了鲜明的、扣人心弦的描绘，这个人对于他所寻求去爱或者假装去爱的其他人而言也是一个陌生人，他以一种无家可归的、模糊的、朦胧的状态四处徘徊，就好像他与他的世界没有直接的感觉联系，而是在一个陌生的国度，在那里他不懂语言，也没有希望学会这种语言，却一直注定要在静静的绝望、不得与外界接触的无家可归中徘徊，而且注定是一个陌生人。

关于失去世界的问题也不仅仅是一个缺乏人际关系或缺乏与个人的同伴进行沟通的问题。其根源也深植于社会层面之下的一种与自然世界的异化。这是一种特殊的隔离体验，被称为"认识论的孤独"[①]。在关于异化的经济学、社会学和心理学之下，我们能找到一个深刻的共同基础——异化（四个世纪以来人类作为主体与客观世界相分离的最终结果）。这种异化在西方人想要获得超越自然的力量的激情中已经表现出来好几个世纪了，但是现在它却在一种与自然的疏远以及一

---

① "认识论的孤独"这个术语是大卫·巴坎（David Bakan）用来描述西方人与他自己的世界相隔离的体验的。他认为这种隔离来源于我们从英国经验主义者洛克、贝克莱和休谟那里继承而来的那种怀疑论。他坚持认为，他们的错误尤其在于认为"这位思考者在存在方面是孤单的，而不是作为一个正在思考的团体中的一员和参与者"。（"Clinical Psychology and Logic," *The American Psychologist*, December 1956, p.656.）有趣的是，在很好的心理学传统下，巴坎将这种错误解释为一种社会层面的错误，即与团体的分离。但是，它不是更可能是症状而不是原因吗？更确切地说，这种与团体的隔离难道只是一种方法，一种更为根本、更为广泛的隔离表现出它自身的方法吗？

种对于获得任何真正的与自然世界的关系,包括与个人自己的身体的关系的这种模糊的、无法表达的、半压抑的绝望感中表现了出来。

在这个对于科学有如此明显的自信的世纪,这些句子可能听起来有些奇怪。但是,让我们来更仔细地分析一下这个问题。萨特在他所撰写的卓越的章节中指出,现代思维之父笛卡儿坚持认为自我与意识和世界以及其他人是相分离的。① 这就是说,意识被切断,成为孤立的了。感觉不会直接地告诉我们关于外部世界的任何东西,它们仅仅为我们提供推论的资料。在现代,笛卡儿通常是一个替罪羊,人们让他为主体与客体之间的两分法承担谴责。但他仅仅是反映了他那个时代的精神以及现代文化中潜在的倾向,他看到了这些,并非常清楚地写了下来。萨特继续说,与现代人对"当前世界"的关注相比,中世纪通常被认为是专注于来世的。但是实际上,中世纪基督教所说的灵魂被看作真正地与世界联系在一起,它确实存在于这个世界上。人们将关于他们的世界体验视为直接真实的[参见乔托(Giotto)],将身体体验视为即时的、真实的[参见圣·弗朗西斯(Saint Francis)]。然而,从笛卡儿开始,灵魂与自然已经互相没有任何关系了。自然只属于广延实体(res extensa)的领域,要根据数学来进行理解。我们只能通过推论间接地认识世界。这显然设定了我们从那时开始一直与之斗争到现在的问题,其充分的含义要到最近一个世纪才能看到。萨特指出了传统的关于神经学和生理学的教科书是怎样接受这种学说,并努力地想证明神经学方面所发生的事情仅仅是一种与真实世界的"符号式的"关系的过程。只有"无意识的推论才导致这个关于外在世界

---

① 第142页(指英文原书页码。——中译者注)。

的存在的假设"①。

因此,现代人感觉到与自然的疏远,感觉到每一种意识都是孤零零的、单独的,绝不是偶然。这已经被"固化"进了我们的教育之中,而且在某种程度上甚至已经嵌入我们的语言之中。它意味着对这种隔离情境的克服不是一项简单的任务,它需要某种核心的东西,而不仅仅是对我们当前一些观念的重新组合。人与自然世界和人类世界的这种疏远为本书的作者们设定了一个试图解决的问题。

现在,让我们来看一下存在分析者是怎样去重新发现人是一种与他的世界相互关联的存在,并重新发现世界对于人而言是有意义的。他们坚持认为,个体与他的世界是一个整体,在结构上是完整的,在世存在这个词语很精确地表达了这一点。自我与世界这两极总是辩证地联系在一起。自我暗含了世界,而世界也暗含了自我。如果没有其中一个,另外一个也不会存在,而且只有根据其中一个,我们才可以

---

① 对这段关于观念的历史感兴趣的读者将会想起莱布尼茨(Leibnitz)著名的学说中对于相同情境的重要的、令人印象深刻的象征,即所有现实都是由单子构成的。这些单子没有互相朝着对方开着的门或窗户,它们每一个都是分离的、隔离的。"每一个单个的单元实质上都是孤独的,没有任何直接的沟通。这个观念的令人恐怖之处被那个调和的前提给克服了,即在每一个单子中,整个世界都是潜在地存在的,而且每一个个体的发展都与其他所有个体的发展处于一种自然的和谐当中。这是资产阶级文明早期最为深刻的形而上学情境。它适应于这种情境,是因为仍然存在一个共同的世界,尽管存在一种日益增强的社会原子化趋势。"(Paul Tillich, The Protestant Era, p.246.) 这种"预定和谐"说是关于天命的宗教观点的遗留物。个体与世界之间的关系是以某种方式"预先注定"的。笛卡儿以一种相似的风格坚持认为,上帝——他认为他已经证明了上帝的存在——保证了意识与世界之间的关系。在现代的扩展阶段中,社会-历史情境是莱布尼茨与笛卡儿所坚持的"信念",也就是,它反映了仍然存在一个共同的世界这个事实(Tillich)。但是现在,不但上帝已经"死了",而且一首为上帝之死而作的安灵弥撒也已经唱响,人与世界之间的关系中所内在的完全的隔离与异化已经变得非常明显。更为直白地说,当人本的价值观与希伯来-基督教价值观随着我们上面已经讨论过的这些文化现象解体时,这种情境的内在含义就出现了。

理解另外一个。例如,说一个人在他的世界之中主要是一种空间的关系是毫无意义的(尽管我们经常这么做)。"在一个盒子里面的火柴"这个短语确实暗含了一种空间的关系,但是说一个人在他的家中、在他的办公室中或者在一个海边的旅馆中,却暗含了某种完全不同的东西。①

我们不能通过描述环境来理解一个人的世界,不管我们的描述有多么复杂。正如我们在下面将要看到的,环境仅仅是世界的一种模式;谈论一个人在某个环境之中,或者询问"环境对他产生了什么样的影响",其共同的倾向是很大程度上的过分简单化。冯·于克斯屈尔(Von Uexküll)甚至以一种生物学的观点坚持认为,人们可以很合理地假定,有多少种动物,就有多少种环境(Umwelten)。"不是只有一个空间和时间,"他接着说,"而是有多少个主体,就有多少个空间和时间。"② 人类拥有自己的世界,这在多大程度上是不正确的?假定这一点将使我们面临棘手的问题:我们无法用完全客观的术语来描述世界,世界也不可能局限于我们对于周围结构的主观的、想象的参与之中,尽管那也是在世存在的一部分。

世界是富有意义的关系的结构,个体存在于其中,而且参与到其设计之中。因此,世界包括过去的事件,这些事件决定了我的存在以及所有施加于我身上的大量决定性影响。但是,正是随着我与它们相

---

① 因此,当海德格尔谈到一个人在某个地方时,他通常用"to sojourn"和"to dwell"这些术语,而不是用"is"。他是在德语"kosmos",也就是我们在其中做出行动与反应的"世界"的意义上使用"world"这个术语的。他指责笛卡儿过于关注广延实体,以至于去分析世界上所有的物体与事物,却忘记了最为重要的事实,即存在着的世界本身,也就是这些物体与个体之间的一种富有意义的关系。现代思维在这一点上几乎无一例外地追随笛卡儿的观点,极大地削弱了我们关于人类的理解。

② 参见 Binswanger, p.196。

关联、我觉察到了它们、我随身携带着它们，我也在关联的每一个时刻塑造着它们，并不可避免地形成、建构着它们，因为觉察到某人的世界同时也意味着设计这个世界。

世界并非仅仅局限于过去的决定性事件，还包括所有对任何人都开放的，并且并不仅仅是在历史情境中才有的可能性。世界也因此不能与"文化"相等同。它包括文化，但是还包括其他很多东西，如自我世界（不能还原为仅仅是一种文化的摄入的自己的世界），以及个体将来所有的可能性。① 夏克泰尔写道："如果一个人不仅仅是在理智上，而且是用他整个的人格懂得所有的语言和文化，那他就能够知道世界无法想象的丰富性与深度及其对于人而言所可能具有的意义。这将包括从历史方面可以了解的人的世界，但是不包括将来无穷的可能性。"② 正是这种"世界的开放性"从根本上将人的世界与动物和植物封闭的世界区分开来。这并不否认生命的有限性。我们所有人都受到死亡与年老的限制，并且都会遭受各种各样的疾病。相反，要点在

---

① 在常见的用法中，文化这个术语通常是被放在个体之上的，例如，"文化对个体的影响"。这种用法很可能是"个体"与"文化"这两个概念出现于其中的主观与客观之间的两分法所导致的一个不可避免的结果。当然，它忽略了这个非常重要的事实，即个体在每一个时刻也都在形成他的文化。

② 夏克泰尔接着说："世界的开放性是人类警醒的生活的独特之处。"他具有说服力地、清晰地讨论了生活空间和生活时间，这两者是人类世界区别于植物和动物世界的特征。"在动物身上，驱力与情感在非常高的程度上还是与一种遗传下来的本能组织联系在一起的。动物被嵌入这种组织之中，并被嵌入与这种组织相对应的封闭世界中（J.v.Uexküll's 'Werkwelt' and 'Wirkwelt'）。人与他的世界的关系是一种开放的关系，这种关系仅仅在一种非常低的程度上是由本能组织控制的，而在非常高的程度上是由人的学习与探究控制的。在学习与探究中，他建立了他与同伴之间，以及与他周围的自然世界和文化世界之间复杂的、变化的、发展的关系。"夏克泰尔论证了人与他的世界之间具有非常紧密的相互关系，以至于"我们所有的情感都来自……在我们与我们的世界中间开着的这些空间缺口和时间缺口"。"On Affect, Anxiety and the Pleasure Principle,"未发表的论文，pp.101-104。

第二章　存在心理治疗的贡献　　087

于，这些可能性是在存在的相倚性这种背景中给予的。实际上，在一种动力学的意义上，这些将来的可能性是任何人类世界最为重要的方面，因为它们是个体用来"建构或设计世界"的潜能——这是存在治疗者非常喜欢使用的一个短语。

世界绝不是某种静态的东西，不是某种纯粹给予而且个体因此而"接受"、"适应"或"与之斗争"的东西。相反，它是一种动力学的模式，即只要我拥有自我意识，我就是处于形成和设计的过程之中。因此，宾斯万格说，世界是"存在已经在向其爬行，而且存在已经根据它来设计自身"①，他还继续强调说，虽然一棵树或一只动物受到它关于环境的"蓝图"的约束，但"人的存在不仅包括大量关于存在模式的可能性，而且它正好植根于存在的这种多样的潜能"。

罗兰德·库恩对鲁道夫（Rudolf）的研究是存在分析者对患者的"世界"进行分析的重要的、非常富有成果的体现。鲁道夫是一个小屠夫，他用枪射杀了一名妓女。注意到鲁道夫在他父亲去世后的这段时间一直处于哀悼之中，库恩接着用相当大的篇幅来理解"哀悼者的世界"。这一章节的结论给读者留下了一幅关于这一事实的清晰而有说服力的画面，即鲁道夫射杀那名妓女的行为是一种哀悼他母亲的举动，他母亲在他四岁时就去世了。我认为，这种辨析和理解的完整性除了这样一种对在他的世界中的患者的细致描述，无法通过其他任何方法获得。

---

① "The Existential Analysis School of Thought," p.191. 在这一章中，注意到宾斯万格得出的他的"世界"概念与库特·戈德斯坦的概念之间的相似之处是非常重要的。

四、世界的三种模式

存在分析者区分了世界的三种模式,也就是,世界三个同时存在的方面,这是在世存在的我们每一个人的存在的特征。第一个是周围世界,字面意思是"围绕的世界",这指的是生物的世界,在我们这个时代通常被称为环境。第二个是人际世界,字面意思是"一起的世界",这指的是与某人同类的存在的世界,也即某人的同伴的世界。第三个是自我世界,即"自己的世界",指的是个人与自己的关系模式。

当然,第一个,也即周围世界,在通常的说法中被等同于世界,即我们周围的物体的世界、自然的世界。所有的有机体都有一个周围世界。对于动物和人类来说,周围世界包括生物需要、驱力、本能——这个世界是即使(我们假定)一个人没有自我意识也仍然能够存在于其中的世界。这是一个自然规律的、自然循环的世界,是一个睡眠与苏醒、出生与死亡、欲望与宽慰的世界,是有限的、生物决定论的世界,是我们每个人都由于出生而被狠狠地掷入其中的世界,而且是我们每个人都必须以某种方式去适应的"被抛入的世界"。存在分析者完全没有忽略自然世界的现实,正如克尔凯郭尔所说,"自然规律永远都是有效的"。他们与那些将物质世界还原为一种副现象的唯心主义者无关,与那些将其看作纯粹主观的世界的直觉主义者无关,也与任何低估生物决定论的世界的重要性的人无关。实际上,坚持严肃认真地对待自然的客观世界是他们的特征之一。在解读他们时，我经常有这样一种印象，即他们能够比那些将其分割为"驱力""实体"的人拥有更强的现实性去掌握周围世界即物质世界，这恰恰是因为他们没有仅仅局限于周围世界，而是在人的自我意识这个背景下看待它。① 前面引用的鲍斯用"粪便与教堂塔尖"的梦来对患者所进行的理解就是一个极好的例子。他们强烈地坚持认为，像周围世界似乎是唯一的存在模式这样来对待人类，或者将那些符合周围世界的范畴遗留下来以形成一种强加于所有人类体验的强求一致的东西，是一种过分的简单化，而且是完全错误的。在这一点上，存在分析者比机械论者、实证主义者、行为主义者更有实证，也就是说，更尊重真实的人类现象。

人际世界指的是人与人之间的相互关系。但是，不要将它与"群体对个体的影响""集体心理"或者各种形式的"社会决定论"相混淆。当我们注意到一群动物与一个人类社区之间的区别时，就可以看到人际世界的特质了。霍华德·里德尔（Howard Liddell）已经指出，对于他所饲养的羊来说，"群居本能指的是使环境保持不变"。除了在交配和哺乳时期，对于羊来说，一群强壮的牧羊犬或一个牧童也能很好地为它们提供这样一种保持不变的环境。但是，在人类群体中，存在着一种复杂得多的相互作用，群体中的他人的意义部分是由个人自己与他们之间的关系决定的。严格地说，我们应该说动物拥有一个环境，而人类拥有一个世界。世界包括意义的结构，而这种结构是由在

---

① 在这个方面，指出这一点是具有重要意义的，即克尔凯郭尔和尼采与19世纪大多数思想家不同，他们能够认真地对待身体。其原因在于，他们不是将它看作一个关于抽象物的物质与驱力的集合体，而是将它看作一种个体现实的模式。因此，当尼采说"我们是用我们的身体来思考的"时，他所指的是某种与行为主义者所认为的完全不同的东西。

其中的个体之间的相互关系建构的。因此,在我看来,群体的意义部分取决于我在多大程度上让自己投身于其中。因此,我们也不能在纯粹的生物学水平上理解爱,而应该依赖于诸如个人决定、对他人的承诺等因素。[1]

在人际世界中,"顺应"和"适应"这些范畴是完全正确的。我适应了寒冷的天气,我顺应了我的身体对于睡眠的周期性需要。关键的一点是,天气并没有因为我对它的适应而发生改变,它也没有因此而受到一点点影响。顺应发生在两个物体之间,或者是一个人与一个物体之间。但是在人际世界中,顺应与适应的范畴并不确切,"关系"这个术语给出了正确的范畴。如果我坚持要另一个人适应我,那么我就不是把他当作一个人来对待,不是把他看作此在,而是将他看作一种工具,而且即使是我适应我自己,我也是在把自己当作一个物体来使用。人们永远都无法确切地说人类是"性对象",就像金赛(Kinsey)所做的那样。一旦一个人是一个性对象,那么你谈论的就不再是一个人了。关系的本质在于,在会心中两个人都发生了改变。假如涉入其中的人没有患上非常严重的疾病,而且具有某种程度的意识,那么关系就一直会包括相互的觉察,而这已经成为由于会心而相互受到影响的过程。

自我世界,或"自己的世界",是论述得最不充分的模式,或者说是现代心理学与深蕴心理学中理解得最不充分的模式。实际上,说它几乎被忽略了是很公正的。自我世界以自我觉察和自我关系为先决

---

[1] 马丁·布伯在他的"我与你"的哲学中发展了人际世界的含义。我们可以参见他在华盛顿精神病院所做的发表于《精神病学》(*Psychiatry*, May 1957, Vol.20, No.Two)的演讲,尤其是关于"距离与关系"的演讲。

条件，而且它是人类所特有的。但是，它不仅仅是一种主观的、内在的体验，更是我们从正确的视角来看待真实世界的基础，是我们发生关联的基础。在我看来，它指的是掌握世界上的某种东西——这束花、另外那个人——对我的意义。铃木（Suzuki）说过，在东方语言，如日语中，形容词总是有"为我性"的含义。这就是说，"这花很漂亮"就意味着"在我看来，这花很漂亮"。相反，我们西方的主观与客观之间的两分法已经使得我们假定，如果我们说这花很漂亮，那我们所说的是完全与我们自己相分离的，就好像一句话的正确性是同我们自己与此无关的程度成比例的！这种将自我世界从画面中除去的做法，不但导致枯燥无味的智力主义和活力的丧失，而且显然与这一事实有很大的关系——现代人逐渐在丧失他们体验的现实感。

应该清楚的是，世界的这三种模式一直是相互关联的，而且总是互为条件的。例如，在每一个时刻，我都存在于周围世界这个生物世界中，但是，我怎样与我的睡眠需要、天气或任何本能相联系——也就是在我自己的自我意识中，我是怎样看待周围世界的这个或那个方面的——对于其于我而言的意义以及我将如何对其做出反应的条件来说是非常重要的。人类同时生活在周围世界、人际世界和自我世界中。它们绝不是三种不同的世界，而是三种同时存在的在世存在的模式。

上面关于世界的三种模式的描述蕴含着一些意义。一个是，如果强调这些模式中的一个以排除另外两个，那么在世存在的现实就会丧失。在这一点上，宾斯万格坚持认为，经典精神分析论述的仅仅是周围世界。弗洛伊德研究的才华与价值在于发现周围世界中的人，这是本能、驱力、相倚性、生物决定论的模式。但是，传统精神分析中只有一个模糊的人际世界的概念，这是作为主体的人与他人之间的相互关系的模式。有人可能会提出，从个体纯粹为了满足生物需要这种必要性而去寻找彼此，以及力比多驱力需要社会出口并使得社会关系成为必要的这个意义上说，精神分析确实具有一个人际世界。但是，这仅仅是从周围世界中派生出人际世界，使得人际世界成了周围世界的一种副现象，而且这意味着我们根本就不是在真正地研究人际世界，而仅仅是研究周围世界的另一种形式。

当然，非常清楚的是，人际关系流派确实具有直接研究人际世界的理论基础。只举一个例子来证明，就是沙利文的人际关系理论。尽管我们不应该将它们相等同，但是人际世界与人际关系理论有非常多的共同之处。然而，在这一点上存在的危险是，如果自我世界由此被忽略，那么人际关系理论就有变得空洞和枯燥无味的倾向。众所周知，沙利文反对个体人格这个概念，并非常努力地根据"反映性评价"和社会范畴，即个体在人际世界中所扮演的角色来界定自我。① 从理论上讲，这一点在逻辑上存在相当大的前后不一致，而且实际上直接地违背了沙利文其他非常重要的贡献。从实践上讲，它逐渐使自我成为一面围绕个体所在群体的镜子，使自我失去活力和创造力，使人际世界被还原为纯粹的"社会关系"。它为与沙利文及其他人际关

---

① 这个概念最初被威廉·詹姆士阐述为："自我是个体所扮演的不同角色的总和。"尽管这个概念在那个时代是一种成果，它战胜了存在于真空之中的虚假的"自我"，但是我们还是想指出，它是一种不恰当的、错误的界定。如果一个人始终如一地接受这种定义，那他不但会拥有一幅关于不完整的"神经症的"自我的画面，而且在把这些角色加到一起时会陷入各种各样的困难之中。而我认为，自我并不是你所扮演的各种角色的总和，而是你知道你就是那个正在扮演这些角色的人的能力。这是整合的唯一要点，也是合理地使这些角色表现自我的形式。

系思想家的目标完全相反的倾向开辟了道路,即社会顺从。人际世界不会自动地并入周围世界或自我世界。

但是,当我们开始讨论自我世界模式本身时,我们发现自己处在了未被开发的心理治疗理论的边缘。说"与它自己相关联的自我"是什么意思呢?在意识、自我觉察这些现象中所发生的是什么呢?当一个人的内在格式塔发生自我改变时,"顿悟"中发生的是什么?"认识它自己的自我"实际上是什么意思?这些现象中的每一个几乎在每一个瞬间都在我们所有人身上发生,它们实际上比我们的呼吸离我们更近。然而,可能恰恰是因为它们离我们太近,所以没有人知道在这些事件中发生的是什么。这种与它自己相关联的自我的模式是弗洛伊德从来都没有真正看到的体验的方面,而且还不确定是否有任何流派已经获得了充分论述它的基础。当然,自我世界是在面对我们西方的技术成见时最难掌握的模式。我们有充分的理由认为,自我世界的模式将会被证实在未来几十年继续发展下去。

这种关于在世存在模式的分析的另一个含义是,它为我们提供了对爱进行心理学理解的基础。人类爱的体验显然不能在周围世界的界限中得到恰当的描述。国内的这些人际关系流派,主要是关于人际世界的流派,它们都对爱进行了论述,尤其是沙利文的"好朋友"意义的概念,以及弗洛姆关于在当代疏远的社会中爱所遇到的困难的分析。但是,进行进一步研究的理论基础是否存在于这些或其他的流派中?产生这一疑问是有原因的。上面给出的相同的、普遍的警告在这里也是恰当的——如果没有一个关于周围世界的恰当概念,爱就会变得没有活力,而且如果没有自我世界,它就会缺少力量和能力来使自已富有成效。①

无论如何，在理解爱时，自我世界是不能忽略的。尼采和克尔凯郭尔始终坚持认为，爱预先假定，一个人已经变成了"真实的个体"，变成了"孤独的个体"，变成了"已经理解了这个深奥的秘密，即在爱另一个人时，他也必须足够地爱自己"②的个体。像其他存在主义者一样，他们自己并没有获得爱，但是他们促成了对19世纪的人施行心理外科手术，这有可能会把障碍清除，并使得爱成为可能。由于同样的原因，宾斯万格及其他存在治疗者也频繁地谈到爱。尽管有人能够在某个特定的治疗案例中提出关于爱是如何得到确切研究的问题，但是他们并不能给予我们最终在心理治疗中对爱进行恰当的研究的理论基础。

---

① 有人感觉到，在美国大量的关于爱情心理学和精神病学的讨论中，缺少悲剧性的维度。实际上，将悲剧带进这幅画面在任何意义上都需要在世界的三种模式中来理解个体——生物驱力、命运与决定论的世界（周围世界），对同伴的责任的世界（人际世界），以及个体在其中能够意识到在那个时刻他独自在斗争的命运的世界（自我世界）。自我世界对于任何悲剧性体验来说都是必不可少的，因为个体必须在大量操纵他的命运的自然力量和社会力量面前意识到他自己的同一性。有人已经正确地提出，在美国我们缺少一种悲剧感——并因此在戏剧或其他艺术形式中很少有真正的悲剧——是因为在压倒性的经济的、政治的、社会的以及自然的力量作用在身上的过程中，我们已经丧失了个体自身的同一性感和意识。关于存在精神病学与心理学取向，意义重大的事件之一是，悲剧回到了人类的领域，并凭其自身得到了审视和理解。

② Sören Kierkegaard, *Fear and Trembling*, trans.by Walter Lowrie (New York: Doubleday & Co., 1954), p.55.

五、关于时间和历史

下一个将要考虑的存在分析者的贡献是他们关于时间的独特观点。他们受到这一事实的吸引，即大多数深刻的人类体验，如焦虑、抑郁、欢乐等都更多地发生在时间的维度上，而不是空间的维度上。他们大胆地将时间放进了心理学画面的中心，并进一步对其进行了研究，不是像传统的方式那样将它看作空间的一个类比，而是研究它对于患者而言自身的存在的意义。

这种新的关于时间的取向对于心理学问题产生新启示的一个例子，见于明可夫斯基发表的一项参与性个案研究。[①] 经过精神病学培训后，明可夫斯基来到了巴黎，他受到时间维度上的关联的吸引，随后柏格森指派他去研究精神病患者。[②] 在这个案例中，通过对抑郁性精神分裂症的研究，明可夫斯基指出，这位患者不能与时间相联系，每一天都是一个既没有过去又没有将来的孤岛，这位患者一直不能感觉到希望以及与次日的连续感。当然，这一点很明显，即这位患者认为他很快将被处死这种恐惧幻想与他对于应对将来的无能为力是有很大关系的。传统上，精神病学家只会推断，这位患者不能与将来相联系，不能"顺应时势"，是因为他有这些幻想。明可夫斯基认为恰恰相反。他问道："相反，难道我们不能认为更为根本的障碍是这种对

---

① "Findings in a Case of Schizophrenic Depression," p.127. Minkowski's book, *Le Temps Vécu* (Paris: J.L.L.d'Artrey, 1933). 不幸的是，他的一篇关于"活着的时间"（lived time）的介绍没有被翻译成英语。

② 这种关于时间的理解还反映在"过程哲学"中，比如怀特海德的过程哲学，而且它与现代物理学有一些明显的相似之处。

于将来的歪曲态度,而幻想仅仅是其表现形式当中的一种吗?"明可夫斯基在他的案例研究中继续思考这种可能性。当然,这种取向应该怎样应用于不同的案例中,会遭到临床学者质疑。但是,正是明可夫斯基具有创新性的观点为这些关于时间的黑暗的、未开发的领域投下了一束光亮,并带来了一种自由,使人们不受与传统的思维方式捆绑在一起所出现的临床思维的限制和束缚。

这种关于时间的新取向,开始于观察到关于存在的最为关键的事实是它一直在出现——也就是说,它一直处于生成的过程中,在时间方面一直在发展,而且永远都不会被界定为静态的点。① 从字面上看,存在治疗者提出了一种存在心理学,而不是"是""已经是"或者是固定不变的无机的范畴。尽管他们的概念在几十年前就已经建构出来了,但是诸如莫勒(Mowrer)、里德尔等所进行的心理学实验研究阐明并证实了他们的结论,意义还是非常重大的。莫勒在他最为重要的一篇论文的结尾坚持认为,时间是人格的独特维度。"时间联合"是"心理的本质,同样也是人格的本质"②,那是将过去带进现在,作为生物体在其中行动和反应的整个因果关系的一部分的能力。里德尔已经表明,他的羊能够保持时间——预期惩罚——大约15分钟,他的狗大约能够保持半小时,但是一个人能够将几千年以前的过去带到现在,作为资料来引导他现在的行为。他还能在意识中设想自己一刻钟以后的未来,以及几个星期、几年甚至几十年以后的未来。这种超越

---

① 蒂利希说,"存在由于它的时间特性而与本质区别了开来";海德格尔也谈到了一个人对于他自己在时间中的存在的意识,"短暂性是关爱的真正含义"。Tillich, "Existential Philosophy," *Journal of the History of Ideas*, 5:1, 61, 62, 1944.

② "Time as a Determinant in Integrative Learning," in *Learning Theory and Personality Dynamics*, O.Hobart Mowrer 编论文集(New York: Ronald Press, 1950).

时间的即时界限、根据遥远的过去或将来有自我意识地看到自己的体验、在这些维度中行动和做出反应、从一千年以前的过去学习并对长远的将来产生影响的能力,是人类存在的特征。

存在治疗者同意柏格森的观点,认为"时间是存在的实质",而且我们的错误在于,主要根据空间化的、适用于广延实体的术语来看待我们自己,就好像我们是实体那样可以被放在某个场所的物体。由于这种曲解,我们失去了与我们自己真正的、真实的存在间的关系,而且实际上也失去了我们与周围其他人之间真正的、真实的关系。柏格森说,作为过分强调空间化思维的一个结果,"我们理解自己的时刻就会非常少,我们从而就很少是自由的"[①]。或者说,当我们将时间带进这幅画面时,从亚里士多德的定义这一意义上说,它已经成了西方思维传统中占据支配地位的一种思想,"因为时间是这样的:算在这场运动之内的事件与先前或随后的事件相一致"。现在关于这种对"时钟时间"的描述令人惊讶的事情是,它确实是一种空间的类推物,而且人们根据一排排的街区或时钟、日历上有规律地排列的点,就可以对它做出最佳的理解。这种关于时间的观点最适合周围世界,在其中,我们将人看作本能驱力作用于其之上的自然世界的各种条件作用和决定性力量的一种实体装置。但是在人际世界,即个人关系与爱的模式中,量化的时间与一个事件的重要性之间的关系要弱得多;例如,一个人的爱的性质与程度绝对无法通过这个人认识被爱者的年数来测量。当然,时钟时间与人际世界的确有非常强的关联:很多人都是以小时为单位来出售他们的时间的,而且日常生活都是按日程表来

---

① Bergson, *Essai sur les Données Immédiates de la Conscience*, 被 Tillich, "Existential Philosophy" 引用, p.56.

运行的。相反，我们所指的是这些事件的内在意义。萨特所引用的一句德语格言说："所有的时钟都不是为幸福的人而敲响的。"实际上，一个人的心理存在中最为重要的事件很可能恰恰是那些"即时的"、突破了常见的时间的稳定进展的事件。

自我世界——自我关联、自我觉察以及顿悟一个事件，对于个人的自我而言的意义的世界——尤其与亚里士多德的时钟时间没有任何联系。自我觉察与顿悟的本质在于，它们"在那里"——即刻的、即时的——而且觉察的时刻对于所有时刻来说都是具有重大意义的。通过指出自我在一次顿悟或任何理解自我体验的时刻所发生的事情，人们能够很容易地看到这一点，顿悟是突然发生的，可以说是"完整地诞生的"。而且人们将会发现，尽管对某一个顿悟冥想约一个小时可能会揭示许多关于它的深层含义，但是顿悟在这一个小时结束时并不比刚开始的时候更为清晰——而且让人非常困窘的是，它通常还不如刚开始的时候清晰。

存在治疗者还观察到，最为深切的心理体验是那些特有的动摇个体与时间的关系的体验。严重的焦虑和抑郁抹掉了时间，消除了未来。或者正如明可夫斯基所提出的，很可能是因为患者在与时间的联系中所产生的障碍，他无法"拥有"未来，使他产生了焦虑或抑郁。在这两种情况下，受害者的困境中最为痛苦的一个方面是，当他将要脱离焦虑或抑郁时，他无法想象时间中一个未来的时刻。我们看到，时间功能的障碍与神经症症状之间存在着一种相似的、密切的相互关系。压抑与其他意识阻断的过程在本质上都是导致过去与现在之间无法获得正常关系的方式。既然对于个体来说，要在他现在的意识中保留他过去的某些方面将是非常痛苦的，或者在其他方面是非常具有威胁性的，那么他就必须像在他身体内部带着一个异物一样地带着过去，而不是将过去作为一个从属于他自己的东西。它就像是第五个因此会强迫性地驱使其以神经症症状的形式表现出来的被压缩的柱状物。

不管人们怎么看待它，关于时间的问题对于理解人的存在都具有一种特殊的重要性。读者可能在这一点上会同意我的观点，但又会觉得，如果我们试图以不同于空间范畴的形式来理解时间，那么我们就会面对一种不可思议的状况。他很可能会有与奥古斯丁同样的困惑，奥古斯丁曾写道："当没有人问我什么是时间时，我知道什么是时间。但是，当有人问我，要我对什么是时间做出解释时，我就不知道了。"①

存在分析者对这个问题的一个独特贡献在于，将时间置于心理学画面的中心；而且他们因此提出，与现在或过去相反，未来对于人类来说是占据支配地位的时间模式。只有当我们在一个朝向未来的轨道中看待人格时，人格才能得到理解；一个人只有在向前投射他自己时，才能理解自己。这是根据这一事实做出的一个推论，即人总是在生成，总是在朝着未来不断出现。我们将在其潜能中看到自我。"一个自我，在每一个时刻，它都存在，"克尔凯郭尔写道，"一直处于生成的过程之中，因为自我……仅仅是它即将成为的东西。"存在主义

---

① 海德格尔的《存在与时间》，正如它的书名所表明的，致力于关于这种人际关系的分析。他的整个主题是"时间对于存在所起的维护作用"（斯特劳斯）。他称世界的三种模式，即过去、现在与将来为"时间的三种入迷"，这是在其"站在外面并超越"的词源学意义上使用"入迷"这个术语的，因为人类的存在特征是超越一种既定的时间模式的能力。海德格尔坚持认为，我们对于客观时间的专注，实际上是一种逃避；人们更愿意根据客观的时间、统计学上的时间、定量测量的时间、"平均"的时间等来看待他们自己，因为他们害怕直接地抓住他们的存在。而且，他还坚持认为，在定量测量中占有合理地位的客观时间，只有在被直接体验（而不是相反）的时间的基础上才能得到理解。

者所说的并不是"遥远的未来",也不是任何与将未来用作一种对过去或现在的逃避这种做法相关的东西。他们仅仅是想指出,只要人类拥有自我意识,而且没有因为焦虑或神经症刻板而毫无能力,那么人类就会一直处于一个动态的自我实现的过程之中,总是在探索,总是在塑造自己,并总是朝着即时的未来前进。

他们并没有忽略过去,但是他们坚持认为,过去只有根据未来才能得到理解。过去是周围世界的领域,是作用在我们身上的偶然的、自然历史的、决定性的力量的领域,但是既然我们并不是排外地生活在周围世界中,那我们就绝不仅仅是过去的自动压力的牺牲品。过去的决定性事件从现在和未来获得了它们的意义。正如弗洛伊德所说,为避免未来发生某件事情,我们感到焦虑。"过去这个词是一种表达的圣言,"尼采评论说,"只有作为未来的建造者,只有了解现在,你才能理解它。"所有的体验都有一种历史的特征,但是错误在于根据机械的术语来对待过去。过去并不是"过去的现在",不是孤立的事件的集合体,也不是一个静态的记忆、过去的影响或印象的储藏室。相反,过去是带有偶然性的领域;为了在即时的未来实现我们的潜能、获得满意感和安全感,我们在其中接受事件,从其中选择事件。宾斯万格指出,这个关于过去的领域、自然历史与"被抛"的领域是经典精神分析进行探索和研究的最为卓越的模式。

但是,一旦我们开始考虑精神分析对患者的过去的探索,我们就会发现两个非常奇怪的事实。第一个是每天都能观察到的显而易见的现象,即患者所记得的过去事件与当他还是一个孩子时真实地发生在他身上的事件的量之间,几乎没有必然的联系,即使有也非常少。在某个特定的年龄发生在他身上的某件个别的事情被记住了,但是成千上万的事情被忘掉了，而且即使是像早上起床这样最为频繁地发生的事件，往往也不会留下任何印象。阿尔弗雷德·阿德勒多次指出，记忆是一个创造性的过程，我们所记住的是对于我们的"生活风格"来说具有意义的东西，而记忆的整个"形式"也因此是个体生活风格的一种反映。一个个体所寻求成为的样子，决定了他会记住他已经成为了什么样子。从这个意义上说，未来决定了过去。

第二个事实是这样的：一位患者能否回想起过去富有意义的事件，取决于他所做出的关于未来的决定。每一位治疗者都知道，患者可能会随意地提到过去的记忆，而没有任何记忆曾经打动过他们，整个叙述也是单调、微不足道、乏味冗长的。以一种存在的观点看，问题根本就不在于这些患者碰巧忍受了枯竭的过去；相反，在于他们不能或者没有让自己投身于现在和未来。他们的过去没有缺乏活力，是因为过去的所有事情在未来对于他们来说都无关紧要。做出某种为了改变即时未来中的某些东西而努力的希望和承诺，以克服焦虑或者其他令人痛苦的症状，或者为了获得更深一步的创造性而整合自我，这在对过去将具有现实性这一点做任何揭露之前是必要的。

前面关于时间的分析有一个实际的含义，即心理治疗不能依赖于关于历史进步通常是自动发生的学说。存在分析者非常认真严肃地对待历史[①]，但是他们反对任何通过躲到过去的决定论背后来逃避当前

---

① 不仅存在心理学家和精神病学家，而且存在思想家通常也恰恰由于这一事实而变得突出，即他们都确实认真地对待历史文化情境。对于任何个体而言，这种情境都决定了心理问题与精神问题。但是，他们强调，要了解历史，我们必须在其中采取行动。海德格尔说："从根本上讲，历史的起点不在于'当前'，也不在于仅在今天为'真实的'东西，而在于将来。这种关于什么将成为历史客体的'选择'，是历史学家……做出的真实的、'存在的'选择，历史产生于这种选择。"(Brock, *op.cit.*, p.110.) 治疗中的相似之处在于，患者从过去当中选择什么，是由他在将来面

即时的、引起焦虑的问题的倾向。他们反对那些认为历史的力量会自动地带着个体一起前进的学说，不管这些学说是表现为宿命论或天命论这样的宗教信念、各种决定论的心理学学说，还是表现为诸如我们社会中的历史决定论、对自动的技术进步的信念等最为常见的形式。克尔凯郭尔非常强调这一点：

> 无论一代人可能从另一代人身上学到什么，实际上，没有哪一代人可以真正地从其前辈那里学到什么……因此，没有哪一代人从另一代人那里学到了如何去爱，没有哪一代人是从其他点上开始而不是从头开始，没有哪一代人被分派的任务比他前一代的人更少一些……在这一点上，每一代人都是从原初开始的，他们与所有先前的每一代人所拥有的任务都相同，他们的任务也不会更深层，除非先前的这一代人逃避了属于他们的任务并哄骗他们自己。①

这个含义尤其与心理治疗相关，因为大众的心理经常将精神分析与心理治疗的其他形式解释为新的技术权威，可以替他们承担学习如何去爱的负担。显然，任何治疗所做的都是帮助个体除去使他不能去爱的障碍；治疗不能替他去爱，而且如果治疗令他自己对这一点上的责任意识感到麻木，那么治疗最终会给他带来伤害。

对什么决定的。

① *Fear and Trembling*, p.130. 我们从先辈们那里学到的当然是事实；人们可以像学习乘法表一样通过复述学习事实或体验，或者在其"冲击"的基础上记住它们。克尔凯郭尔根本就没有否认这一点。他很好地意识到了，从一代人到下一代人，技术领域会不断出现进步。他所谈论的是"真正属于人的东西"，尤其是爱。

这种关于时间的存在分析的最后一个贡献在于它对顿悟过程的理解。克尔凯郭尔使用了这个动人的术语"孕育的瞬间"（Augenblick），其字面含义是"眨眼睛"，通常翻译为"孕育的时刻"。它指的是一个人在当前突然理解了过去或未来某个重要事件的意义的时刻。它的孕育指的是这样一个事实，即它绝不仅仅是一种智力的行为；这种对新的意义的理解通常表明了某种个人决定的可能性与必要性、格式塔中的某种转变，以及这个人朝向世界与未来的某种新的取向。大多数人都将其体验为最高意识的时刻，心理学文献通常将它说成一种"哦"体验。在哲学的层面，保罗·蒂利希将它描述为"永恒碰触了时间"这样的时刻；对于这个时刻，他提出了 Kairos，即"实现的时间"这一概念。

六、超越即时情境

我们将要讨论的人的存在（此在）的最后一个特征是超越即时情境的能力。如果有人试图把人类当作一种混合的物质来进行研究，那么他当然就无须处理这个让人烦恼的事实，即存在总是处于自我超越的过程当中。但是，如果我们想要将某一个特定的个体理解为存在的、动力的，而且在每一个时刻都在生成，那么我们就不能避开这个维度。这种能力在存在——也就是"支撑住"（to stand out from）——这个术语里已经得到陈述。存在包括一种不间断的出现，从突现的进化这个意义上讲，它指的是一种根据未来对个人的过去和现在所做出的超越。因此，超越（transcendere）——字面意思是"爬过或超过"——描述了每个人在每个没有患上严重的疾病也没有由于绝望或焦虑而暂时性地受阻的时刻所从事的事情。当然，我们可以在所有的生命过程中看到这种突现的进化。尼采通过所罗亚斯德（Zarathustra）宣称："这个秘密向我诉说了生命自身，'看哪，'她说，'我就是那种必须一直超越自身的东西。'"但是，从根本上说，人类存在要正确得多。在人类存在中，自我觉察的能力从质上扩大了意识的范围，并因此极大地增加了超越即时情境的可能性。

"超越"这个术语在后来的论文中非常容易引起大量的误解，而且实际上经常引发激烈的交锋。① 在这个国家中，这个术语被归为模糊的、缥缈的东西，正如培根（Bacon）所说，这个术语最好是在"诗"中进行论述，"在诗中，超越更可以得到许可"，或者它最好与康德（Kant）的一个先验的假设联系在一起，或者与新英格兰的先验论、宗教中的其他尘世或非经验的，与真实体验没有关联的东西联系在一起。我们所指的是不同于所有这些的某种东西。我们已经提出，这个术语已经失去了其有用性，我们应该找到另一个术语。如果能找到另一个可以恰当地描述这种极端重要的即时人类体验的术语，而且戈德斯坦及存在主义作家在使用时所指的就是这个术语，那将是很好的，因为任何关于人类的恰当描述都需要将这种体验纳入考虑之中。

---

① 当一位参加讨论会的人在将我的论文呈递上去之前阅读我的论文时，这种交锋得到了论证。我在这篇文章中用了一段话来讨论戈德斯坦关于有机体超越它的即时情境这种能力的神经生物学方面的概念，这种论述根本就不会让人产生任何认为我正在说某种非常容易引起争论的东西这样的印象。但是，我在介绍这个主题时使用了"超越"这个术语，就像是在这位讨论会参加者的面前摇着一面红旗，因为他用红颜色的笔在边上写下了一个大大的"No"，还加上了两个感叹号，而这个术语的含义甚至都没有来得及讨论。实际上，正是这个术语，具有了某种能够引起骚动的特性。

第二章 存在心理治疗的贡献

只要这个术语促使任何特定的主题超出任一它可以在其中得到讨论的即时领域,那么对这个术语的怀疑显然就是合理的。必须承认的是,这个术语在后来一些论文中的偶然使用确实产生了这种效果,尤其是当假定了胡塞尔的"超验范畴"而不去解释如何使用时。其他关于这个术语的反对意见都不像这个这样可以被证明为合理的,它们可能源自这一事实,即超越当前情境的能力引入第四个让人烦恼的维度,即一个时间的维度,而且这对于传统的根据静态的物质来描述人类的方式来说是一个严重的威胁。这个术语同样也遭到了那些试图认为动物与人的行为之间没有区别的人,或者那些仅仅根据机械的模式来理解人类心理的人的反对。我们即将要讨论的这种能力在真实的事实中对于那些取向来说确实会存在困难,因为这是人类所特有的特征。

库特·戈德斯坦经典地描述了这种能力的神经生物学基础。戈德斯坦发现,他的那些脑部受伤的患者——主要是因枪伤而前额皮质受损的士兵——尤其失去了抽象的能力、根据"可能"来进行思维的能力。他们被限制在了即时的具体情境中,在其中他们能够发现他们自己。如果他们的小房间不小心变得杂乱,他们就会陷入极度的焦虑之中,还会出现异常的行为。他们会表现出强迫性地保持整齐、有条理的行为——这是一种在每一个时刻都让自己紧紧地抓住这个具体情境的方式。当要求他们在一张纸上写下自己的名字时,他们通常会密密地写在角落,任何要离开这张纸的边缘的具体界限的冒险都代表了一种极大的威胁。这就好像是受到自我消亡的威胁,除非他们在每一个时刻都与即时的情境保持着联系,好像是只有当自我与空间中具体的东西联系在一起时,他们才能够"成为一个自我"。戈德斯坦坚持认为,正常人类的独特能力恰恰就是这种抽象的能力、运用符号的能力、调整自己超越特定时间和空间之即时限制的能力、根据"可能"来进行思维的能力。这些受伤的或"生病的"患者，其特征是失去了可能性的范围。他们的世界空间缩小了，他们的时间削减了，而且他们随之遭受了自由的彻底丧失。

各种各样的行为都可以用来举例说明正常人类超越当前情境的这种能力。一种是超越时间中当前时刻的界限——正如我们在前面的讨论中所指出的——以及将遥远的过去和长远的未来带进个人即时的存在之中的能力。它还表现在人类用符号来思维和谈话的独特能力中。理性与符号的使用植根于、超脱于特定的物体或身边的声音之外，如要指称我的打字机放置于其之上的这些板子，用两个音节就可以组成单词"table"，而且人人都赞同，它将代表一整类的物体。

这种能力尤其表现在社会关系中，表现在正常个体与社区的关系之中。实际上，人类关系中这整个关于信任与责任心的结构预先假定了个体具有"像他人看待他一样来看待自己"的能力，就像罗伯特·伯恩斯（Robert Burns）将他自己与田鼠相比较以提出的观点一样，他将自己看作一个实现他的同伴的期望、为了他们的幸福而采取行动或不能为了他们的幸福而采取行动的个体。正如这种超越情境的能力在脑部受伤者的周围世界方面会削弱一样，它在心理病理障碍患者身上的人际世界方面也会削弱。这些障碍被描述成不具有像他人看待他们那样来看待自己的能力，或者没有足够的影响，他们也因此而被说成没有"良心"（conscience）。相当有意义的是，良心这个词在许多语言中与意识是一样的，两个词都表示"知道"。尼采说："人是一种能够做出承诺的动物。"他所说的这句话，并不是指社会压力或仅仅是社会要求（这些是描述良心的过分简单的方式，是源自将周围世界与自我世界分开来构想而产生的错误）意义上的承诺。相反，他指的是，一个个体能够意识到这一事实，即他已经做出允诺，将自己看成一个能够达成协定的人。因此，做出承诺是以有意识的自我关联为先决条件的，它迥然不同于简单地将群体、兽群或蜂群的要求作为行动的条件的"社会行为"。同样，萨特写道，不诚实是人类特有的行为形式："说谎是一种超越的行为。"

在这一点上，注意到大量用来描述人类行动的术语都含有前缀re——负责任的（re-sponsible）、想起（re-collect）、讲述（re-late）等——是非常重要的。归根结底，所有一切都暗指并依赖于这种"回到"自我之中的能力，就像个体在操纵这种行动一样。这在人类特有的能够负责任的（这个词由 re 和 spondere 构成，"承诺"）能力中得到了特别清晰的论证，表明这个人能够被依赖、能够承诺归还、能够保证。欧文·斯特劳斯将人描述为"质疑的存在"，是能够质疑他自己以及他自己的存在的机体，同时它是存在着的。① 实际上，整个存在取向都植根于这样一种一直都让人感到好奇的现象，即我们人的内部有一个存在，如果他想要实现自我的话，就要能够而且必须质疑他自己的存在。在这一点上，我们可以看到，关于社会适应的动力，如"摄入""认同"等的讨论，在省略这个人在当前意识到他是一个对社会期望做出反应的个体，是一个根据一种特定的模式来选择（或不选择）知道他自己能力的个体这一中心事实时，就过分简单、不恰当了。这是机械社会顺从这一方面与真正社会反应的自由、独创性以及创造性这一方面之间的区别。后者是根据"可能"来采取行动的人类

---

① Erwin W.Straus, "Man, a Questioning Being," UIT *Tijdschrift voor Philosophie* 17e Jaargang, No.1, Maart 1955.

的独特标志。

自我意识意味着自我超越。如果没有另一个的话，其中一个便没有现实性。对于许多读者来说，这一点将会变得非常明显，即超越即时情境的能力只以自我世界为先决条件，也就是说，在这种行为模式中，一个人将自己看作主体，同时也将自己看作客体。这种超越情境的能力是自我觉察不可分割的一部分，因为非常明显的是，对自我作为这个世界上的一个存在的纯粹觉察，暗含了这种站到自我与情境之外来看待自我与情境，并根据无限多样的可能性来评价及指导自我的能力。这些存在分析者坚持认为，人类超越即时情境的能力在人类体验的正中心是可以辨别的，并且它是无法被逃避或忽视的，除非歪曲这个人，对他做出不真实的、模糊的描述。从我们在心理治疗中搜集到的资料来看，这一点尤其具有说服力及真实性。所有这些独特的神经症现象，如无意识与意识的分裂、压抑、意识的受阻、经由症状来进行自我欺骗，任意一个都是人类将他自己作为主体，同时也作为客体与他的世界相联系的基本能力进行误用的"神经症的"形式。正如劳伦斯·库比（Lawrence Kubie）所写的："神经症的过程一直都是一个象征性的过程；而且这个分裂为平行但相互影响的意识流和无意识流的过程大约在儿童开始发展言语的雏形时就已经开始了……因此，这样说可能是确切的，神经症过程是我们为了我们最为珍贵的人类遗产，即我们通过符号来描述体验并交流我们的想法的能力所付出的代价。"[①]我们已经试图表明，符号使用的本质是超越即时的、具体的情境的能力。

---

① *Practical and Theoretical Aspects of Psychoanalysis* (New York: International Universities Press, 1950), p.19.

现在，我们能够理解为什么鲍斯以及其他的存在精神病学家、心理学家将这种超越即时情境的能力作为人类存在的基本的、唯有的特征了。"超越和在世存在是此在这种同一结构的名称，而这种同一结构是每种态度与行为的基础。"①在这种联系中，鲍斯进一步批评了宾斯万格所说的不同种类的"超越"——"爱的超越"以及"关怀的超越"。鲍斯说，这毫无必要地将这一点弄复杂了，而且谈论复数形式的"超越"是毫无意义的。鲍斯坚持认为，我们只能说人之所以具有超越即时情境的能力，是因为他具有操心（Sorge）的能力——也就是说"关怀"的能力，或者更为精确地说，是理解他的存在以及为此而承担责任的能力（Sorge 这个词来自海德格尔，它是存在思维的基础。在使用它时，通常用 Fürsorge 的形式，其含义是"关怀""关注……的幸福"）。在鲍斯看来，操心是一个无所不包的概念，它包括爱、恨、希望，甚至漠不关心。所有态度都是带有操心的或不带操心的行为方式。从鲍斯所讲的意义上说，人所拥有的操心和超越即时情境的能力是同一件事情的两个方面。

现在，我们需要强调的是，这种超越即时情境的能力不是一种可以与其他官能一起被列出的"官能"。相反，它是在人类的本体论特性中给出的。抽象、客观化是其证据，但是，正如海德格尔所指出的："超越并不是由客观化构成的，但是客观化却是以超越为先决条件的。"这就是说，作为一种表现形式，人类能够自我关联这个事实给予了他这种能够客观化他的世界、能够用符号来进行思维和谈话等的能力。这就是克尔凯郭尔的观点，当他提醒我们要理解自我时，我

---

① Medard Boss，同前。

们必须清楚地看到,"想象不能与其他官能等同,但是,如果有人非要这么说的话,那它就是能够起到所有能力作用的(instar omnium)官能(所有官能)。一个人拥有什么样的情感、知识或意志,最终取决于他拥有什么样的想象,这就是说,取决于这些事情是怎样被反映的……想象是所有反映的可能性,而这个媒介的强度是自我强度的可能性"①。

我们还需要对前文中所暗含的东西做更为具体的阐述,即这种超越即时情境的能力是人类自由的基础。人类的特征是在任何情境中都具有巨大的可能性范围,而这反过来又取决于他的自我觉察、他在想象中用不同的方法在某个既定的情境中做出反应的能力。冯·于克斯屈尔做了一个关于树林中树的不同环境的隐喻,这个隐喻比较了树上的昆虫的环境、前来砍柴的樵夫的环境、走在这片树林中的那个浪漫女孩的环境等。宾斯万格在讨论这个隐喻时指出,人类存在的独特之处在于他可以今天是浪漫的爱人,明天是樵夫,后天又是一位画家。人们能够以各种各样的方式在许多自我世界的关系中进行选择。"自我"是一种能够在这许多的可能性中看到自身的能力。宾斯万格进一步指出,关于世界的这种自由是心理健康者的标志;像艾伦·韦斯特那样严格地限制在一个特定的"世界"中,是心理障碍的标志。正如宾斯万格所指出的,重要的是"在设计世界方面的自由"或者"让世界出现"。事实上,他观察到:"作为存在中一种必需的自由本质的建

---

① *The Sickness unto Death*, p.163. 引文接下来是,"想象是这个无限化过程的反映,因此老费希特(Fichte)相当合理地假定,甚至在与知识的关系中,想象也是范畴的根源。自我是反映,想象也是反映,它是自我的虚假呈现,这是自我所拥有的可能性"。

立是如此深刻，以至于它还能够免除存在本身。"①

七、心理治疗技术的一些含义

那些将关于存在分析的著作当作技术手册来阅读的人必定会感到失望。他们不会找到特别完善的实践方法。例如，本书的这些章节具有更多"纯"科学而不是应用科学的特征。读者也会感觉到，许多存在分析都不太关注技术问题。部分原因在于这种取向的新颖性。罗兰·库恩在回应我们对他的一些重要案例中的技术的质疑时写道，因为存在分析是一种相对新生的学科，他还没有时间来详细地研究其在治疗方面的应用。

但是，之所以出现这些精神病学家和心理学家不太关注系统阐述技术，而且他们并不为忽视这一事实而歉疚这一现象，还有一个更为根本的原因。存在分析是一种理解人类存在的方式，它的代表人物认为，在西方文化中，理解人类的主要障碍之一（如果不是唯一一个主要的）恰恰是对技术的过分强调，这种过分强调赞同将人类看作一个可以对其进行计算、操纵、"分析"的客体的倾向。② 我们的西方倾向

---

① "艾伦·韦斯特"，第308页。
② "被分析"这个术语本身就反映了这个问题。当患者确认"被分析"这种观念使他们成为"作用在其之上的"客体时，他们就可能使用不止语义上的困难这一种方式来实现阻抗。这个术语被遗留下来成为"存在分析"术语，部分是由于自精神分析出现开始，它就已经成为进行深度心理治疗的标准；部分还由于存在思维本身（遵循海德格尔）是一种"对现实的分析"。这个术语当然是对我们整体文化的一种反映，这种整体文化在最近一篇关于现代西方思维的调查文章的标题中被称为"分析的时代"。尽管我并不喜欢这个术语，但是我为本书的作者们冠上了"存在分析者"这个身份，因为说"现象学的、存在的精神病学家和心理学家"显得太笨拙了。

一直认为，理解随技术而来。如果我们获得正确的技术，那我们看透患者的那个谜，或者，正如以令人惊异的敏锐性而大受欢迎的那句话所说的，我们能够"发现另一个人的本质"。存在取向所坚持认为的恰恰相反，即技术随理解而来。治疗者的主要任务和责任是尽力将患者作为一个存在以及作为一个他自己的世界中的存在来理解。所有的技术问题都次要于这种理解。没有这种理解，技术上的熟练充其量也就是个不相关的东西，在最坏的情况下，它只是一种"组织化"神经症的方法。具有了这种理解，就为治疗者帮助患者认识与体验他自己的存在奠定了基础，而这是治疗的核心过程。这并不是贬损受严格训练的技术。相反，这将它带进了视野之中。

因此，在编辑本书的时候，我们很难把关于存在治疗者在特定治疗情境中实际上做了什么的信息汇集到一起，但是我们一直不断地问这个问题，因为我们知道美国读者尤其关注这个领域。在一开始就说得很清楚，区别存在治疗的不是治疗者将会特别去做的事情，如在遇到焦虑、面对阻抗或者获得生活史等方面所做的事情，而是他的治疗的背景。如果以隔离的方式来理解的话，一位存在治疗者可能会怎样解释患者所做的一个特定的梦或一次脾气的爆发，与一位经典精神分析学家可能会说的也许没有什么不同。但是，存在治疗的背景将是非常不同的。它将一直集中于这些问题，即这个梦是如何使这位特定患者在他的世界中的存在清楚明白地显示出来的，关于当前他在哪里、他将走向何处这些问题，梦会怎么说，等等。这个背景不是那位被作为一套心理动力或机制的患者，而是作为一位正在选择、正在做事情、正在把自己指向某物的人的患者。这个背景是动力的、即时真实的、在场的。

我试图根据我对存在治疗者所写的著作的认识，以及他们所强调的那些重点，对我这样一位在广泛意义上接受精神分析训练的治疗者产生的作用这样一种属于我自己的体验，来描画出关于治疗技术的一些含义。[1] 要做出系统的概述，颇有点自以为是，而且是不可能实现的，但是我希望，接下来的这些观点至少能够揭示一些重要的治疗含义。然而，在每一点上都非常清楚的是，这种取向真正重要的贡献在于，它深化了关于人类存在的理解，而且除非我们在这些章节的前面部分试图给出的理解在每一点上都是预先假定的，否则我们将无法谈论隔离的治疗技术。

第一个含义是存在治疗者使用技术的多样性。例如，鲍斯使用了传统的弗洛伊德式方法中的长沙发椅和自由联想，并允许大量的移情表演。其他技术与这种技术的差异就像不同流派之间的差异那么大。但是，关键的一点是，存在治疗者在任何一位患者身上使用任何一种特定的技术都是有明确的原因的。他们严肃地质疑墨守成规地使用那些技术的做法。而且，他们的取向完全无法满足于许多治疗流程的模糊不清的、不现实的氛围，尤其是在折中主义的流派中。据说，折中主义已经使自己摆脱了传统技术的束缚并从所有流派中进行选择，就好像这些取向的前提是什么根本就没有关系一样。存在治疗是因其现实感与具体性而著名的。

下面，我将明确地对上述观点分别做出说明：存在技术应该具有可塑性和多面性，患者与患者之间是不同的，而且在对同一位患者的治疗中，阶段与阶段之间也是不同的。在某一个特定的点上，使用

---

[1] 我要感谢存在治疗的学者路德维希·勒费布雷博士和汉斯·霍夫曼（Hans Hoffman）博士，感谢他们关于此在分析技术进行的通信与讨论。

哪种特定的技术应该根据这些问题来决定：在这个时刻，在他的历史中，什么东西能够最好地揭示这个特定患者的存在？什么东西能最好地阐明他在这个世界上的存在？一定不要成为完全"折中主义的"，这种灵活性总是包括对任何方法的潜在假设的清晰理解。例如，我们可以找一位金赛式的分析者、一位传统的弗洛伊德主义者，以及一位存在分析者来处理一个关于性压抑的案例。金赛式的分析者将会通过寻找一个性对象来探讨这个案例，在这种情况下，他不会谈论人类身上的性。传统的弗洛伊德主义者将会看到它的心理学含义，但是他主要寻找过去的原因，并且很可能会问这种性压抑怎样才能够克服。而存在治疗者会将性压抑视为这个人存在的潜力的一种抑制，他可能会也可能不会（取决于情境）立即处理这个性问题本身，但他不会把这种压抑看作压抑本身的一种机制，而是将其看作这个人的在世存在的一种局限。

　　第二个含义是，心理动力总是从这个患者自身的、即时的生活的存在情境中获得意义的。在这一点上，鲍斯的著作论述的与此相关；就在本章将要付印时，他关于存在心理治疗与精神分析的小册子出版了。[1] 鲍斯坚持认为，弗洛伊德的实践是正确的，但是他用来解释他的实践的理论却是错误的。由于在技术方面是弗洛伊德主义者，鲍斯将这些传统精神分析的理论与概念放在了根本的存在基础之上。以鲍斯非常重视的发现移情为例，其中真正发生的事情，并不是神经症患者将他对母亲或父亲的感情"转移"到了妻子或治疗者身上。相反，神经症患者是这样的一个人，他在某些特定的领域从来就没有发展出

---

[1] *Psychoanalyse und Daseinsanalytik.* 后面的引语摘自埃里希·海德对这一著作的粗略翻译。

超出婴儿的体验特征这种有限的、受约束的形式。因此，在后来的年月中，他会像感知父亲或母亲那样，通过这种同样受到限制的、歪曲的"场景"来感知妻子或治疗者。我们将根据知觉及其与世界的关联来理解这个问题。这使得这些在分离的情感从一个物体转移到另一个物体这个意义上的移情概念变得毫无必要。这个概念的新基础使得精神分析摆脱了一些不能解决的问题的负担。

又如大家都知道的压抑和阻抗这些行为方式。弗洛伊德将压抑看作与资产阶级道德联系在一起，尤其是当患者需要保存一幅关于他自己的可接受的画面，并因此会抑制一些不被资产阶级道德规范接受的想法、欲望等时。而鲍斯将冲突看作在患者接受或拒绝他自己的潜能这个领域中更为根本的问题。我们需要将这个问题铭记在心——是什么阻止患者自由地接受他的潜能的？这可能会涉及资产阶级道德，但是它还涉及更多的东西：它会直接地引出关于这个人的自由的存在问题。在压抑变成可能或可以想象之前，这个人必须具有某种接受或拒绝的可能性——也就是说，某种自由的边缘。这个人是否意识到了这种自由或者是否能够明确地表达出来，这是另外一个问题，他根本没有必要那样做。压抑恰恰就是使个人的自我意识不到自由，这就是动力的本质。因此，压抑或否认这种自由就已经将它预先假定成了一种可能性。接着，鲍斯指出，心理决定论一直都是一种次要的现象，它只在一个有限的领域中起作用。首要的问题是，这个人是怎样首先与他表现潜能的自由联系在一起的，而压抑是怎样成为一种与此相关的方法的。

关于阻抗，鲍斯又一次提出了这个问题：是什么使得这样一种现象成为可能？他回答说，这是患者想要融入人际世界，想要回到毫无个性特征的大众之中，想要摒弃这种特定的、独属于他自己的潜能。因此，"社会顺从"是生活中一种普遍的阻抗形式，甚至患者对治疗者的学说与解释的接受本身也可能是阻抗的一种表现形式。

在这里，我们不打算深入探讨这些现象的基础是什么这个问题。我们仅仅是想论证，在考虑移情、阻抗以及压抑这些心理动力的每一点上，鲍斯为存在取向做了一些非常重要的事情。他是在认识论的基础上看待每一种动力的。他根据患者作为一个人的存在来看待和理解每一种行为方式。这也表现在他总是根据存在的潜能来构想驱力、力比多等中。因此，他提出"将旧时精神分析理论的这种令人痛苦的智力杂技从船上抛入水中，这些智力杂技试图从现象背后的一些力或驱力的相互作用中衍生出这些现象"。他并不否认这些力本身，但是他坚持认为，我们不能将它们理解为"能量的转换"，或者按照任何一种其他这样的自然科学模式来理解它们，而只能将它们理解为这个人的存在的潜能。"从不必要的建构中解脱出来这种做法，促进了患者与医生之间的理解。而且它也使虚假的阻抗消失了，这些虚假的阻抗是精神分析对象对抗对他们的存在所进行的侵犯的一种合理的防御"。鲍斯坚持认为，他因此能够遵循分析中的"基本原则"，这个基本原则是弗洛伊德为分析所设定的一个条件，即患者要完全诚实地说出他内心所发生的一切。这比传统精神分析中的更为有效，因为他是带着尊重去倾听，认真地对待，并对患者所传达信息中的内容毫无保留，而不是通过偏见或者用特殊的解释来破坏它以对它进行筛分。鲍斯坚持认为，他仅仅是将弗洛伊德之发现的潜在意义明白地表示出来，并将它们置于必要的综合基础之上。他认为，弗洛伊德的这些发现总是在错误的阐释之下被理解的，弗洛伊德自己并不像传统精神分析所强烈要求的那样，在分析中仅仅是患者的一面被动的"镜子"，而是"半透明的"，是患者看到他自己的一种工具和中介。

存在治疗的第三个含义是对在场的强调。我们用这个词所指的是，治疗者与患者之间的关系被看作一种真实的关系。治疗者不是一个模糊的反映物，而是一个活生生的人，在那个时刻他碰巧关注的不是他自己的问题，而是尽可能地关注于理解和体验患者的存在。我们在前文中对关系中的真理的基本存在观点的讨论，已经为这种对在场的强调铺设了道路。① 在那里我们已经指出，从存在的方面讲，真理总是包括人与某物或某人的关系，而且治疗者是患者的关系"场"的一部分。同时，我们还指出，这不仅仅是治疗者理解患者的最佳途径，而且如果他不参与到这个场中，他就无法真正地"看到"这位患者。

有一些引文可以使这个在场所表明的含义更为清晰。卡尔·雅斯贝尔斯说过："我们错过的是什么啊！因为在一个决定性的时刻，我们具有所有的知识，却缺少这种简单的一种完全的人的在场的德行，我们忽略了什么样的理解的机会啊！"② 宾斯万格以一种相似的风格，却详细得多地在他关于心理治疗的论文中写下了关于治疗者的关系角色的重要性：

> 如果这样一种（精神分析的）治疗方法失败了，那么分析者往往就会假定，这位患者不能克服他对治疗者（例如，作为一个

---

① 参见第 26 页（指英文原书页码。——中译者注）。
② Ulrich Sonnemann, in *Existence and Therapy* (New York: Grune & Stratton, 1954), p.343, 引自 Kolle。我们可以补充说，索恩曼（Sonnemann）的著作是第一本用英语写成的直接论述存在理论的书，而且包含了有用的、相关的材料。因此，这部著作是以一种无法沟通的风格来写的，就是一件让人更觉遗憾的事了。

"父亲的意象")的阻抗。然而,一项分析能否取得成功,并不是由一位患者能否完全克服这样一种迁移的父亲意象决定的,而是由这位特定的治疗者让他这么做的机会决定的。换句话说,可能是治疗者对于他作为一个人的否认、不具有这种进入一种真正的与他之间的沟通关系的可能性,导致了这种障碍,使他不能突破这种父亲阻抗的"永恒的"重复。由于陷入"机制",因此也陷入其中所固有的东西,即机械重复之中,正如我们所知道的,精神分析学说对于随处可见的心理生活中新出现的、非常具有创造性的整个范畴,却非常奇怪地完全视而不见。当然,如果人们将治疗的失败仅仅归因于患者的话,这些事实便不会总是正确的。治疗者首先一直要问的问题是,错误是否可能是自己所犯的。我们这里所指的并不是任何技术性的错误,而是重要得多的错误,这种错误导致无力唤醒或重新燃起患者身上神圣的"火花",这种"火花"只有在存在与存在之间的真正沟通中才能产生,它能用它的光亮和温暖,以及它本身具有的非常重要的能够使任何治疗产生效果的力量,将一个人从盲目的隔绝[即赫拉克利特(Heraclitus)的 idios kosmos]中释放出来,从他的身体、他的梦、他的个人愿望、他的幻想以及他的设想中那种纯粹单调呆板的生活中释放出来,并使他为一种真正的、联合到一起的共同体的生活而做好准备。①

在场并不会与对待患者的感情用事的态度相混淆,相反,它坚定

---

① Sonnemann,同前, p.255,引自 L. Binswanger, "Uber Psychotherapie," in *Ausgewählte Vorträge und Aufsätza*, pp.142-143。

并一致地依赖于这位治疗者构想人类的方式。这在不同流派和具有不同信念的治疗者当中都得以发现,也就是说,他们在很多方面都有所不同,但有一个主要的问题是一致的——关于人类是一种能够被分析的物体,还是一种能够被理解的存在这个假设。不管一位治疗者接受的技术训练和他关于移情与动力的理解如何,只要他像宾斯万格所说的以"一个存在与另一个存在相沟通"那样的方式与患者相联系,那么这位治疗者就是存在主义的。在我自己的体验中,弗雷达·弗洛姆-理查曼在特定的一个小时的治疗时间内尤其具有这种力量。她过去经常说:"患者需要的是一种体验,而不是一种解释。"再举另外一个例子,埃里克·弗洛姆不仅以一种与前文中提到的雅斯贝尔斯的论述相似的方式强调在场,还使其成为他在精神分析教学工作中的一个中心点。

卡尔·罗杰斯是一个例证。据我所知,他从来都没有与存在治疗者本身发生任何直接的联系。在他作为一位治疗者而写的《生命之歌》(*apologia pro vita sua*)中,却留下了一则具有非常明显的存在性质的文献:

> 我让自己投入这种治疗关系中,这种治疗关系基于一个假设或信念,即我的喜好、我的信任以及我对另一个人的内心世界的理解,都将导致一个意义重大的生成的过程。我不是作为一位科学家,不是作为能够确切地诊断和治愈的治疗者进入这种关系的,而是作为一个人,进入一种个人的关系之中。如果我将患者仅仅看作一个客体,他也将倾向于仅仅成为一个客体。
>
> 我这么做是冒着风险的,因为如果随着关系的深化,所发展

出来的是一种失败、一种倒退的话，患者就会遗弃我以及这种关系，那么我就会感觉到，我将会失去自我或者是自我的一部分。有时候，这种风险是非常真实的，而且是能够非常强烈地体验到的。

我让自己进入这种关系的即时性中。在这种即时性中，接管这种关系并对这种关系感到敏感的是我整个的有机体，而不仅仅是我的意识。我并不是有意识地以一种平面的、分析的方式，而是仅仅以一种不加反省的方式对另一个个体做出反应，我的反应是（但不是有意识地）基于我整个有机体对这另一个人的敏感性的。我是在这个基础之上经历这种关系的。[1]

罗杰斯与存在治疗者之间存在着真实的区别，比如他的大多数研究是以相对短期的治疗关系为基础的，而我们这本书中的存在治疗者的研究通常是长期的。罗杰斯的观点有时是天真的乐观主义的，而存在主义的取向更多地面向悲剧性的生活危机，如此等等。然而，重要的是罗杰斯的基本观念，即治疗是一个"生成的过程"，个体的自由和内在成长是应该加以考虑的，以及罗杰斯关于人类尊严的研究中普遍存在的含蓄假设。这些概念都是与关于人类的存在主义取向非常接近的。

在离开在场这个主题之前，我们需要做出三个防止误解的说明。第一个是，这种对关系的强调绝不是一种过分简单化或抄近路的做法，它不是全面培训和训练的替代物。相反，它在其背景中提出了这

---

[1] C.R.Rogers, "Persons or Science? A Philosophical Question," *American Psychologist*, 10 : 267-278, 1955.

些东西，即引导我们将人类理解为人的全面培训和训练。治疗者被设想为一位专家，但是，如果他首先不是一个人，那么他的专长将会是不相关的，而且可能是有害的。存在主义取向的独特之处在于，对于成为人的理解不再仅仅是一种"天赋"、一种直觉或者是凭运气而得到的某种东西；用亚历山大·蒲柏（Alexander Pope）的话说，这是"恰当的关于人的研究"，而且在广泛的意义上成为一种精确的、科学的关注的中心。存在分析者针对人类存在的结构所做的事情，与弗洛伊德针对无意识结构所做的事情是一样的，即他们将其从具有特别直觉的个体那种碰巧的天赋中抽取出来，将其接受为探究与理解的领域，并使其在某种程度上成为可以教授的。

第二个防止误解的说明是，正确理解对当前现实的强调，并不排除弗洛伊德的移情概念中那些非常重要的真理。这在一个星期的每一天中都是可以证明的，患者（在某种程度上也可以说我们所有人）对治疗者、妻子或丈夫的行为方式就好像他们是父亲、母亲或其他某个人一样，而对这一点的克服具有非常关键的重要性。但是，在存在治疗中，"移情"被置于一件发生在两个人之间的一种真实的关系之中的事件这个新的背景中。在与治疗者面对面的这既定的一个小时里，患者所做的每一件事情几乎都具有一种移情的元素在里面。但是，如果像解释一个算术问题那样对患者做出解释，那么所有的一切都不是"恰当的移情"。"移情"这个概念本身经常被用作一个便利的保护屏，治疗者和患者都躲在这个保护屏的后面，以避免直接面对所带来的引起更多焦虑的情境。例如，当我非常疲劳的时候，我会告诉自己说，这位患者之所以要求这么多，是因为她想要证明她能够使她的父亲爱她，这可能是一种宽慰，也可能事实上是正确的。但是，真实的一点是，她在这个既定的时刻正在对我做着这些事情，而且这些事情发生在她的存在与我的存在出现交叉这个时刻的原因，并不会由于她对她父亲所做的事情而得到详尽无遗的阐述。除了所有无意识决定论的考虑外——这在他们的部分背景中是正确的——她在某种程度上是在这个特定的时刻选择这么做的。而且，唯一能吸引患者，并且从长远来看能够使她有可能做出改变的事情是，充分地、深刻地体验到她正是在这个真实的时刻，对一个真实的人即我自己做这件事情。① 正如艾伦伯格在下一章指出的，治疗中定时感的一部分已经在存在治疗者当中得到了特别发展，它包括让患者体验他或她正在做的事情，直到这种体验能够真正地吸引他或她。② 然后，也只有在这之后，关于为什

---

① 这是现象论者一致提出的观点，即充分地认识我们在做什么、感受它，并在我们的整个存在中体验它，比知道为什么更为重要。他们坚持认为，充分地认识是什么，这个关于为什么的问题就会自动地出现。在心理治疗中，我们可以看到这一点非常频繁地得到论证：患者对于他的行为中出现这种或那种模式的"原因"，可能只有一个模糊的、知识性的观念，但是随着他越来越多地探究和体验这种模式的不同方面和阶段，这个原因就可能突然变得对他来说是真实的，不是作为一种抽象的阐述，而是作为关于他正在做什么的整个理解中一个真实的、必需的方面。这种观点还具有一种重要的文化意义：我们的文化中经常问"为什么"，这不正是一种分离我们自己的方式，一种为避免一直到最后都问"是什么"而采取的更为让人不安的、引起焦虑的方式吗？也就是说，对这种作为现代西方社会之特征的因果关系与机能的过分专注，很可能导致这种（比我们所认识到的要广泛得多的）将我们自己从某个既定体验的现实中抽离出来的必要性。问"为什么"通常是为了获得控制现象的力量，这与培根的那句格言"知识就是力量"相一致，尤其是关于自然的知识就是控制自然的力量。问"是什么"则是一种参与到现象之中的方式。

② 我们有充分的理由可以将这个界定为"存在的时间"——某件事情要成为真实的所需要的时间。它可能是即刻出现的，也可能需要一个小时的谈话时间或某段沉默的时间。无论如何，治疗者在考虑什么时候做出解释时所使用的定时感，都不会仅仅基于一个负面的标准——这位患者将要花掉多少时间？它还包括一个正面的标准——对于这位患者来说，这已经变成真实的了吗？就像在上面这个例子当中，她在当前这个时刻对治疗者所做的事情已经被敏锐地、鲜明地体验到，这种对于过去的探究将具有动力性的现实并因此提供改变所需的力量吗？

么的解释才是有帮助的。这是因为,要使上面提到的那位患者意识到她在这个即时的小时里,正在要求从这个真实的个体身上得到这种特定的无条件的爱,可能真的会使她感到震惊,而且在那之后——或者可能仅仅是几个小时之后——她就会意识到儿童早期的经历。然后,她就可能会探究并重新体验当她还是一个小孩时,由于不能使父亲注意到她而怎样令她感到怒火中烧的。但是,如果仅仅告诉她这是一种移情现象,那么她可能就会明白一个有趣的知识性的事实,而这个事实根本就不能在关于存在的方面吸引她。

还有一个防止误解的说明是,在某一个治疗阶段中的在场完全不意味着这位治疗者要将他自己或者他的观念、情感强加到患者的身上。这是对我们观点的一个非常有趣的证明,即:在前面的引文中为我们提供了一幅非常鲜明的关于在场的画面的罗杰斯,恰恰是一位心理学家,他非常绝对地坚持认为,治疗者不是投射他自己,而是在每一点上都追随患者的情感和引导。在关系中保持活力,一点都不意味着治疗者要喋喋不休地与患者说个不停;他将会知道,患者会试图用无数种方法与治疗者纠缠在一起,以逃避他们自己的问题。而治疗者很可能是沉默的,他意识到,成为一个投射屏是他在关系中的角色的一个方面。治疗者是苏格拉底所称的"助产士"——完全真实地"在那里",但是,是带着想要帮助另一个人从他自身当中生产出某种东西这个特定的目的在那里的。

存在分析中的技术的第四个含义紧随我们关于在场的讨论而来:治疗将试图"分析出"破坏在场的行为方式。治疗者本身需要意识到他自己身上所有阻碍充分的在场的东西。我不知道弗洛伊德说这句话的背景,他说他更喜欢患者躺在长沙发椅上,因为他无法忍受一天被人盯着9个小时。但是，很显然任何治疗者——他的任务充其量是艰巨的、繁重的——在许多时刻都被诱惑着想通过各种各样的手段来逃避两人相对所带来的焦虑和潜在的不舒适。我们在前面就已经描述过这一事实，即两个人之间真正的相对可能会令人产生极度的焦虑。[①]因此，我们对此并不感到奇怪：通过将另一个人仅仅看作一位"患者"，或者是将注意力仅仅集中于行为的一些机制上来保护自己，会感觉舒服得多。这种关于另一个人的技术性的观点，可能是治疗者最为便利的用于减少焦虑的手段。这种说法有其合理的地位。治疗者可能是一位专家。但是，技术绝不应该被用作一种阻止在场的方法。无论治疗者在什么时候发现他自己正以一种僵化的、预先制定好的方式做出反应，显然他都最好应问问自己，他是否在努力地避免某种焦虑，并因此而正在失去关系中从存在的方面看是真实的东西。治疗者的情境同一位花了许多年进行严格规范的学习以学会相关技术的艺术家的情境一样。但是他知道，如果在实际的绘画过程中，他全神贯注于关于技术的具体想法的话，那他在那个时刻就会失去想象力；他应该全神贯注于其中的、超越了主观-客观分裂的创造性过程，已经暂时性地被破坏了；他现在应对的是物体，而他自己是这些物体的一个控制器。

第五个含义与治疗过程的目标有关系。治疗的目标是，患者体验到他的存在是真实的。目的是他能够尽可能充分地意识到他的存在，这包括意识到他的潜能，并能够在其基础上采取行动。正如存在分析者所说的，神经症患者的特征是他的存在已经变得"暗淡"、模糊不

---

① 参见第38页（指英文原书页码。——中译者注）。

清，很容易受到威胁和毁损，并且不给予他的行为任何许可；治疗的任务是阐明存在。神经症患者对于周围世界担忧过多，而对自我世界却担忧不足。① 随着在治疗中自我世界对他来说变为真实的，患者倾向于将治疗者的自我世界体验为比他自己的更为强大。宾斯万格指出，必须防止这种接受治疗者的自我世界的倾向，而且治疗绝不应成为两个自我世界之间的力量斗争。治疗者的功能是在那里（具有此在的全部内涵），存在于关系之中，而患者要找到并学会在他自己的自我世界之外的生活。

我自己的一个经验也许可以用来论证从存在的方面看待患者的方式。我经常发现自己在患者走进房间坐下来时，有想问"你在哪里"而不是"你好吗"的冲动。这两个问题之间的对照——实际上，这两个问题我都不太可能大声地问出来——突出了所要探索的东西。正如我在这一个小时的时间里对患者的体验一样，我想要知道的不仅仅是他感觉怎样，还有他在哪里，这个"在哪里"包括他的感觉，还包括更多的东西——不管他是分离的还是完全地在场，不管他的方向是指向我、指向他自己的问题还是不指向这两者中的任何一个，不管他是否在逃避焦虑，不管他在走进来时特别表现出来的是谦恭还是急切地想要揭露事情的表象，实际上他是想要我忽略他将要做出的某种逃避，比如他昨天谈到的他在与女朋友的关系中处于什么位置，如此等等。我在明确地知道存在治疗者的工作之前好几年，已经意识到了这种关于患者在哪里的询问。这证明了一种自然的存在主义态度。

像在任何其他治疗中那样，在对存在治疗的机制或动力进行阐

---

① 这句话及本段中其他句子所表达的观点是宾斯万格的，霍夫曼博士对其进行了阐释。

释时，通常是处于这个人正在意识到他的存在这样的背景中。这是动力对于患者而言将具有现实性并将影响他们的唯一的方式。否则的话，他很可能——就像现在大多数患者实际上所做的一样——会到一本书上去阅读关于机制的内容。这一点尤其重要，因为许多患者都有的这个问题正是他们自己思考和谈论的。这是他们作为20世纪西方文化中受到良好教育的市民逃避他们自己的存在的方式，是他们压抑本体论意识的方法。诚然，这是在对于自我要保持"客观"这一标题之下完成的。但是，难道在治疗以及生活中这通常不是一种系统的、文化上公认的合理化与自我之分离的方式吗？甚至前来寻求治疗的动机也可能仅仅是找到一个可以接受的、他据此能够继续将自己看作一种机制的系统，这样他就可以像驾驶一辆机动车一样操控自己，也只有在这个时候他才可以成功地做到这一点。正如我们有理由这么做一样，如果我们假定我们这个时代基本的神经症过程是本体论感觉的压抑——存在感的丧失，以及意识的缩减和作为这种存在的表现形式的潜能的封闭，那么从我们教给患者新的方式来让他将自己看作一种机制的意义上说，我们就是直接地助长了患者的神经症。这是心理治疗能够以什么样的方式来反映文化的分裂的一种例证，组织化神经症而不是治愈它。试图仅仅通过将其解释为一种机制来帮助患者解决某个性问题，就好像是教一个农民灌溉，但筑坝拦住他的水流。

这引出了一些深刻的关于心理治疗中的"治愈"的本质的问题。它含有这样的意思，即"治愈"患者的神经症症状不是治疗者的功能，尽管这是大多数人前来寻求治疗的动机。实际上，这是他们的动机这一事实就反映了他们的问题。治疗关注于某种更为基本的东西，即帮助这个人体验到他的存在，以及任何最终都必将是其副产品的症状的治愈。这种关于"治愈"的普遍观点——尽可能令人满意地得到调整——本身就是一种对此在的否定，是一种对这个特定患者的存在的否定。这种由调整构成的、能够适应文化的治愈，能够通过治疗中的技术性强调来获得，因为它正是这种人们以一种有计划的、受控的、在技术上操控得很好的方式生活于其中的文化的主题。然后，这个患者就会毫无冲突地接受一个有限的世界，因为现在他的世界与这种文化是等同的。而既然焦虑只会随自由而来，那么这个患者自然就能克服他的焦虑。他的症状得到了解除，是因为他放弃了导致他感到焦虑的可能性。这是一种通过放弃本质、放弃存在，通过限制存在、设障碍于存在而被"治愈"的方式。从这一方面看，心理治疗者成了这种文化的代言人，他的特定任务是让人们适应这种文化。心理治疗成了这个时期的分裂的一种表现形式，而不是一项为了战胜这种分裂而进行的事业。正如我们在上文中已经指出的，有清楚的历史迹象表明，这种现象正出现在不同的心理治疗流派中，而且历史的趋势是它将会有所增加。这里显然存在一个问题：这种通过放弃个人的存在来获得冲突解除的做法，在多大程度上能够继续进行下去而不会在个体和群体身上引发一种到后来将会爆发并导致自我毁灭的、被淹没的绝望以及愤恨？这是因为，历史一次又一次地表明，人类对自由的需要早晚将会显露出来。但是，文化本身是围绕这个技术调整的理想而建立的，它拥有如此众多的内在装置来麻醉这种由于将自己当作一台机器来使用而感到的绝望，以至于这种迫害性的影响可能会在一段时间内不会表现出来，这是我们即时的历史情境中的复杂因素。

另外，我们还可以给予治愈这个术语一种更深刻的、更真实的含义，即导向个人存在的实现。我们有充分的理由可以将症状的治愈作为一种副产品包括进其中——显然这是一种迫切需要的东西，即使我们曾明确地提出这并不是治疗的主要目标。重要的是，这个人要发现他的存在——他的此在。

区别存在治疗过程的第六个含义是承诺的重要性。我们在前面章节的许多地方都为这一点打下了基础，尤其是我们提到克尔凯郭尔的观点，即关于"只有当个体自己在行动中创造真理时，真理才会存在"的讨论。承诺的重要性不仅仅在于它是一种含糊意义上的好东西，是从伦理学角度建议做的，而且在于它是认识真理的一个必要前提。这里涉及关键的一点，就我的知识而言，这一点是关于心理治疗的著作中至今都没有充分考虑过的，即决定先于知识。正常情况下，我们一直都是根据这一假设来进行研究的，即随着患者获得越来越多关于他自己的知识和洞见，他就能做出恰当的决定。这只是半个真理。这个真理的另一半通常被忽略了，即直到他准备好了做决定，直到他选择了一个明确的生活方向，并已经沿着这个方向做出了初步的决定，患者才会允许他自己获得洞见或知识。

在这里，我们并不是在突然发生的重要转折点这个意义上来说"决定"的，就像是结婚或参军。"跳跃"的可能性和准备，对于明确的定向来说是一个必要的条件，但是，大的跳跃本身只有在其是以那些沿着这个方向的微小的决定为基础时才是合理的。否则的话，这个突然的决定就是无意识过程的产物，在不知不觉中强迫性地继续进行下去，直到在某一点上爆发——例如，在一次"转化"中。我们用决定这一术语来表明一种对于存在的明确态度、一种承诺的态度。在这个方面，知识和洞见随决定而来，而不是相反。每个人都知道这样的事，即一个患者在梦中意识到某个特定的老板正在剥削他，于是第二

第二章 存在心理治疗的贡献

天他就决定辞去他的工作。但是，这样的事件同样具有重大的意义，尽管它由于违反了我们平常关于因果关系的观点而通常不被考虑，即患者做出了这个决定后才做这个梦。例如，他突然辞去了工作，然后他才能够允许自己在梦中看到他的老板过去一直都在剥削他。

当我们提到一个患者只有在他准备好了做出一个关于未来的决定，他才能回想起在他的过去非常重要和富于意义的事情的时候，我们可以看到关于这一点的一个有趣的推论。记忆不是以简单地印刻在那里的东西为基础起作用的，它是以个人在现在和将来的决定为基础起作用的。人们经常会说，一个人的过去决定他的现在和将来。让我们来强调一下，一个人的现在和将来——在当前，他是怎样致力于存在的——也决定了他的过去。也就是说，这决定了他能够回想起过去的什么东西，他选择（有意识地，也是无意识地）过去的哪些部分来影响现在的他，因此决定他的过去将呈现出的特定的格式塔。

而且，这种承诺不是一种纯粹意识的或唯意志论的现象。它还存在于所谓的"无意识的"水平之上。例如，当一个人缺乏承诺时，他的梦就可能是固定的、单调的、枯竭的；但是，当他确实选择了一个明确的方向来引导他自己和他的生活时，他的梦通常就会呈现探究、塑造、形成关于他未来的自我这些创造性的过程，或者是——从神经症的观点来看是与其相同的东西——努力逃避、替换、掩盖的东西。重要的一点是，不管是这两种方式中的哪一种，都存在这个问题。

关于帮助患者形成承诺这一方向，我们首先应该强调，存在治疗者根本就不是意味着能动性。不管是多么不成熟的跳跃，都不存在"作为一种捷径的决定"，因为与缓慢的、艰巨的、长时间的自我探究过程相比，行动可能会更容易一些，而且可能会更快地减轻焦虑。相反，它们是指这种此在的态度、这种认真地对待他自己的存在的自我意识。关于承诺和决定的观点是这样的：在这些观点中，主观与客观之间的两分法被克服，成为一种为行动而做准备的统一体。当一个患者理智地随意讨论一个特定的主题，但这个主题不曾震动过他，对他来说也不是真实的时，这位治疗者就会问，从存在方面讲，凭借这种谈话，他正在做什么。这种谈话本身显然很可能帮助掩盖了现实，使其通常在毫无偏见地对资料进行探究这种观念之下得到合理化。从惯例上说，当某种焦虑的体验、某种内在的痛苦或外在的威胁使这个患者受到震动，使他真正地致力于想获得帮助，并且为他提供揭露错觉、内在变化和成长这个痛苦的过程所需的诱因时，他将会突破这种谈话。真的，这个当然会不时地发生。而存在治疗者能够通过帮助这个患者发展出沉默的能力（这是沟通的另一种形式）来帮助这个患者吸收这些体验的真实含义，并因此避免使用喋喋不休的谈话来打破这种具有洞见的会心的惊人力量。

但是，原则上，我认为这个结论，即直到焦虑被唤醒之前，我们必须呆呆地等着，是不恰当的。如果我们认为患者的承诺依赖于受到外在或内在痛苦的推动的话，那么我们就会处于几个相当尴尬的两难情境之中。要么治疗"停顿不前"，直到焦虑或痛苦产生；要么我们自己唤起焦虑（这是一个可疑的过程）。而正是患者在治疗中所得到的再三保证和焦虑的减轻，可能会反作用于他致力于进一步寻求帮助的承诺，并且可能会导致延期和拖延。

承诺必须基于一个更为积极的基础。我们需要问的一个问题是：患者在他自己的存在中的某一点上至今还没有发现的、他能够将自己无条件地献身于其中的东西，将会发生什么样的情况？在前面关于非存在和死亡的讨论中，我们已经指出，如果让他自己认识到这一事实的话，那么每个人都会经常面对非存在的威胁。这里主要指的是死亡的象征，但是这样一种毁灭存在的威胁同样也存在于其他无数的情形之中。如果治疗者剥夺患者关于这一点的认识，即他放弃或失去他的存在完全在可能的范围之内，而且有充分的理由可以认为这正是他在当前这个时刻所做的事情，那么治疗者就是在危害患者。这一点之所以尤其重要，是因为患者往往怀有一种从来都没有清楚表达出来的信念，这种信念无疑是与他儿童期那些认为父母是全能的信念联系在一起的。这样，由于某种原因，治疗者将看不到在他们身上有任何有害的事情发生，因此他们没有必要认真地对待他们自己的存在。这种倾向盛行于很多治疗中，以冲淡焦虑、绝望以及生活中的悲剧性方面。只有在将焦虑冲淡的情况下才有必要引出它，这作为一项一般原则难道不是正确的吗？生命本身就引起了足够的，也是唯一真实的危机，而且它在非常大的程度上符合治疗中对存在的强调，即它直接地面对这些悲剧性的现实。如果患者这样选择的话，那他就真的会摧毁他自己。治疗者也许不会这么说：这仅仅是事实的一种反映，而重要的一点是这不应该被轻视。自杀作为一种可能性的象征具有一种深远的积极价值；尼采曾经评论说，自杀的想法挽救了许多生命。我怀疑任何人是否会完全认真地对待自己的生命，直到他认识到自杀完全是他能力范围之内的事。①

以任何形式出现的死亡事实上都是使当前的时间成为某种具有绝

---

① 当然，我们在这里所谈论的，不是关于当患者真的面临自杀的危险时应该怎么做这个实际的问题，这个问题会引入许多其他的元素，而且是一个不同的问题。我们所谈论的这种有意识的觉察，与这种具有自毁冲动（这种冲动并没有被自我意识的觉察打断）的压倒一切的持续抑郁是不一样的，后者似乎可以在真实的自杀中获得。

对价值的东西。有一个学生说："我只知道两件事情——一是我将来某一天会死，二是我现在没有死。唯一的问题是在这两点之间我应该做些什么。"我们不能更为详细地探讨这个问题，只是想强调，这种存在取向的核心是认真地对待存在。

我们用最后两点说明来做出总结，以防止误解。其中一点是，一种存在于存在取向之中的危险，即普遍性的危险。如果治疗者在那些存在的概念之间摇摆不定而没有考虑它们具体的、真实的含义，那么这将真的是一个遗憾，因为必须承认的是，存在分析所涉及的这些复杂的领域的字词之中存在着诱惑，使人迷失。就像一个人能够在技术上被分离一样，他当然也能在哲学方面以同样的方式被分离。既然这些概念能够更具诱惑力地给予这种关于研究现实的错觉，那么就尤其应当提防为了理智化的倾向而使用那些存在主义概念的诱惑，因为它们所指的是与个人现实的中心相关的事情。必须承认的是，本书一些论文的作者可能没有完全抵制住这种诱惑，而且一些读者也可能会觉得我们没有完全地抵制这种诱惑。我们可以说明为什么有必要在这么短的篇幅之内做出如此之多的解释，但是这种情况情有可原并不是要点。要点在于，从心理治疗中的存在运动已经在这个国家变得很有影响这一点上说——我们相信这将会非常有益——追随者必须警惕出于智力分解的目的而对概念进行使用。当然，正是由于上述原因，存在治疗者非常注意弄清楚患者的言语表达，而且他们也不断地去确定言语与行为之间必要的相互关系绝不会被忽视。"标识语必须搞得人性一点"，重要的事情是要变得存在。

另一点防止误解的说明与对无意识的存在主义态度有关。原则上，大多数存在分析者都否认这个概念。他们指出了所有关于无意识

第二章　存在心理治疗的贡献　　133

学说的逻辑的以及心理学的问题，而且他们还反对将存在分裂成不同的部分。他们坚持认为，被称作无意识的东西仍然是这个特定个体的一部分；从任何生命的意义来说，存在都不可分割地位于其核心。现在必须承认的是，无意识学说已经非常显著地对当代的合理化行为、回避个人自己的存在的现实以及一个人好像不是他自己在活着那样采取行为（街上偶然学会这句行话的人也会说："是我的无意识这么做的。"）这些倾向产生了影响。在我看来，存在分析者的批评是正确的，他们批评无意识学说是一种实用主义的空白支票，任何随意的解释都可以写在上面；或者说它是一个储藏器，任何决定论的理论都能够从中得出。但是，这是关于无意识的"地下室"观点，而且对它的异议不应该被允许用来抵消弗洛伊德对无意识这个术语所产生的历史意义做出的伟大贡献。弗洛伊德的伟大发现和他永久的贡献在于他扩展了人格的领域，使其超出了维多利亚时期的人的即时的唯意志论和理性主义，在这个扩展了的领域内包括进了"深蕴"，也就是非理性的、所谓被压抑的、敌意的、不被接受的冲动，以及体验中被遗忘的方面，等等。这个巨大的、不断扩大的人格领域的象征就是"无意识"。

我并不希望介入关于无意识本身这个概念的复杂讨论之中。我仅仅是想表明一种立场。这个概念的空白支票式的、变质的、地下室般的形式应该被抵制，这是对的。但是，人格的这种深远的扩展不应该丢失，它才是无意识这个概念的真实意义。宾斯万格评论说，眼下，存在治疗者无法离开无意识这个概念。不过，我认为，存在是不可分割的，无意识是任何特定存在的一部分，关于无意识的地下室理论在逻辑上是错误的，在实践上是非建设性的，但是这个发现的意义，即存在的根本的扩展，是我们这个时代的伟大贡献之一，必须得以保持。

第三章

精神病现象学和存在分析的临床导论

亨利·F. 艾伦伯格

现象学和存在分析的临床形式是什么？或许首先说明它们不是什么较为恰当。与那种寻常的偏见截然不同，它们并不代表哲学对精神病学领域的混乱干涉。的确存在一种名为"现象学"的哲学倾向，由埃德蒙德·胡塞尔提出；还存在另一种名为"存在主义"的哲学倾向，其主要代表是克尔凯郭尔、雅斯贝尔斯、海德格尔、萨特。但是，在胡塞尔的哲学现象学和明可夫斯基的精神病现象学之间，以及存在主义哲学和被称为存在分析的精神病方法之间，还存在很深的沟壑。就好比说，存在一个关于 X 射线研究的物理学分支，还存在一个关于 X 射线医用目的的医学分支，即放射学。至今没有人会说医学放射学代表物理学对医学的混乱干涉。相似地，精神病现象学家和存在分析学家都是使用某种新的哲学概念作为精神病学研究工具的精神病学家。[1]

然而，为什么这些精神病学家认为需要使用某种从哲学借用过来

---

[1] 我在此要感谢宾斯万格、海因茨·格劳曼（Heinz Graumann）、罗洛·梅、卡尔·门宁格（Karl Menninger）、明可夫斯基、墨菲、保罗·普鲁依塞（Paul Pruyser）、欧文·斯特劳斯、范·德·瓦尔斯（H. G. van der Waals）博士的鼓励和建议。特别感谢安·威尔金斯（Ann Wilkins）博士在我准备和编辑本文过程中给予的非常宝贵的帮助。

的概念呢？在所有的科学进程中，新的技术带来新的发现，反过来也引出新的问题；而解决新问题的需要激发人们寻找新的技术，这又带来新的发现和新的问题，如此永无止境地循环发展下去。

一、诸种新方法的意义和目的

如果我们回到 18 个世纪前加伦（Galen）的时代，就会发现当时精神病学还很不成熟。来看一则从加伦的著作中援引的个案史：

> 一个受脑炎折磨的人住在罗马自己的家里，跟他在一起的是一个织羊毛的仆人。他从床上起来，走到窗前，从那里他能够看到路上的行人，行人也能看到他。他给行人们展示他的陶瓷壶，并且问他们他是否应该把这些壶扔下去。这些路人大笑并鼓掌怂恿他扔。于是，这个人就在笑声和掌声的嘈杂中，将壶一个接一个地扔下去。然后，他问他们是否应该把这个仆人扔下去。在他们的赞同下，他这样做了。当这些旁观者们看到仆人落了下来时，他们停止了大笑冲过去，可是这个不幸的人身体已经被摔得四分五裂了。①

以现代精神病学的观点来看，令我们震惊的是这则简短个案史的不科学的味道。看起来，似乎精神病学被限定为一个只涉及奇怪、古

---

① Ch.Daremberg (ed.), *Oeuvres anatomiques, physiologiques et médicales de Galien* (French trans.) (Paris: Baiiere, 1854-56), Vol.2, p.588.

怪和异常故事的领域，甚至在这样一个伟大的医学天才的著作中亦是如此。加伦对精神病患者的记录，也许我们可以随便地在当日的报纸中读到，但是在此后大约 15 个世纪，精神病学也没有比这更好的个案史。

精神病研究直到 17 世纪才取得令人瞩目的进步，当时意大利的一位外科医生兼律师巴勃罗·扎奇亚斯（Paolo Zacchias）[①]，法医的创始人之一，设想了一种精神病治疗的个案研究模式——一个简单但很实用的参考框架，精神疾病个案的症状都可以参考这个框架，从而使得以医学的观点和法学的观点进行准确的评估成为可能。这个框架不仅考虑到显著错乱的表现和行为，还考虑到检查者的注意要指向每一种主要心理功能——情绪、知觉、记忆的具体错乱表现。

18 世纪，新的进展与新的问题随着心理学的进步而产生了。我们今天普遍使用的这种心理学参考框架就始于这个时期。心理表现被分为三个主要类群或"官能"——理智、情感和意志。在理智的官能中，有人将功能区分为感觉、知觉、联想、想象、思维、判断。这种心理学的参考框架逐渐取代了中世纪的经院哲学家们的框架，并且被 19 世纪初的精神病学家采用。他们很快开始使用这种新的工具，对精神状况进行系统的研究，这促进了某些基本的精神错乱定义的建立。例如，"幻觉就是一种没有对象的知觉"，"错觉就是对客体不正确的知觉"，"妄想就是主体坚持与证据相反的错误判断"。甚至布洛伊勒关于精神分裂症的概念也是对 18 世纪心理学的继承：精神分裂症的主要症状是"联想力量的减弱"，在这种基础的错乱上，这种疾病的其他

[①] Ch.Vallon and G.Genil-Perrin, "La Psychiatrie medico-legale dans l'oeuvre de Zacchias," *Revue de Psychiatrie*, Vol.16, 1912, pp.46-84, 90-106.

所有症状都会衍生出来。

而加伦的精神病学仅仅包含患者最奇异行为的描述，扎奇亚斯的精神病学解释包括两步：先是对行为的细致描述，接着是对主要的心理功能的概要研究。19世纪精神病学的解释包括三步：第一步是"元素"的研究，例如，基础心理功能错乱的基本种类，如幻觉、错觉、妄想观念、强迫观念和意志力丧失；第二步是"类型"或称"症候群"的研究，例如，各种症状怎样被组合起来，形成诸如抑郁、情绪亢奋、精神错乱和智力缺陷的"临床表现"；第三步是试图对具体的精神疾病实体下定义，如进行性麻痹（progressive paralysis）。19世纪精神病学史的任务，主要是确定无数的精神"元素"或"症状"、各种各样的"形式"或者"症候"、具体的精神疾病实体，以及按疾病分类学系统对后者进行分类任务的历史。诸如艾斯基洛（Esquirol）、莫洛（Morel）、卡尔鲍姆（Kahlbaum）、克雷佩林、维尼克（Wernicke）、布洛伊勒等学者都是那个时期精神病学的伟大先驱。

现在，处在19世纪的转折点上，伴随着新技术和方法的产生，新的问题又出现了。这些新的倾向有精神病发生学（psychiatry genetics）、素质性精神病学（constitution psychiatry）、内分泌和生化精神病学（endocrinological and chemo-biological psychiatry）、心理测验、精神分析和现象学。精神分析和现象学通常被认为是彼此相斥的，一些现象学家时常对分析表示反感，反之亦然。这完全是误解的结果。精神分析和现象学甚至不比生理学和形态学之间更排斥彼此。它们是从两个不同起点发展起来的两个不同的领域，它们使用不同的方法和不同的专业术语。它们远没有彼此排斥，而恰恰是很好地互相补充。

精神分析发展的推动力是沙可（Charcot）对大脑的生理病理学和

神经症的临床症状之间的差别的观察,以及他证明的创伤性神经症产生于所谓的"回忆"——比如创伤的潜意识表征。这导致让内(Janet)和布洛伊尔(Breuer)通过解开被遗忘的"回忆"来治疗癔症患者,并且促使弗洛伊德运用新的技术系统地探究被压抑的记忆和人的潜意识生活的领域。

现象学发展的推动力与之大异其趣。某些精神病学家越来越意识到:他们继承于19世纪的经典心理学参照框架,对探究很多心理病理学状况已经不太适合。例如,在1914年,一位法国哲学家布隆戴尔(Blondel)出版了一本引人注目的书《病态的意识》(*La Conscience morbide*, *Morbid Consciousness*)。[①] 他在书中基于自己对精神疾病患者的研究,指出我们根本不清楚精神病患者的真实感受。当我们说"幻觉就是一种没有对象的知觉"或"妄想就是主体坚持与证据相反的错误判断"时,我们给出了语言的明确表述,在技术上也没有不实之处,但这并不能传达出精神疾病患者对幻觉或妄想的真实体验是怎样的。更糟糕的是,这些定义造成我们理解患者的错误印象。布隆戴尔强调这样的事实,即精神病患者生活在另一个我们既不了解又进不去的主观世界中。这个事实不仅适用于主要的精神病,还适用于一些轻微的模糊的恐惧感以及先于严重的精神分裂症发作的人格解体现象。如果我们把布隆戴尔的研究考虑进来,我们会发现自己陷入两难的境地:我们要么放弃曾经抱有的理解无数精神疾病患者主观体验的希望,要么寻找更完备的方法来实现这个目标。现象学家相信,他们已经找到了一种新方法,使他们能够比使用旧的古典参照框架更充分

---

① Ch.Blondel, *La Conscience morbide* (Paris:Alcan, 1914).

地把握患者的主观体验。

存在分析的推动力与精神病现象学是一样的。它由一些开始运用现象学方法工作的精神病学家发起，同时存在主义哲学（首先是海德格尔的哲学）为他们提供了一个比现象学所具有的更为宽泛的参照框架。存在分析并没有取代现象学，它将现象学整合成为其完整体系的一部分。

二、精神病现象学

在哲学和精神病学两个领域中，"现象学"这个词都有丰富的含义，而且其哲学和精神病学这两个方面并未被清楚地区分开来。但在这里，我们只论及精神病现象学，并且只在胡塞尔的意义上使用"现象学"一词。

胡氏现象学从根本上讲是一种方法论准则，意在为一种新心理学和一套普遍哲学的建立提供坚实的基础。面对一种现象（无论这种现象是一个外部的客体还是一种心理的状态），现象学家都会使用绝对无偏见的方法。他们以而且只以证明他们自己的观点的方式来观察现象。这种观察通过心理的一种操作得以完成，胡塞尔称之为悬隔（epoche），或者"心理学－现象学还原"。观察者"将世界放入括号中"，亦即他不仅将有关现象的任何价值判断从他的观念中排除，还排除了任何有关其原因和背景的主张；他甚至努力排除主客之分，以及任何有关客体存在和观察着的主体的断言。用这种方法，观察被大大增强了：原来不那么明显的现象元素现在以不断增加的丰富性和多样性显现自身，在明晰与模糊之间有了更好的区分等级。最终，先前那些没有被注意到的现象的结构也可能变得明显。

在这一点上，我们可以对胡塞尔的方法论准则和弗洛伊德的"基本规则"做一比较。[①]遵循弗洛伊德规则的主体必须说出自发地发生在头脑中的一切，抛开对羞怯、内疚、焦虑或任何其他情绪的念头。胡塞尔的原则则是对现象无偏见的沉思，抛开了任何理智的考量。这两条平行线还可以画得更远：努力遵循"基本规则"的被分析者会很快被"阻抗"抑制，而分析家的任务正是根据移情和防御等来阐明这些"阻抗"。对于胡塞尔的原则，梅洛-庞蒂[②]写道："还原的最大教训就是一种完全的还原是不可能的。"[③]

我们可以把这种对比再推进一步。对于精神分析学家来说，通过自由联想所收集的材料构成了诸如聚焦、强调、重述、暗示性阐释这些操作的基础。正如我们将要看到的，现象学家可以以相似的方式将通过悬隔汇集的原始材料提交到结构或者范畴分析的层次。

胡塞尔对心理学和精神病理学产生了深远的影响。在其最初的哲

[①] 值得注意的是，胡塞尔（1859—1938）与弗洛伊德（1856—1939）的生卒年极为接近，并且在同一年，即 1900 年，他们出版了各自的主要著作［弗洛伊德的《梦的解析》，胡塞尔的《逻辑研究》(*Logische Untersuchungen*)］。弗兰茨·布伦塔诺（Franz Brentano）最为重要的门徒是胡塞尔，而弗洛伊德也曾听了两年布伦塔诺的哲学课。

[②] M.Merleau-Ponty, *Phénomenology de la perception*（Paris: Gallimard, 1945). p.viii.

[③] 在初步的还原，亦即"epoche"，或心理现象学还原之后，胡塞尔创立了进一步的两个步骤，即"本质还原"和"超验还原"。我们不必涉及其体系中完全哲学的部分。说英语的读者可以在马文·法伯（Marvin Farber）的《现象学基础》(*The Foundation of Phenomenology*, Cambridge, Mass: Harvard Univ.Press, 1943) 中找到相关论述。亦可参见期刊《哲学与现象学研究》(*Philosophy and Phenomenological Research*, Buffalo, N.Y.)。

学学派直接或者间接的启发下，心理学所有领域都进行了大量研究。其中包括戴维·卡茨（David Katz）[1]对颜色现象学的研究、萨特[2]对情绪的研究，以及梅洛-庞蒂[3]对知觉的研究。由于胡塞尔和他的学生们关注完整地描述意识诸状态最纯粹的形式，就如个体所体验的那样，所以如果这些研究吸引了精神病理学家的注意，使之从而去探究新的方法，也就不足为奇了。精神病现象学家或者从胡塞尔学派继承了这些方法，或者在这些研究的启发下发明了新的方法。

现象学家特别注意在面对一位患者时自身的意识状态。尤金·布洛伊勒（Eugen Bleuler）早就注意到在面对一位精神分裂症患者时，观察者特定主观情感的重要性。有时，一位警觉的检查者会在病程中精神分裂症的客观表现出现之前意识到对它的"感觉"。精神分析学家对反移情的分析实际上是现象学方法的应用。但是，精神病现象学主要强调的是对患者主观意识状态的研究。有三种主要的方法被应用于这种目的。

其一，描述性现象学完全依赖于患者对自己主观体验的描述。

其二，发生-构造学方法假设在个体意识状态中有一个基础的统合，并且试图发现一个公分母，即一个"发生学因子"，在其帮助下，剩余部分就能变得可被理解和重建了。

其三，范畴分析是一套现象学的坐标，其最重要的部分是时间（甚或"时间性"）、空间（甚或"空间性"）、因果关系和物质性。研究者分析患者是怎样体验其中每一个的，然后基于此完全而具体地重

---

[1] David Katz, *Der Aufbau der Farbwelt* (Leipzig: Barth, 1930).

[2] Jean-Paul Sartre, *Esquisse d'une theorie des emotions*.Actualites scientifiques et industrielles, No.838 (Paris: Hermann, 1948).

[3] M.Merleau-Ponty, 同前。

构患者内心体验的世界。

这些就是我们现在必须详细分析的方法。

（一）描述性现象学

描述性现象学是第一个被运用到精神病学研究中的现象学分支。卡尔·雅斯贝尔斯将其定义为对精神疾病患者主观体验细致而又精确的描述，并努力强调尽可能接近这种体验。雅斯贝尔斯和他的合作者花了大量的时间就患者的内心世界对他们进行访谈，并将其发现与同一个或其他患者康复后的资料相对比，大量的这样的材料被雅斯贝尔斯编入他的精神病理学教材中。①

让我们通过一个临床案例来说明这一点。没有什么意识状态比紧张性精神分裂症患者的主观体验更神秘的了。雅斯贝尔斯在克隆菲尔德（Kronfeld）的一个病人康复后找到了对此状态的绝佳描述：

> 在兴奋的时候，我的情绪不是愤怒的，甚至不是具体的情绪，只是有一种纯粹动物性的愉悦打动着自己。它不是某个要去实施谋杀的人的那种邪恶的兴奋，远远不是！它完全是清白无罪的。然而，这种冲动是如此强烈，以至于我情不自禁想要跳起来。在这种时候，我只能把自己比作一头野猪或一匹马……有一种我在生活中从未如此强烈感受过的快乐、丰富、愉悦。有关兴奋冲击的记忆一般是好的，但是我通常记不住这种冲击的开始部分。一种外部的刺激，如冰冷的地面，也许会使你清醒并找回意

---

① Karl Jaspers, *Allgemeine Psychopathologie* (Berlin: Springer, 1913).

识。然后，你有了方向，并看到每件事物，但是你没有注意它们，你让兴奋继续下去。首先，你注意不到任何人，尽管你会看到，也能听到他们。另外，你很小心以免掉下来……当你被迫停止并躺在床上时，你会为改变的突然性感到惊讶，你感到被侵犯了，然后你保卫你自己。接着，驱力开始喷射，而不是跳起来，开始砸周围的东西；但这并不是被激怒的征兆。思想无法集中。有时，在清醒的一段时间，你能注意这些。但并不总是这样！但那时，你会发现你都造不成一个句子……这整个时期对我来说似乎是完全的分解……伴随着所有这一切，我从不感觉困惑和不满足；我从不感觉自己有什么困扰，那些混乱都在我身外。我从不焦虑。洗澡时，我仍然能想起很多体操动作，上爬……有几个晚上我想起我经常做长篇演讲，但我不记得是关于什么内容的了：所有东西都从我的记忆中消散了……混乱的思考，想法如此地苍白，并且不清楚，没什么鲜明的……

这篇绝妙的描述表明我们距离加伦和满足于自己粗浅的行为描述的老精神病学家已经很远了。但是，我们距离那种根据症状、症候群和疾病实体来对精神病理学状况所进行的分析也很遥远。现在病人的主观体验是精神病学家感兴趣和主要关注的焦点，如果可能的话，他试图理解病人的意识状态，从而与患者实现沟通。换句话说，加伦满足于自己的行为学方法，扎奇亚斯满足于一种二维的行为学和心理学方法，19世纪的精神病学满足于一种包括精神病症状、症候群和疾病实体的三维方法。现在，精神病学研究加入第四个维度，并且包括四个步骤：第一，对意识状态的现象学研究；第二，对客观症状的临床研究；第三，对症候群的临床研究；第四，对疾病实体的临床研究。

尽管现象学的影响已被限制在激励精神病学家努力去获得对他们病人更本质的理解中，但它也意味着显著的进步。精神病学家的注意力后来被一些曾经是精神病患者的人所撰写的对整个精神状态的全面自我描述所吸引，包括从法国诗人杰拉德·德·纳瓦尔（Gerard de Nerval）所写的《奥蕾丽亚》（*Aurelia*）（对一名严重的精神分裂症患者内心最深处的主观体验的描述，同时也是一部很有心理学趣味和文学美感的作品）到克利福德·比尔斯（Clifford Beers）的名作《自觉之心》（*A Mind That Found Itself*）。很多精神病学家在那之前都没有注意此类著作，但现在它们已经被研究者们发掘出来并进行了系统的研究。

在描述现象学领域最著名的著作之一是梅耶-格罗斯（Mayer-Gross）对精神混乱和梦幻症的研究[①]——对基于患者自身描述的意识状态若干变化形态的研究。值得一提的还有瑞士雅各布·维舍（Jakob Wyrsch）的研究，他研究了在急性和慢性精神分裂症的各种亚类型中，精神分裂症病人如何体验他们的疾病，以及疾病对于他们意味着什么。[②]

对描述性现象学就讨论到这里。不管雅斯贝尔斯及其追随者的研究多么杰出，描述性现象学是否能够为我们提供关于病人主观体验的充分知识都值得怀疑。只有一小部分患者能够记住他们主观体验到了

[①] W.Mayer-Gross, *Selbstschilderungen der Verwirrtheit.Die oneiroide Erlebnisform* (Berlin:Springer, 1924).

[②] Jakob Wyrsch, *Ueber akute schizophrene Zustände, ihren psychopathologischen Aufbau und ihre praktische Bedeutung* (Basel and Lerpzig:Karger, 1937); "Ueber die Psychopathologie einfacher Schizophrenien," *Monatsschrift fur Psychiatrie und Neurologie*, Vol.102, 1940, pp.75-106; "Zur Theorie und Klinik der paranoiden Schizophrenie," *Monatsschrift für Psychiatrie und Neurologie*, Vol.106, 1942, pp.57-101.

什么，而且他们能否确切地表述他们现在或过去都体验了什么也不确定。鉴于这些原因，明可夫斯基提出了一种进一步发展了的现象学研究：通过"构造分析"和"范畴分析"的方法研究意识状态的结构。因此，雅斯贝尔斯的描述性现象学成为迈向更精确研究的第一步。

（二）发生－构造现象学

现象学观察不仅给观察者提供了丰富的资料，还可以引导出对资料之间联系和相互关系的认识。在意识的整体内容里甚至会发生这种情况，即一种一般的结构或格式塔会自发地向观察者展现自身，观察者随后就会试图描述并定义它。这就是明可夫斯基所谓的"构造分析"[1]和冯·格布萨特尔所谓的"建构－发生学考量"（konstruktive-genetische Betrachtung）[2]。

明可夫斯基的"构造分析"的目的是定义基本紊乱（trouble générateur），这样就能推论出意识的整个内容以及患者的症状。冯·格布萨特尔认为，这种方法也可以引出对病人生物和心理学紊乱中深埋的关系的认识。

在他们对忧郁症患者的研究中，明可夫斯基和冯·格布萨特尔都发现了相同的基本症状：时间不再被体验为一种推进能量。结果就是时间的倒流，正如河水遇到障碍物时所发生的那样。因此，未来仿佛被知觉堵塞了，患者的注意力都被引向过去，而现在被体验为停滞

---

[1] E.Minkowski, "La Notion de trouble générateur et l'analyse structurale des troubles mentaux," in *Le Temps vecu* (Paris:d'Artrey, 1933), pp.207-254.

[2] V.E.Von Gebsattel, "Zeitbezogenes Zwangsdenken in der Melancholie," in *Prolegomena einer medizinischen Anthropologie* (Berlin:Springer, 1954), pp.1-18.

的。很多其他的症状也可以从这种体验时间的基本紊乱里推论出来。

明可夫斯基使用这种方法主要研究了精神分裂症的精神病理学领域，他将精神分裂症解释为与一种具体的基本紊乱相联系，即"与现实中枢联系的丧失"。这种方法的使用在他有关精神分裂症的著作中有详细说明。①

另外一个关于发生-构造分析的例子是冯·格布萨特尔对强迫性神经症的研究。冯·格布萨特尔是从对"紊乱症状"和"逃避症状"的经典区分开始的。强迫性神经症患者在反抗什么呢？反抗那些在他们看来丑陋、肮脏的，令人厌恶、恶心的东西。通过进一步的调查，其他特征也表现出来：强迫症患者的世界缺乏友善的形式，甚或缺乏无害的和中立的形式。在这个世界里，每件事物都具有"人相的"特征，所有客体都被分解、感染。事实上，与其说病人在反抗恶心的具体"事物"，还不如说他在反抗一个恶心的普遍背景、一个充斥着腐烂形式和破坏力量的"反世界"，冯·格布萨特尔将之称为反文化表象（anti-eidos）。最后，一种阻碍自我实现的形式造就了这个世界。本书收录了冯·格布萨特尔一篇思考强迫性神经症患者世界的论文。另一项针对同样的主题而且得出了几乎相同的结论的研究，是斯特劳斯有关强迫症的专著。②

（三）范畴现象学

不抛开经典的心理学参照框架，根据它对知、情、意等的区分，

---

① E.Minkowski, *La Schizophrenie* (Paris:Payot, 1927).
② Erwin Straus, *On Obsessions*, Nervous and Mental Disease Monographs, 1948, No.73.

现象学也能使用一种"范畴"的参照框架。这意味着现象学家试图通过对病人体验时间、空间、因果性、物质性以及其他"范畴"(在此词的哲学意义上说)的方式的分析,重构他们的内部世界。内部经验的两个基本范畴被认为是时间("时间性")和空间("空间性"),对这两者我们必须详细分析,因为它们非常重要。

1. 时间性

在精神病学的日常实践中,对时间的研究被限制在检验病人是否在时间中失去方向,他的心智操作是否被加速或者减慢。临床心理学家也许还会测量病人的反应速度,偶尔也会测量病人对时间持续的理解。但是,在现象学研究中,时间性成为基本的坐标,并被赋予最大的重要性。

何谓时间?常识和日常经验意义上的时间不过是一个更宽泛的概念,是时间性的一种形式。哲学家、物理学家、生物学家和心理学家对时间概念做了连篇累牍的阐述。我们只需尝鼎一脔,就容易理解这一点。

在哲学家中[①],柏拉图(Plato)和其他理想主义者认为时间是对永恒的反映,永恒则是现实的真正领域。柏格森宣称"时间持续"才是现实的真正本质,而物理学家所说的时间不过是空间特性投射到时间本体的概念。对康德来说,时间是一种"感觉的先验形式",我们将之投射进了我们所看到的世界中。此外,邓恩(J.W. Dunne)[②]受其心

---

① 沃纳·亨特(Werner Gent)在其著作《时间中的问题:有关历史和系统的研究》(*Das Problem der Zeit.Eine historische und systematische Untersuchung*, Frankfurt a.M.: Schulte-Bulmke, 1934)一书中对诸种关于时间的哲学理论进行了很好的研究。

② J.W.Dunne, *An Experiment with Time* (New York:Macmillan, 1927); *The Serial Universe* (London: Faber, 1934).

灵心理学研究启发提出了"多维时间"概念。

对物理学家来说,时间是抽象的、可度量的连续体,它是同质的、连贯的,可以无限地分成相同的彼此排斥的单位。与物理空间相比,物理时间只有一个维度,那就是"时间持续",而且这个维度只有一个不可逆转的方向,即过去-将来轴。另一个属性是同时性,亦即每一瞬间可以包括几个事件,因此这个瞬间可以被认为处于时间持续和同时性的交接点上。

勒孔特·杜·诺威(Lecomte du Nouy)[1]阐述了"生物学时间"的概念,他是一位生物学家,发现了伤口愈合的速度与病人的年纪成反比例,并且计算出这则生物学定律的数学公式。勒孔特·杜·诺威推论出,每一个个体都拥有其自己的"内部生理学时间",并且具有自身的时间单位。如果用这种时间单位去测量宇宙时间,我们会发现随着年龄的增长,天和年对我们来说会越来越短(这和我们的实际经验大略一致)。儒耶(Ruyer)[2]和"新目的论"者认为,如果没有"超时间性"这个特定的概念,我们就无法思考一些生物学现象。

对心理学家来说,时间问题就很不同了,因为我们研究的是对时间的直接主观经验,以及实验心理学的发现。主要的问题是,"心理学时间"并不符合物理学时间的严格模式,虽然它们彼此相关。柏格森[3]比较了体验到的"时间持续"(这是"纯粹的质",是生命的真正本质)和物理学家对精神病现象学产生的影响,尤其是影响到明可夫

---

[1] Lecomte du Nouy, *Le Temps et la vie* (Paris:Gaillimard, 1936).

[2] Raymond Ruyer, *Eléments de psycho-biologie* (Paris: PUF, 1946); *Néo-Finalisme* (Paris: PUF, 1952).

[3] Henri Bergson, *Essai sur les données immédiates de la conscience* (Paris: Alcan, 1889).

斯基的"同质性时间"。让内①区分了两种形式的时间——"一致的时间"和"不一致的时间"。"一致的时间"并非源自记忆,而是源自行动的一种具体形式,比如,"口头报告"及其派生物、描述、叙事、历史。从这种现象中引出了时间序列和年代顺序的概念。当叙事将自身从原始的情况和目的中解放出来,并成为一出戏剧时,"不一致的时间"就出现了,这就是在诸如诗歌、传说和闲谈中所发生的。

对现象学家来说,时间范畴至关重要,而且吸引了胡塞尔②和海德格尔③的充分注意。我们可能也注意到了福克尔特(Volkelt)的研究④。临床案例中对时间的现象学研究成果最早由明可夫斯基发表于1923年;读者可以发现,在本书中我们已将它翻译出来。明可夫斯基的其他贡献都收录在其1933年出版的《活着的时间》(*Lived Time*)⑤一书中。在明可夫斯基发表第一篇论文之后,斯特劳斯、冯·格布萨特尔、费舍尔(Fischer)以及其他人紧接着也开始了现象学研究。

为了在临床案例中研究时间的现象学,我们首先从外部对各种人处理时间的方式做一观察。显著的差异会立刻给我们留下深刻的印象。例如,行动主义者,他们关注的是将一天的每时每刻都尽可能地用行动填满,其口号是"不要浪费时间""不要让人偷走了你的时间""时间就是金钱"。相反,也有懒洋洋地使用时间的人,这类人的典型

---

① Pierre Janet, *L'Évolution de la mémoire et la notion of temps* (Paris: Chahine, 1928).

② Edmund Husserl, *Vorlesungen zur Phänomenologie des inneren Zeitbewusstseins* (Ed.by M.Heidegger) (Halle: Niemeyer, 1928).

③ Martin Heidegger, *Sein und Zeit* (Halle: Niemeyer, 1927).

④ Johannes Volkelt, *Phänomenologie und Metaphysik der Zeit* (Munich: C.H.Beck, 1925).

⑤ E.Minkowski, *Le Temps vécu*.

是意大利的拉扎罗尼（Lazzaroni），或者俄罗斯文学中的奥勃洛莫夫，即冈察洛夫著名小说中塑造的男主人公。在这些极端的例子之间，存在着那些沉思者，他们沉浸在其关于世界的安静思考中，而其最深处的自我在安静成长。虚伪的神秘主义者则试图借助某种药物体验超越流俗的时间，在这种体验中他感觉仅仅在几小时间就度过了好几年。对某些神经症或者精神病理学人格来说，时间就是厌倦，他们必须"杀死时间"（这或许也是杀死自己的一种途径）。而强迫性神经症患者又是一个样子，他们通过无休无止的延搁来浪费时间，而且会突然对之十分吝啬（本书收录的冯·格布萨特尔的论述也表明了这一点）。很明显，这些个体在时间行为中的这些显著的不同一定和主观体验时间的方式不同有关系。

因此，我们现在就言及对经历过的时间的现象学研究，以及个体内心体验的主观时间的现象学研究。什么是最当下的对时间的主观经验呢？它是生命之流，被体验为自发的、活泼的能量。这一点在诸如"意识流"（William James）、"中枢动力"（Bergson）和 Werdezeit，也就是"成为时间"（Von Gebsattel）这些隐喻中得到说明。这种流动是持续的，它凭借自身而存在，亦即独立于可能同时发生的事件序列。现象学研究表明，抑郁情境中主要的和最令人困扰的体验就是时间之流的羁拘；换言之，就是倒流——时间的倒流。

时间被体验为按照某种速度流逝。时间的速度是一种复杂的现象，绝不能与因人而异的运动和行动的"个人节拍"混淆[1]，或者

---

[1] 威廉姆·斯特恩（William Stern）是最早给予此现象适切关注的人之一。随后的研究已表明"个人节拍"是一种相当稳定的个人特质，并不随年龄增长而改变，甚而在一定程度上是可遗传的特性。参见 Ida Frischeisen-Köhler, *Das persönliche Tempo* (Leipzig: Thieme, 1933).

与对时间持续有意识或者无意识的感知混淆[1]。对时间速度的感觉（Zeitgefühl）是一个具体因素，其走势是一条贯穿终生、上下波动的曲线。与成人相比，对年幼的孩子来说，时间看起来流动比较慢，时间的速度似乎随着年龄的增长而加快。根据马丁·格西文德（Martin Gschwind）的说法[2]，生命中有两个时期时间的流逝变得特别快，第一个时期从青春期末期一直到22岁或者24岁，第二个时期则出现在后半生的若干不确定的点。对时间流逝速度的感觉在很多情况下都可能改变。我们不需要成为现象学家就能知道，在经历焦虑、厌倦、悲恸或者忧伤的时候，时间似乎慢了下来，而在经历愉悦、幸福或者欢欣的时候，时间会过得快很多（然而，在某些中毒情况下，反过来也正确。在鸦片的作用下，时间似乎流逝极慢，而这是一种欢欣的状况）。根据现象学家的观点，抑郁的一个主要症状是，主观体验到的时间流逝极其缓慢、沉滞，甚至被羁拘。某些精神分裂症患者感觉时间好像被固定在当下，因此他们在常人看来是不可思议的，亦即有自认为不朽的错觉，如果从病人对时间体验的歪曲这一角度来看，倒是相当符合逻辑的。相反的体验，比如，时间流逝速度被加快，在躁狂症患者那里是常见的事情。根据马丁·格西文德的看法，这也是衰老的个体

---

[1] 对时间的无意识感知是一种十分复杂的现象。实验表明，它在很大程度上依赖于细胞的新陈代谢：在吸收了甲状腺素之后，一段时间的持续似乎比实际要长；而在吸收了奎宁之后，它似乎比实际要短。另外，存在着由于种种途径而获致的对时间的半意识感知：渐觉饥饿、感受日光、听到鸟鸣等。最后，还有对时间的持续完全无意识感知但异常精确的例子，比如，促使个体在自己想要醒来的时刻醒来的所谓"内部闹钟"，按照催眠中的暗示在要求时间哪怕是数周或数月后完成的催眠后行为；以及"秘密日历"，根据它，某些看上去是偶然发生的事件会在某些生活事件的纪念日发生（Stekel）。

[2] Martin Gschwind, *Untersuchungen über Veränderungen der Chronognosie im Alter*, Basel, Diss.med.1948.

所体验到的。对他们而言，一年流逝的速度可能相当于常人一天流逝的速度。但是，在老年抑郁症患者的体验中，时间的流逝似乎和其他抑郁症患者感觉到的一样慢。

流动的时间是在不可逆转的现在、过去、将来之序列中自动建构起来的，其中每一个都以根本不同的方式被经历。现在是"不变的此刻"；过去是"离我们而去"之物，即使它或多或少能被记住；将来是我们所趋向之物，且我们可以对它做出预见和筹划。这种对时间的自动建构的主观体验在很多精神状态下都或多或少地被歪曲了。

"现在"，在我们的生活经验中，与物理学时间的即时没有任何共同之处，这种即时是处在过去和将来之间的无穷小的点。它也不应该被混为心理生理学的"瞬间"（moment），亦即区分两种感觉刺激所必需的最短时间。① 威廉·詹姆士强调②，我们将现在知觉视为时间持续的某种数量，是"似是而非的现在"③，它是"山脊，而不是刀刃"。明可夫斯基坚持"此瞬"（just-now）和"现在本体"（present proper）之间的区别。④ 正如他所说，前者是尖峰，而后者是高原。但是总之，正常的个体将这种"现在"经验视为对自身活动的意识和活动的最深处的驱力。让内说道："真正的现在对我们来说是一种行动、一种有些复杂的状态，我们在有意识的行动中把握它，尽管它很复杂，而且其实际的时间持续多少有点长。"⑤ 让内把这

---

① 这种特性已被发现随具体物种而各有特点。可比较 G.A.Brecher, *Zeitschrift für vergleichende Physiologie*, Vol.18, 1932.p.204。

② William James, *Principles of Psychology* (New York:Holt, 1890)。

③ 威廉·詹姆士从 E.G. 克莱（E.G. Clay）处借用了这个说法，但是克莱在其著作《选择》(*The Alternative*, 1882) 中所用的这种说法的意思与此有些不同。

④ E.Minkowski, *Le Temps vécu*, pp.30-34.

⑤ Pierre Janet, *Les Obsessions et la psychasthenie* (Paris: Alcan, 1903).Vol.I, p.481.

种行动称为当下化（présentification），这个概念和德国学者所称的Eigenaktivität相差不大。它指的是立即抓住现象知觉的某个领域或者某种精神状态的行动，并且将它们带进与某人过去的连续体以及对将来的期望的关系之中。一些现象学家假设，精神分裂症中的基本歪曲可能就是当下化的一种弱化，结果导致过去与将来之间出现脱节。

对正常的个体来说，除了日期不定的死亡是确定的，一切事物都不确定，在这种意义上，将来是"开放的"，它是一个对合理期望和筹划开放的大领域。换言之，一种或多或少有些确定的试验性时间表经常被投射到未来。① 这一点在某种精神状态下可能被深深地歪曲。对躁狂症患者和其他很多精神病患者来说，没有任何东西被投射到未来，因此未来对他们而言是"空的"；对于抑郁症患者来说，将来是不能获得的，是"被阻塞的"，而这正是这些病人们所苦恼的。

过去的经验认为这是我们"留置于后"之物，虽然它不再存在，但对于我们仍然是具有某些特殊性质的生动的现实：它们可被描述为"可进入性"、"价值"以及"易变性"。这些性质被经验证实存在着显著的个体差异。就可进入性而言，记忆总是不完整且不完美的；很早以前，心理学家就论证过其种种歪曲。但是，这里存在着重要的个体差异。一些人对自己的过去具有相当好的、可以信赖的认知，其他人则不具备这些。让内曾指出，巴黎医院和诊所中的普通病人所提供的关于自己生活的报告异乎寻常地模糊和不精确（弗洛伊德将这种特征

---

① 内森·以色列（Nathan Israeli）就这一点进行了实验研究，他要求很多老年人和精神病患者写下他们的"未来自传"。见其著作《变态人格与时间》（*Abnormal Personality and Time*, 1936）。

作为歇斯底里的特殊病症)。人们的受教育程度越高,似乎其对过去的意识会越精确,这一事实似乎确证了哈尔布瓦赫(Halbwachs)的记忆理论。① 至于过去的价值,经历过的人有的将之视为一种负担,这种负担使得一些人产生压迫感,或者可能是羞耻感;其他人则将之视为通向未来的铺路石。② 谈到过去的易变性,我们的共同体验是过去被"关闭了",而且不能被改变。当然,它可能包括被遗忘的或者被压抑的记忆,一旦它们被重新揭露,就将像任何崭新的、未曾想到的事件一样会产生令人震惊的结果。但是,在某些妄想症病人身上,过去则是高度易变的,正如在"记忆的幻觉"中所观察到的那样:他们感觉好像过去已经被人为地篡改了。这种体验可以被比作乔治·奥威尔(George Orwell)的小说《1984》中的主人公所经历的不幸,当时他意识到"记忆的社会架构"一直在被国家警察篡改;如果我们假设这些病人经历了和邓恩③一样的多维时间,那么这种体验就好理解了。

在正常个体身上,虽然过去、现在和将来各自以不同的方式被体验,但是它们构成了一个结构化的单位,对此明可夫斯基做了很独到的分析。④ 他区分了下面这些被体验到的时间的不同区域,这和顺序性的时间毫无共同之处。

远期过去 弃置区(le dépassé)

---

① 哈尔布瓦赫认为,我们真正的、有意识的记忆几乎没有保留过去的任何东西;我们所称的"对过去的记忆"总是基于社会参数以及其他过去所遗留的具体的东西。见其著作《论集体记忆》(*Les Cadres sociaux de la mémoire*, Paris: Alcan, 1924)。
② Gerhard Pfahler, *Der Mensch und seine Vergangenheit* (Stuttgart: Klett, 1950).
③ 奥威尔小说《1984》中的主人公。——中译者注
④ E.Minkowski, *Le Temps vécu*, pp.72-120, 138-158.

中期过去	追悔区
近期过去	悔恨区
现在	
近期将来	期待和活动区
中期将来	心愿和希望区
远期将来("前景")	祈祷和伦理行为区

其中每一个区域都以某种特殊形式被体验，以符合我们正常的时间体验。但是，这里也可能会有不计其数的歪曲。我们只给出一个例子，诸如在惩罚①、被迫或延长的失业状态②中，个体可能无法体验到"近期将来"，结果就导致现在与中期将来和远期将来之间出现裂隙，同时还会导致过度增长的贫瘠的现在发生沉滞，建设性地组织生活的能力也会丧失。

我们所称的"生命意义"不能独立于对被经历过的时间的主观感觉而被理解。时间感觉的歪曲必然地导致生命意义的歪曲。通常，我们在展望将来的时候，不仅是为将来本身，还为弥补和修正过去与现在。我们指望将来能够偿清债务，获取成功，享受生活。躁狂症患者和其他精神病患者所遭受的，是无论哪一部分的生命经历都是空白的，生命就是一场永久的赌博，而现在时刻的优势都被计算在内；而抑郁症患者所遭受的，是处于将来不可进入或者被阻塞之处，因此，希望必然消失，而生命也失去了所有意义。

对将来与过去的看法包括随我们完整的意识而来的时间长度。

---

① José Solanes, "Exil et temps vécu," *L'Hygiene mentale*, 1948, pp.62-78.
② M.Lazarsfeld-Jahoda and H.Zeisl, *Die Arbeitslosen von Marienthal* (Leipzig:Hirzel, 1933), pp.59-69.

德·格里夫（De Greeff）总结如下：1岁的孩子生活在当下；3岁的孩子认识到一天有规则的时序；4岁的孩子产生了"今天"的概念；5岁的孩子产生了昨天和明天的概念；8岁的时候，儿童开始按星期计算时间，其中每一个似乎都那么漫长；15岁的时候，时间单位变成月；在大约20岁的时候，时间单位是年；40岁的人则开始按几年和几十年来计算时间。[1]德·格里夫将不能想到超过先前或者随后20天的情形作为智力低下者的一个特征。对过去或者将来意识的窄化现象亦可在很多不稳定的精神病患者身上，以及某些精神分裂症患者身上找到。德·格里夫所提供的数据可能稍嫌概略，而且较多地受到个体变量的影响，人们对过去和将来的关切程度可能差异很大。

这最后一点引发一些学者区分两种不同类型的个体："展望"型和"回溯"型。正像法兰奇（French）所说的那样，前者在"期盼着"未来，后者则"沉湎于"过去。将"展望"型等同于年轻人和健康人，而将"回溯"型等同于老年人和病人，是错误的。一些孩子表现出对他们过去、家庭传统和历史的浓厚兴趣；一些上了年纪的人则关心将来的景象，并为他们后代和未来的世纪而工作。这两种类型被威尔斯（H.G.Wells）称作"守法类型"和"立法类型、建设性类型"，被普罗秋斯（Porteus）和巴布科克（Babcok）称作"后倾"和"前倾"。[2]博曼（Bouman）和格伦鲍姆（Grünbaum）论证了这种类型区分的临床意义[3]，而并不是对这两种相反类型做出严格的区分；他们

---

[1] Etienne de Greeff, "La personnaliité du débile mental," *Journal de Psychologie*, Vol.24, 1927, pp.434-439.

[2] 转引自 N.Israeli, *Abnormal Personality and Time*, p.118。

[3] Leendert Bouman and A.A.Grünbaum, "Eine Störung der Chronognosie und ihre Bedeutung im betreffenden Symptomenbild," *Monatsschrift für Psychiatrie und Neurologie*, Vol.73, 1929, pp.1-39.

认为，每个个体身上都有一种"时间复合体"，它根据个体因人而异的公式同时具备展望和回溯的特征。明可夫斯基认为，对"展望"型和"回溯"型的区分与对"外向"和"内向"的区分一样重要。但是，我们不能忽视这个事实，即看待过去与未来存在不同的方式：正如以色列人说的那样，一个人可能会认为未来是"建设性的""灾难性的""困惑的"，也可能是"妄想的"等。

关于时间的其他现象学意义，我们下面只再说一点。我们感觉时间不但为我们而流动，而且也为世界的其他部分而流动。我们个人的时间必须被嵌入社会的、历史的和宇宙的时间中。明可夫斯基论述道，精神分裂症患者更多是在自己的、个人的时间中生活，而不是在世界时间中生活。在一些似乎丧失了所有对于世界时间的意识的精神分裂症患者身上，情况就更是如此了。另外，虽然普通的忧郁症患者意识到了两种形式的时间，但是其个人时间比世界时间流逝得慢多了。

2. 空间性

在平常的精神病学实践中，对空间的关注仅限于用来确定病人是否在空间中被误导，或者是否具有某种诸如视物显小症这样明显的症状。在现象学精神病学中，对空间性的探索和对时间性的探索一样，都必须予以基础性的和完整性的研究。

空间在常识意义上和日常生活中不过是更具囊括性的概念，即空间性的一种形式，而哲学家、物理学家、数学家、心理学家已经对空间性的诸多形式进行了描述。

然而，一些哲学家将空间等同为实体（如笛卡儿），或者上帝的属性之一（斯宾诺莎），其他人则将之作为一种抽象物，或者我们将之投射到世界图景中的"感觉的先验形式"（康德）。

与此类似，空间的物理学概念已经随着天文学和物理学的发展而大为改观。巴比伦人和古希腊人（阿那克西曼德）将空间形象化，认为它有绝对的上和下。巴门尼德（Parmenides）将空间形象化为一个有限的球体，认为在其之外既不可能有物（因为一切存在都已在其中），亦不可能无物（因为"无物"不可能存在），而这个球体的中心就是地球。到了伽利略（Galileo）和牛顿（Newton）那里，出现了一个同质的无限空间这个概念（即帕斯卡尔所谓的"一个中心无处不在、边缘各处皆无的球体"）。在我们这个时代，爱因斯坦引入异质性的有限空间概念。

另外，对数学家而言，空间是抽象的可量度的连续体，其中每一部分对其他部分而言都是外在的。其属性是同质的、连续的、无限的，且是各向同性的（最后一个词意味着空间于其中可测的三轴具有相同的性质）。欧氏几何的空间据说是三维的、同一曲面的（意即我们可以在其中建构任意比例的相似数据）。这两个属性在非欧几何的空间，或曰超空间（hyperspace）中消失了。数学家们构想并计算了四维、五维的、n维空间的性质，在这些空间中，欧氏几何的公设都不再有效。这意味着在这些空间中，我们经过某一点可以做出不止一条的平行线，或者一条平行线也做不出来。

实验心理学家已经对空间知觉、空间知觉的发生发展、空间知觉的个体特异性、空间知觉的歪曲，以及类似课题做了连篇累牍的研究，以致我们必须将它们略去不提。不过，在现象学家的贡献中（除了胡塞尔以及海德格尔），斯特劳斯①、宾斯万格②、明可夫斯基③和梅洛-庞蒂④关于知觉现象学的著作非常重要。

在对空间性的临床研究中，我们应该从个体对待空间的最显著态度开始。罹患广场恐惧症和幽闭恐惧症的个体很明显一定具有非常紊乱的空间经验，但是还存在着其他很多应对空间的方式。有的个体试图征服或者探究空间，另一些则试图持守和护卫空间，还有一些人则组织和利用空间，更有一些人会描绘和度量空间。有人"拓展自身"，他们需要一个巨大的生活空间（Lebensramum）。其他人则"限制自身"，他们满足于狭小的生活空间。人们可能"根植"于一个空间，或者将空间"连根拔除"之后游荡其外。人们也可能从一个空间逃跑，无论是在真实空间中的迁徙、潜逃、出走等，还是在很多升华或者未升华的幻想中逃离一个地方。但是，这种考量只是通往对体验到的空间性进行恰当的现象学研究的开端。无论是在正常的情境中还是在异常的情境中，个体都能以非常不同的方式体验空间性，而我们试图描绘出若干种最重要的空间体验样态。

有向空间（oriented space）是我们最常体验到的空间形式。即使我们相信"真实空间"是数学家所谓的抽象的、同质的、无限的和空无的连续体，我们的日常经验也还是处于有向空间中。与数学空间的

---

① Erwin Straus, "Die Formen des Räumlichen.Ihre Bedeutung für die Motorik und die Wahrnehmung," *Der Nervenarzt*, Vol.3, 1930, pp.633-656.

② L.Binswanger, "Das Raumproblem in der Psychopathologie（1932），" *Ausgewählte Vorträge und Aufsätze* (Bern:Francke, 1955), Vol.Ⅱ, pp.174-225. 宾斯万格基于躁狂的临床病例进行了第一次空间现象学的研究，见其著作《思想的逃亡》（*Über Ideenflucht*，Zurich:Orell-Füssli, 1933）。

③ E.Minkowski, "Vers une psychopathologie de l'espace vécu," in *Le Temps vécu*, pp.366-398.

④ M.Merleau-Ponty, *Phénoménology de la perception*.

各向同性相比，有向空间是"各向异性的"，即每一个维度都有不同的、特殊的量值。有向空间有一条垂直的轴，上下方向。有一个宽大的水平面，其中前后左右被区分出来。如果同一长度的两条线处于我们的"附近空间"或者"遥远空间"，如果它们处于两物体之间，或者处于我们与一物体之间，那么它们就具有很不相同的量值。在有向空间中，"大的"和"小的"不是相对的尺寸，而是被完备定义的、性质不同的尺寸。我们不能将有向空间形象化为一个空无的连续体，它具有界限和内容，它由物体（这些物体具有里面和外面）、距离、方向、路径和边界绘制出来。我们知道，边缘域（horizon）和天穹（celestial dome）都不是科学概念；但是，对我们的日常经验和现象学来说，它们都是很重要的实体。[①]

有向空间的一个主要特征是，它具有一个本身移动着的参照中心：身体。人类的身体正是我们空间经验的条件。上下方向的垂直轴通过作用在不断变换位置的身体上的重力作用和直立位置向我们显示出来。因为多种感觉器官的存在，我们能够区分附近空间（通过触觉）和较远空间（通过听觉和视觉）。因为感觉器官位于运动着的身体的不同部分，我们于是可以意识到空间中的方向。各种知觉场的坐标和我们能够在空间中移动这个事实建构了我们的有向空间。

实验心理学家和现象学家的很多研究都致力于探究空间的各种亚类型，正像我们的每种感觉机能所赋予我们的那样。动觉空间、触觉空间、视觉空间、听觉空间都已被描述过了，而且盲人、聋人、残障人士体验空间的特殊方式也被描述过了。我们无法扩大这些方面，但

---

① 我们可以找到 J. 林德史荷顿（J.Lindschoten）关于边缘域的现象学研究以及古斯朵夫（Gusdorf）对天体空间（celestial space）的研究（Utrecht:1954），Vol.I.

必须指出这个事实：现象学也关注其他具有极不一样本质的空间性形式。

调和空间（gestimmter Raum）被宾斯万格描述成由人的感觉调子和情绪节拍所决定的空间体验。[①] 在体验有向空间（其参照点是自身身体）的同时，人们也在体验与其相一致的自身情绪这一种特殊的空间性质。这种个体内部有向空间的调子或者节拍可能是充实的，也可能是空洞的，它可以被感觉成正在扩展或者正在压缩。外部的有向空间的调子可能是空无的，或者是丰富的、表现性的、"人相的"[②]。比如，爱就是"空间固定的"：即使有距离存在，有情人依然感觉自己与爱人很接近。这是因为，在爱的空间样态中，距离被超越了。幸福拓展了调和空间，事情感觉被"夸大了"（这和视物显大症相当不同！）。悲痛压缩了调和空间，绝望则使之空无。在精神分裂症患者的体验中，调和空间失去了其一贯性，无论是以一种渐进的方式（就像本书中描述的艾伦·韦斯特个案那样），还是有时以一种突然的、戏剧性的方式（这就是某种精神分裂症患者的世界末日的感觉）。

宾斯万格指出这个事实，即在大脑的器质性病患中，病人遭受了有向空间的恶化；而在精神性的抑郁疾病和精神分裂症中，恶化得更严重的则是调和空间。在实验性精神病中（由大麻、迷幻药等所导致），这两种形式的空间性歪曲都存在。

---

① L.Binswanger, *Ausgewählte Vorträge und Aufsätze*, Vol.II, pp.174-225.
② 我们很遗憾因本章篇幅所限而不能讨论胡塞尔所坚持的"信号"（signal）与"迹象"（indice）之间现象学意义上的重要差别。表情与人相不应该与信号和沟通混为一谈。盖布萨特尔（Von Gebsattel）的论文可以作为"世界的人相之维"的一个阐释，文中展示了对强迫性神经病患者而言，世界的人相之维是如何变得无法抵抗，同时又呈现了衰退的具体人相的。斯特劳斯将这一特殊维度与"妙极状态的人相"进行了比较，这种状态在重度大麻成瘾者的主观体验中尤为显著。

宾斯万格认为，调和空间的概念包括不同空间性种类（作为亚型），其他学者已经对其进行过描述。一个著名的例子就是斯特劳斯描述过的"舞蹈空间"[1]。舞蹈不能存在于"纯粹的"状态中，它需要音乐来填充并使空间同质化。在舞蹈空间中，正如在所有种类的调和空间中一样，并不存在"历史运动"，它是不断消长起伏的运动。舞蹈空间不是由距离、方向、尺寸和界限决定的，而是由被选中的韵律媒介以及展示性动作所决定的。距离是这种空间的质，而不是量。我们参考了斯特劳斯关于感觉学的一些文章，其中就讨论了这些问题。

明可夫斯基对"澄明"和"黑暗"空间的描述[2]似乎构成了调和空间的另一种亚型。澄明空间不仅是视域的、视角的和明晰的空间，其基本特征是明可夫斯基所称的体验到的距离（distance vécue）：在个体之间可以感受到"自由空间"，它使得偶然的、无法预料的、感情上的中立之物成为可能，并导致一种特定的"生命幅度"（说大一点就是"生命竞技场"）。黑暗空间，就像我们在晦暗或者雾霭中所体验的那样，远不止是简单的没有光线、没有视域、没有视角。从现象学上说，黑暗是一种黑色的、厚重的、阴郁的实体。既然"体验到的距离"消失，"生命幅度"也就不再存在，至关重要的空间就被窄化了，空间被去社会化了，它包围了个体，甚至渗透进他的身体。根据明可夫斯基的说法，这种空间经历是被害妄想的基质。"被害妄想的常态反面不是仁爱意识……而是生活中的从容感觉，无论生活对我们是好是坏，这是一种和经历过的距离现象以及生命幅度紧密相关的感

---

[1] Erwin Straus, 同前书，pp.633-656。
[2] E.Minkowski, "Vers une psychopathologie de l'espace vécu," in *Le Temps vécu*, pp.366-398.

觉。"因此，如果一个人意识到叠加在病人通常为澄明的空间上的黑暗空间背景，那么某种妄想幻觉的类型就变得可以理解了。

除了黑暗空间和澄明空间之外，可以加上第三种空间——光眩空间，在这个空间中，个体在某种程度上会因为强光而致盲。这种空间性的形式似乎是很多神秘莫测、令人心醉神迷的体验的基础，并且的确也有大量研究"神秘空间"的文献。使徒保罗常言及上帝之爱的"长阔高深"[《以弗所书》（Eph.）4：18]。中世纪的犹太神秘主义者贡献了以神秘的计量单位丈量上帝之荣耀的规约。① 这些奇怪的玄思无疑介绍了深邃而私密的体验，而这些体验是神秘主义者无法用更清楚的方式介绍的。许多国家、许多个世纪的很多先知都报告过"神秘空间"的体验。基多·休伯（Guido Huber）② 收集了大量的相关文本，并试图定义属于这种神秘空间的共同特征：主客观在一种"宇宙意识"中的融合；一种迥然不同的空间体验，在这种体验中距离和尺寸都被超越了，无限的空间被涵括在小空间中，同时宇宙是空无的，且充塞了炫目的光芒，等等。弗洛伊德所称的"无界限感"似乎是这种神秘空间体验的亚型。

宾斯万格的研究③ 定义了其他形式的空间性（"历史的""神话的""审美的""技术的"，等等），对之我们暂且存而不论，但对它们的存在我们一定要牢记于心。我们现在必须回到有向空间的话题，并且指出，至少在理论上存在一种无限多样的有向空间，它不同于前述的我们日常生活经验中的有向空间。

---

① Gershon G.Scholem, *Major Trends in Jewish Mysticism* (New York:Schocken Books, 1946), pp.63-70.
② Guido Huber, *Akâçâ-der mystische Raum* (Zurich:Origo-Verlag, 1955).
③ L.Binswanger, "Das Raumproblem in der Psychopathologie."

下面，让我们对夏加尔（Chagall）的一些绘画作品的空间结构做一考量。在他的绘画中，我们可以注意到，空间较之我们通常的空间不那么"各向异性"，即空间的三维并没有被严格地区分。在《向埃菲尔铁塔致敬》(Homage to the Eiffel Tower) 这幅作品中，树木从左向右复而从右向左水平穿过空中；一个天使飘过窗户玻璃，房屋与人群在垂直轴上，埃菲尔铁塔则微微弯曲。夏加尔的其他画作没有尺寸比例，事物被叠置，而彼此之间仍可明辨。简言之，这是与我们的日常经验不同的另一种类型的"有向空间"，它与日常经验空间的关系，就像非欧几何的空间与欧氏几何的空间之间的关系一样。

另一个例子是：人们在接触某些种类的三维运动图片（全景电影）时，经常会被这些图片模糊的陌生境域所震动；尽管这些图片或许比自然状态还要美，但它们是不真实的。近距离的观察表明，在这种空间中，较之于寻常，直线更少，曲线更多，而且这种空间也是超对称的（这里不是说某些颜色的优势）。这种对我们通常的有向空间的轻微改变足以给予那个世界一种奇异的非真实性。

我们现在也许已经为讨论空间性的临床运用做了更好的准备。以有向空间的观点看，韦克维茨（Weckowicz）已经通过实验表明很多精神分裂症患者具有异常的视知觉[①]，而汉弗莱·奥斯蒙德（Humphrey Osmond）则表明这些异常证明了精神病院建筑的重要意义[②]。但是，在精神分裂症中，调和空间歪曲的重要性也并不亚于此（我们可以回忆一下明可夫斯基对作为被害妄想的基质的黑暗空间之

---

① T.E.Weckowicz, *Size Constancy in Schizophrenic Patients*. （未发表，由作者提供。）

② Humphrey Osmond, *Functions as the Basis of Psychiatric Ward Design*. （未发表，由作者提供。）

作用的考量）。在另一精神分裂症患者的群体中，基本的空间紊乱看起来更像是数学空间对有向空间的不适当扰乱。明可夫斯基描述了某种精神分裂症患者的"病态几何形态"[①]，即对超对称的偏好。更有一组精神分裂症患者感觉他们被不存在于三维空间中的观察者从外部观察着；病人能听到他们的声音，对这些声音的真实性从不会去质疑，即使他们认识到根据已知的现实规律，那里不可能有人在。如果我们假设这些病人体验了一种四维的空间形式，而且第四个维度是向他们开放的，通过它他们被观察、被谈论，那么这些现象就可以理解了。

综上所述，现象学的主要发现之一就是，没有关于病人空间体验的知识，我们就不能理解幻觉和错觉。正如梅洛-庞蒂[②]卓越地论述到的："保证健康人远离幻觉和错觉的不是其现实验证，而是他的空间结构。"[③]

空间性之结构非常复杂，而且因人而迥异。对有向空间的现象学分析必须分析其构成元素，包括其边界、左右距离、方向以及垂直轴。

根据宾斯万格[④]和巴什拉尔[⑤]（Bachelard）的说法，垂直轴是人类存在的基本轴，我们最关键的经验都与之相关。生命被感觉为一种上下的恒常运动。那种向上的运动被隐喻性地表达为变得更轻灵，

[①] E.Minkowski, *La Schizophrénie*.

[②] M.Merleau-Ponty, *Phénoménologie de la perception*, p.337.

[③] 体验到的空间的歪曲当然也会在其他的精神病状态中发生。对忧郁症中发生的这种歪曲的杰出研究可见 Hubert Tellenbach, "Die Räumlichkeit der Melancholie," *Nervenarzt*, Vol.27, 1956.pp.12-18, 289-298。

[④] L.Binswanger, "Traum und Existenz,"in *Ausgewählte Vorträge und Aufsätze*. Vol.I, pp.74-97.

[⑤] Gaston Bachelard, *L'Air et les songes* (Paris: Corti, 1943).

被"提升""上扬到"轻灵与平和之境;向下的运动则被表达为"降低""下降""变得沉重""沮丧"而"气馁"。

距离同样具有很多现象学的意义。阿尔弗雷德·阿德勒[1]描述了神经症患者将"距离"置于自身与生活目标、世界与同侪之间的种种方式。明可夫斯基[2]分析了另一种类型的"被体验到的距离":我们通常感到的环绕四周的"自由空间",它给予我们"生命幅度",而它在很多神经症和精神分裂症中是严重缺少的。罗兰德·库恩[3]和卡尔涅洛[4](Danilo Cargnello)发表了基于现象学分析的、关于距离的有趣的临床研究成果。

动物心理学家[5]所称的距离的两种特殊形式分别是逃跑距离(亦即动物见人开始逃跑的距离)以及临界距离(动物开始由逃跑转而反击的距离——当然更短)。这两者的具体特征因物种不同而异,并且可以精确到用英寸[6]来测量。正是由于驯服者很好地掌握了关于这些距离的知识,他们才能操控继而驯服那些动物。最近,这些概念已被应用于对住院慢性精神病患者的研究。[7]而且将驯服者对空间距离的使用与心理治疗者对心理距离的使用进行比较也是可能的。心理治

---

[1] Alfred Adler, "Das Problem der 'Distanz'," in *Praxis und Theorie der Individual-Psychologie* (Munich:Bergmann, 1924), pp.71-76.

[2] E.Minkowski, *Le Temps vécu*, pp.366-398.

[3] R.Kuhn, "Zur Daseinsanalyse der anorexia mentalis," *Nervenarzt*, Vol.22, 1951, pp.11-13.

[4] Danilo Cargnello, "Sul Problema psicopatologico della 'Distanza' esistenziale," *Archivio di psicologia, Neurologia e Psichiatria*, Vol.14, 1953, pp.435-463.

[5] Heini Hediger, *Skizzen zu einer Tierpsychologie im Zoo und im Zirkus* (Zurich:Büchergilde Gutenberg, 1954), pp.214-244.

[6] 1英寸约合2.54厘米。——中译者注

[7] B.Staehelin, Gesetzmässigkeiten im Gemeinschaftsleben schwer Geisteskranker, *Schweizer Archiv für Neurologie und Psychiatrie*, Vol.72, 1953, pp.277-298.

疗者在研究病人的防御机制时，不正是经常感受到诱发退缩（逃跑距离）和攻击反应（临界距离）所需的情绪距离吗？

这篇论文不可能穷尽对称和非对称概念（还有左与右的象征意义）①，以及边界和界限②概念丰富的现象学意义。

3. 因果性

在正常的文明人的经验中，因果性之域在三项原则之间划分：决定论、偶然性以及意向性（在这里，我们指的是生物学的决定性，或者自由的、有意识的人类意向）。我们知道，决定论在抑郁症患者的主观经验中占优势，而偶然性在躁狂症患者的经验中占优势。躁狂症患者生活在一个完全无责任的世界中，在其中他们既不固缚于过去又不固缚于将来，任何事情的发生都依赖于纯粹的偶然性。而抑郁症患者感觉自己被过去的重压碾碎，自己却无力改变任何事情，因为他们没有为偶然性或者自由意志之域留下任何东西。决定论和偶然性这两项原则，在某些妄想症患者那里则不再重要，这些人即使在最具偶然性的事件中看到的也不过是类似于人类意向性的意向而已。

4. 物质性（实体）

在讨论过时间性、空间性和因果性之后，应该对世界本身的物质性做一现象学分析的考量。世界于其物理性质中显示自身：一贯性（流动的、柔软的、黏性的事物）、紧张、震动、重与轻、热与冷、

---

① 斯特科（Stekel）很可能是指出左与右在梦中的象征意义和神经病症状方面的意义的第一人。比较：*Die Sprache des Traumes* (Munich:Bergmann, 1911)。

② 参见 R.Kuhn, "Daseinsanalytische Studie über die Bedeutung von Grenzen im Wahn," *Monatsschrift für Psychiatrie und Neurologie*, Vol.124, 1952, pp.354-383。

光、色（抑郁症病人"看到的是黑色"，而躁狂症患者"看到的是玫瑰红"），等等。例如，在宾斯万格①对躁狂症患者思维奔逸的存在分析研究中，他在患者的世界中发现了如下的特征：一种表现了轻、柔、弹性和多样性特征的一贯性，一种透明的、多彩的、玫瑰色的、发亮的视觉性质。

另外，现象学分析必须考虑病人主观世界中这四种元素的分布和相对优势——火、气、水、土。巴什拉尔②对这个领域的研究具有根本的重要性。在本书艾伦·韦斯特个案中，读者会发现，宾斯万格在与病人的主观经验相对的世界中将原因归诸"气"与"土"元素的作用。

对物质性范畴的探究亦可以扩展到植物与动物王国。此种分析的例子之一是巴什拉尔对法国超现实主义诗人洛特雷阿蒙（Lautréamont）的研究。③通过分析洛特雷阿蒙使用的隐喻，巴什拉尔发现，其中大量的篇目都借自动物世界，大多涉及凶残的动物，并且强调爪牙和吮吸。通过这种"动物索引"，巴什拉尔引出了很多关于洛特雷阿蒙内心世界和深层人格的推论。这样一种方法提醒我们，一位现象学取向的心理学家有时可以在罗夏墨迹测验（Rorschach test）中发现这种"动物反应"。

---

① L.Binswanger, *Über Ideenflucht*.
② Gaston Bachelard, *La Psychanalyse du feu* (Paris:Gallimard, 1938); *L'Eau et les rêves* (Paris:Corti, 1942); *L'Air et les songes* (Paris:Corti, 1943); *La Terre et les rêveries du repos* (Paris:Corti, 1948); *La Terre et les rêveries de la volonté* (Paris:Corti, 1948).
③ Gaston Bachelard, *Lautréamont* (Paris:Corti, 1939).

5. 内部世界的重构

无论现象学分析采用什么方法，其探索的目标都是主体所经历的内部世界的重构。每一个体都有自己体验时间性、空间性、因果性以及物质性的方式，但是每一个这样的坐标都必须在其与其他坐标以及整个内部"世界"的关系中才能被理解。

以本书中明可夫斯基的精神分裂症抑郁患者为例。这里，明可夫斯基从患者的时间体验出发开始分析，这给研究提供了直接的线索。但是，他也看到"病人的心智已经失去了停下来并将自身固定于每个物体边界的能力"（因此，这是对空间性的一种歪曲），并且病人认为所有事情的发生都不是偶然的（因果性）。在病人的错觉中，我们发现他们没有提到气、水或者火，但是多有涉及金属性质的、泥土性质的实体（物质性）。

对现象学坐标对于彼此的相对重要性做一考量亦很重要。在某些精神分裂症患者中，明可夫斯基发现他们的时间和空间线索是背离的[①]，因为他们贬低时间而过分强调空间。它表现为这些病人的"思维空间化"和"病态几何形态"。在阅读报纸的时候，这些病人中有一人宣称火车站的扩建——空间事件——比财政形势的变化——时间事件——更重要。他们缺乏同化任何种类的运动和时间持续的能力。他们中有一人希望能够在过去的"深渊"和将来的"山脉"之间保持一种"中间态"性质的时日。他们对运动的恨解释了他们对严格时间表的偏好，以及他们对生活的僵化和顽固态度。"空间思维"表现在他

[①] E.Minkowski, *La Schizophrénie*.

们对对称的偏好，他们的推理具有"建筑性的特征"，他们对大箱子、大块的建筑石料、宽厚的墙以及锁住的门的偏好等方面。这种对对称的偏好影响非常深远，以至于他们中有一人为自己的身体不是球体，即不是一个完美的几何体这个事实而痛心疾首。

在精神病理学之外，也有对具体的现象学世界的描述。"人种现象学"的倡导者爱德华·雷纳（Eduard Renner）[1]曾认为，不存在"原始心灵"这样的东西，而只存在两种基本的、对抗的世界景观：巫术的和万物有灵的世界。他对之做了完美的现象学分析。在巫术世界中，雷纳说道，空间和时间是实体的属性。而在万物有灵的世界中，空间和时间不仅包括实体，它们自身还被实体化，被赋予实体的性质，因此具有令人惊奇的属性。雷纳的这些概念可能看起来已经远远偏离了精神病学，但是事实上我们可以很惊奇地看到这些"巫术"和"万物有灵"世界与现象学研究时常在梦境和某些精神分裂症中所发现的时空结构何其相似。

评论：现象学虽然关注意识的主观状态，但是经常与行为和实验心理学的一些发现有大量重合；另外，精神分析促成了很多现象学的发现。但是，较之于精神分析（其取向是历史的和因果的，即使在考虑到时空体验的时候也是如此），现象学本质上忽略精神病学的和物理学的因果性。[2] 现象学和精神分析研究已表现出立体效应，而且从两个不同的视角关注问题，可以相互促进。

---

[1] Eduard Renner, *Goldener Ring über Uri* (Zurich:M.S.Metz, 1941).
[2] 斯科特在他的论文《时间知觉障碍的心理动力方面》（"Some Psycho-dynamic Aspects of Disturbed Perception of Time"，*British Journal of Medical Psychology*, Vol.21, Part 2, 1948, pp.111-120）中给出了与无意识趋向相联系的时间知觉歪曲的好例子。这些歪曲通过对其心理发生学的分析洞见得以消失。

三、存在分析

病人内部世界的重构本身可以是现象学家的一个目标,但是如果他是一位存在分析者,那么这个目标就只是一项更宽泛的任务的一部分,这一点我们马上就要谈到。但是,我们有必要在这个地方澄清存在主义哲学、存在主义心理治疗以及宾斯万格的存在分析之间的区别,因为关于这三个领域存在非常多的混淆。

(一)存在主义哲学

存在主义是一种将对人类最为当下的经验,即其自身的存在的考量作为兴趣点的哲学趋向。存在主义思想早就存在于很多宗教与哲学体系中,只是未言明而已。克尔凯郭尔是第一个言明其基本假设的。在我们的时代,雅斯贝尔斯、海德格尔、萨特,以及宗教存在主义者(马塞尔、别尔佳耶夫、蒂利希)等已经对这些概念做过阐述。存在主义对精神病学的主要影响来自海德格尔。

我们可以从海德格尔的思想中厘清三个来源。

首先是"存在"(being)对"存有"(existence)这个古老问题。古希腊哲学家比较了"实在"(essence)与"存有"。三角形的抽象概念和关于三角形的知识向我们揭示了三角形的"实在",而一个实际画出的三角形则显示了其"存有"。柏拉图的实在论哲学认为,每个存有的事物都是一种实在(或者"理念")的反映。现代哲学家,尤其值得一提的是狄尔泰,将问题聚焦于这一事实,即存有概念对死气沉沉的物体和人类存在两者之间而言肯定截然不同。海德格尔的哲学建基于作为现成存在（Vorhandensein）事物之特性的存有与作为此在（Dasein）（对人类而言）的存有之间的比较。Dasein 这个无法翻译的词指明了人类存在特有的存有模式。因此，海德格尔哲学是一种存在分析（关于存在结构的分析）。

其次，人类存有结构的某些主要特征已经被克尔凯郭尔描绘出轮廓。人类不是一种已然被造成的存在。人类如何构造自身，他们就会成为什么样子，舍此无他。人类通过自己的选择建构自身，因为他们有做出重要选择的自由，最重要的是他们有在非真实的与真实的存有模态之间做出选择的自由。非真实的存有是这种人的模态——他们生活在民众（群体，或者隐匿的群体性）的暴政下。真实的存有是这样一种模态，人们于其中承担了自身存有的责任。为了从非真实存有跃迁到真实存有，人们必须经受失望的折磨，以及"存在焦虑"，即一个人面对其存有的局限时所产生的那种焦虑，而这种局限在最高意义上所指的是死亡、虚无。这就是克尔凯郭尔所谓的"致死的疾病"。

最后，海德格尔作为胡塞尔的学生，从他导师那里继承了现象学的原则。海德格尔的哲学主要是一种关于人类此在（human Dasein）的现象学。[1] 这是一种以无可媲美的精微和深邃进行的分析，是有史以来最伟大的哲学成就之一。

这个哲学体系在三个方面影响了精神病学：其一，它促进了存在主义心理治疗的发展；其二，它对阿尔弗雷德·斯托奇[2]和汉斯·昆

---

[1] Martin Heidegger, *Sein und Zeit*（Halle:Niemeyer, 1926）.
[2] Alfred Storch, "Die Welt der beginnenden Schizophrenie," *Zeitschrift für die gesammte Neurologie und Psychiatrie*, Vol.127, 1930, pp.799-810.

茨（Hans Kunz）[①]这些精神病学家产生了影响；其三，它激发了一种崭新的精神病学体系的营建，亦即宾斯万格的存在分析。

（二）存在主义心理治疗

存在主义心理治疗只是某些存在主义概念在心理治疗领域的应用，并未涉及现象学和精神分析。它不应该被混同于宾斯万格的存在分析。存在主义心理治疗并没有规范的体系或者方法，但是其中有三个概念特别值得注意。

第一，存在神经症。它是这样一种疾病，它不是起于被压抑的创伤、虚弱的自我，或者生活应激，而是源于个体不能看到生活的意义，因而个体生活在一种非真实的存有模式中。他的问题就是找到生活的意义，并跃迁到真实的存有模态。[②]

第二，会心。较之于精神分析所运用的移情，存在主义心理治疗偏好运用它——另一种人际经验。总体而言，会心[③]在很大程度上不是指偶然的相遇，以及两个人开始熟识，而是由其产生的对于两人之一（有时是两者）而言具有决定性的内在经验。某些完全新异的东西显露出来，新的视域打开了，个人的世界观（weltanschauung）被重整了，而有时整个人格亦被重构了。这样的会心是多面的，对于哲学家而言或许是展露了一种新的思维方式，对普通人而言可能是重要的

[①] Hans Kunz, "Die Grenze der psychopathologischen Wahninterpretationen," *Zeitschrift für die gesammte Neurologie und Psychiatrie*, Vol.135, 1931, pp.671-715.

[②] Viktor Frankl, *Theorie und Therapie der Neurosen* (Wien:Urban und Schwarzenberg, 1956).

[③] 参见比腾代克对"会心"的论述，"Zur Phänomenologie der Begegnung"（*Eranos-Jahrbuch*, Vol.19, 1950.pp.431-486）。参见汉斯·图布（Hans Trüb）对其心理治疗意义的阐释，*Heilung aus der Begegnung* (Stuttgart:Klett, 1951)。

生活经验，诸如对人性的、英雄事迹的、独立人格的实践理解。会心可以带来一场突然的解放，使得人们从无知或者幻觉中猛醒，扩大精神的视域，并赋予生活崭新的意义。

很明显，会心与弗洛伊德赋予其严格意义的移情一词迥然不同。会心远远不是一种古老的人际关系的复兴，它通过自身完全的新异性起作用。另外，我们也不能将它和"认同"混淆。如果主体的人格发生了改变，这并不意味着他模仿了榜样，而是这个榜样起到了催化剂的作用：因为它的存在，主体才认识到自己的潜质以及能力，并由此塑造自我（用荣格的术语说，在其"个体化"中获得了一种发展）。

第三，关键时刻（kairos）。这是一些心理治疗者使用的另外一个存在主义概念。在希波克拉底（Hippocratic）医学中，这个希腊词的意思是一种急性病病程按预期恶化或者好转的典型时刻；此时，"临界"的症状将短暂出现，并预示新的病程方向；而医术精湛的医生会通过他处理这种情况的方式证明其能力。这个被遗忘很久的概念在保罗·蒂利希[1]的神学领域得到了复兴，并被亚瑟·基尔霍尔茨（Arthur Kielholz）引入心理治疗中[2]。

优秀的心理治疗者总能知晓那些特殊的时刻。在这样的时刻，病人在内部已经为某种干预做好准备，而且这种干预在此时很可能完全成功；而在这之前进行干预，以及对以后没有预期的话，干预时机将是不成熟的。戒酒协会的代理人在与酗酒者访谈时，经常表现出他们选择这种时机的能力。他们试着选择这样的时机，亦即酗酒者已接近

---

[1] Paul Tillich, *Kairos* (Darmstadt:Reichl, 1926).
[2] A.Kielholz, "Vom Kairos," *Schwetzerische Medizinische Wochenschrift*, Vol.86, 1956, pp.982-984.

绝望，认识到自己正滑向深渊，自身难保，但是仍然没有完全放弃获救的一线生机之时。根据基尔霍尔茨的说法，与临界的、决定性时刻——关键时刻——相似的关头，在神经症、精神病，甚至精神病患者中都屡见不鲜。不幸的是，心理治疗的概念常常和标准的发展过程观念联系在一起，它包括缓慢说明和移情的解决，而并不太关注时间突然获得了不同性质的价值这样的时刻。当这种临界点得到充分的利用时，熟练的心理治疗者就能令人惊奇地快速治愈那些严重的患者（只要尚未病入膏肓）。

（三）宾斯万格的存在分析

宾斯万格赋予存在分析这一术语的意义代表了对精神分析、现象学和从原创新洞见修正而来的存在主义概念的一种综合。它是受海德格尔对人类存有结构研究启发的概念框架，是对精神病患者经验的内部世界的重构。

宾斯万格作为尤金·布洛伊勒学派的一位精神病学家，曾是弗洛伊德最早的瑞士追随者之一。然后，在20世纪20年代早期，他与明可夫斯基一起成为最早的精神病现象学倡导者之一。他的论文《梦与存在》（"Dream and Existence"，1930）及其对躁狂症的研究（1931—1932）标志着他向存在分析的转向。他的体系在其1942年的主要著作中得到了详细说明，后来又在很多临床病例中得到论证，其中第一个就是关于艾伦·韦斯特的病例，它在本书中首次用英文发表出来。[1]

---

[1] L.Binswanger, *Grundformen und Erkenntnis menschlichen Daseins*（Zurich:Max Niehans, 1942）.
此处指英文版原书。——中译者注

宾斯万格同时也受到马丁·布伯的著作《我与你》(*I and Thou*)[1]的影响。布伯以诗歌的风格描绘了代词"I"（我）具有两种全然不同的意义，这取决于其与"你"或者"他"的关系。在"我-你"的圈层中，"我"表现为人的全部存在，并期望交互作用；这是"会心"的圈层，是主要的人类关系圈层，同时更是人类的灵魂圈层。在"我-他"的圈层中，"我"表现为个人存在的一部分；这是功利主义关系的圈层。宾斯万格发展了这些观念，描述了存有的"双重"以及"多重"模式，并另外增加了"单一的"和"匿名的"模式。

现象学和存在分析之间存在若干不同。

其一，存在分析并不把自身限制于对意识状态的研究，而是考虑个体存有的整个结构。

其二，尽管现象学一直强调个体经验的内部世界的统一性，但存在分析强调一个个体有时可能生活在两个或者更多的互相冲突的"诸世界"中。

其三，现象学只考虑经验的当下主观世界。存在分析试图重建个体"世界"或者互相冲突的"诸世界"的发展和迁移。宾斯万格强调这个事实，即这种研究意味着一种根据精神分析方法进行的传记学研究。

因此，存在分析在一个更广阔的参考框架中进行研究，并在这一点上与现象学区别开来。

在宾斯万格最先做的一些存在分析研究中，他的描述是通过对客观世界、社会场以及自我场的区别来组织的。后来，他在一个更为广

---

[1] Martin Buber, *Ich und Du* (Leipzig:Inselverlag, 1923).

阔的参照框架中进行分析：诸种"存有模式"的区别。

"存有模式"是存在关于人际世界（同侪）的维度。与假设的经典心理学相对比区分，存在分析考虑的是自我会根据"双重的""多重的""单一的""匿名的"存在模式的不同形式而改变这一事实。

双重存有模式大致对应于当前的"亲密"概念，它是对布伯的我－你关系观点的扩展。双重模式多种多样，比如母－子关系、兄－妹关系、姐－弟关系、爱者－被爱者关系，乃至（根据布伯的观点）信徒与上帝的关系。宾斯万格对其中的两种关系做了进一步的扩展分析，亦即爱与友谊的双重模式。① 宾斯万格说，在爱的双重模式中，空间呈现了一种悖论关系，在同一时刻，它既是无穷无尽的，又是近在咫尺的；远与近被一种特殊的空间模式超越了，这种模式之于空间，就如同永恒之于时间。这种爱的双重模式亦通过对永恒的急切要求表现出来，它不仅表现为对将来的期冀，亦表现为对过去的回溯；瞬间与永恒相印，拒斥任何稍纵即逝的时间持续。根据宾斯万格的说法，这种故土（Heimat）（爱的内在家园）超越了空间，瞬间与永恒在其中彼此融合，形成了正常存有经验的核心。

存在分析者依据双重存有模式考量了许多问题。鲍斯分析了婚姻的诸方面[②]：尽管双重模式应该是正常婚姻的题中之义，然而仍存在"婚姻的堕化模式"，在这样的婚姻关系中，双方生活在多重的或者单一的存有模式中。

这种多重模式大致对应于正式的关系领域，如竞争与斗争。在这里，"你与我"的亲密关系让位于"一人与他者"的共在，或者互相

---

① L.Binswanger, *Grundformen und Erkenntnis menschlichen Daseins*, pp.23-265.
② Medard Boss, *Die Gestalt der Ehe und ihre Zerfallsformen* (Bern:Huber, 1944).

"扭打着"的两个存在。宾斯万格详细描述了种种经由敏感、激情、道德、声誉等"攫取"与"屈服于"其同伴的方式。很多精神病学问题由此从一种新的视角得到了审视。

单一模式包括一个人与自身（包括其身体）的关系。精神分析了解自恋、自罚和自毁行为。宾斯万格的概念则广泛得多，它包括一系列广泛的内心关系，宾斯万格以一种极其精妙的方式对其进行了分析。这些研究也从新的角度启发了某些问题，比如：内部冲突被认为是模仿多重模式模型的一种单一模式；自闭症不但是缺乏与同侪的关系，而且是一种与自身的特殊关系模式。

宾斯万格简单勾勒了匿名模式，其后库恩在解释罗夏墨迹测验中的面具时[1]，对其做了发展。它是一种个体在一个匿名的集体中生活与行动的模式，就像化装舞会上的舞者，或者那些杀死不认识的人或被那些不认识的人杀死的战场上的士兵。某些个体在这种模式中寻找避难所，以逃脱或者对抗其同伴，后者就是宾斯万格所阐明的匿名信作者的案例。[2]

四、治疗意义

关于存在分析对心理治疗的意义，我们必须厘清以下几点。

第一，应该理解存在分析者的活动在表面上与普通的心理治疗者

---

[1] R.Kuhn, *Ueber Maskendeutungen im Rorschachschen Versuch* (Basel:S.Karger, 1944).

[2] Hans Binder, "Das anonyme Briefschreiben," *Schweizer Archiv für Neurologie und Psychiatrie*, 1948, Vol.61, pp.41-134, Vol.62, pp.11-56.

或者精神分析者所从事的并无不同。他们研究病人的行为、言语、作品、梦境与自由联想，并重构其传记。在这么做的同时，他们以一种多少有所不同的方式进行观察，并在存在分析的框架内将自己的观察分类。这常常使得一种更深刻的理解成为可能，并因此可能为心理治疗提供新方法。在其与病人的人际关系中，他们也会意识到"会心"现象，并将之与移情与反移情反应（在这些词的更为严格与原初意义上）区分开来。

第二，现象学开辟了通向一种崭新的心理治疗类型的路径，这种新路径还处于早期发展的不断摸索之中。每一个个体都有其自身的主观"世界"。对知觉领域的研究，比如加德纳·墨菲（Gardner Murphy）的研究，论证了个体的人格与其知觉感觉世界的方式之间的相互关系。墨菲的研究也表明知觉错误可以被修正，而知觉者会因此得到再教育。这一点在整体上也适用于现象学。个人对待时间性、空间性以及类似物的方式可以被重新考量和重新调节——当然这一点独立于其他方法，其他方法依然具有自身的价值。试举一个广场恐惧症的例子。精神分析的研究会揭露症状的心理发生机制，并将针对原因进行处理。现象学则会论证空间性经验中的主观紊乱，而这些紊乱将被依据各自的特性在分析过程中被协同地处理。在上文提及的一篇文章中，库恩讲述了他是如何将"距离"的现象学概念作为方法，对一位罹患神经性厌食症的女孩进行治疗，最后将其治愈的。这并不是说她本来不可能被一种分析取向的心理疗法，或者同时使用的两种方法治愈。事实上，让人惊奇的是现象学方法对未受过教育的人或者病情严重的病人非常适用。这里存在一个广泛的尚待开发的研究探索领域。

第三，患者主观世界的重构远远不只是一项学术操练。患者不是惰性的物质，他们对任何方法都有不同的反应方式。以即将接受存在分析疗法的一位严重的逆行性精神分裂症患者为例。如果精神病学家仅仅关注一种理智的、单方面的科学研究，那么患者就会感觉其人格被漠视了，这样的研究可能对其造成严重的伤害。另外，如果治疗是出于对患者的真正关切而进行的，那么患者就会感觉得到了理解。就像一位因为爆炸被困在井下的矿工，听到了救援的信号，他不知道救援人员何时到达，或者他们是否能救出他，但是他知道他们正在努力，正在尽其所能，于是他的心安定了下来。

作为总结，我认为摘引曼弗雷德·布洛伊勒（Manfred Bleuler）[①]教授几年前撰写的关于精神分裂症研究中存在分析之意义的段落是再好不过的了。

> 关于精神分裂症，存在主义观点已经获得了独立地位和相当大的认可……
>
> 存在分析相当严肃地对待病人的言语，并且较之于与正常人的普通对话，对之没有成见或者偏见……存在分析完全拒绝病理学检查中戴着有色眼镜观察患者是否有怪异的、荒谬的、不合理的、有缺陷的表现。恰恰相反，存在分析努力理解这些体验所指向的特殊经验世界，以及这个世界是如何形成的、如何解体的……存在分析者避免任何形式的评价……通过仔细地、不知疲倦地体验——换言之，通过一种完全体验性的方式——病人发生

---

① Manfred Bleuler, "Researches and Changes in Concepts in the Study of Schizophrenia," *Bulletin of the Isaac Ray Medical Library*, Vol.3, Nos.1-2, 1955, pp.42-45.

变化的、不同的存在方式彰显出来……通过病人自身关于其体验世界的变化的描述，他们种种的表达、幻觉、姿态以及运动都可以从细节上被合理地理解。

运用存在分析研究精神分裂症的显著成果在于，发现了即使在精神分裂症中，人类精神仍然没有分裂成碎片……一名精神分裂症患者的所有表达（语言的、动作的、幻觉的，等等），彼此之间都具有一种清楚明白的关系，正如一个格式塔的诸部分明白无误地彼此关联……由此，较之于伯格霍兹里（Burghölzli）试图理解精神分裂症患者症状的最初努力，存在分析已经开启了新的可能性之门……

如果正像存在分析者所表明的那样，一名精神分裂症患者的精神生活并非仅仅是一个布满废墟的荒野，而是保持着某种结构，那么很明显它不能被描述为症状的集合，而应该被描述为一个整体、一个格式塔……

我在日常工作中发现，存在分析对精神分裂症的治疗亦有帮助。在与"层层包裹起来"的或者退缩的患者谈话时，存在分析的态度有时可以出乎意料地帮助你找到那个贴切的词来与他们进行交谈。如果谁能在合适的时间，用合适的方式在谈话中引入这个词，那么病人与医生之间的鸿沟上立刻就会架起桥梁。因此，我们希望在对患者进行充分的存在分析检查的基础上建立起一套系统的心理治疗方法。同时，正如宾斯万格自己一再强调的那样，因为方法论本身的实践原因，不阐述患者的整个生活史，尤其是在精神分析的意义上进行阐述，这样一种心理治疗就永远都是不充分的。

第二部分

现象学

第四章

在一例精神分裂性抑郁症病例中的发现[*]

尤金·明可夫斯基

1922 年，一场突如其来的好运——或者更确切地说，人事变迁——迫使我用了两个月的时间担任一位患者的私人医生，我与他昼夜相伴。不难想象这样一种共处所存在的不快时刻，但是，它也为观察者创造了特殊条件，而且由于允许他将自身与病人的心理时常加以对比，使得他有可能记录某些平常没有注意到的特征。

简要地说，临床情况是这样的。患者是一位 66 岁的男性，他表现出一种伴有被害妄想和泛化解释的抑郁性精神病。

这位患者表达了内疚和毁灭的想法。身为一个外国人，他责怪自己没有选择法国国籍，认为那是一个无法原谅的罪过。他还声称他没有纳税并已一无所有。由于他的罪行，等待他的是一场残酷的惩罚。他的家人将被砍断四肢，然后被抛尸荒野，同样的厄运也会降临在他身上。一枚钉子会钉入他的头部，各种各样的垃圾会倒进他的胃里。他会以最可怕的方式被肢解，会被游行队伍带向市集，并被判决与野

---

[*] 由芭芭拉·布里斯（Barbara Bliss）翻译。"Etude psychologique et analyse phénoménologique d'un cas de mélancolie schizophrenique"，首次发表在 *Journal de Psychologie normale et pathologique*（Vol.20, 1923, pp.543-558），后以略微缩减的形式重新编辑于 *Le Temps Vécu* (Paris: J.L.L.d'Artrey, 1933), pp.169-181。

兽或阴沟里的老鼠同住一个笼子，周围都是寄生虫，直至死亡。全世界都知道他的罪行以及等待着对他的惩罚。对于此事，除了他的家人以外，每个人都会参与其中。在街上，人们奇怪地看着他。他的佣人被人收买了，监视他，出卖他。每一篇报纸文章都针对他，并且还专门出版了反对他和他家人的书籍。处于这场声势浩大的反对他的运动最前列的是医生们。

这些关于内疚、毁灭、即将来临的惩罚以及被害的想法还伴随着解释，这些解释范围之大实在令人惊讶。这就是他所称的"残渣政治"（politique des restes）——一种专为他而设的政治制度。每一份剩饭、所有的残渣都会被储存起来，以便有一天塞进他的胃里，而且这些东西来自世界各地，所有东西无一例外都包含在内。当有人吸烟时，他会想到燃尽的火柴、烟灰和烟蒂。吃饭时，他被面包渣、水果核、鸡骨头、玻璃杯底的酒或水吸引。他说，鸡蛋是他最大的敌人，因为有蛋壳——这也是他的迫害者们强烈愤怒的表现。当有人缝纫时，他会想到针头线脑。当他在街上走路时，看到的火柴、绳子、纸屑和玻璃碎片——所有这些东西都是为他准备的。之后是指甲屑、发卡、空瓶子、信和信封、地铁票、地址条、某人鞋上带的灰尘、洗澡水、来自厨房以及法国所有餐馆的垃圾，等等。然后是腐烂的水果和蔬菜、动物和人的尸体、马的尿液和粪便。"不管谁说到时钟，"他告诉我们，"就等于说到指针、齿轮、发条、盒子、钟摆等。"所有这些他都将不得不吞下去。总之，这些解释无边无际，包含他所看到的或是想象到的一切——完完全全的一切。在这些情况下，不难理解，最小的事情、日常生活中最细微的举动都立刻被解释为对他具有敌意。

这就是临床情况。实际上，除了其被害妄想及其解释的范围（我们甚至可以称其为泛化）之外，他没有表现出任何特别反常之处。然而，当我们想要洞察心理病理现象的真正本质时，这种病态表现的泛化特点却无疑是一种优势。当这些现象限于特定的人或事物时，我们首先就要为这种选择性特点寻找一种解释。为什么患者觉得是此人而非另一个人迫害他？为什么他在其谵妄中把某一事物而非另一事物看得特别重要？这些就是随后我们要面对的问题。这就是吸引我们注意的妄想和幻觉的内容，正是在此处，现代精神病学中占据极其重要地位的情感因素、情结和象征介入其中。另外，我认为，这样一些病例（其中病态现象的内容绝不受到限制却具有一种普遍性特点）令其本身更有利于对这一现象本身的研究，例如，对作为一种具体和独特现象的妄想的研究。

尽管从临床观点来看，我的病人的病例相对平庸，但是对于我在其中能够研究他的环境却不能这样说。我已经说过，我同他一起生活了两个月。因此，我有日复一日地密切注视他的可能，不是在精神病院或疗养院里，而是在日常环境中。他对习以为常的外部刺激的反应方式、他对日常生活中紧急事件的适应能力、他的症状的变异性以及它们极其细微的差别，在这样的生活条件下会清晰许多。在此必须加上另一点：我们无法一天24小时都保持一种专业态度。我们也会像病人周围其他人那样对他做出反应，同情、温暖、劝说、不耐烦和愤怒轮番出现。因而，在上述环境中，我不但能观察病人，而且几乎在每时每刻都有可能将他的心理活动与我自己的加以对比。这就像同时演奏的两支旋律，尽管这两支旋律很不和谐，但是一支旋律的音符与另一支旋律的音符之间建立起了某种平衡，这一平衡使得我们可以稍微更深入地洞察我们的病人的心灵。因此，所记录的发现一方面是心理学的，另一方面又是现象学的。

一、心理学的发现——态度的交替与谵妄的扩展

我们已经概述了临床情况。然而，这位病人并非一成不变地表现出相同的情景。我们在此并不是指这一事实，即他偶尔也会像正常人一样行事，参与一般的谈话，丝毫没有表露出他的病理迹象。我们的注意力更为这一事实所吸引，即在他的症状范围中，随着环境变化会发生变异与改变。从一开始，就可以分辨出两种不同的态度：时而抑郁的成分占主导，时而我们看到在面前的是一位妄想和谵妄的病人。这两种主要态度的交替并不是以完全无组织的方式发生的，相反，它似乎至少部分是由特定因素所决定的，且从属于明确的动机。在这里，对照我上文提到的两支旋律是很有用处的。在多少有些激烈的争执过后，人们感到需要放松。就我个人而言，我会想要告诉我的搭档："好了，让我们讲和吧。"而他在这种情境下几乎总是以一种简单抑郁的发作做出反应。他会可怜自己，列举他的不幸，呼吁我们的同情；另外，解释几乎不会发生在这种情形下。似乎这样一来，他就挖到了能用来与他的同伴建立某种接触的病理性态度宝藏。由于他一再重复他忧郁的抱怨、对遭遇的哭诉，它们已经不再能打动我们，但是，它们维持了他在我们共处中的"接触态度"。在他的病理性心理中，这些是他精神和谐的最后防御机制。至于与环境的接触，这位妄想的、解释性的病人的态度则显然完全不同。于是，他经常私下谴责我，他无法忍受我的背信弃义：一方面，我尽可能友好地与他的家庭

相处，但是另一方面，在这个编织出的反对他的阴谋中我是一个活跃的同谋。有一天，我的孩子来看我，这位病人认为我故意让他们带来一个里面装有硬币的钱包，而这些硬币同样也会被塞进他的胃里。他认为，我让自己的孩子参与这种非人的勾当是不光彩的。他称我为谋杀犯，并满意于称我为"戴布勒"（Deibler）①。此刻，一切都崩溃了，只剩下两个不再相互理解并因此相互敌对的人，我很愤怒。他用自己的方式采取一种反社会的态度来表达他的愤怒。他指责我做了最邪恶的事，然后仿佛故意地走进花园，捡起他能找到的所有绳子和火柴棍。

症状的交替和它们的各种变式由此形成一种涌流，在正常生活与病理性的心灵之间奔涌。就像大海的退潮与涨潮一样，时而它是平静的，普遍的态度就是一种接触——人们不可能感觉不到希望的高涨；时而它是狂浪，所有东西都被撕裂，一切再次被淹没。

除了这两种方式的交替出现之外，与其妄想有关的某种智力活动也很明显。这种活动把一线生机带入他病态人格的阴影中，它具有一种特殊的特点，目的在于彻底检查可能被装进他胃里的任何物体。我不小心从口袋里掏出了一张地铁票。"嗨，"他说，"我还没想到这个。"随后，他会谈论火车票、电车票、公交车票、地铁票等。这个问题会占据他的思想好几天，而且此后在他的谈话中会时常作为一个简短的提示被再次提到。"哎呀，我还没有想到那个"，他在想起此前他曾忘记的每件事情时都会重复这句话。此外，带着同样的目的，他列举了周围他所能看到的所有事物，或者列出同一大类事物的所有形

---

① 法国的一名刽子手。——中译者注

式。当碰巧提到细菌时，他就会列出他所知道的所有细菌——那些引起狂犬病、斑疹伤寒、霍乱、肺结核等疾病的细菌，所有那些都会被强行塞进他的胃里。另一次，他列举的是酸——盐酸、硫酸、酢浆草、醋酸、硝酸等——全部以相同的声调。他以这种方式追求一个难以捉摸的目标——全面考虑宇宙间所有可能和可以想象的事物。正如他所言："那会引向无限。"我们还会再次提到这一点。就此而言，这种行为并不限于以上的列举，同时，某种回顾工作也在进行。也许他会想到他光顾过的某家理发店中的一个发箱，剪下来的头发被扔在其中，现在他惊恐地想到这大量的头发一定是为他准备的。有时，他可能会回忆起他邀请许多朋友来参加的一次宴会，他会计算那天用了多少鸡蛋。他不惜一切代价地想知道，这种"残渣政治"已经实施了多长时间。

还有其他难题占据他的思想，这些难题提供了一种更为生动的记录，记录其思绪令人恼怒的单调乏味。这些难题有的略带现实的味道。例如，他的"残渣政治"显然需要巨大的支出。所有最初要以他的方式放置然后被再次收集的线头和碎玻璃、所有要购买的报纸以及要出版的书籍——一个多大的数目啊！他幻想全法国都被要求募捐，还会拨出保密的政府基金款项。他也想知道，他们会怎样设法把所有的棍棒和雨伞塞进他的胃里。他会说："我的推论让我失望。"随后，他发现了解决办法：他将被迫只吸纳每样事物中的少许，而剩下的会在他进行某种杂耍表演遭受公众嘲笑时被放置在他周围。

二、现象学的发现

我们病人的日常生活就是这样度过的。然而,严格地说,他的心灵与我们的心灵之间的不一致之处在哪里呢?这个问题把我们引向了对现象学发现的研究。

从第一眼就可以看出,他的心理过程显然与我们的大不相同。由于妄想,这种不同看上去甚至可能非常大,以至于让我们怀疑是否会存在任何相关的东西。但是,我们不能满足于这样一种精神病学的不可知论的态度。在有关各种情结的心理学理论的帮助下,现代精神病学已经证实许多病态症状可以追溯到正常驱力,并因此变得可以理解。但是,正如我们已经指出的那样,这些研究大多数与内容有关。在这里,我们的目的则非常不同。我们是想通过提出一些问题来尝试获得对病理现象本身性质的更加充分的理解。例如,什么是妄想?它真的只是一种知觉或判断的障碍吗?这把我们带回到我们当前的难题——病人的心灵与我们自己的心灵之间的不一致在哪里?

从我跟患者一起生活的第一天起,我就开始注意到下面这一点。当我来的时候,他声称,当天夜里他定会被处死。他惊恐万状,不能入眠,还整夜不让我睡觉。我用这样的想法安慰自己,就是:到了早上,他会看到他所有的恐惧都是徒劳的。但是,第二天,第三天,同样的情景一再上演;直到三四天之后,我放弃了希望,而他的态度没有丝毫改变。发生了什么呢?很简单,作为一个正常人,我很快从观察到的事实中得出了关于未来的结论。而他让这些同样的事实与他擦肩而过，完全不能从中汲取任何益处使他将自己与同样的未来联系起来。此时，我明白了，他会日复一日地继续下去，保证自己当夜必定会被折磨而死；而他的确如此，根本不考虑现在或过去。我们的思维本质上是经验主义的，我们可以用事实作为计划未来的基础；只是在这样一个范围内，我们才对这些事实感兴趣。这种从过去和现在进入未来的延续在他身上完全缺乏，他没有表现出丝毫的进行概括或获得经验规律的倾向。当我告诉他，"你看，你可以相信我，我向你保证没有东西会威胁你——到目前为止，我的预测总是能实现"，他会回答："我承认迄今为止你一直是对的，但那并不意味着明天你也是对的。"这一推理（人们会感到它如此无益）显示出他对于未来的一般态度的深度失调；那个我们通常整合为一个渐进的整体的时间，在这里被分裂成孤立的片段。

在这一点上，有充分理由可以提出一种异议：与未来有关的失调是不是即将被执行死刑的妄想信念的一种自然结果？这是这一问题的关键。相反，我们难道不能设想更基本的失调是对未来的一种歪曲的态度，而妄想仅仅是它的表现形式之一吗？让我们更周密地思考这一问题。

我们病人的时间体验确切地来说是什么，它与我们的时间体验如何不同？他的观念用下面的方式可能会得到更精确的描述：他单调地、一成不变地度过一天又一天；他知道时间在流逝，他呜咽着抱怨"又一天过去了"。随着日子一天天过去，某种规律对他显得清楚起来：周一，擦银器；周二，理发师来为他剪发；周三，园丁整理草坪；等等。所有这些只会增加他应得的负担——唯一使他与世界保持联系的链条。没有从当前发出的行动或意愿跨越无聊的、类似的日子，延伸到未来。因此，每一天都保留了与众不同的独立性，无法融入任何生命连续性的知觉之中。每天的生活都是从头开始，就像在时间流逝的灰暗海洋中的一个孤岛。因为似乎没有走得更远的愿望，所以做过什么、经历过什么、说过什么不再扮演着如我们生活中那样的角色。每天都单调得令人恼怒，说着同样的话，发着同样的牢骚，直到觉得这种生存失去了所有根本的连续性的感觉。这就是他的时光。

但是，我们的描述还是不完整的；缺少了其中一个非常重要的成分——未来被一个可怕的、毁灭性的事件这种确定性因素阻碍这一事实。这种确定性因素支配了患者的全部观点，他的所有精力都附属于这一必然发生的事件。尽管他可能为自己的妻子和孩子将要面临的残酷命运而怜悯，但他所能做的仅限于此，他不再能关注日常生活事件，他不再变化，与生活中的偶然事件格格不入。如果他偶然询问某个生病的家庭成员，他的注意力是短暂的，似乎不能超出最平庸的问题。"总是同样的旧事"，他的妻子说，而他也意识到这一点。"它听起来是假的，我跟妻子说的话没有一句听起来是真的。"换句话说，他表现出我们在这些病人身上经常发现的情感冷漠。

这就是我们这个病人的时间体验。它与我们的时间体验如何相似又如何不同呢？我们所有人在灰心或沮丧的时候，或者在我们认为自己要死的时候可能会拥有相似的情感。于是，死亡的想法——这种经验确定性的原型接管并支配了我们的生活观点，封锁了未来。我们对时间的综合性观点瓦解了，我们将生活在一系列相似的日子里，日复一日地伴随着一种无边无际的单调和悲伤。但是，对于我们大多数人来说，这些只是暂时的插曲。生命的力量、我们个人的推动力鼓舞着我们，带我们度过这一系列悲惨的日子，走向重新向我们敞开大门的未来。我们思考、行动和渴望超越死亡,即使我们无法逃脱。我们想要"为后代做点事情"这类现象的存在,就清楚地表明了我们在这方面的态度。在我们的患者身上,似乎完全缺乏的正是这种走向未来的推进力,从而导致他的一般态度。如果在一段时间的平静之后,任何事情对他而言都没有发生改变,他就会接受这样的事实,即他的惩罚不会恰好在那个晚上到来,而会在稍后的日子,例如在巴士底日或停战纪念日①到来。未来将仍像此前一样受到阻碍;他的生命推动力也不会从当前跃向这样一种扭曲的未来。

在此,人们可能会反对说,从根本上而言,这是一个已被判处死刑的人的观点,并指出该患者是以这种方式对他及家人将被处死的妄想做出反应。尽管我从没见过被判死刑的人,但我仍对此有所怀疑。当然,我承认,这一描述与我们所持的关于某个在死囚牢房中的人的情感的看法相一致。但是,难道我们不是从自身得出这一看法的吗?难道我们不会由于我们所有人偶尔都会意识到我们是被判了死刑的而感受到这种情况吗,尤其是在我们的个人推动力减弱,未来在我们面前关闭其大门的那些时刻?难道没有可能认为,这位患者的观点是由于这同一推动力的类似减弱,由于时间和生活瓦解的复杂情感,伴随着随后退化到较低等级(这个等级是我们都可能拥有的)所产生的吗?就此来看,妄想并非某种仅仅是幻想的副产品的东西,而是嫁接到某种现象上的一根枝丫;当我们的生命综合体开始削弱时,这种现象作为我们全部生活的一部分发挥作用。这种妄想的特定形式(在此案例中是对被判死刑的信念)仅仅是心灵(其本身保持完整)的理性

---

① 巴士底日(Bastille Day),即 7 月 14 日,为法国国庆日。停战纪念日(Armistice Day),即 11 月 11 日,为第一次世界大战停战纪念日。——中译者注

部分做出的、在一幢坍塌的大厦的各部分之间建立某种逻辑联系的一种努力。

让我们看看,我们能否以同样的观点看待这位患者的其他妄想。从其被害妄想开始。

个体的推动力不仅在我们关于未来的态度方面是一个决定性因素,还支配了我们同环境的关系,并且参与到我们对自身周围环境的印象中。在这种个体的推动力中有一种扩张的成分:我们超越我们本身自我的界限,在我们周围的世界留下了我们个人的印迹,创造了能够脱离我们独立存在的作品。这伴随着一种具体的、积极的情感,我们称之为满意——与每一个完成的行为或坚定的决定相伴随的快乐。作为一种情感,它是独特的,而且没有确切的关涉行动的消极对应物。在生活中,如果我们把满意置于正极,那么最接近于负极的现象就是感官痛苦。正如我们所知,在决定我们同周围世界的关系结构方面,后者是最重要的因素之一。本质上与疼痛密切联系的是对某种外部力量的感觉,这种外部力量作用于我们,而我们被迫屈服。就此来看,痛苦显然与我们个人推动力的扩张倾向相反,我们再也不能把自己转向外界,也不再试图在外部世界留下个人印记。相反,我们任凭狂暴的世界靠近我们,让我们遭受痛苦折磨。因此,痛苦也是一种对于环境的态度。它通常是短暂的,甚至是瞬间的,但如果它再也不能碰到它的对手——个体的生命推动力,或遭到这一对手的抵抗,那么它就会是持久的。

当这后者逐渐消失时,我们生活于其中的整个世界似乎会向我们猛烈袭来,变成一种只会带来痛苦的敌对力量。这是对环境的一种特定态度的反应。这种态度通常为其他态度所淹没;当它显现出来支配一个人的时候，就会以不同的色彩涂饰整个宇宙。我的病人会说："任何一切都与我断绝了联系，除了那些仅仅为了让我受苦所必需的东西。"他仅仅意识到痛苦，而且唯独仿效这种感官痛苦的现象构建着他同外部世界的所有关系。

正是在这种敌意的背景下，影子——他人的、事物的和事件的——轮廓来来往往。它们实际上仅仅是从这一背景中产生的浮雕。"一切——一切都对我不利，"病人哭诉道，"对立面都意味着同样的事情：这里的寂静让我想到人们深刻而强烈的憎恨；外面的工人制造的噪音让我想到会钉入我脑袋的钉子。最自然的东西最危险。他们的阴谋多么精明和无耻。人们所要做的就是继续做他们一直在做的事情——洗涮、梳头、吃饭、如厕——而所有这些都会对我不利。"一切都说着"同样清晰而精确的语言"，黑色和白色意味着同一样东西，一切都被安排来反对他，让他遭受痛苦折磨。

在这里，再一次，他无法从一个简单的事实上升到概括层面。他的态度决定了一幅精确的关于天地万物的图像，这幅图像随后又被反射到整个环境上。人不再被看作具有个人和个体价值的个体，而是成为在敌意背景下行动的暗淡、扭曲的影子。这些并非正在迫害他的活人，而是被转变成迫害者的人，并且只是迫害者。人类所有的复杂心理生活都消失了，他们只是程式化的模特。所有偶然、巧合的想法，所有无意或无意识行为的想法对患者而言都被消灭了。最小的线头都是有意放在他的路上的；马也参与密谋，故意在他的窗下排便；路人吸的香烟是一种信号；停电是以便人们点燃蜡烛，以便有更多的"残余物"塞进他的身体。

他的思考不再涉及某个物体的通常价值，他也不再能清晰地界定每一事物。一个物体仅仅是整体的一个代表，而他的思想超越了它在永恒扩展之弧上的特定含义。报纸上的地址条让他想起那份每天分发的报纸的每一份上的所有地址条，而这又把他引向所有法国报纸上的所有地址条。他的一位家人患有支气管炎并咳痰，这位患者就开始谈论国内所有肺结核疗养院中的所有痰，随后进而谈到所有医院里的所有残渣。当我在他面前刮脸时，他谈到附近一所兵营中也在刮脸的士兵，随后谈到军队中的所有士兵。"我做某事的那一瞬间，"他在洗澡的时候吐露道，"我必定会想起其他4 000万人也在做同样的事。"

在这里，让我们牢记他寻求列举所有事物时的方式，这些事物有一天都会被放进他的胃里。也许，有一天我们能够沿着这些界限解释海量妄想的起源。在这一点上，我们特别感兴趣的是这样一种看法，即患者的思想失去了在每个事物的边界上停止和固定的能力，而是——正如他自己所言——进一步地，从单独的物体迅速滑向无限。能够立刻引起兴趣的这同一领域（在这位患者身上是指空间方面的无限性）在时间方面被阻止进入未来。另外，我们的思想在空间上受到限制，但是可以无尽地延伸进入未来。但在患者身上，生命的推动力丧失了，他无法将其投射到任何人或事物上，外在客体的个体特征对他而言是不存在的。简言之，人类和物体似乎融为一体，一切都在对他说着"同样清晰而精确的语言"。

另一观察可以证实这一观点。他的思想不仅奔向无限，还分解它所遇到的每一个物体。正如我们已经提到的那样，时钟不再仅仅是时钟，而且是刑具的集合——齿轮、扳手、指针、钟摆等。他所见到的每一物体就像这个时钟一样。

必须记住一个事实——一旦他从事了某种行动，他的整个态度就会发生转变；但是，一旦行动结束，他即刻就退回到他的妄想中。例如，当我要为他称体重时，他很感兴趣。他站到秤盘上，换了砝码，准确称出体重。但是，刚一结束他就说："所有这些东西有什么用处？这个秤仅仅是许多铁和木头，所有这些东西都会被塞进我的胃里。"

在这些情况下，很明显，他无法理解一个物体或另一个存在的基本价值——例如审美价值，他无法采取恰当的态度。"你看见这些玫瑰了吗？"他问我，"我妻子会说它们很漂亮，但是就我能看到的来说，它们仅仅是一束叶子和花瓣、茎与刺。"

因此，众多物体融为一体，看上去彼此相似。差异逐渐消失了（这种差异性总是与对每个物体的个别性的知觉相联系），相似性成为面对这些物体的唯一观点。通过类比，思维发现相似性，这些相似性通常由于实际上并不重要而不被我们注意，然而，他却赋予它们极大的重要性。我们住房的门牌号与他住过一年的疗养院的门牌号相同；我的袖珍日历与疗养院一位护士的一模一样，我就像她过去那样经常在房间里来回踱步。因此，在这里我们必定会运用与他们在那里用过的同样的方法。这些相似性以惊人的速度被发现，他在我们永远都不会想到去寻找它们的地方发现它们。例如，某年的 7 月 13 日（巴士底日前一天），他注意到他穿的一条短裤上绣有数字 13，并立即把两者联系起来。另外，他的衬衫上有个数字 3，它也存在于 13 中。碰巧那年的国庆节适逢周末，宣布放三天假。所有这些都证明他和家人将会在巴士底日被处决。此外还可以举出许许多多类似的例子。

我认为，这位患者对其他的人、物、事的态度与我们对他的被害妄想的看法是一致的。

必须指出，该患者对他人的态度不能完全被理解为一种受害者与迫害者关系中的态度。通过所有这一切，他不过是试图保护与他人的某种思想交流。尽管我被视为谋杀者和刽子手，但是他并没有逃离我，相反，我的出现在一定程度上帮助了他，因为我了解他所知道的同样的事情。因此，他可以同我畅所欲言。如果我离开一会儿，他就需要告诉我他在我离开的时候得到的所有新发现。我做出的任何反对的尝试都遭到了这样的拒绝："说下去吧，你知道所有这些，就像我所知道的那样。你知道的甚至比我更多。"

总之，我们得出了下列结论：个体的生命推动力减弱，人格综合体解体；那些组成人格的成分获得了更多的独立性，起到了独立实体的作用；时间感破碎，还原为一连串相似日子的感觉；感官疼痛现象决定了其对环境的态度；只剩下与一个敌意的世界面对面的个体；在环境中所发现的物体自动介入人与敌意的世界之间，并因此得到解释；理智将此解释为所有人都是迫害者，所有无生命的物体都是刑具。因此，妄想不应仅仅被看作一种病态想象或判断歪曲的产物；相反，它代表了一种尝试，试图依据先前的心理机制来阐释分裂人格的新的、不同寻常的状况。

无论该患者如何地富于妄想，似乎都很难承认他只想象如他不断表达出来的那些荒唐和无意义的想法。这难道不能帮助我们做出这样一个思维假设，即在这些观念的基础上，我们总会发现一种或多或少已发生了一些变化的自然现象，而且随着人格的分裂，这种现象会获得一种不同寻常的独立性吗？这位患者试图通过借用来自他从前生活的思想来表达这种状态，结果以表达妄想性的东西而告终。随后，通过接受这些言语表达的内容，将它们仅仅视为他的想象或判断的失常，我们加深并扩大了这一差异。

到目前为止，这些都仅仅是启发。也许沿着同样的路线继续下去是可能的，这样做有可能更好地理解那些构成精神疾病的现象的本质。同时，在同一总路线上，关于这位患者，我还想补充几点。

他表达了完全毁灭的妄想。我们应该把这些解释为只有他才拥有的想法吗？仅用抑郁状态能解释这种想法的成因吗？似乎对我们而言，悲伤和情感上的痛苦可以附属于各种其他物体，而不会引起这种奇异和不现实的感觉。也许，如果我们认为这样一种毁灭感（解释了日常思维的内容）是对占有现象（即属于我们自己的东西的那种现象）的歪曲，我们可能会更接近真相。① 这种所有感是我们人格的一个不可缺少的组成部分。正如我们说过的那样，在它与欲望之间存在密切关联，我们从不会希望得到我们已经拥有的东西。另外，以这种或那种方式满足的欲望扩大了我们自身占有的范围。欲望，在超越占有的过程中，总是限制了后者的界限。无论我们的生活推动力，连带地还有欲望，在哪里消失，不但未来会被切断，而且我们占有的范围的界限也会瓦解。随着占有现象受到干扰，我们把某些事物归于自身的能力也受到影响和改变。当一个人说他不名一文②时，他不仅是在向他人也是在向自己说明这一点。消极的想法，以及患者抱怨说他们没了胃、肠或大脑，可能只是他们表达同一处境的方式。

我们可能会形成一种类似的关于内疚感的观念。在这里，对作为某种人格本质的现象的分析也把我们引向了一些发现，这些发现似乎

---

① E.Minkowski, *Le Temps vécu*, p.117.
② 在此记住单词"贫穷"（poor）也意味着"不快乐"（unhappy）是有用的，甚至当贫穷并非这种不快乐的原因时也是如此。当我们可怜某人时，我们会说"poor man"。

阐明了这种情感的成因。我们必须重复我们之前关于善与恶不对称的评论。一旦犯了一个错误或干了一件坏事，它就会被深深镌刻在良心上，留下明显的痕迹，从这一点来看，它是静止的，回头一瞥就足以揭露它。另外，积极的成就或良好行为能遗留下的唯一好处存在于这一事实中，即我们将来会做得更好，这样的行为实际上就是我们在努力改善过程中所穿越的桥梁。我们整个的个人发展就在于试图超越已经做过的事情。当我们的精神生活黯淡无光时，未来就在我们面前关闭，与此同时，对过去的积极行为的感受也消失了。完整的记忆仍然存在，但是一切都被静止的罪恶感控制。我们的患者会说他是世界上最大的罪犯，他会到处看到"具体化的悔恨"。

也许，通过更密切地研究那些构成人类生活的现象，我们可以最终获得对精神疾病的神秘表现的一种更好的理解。我们已经把目光对准这一目标。

第五章

感觉学与幻觉*

欧文·W. 斯特劳斯

一、被俘虏的经验主义者

对病理现象的理解取决于先前对正常过程的理解。当我们讨论失调时，也暗暗地涉及了正常。我们对正常的认识可能不完整，有多种解释。不过，对正常的实际（actual）解释——即使没有被明确阐述——预先决定了对病理表现的可能（possible）解释，这对幻觉以及其他现象而言都是如此。因此，对幻觉的更好理解有待对正常感觉经验的更深入理解。如果事实如此的话，它将会遭到反对——所有等待都是徒劳的，因为关于感觉经验还有什么新鲜的东西可说吗？的确，鉴于古老的科学传统，这种尝试似乎是鲁莽的，而考虑到我们对这些现象的熟悉度，这种尝试似乎又不切实际。然而，最可能阻碍我们充分领悟其含义的恰恰就是传统和熟悉度。

世界是以感性的壮观呈现出来的，永远无法直接被作为数学科学的一个研究对象。为了可以量化和测量，它的特性必须以某种方式

---

* 本章是1948年夏天，作者作为由一位论派教务委员会（Unitarian Service Committee）组织的一个医学代表团的成员之一，在德国的几所大学所做的讲座内容的扩展篇。

被抹去。这些特性必须在认识论方面受到贬低,在形而上学方面被低估。在这种缩减过程中,被降级的现象不得不经历一种与被认为是真实的过程的同化。由于感觉经验的丰富性,我们承认并最终只注意和观察那些受制于这一缩减过程的东西。感觉经验的科学蜕变在对经验本身和成为经验创造物的模式的基本误解中终止。

传统不是一成不变的。人们可以把它比作河口的三角洲,在那里源自同一河流的河水各自寻找着流向。这些河水不是同质的。在水源与河口之间,很多支流汇入干流,然而它们全都在同一河床上流淌了很长距离;在这个河床上,它们大半(尽管不是完全)混合在一起。研究感觉的生理学和心理学尽管发生了很多变化,但仍然与官能性的解释紧密相连,这种解释起源于笛卡儿,并在洛克和后来的英国经验主义哲学家那里发扬光大。

自现代科学诞生之初,感觉经验(绝非由于其自身的原因而被研究)就像受控制经济下的富农一样,被迫进入一个极少尊重其自身权益的严格体系中。往日代代相传的理论教条被作为事实错误地投入我们的日常生活。这种发展从小范围的哲学家和科学家中产生,已经开始影响市井之人的思维。借用对莫里哀(Molière)的一部戏剧标题的意译,人们可以说,我们所有人都是"不由自主的形而上学者"。

这一传统起源于17世纪。它以一场革命、一场反叛作为开端。法国哲学家笛卡儿对其的阐述最为简洁。其任务是把人类从启示(神学教义)、传统哲学("经院"是当时所用的名称)以及自然界的专制中解放出来。人一旦想完全独立、只依靠自身时,就不得不寻找绝对真理。必须创建一门能够永远结束学派之间持续争论的科学、一门能够征服怀疑主义的科学。怎样才能获得这门科学呢?只有依靠超越任何怀疑的洞察。最经不起彻底怀疑这一终极检验的就是感觉经验，它被认为是骗人的、模糊不清的、不可靠的。其次是所有的传统学说。甚至数学证据也遭到否定，因为它无法超越这样一种怀疑而得以展现，即世界不是由一个恶毒的魔鬼以这样一种方式——就在我们认为自己拥有完全的洞察时，我们却一直在被欺骗——所创造的。

对感觉经验的怀疑性否定由来已久，对数学证据的否定却是新近的事情。笛卡儿认为，战胜怀疑主义的最好方法是超越它，并因此把怀疑推到极致。出于这个原因，他提出了魔鬼是创造者的论点。不过，还有另一个动机在起作用。通过邪恶魔鬼的假设，笛卡儿试图建立人类科学的自主权。如果它能抵抗那种攻击，那么它将无懈可击，它既无须害怕上帝又无须害怕撒旦，但是付出的代价却是高昂的，需要完全怀疑日常生活经验。

笛卡儿因心身二分法而受到赞誉或指责。这个历史上有名的观点只对了一半，并因此犯了双重错误。笛卡儿区分了两种有限的"物质"，而思维与延展物质之间的这一区分远远超出了心身之间的区分。实际上，在近17世纪中期的笛卡儿时代，对任何人而言都没有必要发明这样一种二分法。这种二分法是基督教人类学的要素。然而，笛卡儿的观点与基督教传统的观点之间存在决定性差异。后者的信条是身体终有一死，而灵魂永生不朽；死亡时，灵魂与身体分离，但是只要人活着，身体与灵魂就构成一个整体，它们彼此拥有、互相依赖，因此，活人的灵魂存在于物质世界，它是我们的世界的一部分。正是作为一种体验着的生物，人类带着苦难和快乐、激情与罪恶在地球上活动。在这一点上，笛卡儿背离了传统。作为两种物质之一，广延实体（res extensa）被视为等同于身体的本质。另一种——思维物质，即灵魂，在自然界没有位置。把灵魂从自然界排除有一个重要的目的，即：使其余的东西（包括动物和人类的身体）能够服从于数学物理学原理。两种有限物质的区分，至少在笛卡儿看来，是作为自然科学的科学基础的先决条件。

迷失在普遍怀疑中的数学伊甸园不久被恢复。两种物质的特性被确定之后，数学证据被重新接纳。然而，感觉经验仍然没有摆脱无能的污名。笛卡儿继续使用旧的术语——心灵、灵魂和理智，但是他赋予它们一种新的含义，他还增加了一个新的术语——意识。具有"良心"含义的良知（conscientia）一词是一个经典术语；具有"意识"含义的良知一词的使用则始于笛卡儿。笛卡儿哲学的意识是一种无世界的、无肉体的、无实体的思维物质。笛卡儿哲学中的自我是超越现实世界的。

今天，当我们不太——实际上是毫不——犹豫地谈到外部世界时，我们正在使用笛卡儿哲学的术语，并且——不论我们愿意与否——正在追随他的思想路线。在"外部的世界"（"外在世界"）这个短语中，"外部"一词指的是什么呢？它的意思是这个世界处于意识之外，相应地，意识——包括感觉经验在内——处于这个世界之外，因为它无处可以放逐。

因此，笛卡儿哲学的二分法不仅使身体与心灵分开，还使体验着的生物与自然、自我与世界、感觉与动作分离。它还把一个人与另一个人分开，把我（me）与你（you）分开。笛卡儿哲学的自我注视着外部世界，不与任何另一个自我（alter ego）接触，也没有直接的交流。根据笛卡儿的观点，自我觉察先于对世界的觉察。我们在觉察到事物之前先觉察到我们自己。我们无须觉察到任何其他事物，就可以觉察到自己。在意识中，每个人都只是自己。更确切地说，人们应该说：意识只是它自己。这是因为，笛卡儿的自我并不等同于笛卡儿这个人，它是"心灵、灵魂、理智"。感觉经验被转换成感觉资料，被接收到意识中的感觉具有无世界的、无实体的特性。尽管笛卡儿并不否认或者严肃地怀疑所谓外部世界的存在，但他坚持认为，我们永远无法直接进入外部世界。它的存在最多只是一种可能性，它必须得到证明。在笛卡儿的哲学中，对上帝的存在及其真实性的论证保证了外部世界的真实性。然而，这一证明并不能在意识与世界的鸿沟间架起桥梁，需要证据这一事实突出了这种距离。即使当我们关于外部世界的存在的信念已经被很好地确立时，我们也仍然会被排除在它之外，而没有任何直接联系或交流。

这意味着，只有通过推论、演绎或投射才能获得现实。在笛卡儿之后几个世纪，赫尔姆霍兹（Helmholtz）将现实经验与无意识推论联系起来，弗洛伊德将现实经验与现实检验联系起来。在笛卡儿哲学中，现实成为判断的一种功能。根据他的解释，现实被假定为某种命题，不存在对现实的直接经验——当我们说我们用自己的眼睛看到某物时，我们看到的是心灵中的那种东西。笛卡儿的现实概念可以用如下陈述来表示，"某些事情依据自然法则在外部世界中发生"。然而，对现实的日常生活经验及其精神病性的歪曲都遵循如下陈述——"某些事情发生在处于世界中的我身上"。笛卡儿和他的许多追随者不能接受这种对现实的前科学阐述，因为取代了体验着的生物的意识，被转变为一名中立的印象接受者、一名对事件的遥远观察者。换句话说，对现实的即刻经验的前逻辑领域被排除了——对精神病学来说，这是一个重大的损失，因为大部分精神病体验，如幻觉和错觉，正属于这一领域。

这一流行的对感觉主观性的陈述对建立自然科学来说必不可少，除了那些在日常经验中发现的事物的特性与人的构造相关之外，它无须表达任何事情。然而，笛卡儿和他之前的伽利略走得更远。

感觉主观性的学说最终被粗略地这样表述：据说，感觉不是事物的形式（modi）。它们不是事物的特性，它们也不是事物所固有的。那么，它们在哪儿呢？答案是，它们"在意识中"。既然它们在意识中，那么，它们就不能给出任何关于"外部"世界的证据。它们是纯主观的。颜色不被解释为与作为一种体验着的生物的人的构造有关的可见事物的属性。颜色从可见事物上被移入意识之中。看见不再被理解为一个体验着的存在与世界的关系，相反，它是某种感觉资料在一个无世界的意识中的出现。日常生活中，我们看到这堵墙是绿色的，桌子是棕色的。笛卡儿想让我们相信，这些可见事物的特性最初是我们心灵中的资料，通过推论，将它们与外部世界相关联，或者将它们——正像我们用一个无意义的短语所说的那样——向外部投射。我们不受感觉的影响。感觉仅仅发生在意识中。意识与其感觉资料（无论其是颜色、声音、气味，还是其他的什么）的关系总是相同的。它们被解释为被交付给思考、记忆、判断的材料。感觉被认为是一种低级类型的知识，混乱不堪，令人困惑。

笛卡儿和洛克都意识到，纯粹的感觉永远无法在日常经验中得到证明。我们确信，我们感知"外部的"事物，并且被感知到的特性确实是这些事物的。笛卡儿把这种常见倾向解释为在童年早期获得的一种习惯的结果。在身体发育时期，我们的兴趣尤其会被那些对我们的身体有益或有害的事情占据。我们的感觉告诉我们什么有益或有害于身体。因此，不用奇怪，我们最终逐渐着眼于我们的感觉，就好像我们能在其中直接体验到外部世界及其本质。在洛克看来，这些关系恰恰是颠倒过来的。① 洛克主张，从儿童期开始，我们的心灵就逐渐被注入简单和复杂的观念。但是，"我们心灵中拥有的任何事物的观念，与某人证明其在世存在的描述或者由此造就一部真实历史的梦的幻觉一样，都不能证明这件事物的存在"②。首先让其他事物的存在为我们所知的是接受"观念"的方式。我们从结果推断其原因。"我们通过感觉察觉到我们之外的事物的存在，尽管它完全不像我们凭直觉获得的知识，或是就我们自己心灵清晰的抽象观念所使用的演绎推理那样可靠，但是，相信它仍配得上知识之名。"③但是，洛克坚持自我确信（self-certitude）的首要地位："我们凭直觉拥有关于我们自身存在的知识。上帝存在的原因清晰地为我们所知……我们只有借助感觉才能拥有关于任何其他事物存在的知识。"④我们拥有相信外部世界之存在的理由，而且这些理由是非常有道理的。但是，它们只是推理和推断，世界并非直接呈现给我们。

感觉的生理学和心理学研究从哲学中接收了这种学说，现在已经将其提升到教条的级别，即感觉经验原始的、恰当的、最初的内容是无世界的感觉资料的集合。被刺激唤起的感受器将冲动发送到中枢器官，其刺激"伴随"着意识过程。这些资料（据称没有任何外在意义）随后由某个过程"向外部投射"，这个过程正像它无法证实一

---

① John Locke, *An Essay Concerning Human Understanding* (New York: Oxford Univ.Press, 1924), Bk. II, Chap. VII.
② 同上，BK. IV, Chap. XI。
③ 同上。
④ 同上。

样不可理解。约翰内斯·缪勒（Johannes Müller）教导说，一种感觉"不是外在躯体的某种特性或状态向意识的传递，而是某根感觉神经的特性或状态由于某个外部原因的诱导向意识的传递，不同感觉神经的特性不同，这些特性是感觉的能量"①。进一步地，我们读到，"将其感觉放在自身之外并不是这些神经本身的性质；这种转换的原因在于观念，这种观念伴随我们的感觉，得到经验的证实"。在缪勒的学生赫尔姆霍兹看来，感觉是某种外部物体的征兆。②无意识的推论导致关于外部世界之存在的假设。作为一个补充的假设，这种征兆理论要求刺激与兴奋、兴奋与意识征兆的持续协调。这是因为，只有当一种明确的征兆与一种明确的神经过程，以及该过程与某个明确的刺激持续协调时，才会确保获得来自经验的知识。出发点始终相同——都是关于具有大量内容的意识单独存在、与世界隔离的假设。在这样一个唯我论的地牢中没有任何出路。

这种摆脱传统偏见呈现感觉经验的尝试在这里被称作感觉学（aesthesiology）。我们需要一个新术语，因为提到感觉立刻就会让人想起那些我们想要打破其统治地位的教条，"感觉学"——感觉（aisthesis）的理念——一词几乎不需要解释。它也不是一种新的表达方式，它曾被普莱斯纳（Plessner）使用过③，不过未流传开来。"美学"（aesthetics）一词——就康德在《纯粹理性批判》(Critique of Pure Reason)一书中所用的意义（他在这本书中提及了"先验美学"）——

---

① Johannes Müller, *Handbuch der Physiologie des Menschen* (Koblenz:1837), Bd. Ⅱ, Sect.1, pp.250 ff.
② H.von Helmholtz, *Vorträge und Reden*, Vol.1.
③ Helmuth Plessner, *Die Einheit der Sinne.Grundlinien einer Aesthesiologie des Geistes* (Bonn:1923).

已经不再由我们支配。在 150 多年以前，它就被彻底疏离其最初的含义。这种疏离的境况是被强加于感觉经验之上的教条主义的特征。

鲍姆加登（A.G.Baumgarten，1714—1762）在他的认识论中对较高级的知识形态与较低级的（感觉的）知识形态做了区分。他认为感觉经验（他与笛卡儿的观点一致）是认知的一种混乱形式，"真"完全由理智领悟，"美"完全由感官感知。因此，美学是一种低级认识论（gnoseologia inferior）；作为一种感觉认知的理论，它是一种低级认识能力的原理。① 鲍姆加登的研究是感觉经验——极少例外——如何被解释为有缺陷的认识模式的一个典型例子。这意味着它被误解为一种特有的存在方式和一种特殊的"意向性"形式。

知识自以为合法有效。它不但宣称对我，对此时的我——今天也许是，明天却不一定——是有效的，而且声称在任何时候、任何地点，对任何人都是有效的。但我们是否获得了有效的知识在心理学上并不重要。在我们力求知识的范围内，我们把自己与我们存在的消失瞬间分离开来，我们跨越了我们"此时此地"的边界。我们突破我们个体存在的界限。知识从对我们自己的生命存在及其条件的抽象开始。真理对所有人都是一样的；作为认识者，我是平常的人，而不是某个独特的个体。我们说，观察者是可以调换的。任何与我的独特存在有关的东西都会使知识减少和模糊。纵然认识的行为是我自己的，但是在认识中，我到达了任何人都可以进入的某个场所，我自己在任何时候都可以重新进入这个场所。知识是普遍的，它可以被分享。在认识过程中，我试图从本质上，而不是从其与我自己联系在一起时呈

145

---

① 康德在《纯粹理性批判》中依然反对这种语言上的创新，而在后来的著作《判断力批判》(*Critique of Judgment*) 中接受了它。

第五章 感觉学与幻觉

现出来的样子领会事物。在知识中，我试图纠正自己戴着有色眼镜透视的目光，把它投射到一个总能够被重新构建的中性的、普遍的场所。任何基本方案都是这样一种中性的表现。我一睁开眼睛，就发现自己在这里，靠近某个地方，远离另一个地方。尽管我可以测量我的基本方案，但作为一名测量者，我还是无法摆脱透视的观点。但是，我把已经被测量过的东西放进一个同质的空间坐标方格里，构建一套设计，它不再显示任何有关我不断变换的立场和表现的东西。

另外，感觉经验是我的，在那里，我领会与我自己、我的存在、我的生成有关的东西。处于其中的是被限定的我的当前时间，位于我不可重复的存在中（在出生与死亡之间）的这一时刻。在认识中，我试图按事物的秩序去理解它们，并且理解秩序本身（正如我们所有人所知，这种秩序对我们的存在而言无关紧要）。但是，在感觉经验中，一切都依赖于我，一切都向我接近，我自己也受到影响，我的存在危如累卵。对于认识而言，这个程式是"世界中发生了某些事情"（与自然法则一致）；对于感觉经验而言，这个程式是"有些事情发生在处于世界中的我（me）身上"。认识的现实须经检验，这些检验决定一个事件是否遵循普遍的自然法则；感觉现实不知检验和证明为何物；我感到自己受到影响就已足够。

在日常经验的确定性与其哲学和科学的解释之间已经隔开了一条鸿沟。

哲学批判（最初只涉及感觉的认知价值和有效性）分析了感觉经验的内容以适应其自身的需要，这样做，它就使自己彻底远离日常经验。这是一个自相矛盾的情境。这是因为，在其所有的表现——观察、检验、证实、交流——中，科学家始终处于日常经验的领域内。

作为人类行为的科学植根于日常经验，在此程度上，科学本身预先假定了后者的有效性。如果我们希望理解感觉经验，就必须就其有效性而不是无效性研究日常生活，首先涉及其内容，随后涉及其合理要求。日常生活的公理是存在的，人们彼此之间以及人与物之间的所有交流都建立在这些公理的基础之上。在这些公理中，感觉经验的本质为人们所了解。如果我们希望对其进行探索，那么我们要做好就不要从建构开始（在这种建构中，感觉经验的"是谁""是什么""怎么样"这些问题已遭到严重曲解）。日常生活的公理是"人类世界的心理学"的组成部分。在这个主题中，我们表达了一种方法论原则：人类世界具有其基础，它的基础之一在于人类的经验之中。我们在人类世界为我们所熟悉的意义上承认其有效性，并且探究其心理上的可能性。

二、日常生活的公理

首先，让我们观察一下法庭上的证人。他发誓，他会讲述真相——整个真相，而且只说真相。所有参与者，包括法官和被告、原告和辩护律师、陪审团和听众，都把包含在这一誓言中的宣告视为理所当然。证人可能由于这个誓言施加在他身上的责任而负担重重。但是，这不会令情况发生任何变化：一位证人的证词（全世界都曾认为并且仍然认为它对于审判过程不可或缺）涉及观察到某一事件的可能性、把该事件的内容与其在时空中的现时发生分离的可能性、把它保持在记忆中的可能性、当需要时回忆起它的可能性，以及把回忆起的东西用语言表达出来并将其传达给他人的可能性。

因此，证人报告说：我看到了这个、看到了那个。他说的是事情和事件，而不是征兆和图像。他说的是客体，而不是刺激。他做得很好。这是因为，可以被陈述的、涉及客体及其关系的内容，即使是类比，也不适用于正确理解刺激和反应。

然而，证人不仅会谈到客体，还会谈到他自己。他的知识不是来自道听途说，他报告他"亲眼"所见的东西。谈到他自己时，他并不意指他的大脑。在"亲眼"这个词语中，眼睛不能被理解为接收器。证人把他自己说成一个经历着的存在，运用其视觉器官，他自己也受到所发生事件的影响。他并不会把自己看作"一种意识"，也不会把事物看作它的"意向性"客体。他谈及那些在物理上实际面对他的客体，同时，他也谈到作为物理存在的自己。作为一位观察者，他发现他自己与可见客体身处同一个世界中。他不是在意识之中发现一个世界，他是在世界中发现自己。经验的主体不是一种纯粹意识，也不是经验意识，正是这个不可重复的、真实的、有生命力的创造物在他个人的生活史中经历着事件。①

证词遵循这一表面看似简单的程式：我看到了这个、看到了那个。所有这些都是与看有关，而不只是被看见的事物。在看的过程中，可见的事物对我（me）来说是一个客体，它是他者（other）。我看到作为他者的他者。需要解释一下"作为"这个词，它指向感觉经验的真正奥秘之处。在看的过程中，我理解了客体，或者受其影响。然而，恰恰是作为他者，我才理解了这个客体，因此，在被看见而未被改变的动作中，这个客体向我显现它自己。在我看的动作中，这个客体进入

---

① 参见 L.Binswanger, "Über die daseinsanalytische Forschungsrichtung in der Psychiatrie,"in *Ausgewählte Vorträge und Aufsätze* (Bern:1947), Bd. I 。

我的视野，是客体本身，而非它的图像。我们都太倾向于把看到的事物与对它的视觉印象之间的关系想象为类似于一个客体与其图像之间的关系。但是，我们正确地称其为图像的东西本身就是一个事物。如果一幅图像自拍，它——例如一张照片——就是一张为黑白点所覆盖的纸片。直到我们把它归诸"原物"，不考虑其他特殊的结构，而是把它解释为某个原物的表征，它才被看成一幅图像。然而，在看的过程中，我既没有把图像与原物相比较，也没有把某一事物解释为一个指向某个被指定但不在场的东西的事物；我看到"原物"本身，即客体本身。尽管有可能也有必要区别视觉印象与被看见的事物[①]，但是，在这种截然对立的关系中，不包含任何种类的空间复制品。超出自身之外延伸，因而到达作为他者显现其自身的他者，这是感觉经验中的基本现象，是一种无法被还原为物理世界中的任何事物的关系。虽然可见的客体破碎了，我对它的视觉印象却不会破碎，不过我的确看到已破碎的碎片；如果该客体烧毁了，我的视觉印象不会烧毁。尽管一个客体会影响另一个客体，但是一个视觉印象不会影响另一个视觉印象。

在感觉经验中，这种与他者的关系是相互的、可逆的。与他者相比，我被一种独特的方式所决定，以自己的存在体验自身。面对一个事物，无论它可能是什么，我都感觉自己是某种关系中的重要部分；在这种关系中，客体对我来说是他者，反之亦然。在感觉经验中，我总是同时体验到自身和世界，而不是直接体验我自身和通过推断体验他者，不是在他者之前体验自身，不是在缺少他者的情况下体验自

[①] 胡塞尔谈到"事物-出现"（Dingerscheinung）和"出现的事物"（erscheinendem Ding）。然而，由于在许多方面我的观点都不同于胡塞尔，所以我认为不采纳他的术语是较为妥当的。

第五章 感觉学与幻觉

身，也不是在没有自身的情况下体验他者。对自身的觉察并不优越于对外部世界的觉察。在睡眠中，我失去了对外部世界经验的自身体验。在梦中，这两者尽管会遭到扭曲，但是仍然能够彼此复归。

目击者证词中的用词根本无须提到报告者自身，同样，他总是被涉及的对象。每个句子暗中都包含着声明：它就是那样的；我亲眼所见，我可以对此发誓。甚至在一份完全"客观"的报告中，讲述者也把他自己作为这样的一个人而提及，即对他而言，他者作为他者变得可见。被观察到的事件既是他（他看到了它们）的一部分，又不是他的一部分，因为它们是他者，是他观察到的客体。某种东西在同一时刻既是我的又不是我的，我可以与他者建立一种关系，而又任其所是——这就是感觉经验令人费解和在逻辑上令人生厌的方面。为了消除这个矛盾，理论或者把知觉完全吸纳到意识之中，或者把感觉完全安置于神经过程之中。但是，既然努力用自己的方式解释日常经验的理论家必须至少接受它，那么他就立即被迫进入进一步的假定。他有必要解释他声称的最初是某种意识的内容或某一神经系统中兴奋的东西，如何仍然能被体验为一个客体。这把那个矛盾又带了回来，因此，持此类理论只会一无所获，却所失甚多。所失去的是在一个人与他者的关系中非常重要的接触、距离、方向、自由和约束现象的可能性。然而，理论并非仅仅发现这一逻辑矛盾。通过把经验同化到被体验的事物中，通过将其客观化和空间化，理论本身制造了这一逻辑矛盾，这样"事物"这一范畴既被应用于知觉，同时也被应用于可见客体。

经过这种曲解后，"我-他"关系被"外-内"或"外部-内部"关系取代。尽管前一种关系是一种尘世内部的关系，尽管在经验中我发现自己身处世界之中，尽管我与他者同属于一个世界，但是这一"外部-内部"假定分裂了经验的这种统一体，使得两个世界出现。"外在世界"这一表达方式为自己辩护。一旦我们试图精确确定其含义，这个看似有意义的词就会被证明是毫无意义的。现代哲学的历史就是一部不断更新的编年史，以及为界定这两个世界之关系所做的总是落空的尝试。

把两个世界的假定从形而上学转化为生理学用语仅仅是加重了这一混乱。我们没有理由说不能把"外部"一词应用于刺激，也没有理由说不能把"内部"一词应用于在神经系统中由刺激激发的过程。混乱始于这样一刻，即大脑中某个位置被指派进行体验，从这一刻开始所谓的感觉的定位通过神秘的投射过程被"向外"转换。因此，一本被广为应用的生理学教材这样表述道："我们可以假设，我们所有的感觉都在大脑中被直接唤起，但是我们绝没有意识到这一点。相反，我们的感觉要么被投射到身体外部，要么被投射到身体的某些外围器官，即经验告诉我们起作用的刺激出现的地方。因此，那些外感受性感觉被投射到我们身体的外部。"①

在这本书的其他地方，我们还读到："我们既不能'看见'我们的视网膜，也不能'看见'视网膜上的映像；视网膜上特定点的刺激是外部世界中特定位置上的客体的标记，这个世界与我们的其他感觉报告，尤其是那些触觉、肌肉感觉的报告相一致。成长中儿童身上的经验逐步确认了这种一致性。"②

---

① *Howell's Textbook of Physiology*, ed., John F.Fullon（15th ed.; Phila.:Saunders, 1946), p.328.

② 同上，p.444。

第五章 感觉学与幻觉

此类阐述一代代自我繁殖，就像遗传性变异缺陷一样。意识中的感知被假定相当于被感知的事物，意象相当于被记住的事物。看起来，某个地方可以被分配给诸如感觉、知觉、记忆之类的心理事物。

一种向外投射感觉的意识对待"外部世界"就像一位观光客，他游览画廊时一幅接一幅地观看画作。他看着被描绘的世界，但是他不属于它，它也不属于他。画框把画作的虚幻空间与真实空间分离开来。然而，在感觉经验中，没有画框把我们与客体分开，环绕我们和他者的是同一个世界。

尽管我们经常被告知，心灵是"大脑所做事情的一部分"，但是没有人敢声称投射是一个生理过程。呼吸时，空气被"向外投射"，但是感觉投射不是大脑的一种电子呼吸。神经节细胞、神经纤维、神经回路不会离开它们的位置，它们不会把自身向外部投射到桌子上、我面前的墙上，也不会透过窗子投射到可见的天空和云朵上。因此，投射必定是心灵自身的一种活动，要投射花招的正是心灵或意识。尽管感觉投射的假设不言而喻地以心身二分法为先决条件，但是它假定心灵与大脑享有同一空间——二者都位于颅骨内。投射机制据称解释了我们（尽管我们的心灵具有这种定位）如何经历不在大脑内的事件并意识到我们周围的世界。"投射"学说用一种最模糊的方式陈述道，心灵掌握大脑皮层（例如，距状区域的实际构造）内的一些事件作为其最初的内容。心灵的这种最初的掌握对我们来说仍然是未知的。我们仅仅意识到投射的结果。虽然如此，我们确信最初的内容通过投射过程经历了令人惊讶的转变。在一些感觉形式中，投射与扩展相联系，而在另一些感觉形式中却并非如此。在一些感觉形式中，被投射的信息受到"我性"影响，而在另一些感觉形式中则不受影响；在一些感觉形式中，它们具有重量，而在另一些感觉形式中却不具有；在一些感觉形式中，被投射的信息形成一个连续体，而在另一些感觉形式中看上去却支离破碎。在视觉中，这种扩展是巨大的。当被投射时，唤醒了测量起来至多几平方英寸的区域的视觉刺激填满了整个范围，包含投射的皮层、大脑和躯体。

不过，如果假设存在一个向外投射的过程，那么我们该如何理解它的工作原理呢？向外投射应该将我们的感觉移植到外部世界。但是，我发现外面不是感觉而是客体，肯定不是我的感觉，确切地说是不同于我的事物，即他者。再则，向外投射的感觉无法被完全从内部转移到外部，因为即使完全投射之后，我也仍然具有感觉，我依然看见客体，"在我之中"依然存在客体的图像。由此可得出结论：感觉不能被魔法般地复制，它既是内在的又是外在的。如果存在外部投射，那么将会出现一个荒谬的结果。外部投射是一个蹩脚的假设，无论在生理学上还是在心理学上都无法证实，它属于科学的巫术的范畴。事物的感觉和知觉并不位于占据空间的事物本身之内，不存在感觉的地形学。在经验中，我理解了世界的空间性，我的此处是与彼处、他者的对照而加以界定的。如果我们不再强迫自己把经验设想为占据空间的，那么，不难看到为感觉经验所特有的基本关系——实际上，忽略它是很难的。

正如已指出的那样，笛卡儿的形而上学不但分离了身体与灵魂，而且把意识从世界中抽离出来，还把感觉经验与运动这个整体一分为二。在笛卡儿看来，运动属于广延实体，感觉属于思想物质。生理学和心理学不怎么加以批判地采纳和改用了这一笛卡儿式的观点。[①] 在

[①] 不同的观点可参照魏兹扎克（V.v.Weizsaecker）的著作 *Der Gestaltkreis*（Leipzig: 1940）。

反射图式中，感觉被定位于传入神经系统，运动被定位于传出神经系统。动作被理解为反射的联结与整合。在一个可测定的时间间隔中，刺激必定伴随着运动反应。然而，在行动时，我们在预期中被指向一个目标。当伸出一只手朝向某物时，视网膜总是先被光线照射到。然而，我向摆在我面前的某物伸出手去，它是被作为未来的目标。这种个人的时间系统无法被转换为客观的时间系统。将来总是我的将来，将来只为经历着的存在而存在。在物理学的概念系统中，事件由过去决定；物理学不承认任何进入遥远将来的行动，不存在任何开放的可能性范围。只有"前－后"关系被允许进入客观的考量，然而，这两个时刻是在回想中得到观察和理解的。在掌握的过程中，我体验到与我有关的他者。在理解中，我把两个事件（它们都属于他者）安排到一种与我自己分离的图式中。在一种生成状态中，我意动地体验正在发生的事情，完成性地理解已经发生的事情。

　　肌肉这一运动器官（motorium）不能自行运动，因为没有任何世界和任何开放空间可供其任意支配。正如感觉器官（sensorium）无法自己运动一样——它缺少一个运动装置。无论运动器官还是感觉器官都不能自行运动，但是我能使我自己运动。只有作为一个整体的生命存在才可以自发运动，它的任何单独部分则不能。

　　传统的意识概念没有认识到体验着的存在在一种与世界的独特关系中发现了自身，任何其他东西都无法与这种关系相比。作为体验着的存在，它们拥有某种自由和行动的力量，这种力量在人类的技术学中达到顶峰。只有在清醒时的体验中，我们才拥有这种力量；在睡眠时，我们重新陷入呆板单调的肉体存在的束缚。我们的体验纵然可能由无意识冲动和激情所推动，但只有在我们的意识经验中并且通过我们的意识经验，这些才会发生。弗洛伊德说："自我控制着运动中心的通道。"自我由此被比作使机器操纵杆运转的引擎。这个解释也与传统的"刺激－反应"模式相一致，归根结底与笛卡儿哲学对身体与心灵、运动与感觉的分离相一致。然而，感觉器官与运动器官的解剖学与机能性分离对于体验并非同样有效。在与他者的基本关系中，感觉性与运动性以这样一种方式相互渗透，即根据传入和传出通道的空间图式（scheme）无法进行干净利索的分离。人与兽本质上都是运动的，因为，作为体验着的存在，他们总是被指向超越其本身的他者。假如他者没有根据我们得到界定，那我们就无法体验他者，并且如果我们不能积极对待它，它就无法如此被界定。因此，距离、方向和被包围属于与他者有关的感觉经验的原始而持久的内容。

不难认识到，只有感觉经验性存在才能够自行运动。我们更难做出的是相反的表述，即只有一种能自发运动的存在才会具有感觉经验。不过，这是两个十分对称的表述，它们一起表达了经验的内在统一与完整内容。

通过对事物进行分类呈现经验的每一次尝试都应该遭到最大的怀疑。实际上，真实的情况正相反。因此，似乎它要求一个人迫使自己背离传统，承认经验如其自身所呈现的那样有效，此外还承认，体验着的存在（无论是人还是兽）彼此之间具有关系，并且与既不在无生命的自然中又不在植物王国里出现的这样的事物之间也存在一种关系。在日常生活中，我们绝不会把存在想象为身体过程的一个纯粹的附加成分。然而，作为理论家，我们否认我们的日常行为。仅用一句古老的格言，我们可以说：这在实践中很好，但在理论上行不通。

那么，让我们回到日常生活实践和我们的证人身上。在法庭上，证人通过自称有效的陈词阐述他所观察到的东西。经过反诘（也可能没有这种压力），证人将会同意修正他的证词。现在，他会坚持他能够巨细无遗地观察到事件；而在其他时候，他会承认，起初他离得太远，但是后来他为了精确把握一切而靠得更近了一些。

对于每次观察来说，或多或少都存在适当的有利位置，剧院中的座位就有好有坏。但是，无论我们坐在正厅后排还是包厢中，我们的眼睛都看向同一目标。客体的本质始终以某种视角向我们展现，有时是一种清晰的视角，有时是一种歪曲的视角。在所有的视角变换中，"什么"（what）始终如一。视角既展示又歪曲了"什么"，这使得我们远离视角。"大小-颜色-形状"常量是"什么"的常量，它在变换的视角中以一种重要的形式保持完全一样。"什么"从来不能完整地展现自己，也从来不能完美地展现自己。对它的每一次观察都只是部分观察。因此，每次既被允许又需要完成。当我们从变换的视角凝视同一个"什么"时，当我们绕着客体行走时，我们同时也把对他者的每一次观察体验为我们自身存在的一个方面。每一个个别时刻在我们生成的连续体上都拥有其位置。在感觉上被体验到的一切都是当下的——呈现给我的。当前时刻，即我的形成的不断变化的"现在"（now），根据他者被决定，而我受到他者的影响。每一时刻本身都受到限制，但并未被终止，它是不完整的。我们感觉经验内部的时间形式是属于生成的，在生成中；为了它的完成，每个阶段都指向先于或后于它的其他阶段。

他者，世界，尽管是一个单元，自身却显示为由事物的繁多性构成并被分为许多方面。繁多性与整体性相联系，多样性与互补性相联系。在日常生活中，我们没有被任何怀疑困扰，即世界作为一个可见、可闻、可触的世界在很多方面显现。我们会又一次谈到视角，在其中，他者完全相同地展现自身，但在任何视角上都没有完整或完美地展现。不过，为了避免混淆，最好是遵照已确立的用法并把"视角"一词限定在视觉范围内，以便把一个新术语应用于从一个感觉领域向另一个感觉领域的转变。我们还谈及"方面"，同样也不能否认这一词语源自视觉领域。但是，由于它作为科学术语迄今仍未退出使用，并且由于我们熟悉它作为我们与某同一客体的多变关系的标示词语，就让我们在此处使用它，并将其用于标示众多感觉通道中的一致性。

在区别感觉通道与特性时，赫尔姆霍兹承认从特性向特性、从颜色向颜色、从声音向声音转变的可能性。然而，与此同时，他指出将各种感觉通道、颜色与声音、声音与气味分隔的鸿沟。它们之间的差异易被注意，但是它们的互补性很难理解。

当然，在日常生活中，互补对我们而言同样不是问题。我们可以毫不犹豫地把脚放在地上，把食物送到嘴里，抓住工具。我们确信我们正在做的事情，儿童和动物也不例外。经验教导我们做单一的区分。经验在特定的预定可能性中起作用，只帮助我们沿着已标出的道路发现单一事实。当然，统一性原则不同于两个印象的纯粹共存，因此，举例来说，频繁的共同出现唤起了期待，即当一事物出现时另一事物也会出现。毕竟，共同出现也是进行区分的一个不可缺少的条件。另外，我们不能随意自由组合所有感觉通道的印象。我们伸手抓住可见的东西，但我们不会用手指拨弄声音；我们闻到可触及之物的味道，但我们不会触摸味道。

统一性不能取消多样性。不同的刺激不是合并的，感觉器官及其兴奋、感觉神经及其特殊的能量、皮质区域，甚至不同印象本身都不是合并的，因为它们未融为一体，它们不是被叠加的，在统一中它们保持了独立。颜色仍然是颜色，硬度仍然是硬度。我看到的和触摸到的有颜色的东西是同一样东西。我触摸到的是东西，而不是颜色。我抓住的是我的铅笔，而不是黄色。把各个方面统一起来的是"什么"，它可以同时在一件事物和另一件事物中自动显现，但是它们都不是完整的，因此允许并要求以一种明确的方式得到补充。这种分歧的统一由于这一事实而变得可能，即我的感觉多样性中有同一个我，指向同一个他者。

感觉所共有的东西并非局限于古人称为共同感（sensus communis）的对象中：大小和形状、静止和运动、单一与数目。在最近被称为通道间特性的现象中，它也没有得到详尽的研究。通道间特性似乎可以填补不同感觉通道之间的裂痕，例如，据说一个共同因素——亮度，在不同的感觉区域反复出现。尽管或许如此，但是我们仍然没有解决这一问题，原则之一是：如何在不否认多种感觉差异的条件下理解其统一。就一个客体可以被几种感觉同样好地界定来说，亚里士多德关于常识（aisthesis koine）的学说发现了一个常见的东西（something）。① 就这一限定可以在一种感觉通道内延伸而言，每个范围本身都是不完整的，需要得到补充；它只在其某一个方面体现他者，能够进行进一步的描述。这一他者对于所有的感官而言都是同样的，然而，每种感官按特性对其进行感知。事实上，单独的感官并不

---

① 亚里士多德《论灵魂》（*De anima*, 425a 14 ff）。在后来的一篇文章中（426b 8 ff），他也提出了该问题：既然我们把"白"与"甜"分开，那么是什么令我们注意到它们是不同的？换句话说，它们又有什么共同之处呢？

是知觉，体验着的个体通过他的一种或几种感官进行知觉。我们可能被以多种方式指引向他者。实际情况则仅仅是这种可能的有限实现，这在其限制——总是指向进一步的实现——中得到体验。

感觉领域不但在其客观方面——例如颜色、声音、气味——是独特的，而且在把我与他者结合在一起的联系方式方面也是独特的。正如我在多变的方面体验他者一样，我也如此体验自身；在每个领域中，我都以一种特有的方式受到它的影响、支配和包围。

在城市的街道上，我们会遇见许多人。看别人不被禁止，但如果我们打算追上喜欢的女孩，拥抱、亲吻并抚摸她，恐怕就不太妙。习俗不会随意制定这样的规则。在制定有关允许或禁止的事情的细节时，它尊重感觉通道之间自然确立的差异。至于联系的区分，确定无疑的是，没有人接受或需要指导。因此，在许多情况下，我们感到被推动着而不是在远处袖手旁观，是去获得直接和紧密的联系；在其他情况下，我们则倾尽全力反抗某种联系。一个被烧伤的孩子会明白，在一定距离之外观察某些东西是不会受到伤害的，而当它们被碰触时它们则会产生最不友好的能量。重要的是要区分经历的教训，使从经历中学习成为可能。这种特殊的学习由于这一事实而成为可能，即对于经历着的儿童来说，同一个"什么"以不断变换的方面出现，并且这个儿童"知道"他看见的客体也是可以触摸到的。此外，在各方面的变换中，儿童把自身体验为以不同方式受到同一客体影响的存在。所有这一切都是感觉经验内在内容的组成部分，它不是来源于经验知识——它是它（经验知识）的基础。经验知识的统一不是最初分离的事物合并的结果，只有属于一体的事物才可以被统一起来——处于其存在的特性中的东西自身显现为被包含在一个整体中的一个部分。感觉显露出多种官能，感觉通道的多样性被感觉经验的统一性控制。在感觉通道的多样性中，他者以不断变换的方面和角度显现，而我以我受到影响的不断变化的方式体验自身。同样，由于我自己的存在只能在我生成的阶段中，只能在各个被赋予方面，而每一阶段和方面都不完整，因此在每种情况下都可以并且需要补充。

在感觉经验中，我发生了某事。当我睁开双眼时，明亮的阳光照射着我。我被迫去看、听、闻这种或那种东西。在我位于生与死、存在与非存在之间的存有中，我受到包围、威胁或保护。我没有充当一名超然的、无偏见的观察者（这名观察者仅仅注意到事情的发生），我感觉到了它们的力量。它们对我而言是真实的，我自己身处游戏之中，以若干种方式被这些事件控制。在逻辑上，真实与不真实是属于同一范畴的对立面。在命题中被用作谓项的"真实的"这一术语，具有作为同等对应物的"不真实"属性。在感觉经验中，现实没有对应物，任何进入感觉经验的事物都似乎是真实的——它在其行动和实际情况中被感受到。幻想、梦、意象这些"不真实"必须被发现，只有随后的反应才可能揭示某些东西是不真实的，是一种幻想、一种错觉。感觉经验的现实性是即刻的。它无法在作为一种关于（about）某些事件的陈述的事后想法中被获得，它也不是一种对最初无关紧要的资料的概念性评价。实际上，它并不意味着事物的次序和相互连通性，而是意味着它们与我的关系。

在不同的联系模式中，每个感觉通道都具有一种社会学功能。我们走进一家商店买东西。在日常实践中——除了特殊场合——这十分简单。可以派一个孩子到面包店买一个面包。要完全理解我们经济体制的错综复杂的方法需要透彻的研究，这很容易得到承认。然而，整个组织所最终依据的基本交易过程似乎对每一个人来说都是容易理解的。尽管如此，交易行为（正像我们在实践中看到的那样）隐藏着大量心理学问题。

在买卖中，参与者的注意力自然被限制在具体的交易及其对象上。他们不会对共同采取一种行动感到惊奇。对他们而言，"另一个自我的知觉"不是问题。买卖双方几乎不会忽然想起他们对面的人属于另外一个世界——一个外部世界，他们互相把彼此向外投射的感觉传递入这个世界。买卖双方必定单独而又一起行动，他们可以看见、抓握和彼此传递同一客体。在简单的日常交易中，每名参与者都被指引向某物——它作为一种事物，不同于他们两者，却允许一种统一的行动。在其作为买者和卖者的角色差异中，在相互的给予与索取中，他们作为搭档做出一种影响同一客体的共同行为。在所有者的转换中，客体始终如一。我们不可能拥有共同的刺激和感觉，它们无法转手传递。但是，客体却可以做到。我把此客体体验为他者。与我不同，他者是可分离的、可移动的。在一起或能够在一起作为日常生活中的基本事实被接受。

如果这是正确的，即感觉经验开辟了我们的世界，我体验自身和世界，发现自身在世界之中——这一包罗万象的他者把自身安排进许多部分里，在这些部分之中，我遇到诸如富有意义地指向我意图的行为和并非如此的行为，否则事实会是怎样的呢？有意义的反应教会我们将其他体验着的存在与缺乏活力的事物区分开来。缺乏活力的事物既不能给出有意义的答案，也不能给予自发的合作。合作关系倾向是一种原始的倾向：指向聚在一起的某些事物——相互一致和相互排斥的事物。我没有觉察到"另一个自我"是一个客体，我也不能通过使它成为我研究的对象而成为另一个自我，我在行动中学会了解它。我把"另一个自我"经验作为我的意图的伙伴，在有意义的合作或在有意义的对立中，我们在同一条道路上相遇。我们发现自身与其他人、我们的同伴处在一个世界之中，共同具有朝向某一第三实体的倾向。通过自身特有的观察，每个人都掌握了同一个客体，掌握了那个作为他者的他者。在医疗演示中，许多双眼睛注视着同一个病人，而所有那些聚集在观众席上的人听到相同的台词。

热衷于低劣的怀疑论的人倾向于持反对立场，认为不能保证我们看见的客体确实是相同的。这一反对是对自己的驳斥。怀疑论者以其主张能够因其声学形态被听到，并以其含义得到理解来吸引听众。怀疑论者误把观看当作观看到的事物。客体的"什么"因呈现的视角不同而有所差异。每次观察都具有由当前和过去所决定的特定限制。尽管存在由不同的观看所引起的多种多样的限定，但我们一起看到的却是同一个事物。尽管一个客体对于两个人的合意程度似乎不同，但是他们看到的是同一个客体；尽管一笔确定的金额对两个人来说所具有的价值因他们的财富而不同，但他们都把它理解为相同的货币单位数目。

如果没有了在观看同一客体时的差异，我们就不会具有教师与学习者的关系。教师向其学生传达一种较好的观点并最终传达对该客体的"什么"的更深刻洞察。对一次有意义的关于某一客体的交谈来说，观点的差异是其实际的先决条件。在所有这些关系中，就像在教学和日常谈话中一样，在交换中揭示了同一个现象：我们像许多人一样，能够一起看到同一事物。

正如观念的理性交换一样，有组织的物品交换要求一定程度的对客体的中立性。有些东西是我们不会出售的,有些事件是我们不会谈论到的。甚至在规范中也存在一些条件,在这些条件下,我们过深地关注个人,不再能达成与对方的理解。在病理学的病例中,在精神病的情况中,所有交谈的可能性都落空了。世界不再在一套中性的秩序中被经历到,中立的秩序会允许一个人远离客体,与另一个人改变位置、交换立场,采取一种共同的行为。连带的运动被废除了。

三、感觉谱

感觉通道可以被分开并孤立地进行研究,例如,视觉与听觉。作为不同的方面,感觉经验的领域应该彼此关联和相互比较。许多年前,我开始比较作为世界的不同方面的视觉与听觉。[①] 也是那时,我每天观察诱因:舞蹈在所有文化中的普遍存在以及舞蹈动作与有节奏声音的普遍协调。体验到的空间、接触及运动的典型方式与体现在有节奏的声音中的世界方面相一致。在这里,让我谈谈开始于该研究的对颜色和声音的比较,并增加一些补充性的评论。

第一,对朴素的经验来说,颜色是事物的一种属性,声音是这些事物的表达。颜色是附着的;声音使自身脱离发声体,可以独立被听见。我们看见管弦乐队,我们听到交响乐。演奏者及乐器是且始终是被分隔开的,声音挤进了和音的合奏中。眼睛为我们提供世界的构造、事物的轮廓。我们用耳朵听到心跳及其律动。因此,语言喜欢用形容词标示颜色,用动词标示声音。

---

① E.Straus, "Die Formen des Raumlichen," *Nervenarzt*, 1930.

第二，我们会再次看到同样的事物，或者至少能够做到这一点。但我们永远不会再次听到同样的声音，它已经消失了。颜色是不变的；声音只有在持续时才是延续的，它产生后逐渐消失。当我在清晨睁开眼睛，我的目光落在我前一晚看到的周围相同的事物上——同一个房间、同一幢屋子、同一条街道、同一座城市。但是，被说出的言语随着产生它的那一刻到来而散去。我们一次次用同样的贺词相互祝贺，但它总是一个新的祝贺，对于此日此时有效。

眼睛是识别与稳定的代理，耳朵是知觉事件现实性的器官。在现象中存在声音与听觉在时间上的共存，然而，就可以停留在其上、离开它又回到它的凝视而言，可见事物没有特别的时间限制。耳蜗与前庭器官共同起源于内耳。然而，它们并非由于空间有限而在耳蜗和半规管里紧紧地挤在一起。它们都是一个器官，即现实性器官的重要部分。[①]噪音的现实性比纯音的接收更重要。还有相当多的人，他们拒绝接受自己有一对喜爱音乐的耳朵和一种悦耳的记忆。在倾听中，我们被引向某些正在继续进行的事件。耳蜗告知我们，环境现在如何被指引向我们，而此刻前庭器官指引我们朝向我们的环境。

第三，暂存性的特别形式——可见事物中的持续、可听事物中的持久——是不同的。我看见面前的时钟，这种看见是持久的，但是我听到的却是它作为一种不断更新事物的连续的嘀嗒声。相应地，在视觉领域中，我们把运动体验为同一事物的位置变化；在听觉领域中，我们把运动体验为变化信息的时间序列，例如，一支旋律中的音调序列，或者在音乐中被英语专称为"乐章"的序列。

---

① 在一些物种中，它以侧线器官（lateral line organ）作为其第三个成员，鱼类身上就有侧线系统（lateral line system）。

第四，在可见的事物中，多样性以一种并列的分组、一种不连贯的队列被安排。事物在一个包含了它们和我们的视野连续体中展现自身。噪音和乐音单独出现或者作为单一的组合而出现，并以连续和并列的方式安排自身。可见事物的边界是空间的，可听事物的边界是时间的。轮廓把事物与事物区分开来，和弦把音调与音调联系起来。

在整个视野中，眼睛必须将事物与事物分开和隔离，并且按照不同部分排列该整体。眼睛的程序主要是分析性的。耳朵把音调联结在一起，这些音调作为一个句子、一个乐章、一支旋律的组成部分单独出现，耳朵主要是一个合成感官。在视觉事件中，开始和结束可以被同步掌握，因此，在它们中可以确立和比较有限的量值。我们比较数的大小并进行计算。在听觉事件中，我们知觉某种结构的节拍与节奏，我们把握诗歌中的韵律和韵律模式。在视觉事件中有倍增，在听觉事件中有重复。因为开始和结束在声音中无法同时被给予，当前的时刻既指向后面又指向前面；作为一个部分呈现给我们的单个单元，需要被理解为某个整体的一个随时间而发展的成员。

第五，视觉连续体延续到富于特性的黑暗中。黑暗以一种不同于我们在其中感知寂静的方式可见。每种感觉都具有其自身特有的虚空形式。

第六，在可见的领域中，他者在一定距离、远处和对立面出现。许多"远处的东西"将我的"此处"界定为逍遥住所。另外，噪音和音调充满空间，压迫着我。在静态视觉连续体的开放视野中，我可以把自己指向他者，向其前进。他者作为一个目标展现在我面前，我在当下时刻看到它，它成为一个我还未实现但能够并将会实现的目的。视觉空间对未来开放，然而，声音的绳索却在特定时刻抓住了我，它是属于当下的，并决定了我的现在的实际唯一性；当我聆听时，我已经听到了。

第七，在看时，我积极地把自己指向可见的事物，我"用眼睛盯住"事物。但是，在听时，我是一名接收者，音调扑向我并强迫我接受。在听预示着服从。正如德语把 Hören（听见）与 Ge-horchen（服从）联系起来，希腊语中的 *akouein* 与 *hypakouein*、拉丁语中的 *audire* 和 *ob-oedire*（ob-edience 的词根）、俄语中的 slishim 和 poslocham 也是如此。语言了解这一事实，即每种感觉通道都拥有其独特的接触方式以及特有的被影响（引起同情的因素）形式。语言了解看这一活动，以及声音势不可挡的力量。语言还了解当被指向他者时，我们的凝视会遇到另一个凝视，自如地与之相会或回避它——可能确实无法忍受它。精神病理学家仍然不得不更多地关注这个活动中的方向颠倒，从所有方向盯着可卡因成瘾者的眼睛、威胁性的和迫害性的眼睛，或者从罗夏墨迹中向外看的眼睛。所有这些都揭示出特殊的自由和困扰以及权力关系，这种权力关系进入每种感觉体验，随感觉通道而变化，并伴随着日益增加的暴力出现在病理学领域。

各个方面的这些区别始终有效，然而，生理学可能会考虑刺激与兴奋以及兴奋的神经传导的关系。看以及可见事物的支配地位已经使之成为我们解释世界及理解自身的模式。真的是这样，在看时，我通常与他者一起，在它们的相互关系及独立性中看到客体。我们容易忘记"客体"一词的最初含义。我们所说的客观的论断，意味着一种认知的观点，在这种观点中，与他者的基本关系已经被弄明白了。我们的概念体系、我们的洞察力，主要——即使不完全——是根据视觉领域构建起来的。服从于这种构建，其他方面在其自身特有的构造中没有得到正确理解。

第八，如果他者远远地向凝视者显示其自身，那么作为音调，它向听者迫近，而对于触摸者而言，它则是直接当前的。每一次触摸同时也是一次被触摸，我触摸的东西也触摸着我，并且它可以在从恐怖、战栗到欲望的颤抖这整个情感范围内触摸我。我们的言语表达也相应地在及物的含义与不及物的含义之间摇摆。如果我感觉到某事物，与此同时我也感觉到（我自己）。其他语言也具有类似的作用。德语的 berühren 对应于英语的"触摸"，在这两种语言中，物理接触意义上的"触摸"均可以有情感上的"触摸"和"被触摸"的含义。在任何方面，一个人与他者的关系的交互作用都没有像在触觉领域中那么明显。

这有一个重要的社会学结果。直接的相互性限制了参与的可能性。在可见事物的广泛视野内，我们可以把自己指向某些相同的事物；音调一旦与其来源分开，就会填满空间，把我们完全包围。但是，触摸的直接交互作用将分享限制于每次的两个伙伴。触觉是排斥性的。你想要抓住东西，我必须先松手。为了声明所有权，语言以极端的方式利用触觉的排斥性。它谈到 pos-sedere（德语是 be-sitzen）。①触觉是排斥第三者的感觉。

直接的交互作用还以另一种方式限制触觉印象。触觉印象是零碎的，它们在没有"远物"（Yonder）的情况下抓住"此地"（Here）——一个位于空白地平线上的此地。随着触摸的继续，这一空白可以被他者的新片段填充，但是下一个摸索性的移动也可能把我们引入无底

---

① 美国和澳大利亚的法律已经认可了所谓的擅自占住者的权利，即通过居住在其上面而获得土地的可能性。

洞。为这种空白（它以毁灭威胁我们）所围绕，我们依附于目前依然可触摸的东西，在令人窒息的恐惧中寻找一个我们不敢放开的把柄。触摸的直接性承载了丰厚的回报。

摸索的手必须重复伸出、抓住并放开他者。在触觉领域中，肉欲性与活动性以一种特别引人注目的方式得到协调。我们将手指在桌面滑过，会感觉到作为该客体的一个特征的桌子的光滑。这个触觉印象源自运动的完成。当触觉运动停止时，触觉印象也就消失了。[1]

在这种直接的、排斥性的相互抓握中，触觉比任何其他感觉在更大程度上成为躯体联系的中介。抓住和抓握拒绝停顿下来。充满深情的触摸是一种无止境的接近过程——实际上是一种靠近与移开的过程。为了实现接近，我们必须后退一定的距离。两性之间的拥抱也是一种靠近与移开的渐进过程，这个渐进过程以性高潮和停止而告终。交流是一个事件，不是一种状态。

触摸与被触摸的交互作用几乎极少是完美的。在这样一种不常发生的会心中，我们发现自己被搅入深渊，与伙伴一起并通过伙伴体验我们存在的独特与完满。

在运用事物和器皿时则不是这样。我们被这些事物引导着。如果我们在工作中感到疲倦，那么另一个人可以安慰我们。在触摸某物以检验它时也是如此，它以一种有形的结果、一种"陈述"而告终。被"发现"的东西可以被重复。在充满深情的接触的交互作用中，不能获得任何"发现"。在这个无止境的接近过程中，我们（你和我）是不能替代的：没有其他任何人可以取代你或我。然而，医生（其检查

---

[1] 参见 D.Katz, *Der Aufbau der Tastwelt* (Leipzig:1925).

已经让他得出一个结论）能够指导他人得出相同的结论，并且另外一个人可以取代他。医生和病人不是作为我和你（I and You）相遇，而是作为明确的社会角色，即一种一般性角色的机能相遇。病人在他面前脱下衣服，因为他是一名医生；医生触摸作为一位病人的他人，病人的身体在医生的探索性双手下能产生可靠的结果。交互作用和直接性被悬置，面貌被屏蔽。尽管触摸具有亲密性，但是希波克拉底誓言要求检查者采取远距离的行为。在刺激与兴奋的生理学关系中，在兴奋的减少中，就触觉过程本身而论，一切都没有改变。被改变的是态度，以及与之相伴随的对他者的指向，这改变了客体本身。

触摸的交互作用可以在两个方向上发生变化：一方面，朝向出于检验目的的触摸，正如上面所指出的，在其中，抓握动作指向客体；另一方面，朝向被触摸物，在其中，一组发生的事件通过他者指向我。

在积极的触摸中，手作为一种工具发挥作用，我靠这个获得有关客体特征的信息。在这点上，我与其他人交换了观点。另外，在被触摸的消极状态中，我在身体的敏感、脆弱、无力及裸露中觉察到它的存在。他者越是有力地迫近我，我就越是感到被它压倒——我就越陷回我的存在的遗弃和绝望中。甚至疼痛也不仅仅是一种被动的存在状态——在疼痛中也存在一种我-世界的关系。在剥夺了我们的感觉的疼痛中——也就是说，在其中，事物不再被知觉为它们本来的面目——世界向我们迫近，并把我们囚禁在我们的身体中，同时身体也疏离了我们。

第九，没有一种感觉通道会只以一种基调发挥作用。然而，在每种感觉通道中，我与他者这一基本主题都会以一种特有的方式发生变化。在视觉中，持续性处于支配地位；在听觉中，现实的当前处于支配地位；在触觉领域是交互作用，在嗅觉与味觉领域是外貌，在痛觉领域是力量关系。全部感觉通道都被安排在一个广阔的范围中，从视觉扩展到痛觉区域。在这一感觉谱中，各个方面随着时间、空间、方向、边界、距离、运动、面貌、联系、自由和限制、接触、客观性、可数性、可分割性、可测量性、空洞形式，以及抽象、回忆和传达的可能性的变化而变化。在这个范围的一端，洞察力处于支配地位；在另一端，印象处于支配地位。人们发现，彼处是成形的措辞和作品可传达的真实的沟通，而此处是让人觉得痛苦的孤独，它最终只能在未成形的诉苦和哭泣中表现出来。

每种感觉以自己的方式支持或否定人类的理智存在。艺术只能在视觉领域和听觉领域产生，科学思维也从那里起源。只有当我们能把自己积极地指向他者，从我们自身来确定它们的界限，区分"这个"与"什么"，并按其顺序和联系把握"什么"时，科学和艺术才成为可能。当我们自身受到过于强烈的影响时，这种可能性就消失了。有时，这甚至可能发生在视觉方面，但是作为一种规则，它发生于感觉谱的对立的一端。恐惧、兴奋和痛苦不是有利于沉思的条件。如在夜晚，在一片陌生的树林里，我所能及的范围缩小了，事物在向我逼近，方向颠倒了并指向我，我的环境的面貌被改变了，所有客体的形状也随之发生了变化。

四、在世存在的幻觉模式

通过一个综合性的主题，我们可以说：我们的日常世界在感觉经验的媒介物中形成，并与感觉通道的特性一致。幻觉在被扭曲的感觉通道的媒介物中生成。它们在我－世界关系发生病理性改变的地方出现。病理改变的原因可能很多并且是多样的，它们的侵袭可能是次要的，也可能是首要的。我们可以在我－世界关系被改变最深刻的地方预期到最严重的失调，在那里，一个人与他者关系的病理性障碍是如此大地改变了方向、距离和边界，以至于他者似乎以新的外观呈现。

我们受到影响的存在决定了经验现实。现实不能通过任何特征的标度盘来加以解读；它不能根据事件受控制的发生顺序来加以判断，也不是感觉信息的后继增加物；它是感觉经验本身一个最初的和不可分离的因素。感觉经验与经验现实是同一回事。根据普遍的原则，感觉经验中不存在效度的问题。感觉经验的真实性不需要随后的辩护。它先于并超越怀疑。其合理性就是感觉经验本身——我的被包围，一个事件与我的存在的适合性。他者在其正在影响并已经影响我的范围内是真实的。在我被俘获的病理性改变中，具有现实性和肉欲性特征的结构得以形成，这些结构类似于正常的结构，但是又与其不同，就像"声音"不同于演说中的发声一样。让我通过一些例子来阐明美学对理解幻觉的帮助。

其一，在酒精性谵妄中，视觉的感觉通道以一种特有方式受到歪曲。视觉领域是具有稳定性和同一性的领域，酒精性谵妄则具有不稳定与失去同一的特征。不稳定影响作为整体的空间结构，具体地影响可见事物。有人可能会试图通过指出平衡器官的失调来进行解释，这些的确能影响他们在视觉方面与他者的关系，但是它们不能解释精神错乱状态中幻想症状的全部。我们发现，类似的稳定性的破坏、一种进行性的轮廓模糊、一种甚至在致幻情况下的同质异形及千变万化的形式转变，也很少甚至不会影响平衡器官。视觉幻觉中运动神经元的不安显示——正如三甲氧苯乙胺①实验显示的那样——不是完全依赖于运动神经元的兴奋。②

在视觉中，一般来说正确的是，我们被指向看到的事物，甚至在谵妄中，这种态度也不会完全消失。精神错乱的被试常常发现自己身处一种令人毛骨悚然的环境中，这种环境以极度的痛苦威胁着他。但是，通常这种场景不是自我中心地构建的。病人变成极度恐怖的一位目击者，这种恐怖控制了他，但是并非单独指向他，对他而言也不意味着排除所有其他人。这与这一事实非常一致，即由酒精引起幻觉状态的病人完全处于有关他并对他不利的声音中，相比之下，谵妄的酗酒者依然可以理解言辞，并且当建立联系时，他们易受暗示的影响。我们在此也可以回想起三甲氧苯乙胺和大麻中毒者的听觉经验一般不会集中出现在中毒的被试身上。噪音充满并刺破空间，它们常常具有给予感官快感的、"广阔无边的"特性，它们控制听者，洞穿其存在，以致他感受到音乐的运动和作为一个人的自己（或者感受到自己做音乐运动）。这种融合与被声音追赶的那个人的单独和孤立形成鲜明对照。很显然，在这两个群体中，我与他者关系的不同种类的卷入起到了作用。

在梦幻般的谵妄状态中，可以识别出不稳定性与同一性的缺失。与我们在觉醒的存在中所遇到的事物的可靠性与恒定性相比，不稳定的事物、变形的转换标志着梦的结构。尽管这是确定的，即清醒

---

① 三甲氧苯乙胺（mescalin），即仙人球毒碱，一种致幻剂。——中译者注
② 参见 Mayer-Gross, "Psychopathologie und Klinik der Trugwahrnehmungen," Bumke's *Handbuch der Psychiatrie* (Berlin: 1928), Bd.I, S.449。

时，我们可以区分梦的世界与白天的觉醒状态，但是很难说是什么使我们能做出这种区分——觉醒如何理解它本身。至少可以确定，每天早晨，我们重拾我们在夜晚放下的思路。清醒的一天与另一天结合作为其继续；但是，夜晚的梦与此前的夜晚的那些梦并没有明显的联系。实际上，觉醒的感觉经验的每一个时刻都在某个连续体上拥有其位置，我们无法将它从这个连续体上移走。在我的回忆中，我可以把自己送回到数十年前；在觉醒的感觉经验中，我只能从现在向现在前进，进入未来。从概念上说，我可以把分钟、小时、世纪放到一个整体中。在觉醒的经验中，我始终被束缚在时间中的某一点上；只有它具有现实——在我的存在的发展中的现实——的特点。在我的想象中，我可以一步越过海洋；在感觉经验中，我则无法跳跃。要走到房门前，我必须先经过这个地方，然后经过那个地方。觉醒的存在具有其自身特有的重量①，没有珀加索斯（Pegasus）②能把我们带走。同样，觉醒的经验具有其特有的秩序和精度。每一个时刻都在有意义的预期中被指向随后的时刻。时间序列与作为视角的有意义顺序的序列相吻合。序列带来一个不可避免的结果。在这一连续体中，我可以使他者具有完全的具体性和明确性。它必须以一种明确的方式展现自身，它必须是可限定的。只有在生理觉醒中，我们才具有预期的力量；在预期的连续体中，我们掌握我们的觉醒。在睡眠中、在晕眩中、在梦

164

---

① 我们也应该很好地把这种重量设想为物理的。睡眠和觉醒是生理现象，像感觉经验一样，它们属于作为具体化的个体的我们。当觉醒时，我们意识到我们的局限和重力，以及这种恰恰只有他可以单独体验重力的活动的生物。做梦的人只能梦到他在运动；他没有运动，他不受重力的负担。一个三甲氧苯乙胺或大麻中毒的人具有"所有重量都消失"的体验。

② 希腊神话中有双翼的飞马，其足蹄踩过之处有泉水涌出，诗人饮之可获灵感。——中译者注

第五章 感觉学与幻觉　　237

中、在意识混乱时，连续体瓦解了，当前不再是预期的实现，它也不会在新的预期中超出自身。于是，事物的稳定性瓦解了，经验联系的秩序也被打破了，抽象和批判性深思的可能性也因此遭到破坏。[①]它们要求突破感觉范围，超越某一时刻。当清醒时，我们把觉醒的现实与梦区分开来；然而，在睡眠中，我们可能变老，一次又一次地屈服于梦的力量。我们无法把我们批判性的觉醒意识延续入梦中，我们完全为梦的经验所困。思想和回忆如今不再获得"真实感觉"的特性——现实的类型被改变。这种影响是决定性的。

其二，方向和边界随卷入而变化。大麻和三甲氧苯乙胺实验已经提供了证明这种联系的丰富材料。颜色的饱和度和强烈的光泽、香味与噪音的突出仅仅是前奏。随着中毒的加剧，人类容貌也变得更加富有表现力，更显著，更意味深长。生理现象向中毒者揭示了其目的的本质。然而，在稍后一个阶段，卷入的改变和力量关系的变化以一种明显相反的方向表现出来。实验被试开始感受到影响：从他者的注视中产生一种可怕的、强烈的、不可抗拒的影响。此类经验可能会导致进一步做出妄想性的细致描述和查询，但是，它们起源于直接的感觉领域。

在与他者的每种关系中，在指向和反指向中，在经常提到的力量关系中，被影响、被压倒和被困扰的经验最初是当下的。随着卷入的变换，生理现象特征更为清晰地凸显出来。起初，这些特征仅仅被感觉为强加于人的且具有持久性，表明已经存在一种发源于他者的力量，这种力量不断增长从而控制我们。

[①] 癔症的幻想经验通常以以下事实为特征，即它们不会发生在一种变形、不稳定的领域，也不会发生在碎裂的连续体中。

每当他者不是一种中性品质，而是自我展现为诱惑性的或令人惊恐的、使人平静或威胁性的，展现为一个友好的或敌意的行动中心时，就会使用到生理现象这个词。因此，使人平静或威胁性的生理现象也不是被推断出来的，而是在感觉经验的直接性中被感受到的。三甲氧苯乙胺中毒时不断增加的被动性，会引发不断增强的感官依赖经验。与之相关的还有时间和空间的改变：时间的中止，空间的无限。远和近，包括它们的可见形式在内，不是仅仅被理解为一种视觉现象，而是表现为近与远的空间深度，组织与某项运动的存在有关的空间，组织某一行动区域。近与远是所及、可及的现象。被动性把可及之物移至某无限远处，这一概念为该观察所证实，即在三甲氧苯乙胺中毒后，盲人会像那些视力正常的人一样经历空间的改变。[1]

主客体边界的消失、与环境融为一体，已经极具规律性地得到观察。身体图式的改变也可能是个体活动经验中的变化。三甲氧苯乙胺中毒者甚至在"知道"自己的手放在膝盖上时，可能还会体验到他的手被抬起来、被分离并保持在空中悬浮。身体图式不是躯体构造的图像，而是可能行动的一种"图式"。自由行动的直接参与胜过反面的观点。同样，在人格解体中，事物的实际秩序得到保护。可见的距离没有改变，改变的只是眼前的冷淡。一道不可逾越的边界把人格解体者与他者分离，他者在他看来是"不真实的"。使用这个词的病人自发地关注现实的意义，似乎它是在感觉经验之中得以确立的。现实的特征丢失了，因为事物无法再被整合进个人存在的时间秩序中。大麻中毒者可能成为他者的一部分。人格解体者在无助的孤立中面对

---

[1] 参见 K.Zucker, Z.*Neur.*, Vol.127, 1930, p.108。

他者。

其三，我们把折磨精神分裂症患者的声音视为一种症状，这种症状同样体现出一种特殊的卷入模式。这些声音被听到，它们是听觉现象，但是，它们同样不同到足以与其他所有可听得见的声音形成对照。它们的接收模式是一种与听觉相似的受到影响的模式。这些声音出现在一个被打乱的听觉区域，并在一种最类似于聆听的与他者的关系中与病人相遇，它们是准听觉的。

正如存在一些能把自己与发声体分离开来，在弥漫的空间中获得独立存在的声响一样，同样还存在一种对病人说话的声音——是声音，不是人。即使当病人能识别出这些声音——以一种笼统的方式——是男性的还是女性的、响亮的还是轻柔的、清晰的还是难以辨别的，甚或当他把它们归于某些个体时，迫近他的还是声音：声音是当下的，而非讲话者是当下的。人们很少提到起传播作用的器材，因此显而易见，只有声音才是直接当下的。不管怎样，解释的努力虽然有作用，但只是起到次要作用。声音如此强烈地冲击患者，以至于关于它们的传递是怎样的、其存在的可能性等问题始终无关紧要。在精神分裂症的卷入中，一个令人不安的现实得以展示，所有批判性意见都不得不承认这个现实。阻碍和距离并不重要。事物的一般秩序，即在其中每个客体以自身有限的范围和影响领域拥有其位置不再有效。没有边界，没有计量和计量的标准，也没有把空间分为危险和安全地带的组织。他者是一个敌对领域，在这一领域中，病人发现自己非常孤单，几乎没有防御，被交付给了一种从四面八方威胁他的力量。声音针对着他，它们已经挑选了他，把他与其他人分开。他确信它们指定了他，不是他人。他并不奇怪他的邻居什么也听不到。实际上，他全然不奇怪。他既不质问自己，也不质问别人，也不质问事物；他不检验他的印象，也不根据一般的规则对其进行评价。"在世界上，它碰巧发生在我身上"，感觉经验的这种特性完全适用于对声音的听觉，正如为那个特有事实所证实的那样，对声音的听觉是感觉经验的一个基本和首要的干扰。也就是说，它是在世存在的一种基本的改变，在这种改变中，他者以一种怪诞的、无法理解的方式显现自己，但是以直接的确定性向病人显现。在那个世界，没有合作，没有东拉西扯的阐述。病人无法使自己为我们所理解，实际上，他无法理解自己和他的世界，他只是在一个破碎的时间序列中体验这个世界。共享的或个人的理解，需要某种淡漠，需要把自己与印象冲击相分离的可能性、反省自己的可能性、把自己放进一种一般秩序（在这种秩序中，位置可以互换）的可能性。声音的力量类似于所有声响的力量，尽管重要，但是准确地说，声响并非一种事物，它不是一种我们能操作的个别事物（pragmata）。人无法对声响做任何事，然而它又并非空无一物；它躲避我们的掌握，我们无助地处于它的作用之下。声响的力量在发音清晰的词中、在语词中、在上帝创造性的命令中、在预先确定的神说的话（fatum）中，即在法官意见、法官的判决、良心的声音中继续起作用。良心的声音对肆意妄为的他发出警告和告诫。精神分裂症的声音嘲笑着、迫害着、命令着病人，它不允许他自由地反思。声音无处不在；"它们"不可避免地压迫着病人，就像毒气充满了空气，我们自身的呼吸迫使我们吸入。良心的声音裁决过去，权衡未来。精神分裂症的声音属于当下，但总是立即消失。如果需要的话，我们可以用更大的声音去淹没噪音，我们可以驳倒我们不喜欢的言论。精神病患者几乎从不尝试这种防御方法，一贯如此。他在行动方面无能为力，不仅是在他的活动性上——一个虚弱的受害者。

由于行动的无能为力，将他者与经验性存在分开的边界改变了。我们确信，病人在幻觉中听到的声音是他自己的声音，他将某些属于他的事物体验为属于他者。我把由我支配的事物，顺从我、注意我、属于我的事物，称为"我的"，正如我正创造和已经创造的东西也被称为"我的"一样；后者，相反，是我所属于和对我提出明确要求的东西——狭义地界定就是还有我对其拥有创造或支配的直接权力的事物。发生在声音听觉中的"我的"与"他的"之间的边界变化，又一次表明自由领域中的改变，它指明了一个人的卷入的一种主要改变。

一场风暴、一次地震、冷与热会影响我们所有人。声音是空气中的，就像大风和寒冷一样，但是它们只针对一个人，并且它们不仅冲击其有机体存在中的他，还冲击在他自身的自我中作为一个人类个体的他。声音实际上像声响一样起作用，然而它们意味着言辞、批评和嘲笑。在抓住个体时，它们在其真正的人性中，在道德和审美行动领域向他发起攻击。这种情况曾引起对"声音"的任何感觉特性的怀疑。精神分裂症患者的"镇静"、幻觉体验与正常倾向性的共存也是如此。然而，正是这种怀疑态度指出了解决问题的道路，因为疾病攻击的是那些直到其暴发时还活着并作为人类而行动的人。精神分裂过程侵蚀着历史上已发展起来的东西。在卷入的基本改变中，他者、世界展现一种与感觉经验相一致的面貌。在这个转变阶段，一些怪异的东西不请自来，日常事物获得一种神秘的意义，直到这个熟悉的世界崩溃。许多妄想的经验和所谓的参考观点具有比我们习惯术语所指出的多得多的基本感觉内容。因此，声音的听觉位于所谓的"动觉"幻觉与诸如自动思维、被攫取的观念或被听到的想法之类的现象领域之间。

正如这位病人是声音的受害者一样，他也是触觉幻觉的受害者。他能感受被触碰，但他触碰不到任何东西。占有一个女人的恶魔并不能同时在幻觉中得到她的拥抱。触觉经验的相互性被取消了。一种敌对的力量不断触碰着这个病人，但即使在离他最近时，他也抓不住这种力量。这一触碰是远距离进行的：受害者被吹拂、被喷溅、被电击、被催眠。视觉幻觉（在精神分裂症中很少见）可能遵从同样的模式：视觉的方向被颠倒，病人失明，光束对准他们，图像被扔到他们身上。这种敌对力量类似于风、河流和火，它们在流动、易变以及不可能被捕获这些方面与声音类似：它们刺入病人最内在的存在，它们攫取他的心，它们强暴他，然而它们始终待在远处。正如由迫害者所利用的神秘机器传达的那样，从技术上解释了被体验到的影响再一次揭示个人行动被转换成为基本的事件的真相。

思维的自动作用表明，病人被拒绝给予对世界进行任何自发和自由的考察；他的思维被理解，他的心灵被解读，意味着他内心生活的壁垒已经被铲平，他的存在的最内在的领域已经被侵占。在结构方面与许多运动现象（如诱导运动、命令与自动化、模仿运动、违拗等）近似，这一点似乎很明显。一个人与他者的关系的根本改变无法被限制在感觉领域。但是，眼下我们必须满足于这些建议。

我们的目的是通过一些例子阐明幻觉在变形的感觉通道领域中的形成，以及它是如何形成的。它们是我－他者基本关系中的变量和病理变化。因此，它们拥有现实的特性，从属于所有感觉经验，而不是与许多经验并列。感觉经验是所有经验的基本形式，其他的存在模式——如思维、记忆、想象——从它这里分离出去，却又总会回归这里。感觉经验是属于当下的。但是，当下的现在（Now）总是我的现在，是我的生成的一个时刻。其时时刻刻被包围，感觉经验自身的本质是对于他者的效验即现实的敏感。精神分裂症患者不是从现实中退回到梦想领域；他陷入一种陌生的、具有某种面貌的现实中，这种面貌在最严重的情况下会使所有的行动失去功能并切断所有的交流。

第六章
强迫症患者的世界*

冯·格布萨特尔

一、问题

在遇到强迫症患者时,始终强烈吸引我们的是他们无法被看透的(也许是看不透的)与众不同的特性。70年的临床工作和科学研究都未改变对这种反应的认识。我们不断注意到有一个同伴在场时的亲密关系与一种完全不属于我们自身的奇怪的疏离感之间的矛盾,治疗精神病总是给我们带来惊愕。这种兴奋不断地将有关强迫症患者所生活的世界的问题推给我们,因为我们的世界(他在其中被发现)似乎并不是他的世界。实际上,在强迫症患者的现象中所发现的矛盾并不能把他与精神病学家遇到的其他患者区别开来;但是,在没有认识到自身异常的情况下,强迫症患者阐明其自身异常的清晰性,以及因此而不断增加的有关其存在的悖论,如果有可能的话,只会提升精神病情

---

* 由希尔维亚·科佩尔(Sylvia Koppel)和恩斯特·安杰尔翻译(该文已被大大节略。原文包含三个病史记录,在此次翻译中只描述了一个,即最好地阐明了本文观念的那一个。——编者注)。The bibliographic reference is Viktor E.Von Gebsattel, "Die Welt des Zwangskranken," *Monatsschrift für Psychiatrie und Neurologie*, Vol.99 (1938), pp.10-74; 修订于 *Prolegomena einer medizinischen Anthropologie* (Berlin-Göttingen-Heidelberg: Springer-Verlag, 1954), pp.74-128。

感的敏锐度，并且以特别的强调使这种情感延续。

我们探究的焦点是强迫症患者的全部，主要是其存在的特殊方式，他以这种方式被安置于一个不同于我们自己的存在的独特世界中。在这一点上，我们希望超越单纯的功能、行为和经验的分析，同样也超越精神分析的深度心理学驱力理论，超越有关在患上脑炎之后出现的强迫性现象所激发的强迫症的简单的性格与责任理论。这些类型的研究结果构成我们研究方法的前提，我们愿意将其称为一种结构性综合的方法。以下探究将以现象学-人类学-结构学理论为研究基础，通过临床分析获得数据在此基础上进行相应研究，并且获得其恰当的意义。

治疗精神病的惊愕之感，与无法解释的其他存在的会心经历，正好是我们最初提出的问题的一部分。在这种会心中，给人深刻印象的正是这一在其人性整体中无法解释的其他存在。一个人类同胞的这种"与众不同"——它同样会激发我们的同情和理智上的好奇——在他的机能、生活史、性格等方面的差异，换句话说，在人们通常所说的病人的症状方面，没有得到详尽无遗的研究。后者吸引着我们的好奇心、才智并吸引我们进行科学理解，但是治疗精神病所感受到的惊愕比好奇心、兴趣和科学理解延伸更远。这种惊愕具有存在的意义。人们不仅是作为一名科学家或精神病学家感到惊愕，更作为一名同胞而惊愕，也就是说，那种存在水平先于作为一名科学家或医生的存在水平，而且它为后两者提供了基础。实际上，在这一根本的惊愕中，熟悉的人性现象与这种我们完全不能理解的陌生存在方式之间的矛盾使我们的参与更加坚定。的确如此，事实是我们求知意愿的最大努力，也未能使我们踏足他人——例如强迫性者——所处之地。所关注的与这一对象有关的全部精神病学知识，都有接近它的可能，却永远不可能完全理解它。这一将人与人分开并且只能在理智上而非经验上得到克服的终极分离，已经回响在这种出于同情的惊愕之中。

但是，或许正因如此，存在－人类学的研究才关注强迫症患者的整体。这些可能成功的努力已经由宾斯万格在"思想奔逸的研究"中以精确的、意义深远的研究得到明确展示。在人类思考这一领域中，新的洞察往往通过观察者对自身的反省得到承认。因此，观察者将问题因素列入其系统阐述中，尽管这些因素包含在他的处境中，但在他匆忙地从理智到达事件缘由的过程中他却没有考虑到这些因素。一个这样的因素，例如出于同情的惊愕——由于我们以"惊愕"形式出现的存在模式总是包含在这个问题之中——同样能够引导我们超越纯粹科学主义取向的理智的边界及其机能－理论化和机能－机械论思想序列的倾向。正如已提到的那样，我们的目标不是贬低理智成就的价值，而是为了发扬这些成就的真正意义，减少它们在拥有存在－人类学背景的新秩序中的发言权。

二、一个案例的病史

我们的思考以一个临床病例为出发点。每一个强迫症病例都为观察者提供了无数富有启发的认识，并能吸引他——通过深入研究病例的个别性和独特性——把自己投入强迫性人格患者的性格学特征、结构及其逻辑中。必须明确强调的是，这远非我们的目的。因此，出于只是给接下来的思考提供清晰的背景这个目的，下面只粗略地交代病史记录。此外，我们将避免又一次采取对强迫现象的众多分类原则。我们的例子对于"强迫性精神病"（anankastic[①] psychopath）（Eugen Kahn, Kur Schneider, Binder）这种类型具有代表性。强迫性精神病代表这样一类强迫症，即强迫现象在患者身上获得最为深远的系统发展。这种类型的患者完全生活在他自己的独特世界中，这对于存在-人类学的思考方式具有某种特殊意义［正如邦赫费尔（Bonhoeffer）所证实的那样，或许也可以说具有强迫症状的忧郁症患者与此类似］。我们坚信，这些展现了症状的最纯粹形式的病例也是适合作为示范的典型病例。

H.H. 的个案

患者17岁，给人害羞、局促不安、沮丧、性格内向、拘谨、聪明而富有野心的印象。他早先曾是班级干部，学习成绩较好。1937年8月，他因彻底的失败而不得不离开学校（高级中学）——冰冻三尺，非一日之寒。

他抱怨他的强迫行为，他对万事都是强迫的，没有一秒钟能摆脱强迫行为。他强烈希望摆脱痛苦，却不相信自己可以被治愈。让我们看一下他的病例的独特性。他已经被强迫行为折磨了8年，却不知道困扰他的是什么，他认为自己是变态的。在他第一次忏悔时，他的思

[①] anankastic 一词源于希腊语 *ananke*（命运），后者意指"被命运束缚"——意指不可避免、没有逃避的可能性的感受，这是这些患者主观上的体验。在道兰（Dorland）的《医学词典》（*Medical Dictionary*）中，这一术语拼写为"anancastic"，并被不严格地定义为"与强迫症患者相同"。实际上，"anankastic"只是几种强迫类型中的一种。术语"psychopath"在这一上下文中具有非常不同于在我们的精神病学语言中所指定给它的含义；它指的是此类病人身上固有的心理病理成分。——编者注

想完全围绕着忏悔，他从不认为这种忏悔是有效的，因为尽管经过了一小时的努力，他却从未在自己身上唤起过一种"全然的悔悟"。关于誓言的焦虑折磨着他。在天使般虔诚的祈祷中，他感到自己不得不想象每一个字母，如果没有做到这一点，那将是"不可饶恕的大罪"。于是，他不得不对自己发誓要做到这一点。然而，由于他没有做到，他违背了誓言、誓约，因此必须为发假誓忏悔150次。与反复的忏悔祈祷有关，还出现了一种数数的强迫行为。这与第六戒律有关，他的表现是这样的：人想过或做过不贞之事，就必须忏悔。实际上，这样的事情一件也没发生过。但是，如果一个男孩在学校谈到某些不贞之事，而他听到了，他就想到了这件事，因为一个人不可能听到某事却不去想。而他也的确这么做了，因为任何思考都是一种行为。这导致他极度严重的良心不安。后来，他停止了忏悔。大约12岁时，他发生了第一次梦遗，他误以为是"尿床"。第二天早晨，他注意到身上的异味，并确定阴茎湿了。从那以后，他会观察尿液滴落。他会一连几个小时坐在马桶上，等待尿液滴完；他会仔细地把阴茎擦干，并用手纸把它包裹起来以防止尿液沾到衬衫上。假如在此过程中受到打扰，他就会用力缩紧骨盆站立一两个小时，用手撑着前面的桌子，防止阴茎在变干之前把衬衫弄湿。尽管采取了这些措施，但还是产生了一种"气味"，它沾在他的衣服上，整天控制着他。至今仍然如此。他总是想到自己身上有难闻的气味，并且因此引人注目，这妨碍了他与别人谈话和交往。因为他的令人厌恶的体味，他甚至不能打电话。即使当他独自一人时，这种气味还是在所有事情上困扰他，以致他无法做任何事情。他几乎是被它"钉住"了。由于这种他认为是客观事实的气味，他感到害羞和局促不安。

总之，强迫行为在每件事上都控制了他。它们从早晨一起床便开始了。他必须根据已经精确规定好的仪式进行下去。他把每个行为、每项工作都分解成非常细微的单个动作。每个动作必须被精确执行，而且他对每个动作都必须仔细注意。每件事情都被排序和如此安排——起床、洗漱、擦干、穿衣：首先是这个动作，接下来是那个动作（分离强迫加上控制强迫）。他必须经常抬起手臂站着，紧紧抓住海绵，才能继续下去。然后，再一次地，他必须站住，把所有事情再想一遍，特别是在他感觉有些事情做得不对，或者他"走神"（即没有密切专心于任务）时。这种重演尤其会出现在他在完成仪式的过程中受到某些干扰或有所遗漏之后。他经常被这种印象折磨，即他必须要做的事情没有做对，或者做得不够精确或自觉，出于这一原因，他实际上从未"好好洗漱"或"整洁着装"过。他如厕需要好几个小时，却从未真正完成，所有事情他都迟到。由于这个原因，他感到"内疚"。这种对顺序的强迫控制了一切，甚至包括他吃饭和进出门的方式；在后一行为中，他必须保证从不碰到任何东西。他觉得如果他碰到了什么东西，他就变脏了。如果他的父亲来探病时把外套挂在他的浴衣上，父亲的外套就被尿弄脏了；他在把外套挂到家里的壁橱时，必须小心不要挨近父亲的外套，否则他就再也不穿他的外套了。通过接触，污秽会散布到无数物体上。

他还表现出一种洗漱强迫。只有偶尔遇到可以阅读的东西时，他才能阅读。假如他想要阅读的话，他则完全不能做到，因为他必须把每个单词分成单独的字母。他从未有过片刻安宁，总有些事情必须加以分析和检查，总有些事情必须加以重演、重复或洗涤——在一切事情上，他都被自己令人厌恶的体味困扰着，这种体味是所有事情中最令人头痛的。他感到沮丧、毫无希望，并且认为，像他一样的人，如果任其自生自灭的话，都将饿死，没有性生活。

三、强迫症候群的障碍方面："强迫性恐惧"

正如精神病学界所认可的那样，我们的慢性强迫症完全证实了强迫症候的双重性：首先是通常采取恐惧形式的"障碍心灵论"（Stoerungspychismus），并对此做出反应，它属于明显的强迫活动的"防御心灵论"（Abwehrpsiychismus）。强迫症候群的恐惧方面以其着魔状态的突出、坚定不移的特征，受到法国精神病学家们的强调，他们论及"强迫观念"和"强迫神经症"。德国精神病学则更喜欢强调"强迫行为"的因素。接下来，如果我们在强迫性恐惧与强迫性防御心灵论之间加以区分的话，那么我们就是为了强迫性人格及其相关世界中的条理而分割一个整体；在该整体中，一系列的成分通常可以互换。

与许多作者截然不同，我们支持那些认为强迫症候群的恐惧性特点几乎是必不可少的研究者。然而，我们也认识到，强迫性恐惧必须被看作只是一种更为基本的障碍的一个症状，从属于患者与这个世界——与将他交付给这个焦虑世界的那种事情——的关系中的根本障碍。但是，正如我们将看到的那样，这种障碍的本质——它发生在恐惧现象之前，并且与其他相比是"基本的"（de Clérambault）——尽管得到病人的确凿报告，却无法被精确地确定。

案例向我们揭示了这些焦虑的世界。例如，它们以一个人自己身体上的一种恐惧性气味的形式呈现。

一种恐惧性气味幻觉

居于 H.H. 的强迫症的核心的因素（明显可以看出是"障碍心灵论"）是受到一种虚幻的体味的困扰。我们已经知道，从生物学角度看，这种虚幻的气味产生于第一次遗精，然后始终[①]将自己植入泌尿和排泄系统中。这个个案作为强迫意志障碍的典型而引人注目。排泄过后的清洁过程通常需要数小时——尽管这样，阴茎还是潮湿的，即不干净的，并因此能把这种不洁以令人厌恶的气味的形式转移到衣服上。我们在此看到一种非常值得思考的、在完成事情以及将之结束方面的损伤，完全不能执行中止行为（Janet）。如果在特定程序的帮助下，清洁阴茎的过程最终似乎完成了，那么随后很快出现在衣服上的气味，即总是由于某种布料的特性传播的尿味，立即证明了相反的结果。的确，这种清理过程本身，实际上还有排泄，都正在造成污染，这种污染一方面在空间中散播（到衣服上），另一方面在时间中散播，从一个时刻到另一个时刻，它会延续一整天。实际上，与这种强迫性的幻觉恐惧完全一致，还有一种对幻觉性尿味的完全专注。此时，任何生活情境都具有作为实现潜在强迫观念的场景的重要意义，无论其是否涉及与人会面、打电话、工作、阅读、玩乐、吃饭、思考、祈祷还是其他。意识到这种恶心的气味总是令人烦恼的，它与一种痛苦、嫌弃、羞愧和厌恶感紧密相连。这种恐惧性厌恶反应的反射性特点一目了然。总之，它妨碍了一切正常的行为、一切正常的职业、一切正

[①] "始终"涉及强迫症患者退行的生活指向。

常的与人关系密切的经历；它把患者隔离，把他限制在不得不厌恶地闻着自己身上气味的强迫性循环中。

在 H.H. 的强迫性症候群的所有症状中，最令人不愉快的就是气味，因为它总是存在而无法消除，而且由于它居于自我概念的中心，故而尤其令人痛苦。对他自己以及他人而言，他是一只"令人恶心的臭鼬"。一天几次从头到脚地换衣服或者频繁地洗澡都不能让问题减轻，闻起来很糟或至少"古怪"的印象挥之不去，并把恐惧、强烈、令人痉挛的关注强加于自身（Reflexionskrampf）。在强迫症患者，尤其是处于青春期的强迫症患者身上，这种关注通常由一种对自己身体的厌恶感所促成。

我们看到，恐惧性的气味幻觉与一种在终结事情方面的能力障碍——尤其是在完成清洁身体的行为方面的无能——密切联系。这种尿味的持续使其不能着手白天的任务——例如学校功课，以及进一步的日常活动和指向新的目标。就对此的无力感减轻的意义上说，患者对气味幻觉的专注增加了。白天产生的所有难题被遗弃在那里——在这种抑制作用中，也许可以这么说，反射性气味幻觉的出现总是重新点燃自己，结果，对幻觉的专注构成了一个同质的连续体，填满正在流逝的时间。H.H. 被"钉在"这种气味上。因此，恰当地说，其体味的持久性与以牺牲未来为代价被拴在过去是同义的，同样，后者由呈现其自身的那些任务所表现。进一步来看，H.H. 未除去的过去的污染是真正意义上的污染本身。它作为一种负荷着讨厌气味的个人散发物出现，但是仅仅作为这种现象出现。在这一表面背后，有可能的话，存在的是 H.H. 无法把能量之流投入执行一项任务取向的自我发展，并由此在这种能量的停滞中净化自身。这种无能是一种实际障碍，也许与内在的抑郁性抑制有关。总之，生活过程的阻塞或阻碍都以其得到表现，此外是生活的时间限制受到阻碍——"生成"被阻碍，过去被固定。这种固定可能被体验为一种污染。在人身上，这一污染表现为体验到产生焦虑的气味。由于它根本不是一个真正的气味或实际的污染问题，因此相反，气味和污染都是一种生活的象征，这种生活被剥夺了净化——其未来定向——的可能性。因此，我们认识到，这位强迫症患者做了并非他真正想要做的事情，他真正想要做的却无法做到。在强迫行为中体现出的缺少自由应属于其处境的本质。

四、强迫症候群与强迫本质的防御方面

H.H.个案还在另一方面具有启发性。与许多强迫症患者一样，他饱受行为能力的障碍之苦，这种障碍尤其体现为对开始做某件新事或完成某事的阻碍。H.H.无法完成任何事情，因为他的外在行为缺少内在个人经历的清晰性，此外还缺少完成的体验。这里存在一种行为与发生之间的分裂：当H.H.穿着衣服站在房间里，解释说自己不能出去，因为他不知道自己是否真的穿上了衣服时，这种分裂呈现一种怪诞的形式。我们看到，一种行为在其已经用于完成一个目标的意义上可以被执行，这个目标就其生活经历的意义而论未被完成——或者实际上，根本已经发生过了。尽管行动已经完成，但是似乎尚未完成。作为一个在时间中前进的活着的存在，这个人没有进入其行为的客观表现，并由此产生——在这一行为完成之后——对其发生的真实性的怀疑。为了留下关于被完成的事真的被完成了这样的印象，至少需要

另一种外显行为——例如，踏步或吞咽或用舌头发出咔嗒声等类似命令（在詹姆士所使用的意义上，指一个"法令"）的东西。

从 H.H. 的病史中，我们了解到他在行为能力方面以这样一种方式遇到了障碍，这种方式在法国被称为关于精确的躁狂症（la manie de précision），换言之，是一种追求精确的强迫行为。他的仪式在于将每一种行为分成部分，分成越来越小的动作细节，这些细节被依照其内容精确地加以确定，精确地彼此区分开，并根据顺序被精确地加以规划。人们可能会谈到一种行为的"分割"（saccadierten）[①] 形式（"dividual" form of action）。因此，早晨的如厕包含数量固定的单个动作，这些动作被精确地彼此分开，一个紧接着一个。为了遵守计划表，有必要加入一种控制性强迫并以警觉的注意力检查所有动作及其顺序。不经意的差错会破坏行为的效果，因此，重复的强迫行为立即插入——他必须从头开始——或它足以以心理形式实现重复。此外，任何不经意的不完美都会被注意到，并被患者体验为满怀内疚，通过他体味幻觉的加剧而惩罚他。

体味幻觉的加剧（这证明 H.H. 感觉他是一只"令人恶心的臭鼬"是有理由的），与他在精确性上的失败一起，使人明白不精确性不仅被看作一种行为的损伤，还被体验为一种污染。人们可能会想起日常语言同样描述了"干净"（clean）与"精确"（exact）之间的关系：谁射击精确，谁就射得"干净"（cleanly）；精确的手艺被描述为"干净的做工."（clean work）。当一项工作做得不精确时，我们就称之为"不干净"（not clean），而且因此认为其不算完成。无疑，带着追求精确

[①] "saccadiert" 既隐含片断之意又含有混乱之意。——编者注

的"分离的"强迫，H.H.一心想为他在行动中的完美而战，这种完美却总是躲避他；而他的困扰正在于此——外在任务的完成并不同时包含此人的生成过程、他的及时发展以及自我实现的行动。

与此同时，H.H.用他分离的行为来保护自己——尽管是不成功的——免遭污染，这种可能性总是以控制他（一半作为疑病症患者，一半作为去个性化的病人）的令人厌恶和持久的体味的形式等待着他。只要他对污染的驱邪（躲避）仪式中存在一个小小的外在困扰或者微不足道的失败，就会使其从相对潜伏的状态爆发为实际事实。

我们已经暗示过，在非观念水平上（在这种水平上会导致一种生成能力的抑制）的强迫性"障碍心灵论"，与对污染的恐惧感之间必定存在一种紧密联系。通常来说，生命通过投入未来的力量和从未来方向上挑战我们的任务净化自身。如果在一个人走向自我实现的过程中对其进行抑制，而他因此远离了"生成"能力和偿还存在债务能力的深层源泉，那么在他身上会唤醒一种模糊的内疚感，就像我们在受到抑制的忧郁症患者身上时常看到的那样；在后者身上，这种模糊的内疚感具体表现为自我责备，这种自我责备可能近似于妄想性想法——这些想法难以纠正，因为它们得到泛化了的生成能力方面的抑制的滋养。

此时，被污染之感可能仅仅是内疚感的一种特殊形式，在这种内疚感中，被抑制的生命间接地觉察到它的阻碍。Non elevarsi est labi[①]——弗朗茨·冯·巴德尔（Franz von Bader）[②]这样解释这种为一

[①] "不拿起就意味着放下。"——编者注
[②] 弗朗茨·冯·巴德尔（1765—1841），德国天主教哲学家和神学家。——中译者注

般人所接受的洞见:"谁休息了,谁就生锈了""静水易浊""不进则退"。从对被污染之感的强迫性关注中所揭示出来的是不能从过去释放自我。过去必须被放下,如同粪便;而健康的生活——它明确地或在可能的一般条件下指向未来——持续地沉淀过去,将其丢在后面,推开它,并将自己从中净化出来。在强迫症患者身上并非如此,在这里过去并没有采取过去完成时(H.H. 自己说"被钉在了过去"),因此,它无法被排除和丢在后面,因为这需要一个人对未来开放这一前提。因为有些事没完成,所以它会对强迫症患者施加压力和要求,正如未来对健康人的要求那样。这样,强迫症患者不仅无法离开其处境,还通过肮脏、污染和死亡的象征为过去所淹没。正如我们已经陈述的那样,它是一种对生活的"不定形"(Ungestalt)的敌意——它具有不断生成的形式——在这种"不定形"中,本身畸形的过去自动处于牢固地位。它以玷污、污染以及腐烂——对人格有害的倾向的所有象征——威胁其价值、美丽和完美。

强迫行为被理解为对这种倾向的防御——一种无力的防御,由于非生成(Entwerden)和去本质化(Entwesen)以及反理念的倾向性,通过将未来拒之门外,最终在本质上不为我们所知,这种防御被固着下来,而且尽管用尽所有防御手段,它还是一次又一次地坚持自己的权利。尽管在他的防御中存在指向精确的紧张状态,但是强迫症患者最终仍会屈服于由他的停滞、阻塞的生活所造成的污染,因为这种紧张状态无法得到维持;某些东西一定会从内部或外部干扰他,而它的"非定形"中的消极面将立刻取得胜利。

通常是有可能的证据没有得到足够的注意,即强迫现象在一种人格背景下发生,这种人格可能是完整的,但是被迫在坚持自己的权利方面无能为力。在日常生活中，强迫经验即具有这样的特点，即同时存在"是"和"否"——一种与内部拒绝相结合的顺从行动，或者是与内部顺从相结合的拒绝行动（例如，我觉得被迫签署一份我反对的声明）。在心理病理学的强迫病例中，强迫和被强迫都起源于自我领域：自我是这股势不可挡的力量的目标，但同时它也是这股势不可挡的力量的原则。这项自我挑战产生于同一自我的行为，挑战的一方和被挑战的一方都是一个自我的本性，都是自我的范围，它们不相符合而站在彼此相反的立场上。这种矛盾起源于这样一个事实，即在按照强迫症候群加以改变的人格成分中，自由的人格在其倾向和观念方面穿透进来。一方面，强迫障碍的荒谬和怪异由此增加了；另一方面，对这种根本障碍的反应性防御呈现非自由行为、侵犯和强迫的特点。从一个又一个病例中可以发现其穿透潜在健康人格的不同程度，而且可以观察到，随着这种透明现象的减弱，行为让人痛苦的强迫特性也会减弱。霍夫曼①在一篇杰出的论文中，收集了具有典型的强迫行为的强迫症患者的言论，这些强迫行为是支持这一观点的雄辩证词。强迫症患者越是在其恐惧性的专注中生活，且越接近于被过高估计的观念（尽管批评从来不会完全缄默），他越是专注于其强迫行为，后来的挑战——更不受阻碍——越少。但是，强迫症患者越是把自身与恐惧性的专注隔开，这种恐惧性的专注对他来说似乎也就越陌生和荒谬，他就越是把防御的必要性体验为不可避免的，其强迫特点就越突出。最终，像一面镜子一样反映强迫症患者的体验和行为的始终是潜在的人格，这一人格可能遭到遮蔽，但是它的倾向仍是健康的。这种

---

① "Der Gesundheitswille der Zwangsneurotiker," *Z.Neur.*, Vol.110, 1927.

反映界定了强迫现象的体验方面——一个直到今天尚未得到充分注意的事实。

通过对比强迫性的精确与健康的做法，让我们稍加深入地分析一种极常见的强迫行为——例如对精确性的强迫。在这一背景下，我们想到，健康人只为某些"值得的"活动做出追求完美的努力，而其绝大部分活动是在没有明确追求精确的负担下发生的，但也没有因此陷入不精确。健康人相信自己，沿着他的宽广道路，走向其行动中可自动实现的"正中靶心"，而不会让精确与不精确之间的差异困扰自己。实际上，他允许自己在不会引起特别后果的地方犯错、疏忽，而不会震惊。他知道人不是一台精确的机器，因此，他允许表达不贴切的东西，而不会把自己固定于任何太过确定的行为法则上。对他来说，近似也有其恰当之处及基本的重要性。因此，他总是生活在一种自由的气氛中，在该气氛中事情处于某种宽松和行动随意的状态，可以这样，但也可以那样。总之，无害的非正式性和各种不贴切是我们的自由的重要成分。考虑到这一点，存在的这一方面不会妨碍，实际上还加强了在需要精确之处的精确行为的准备性。

与健康的人相反，强迫症患者恰恰会令这种不重要和不贴切的东西成为他追求准确的意志的目标。因此，重要事物的正常画面的反面描绘了强迫症患者的实际世界的特征，这个世界自身同时表现为一个被压扁的世界。正是在健康的人自由地忙碌于他的事务，为事务执行方式的不妥帖所鼓励之处，我们看到强迫症患者屈从于僵化的规定、一成不变地执行的需要，而客观上重要的行为却退出了。自由的枯竭现在把处于固着中的自身强加于不妥帖行为或部分行为及其后果上；没有变化；变化是被禁止的，而且会导致内疚。准确并不是为了达到某些紧要目的，而是已经在自身中终结，并且具有无动机、反射性、正式、刻板和僵化的特点。

如果这些强迫症状不只是他如影随形的兄弟，而是一个人格解体的个体，那么他将会抱怨他做的任何事情都是不可思议地呆板、空洞和毫无意义，甚或那不是他自己所为而是一个陌生人所为。人格解体患者身上常见的空虚，在强迫症患者身上也有：他极少像他人那样能作为一个"正在生成"的人进入其任务并以自身来填充这项任务。但在其个案中，对生成的无能是作为一种非生成、作为一种朝向无定形的取向存在于他身上的，后者是他必须尽力逃避却又无法避开的。精确是这种朝向无定形取向的对应物，他在生成方面的抑制不可避免地会把他带入这一取向。我们已经重复展示了出现在一种可能的污染图像中的无定形。污物缺少秩序（东西位置不当），缺少形式（例如作为物质的粪便），不能形成自身（entstaltend）并导致"非形成"（Entstaltung）。如果朝向无定形的人格取向并非始终如一地发挥作用，那么通过整齐的秩序和精确的行为进行防御的必要性就不存在；如果某事的可能性比如生命的健康表现没有构成这种防御的背景，那么它也不会被体验为强迫。

下面就日常强迫性疾病中发现的重复强迫略谈几句。在这里，我们还可能会想到，没有重复，健康人的生活是不可思议的，当然，他的重复不可与强迫症的重复相提并论。这是因为，在这一术语的严格意义上，健康人的行动，他的日常盥洗、早餐、外出等，已经不再是重复，因为它们似乎从不与未来指向相分离，未来指向以其相应的行动控制着人格。通过它暂时并入人格发展的过程，习惯性的晨昏活动带有了发展的某个特定片段的非重复性质。但是，在强迫症患者身上，正是这种关系的缺失和由此带来的其行为的无效与无活力，导致真正的强迫性重复。这实现了只有通过其纯粹的意志特征才能实现的东西——它把行为带入虚假的完成之中。

应该如何理解这种重复的表现呢？我们在哪里为这些不寻常的事件过程找到相似之处呢？我们知道礼拜仪式中的这种重复，在其中祈祷者的惯用语通过重复而具有一种祈求的意义。祈求的有效性还证明了强迫性重复是有用的，即使它不是一种自发的和根本上是意义的行为：它召唤出一种结果，这种结果就实际来说纯粹是根本不可能实现的。它起作用的方式和魔法行为一样，魔法行为作用点在于自我本身。重复没有带来行为的真正完成，而是一种情感上的信仰，即它已经被完成，正如原始巫术的作用点在于施法者或被施法者的信仰一样（参见 Levy-Bruhl，Jaide）。

五、强迫症患者和他的世界

我们先前的思考集中于这一洞见，即从其内在逻辑来解释强迫症患者的世界（根据宾斯万格的观点，这个世界应该始终被理解为"他在世存在的特殊方式"）必然是可能的。

已有的观察，即强迫症患者的世界即便对其自身来说也似乎是从正常清醒的现实的共同世界（koinos kosmos）[①]中分离出来的——这个共同世界没有像精神分裂症患者身上有时出现的那样后续经历那种结

[①] 参见赫拉克利特著名的格言："做梦之时，每个人拥有自己的世界（idios kosmos）；醒来之时，他们拥有共同的世界（koinos kosmos）。"——编者注

构性的破坏，这提出了整个一系列的问题。为了叙述简洁，必须将这些问题搁置一边。可以这么说，通过行动和自我实现与日常世界的协定被强迫症患者忽略，并被不同于存在世界的根据其他结构原则制定的另一种协定代替。

总之可以说，强迫症患者的世界是由不利于形成的力量构成的，我们把这种力量的实质称为"反理念"（antieidos）。一旦我们使用这种方法，一个特定的世界就展现出来了。

强迫症患者的行为和疏忽是由遭遇一种环境（Umwelt）所决定的，这种环境不是由我们的同情性经历以及认知和实际操作的平常对象所组成的；相反，他们被铸上了"面貌"特征的标记（Werner）。如果我们承认某些强迫症患者的报告，说他们周围所有的客体都具有"意义"，那么我们必须认识到，我们在此涉及的是一种对陈旧经验模式的突破，这种经验模式与"原始世界"相一致。正如沃纳所言，这个"原始世界"是"从面貌上给定的"。

但是，此处发生的不仅仅是原始现实未加改变的复活——如荣格和其他人曾假设的那样。当谈到强迫世界的面貌结构（顺便提一句，我们视之为一种面貌－动力学结构）时，我们是通过保留分析所需的全部事实来这样做的。事实上，在这种特定的强迫性的世界结构中，构成儿童和原始人的世界的广阔面貌背景领域，似乎被限制和限定在一个有限的部分。只有那些不利于形成的、朝向或者易于导致"不定形"的内容，作为一种决定因素进入强迫症的世界——这个世界由于其与日常生活现实的对立关系，结果是面貌的，或者如我们想说的，是一个"虚假魔法的对应世界"。因此，在这里，面貌被假定为一种动力——标志性的"不定形"——产生威胁和抵制。有效的威胁和厌恶是强迫症对应世界的外貌标准——例如当日常使用的客体（尚未根据预定的仪式被打开并因此受到了污染的瑕疵的影响）同时也负荷了污染魔力的潜力时。这样，强迫症对应世界的面貌结构结果也是一种简化的结构。

谈论"原始的现实形式的复活"实际上是掩盖重要现实的一种便利方法，尤其是这一事实，即面貌特征被随随便便地散布在我们的真实世界之中。在我们的环境中，不存在除了其无条件的形成之外不具有表现的客体，这种表现不是以某种方式被推动或调节的，因此能够以一种基本的方式向我们表达。只是这些面貌结构通过绝对理性的部分变得几乎完全向我们隐藏。只有在诗意的气氛中，事物沉默的语言才会再次苏醒，不是因为在这种气氛中人会开始幻想，而是因为在诗的更高级的同情性感受中，事物真实的语言实际上得到表达。同样，在病理状态中，在发烧、中毒、虚弱等状态中，环境的基本面貌结构把无条件的形成向后推开，并决定我们在世存在的独特方式。主体-客体张力的每一次减少都会给面貌结构留有余地，借此所谓的主体因素（主要是个体全部的情感状态——例如焦虑、悲伤、欢乐等）能够以一种明确的方式决定面貌世界的结构，这对整个通过面貌确定秩序的世界设计（WeltEntwurf）是有效的。

在这一背景下，需要解答一系列的问题：首先是这一问题，即在强迫症所对应世界的被缩小的面貌结构中，究竟是否存在任何非世界（Welthaftigheit）。在描述的过程中，我们看到象征着"不定形"的推动力隐含在对事物的强迫行为中，导致对那些事物日益增加的现实感丧失。依附于环境部分并以其令人厌恶的结果威胁强迫症患者的从来就不是可被客观证实的气味（参见 H.H. 的个案）。这些遭遇似乎没有将自己与纯粹的思想观念区分开来，正如我们已经展示的那样，我们可以说，这些思想观念产生了一种比实际上突然出现的狗或者花环更强大的影响。[①]在强迫领域中，人们必须谈到一个被剥夺了"世界"性质的世界。

如果我们在胡塞尔的意义上把"超越"理解为"我"在其尚未邂逅世界之前超越自身的、指向不同对象的潜力，那么强迫世界的超越特征是什么样的呢？

接下来可以就此说：从根本上说，强迫症患者的遭遇、他与非形成力量的冲突，不是在真空中发生的。即使他们没有一成不变地固着于真实的客体，决定其行为的面貌特征也会像来自外界那样对他产生影响。在他自身的经验中，正是事物世界以其禁忌般的含义向他呈现……通过"反理念"的力量，强迫症患者有目地超越在他自身着魔和被包围状态的内在中发生。当我们谈到世界剥夺（Entweltlichung）是强迫症客体领域的主要特征之一时，我们说的就是这种特定的情境而非其他。正是强迫症世界结构中的这种缩减特征将其与原始人的同样的面貌-动力学世界区分开来。强迫症患者的世界设计与原始人的魔法世界的一种变形有关。世界内容——世界包含的密度、充实度和形式——的丢失及由此导致的现实性的丢失是我们所谈论的世界的特征。在强迫症患者世界的面貌贫乏与患者对那些象征存在的"理念"丢失的内容（例如灰尘、毁灭性的火焰、肮脏的兽行、腐烂的形象等）的独有的感受之间，必然存在着某种联系。这两者在本质上合为一体，就像存在的极点一样。

[①] 这指的是在本摘录中未包含的病例。——编者注

让我们回到我们的主题，即面貌在此是作为象征威胁和厌恶的"不定形"力量被赋予的。我们的主题说明强迫症患者生活在一个完全不同于我们的世界中。他的世界的不同，以及在这个世界中他的存在的不同，是一个需要解释的事实的两个方面。从这一他种世界中进入我们意识的是大量的否认。首先冲击我们的是友好的、诱人的存在力量为敌意的、令人厌恶的力量让步。任何把个体正常地拉入这个世界，并邀请他与之融合的事物都被判定为一种特定的无效事物。根据H.H.的陈述，对他来说，即使摄取营养也是一种持续的折磨，因为影响其吸收的诱人的吸引力没有吸引住他，相反，他受到通过摄取营养被污染的可能性的威胁。因此，它具有这个世界的所有特征（这个世界呼吁与之联系和连接，由此使得一个人扩展自身存在，进入世界并活跃于其中、渗透于其中成为可能）：征服、喜悦、活跃和展开。实际上，同样可以得到清晰展现的是，强迫症患者的世界可以被描述为无害、明显和自然缺失。舍勒所说的"欣喜若狂地拥有世界内容"和斯特劳斯所说的"同情的交流"在此受到阻碍。剩下的全部是威胁和厌恶。一个没有宽恕和命运的优雅（Schicksals-Huld）的世界开启了，或者说，在强迫症患者面前关闭了。它的特征是狭隘、不自然的单调，还有僵化、为规则所控制的不可变性——所有这些都是道德、空间和时间的在世存在模式的最本质的改变。我们必须对此进行进一步的解释。

强迫症患者会比其他病人更加倾向于躲避旁观者。其行为的别样疯狂之处在于回避别人的视线。当患者像H.H.这样做出数小时连续不停地致力于弄干阴茎的奇怪行为，或者怪诞得像木偶一样追求精确的强迫性练习时，可能极少有医生能成功地进行观察。

我们已经表达了对这种行为的时间结构的看法，不过未对此做详尽的分析。需要以初步的方式提到的可能是闲荡和匆忙的独特混合，它标志着强迫行为的时间结构。在实施仪式的过程中，时间总是被"浪费掉"，并且因此必须得到弥补。正是在把已逝去时间的有序计划编织到患者当前时间中时，强迫症患者时间事件的延迟作为一种"浪费时间"感呈现，而接下来必然是不得不带着折磨人的匆忙感来弥补时间。无论是谁，不是时间的主人就是它的奴隶。在从容不迫和匆匆忙忙的姿态中，人关于时间的掌握模式奏效了。对强迫症患者来说，两种自由的可能性都被否定了。不过，在此失败的是能够跟得上正在度过的时间步伐的内在事件之流。在强迫症患者身上，由于某些未知原因，这陷入一种僵化状态。一方面，它束缚了患者，使其无法中止某种特定仪式；另一方面，它令他为浪费掉的时间而疾跑，并把他带入甚至是无休止的仓促中。

在时间性存在的强迫模式中，我们在任何地方都没有发现健康存在那种令人愉快的平静。仅提到强迫症患者由压抑带来的时间经历中的改变，并不足以解释这种改变的具体性和相应的强迫症状学特征。用于区分强迫症与其他类型患者的不仅仅是内在时间的延迟或者受阻，在这些患者身上，其根本的障碍同样要在"生成"领域（如在具有空虚症候群的忧郁症和人格解体病人身上）寻找。区分强迫症患者的是他处理内在时间事件障碍的方式。他既不会懒散地坚持抑郁的抑制，也不会形成一组空虚症候群或幻觉。虽然看上去相当天真，但事实是强迫症患者的确会采取行动。强迫性行为本身确实是——正如我们能够展示的——行为能力方面的障碍的一种表现，然而，强迫症患者永远都在行动。从早到晚，我们看到他处在没完没了的紧张之中，无休止地工作以赶走敌人，这个敌人正如 H.H. 所说，"永远在他的脚后跟上"，而不管这种遭遇更多地存在于理智中还是实际的防御中。

让我们马上来预测这个"敌人"并给它命名。它不是别的，正是强迫症患者的伪魔法对应世界，象征"不定形"的这种力量的典范，我们已经将其视为他的世界。这个世界处处追赶他，从内部和外部打扰他，威胁和厌恶（禁忌）是其代理人。但是，在这种双重影响下，朝向非存在的存在取向却清楚地表达了自己，这种取向只会出现在像粪便或污垢、毒药或火焰、丑陋、不贞、"尸体"（Leichenhaftigkeit）这样的意象中——总之，在适合用来指涉对存在的形成具有毁灭性力量的意象中。为了用一个术语来界定所有对存在的形成具有毁灭性力量的东西，我们把这种环境中的坏习惯或对应的世界称为"反理念"。在 H.H. 无所不在的尿味中，在强迫症患者世界意象的全部可憎特征中，对存在的形成具有毁灭性力量的东西得到了实际的实现。只有这一点使我们理解强迫症患者绝望和持久的防御。他与世界的竞争，除了与对存在的形成具有毁灭性力量的东西战斗之外，别无其他内容。由于那些力量已经以不可改变的占有方式攫取他自身存在的所有权，因此这场战斗具有无力量和无结果的特征。然而，它们能够占有他，仅仅是因为根本的障碍、对生成的阻碍对强迫症患者来说具有失去形式的意义。他的基本生命历程的这种强制性倾向不是朝向展开、成长和日益自我实现，而是朝向生命形式的减少、坠落、瓦解，该倾向令强迫症患者对表现出毁灭性力量的任何事物都很敏感，正如粪便、死亡、影响恶劣的兽行、毒药、火等客体所反映出的那样。

强迫症患者自身内部时间事件的这种阻碍（他本人并不知晓）对于这样一种片面和单调的强迫经验取向来说是前提，这种经验似乎在不止一个方面是可能的。正如已经陈述的那样，决定性的事实不是像这样的阻碍，而是对于构建强迫人格来说是基本要素的特定性格。因此，我们必须发现和描述"动力的"损伤在其针对的毁灭性效应中的意义。在由生成的这种基本损伤产生出的各种取向中，强迫症患者——出于仍然未知的原因——选择了我们称之为失去人格形成的那种取向。在各种类型的生成受损患者中，强迫症患者代表了那些认为生成中的抑制就意味着失去形成的患者。按照原则，生成受损能够以看上去对我们有意义的方式被体验。只有在生成的过程中，生命的形成才能完成自身，人的"理念"才能实现。不能生成和不能实现自身形成是同一根本困扰的两个方面。无力实现一个人自身的形成并不是这种形成的解体本身，尽管很多通俗用法具有此意（第177～178页[1]）。不过，原则上，在生成上的损伤可以被体验为形成的解体。不管怎样，强迫症患者确实如此体验到它。随后，逝去时间的每一间隔在被钉住的人身上被体验为日益增加的可能丧失形成的威胁，并且加深那些被深深地钉住的人的焦虑——对于他们的存在能力的焦虑。但是，威胁和焦虑如此隐蔽地潜藏于强迫症患者存在的深处，以至于它们无法直接进入意识，并且只有在意象和隐喻中，即在对存在的形成具有毁灭性力量的意象中才变得明显和有效。随后，这些东西把存在的根基所浮现的潜在威胁拉到自身之上，并纠缠着强迫症患者。

实际上，此时他与他的阴影（就是他自己）的战斗开始了。此时，灰尘或死亡的意象以持续的污染折磨他。整个世界收缩成这一令人厌恶的面貌，这一面貌几乎可以以任何内容突然出现，当它产生令

---

[1] 指英文原书页码。——中译者注。

人厌恶的能量迫使他进入防御时，他就会遭受威胁的折磨。正是因为强迫症患者受到他自身形成和自身理念的丧失的威胁，针对的毁灭性力量的象征才得以获得对其想象的控制并决定他的行为。强迫症患者保护自己免受其自身时间损伤的威胁的影响，但是他不知道问题是什么，因此只有通过拒绝那些客体和思想（存在的形成毁灭性取向在其中表现自己）保护自己免受威胁性的丧失自身形成的可能性的影响。所有独特的强迫行为都能根据我们在此描述的强迫症患者的基本倾向得到解释。

第三部分

存在分析

第七章

存在分析思想学派[*]

路德维希·宾斯万格

一、存在分析——其本质与目标

通过"存在分析",我们理解了科学研究的人类学[①]模式——也就是说,它是一种旨在研究人类的存在本质的模式。它的名称及其哲学基础都源自海德格尔对存在的分析,即"此在分析"。这是他的功劳——尽管没有得到恰当的承认——他揭示了存在的一种基本结构,并对其本质部分,即在世存在的结构进行了描述。通过将存在的基本状态或结构与在世存在相等同,海德格尔试图叙述存在的可能性状态下的某些东西。因此,像海德格尔所使用的关于"在世存在"的系统阐述,在存在论本质的主题上,是一种关于本质状态的论述,这种本质状态在整体上决定了存在。在这种本质状态的发现与提出中,存在

---

[*] 由恩斯特·安杰尔翻译自原文,"Über die daseinanalytische Forschungs richtung in der Psychiatrie," *Schweizer Archiv für Neurologie und Psychiatrie*, Vol.57, 1946, pp.209-225。重印于 *Ausgewählte Vorträge und Aufsätze*, Vol.I(Berne; Francke, 1947), pp. 190-217.

[①] 宾斯万格并不是在通常的美国意义上,即文化心理学,也就是关于种族、习俗等的比较研究的意义上,而是在其更为严格的语源学意义上使用这个词的,也就是说把人类学作为对人(anthropos)的研究科学,并且正如其上所述,人类学尤其是研究人的存在的本质意义与特征。——英译者注

分析得到了坚定的鼓舞、哲学基础与合理性以及方法论的指导。但是，存在分析本身既不是一种存在论，也不是一种哲学，因此不能将它命名为哲学人类学（philosophical anthropology）；正如读者很快会意识到的那样，只有现象学人类学（phenomenological anthropology）这个名称才符合实际情形。

存在分析并没有提出关于决定存在的本质状态的存在论论题，而是做出了本体的陈述，即对实际呈现的存在形式与结构的真实结果的陈述。从这个意义上说，存在分析是一种经验科学，它有自己的方法以及独到的精确设想，即具有现象学的经验科学的方法以及精确设想。

今天，我们再也不能逃避对这一事实的承认，即存在两种类型的经验科学知识。一种是从描述、解释以及控制"自然事件"意义上说的推论归纳知识，另一种则是从对现象内容的系统、批判性的探究或解释意义上说的现象学经验的知识。这是歌德（Goethe）与牛顿之间由来已久的争论，而这个争论在今天——远不能干扰我们——通过我们对经验本质的深入洞察已经从"任一/或者"的关系变成了"而且"的关系。不管我们是通过一首诗歌还是通过一部戏剧的文学内容来论述对一个艺术风格时期审美内容的解释，还是论述对一个罗夏反应或是存在的一种精神病形式中的自我与世界内容的解释，我们都可以使用同样的现象学经验知识。在现象学经验中，将自然客体剖析为特征或特质的推论和精心阐述为类型、概念、判断、结论以及理论的归纳，都被对给定的纯现象内容的表达取代，因此，无论如何都不再是"自然本身"的一部分。但是，只有当我们通过现象学方法探讨和质疑它时，现象学内容才能够找到表达方式，而且通过这些表达才能呈现自身，否则的话，我们所获得的将不是有科学基础的可验证的答案，而仅仅是偶然地凭直觉得到的知识。在这里，就像在每一门科学当中一样，所有的一切都取决于研究和探究的方法——也就是说取决于关于经验的现象学方法的方式和手段。

在过去的几十年中，现象学的概念已经在某些方面发生了变化。今天，我们必须严格区分胡塞尔的作为一门超验学科的纯粹的或逼真的现象学与作为一门经验学科的对人类存在的形式做出的现象学解释。但是，如果没有关于前者的知识的话，要理解后者是不可能的。

在这里，我们应该被引导着仅仅提及一个方面，而不要像福楼拜（Flaubert）所说的那样，激昂地得出结论（la rage de vouloir conclure），也就是说，要克服我们得出结论、形成一种观点或者忽略判断的充满激情的需要——这是一项考虑到我们单方面的自然科学智力训练而产生的任务，它不能被看作一项简单的任务。简言之，我们应该让某些事物发表其自己的见解，或者再次引用福楼拜的话来说，"照其实际样子对事物进行表达"，而不是对这些事物进行反省。但是，这个"照其实际样子"包含着一个更为根本的存在论和现象学难题，因为我们有限的人类存在只有根据"世界设计"（该设计引导了我们对事物的理解）才能获得关于某一事物"怎么样"的信息。因此，我必须再次回到海德格尔关于作为"在世存在"的存在的论题。

存在的基本构成或结构是在世存在这一存在论的论题，并不是凭直觉得到的哲学知识，而是代表了对基本哲学理论的连贯的发展与扩展，即一方面是对康德关于经验可能性的理论（在自然科学意义上）的发展与扩展，另一方面是对胡塞尔超验现象学的理论的发展与扩展。我不会详细论述这些联系与发展。在这里，我要强调的仅仅是在世存在和超越的等同，因为正是通过此，我们才理解了在其人类学的应用中"在世存在"和"世界"意指什么。超验和超越的德语单词是 Ueberstieg（翻过或翻上、爬上）。超越首先要求朝向自身被指向之处，其次需要被超过或被超越。因此，首先是超越的发生指向何物，我们称之为"世界"，其次是何物被超越，是其存在本身（das Seiende selbst），尤其是一个人的存在本身以何种形式"存在"。换句话说，不但"世界"在超越的行为中构成了本身——假设它仅仅是世界的开端或者客观化的知识——而且自我也是如此。

为什么我们必须提及这些似乎很复杂的事情呢？

仅仅是因为，通过作为超越的"在世存在"的概念，所有心理学的致命缺陷被克服了，通向人类学的道路被扫清了，而这致命的缺陷就是将世界分为主观世界和客观世界的二分理论。根据这一理论，人类存在被降级为仅仅是一个主体，被降级为一个无世界的残余的主体，即各种各样的事件、事变、功能都发生在他身上，他具有各种特征，表现出各种行为，然而却没有任何人能够说出（尽管是理论设想）该主体是如何遇到一个"客体"，并能与其他主体交流和得到理解的。相反，在世存在始终暗示着与其他主体的存在，例如我与共存者一起在世存在。海德格尔在将其界定为超越的在世存在概念时，不仅返回到某个先于知识之主客二分的点上消除了自我与世界之间的隔阂，还阐明了作为超越的主体性的结构。如此，他为科学地探索人类存在及其特殊的存在模式开启了新的理解视野，并注入新的活力。将存在分为主体（人类、人）和客体（事物、环境）这种分裂现在被超越所保证的存在和"世界"的统一性代替。①

因此,超越暗示了更多东西,比最初所知的更多,甚至比胡塞尔意义上的"意向性"还要多,因为世界首先已经通过我们的"基调"(Stimmung)变得容易被我们获得了。如果我们有那么一刻记住了作为超越的在世存在的定义,并从精神病学的存在分析角度来看的话,就会意识到通过探究在世存在的结构,我们也能够探讨和探索精神病,并进一步意识到我们必须把它们理解为超越的特殊模式。在这一背景下,我们不会说:精神疾病是大脑的疾病(当然,从医学临床角度来看,它们仍然是)。但我们会说:在精神疾病中,我们面对的是根本或本质结构的改变,以及作为超越的在世存在的结构性联系的改变。精神病学的任务之一正是以一种在科学性方面非常严格的方法探究和确定这些变化。

正如从迄今已经发表的我们的分析中能够看到的那样,在存在分析中存在的空间性和时间性起到了重要作用。在这里,我将只讨论更重要的时间难题。令这个难题如此重要的是这一事实,即超越正是根植于时间的特殊本质中,根植于向未来的扩展,根植于"曾经"(Gewesenheit)以及当前。这有助于解释为什么在我们对人类的精神病形式的人类学分析中,除非我们至少获得了某些对病人的时间结构

---

① 我们在哪里以存在分析的术语谈到"世界",在那里总是意味着存在已经攀爬向世界,并根据世界设计自身;或者,换句话说是,世界存在于其中(Seiende)的方式和模式,对于存在来说是可以获得的。但是,我们不仅以其超验的意义,还以其"客观"意义使用了"世界"这一词。例如,当我们谈到"世界顽固地抵抗""世界的诱惑""从世界隐退"等时,借此,我们主要记住了我们同伴的世界。与之相似的是,我们谈到了一个人的环境和作为存在于客观世界中的特殊地带的,而不是作为超验的世界设计的他"自己的世界"。这是术语学上的麻烦,但是没有为任何改变留下余地。因此,在这一含义不是不言自明的地方,我们就不得不把"世界"加上引号,或者使用"世界设计"这一术语。

的各自变化的洞察……否则我们的探究不会满足。

在那些通常被称为"精神病的"在世存在的形式中,迄今我们已经发现了两种"世界"构造的改变,一种是具有"飞跃"(有序的思维奔逸)和"旋转"(无序的思维奔逸)特征的,另一种则具有存在的收缩和同时发生的狭窄特征,以及它向沼泽和泥土〔俗化(Verweltlichung)〕的变化。[①]我们也可以用下列术语来描述后者:让"世界"发生的自由被由一种特定的"世界设计"所压倒的不自由代替了。例如,在艾伦·韦斯特个案中,形成一个"天上"世界的自由越来越被陷入坟墓和沼泽的狭窄世界的不自由代替。但是,"世界"不但表示了世界的形成和世界的草图,而且——根据草图和模式形象——表示了如何在世存在和对待世界的态度。这样,天上世界向坟墓世界的转化还会在存在的改变中被建立起来,正如通过一只兴高采烈翱翔的鸟儿向缓慢爬行的、目盲的蚯蚓形式的存在转变所表达的那样。

所有这一切只是把我们带到了海德格尔的基本存在论或"此在分析"的最外面的大门,且仅仅是带到了受前者所启发和建立在前者之上的人类学或者存在分析的大门。但是,我也加速刻画了存在分析的方法及其科学功能的领域。在这一点上,我必须提到我对海德格尔理论的积极批判把我引向了对其的扩展:为了我自己的作为存在者之存在的在世存在(海德格尔把它叫作"关怀"),已经与为了我们自己而作为存在者之存在的"超世存在"(我把它叫作"爱")相并列。海德格尔体系的这种转变尤其必须在对存在的精神病形式的分析中加以考

[①] 参见 L.Binswanger, "The Case of Ellen West," Chap. IX。

察，在这些精神病形式中，我们时常会观察到爱的"过度摇摆"①意义上而不是关怀的"过度向上"意义上的超越的改变。让我们仅仅记住存在结构的非常复杂的收缩，我们概略地称之为"孤独症"。

二、人类存在与动物存在之间的区别

在其存在分析意义上的"世界"和在其生物学意义上的"周围世界"，至此，无论我的陈述有多么粗略和不完全，我都希望它们指明为什么在我们的分析中，"世界"这一概念——从世界的形成或"世界设计"［胡塞尔的"mundanization"（Mundanisierung）］的意义来说——代表了最重要的基本概念之一，并且甚至被用作一种方法论的线索。这是因为，各自世界设计的内容总是提供关于如何在世存在以及如何成为自身的信息。为了澄清世界设计的本质，现在我会将之与某些具有生物学本质的世界概念进行对照。首先想到的是冯·于克斯屈尔的生物学的世界概念，这尤其因为它在方法论的应用方面展示了某种相似性（尽管它有所不同）。我将从方法论的一致之处开始讨论。

冯·于克斯屈尔区分了动物的知觉世界、内部世界和行为世界，并在环境的名义之下将知觉世界和行为世界（环境或者"周围世界"）结合在一起。他将发生于这些世界之间"循环的交互作用"命名为功能圈。正如我们将说到的那样，要描述一个人的精神病而不完全包含

---

① 这是对"Überschwung"这一术语的直译。宾斯万格表示的是与爱相伴随的那种超越，是他引入的一种强调，并将之与产生于"关怀"（海德格尔的一个概念）的超越做了对照。他的要点是，尤其就前者而言，精神病人是偏离这一点的。——编者注

他的"世界"是不可能的,冯·于克斯屈尔同样陈述道:"除非一个人已经完全包含了其功能圈,否则不可能描述一种动物的生物学。"①正如我们会继续说:"因此,我们有充分理由假定像存在多种精神病一样,也存在多种世界"。同样,冯·于克斯屈尔继续说道:"因此,一个人有充分理由假定像存在多种动物一样,也存在多种环境。"②当他这么说时同样接近于我们的观点,即"同样,要理解每一个人的行为,我们必须看到他的'特殊阶段'"③。

然而,冯·于克斯屈尔的环境概念过于狭隘以致不能应用于人类,因为他仅仅通过这一术语理解了"感觉的岛屿"——"像衣服一样包裹着人"的感官知觉。因此,在对其朋友的环境的卓越描述中,他持续逾越了那一狭窄的概念,并自始至终展示了这些朋友是如何作为人类存在真正的"在世存在"的,这一点并不会使我们感到惊讶。

我们暂且进一步赞同冯·于克斯屈尔的陈述:"假定一种单独客观世界(我们精神病学家天真地称之为现实)的存在只是心理惯性,我们会尽可能把此种客观世界调整为接近于自身的环境,并在所有的时间空间方向上扩展这一客观世界。"④

---

① *Theoretische Biologie*, Ⅱ Aufl., 1928, S.100.
② *Theoretische Biologie*, Ⅱ Aufl., 1928, S.144.
③ *Nie geschaute Welten.Die Umwelten meiner Freunde*, S.20.
④ 参见 *Umwelt und Innenwelt der Tiere*, 2, Aufl., 1921, S.4:"只有对肤浅的观察者来说,所有的海洋动物似乎都生活在一个同种世界中,即对它们全部来说一切都是相同的。进一步的研究告诉我们,那些成千上万种生命中的每一种都拥有为其自身所独有的环境,该环境取决于并反过来决定了该动物的'结构设计'"。也参见 *Theoretische Biologie*, (S.232):"现在,我们知道不仅存在着一个空间和时间,而是存在着像存在的主体一样多的空间和时间,每个主体都被包含在其自身的环境中,这个环境具有它自身的空间和时间。这些数不清的环境每个都为感官知觉提供了一种新的展现的可能性。"

然而，冯·于克斯屈尔忽略了这一事实，即与动物相比，人有自己的世界，也有对所有人来说共同的客观世界。这一点已为赫拉克利特所知，他说在清醒状态下我们都有一个共同的世界，而在我们的睡梦中，正如在激情、情感状态、感官欲望以及醉态中一样，我们每个人都离开了这个共同的世界，而朝向他自身的世界。共同的世界——赫拉克利特也承认这一点——是一种实践智慧，或者说是理智考虑与思维。我们精神病学家已经过多关注我们的病人对生活（在这个世界上，它对所有人来说都是共同的）的偏离，而没有像弗洛伊德首先系统地研究的那样，主要集中于病人自身或者个人的世界。

然而，还有一个因素不但从冯·于克斯屈尔的生物学概念中区分出了我们的世界的存在分析概念，而且甚至把它放在了完全相反的位置上。在冯·于克斯屈尔的理论中，动物及其环境的确不时在功能圈中形成了一种真正的结构，它们似乎在那里"为彼此安排了位置"。然而，冯·于克斯屈尔仍然把动物当作主体，而把环境当作客体与之分开。在冯·于克斯屈尔看来，动物与环境、主体与客体的统一得到了动物的各自"蓝图"（不但是行动计划，而且是知觉计划）的保证，反过来，又是一个"势不可挡的巨大计划体系"的一部分。现在很清楚，为了从冯·于克斯屈尔的理论前进到存在分析，我们必须完成康德-哥白尼式的转变；不是从自然及其计划系统开始以及用自然科学来讨论，相反，我们必须从超越的主体性开始，并继续谈到作为超越的存在。冯·于克斯屈尔仍把两者混为一谈，正如有人从下列观点（这本身能给人以深刻印象）中推导出来的那样：

让我们以某种橡树为例，然后自问：在栖息于它的树洞中的猫头鹰的环境中,橡树会是哪种环境客体;在筑巢于它的树枝上的鸣禽的环境中,它又是哪种环境客体;在打洞于它的树根之下的狐狸的环境中,在啮蚀木材者自身的环境中,在奔忙于其枝干上的蚂蚁的环境中等,它又是哪种环境客体。而最终,我们自问:在一个猎人、一位浪漫的少女以及一个无趣的木材商人的环境中,橡树扮演了怎样的角色?橡树本身作为一个有计划的封闭系统,被编制到无数环境舞台上的不断更新的计划中,这些计划对自然科学来说是真正要追踪的任务。

冯·于克斯屈尔是一位自然科学家而非哲学家。因此,不应责怪他像大多数自然科学家一样,轻视动物与人类之间的本质不同,而没有"保持"它们之间的"神圣"区分。然而,正是在这一点上,这种区分变得几乎很明确。首先,动物被绑定在它的"设计图"上。它不能超越它,而人类存在不但包含了无数的存在模式的可能性,而且精确地来源于这些多样的存在可能性。人类存在提供了成为一个猎人、浪漫的人、商人的可能性,并因而可以不受自身设计约束地朝向最为多样的存在可能性。换句话说,存有能"超越"存在——在这种情况下被称为"橡树"的存在——通过最为多样的世界设计,或许令它容易获得自身。

其次,我们记得——现在与生物学的观点完全不同——超越不但包含了世界设计,与此同时也包含了自身设计、自身潜在的存在模式。根据人类存在将它的世界设计成一个猎人且成为一个猎人,还是设计成一位少女且成为一个浪漫的自身,还是设计成一个木材商人且成为一个精明无趣的自身,人类存在对自身来说是非常不同的存在。

所有这些都是在世存在的不同方式,以及由众多他人加入的自身潜在模式的不同方式,尤其是成为自身的真正潜能和我们在爱的意义上存在的潜能的不同方式。①

动物,不能成为"我-你-我们-自身"的结构(因为它甚至不能说出"我-你-我们"),不拥有任何世界。自身和世界实际上是彼此互换的概念。当我们说到环境时,草履虫、蚯蚓、头足类动物、马乃至人都拥有,这个"拥有"具有非常不同于当我们说到人"拥有"世界时所使用的那种含义。在第一种情况下,"拥有"意味着一个"蓝图"。尤其是随着知觉和行为组织的"蓝图"的建立,该知觉和行为组织被自然限制于非常明确的刺激和反应的可能性中。动物通过自然的恩赐,而不是通过超越情境的自由的恩赐,拥有了它的环境。② 这意味着它既不能设计世界,也不能开发世界,更不能在情境中独立做出决定或做出有利于情境的决定。它由且一直彻底由"情境圈"所决定。③ 另外,对人类来说,"拥有"一个"世界"意味着人类尽管没有自己设置自身的基础,却被抛入存在中,在此范围内,他拥有像动物一样的环境,还拥有超越他的这一存在,即在关怀中攀越它以及在爱

---

① 因此,我们对作为在世存在的存在的结构进行了区分:(1)它设计世界和构建世界所采用的方式——简言之,世界设计和世界反映的方式;(2)相应地,它作为一个自我而存在所采用的方式——建立或者没有建立它自身;(3)超越本身的方式,即存在者在世的方式(例如行动、思考、创造、想象)。因此,在精神病学的领域中做存在分析意味着要考察和描述各种类型的心理疾病,以及考察和描述每一种疾病对他自身来说是如何设计世界、建立其自身以及——在最广泛的意义上——行动和爱的。

② 参见第一章中对"超越"术语的解释。——编者注

③ 赫德(Herder)在其随笔《关于语言的起源》(*On the Origin of Language*)中对此做了强调:每一种动物都拥有它的圈子,从出生起它就属于这个圈子,它终生待在其中,且死于其中。[*Ausgew. Werke*(Reclam.)Ⅲ, S.621.]

中超越它的可能性。

冯·维茨泽克（Von Weizsaecker）的作为一种自身包含的生物学行为的"完形圈"概念，比冯·于克斯屈尔的理论更接近于我们的观点。

"就一个活着的存在来说，他通过其动作和知觉将自身整合到环境中，这些动作和知觉构成了一个整体——一种生物学行为。"[①]

像冯·于克斯屈尔一样，冯·维茨泽克也得意于自己"有意识地引入作为生物学研究的一个重要事件的主体并同样获得了对它的认识"[②]。而今这导致主体与客体的关系不能再被称为"功能圈"，而是"完形圈"。在冯·维茨泽克看来，根本的条件是"主体性"（这已经表现出了一种比提及主体更深入的观点）。但是，那种根本条件不能被清楚地识别出，因为它本身不能成为客体；它是"最高呼吁的法庭"，是一种"要么会被体验为无意识的依赖，要么会被体验为自由"的力量。随后，冯·维茨泽克拒绝了"外部物质的物理和心理的二元论"，他赞成以"主体和客体的两极统一体"来代替它。"但是，"他非常公正地解释道，"主体不是一种稳定的属性；一个人必须不断地获得它以拥有它。"实际上，只有处于"危急时刻"，当一个人有失去它的危险且后来由于它的力量和弹性能够再次恢复它时，这个人才会注意到它。"与每一次主体跳跃同时发生的，还有每一次客体的跳跃，尽管世界的统一性是值得怀疑的，但每一个主体至少仍然集合了他的环境世界，他把他的客体结合在一起形成一个单一整体的小宇宙。"

[①] "Der Gestaltkreis," *Theorie der Einheit vom Wahrnehmen und Bewegen*, 1940, S.177.

[②] 这一段中的引文出自冯·维茨泽克。——编者注

所有这些理论不仅对于心理学和心理病理学具有最大的影响，此外还清楚地将这一事实带进了焦点，即只有作为超越的在世存在的概念才是真正一致和敏锐的；与此同时，它们论证了这一概念只能被一致地应用于人类存在。

最后，我想让读者回想库特·戈德斯坦的世界概念，它被证实对于理解有机体的脑部障碍是富有成效的。即便在有些地方他使用"环境"（milieu）来代替"世界"，我们仍然在论述一个真正的生物学的世界概念。正如我们所知，他的根本主张之一就是"一个有缺陷的有机体……只有通过将它的这种环境限制作为对其缺陷的反应才能做出有组织的行为"①。在其他时候，他谈到了由于缺陷而"失去自由"和"紧密地依赖于环境"。我们记得这一事实，即某些器质性病人不再能够在"观念"的世界中定位和管理自身，却能在行动或实际的世界中完美地做到这点，正如戈德斯坦更近时期提出的那样："在处理当前手边的材料时，效果会通过具体的行为产生出来。"就像海德（Head）谈到"象征性表达的障碍"，以及格尔柏（A.Gelb）谈到"无条件的行为障碍"那样，戈德斯坦在两个事例中都只阐明了作为超越的"在世存在"的一种变异。

本章已经尽力论证了现在生物学的思考在何种程度上致力于审视和调查在一个整体完形中由圈子来象征的作为一个统一体的有机体与世界。流行的是这样一种见解，即在这里任何事物与其他事物都是联系在一起的，在此圈子中不会发生任何非整体变化的局部变化，一般而言，不存在任何孤立的事实。但是，与之伴随而来的还有一种事实

---

① *Der Aufbau des Organismus*, 1934, p.32.

的概念、事实本身以及研究事实的方法的改变,因为现在的目标不再是通过仅仅积累事实的归纳得出结论,而是要亲切深入地钻研单一现象的本质及内容。库特·戈德斯坦在这样陈述的时候也意识到了这一点:"在生物学知识的形成中,整合到整体中的单一连接不能仅仅被量化地评价,就好像是洞察变得越确定我们建立的连接就越多一样。相反,所有单一的事实都具有或多或少的质化价值。"他继续说道:"在生物学中,如果我们看到一种研究现象的科学仅仅通过分析的自然科学方法就能建立,那么我们就必须走在所有把握作为整体的有机体的洞察之前,同时,实际上是走在所有对该生命过程的完全洞察之前。"①

这已经带领我们更接近于一种最广泛意义上的现象学的生命观点,即一种旨在对现象生命内容进行把握,而非在一个精确限定的客体领域内理解其实际含义的观点。②

三、精神病学的存在分析思想学派

生物学的研究详尽论证或解释了现象的生命内容,与之相比,存在分析的研究具有双重优势。首先,它不必论及像生命这样含糊的"概念",却广泛和完全揭示了作为"在世存在"和"超世"的存在的结构。其次,实际上它能让存在大声说出自己——让它发出自己的声音。换句话说,要解释的现象在很大程度上是语言现象。我们知道,

---

① *Der Aufbau des Organismus*, S.255 f.
② 库特·戈德斯坦在 *Der Aufbau des Organismus*, S.242 再次说道:"生物学的洞察是连续的过程,通过它我们逐渐体验了一种关于有机体的观点、一种'ken'的东西,它总是以非常经验的事实根基为基础。"

存在的内容在哪里都不能比通过语言得到更清楚的发现和更精确的解释，因为正是在语言中我们的世界设计才确切地安置和清楚地说出自身，并因此在那里得到探知和传递。

第一个优势，有关存在的结构或基本构成的知识为我们手边实际的存在分析调查提供了系统的线索。现在，我们知道了在精神病的探索中核心点是什么，以及如何进行。我们知道我们必须确定空间性与时间性、光亮与颜色的种类，必须确定给定形式的存在或它的个体构造把自身投向的世界设计的质地或物质性和能动性。这一有组织的线索只能通过在世存在的结构来提供，因为该结构设置了一个任由我们支配的标准，并因此使我们能够按照精确的科学方式确定对这一标准的偏离。令我们非常吃惊的是，业已证明在迄今所研究的精神病中，这样的偏离不能仅仅被消极地理解为变态，相反，它们代表了一种新的标准——一种新的在世存在的标准。例如，如果我们说到一种躁狂的生活方式，或者毋宁说是存在方式的话，那么它意味着我们能够建立一种包含和支配了所有被我们指定为"躁狂"的表情和行为模式的标准。我们把这一标准称为躁狂症患者的"世界"。这对于更加复杂、迄今为止数不胜数的精神分裂症患者的世界设计来说也同样适用。要探索和确定这些患者的世界，意味着在这里和在其他地方一样要探索和确定所有事物——人类以及其他事物——以怎样的方式容易获得这些存在形式。我们已经充分了解到，除非根据和通过一定的世界设计，否则其为何物本身从不易被人类获得。

第二个优势，探索语言现象的可能性。言语和谈话的实质正是它们表达和交流了具有某种意义的内容。正如我们所知，这种意义内容是无限多重的。因此，任何事物都依赖于那种精确的标准，通过该标准我们探索患者的语言表现。不同于精神分析所做的那样，我们没有仅仅聚焦于历史内容，集中提及一段经历的或臆想的内心生活史的模式。而正像精神病理学家在聚焦于言语或思维功能障碍时所做的那样，我们根本没有为了涉及所有属于生活功能的事实去注意其内容。在存在分析中吸引我们注意力的毋宁说是语言表达和表现的内容，是它们指出了世界设计或说话者生活于其中的或曾经生活于其中的设计，或者简言之它们的世界内容。因此，我们借助于世界内容意指属于世界的事实内容，即涉及给定的形式或存在结构，以该方式发现世界设计和开发了世界——并在各自世界中为其所是或者存在。此外，还有该存在以此种方式超世的迹象，即它是如何在不朽和爱的港湾中无拘无束或受到约束的。

在艾伦·韦斯特个案中，由于条件对存在分析来说尤其适宜，我最初的研究是计划像应用于精神病学一样，把它作为存在分析的一个例子。在这一个案中，我拥有了供我所用的不同寻常的自发的丰富材料和即刻可理解的言语表现，例如自我描述、梦的记录、日记记录、诗歌、信件、自传的草稿，而通常且尤其是在恶化的精神分裂症中，我们必须通过成年累月持续和系统地对病人进行探索来获得存在分析的材料。让我们自己先反复确定我们的病人的言语表达背后真正意味着什么，这是我们的任务。只有这样，我们才敢于接近辨别患者所处的"世界"这一科学任务，或者换句话说，理解存在结构的所有部分连接是怎样通过整体结构而变得综合的，正如整体结构自我构成那样，没有任何来自部分连接的不和谐。在这一点上，就像在任何其他的科学探究中一样，的确会出现错误、死胡同、草率的解释；但也像在其他探究中一样，会有改正或纠正这些错误的方法和手段。存在分析展示出来的给人印象最深的成就之一就是，即便在主观性领域中也是"不留漏洞"的，但一种特定有组织的结构可以从每个词、每个观念、图画、行为或姿势中获得其特定的印记——这是我们在对罗夏测验以及最近的语词联想测验的存在分析解释中持续使用的一种见解。在病人自发的语言表现中，在对他的罗夏测验和语词联想反应的系统探索中，在他所画的画中，同时常常在他的梦中，我们总是面对同样的世界设计。只有在包含了这些世界之后——用冯·于克斯屈尔的话来说——且把它们带到一起之后，我们才能在我们所谓的"神经症"或"精神病"的意义上理解病人的存在形式。只有这样，我们才敢从该病人整个在世存在的模式和方式上，试图理解那些世界或存在形式的单独、部分的连接（在临床上将其评估为症状）。

自然，生活史的联系在这里也扮演了重要角色，但是就像我们立即会意识到的那样，其方式与在精神分析中绝对不同。对后者来说，它们是研究的目标；然而，对存在分析而言，它们则仅仅为那种探究提供了材料。

下面的例子将会展示出我们在精神病理学中必须面对的世界设计的种类。但是，这些偏离的数量是无限的。我们仍然处在描述和研究它们的开始阶段。

我将报告一个年轻女孩的病例作为我的第一个临床实例，她在5岁的时候经历过一次莫名其妙的焦虑发作和晕厥，当时她的鞋跟卡在了冰鞋里并从鞋上掉下来。[①] 自此之后，这个女孩——现在21岁了——只要她鞋子的一只鞋跟似乎松动了或者有人碰到鞋跟或者仅仅

---

① 参见 "Analyse einer hysterischen Phobie," *Jahrbuch Bleuler und Freud*, III。

提到鞋跟，她就会产生一阵不可抵挡的焦虑（她自己的鞋跟不得不被牢牢地钉在鞋底上）。在这种时候，她如果不能及时离开就会晕倒。

精神分析清晰且令人信服地揭示出隐藏在鞋跟松动或脱落背后的是出生幻想，它们都与她自己的出生并因此从母亲那里分离出来，以及生下她自己的孩子有关。在精神分析所揭示的使女孩受到惊吓的各种持续性的分裂中，母亲与孩子之间的分裂是根本的和最令人害怕的（在这一背景中，我完全忽略了男性成分）。在弗洛伊德之前的那个时代，有人可能已经陈述过，就其本身来说仿佛无害的冰鞋事件"引发"了"鞋跟恐惧症"。弗洛伊德接下来论证了发病的结果是由与这一事件相联系或者先于这一事件的幻想所导致的，尽管在这两个时期中还能构拟出另一种解释来说明这一事实，即一个特定事件或幻想正好对此人具有这样一种深远的影响——也就是"体质"或"素质"的解释。这是因为，我们每个人都经历过"出生创伤"，但是有些人掉了鞋跟却没有产生癔症的恐惧。

当然，我们没有打算阐明，更不用说解决"素质"问题的方方面面，但是我敢说当我们从一种"人类学"[①]的角度审视它时有助于阐明它。在稍后的研究中，我们会在我们能够追踪和探究世界设计的范围内（这些世界设计首先令那些幻想和恐惧成为可能）进行论证，甚至会触及幻想的背后。

充当我们小患者的世界设计的线索的是持续性的范畴、持续的联系和抑制的范畴。这使得对患者所涉及的极其复杂的背景整体的"世界内容"的巨大压缩、简化和耗尽成为必需。令世界变得重要的任何

---

① 参见 191 页（指英文原书页码。——中译者注），路德维希·宾斯万格对这一术语的解释被应用于现象学和存在分析。——英译者注

第七章 存在分析思想学派 289

事情都服从于那一范畴的原则，即单独支持她的"世界"和存在。这正是引发关于任何持续性的分裂、任何分歧、裂缝或者分离、被分离或撕碎的巨大焦虑的原因。这也是被任何人经历为人类生活中主要分离的与母亲的分离，不得不变得如此泛化，以致任何分离事件都充当了对与母亲分离的恐惧的标志，并引起和激发那些幻想和白日梦的原因所在。

因此，我们不应以一种过于强烈的与母亲的"前俄狄浦斯"联系来解释恐惧症的出现，而应意识到如此过于强烈的子女联系只有在一种世界设计的前提下才有可能，即专门以连通性、内聚性、持续性为基础的世界设计。这样一种体验"世界"的方式——该世界总是暗示着这样一个"基调"①——并不必是"有意识的"，但我们也不必称其是精神分析意义上"无意识的"，因为它处于这些对立面的对比之外。实际上，它没有涉及任何心理学的事情，涉及的只是令心理事实成为可能的某些事情。在这一点上，我们面对的是在这一存在中实际上是"变态"的事情。但是，我们必须谨记，在世界设计被缩小和限制到如此程度的地方，世界设计自身也受到了限制并阻碍了成熟。任何事情都被假定为像其此前一样静止。但是，如果有某些新的事情发生和持续性被破坏，就只能导致灾难、恐慌、焦虑发作，因为此时世界实际上崩溃了，没留下任何事情继续下去。内在或存在的成熟和真正朝向未来的时间取向都被一种"曾经是"、过去的优势替代。在这里，世界必须停止，任何事情都不必发生，任何事情都不必改变。背景必定被保持为其总是的那样。正是这种时间取向的类型使得突然成分拥

---

① 或者音调（Gestimmheit）。——英译者注

有了如此巨大的重要性，因为突然推翻时间品质的持续性、劈断它并把它剁成碎块，把较早的存在扔出其跑道，并将其暴露给可怕的[①]事物、暴露给赤裸裸的恐怖，这正是在心理病理学中我们以最简化和概要的方式所称的焦虑发作。

掉了鞋跟或者子宫和出生幻想都不是对恐惧症出现的"解释"。相反，它们变得如此重要是因为对这个孩子的存在来说抓住母亲——就像对这个小孩子来说是自然的——意味着抓住了世界。出于同样的原因，溜冰事件承担了其创伤性的意义，因为在其中，世界突然改变了面孔，从突然的、某些完全不同的、新的、不被期望的事情的角度展现了自身。在这个孩子的世界中，没有地方留给它；它不能进入她的世界设计，仿佛它总是停留在外面，它不能被掌握。换句话说，因此它的含义、内容会被吸收，而不是被内心世界所接受，它通过突然不断重复地闯入静止的世界中，一次又一次地出现和再现，而对存在没有任何意义。这一世界设计在创伤事件发生之前没有显现[②]，它只有在那一事件发生时才显现出来。就像人类心智的先验或超验形式令经验只进入经验所在的事情中一样，世界设计的形式首先也必须产生，以便为冰鞋事件提供可能的条件，以便它被体验为创伤。

应该提到的是，这个病例完全不是一个孤立的病例。我们知道，焦虑会与各种类型的持续性中断相联系，例如，它可能显现为在看到挂在一根线上的松了的扣子时的恐惧，或者看到唾液滴断的恐惧。不

---

① "可怕的"这个形容词被用作名词，意味着所有可怕事物的抽象的典型、可怕的缩影。这与此页以及接下来这篇文章中相似的表述——例如"突然的""离奇的""恐怖的"——都以大写字母书写以表示该形容词具有名词的实际性质。——编者注

② 宾斯万格在这里使用了康德的表述。——编者注

第七章　存在分析思想学派

管这些焦虑涉及何种生活事件，在这里我们总是在谈及同样的在世存在的耗尽，局限于只包含持续性范畴。在这种带有其特殊的在世存在及其独特的自身的特殊世界设计中，我们以存在的术语看到了对理解正在发生的事情来说真正的关键。像生物学家和神经病理学家那样，我们没有终止于单一事实、单个障碍、单独的症状，而是保持了对一个无所不包的整体的探究，在这个整体中该事实可以被理解成一个部分现象。但是，这个整体既不是一个功能整体——一个"完形圈"——也不是在一个复合体意义上的整体。实际上，它根本不是客观的整体，而是一个在世界设计的统一性意义上的整体。

我们已经看到，如果我们仅将其作为心理病理学症状本身来考虑的话，我们就不能在焦虑的理解上得到充分的进展。简言之，我们必须永远不要把"焦虑"和"世界"分开，我们应该记住当世界变得衰弱或像要消失的时候，焦虑总会出现。一个存在所托付的世界设计越空洞、越简化、越压缩，焦虑就会越快出现，也越严重。拥有极其多样的关联的结构和环境复合的健康人的"世界"永远不会变得完全动摇和衰弱。如果它在一个区域受到威胁，另一个区域就会出现并提供一个立足点。但是，正如在当前个案以及众多其他案例中那样，在"世界"被一个或几个范畴如此巨大地支配的地方，对那一个或那几个范畴的自然的保持必然会导致一种更强烈的焦虑。

恐惧症总是一种保护有限的、无力的"世界"的尝试，而焦虑表达了这样一种保护的丢失、"世界"的瓦解，并由此将存在移交到不存在的状态——无法容忍的、可怕的"赤裸裸的恐惧"。因此，我们必须严格地区分从历史上和情境上来说有条件的焦虑的突破点与焦虑存在的根源。弗洛伊德在区别作为症状的恐惧与作为焦虑的真正客体的病人自身的力比多时做了一个相似的区分。① 然而，在我们的概念中力比多的理论建构被作为在世存在的现象学方法论的存在论结构所代替。我们不认为男人恐惧他自己的力比多，但我们声明，存在作为在世存在，同样是由神秘可怕和虚无状态所决定的。焦虑的根源就是存在本身。②

然而，在前面的实例中，我们不得不论述一个静止的"世界"，好像其是一个在其中假定没有任何事物"出现"或发生、在其中任何事物都必须保持不变、没有任何分离的因子干扰它的具有统一性的世界。在下面的例子中③我们将遇到一个可怕的、另一种不和谐的"世界"，它也是从童年早期就开始的。病人展现出一种多形态精神分裂症的虚假的神经症症状，饱受各种躯体的、自身的和对外心理的恐惧症④之苦。在其中其所涉及的任何事物（alles Seiende）——可以为他获得的"世界"，是一个紧张和充满压力的世界，装载着达到了爆发点的能量。在那个世界中，不管是在真实生活中还是在幻想中，不冒着被撞到或者撞到某物的危险就不能前进一步。这个世界的时间性是紧急的（René Le Senne），因此它的空间性是一种极其拥挤的狭窄和封闭，压迫着该存在的"身体和灵魂"。这在罗夏测验中清楚地显现出来。在一个点上，病人看到了家具的碎片，"一个人可能会在碎片处撞到他的胫骨"；在另一个点上，是"一只撞击着某人腿部的鼓"；

---

① "Neue Folge der Vorlesungen zur Einführung in die Psychoanalyse," S.117 (*Ges. Schr.*, XII, 238 f.)

② 参见 *Sein und Zein*, 40, S.184 ff.。

③ 这里参考的是约克·茹恩德（Juerg Zuend）个案，*Schweizer Archiv fuer Neurologie und Psychiatrie*, Vols.LVI, LVII, LIX, Zurich, 1947.——编者注

④ 参考了维尼克所提的概念，仅意指与病人自身的身体、他自身的心理以及外部世界相联系的恐惧症。——英译者注

在第三个点上是"一只夹紧你的龙虾""你乱涂的某个东西";最后则是"一只飞轮上的离心球打在我的脸上,我在所有人中间,尽管这些离心球在机器上牢固地待了数十年;只有我到那里时会有事发生"。

像事物世界的表现一样,一个人的同伴的世界也是如此,到处都潜伏着危险和无礼、乌合之众和嘲讽的观望者。当然,所有这一切都指向了"关系"或"被害"妄想的边缘。

观察病人绝望地控制这种不和谐的、能量充塞的、危险的世界,并人为地协调它、减少它以避免即将到来的灾难的尝试,是非常有益的。他通过使自己尽可能远离这个世界、完全理智化这种距离来做到这些——此处与任何地方一样,是一个与生活、爱和美的世界之丰富性的贬值与耗尽相伴随的过程。这尤其在他的语词联想测验中得到了论证。他的罗夏测验反应也证明了其世界的人为的理智化、对称化和机械化。而我们的第一个个案中所涉及的任何事物只有在一个降级到持续性范畴的世界中才能获得,在这个个案中它是一个降级到紧迫和压力的机械的范畴的世界。因此,我们不惊讶于看到在这个存在及其世界中缺少稳定性,它的生活之流没有安静地流淌,而是惊讶于因一推一跳而发生的每件事情,从最简单的动作和姿势到语言表达、思想表现和意志决定的公式化。由于在一推和一拉之间弥漫着虚空,因此关于病人的所有事情都是参差不齐和突然发生的(读者会注意到我们正在用存在分析的术语描述在临床上可能被称为精神分裂或孤独症的东西)。再者,该病人在罗夏测验中的行为很典型。他产生一种想要"折起卡片并用最后的努力把它们归类的"欲望,就像他同样想用最后的努力把世界折起和归类一样,否则他将不能再控制它。

但是,这些最后的努力如此严重地耗尽了他,以至于他逐渐变得不活跃和呆滞起来。如果说在第一个个案中是不惜任何代价保持存在的持续性的话，那么在当前这个个案中就是要保持它的动力平衡。在这里，为了那种保持，他也使用了一种沉重的恐惧性的盔甲。如果它（动力平衡）在哪里失败了，即便仅仅是在幻想中，焦虑发作和完全的绝望也会来接管它。这里只能非常粗略地提出这个个案的存在和世界结构，该个案已作为有关精神分裂症的第二项研究成果以"约克·茹恩德"的标题发表。

鉴于上述个案使我们有机会看到了那种世界，即在其中"关系和被害妄想"[1]变得可能，第三个个案——劳拉·福斯（Lola Voss）[2]的个案给我们带来了一些对使迫害妄想成为可能的世界结构的洞察。它为我们提供了少有的机会去观察在一个明显的恐惧期之前的严重的迫害妄想的出现。这表现为一个思考词语和音节之神谕的高度复杂的迷信系统，其积极和消极的指示在特定行为的使用和忽略中引导了病人。她会感觉被迫把事物的名称分解成音节，被迫根据她的系统重新连接这些音节，并根据这些连接的结果与正在讨论的人或物接触，或者像瘟疫一样躲避它们。所有这一切又一次充当了对该存在及其世界的保护，使之免于灾难。但是，在这个个案中，灾难没有被感觉为世界持续性的破坏，也不在于其动力性平衡的中断，而在于被无法形容的离奇和恐怖所侵扰。病人的这个"世界"不是动力性的、承载着冲突力量的世界，这些力量必须人为地加以协调；她的"世界"不是一种降级为紧张和压力的世界设计，而是一种降级为熟悉和陌生的世界设

---

[1] 瑞士学派一方面区分了具有关系观点特征的妄想与被害特征的妄想，另一方面又区分了具有关系观点特征的妄想与具有幻想观念特征的妄想。

[2] "Der Fall Lola Voss," *Schweizer Archiv fuer Neurologie und Psychiatrie*, Vol. LXIII, Zurich, 1949.

计——或者离奇的世界设计。该存在总是受一种徘徊的、迄今非个人的、敌意的力量所威胁。非常纤细与脆弱的人为的音节连接网充当了一种保护,以抵御被那种力量战胜的危险,以及传递给它的无法忍受的威胁。

观察在这些保护消失的同时,一种新的、相当不同的保护,即实际的迫害妄想是如何出现的,是非常有益的,因为现在它是非常无意识的。

深不可测的离奇的非个人力量现在被人格化的敌人的秘密阴谋所替代。病人现在可能会有意识地防御这些——以谴责、反击、逃跑的企图——所有这些与受难以理解的恐怖力量所威胁的不变的无助状态相比,似乎都像孩子的游戏。但是在存在安全方面的这些收获是与病人完全失去存在的自由相伴随的,她在同伴方面完全放弃了敌意的观点,或者用心理病理学的术语来说,是与迫害妄想相伴随的。

我之所以报告这个个案是为了论证,如果我们以妄想本身开始我们的研究的话,就不能够理解这些妄想。相反,我们应该密切关注在妄想之前——几个月、几周、几天甚至几小时——的事情。那么,我们必然会发现迫害妄想与恐惧症相似,代表了该存在是防御某些不可思议的可怕事情侵犯的一种保护,甚至与之相比敌人的秘密阴谋更能容忍些。因为不像难以理解的可怕事情那样,敌人是能被"某些事情带走的"[①]——通过察觉、预见、驱逐和与他们斗争。

此外,劳拉·福斯的个案能够表明,我们不再受限于我们能够共情的精神生活与不能共情的精神生活之间令人讨厌的比较,但有一种

[①] 这是海德格尔的一个概念,在这一背景中它用于强调这些敌人是能够被病人所"掌握"的。——英译者注

方法、一种科学的工具可以供我们使用,用这种方法和工具,我们可以更接近于一种系统的科学理解,甚至更能理解所谓难以理解的精神生活。

当然,患者依靠自身的经验能力能够多么真实地再次经历和忍受所有潜在的体验(这些体验在方法上和安排上是向他的洞察敞开的),仍要依靠个别研究者和医生的想象。

然而,在很多案例中,仅仅思考一种世界设计是不够的,就像迄今为止我们为了简化陈述所做的那样。然而,像在躁狂症和忧郁症中一样,在病态的抑郁症中这也有助于实现我们的目的。在对临床上所知的精神分裂过程的探究中,我们不能忽略仔细地注意与清楚地描述我们的患者生活于其中的各种世界,以便展示出他们在"在世存在"和"超世"中的变化。例如,在艾伦·韦斯特个案中我们看到了以一只快乐的小鸟展翅飞入高空为形式的存在——在光与无限空间世界中的一种飞行。我们认为,存在是以坚定的行动在世界的地面上站立着、行走着。而最后,我们看到了一只盲目的蠕虫在泥泞的泥土里、在腐朽的坟墓里、在狭窄的洞里爬行的存在。最重要的是,我们看到了真正意味着"心理"的"心理疾病",在这种情况下人类的心理是如何真正做出反应的,它的形式实际上是如何改变的。在这个个案中,这是一种改变,变为一种精确的、可追溯的缩小,一个存在、世界的耗尽或挖掘,以及达到如此地步的超世,在那里患者世界的所有精神上的富足,它在爱、美丽、真实、善良,以及在多样、发展与繁荣方面的充盈,最终"什么都没留下,除了巨大的空洞"。真正留下的是填满食物的兽性强迫行为,是难以抵挡的要把胃填满的本能冲动。所有这些可能不仅会以空间、色彩、物质性以及动力性的模式和变化展现出来，还会以时间性的模式和变化，乃至所谓孤独症的"永恒的空洞"状态展现出来。

说起躁郁症，我要提到我关于《思维奔逸的研究》(The Flight of Ideas)①以及尤金·明可夫斯基②、欧文·斯特劳斯、冯·格布萨特尔关于抑郁状态的多种形式的研究，所有这些尽管根据该词的完全意义来说并不是存在分析的研究，但是无疑是以一种经验-现象学的模式来做的。说到尤金·明可夫斯基，我们必须感激地承认他是第一个出于实践的目的将现象学引入精神病学的人，尤其是在精神分裂症领域中，他立即充分利用它。③我希望进一步提到欧文·斯特劳斯和冯·格布萨特尔在强迫症和恐惧症领域中的工作，以及已故的弗兰茨·费舍尔的著作《在精神分裂者的存在中的空间和时间结构》(Space and Time Structure in the Existence of the Schizophrenic)。在冯·格布萨特尔的优秀研究成果《强迫症患者的世界》④(The World of the Compulsive)以及罗兰德·库恩的研究《罗夏测验中的计分解释》(Interpretations of Masks in the Rorschach Test)(1945)中，也能够发现存在分析思想的应用。

除了加深我们对精神病和神经症的理解之外，存在分析对于心理学和性格学也是不可缺少的。关于性格学，在这里我将仅局限于对吝啬的分析。有研究已谈到，吝啬在于坚持潜在的状态，在于"与现

---

① L.Binswanger, *Über Ideenflucht* (Zurich: 1933).
② 出现在此书英文翻译的第一部分。——编者注
③ 还应该提到他的著作 *Le Temps vécu* (1932)，尤其是 *Vers une cosmologie* (Ed.Montaigne, 1936)。后者是一本优秀的以现象学的术语引入"宇宙哲学"的思考的著作。
④ 在本书中以缩减的形式发表 (Chap. VI)。

实做斗争",且只有从这一角度才能理解被金钱束缚(欧文·斯特劳斯)。但是,这仍是一种太过理性主义的解释,一个人更要理解吝啬者的世界设计及存在;总之,要探索处于吝啬根源的是怎样的世界设计和世界解释,或者其以怎样的方式更容易被吝啬者获得。

观察吝啬者的行为及文学作品对其的描述[就像莫里哀和巴尔扎克(Balzac)所描述的],我们发现,他们主要对充满感兴趣,即用"金子"填满盒子和箱子、长袜和袋子,然后才是对拒绝消费和保持感兴趣。"充满"是一个先验或超验的连接,它允许我们通过一个共同的特征将粪便和金钱联系起来。只有这样才为精神分析把对金钱成瘾看成"起源"于粪便的保持提供了可能。但是,绝不是粪便的保持"引起"了吝啬。

然而,上面提到的空洞的空间不仅是为充满而设计,此外也是为了使其内容瞒过同伴的眼睛和手而设计的。吝啬者"坐在"或"蹲伏在"他的钱上,就"像是母鸡蹲在它的蛋上一样"(从这些惯用语中我们能学到很多,因为在现象学上而非推论上,语言总是在很高程度上进步的)。花钱的乐趣、用钱的乐趣——可能只有在一个人富有同情心地与同伴的接触中才有可能——被秘密地注视、搜寻、触摸和在心中触摸以及点数金子的快乐所代替。这些是吝啬者的纵欲,对发光的、闪烁的金子的欲望同样也可以加到这里。对吝啬者来说,这是他们唯一的生活和爱的闪光。充满及其世俗的关联、洞穴的盛行都指向了在这样一个世界和存在中某些"像莫洛克神一样"[1]的东西。自然,随之也带来了某种像莫洛克神一样的自我世界形式,且尤其是在这一

---

[1] 作者在这里没有提到莫洛克神崇拜的残忍的方面,而是提到了该偶像必须被填充的空洞。——编者注

个案中身体世界和身体意识的形式，正如精神分析正确强调的那样。提到时间性，特别要说到一个人能够"吝啬他的时间"，这证明在这里吝啬者的时间以一种像莫洛克神一样的意义被空间化了，小的时间部分都急切地不断地被节省、积累下来和小心翼翼地保护起来。不能给出"自己的时间"据此而来。当然，所有这些同时暗示了失去了真实或者存在时间化、人格成熟的可能性。就像在所有存在分析的研究中一样，吝啬者与死亡的关系在这里是最重要的，在这篇文章中不能加以讨论。它与他和同伴的关系紧密联系在一起，也与他失去深刻的爱联系在一起。[1]

我们以与探究和理解一种性格学特征同样的方法，探究和理解了在精神病学和心理病理学中被如此概括地称为感觉和心境的那种东西。一个人只要不描述拥有感觉或心境或者处于其中的人类存在是如何在世存在、"拥有"世界和存在的，就不能适当地描述一种感觉或心境（参见我在《思维奔逸的研究》中对乐观心境和令人兴奋的快乐的描述）。在这里，除了时间性和空间性以外，还必须考虑形状、光亮、物质性以及最重要的——给定世界设计的动力性。所有这些都能通过个体口头表达的媒介以及通过作家和诗人的语言得到检验。的确，惯用语和诗歌对存在分析来说是用之不尽的源泉。

感觉和心境世界的特殊动力性、它们的上升和下降的运动、它们的向上和向下，在我关于"梦和存在"[2]的文章中已经指出来了。关于这种运动的证据可以在清醒状态下，也可以在梦中、在内省描述中以及罗夏测验的反应中发现。巴什拉尔在其《歌与梦》(*L'Air et les*

---

[1] 参见 L.Binswanger, "Geschehnis und Erlebnis," *Monatsschrift f. Psychiatrie*, S.267 ff。
[2] *Neue Schweizerische Rundschau*, 1930, Ⅸ, S.678.

Songes）中，给出了对于存在的垂直状态的卓越、全面的描述，一方面是生命的攀登（de la vie ascensionnelle），另一方面是秋天（de la chute）。①

他令人印象深刻地、完美地展示了根本的隐喻：高度、上升、深度、降低、秋天［较早由尤金·明可夫斯基在他的《迈向宇宙论》（*Vers une Cosmologie*）中提到过］的存在分析的重要性。巴什拉尔非常恰当地谈到一种心理学——我们会称之为一种人类学——攀登。没有这一背景的话，罗夏测验的反应，不管是感觉、"基调"（Stimmung），还是"调谐"（gestimmte），都不能得到科学的理解和描述。②巴什拉尔也已经意识到了在艾伦·韦斯特的个案中，其本身如此急迫地留给我们深刻印象的是什么——遵从了"四成分法则"的想象和根据其特殊的物力论被设想的每一个成分。在巴什拉尔对这一事实的洞察中，我们特别高兴地发现了这些存在的形式，即具有下降和落下特征的、通常是那些下降生活的形式，总是通向想象的陆地、进入泥土中或者存在的停滞。反过来，这对于理解罗夏测验的结果是

---

① 但是，我们还知道存在的水平状态，尤其是从罗夏测验的反应中可得知。这种水平状态具有马路、河流、平原的特征。它没有揭示该存在的"密钥"，而是揭示了它的"生活路线"，即它以何种方式能够或者不能够在生活中停留或者不停留。

② 但是，巴什拉尔的研究还是以想象为根据的［*le forces imaginantes de notre esprit*, viz., *L'Eau et les rêves* (José Corti, 1942); *La Psychanalyse du feu* (Gallimard, 1938); *Lautréamont*, (Corti, 1939)］。后一本书也为精神病学家提供了对一个有趣个案的一种可效仿的解释。但它们中还缺少一种人类学的，甚至可以说存在论的对巴什拉尔的研究的基础。他也未意识到他的"想象"不是别的，而是在世存在和超世存在，尤其是后者的一种特定模式。但是，当他这样解释时（*L'Air et les songes*, p.13）："想象力是人类勇敢的力量之一"，以及当他在垂直——描绘了上升的生活——中看到的不仅仅是一个隐喻，而且是"规则的原理、派生的定律"时，他接近了这种视野。巴什拉尔的著作今天对于文学评论家和语言科学家以及精神病学家来说也是不可缺少的。

最重要的。

世界设计的这种重要性起源于存在的"音调"（Gestimmtheit），它绝不只限于环境、事物世界或者一般而言的宇宙，而同样涉及一个人的同伴的世界和自我世界（正如在艾伦·韦斯特和约克·茹恩德的个案中论证的那样）。对他们来说，自我世界与环境只有通过坚硬的、负载了能量的物质形式才能获得，而他们的同伴的世界只能通过同样负载了能量的、坚硬和不可穿越的抵抗方式获得。当诗人说"世界迟钝的抵抗"时，他论证了一个人的同伴的世界不仅能够以一种隐喻的形式被体验到，还能够以一种实际的和苦涩的感觉与抵抗事件的形式被体验到。在说到诸如"一个倔强的家伙"和"一个无赖"时也表达了同样的东西。

最后，在精神病探究和研究的整个画面中，存在分析起了怎样的作用呢？

存在分析不是一种心理病理学，不是临床研究，也不是任何种类的客观研究。它的结果首先要被心理病理学改写成其独有的形式，例如精神有机体的形式，甚至是精神装备的形式，以便被投射到身体有机体中。[①] 没有一个极大的简单化的减缩，这是不可能实现的。通过减缩，观察到的存在分析现象被大大剥夺了它们的现象内容，且被重新解释为精神有机体的功能、精神"机制"等。然而，如果心理病理学不总是根据现象的内容努力检测其功能的概念，那么这些概念被应

---

① 在这里，我们谈论的是心理病理学在整个精神病学的医学研究框架中的作用。我们没有忽视这一事实，即在精神分析研究中，以及在每一种纯粹"理解的"心理病理学中，总能发现存在分析观点的种子。但是，它们既没有指出一种方法的科学程序，也没有指出一种关于此的知识，即存在分析为什么以及以何种方式不同于生活史关系的研究，以及进入病人精神生活中的"移情"或"直觉"。

用于这些现象内容并通过后者丰富和加深，它就会自掘坟墓。此外，存在分析满足了这样的要求，即更深入地洞察心理病理学症状的本质和起源。如果在这些症状中，我们识别出了"交流的事实"即交流中的困扰和困难的话，我们将极有可能追溯到它们的起源，即追溯到心理疾病患者居住在与我们不同的"世界"这一事实上。因此，关于那些"世界"的知识和科学描述变成了心理病理学的主要目标，只有在存在分析的帮助下才能完成这项任务。讨论过很多次的将我们的"世界"与心理疾病患者的"世界"分割开来且令两者的交流变得如此困难的鸿沟，不但得到了科学的解释，而且通过存在分析被科学化地架构了桥梁。现在，我们不再停止在那个所谓的边界上，即在我们能够移情与不能移情的精神生活之间的边界上。相当多的案例报告表明，我们的方法已经超越了先前在与病人交流中、在洞察其生活史以及理解和描述他们的世界设计中，甚至在所有这些之前看上去不可能的案例中的希望。根据我的经验，这尤其适用于忧郁性的妄想狂患者，以其他方式很难理解这些人。因此，我们在这里也遵从于治疗的要求。

这一洞察——世界设计像这样将精神疾病患者从健康人中区分出来并妨碍了与前者的交流——也有助于阐明心理病理学症状投射[①]于特定大脑过程的难题。现在，确定大脑中单一精神症状的起源不再那么重要了，相反，主要是要质询那些同样通过"在世存在"的改变可以识别出来的基本心理困扰定位于何处以及如何定位。实际上，"症状"（例如思维奔逸、精神运动性抑制、造新词、刻板症等）被证明是一种扩大的灵魂变化，是存在的整个形式和整个生活风格变化的表达。

---

① 此处是在定位和分派的意义上使用德语中的"投射"这一术语的。——英译者注

第八章

作为生活史现象和作为精神疾病的精神错乱：伊尔丝个案*

路德维希·宾斯万格

一、作为生活史现象的精神错乱

生活史

我们的病人是一位 39 岁的聪明女性。她幸福地步入婚姻，但对婚姻生活不太满意。她是一名新教徒，也是修道院成员，同时还是三个孩子的母亲。她的父亲自高自大、暴虐、专横。她的母亲则善良可爱，不爱抛头露面，特别温和，而且允许自己的丈夫像对待奴隶一样对待自己，她则只为丈夫而活。

从孩提时起，伊尔丝（Ilse）就在这种环境下痛苦地生活着，并感觉无力改变什么。她过度紧张和"神经过敏"的症状已经出现三年了。在看过一场《哈姆雷特》的演出之后，她有了一个想法，即通过一些断然的行动来劝说她的父亲，让他对她的母亲更体贴一些。在寄

---

* 由恩斯特·安杰尔根据 "Wahnsinn als lebensgeschichtliches Phänomen und als Geisteskrankheit," *Monatsschrift für Psychiatrie und Neurologie*, Vol.110, 1945, pp.129-160 翻译。

宿学校期间，这个早熟的女孩就已经对她的父亲有了某种心醉神迷的爱恋，并且相信自己对父亲有很大的影响力。《哈姆雷特》中的一个场景强化了伊尔丝执行她计划的决心。在这个场景中，哈姆雷特在国王祈祷时计划去谋杀他，但又退缩了。伊尔丝认为，如果当时哈姆雷特没有错过时机，他可能就会得到拯救了。她向她丈夫承认她有一些不同寻常的计划，只是在等待恰当的时机。在《哈姆雷特》演出四个月后，当她的母亲向她求助去反抗她的父亲时，她对她的丈夫说，她想"向她的父亲展示一下，爱能做什么"。如果她的丈夫要阻止她去做这件事，这将让她的余生都不开心，而且她也必须"阻止这种情况出现"。

一天，当她的父亲再次责备她时，她告诉他，她知道有一种方法可以拯救他。然后，当着她父亲的面，她把自己的右手直到前臂的部分都伸进燃烧的火炉中，然后将她的手伸到父亲面前，并说："看，这是为了向你表示，我有多么爱你！"

尽管她承受着几处严重三级烧伤和随后伤口化脓的痛苦，但在做这一切的时候，她没有感觉到疼痛。在为期四周的治疗期间，她表现出了惊人的精力和毅力。在这个事件之后的短暂时间里，她似乎处于兴奋的、英勇无畏的情绪当中，指挥着围绕在她身边的人，而这些人已经完全惊慌失措了。她的父亲改变了对待她母亲的行为，但是好景不长，几周后，令伊尔丝非常气馁的是，新的冲突又产生了。然而，她的丈夫发现，在接下来的几个月里，她更加精力充沛、敏捷灵活、精神饱满，而且也比以前更忙了。现在，她宣布她将把自己的全部奉献给丈夫和孩子，除此之外，别无他责。当她的第四个孩子在同一年死去时，她勇敢地战胜了悲伤，却坚信孩子的死亡是在为她赎罪，因为她爱上了为她孩子治病的医生。

在烧伤事件8个月后,她比以前更忙,也更加喜怒无常。她给自己安排了许多事务,包括智力上的和身体上的。她阅读弗洛伊德的著作,参加达克罗兹(Dalcroze)体操课程,成为改善妇女抑郁协会秘书,但她感到自己的力量在减少,尤其在经期前后。在烧伤事件13或14个月后的一天,她问她的家庭医生,在他看来,她是否会得精神病。又过了3个月后,她决定去度假。她感觉像"把所有赌注都压到一张牌上"。她说她受到一种她觉得几乎是精神错乱的想法的折磨。

在疗养院期间,她相信她将"成为大家关注的中心",而且她认为在讲演时女士们都尽量选择一个可以看见她的位置。在阅读戈特弗里德·凯勒(Gottfried Keller)的小说《格赖芬湖的统治者》(*Der Landvogt von Greifensee*)时,她从中发现很多自己的参照和自己家庭的参照。小说中的一位人物"列伊"(Leu),被她描述为一个"聪明、优雅但穿着过于考究的女孩",她感觉列伊的角色暗指她自己,而这女孩的叔叔的角色暗指她自己的父亲。她认为她经常阅读到某几行台词,而这些台词其实在原文中只出现过一次。"那些与绅士们问候的场景反复不断地出现!一切都那么可笑!每次当穿着过于考究的主角出现时,女士们都会不合时宜地大笑,就好像她们从来不会做别的一样。多愚蠢啊!嗯,他们就是想测验我——看我会如何反应。"(另一方面,她受这样的强迫性疑虑的困扰,即自己的一言一行会给别人留下多么深刻的印象。)她会突然跳起来喊道:"你认为我没有注意到你在嘲笑我吗?我一点也不在乎,你爱做什么就做什么!"阅读因而被迫中断了。

患者被安排进我们的医院后,她的参照错觉进一步扩展,同时伴随的还有爱的错觉。她的爱的错觉不仅表现在她的观念中,即感觉自己被医生爱着,同时医生也在考验着她,还表现在她自己的强迫性行为上,即她强迫性地去爱医生。"除非我心灵的饥渴得到了满足,否则我再也不吃不喝了。请给我我所需要的营养吧,你我都清楚这一点。"伊尔丝想象医生使她所有的驱力都增加了,以便让她认清她自己的这些驱力①——朝向爱的驱力和朝向真理的驱力。对她来说,这代表着她的"治疗",她感到这项任务很艰巨。但不久,她就将该任务看作一种纯粹的折磨。

我变成这样不是我的错。你认为我像这样想、说、写是幻觉——宗教的幻觉。但这不是事实,这是我的本性,我内心深处的本性,它叫嚷着要得到释放以便再次放松,或者说是你用最令人痛苦的方法把那些深深折磨我的想法释放了出来。除了我向你所展示的之外,别无其他。就我所知,这里没有一点虚假的迹象,其中也没有哗众取宠的手法。

我不可能知道你的内心是怎样的。但我知道我的内心,而且我会毫无保留地告诉你。但是,我不可能告诉你你的内心,因为从你对我的行为方式中,我可以得出不同的结论,而且我不可能知道哪个结论是正确的。(摘自她给她的医生的一封信)

她房间的墙上挂了一幅冬景的画这个事实,被她解释为是她有意

---

① 当她看到清洗窗户时,她感到她极力想参与到清洗活动当中,以便使一切都变得干净、没有污点。伊尔丝所谓的"治疗"无疑是她的幻觉,实际上并没有进行任何精神分析实验。

想让自己"像冰一样寒冷"。有时她还有这样的感觉，即好像她的手、前臂都是潮湿的黏土——好像它们已经肿胀，并且完全不属于她的身体。

当被问及烧伤事件时，她解释道："我想用行为而不是语言向父亲展示，爱是一种可以超越自身的东西。这将像一道闪电或奇异的发现一样，对他产生影响，并使他不再做一个自私的人。我最初产生这样的想法，是因为我母亲的缘故。但之后我又想，如果我为了父亲而这样做，它可能是正确的事。我怜悯他，而且从那以后我感到更爱他，也更理解他了。我想我必须同样爱所有的男人，因为我如此爱我的父亲。"

伊尔丝经历了几种兴奋状态，从自杀倾向、认错人到无数的参照想法，但是从未有过真正的幻觉。在住院治疗 13 个月后，伊尔丝的急性精神病被完全治愈，可以回家了。

这个传记围绕的主题是父亲；同时，也展现了试图控制主题的企图。显然，这里有个明显的不协调，即她对父亲狂热的爱（几乎极度崇拜父亲）和对父亲专政（主要是父亲对母亲的专政）的强力反抗之间的尖锐矛盾。在这个主题上的不一致意味着没有遮蔽的、不能治愈的生命之痛；只有父亲的心理和行为改变，或者父母离婚，或者消灭父亲，才可能解决这个问题。但是，所有这些道路都被内部和外部难以克服的障碍阻断了。因此，生命因其主要主题的不一致而变成了痛苦，变成在无望的痛苦中悲哀地漂浮。从世人的角度看，在"自我"方面，优柔寡断、模棱两可、难以下决心似乎都是无望的表现，这正是哈姆雷特的处境。伊尔丝看哈姆雷特的命运，就如同在镜中看自己的命运一样。她虽然不能为自己做决定，但至少她可以为哈姆雷特做决定。她认为，他应该杀掉正在祈祷的国王而不应该考虑当时的处境，从而才可能拯救他自己，只有做这样的决定才可能将他"从疯狂中"拯救出来。现在，石头开始滚动了。在她自己的处境中，消灭暴君的可能性被排除在外，弑父的想法不可能产生，而且，就算产生了这样的想法，她对她父亲的爱也会阻止她做出这样的行为。而父母双方都竭力反对离婚。她所能做的就只有尽力劝说父亲改变对待母亲的态度和行为。现在出现的主题叫作牺牲，因为牺牲将为伊尔丝提供机会向她的父亲证明她的爱，同时也为她提供一个去制造她渴望的"印象"的机会。那次"爱的牺牲"就是为了战胜父亲的野蛮专制而设计的。通过爱的牺牲，伊尔丝将野蛮的行为大胆地用在自己身上。她甘愿自己遭受一些残酷的痛苦，这样她的母亲就不必承受什么痛苦了。父亲自身就可以完全被"饶恕"了。

从长远来看，牺牲的预期效果会失败，而且结果证明牺牲也是徒劳无益的。生命的伤口再次裂开，而且比以前更深、更痛。牺牲仍然是一个自我选择的决定，仍然是"自我"的决定，即让不和谐的力量和解，但是现在自我不做任何决定了。在进一步追求自我中心的主题的繁重任务下，自我屈服了。但是，由这样的主题提出的生命任务依然如故且迫切需要一个"解决办法"。在她自己看来，这种不突出自我的解决方法是按如下方式运作的：你必须非常爱所有的男人，因为你非常爱你的父亲（即爱的错觉）。此外，还有如下补充：你必须将所有人的注意力和兴趣都吸引到你自己身上，因为你已经将你父亲的兴趣和注意力吸引到你自己身上了；你必须知道你给所有人留下了什么印象，因为你想要给你父亲留下印象；你必须对别人做的一切事情做出反应，因为你想要知道你父亲会如何对你做出反应；简言之，你必须成为所有人"注意的中心"（即参照错觉）。缺乏对这种必然的爱和吸引注意力的意图的分辨，我们就称其为精神错乱。对这种精神错乱的治疗包括摆脱必然的想法并让自我恢复控制。

在我们的个案中，恢复是一个持久的过程。伊尔丝在 73 岁逝世之前，一直保持非常健康的状态。

她能将"救赎"和"净化"的主题引导到健康的途径中，也就是说，她通过社会工作来肯定这一主题。经过一段时间的专家咨询和建议，她成功地成为一名心理顾问，间或还担任心理研讨会小组的组长。

牺牲

正如战争被描述为政治的不同方式的延续一样，在我们的个案中，我们可以将伊尔丝的错觉看作她牺牲的延续，只不过采取了不同的方式。甚至就连牺牲本身也可以解释为早期生活史的延续，只是得到了不同的工具的帮助。牺牲是已经非常复杂的生活史网络和动机的结果和表达。理性的动机是，想给父亲一个深刻的印象来改变他对待母亲的态度和行为。这一目的是通过火的考验，通过遭受极度的生理痛苦来证明爱——她对父亲的爱——能让她做什么而达成的。在德语中，如果想要强调一种确定无疑的信念或意图，她会说："为此，我愿意将我的手放进火中。"伊尔丝的确这样做了。因而她试图证实，在她的信念和意图中，她是多么认真地不想"让其这样下去"，也就是说，不能继续忍受她的母亲在她的父亲那里受到的对待。

然而，出于同样的原因，伊尔丝想要通过她的爱的牺牲来拯救父亲。这一行为也代表救赎幻想的实现。我们从精神分析中已经知道，救赎幻想是与"乱伦幻想"有关的。同样，牺牲表达了一种纯净的愿望，即涤除乱伦渴望的愿望。救赎父亲的同时也是救赎她自己对父亲过分夸大的爱。火则成为恰当的媒介，因为火像水一样，是为净化服务的；在我们的个案中，火是通过她自己制造的痛苦、毁损、懊悔和苦行的生活为净化服务。因此，牺牲本身就是一种赎罪的行为。它既是伊尔丝对她父亲的爱的表达和肯定，同时，她也在为这种爱赎罪。自从弗洛伊德和布洛伊勒时起，神经症和精神病表达形式的矛盾本质就已经得到了广泛的认可。伊尔丝似乎成了双重女英雄，为父亲（只是间接地为母亲）进行了爱的牺牲，同时也进行了自我牺牲，即牺牲她对父亲的爱。此外，伊尔丝的思想中表达了牺牲的意义和反意义，即通过牺牲带来的（部分）死亡，可以期待新的生命的茁壮成长：一方面，父亲将被唤醒，进入新生活；另一方面，她对她父亲的爱将获得新的巨大的成功（从古代——如赫拉克利特和更近一点的帕拉塞尔苏斯那里，我们就已经知道"火＝生命"的等式了）。

精神分析家们都知道，手（和脚）是男性的象征，火炉是女性的象征。然而，比这一认识更重要的是有关火的现象学常识，即火作为生理和心理之存在模式——主要是"死-且-又-重生"的存在模式（Stirb und werde）——的物质表现形式（Gewand）的现象模式。当将手——主抓握和干涉的生物器官、拿某物（taking at something）[①]并深

[①] "taking at something"是"我"与"你"彼此对立的存在模式的一种表达，因此，一个人能在另一个人想要形形色色有目的的交往或行为时"在附近"。在这一章的后面部分，宾斯万格用"taking at"这个短语来表示伊尔丝与作为对象的父亲以及其他男人的关系。这与存在的"双重"模式形成对比，后者在宾斯万格看来，是两个人真正的相遇和相爱；参见 L.Binswanger, *Grundformen und Erkenntnis menschlichen Daseins*（H.Aufl.; Zurich:1953), Kap.2.——英译者注

入其中的器官、最敏感的触觉和痛觉器官——放入火炉的火焰之中,伊尔丝牺牲的不仅仅是她"沉重的攻击性",而且包括她猛烈的"内心之火";她内心的炽热将被"外部"的炽热战胜和清洗。巴什拉尔恰当地说道:"这种对深入的需要,对深入物的内部、深入有生命体的内部的需要是一种内在热的直觉的诱惑。"[1]尽管他紧接着又说道,"目所不及,手所不触之处,热在渗入",但我们的个案表明,手的进入和内部的热的进入能在同一行为中找到表达。正如我们后面将看到的,在精神错乱中,伊尔丝用她"内在的热"痛苦地、奋力地进入的不再是炉子,而是"有生命体",是有血有肉的躯体,尽管我们还没有谈到那一点。

我们已经看到,用言语表明对父亲的爱——或许可以用这样的话来表达:"只要你能牺牲你的自负以及你对母亲的专制,我愿意用我的右手来证明,我的爱也不会从任何牺牲中退缩"——被伊尔丝手的声明、极其明了的断言以及手的牺牲所代替。与任何别的牺牲一样,这一牺牲也是一种自我否定、自我退避和自我屈服的行为。因此,讨论这一牺牲的道德含义和内容可能是错误的。但它不是为伊尔丝所意识到的纯粹的、更不用说是"绝对的"牺牲了。担心母亲的动机越来越倒退到证明对父亲的爱的动机和用火来证明她对父亲的影响的动机之后。牺牲不是纯粹的,而是充满了激情。自我屈服也是她内心向冷酷的父亲屈服,它表达了一种"疯狂的想法",即用"某一决断的事物""决断的事件"去触摸父亲冷酷的内心。对于此,伊尔丝再次使用了来自火的领域的隐喻,这绝不是偶然的。她想用一道"闪电"触

---

[1] *La Psychoanalyse du feu*, S.48f.

摸她父亲的心，这样做并不是为了灼烧它，而是为了在她爱的"火焰"中融化它。这之后，我们可以正确地说——即使这不是伊尔丝的原话——这牺牲将是她父母家中压抑的、沉闷的气氛下一场净化的暴风雨。伊尔丝对爱的力量的信念总体而言伴随着一种权力意志，即傲慢的驱力像暴风雨一样、"像闪电一样"侵入男人的领域。但是，伊尔丝侵入这一领域绝不仅仅是为了她的父亲，同样也是为了她自己。在她试图净化她对她父亲热烈的爱时，她也试图通过采用出人意料的极端行为，采用强迫性的苦行行为袭击自己。而男人仅被允许以一种缓慢成熟的平稳过程来完成这些事情。

但无论从哪一点来看，牺牲都是无益的。这种惊人的举动没有如伊尔丝所希望的那样对父亲产生深刻的、决定性的影响，也没能使她自己从真正净化的巨变中摆脱出来。我们越是清楚牺牲的意义，就越能更好地理解这些。这种意义不会在积极的证明和替代的符号中表现出来。任何牺牲的最深刻的意义在于建立——建立一种联结。爱的证明必须成为爱的联合才会让牺牲变得"有意义"。通过我的见证、我对爱的坦白，我正在向你证明我的爱，我正在向你坦承我的爱；但是，只有在同你的联结中你才会回应，而且只有这种回应才是我们的基础。然而，在伊尔丝的个案中却没有这种回应。伊尔丝的惊人举动没有摧毁原来的家人关系的根基，暴风雨没有净化空气，联结没有建立。因此，自我净化的牺牲也失去了它的意义。通过与父亲建立一种净化的、做出牺牲的、通过牺牲来强化的新联结，将会使自我牺牲和激情的释放变得富有意义。然而，联结的失败，即在纯粹的我们的水平上同父亲建立联结的失败，使自我净化变得毫无意义。现在，整个存在的状态不仅被打回原形，还面临一个新的处境：现在怎么办？

精神错乱

伊尔丝的"本性"并未顺从。她的内心之火一直在燃烧，直到有一天这火就要将整个"存在"点燃了。她没能建立联结，她的自信心变得岌岌可危。她变得不相信一切，也不相信她自己了。她自命不凡的骄傲变成了尊严受威胁的感觉。因为她的父亲并不太在乎她的牺牲，甚至轻蔑地摒弃它，所以她不但感到被误解，而且也感到她的尊严真的受到了伤害。她对父亲的爱加剧了她极度的失望感，她不信任他，同时也不信任自己的使命和力量了。这种感觉与下面这些疑虑结合在一起：他没有注意到我是多么认真吗？他认为我的目的是哗众取宠吗？他相信我想要成为他兴趣的中心只是想使他"感动"并想检验一下我对他的影响吗？他没有注意到我有多爱他吗？他不知道他有多伤害我，让我多么不开心吗？

所有这些讨论都没有发生，而且也不可能发生。既然用"行为"都不能说服（也就是不能建立联结），言语又怎能完成？现在，伊尔丝被迫采取一种防御的姿态。一切事情似乎都依赖于给出自己良好的意图和真诚的证据，都依赖于她维护她的尊严和她有限的净化的感情。但是在这里，她再一次认为她遇到了阻抗，别人拒绝相信她，嘲笑她，藐视她，就像她父亲曾经"藐视"她那样。

在精神错乱中，伊尔丝的手的确"牺牲"了；它们又肿又胀，感觉像"湿乎乎的黏土"，它们像冰一样冷，而且它们"似乎完全不再属于她的身体了"。同样，内心之火、"灵魂的饥渴"也真的牺牲了。那火，在"净化的过程中"，变成了"冰一样冷"。这种"对穿透、对深入物的内部"、深入火炉之中的需要——以便从那里进入父亲的内心——现在被新的内在热切的直觉的诱惑所取代。也就是说,这是深入有机体内部的需要,是将她的内心之火直接深入她同胞的内心的痛苦的愿望,去弄清楚"你的内心在想什么"。但是,内心之火与他人又没能融合成新的生命和新的联结。由于他人的阻抗和"冷酷",她内心的"烧伤之痛"仍然存在,痛苦的疑虑也依然存在,在假定知道与不知道之间、在令人痛苦的不信任和绝对信任之间左右摇摆。在这一点上,内部之火与外部之火之间的界限总是在变动:有时是伊尔丝"内在的本性"冲了出来,有时是在他人"令人痛苦的工具"的帮助下,将她内在的本性拉了出来。

在她精神错乱期间,她一次又一次地维护自己的尊严,防御对其夸张行径、不诚实和"错觉"的责难。它们听起来都像是为她的牺牲进行的迟到的辩护:她将她的手放进火炉里并不是想做出夸张的行径,不是想把自己置于(她父亲的)兴趣的中心,不是因为自命不凡!更确切地说,她真正的目的是想帮助她的母亲过一个人应该过的生活。尽管如此,她还是因为自己不是完全真诚地做出牺牲而不停地责备自己。因此,对于她来说,治疗必须是对她"趋向爱和真理的驱力"的净化。精神错乱的矛盾的表现形式再次摆在我们面前:一方面,伊尔丝必须非常爱所有的男人,因为她非常爱她的父亲,同时,她必须感到对所有人来说她都处于兴趣的中心,因为她想要成为父亲兴趣的中心。另一方面,她必须为那种爱、为那种想成为中心的愿望做出补偿(净化)。只要她相信医生的净化的意图或者相信她可以将他们的意图解释为这个意思,那么医生仍然是她的朋友和帮助者;只要她确定这不是实际情况,医生就变成了折磨者和敌人。但是,在两种可能的解释中都潜伏着这样的疑虑——"你内心在想什么",缺少真正地深入别人内部的能力。此外,从她非常确定他人对她怀有恶意、监视着她、用讽刺的言语来检验她、嘲笑她并折磨着她来看,我们可以确定她内疚并伴有负罪感(因为她对她父亲有强烈的爱)。这样,他人变得专横、顽固,不能进入她的爱之中,正如她的父亲一样!因此,她与她父亲之间的全部逻辑关系延续到她与其他所有相关之人之间的逻辑关系上。

因此,她精神错乱的真正含义在于父亲的扩展(pluralization[①])——从单数的"你"和双数的"我们"转化为复数的"你们"和"我们"。从这个意义上说,精神错乱是"乱伦禁忌"解除的表达。在此之前,"内心的火焰"一直被这种禁忌抑制,现在它打破了所有阻碍,抓住了所有在场的人。因此,你,尽管被亵渎且贬值了,还是被带到更接近它"自然命运"的地方。但对于伊尔丝这位已婚女人来说,你仍然是引起忧虑和她"为男人疯狂"的耻辱的禁忌。在"喜爱打扮"的小说人物列伊身上,她好像看到镜中卖弄风情、渴望得到男人的自己,正如在《哈姆雷特》中,她看到了她自己优柔寡断的映像。在人物列伊身上,她还能在其他的方面看到同一之处:这个女孩与此前受女士们欢迎的兰德福格特(Landvogt)一样,是最迷人的人物之一;她被描绘为"在光的沐浴中站立——她是庆祝神迹的迷人的天使";也正是她,拒绝与兰德福格特结婚,"因为她不知道她将于何时被召唤到那片灵魂游荡的无名的净土"。

[①] "pluralization"是本页以及接下来几页常用的一个术语,宾斯万格用这个词来表达伊尔丝与她父亲关系的扩展与延伸,以覆盖她与其他所有男人的关系。正如宾斯万格在下一页所说的,"pluralization"是扩散、"水平的降低",并由此改变了"我们"关系的重要的真正的价值。——英译者注

我们确定伊尔丝的精神错乱的真正意义（或者从健康的角度看其无意义）在于水平的降低和"你"的扩展。我们现在已经看到，这一过程没有局限在吸引的正向运动方面，而是延伸到它的"反意义"，即厌恶的负向运动。伊尔丝对父亲的失望——总是通过"你"的扩展的方式——发展为参照错觉。你的延伸是顺序原则（order principle），根据这个原则所谓的神经错乱（"精神错乱"）就可以理解了。这个原则使我们不只看到一片混沌，而且能看到这种精神错乱的作用机制。

因此，以伊尔丝精神错乱的形式将自己呈现在精神病学家面前的科学问题，已经获得它方法论的基础。

回顾

伊尔丝的生活史给我们留下的印象是它适合我们的主题，因为它仅仅包括一个关键的主题，而且可以将它越来越清晰的不同阶段看作这一主题特有的变化。这一关键的主题充当了一个常量，为我们提供了理解伊尔丝作为历史角色的生活的关键。历史总是有主题的。一个人（或一个民族）由命运安排的主题种类或者他精心选择的主题种类，以及他变化主题的方式，不但对他的历史具有决定性，而且就是他的历史本身。在伊尔丝的个案中，正如我们所见，常量是父亲这个主题。这一历史的主题，像所有其他主题一样，不是"纯粹的"，不是与整个生活情境相分离的，而是一个真正实际存在的生活问题，并同样地主导着生活史。正是父亲，这位受到崇拜的、冷酷的专制者，使她深爱的母亲变得像奴隶一样，用沉闷的、压抑的气氛毁坏了伊尔丝和她的家庭，而儿时的伊尔丝、成年后做了母亲的伊尔丝和她的母亲却从未试图从这种环境中解脱出来,她们在这种环境中完全无助又无望地拖着生活前进。这标志着她生活史的第一阶段。

在她人生第四个十年的时候,这种气氛带来的压力越来越大,以至于产生无法忍受的痛苦。她逐渐意识到,只有暴风雨、闪电才能净化这种气氛。她的关键问题加剧为危机。她的整个存在处于混乱之中,而且她将一切赌注都压在同一次机会上。伊尔丝真的独立地做出了一个重要的决定,但是现在她的自我被这一决定统治着,已经达到被驱迫的程度,因此,它只渴望依靠行为来从被驱迫中解放自己。自我已经不再被自身控制,关键的问题压倒了它。这是这一生活史的第二阶段。通过行为、通过火的牺牲这种情感上的暴力方法来解决危机,第二阶段结束了。

第三阶段是由通过行动重获的自我控制启动的,但是这种控制不久就被另一强迫性冲动驱使,被另一似乎无目的、无休止的让她爱上各种次要目标的行为所打乱,大概在这种行为出现15个月后,又被这个永不终止的关键主题的新的变化形式所取代——当然,是通过一些非常不同的方式。首先是消极无助,然后是积极活跃的、自我选择的但不再是自我授权的行为,之后是极度的"自我无权",屈服于现在呈现无限力量的"主题"。主题当然不仅仅是一个主题而已,还包括"我和世界"之间的争论,并因确切的存在情境而加剧。这个主题现在不再为受限制而担心,而是横扫了和它一起的整个存在,只感知它自己并且只为它自己而活。它强迫它所统治的人,在男性同胞的世界(周围世界)里不断地遇到"父亲",并且在爱与恨、斗争与投降、一次又一次的冲突中挣扎。父亲对于伊尔丝来说,不仅仅是一个"你",同时也是操心("关心"和"担忧"的结合体)的对象,是"与某物联系"①的对象（潜在的和实际的），是留下印象和影响的对象。同样，他令人失望地伤害她的尊严，专制地接受和拒绝她。相应地，事情在她与周围环境（周围世界）之间发展。后者，而不是父亲，现在是不能形成联结、不能和平地达成一致的力量。但是，你和对象、爱与担忧总是处于冲突之中，力量变成了不解之谜，成了谜一样的力量。正如父亲的严厉与冷酷、不易去爱和牺牲，转变为对伊尔丝来说是痛苦的谜，整个环境现在也变成了谜一样的力量：有时，它是爱你的，是那个让她不但愿意向其举手投降而且愿意完全缴枪的环境；有时，它又是严厉的、无情的、难以接近的世界，这个世界嘲笑她的爱，嘲弄她，羞辱她，伤害她的尊严。她的整个存在现在都被限制在无休止的被吸引和被拒绝的运动中。但是，随着"你"的扩展，随着主题无限制地扩展到她的整个存在，随着最初的主题目标即父亲的消失，不再有任何可能解决问题的方法了。主题将自己耗费在不适当的对象上，它似乎无休止地重复绕自己旋转。唯一剩下的问题是……存在是否能从这种自我讨论形式中找到出路，回到自身，因此为可能出现的新的解决方法扫清道路；或者存在是否能通过动作、行为或阶段的无止境重复和一成不变的讨论的过程减弱。但是，只要主题还是主题（就算是一成不变……也是主题的变体），就有生活史……

最后，我们在她的生活史快到生命终点处观察到了她的第四个阶段。在这一阶段，自我重新获得掌控权，并将生活史的问题导向一种新的但这次是明确的解决办法。无助和犹豫不定的压力、迅速转换

---

① 参见第216页（指英文原书页码。——中译者注）第一个脚注。

行动的痛苦，屈服于问题的超级强权，以及由它反复驱动的疯狂的状态，最终都由可以被称为"正确的"解决方法所取代：将爱、净化以及阻抗的问题转换为目标导向的和有条不紊的、辛苦的、耐心的心理学工作的道路——简言之，进入实践的世界。你和周围世界在准备为同胞提供帮助和工作时最终和解了。在你与冷漠世界的阻抗之间的鸿沟被跨越了，阻抗也不再表现在"其他人"的无情、冷酷、轻蔑和嘲笑上，而是表现在他的痛苦中，这是工作能够接近的，而且也能被工作战胜。

我们知道，在创作一支音乐主旋律和编制它的变奏曲时，作曲家的整个音乐存在起了决定性的作用。同样，在接受生活史的主题并明确地表达它的变化形式时，人的整个存在获得胜利。因此，父亲的主题绝不是终点；我们不能将"父亲情结"绝对化为独立的"存在"。我们更不应该以精神分析的方式，在这一生活史中只看到力比多的历史、它在父亲身上的固着、它被迫从父亲那里的撤离，以及它最终迁移到整个周围世界，因为那样我们会将人类存在的本质的可能性误解为发生发展的过程，将生活史缩减为自然史。但是，只有人的存在才是真正历史的存在。尽管它的历史为它已经选定的主题所决定并致力于这些主题，而且它的历史包括产生并解决这些主题，它的历史性仍然建立在它对它"整体背景"的态度之上。尽管存在并没有自己为自己建立背景而是将它作为它的所有和遗产接收了，但与背景相比，它仍然拥有自由。拥有一位父亲和一位母亲是一个人存在的一部分，就像拥有一个有机体和历史一样（因而，那些"失去"父母的存在可能要遭受最严重的危机）。伊尔丝得到那样的父亲和那样的母亲是她的命运，这被作为遗产和任务接受了，在这种命运下如何忍受压力是她的存在的问题。因此,在她的"父亲情结"中,是命运和自由在起作用。两者都将为生活史主题的选择与它变化形式的形成"负责"。

我们必须承认,在我们的个案中,我们甚至不知道主题的最初形式,也就是在伊尔丝童年期的形式。这在我们生活史的讨论中不但是一个瑕疵,而且是一个真正的缺陷。如果我们知道婴儿期的父亲主题的主要形式,我们将可能在其中辨认出在后来的变化中发展和使用的所有可能性的萌芽。

精神错乱、存在分析和"共情"

谈到无助、准备去牺牲、精神错乱和最终的工作的生活史现象,我们感到也应该对这些现象的现象结构进行探索和描述。这可能是存在分析或人类现象学的任务。所有这些现象都是"存在于世并超出世外"的现象。它们是它的特殊形式,并且它们还产生诸如做自己和不做自己、在一起和不在一起、空间化和时间化等特殊形式。这样,生活史分析被迫超越自身而进行存在现象学分析。既然我们在别的地方来处理这些问题,那我们或许可以在这一点上暂停一下。但是,应该强调的是,已知的"存在于世并超出世外"的种类和模式也决定了我们其他人在他的生活史的不同阶段与其交流的方式,这也就是说,我们同情和理解他的方式。我的世界和他的世界之间的潜在的和真正的一致程度决定了可能的交流与"理解"的程度。

我们现在正接近通常用非常含混的术语"共情"来描述的问题。但是,这个标签并不能帮助我们去理解父亲,无论在哪里引入一种或多种感情,我们都不得不像在雾中一样去摸索。只有当我们承认有必要去努力检验和描述有关存在的现象学模式和他们的现象学内容的一种或多种情感时,我们才能渐渐明朗。例如,在"共情"的个案中,我们可能必须检查温暖的现象到了什么程度,这是一种可能或不可能融化的内心的温暖现象(就像在我们的例子中);或者是一种语音的或声音的现象,正如诗人荷尔德林(Hoelderlin)为他母亲写的那样,在她的灵魂里没有声音的存在,他的灵魂也不能和谐地加入进去;或者是感动现象,正如当我们说"你的悲伤、你的欢乐感动了我"时;或者是分享现象,正如荷尔德林的《许珀里翁》(*Hyperion*)中的黛尔蒂玛(Diotima)所表达的那样——"那个理解你的人,他必须分享你的伟大和你的绝望";或者参与其中,正如谚语中说的那样,"我分担你的悲伤";最后,或者是"认同"现象,正如当我们说"我如果是你也会这样做的"(与其相反的是,"我真不理解你怎么能那样做")时。所有这些有关同在(being-together,Mitseinandersein)与共在(co-being,Mitsein)的表达模式包括某些现象的、有意图的和前意图的模式,它们的分析应先于对整个共情现象进行广泛的和清晰的分析。就是这个原因,使我们可以共情的心理生活与我们不能共情的(精神分裂症患者)心理生活之间的区别失去了很多科学价值。在这里需要撇开这个事实即共情可能性的界限是纯粹主观的,并根据观察者的共情能力和"想象力"而变化。

幸运的是,今天我们已经处于能够克服可以共情的心理生活和不可以共情的心理生活的二分法的时代,因为现在我们可以自由地使用一种方法,该方法让我们可以立于二分法之外来对特定的"在世存在"进行现象学的分析。这种方法就是人类学或存在分析的方法,该方法的存在受胡塞尔的现象学思想的影响,并从海德格尔的存在的

"此在分析"中获得重要的启发。在尚未进入这个领域之前，我们必须将交流的问题简明扼要地提出，以便为我们解决"作为精神疾病的精神错乱"这一问题找到真正的出发点。

二、作为精神疾病的精神错乱

无论是在科学还是在科学发展以前的背景下讨论精神疾病，所指的都是某个人身上所具有的心理疾病症状。但导致这些症状表现的，正像生理疾病的情况一样，绝不是"疾病"。实际上，后者根本不会出现在症状中，用隐藏在它们"之后"的事物来说明症状更合适。有症状做向导，疾病本身已被发现或显露出来。这些症状像什么呢？

在这里，让我们看一下我们的个案，特别是伊尔丝的牺牲，并且看一下一个外行人将会如何对这样的行为做出反应。他可能会问自己：如果我处于伊尔丝的处境，我会这么做吗，或者说我能这么做吗？他的回答将是：不会，在我们这个时代没有正常人会做像这样的事情。考虑到"你"的扩展，他可能更加感到同情："现在这个女人完全疯了！"因此，我们看出，对疾病或健康的判断受社会对正常看法的支配。如果一个动作、行为或言语偏离了正常的标准，那么即使是一个外行人也会将他看作有病，就像疾病的症状一样。然而，也可能有这样的人，他们从牺牲中看到了真正的宗教的或伦理的自我退让的表达，真正地在道德上准备为他们的亲人朋友牺牲和显示出爱的表达；这种人可能强烈反对将牺牲看作疾病症状的看法。我们认识到，行为正常的标准绝不是一旦确定就永远不变的，而是因个体的教育和文化水平或所处的文化地区不同而异的。在一个人看来似乎是反常的——或者说偏离了正常的标准——而在另一个人看来却是非常正常的，甚或说是正常的极度表达；对"疾病"或"健康"的判断是在相应的文化的参照体系中形成的。自然，这对精神错乱来说同样如此。古希腊人将那些在我们21世纪的人看来是疾病的症状看作阿波罗吹出的气或复仇女神的报复，中世纪的基督徒则将其看作恶魔附体。在虔诚主义顶峰时期被看作极度虔诚的表达，在今天可能就被看作病态的反省和病态的负罪感，等等。但是，所有这一切都不能改变这样一个事实，即：不管在何处，只要一个人的行为偏离了正常的社会行为标准，因而似乎很惹人注意或很奇怪，那么这个人就将被判断为"有病"。

但我们不应该满足于此。尽管我们通过判断认定对正常的社会行为标准的偏离，但是这种判断依靠的是先在的和非理性的事实，也就是从社会交往（communicatio）领域和爱（communio）的领域获得的事实。例如，某人认为伊尔丝的牺牲是病态的暴露，因为这样的行为，或者更准确地说，伊尔丝做出这样的举动让他感到震惊，他进而将其看作"奇怪的"，这也就是说，在他与她之间存在着某物，该物在他看来是社会交往的障碍，甚至是爱的障碍。现在，伊尔丝不再是像任何别人那样的"其他人"，更非"尔"（Thou）了，而是一个奇怪的他人和你（you），即一个被排除了能遇到真正的爱这一可能性的人。社会交往和爱的障碍这个阻碍物变成了一个物体[①]（突出的、回避的、可怜的、有判断力的，等等）。因此，我将我自己从我的亲人朋

[①] 参见 René Le Senne, *Obstacle et valeur* (Paris:Editions Montaigne)。

友中分离或逃离出来,并且亲密的同情与交流变成了带有距离的客观对待、观察和判断。因为爱的表现形式和交流的可能性也非常依赖于文化群体中的全体成员,所以还是要考虑关于"疾病"判断的文化关联。但是,我们真的希望表明,精神病学处理的疾病的症状指的是这样的事实,即相同人群区域中的同情和交流,或者更精确地简言之,是理解(在这个词最广泛的意义上)的同情和交流。

甚至精神病学家在最开始的时候也像外行人一样。他也评价伊尔丝的牺牲,而且他通常也是以教化的方式来评价的。例如,他可能将这一行为的奇异性描绘为"夸张的"或"异常的"爱的行动,或描绘为古怪的或疯狂的,正如他将青春期分裂症或躁狂症的行为描绘为傲慢无礼、不顾后果、轻浮妄动一样。他对这样因人而异、因文化而异的"主观"标准并不满意,但他必须寻找一个相对确切的标准,这似乎是很明显的。这不但需要对所有异常的社会行为的经验材料进行尽责的回顾和过滤,而且也需要一个新的参考框架,从这个参考框架,并通过这个参考框架形成精神病的判断。正如我们所知,他能找到的这样的一个参考框架不是在文化中,而是在自然中。因此,如果他成功地理解了作为自然条件的与文化有关联的行为,他就能最好地达到他的科学目标。

为达到这一目标,精神病学家首先必须像植物学家或动物学家一样,从自然科学的观点出发,去收集和整理他所观察到的材料,以便在自然科学框架内对它们进行考察和组织。他将复杂的和富有戏剧性的牺牲的生活史现象看作"在某时"和"在"某人身上发生的个人事件,他将它们置于古怪、荒谬或"异常的"行为类别之中,也许将它们追溯至"精神分裂样"或精神分裂症行为之列,并将后者列入精神

229 分裂症。他这样做确实完全忽视了生活史结构和牺牲的重要意义，取而代之的是，他使用了自然科学的归类法，而且现在知道将这个动作归为哪一类疾病了。① 通过这个，他已经达到了他的第一个目标，即形成诊断判断。

但是，现在我们必须问问我们自己：在这里发生了什么？诚然，我们已经远远超越了变态的概念。当我们谈到疾病症状并做出诊断判断时，一个完全不同的参考框架似乎在起作用。它既不是文化的，也不是纯粹的自然-科学-生物的，而是医学的；它是医学病理学的参照体系。如果我们从精神病学的角度将反常的社会行为——一种文化事实——判断为一种病理现象，那么我们已经离开了纯粹的生物学的判断领域而进入带有生物学目的的判断领域，正如我们必须处理身体上的反常行为一样。健康与疾病是价值概念，不管我们是用魏尔肖（Virchow）以有机体安全为目的（疾病被看作威胁或危险）的观点，还是用科福尔（Krehl）以效能和生命力为目的（疾病被看作他们的缺陷）的观点，或者是用弗洛伊德以人生的快乐为目的（疾病被看作痛苦）的观点来进行估量，它们都是基于生物学目的进行判断的对象。将精神错乱和牺牲的生活史现象判定为精神分裂症或通常所说的精神病的症状的精神病学家，表达的不止是这样的事实，即他认为它们是变态行为——也就是说，他在它们中看到的是威胁、缺陷、痛苦。但是，他并没有停留于此，他至少试图去将这个威胁、这个缺陷、这个痛苦追溯到自然物体中的事件——这一个事件就允许我们将整个人类看作自然物体（或者说将他还原为它），即使这伴随着

---

① 我们已经忽视了牺牲是否导致精神分裂症的发作这样的问题，该问题尤其得到病人精神分裂症状态的支持。

326　存在：精神病学和心理学的新方向

在可观察到的现实（描述性现实）方面的巨大损失，他也直到这样才停止。这个自然物体是人类的个体机能和整个生存环境意义上的有机体。[①]

因此，在这一情境中，疾病症状所显示或表明的，以及症状所涉及的隐藏的某物指的是，对有机体的威胁或限制——简言之，是指有机体功能或效能方面的障碍。当然，这里所指的只是一般的参照系统，精神病学－医学的判断来自这个系统。

在做出精神病判断的时候，精神病学家不必意识到这一（目的论的）参照系统。实际上，在这一参照系统和将被判断的特定事实之间还掺杂着精神病学的全部经验知识，以及前面提及的根据纯粹的自然－科学原理发展而来的精神病学－医学的病理学系统的知识。精神病的判断正是仅仅建立在那一知识之上。"诊断"（diagnosko）意味着精确地觉察、准确地检查，并在这样的觉察和检查基础上做出决定。只有通过准确地调查和辨别疾病的征兆和症状——精神病理学术语称之为精通和经验——医生才能诊断出这些征兆和症状所指出和指明的潜藏的障碍。因此，尽管隐藏只是名义上的，即被有机体中此时

---

① 但是，必须提到的是，只有"在理论上"，人类才可能完全被还原为他的有机体，而且似乎是谜一样的心－身关系只是来源于那种抽象。在"现实"中，没有哪个有机体或大脑不能被某人声称为"我"的。然而，这种所有关系已经从根本上被赶出了自然科学的类别。它也不参与决定什么将被看作自然的物体。当康德强调灵魂在身体世界中的定位问题中存在"陷阱"，强调身体是我的身体，其变化是我的变化，而且强调它的定位是我的定位时，就已经触及这个问题了。这已经指出了这样的事实，即"我的身体"同时必须总是指"我自己"。后来，何恩尼斯华德（Hoenigswald）（思维心理学家）将对眼前的人和事非常有占有欲的心理状态这一问题置于有关心理与物理之协调的讨论中心，指出为何必须中止心理与大脑的协调，而且只有我的大脑作为思维客观性的条件，才与规范的世界有原初的（urspruengliche）关系。

此地的存在决定着,但是它绝不会在它的存在或本质中展现。精神病学想要做的和能做的,根本不是揭露那个存在,而是更加精确和更加深入地渗入现存的医学事实中——例如精神分裂症的事实,揭示它存在的原因,以及战胜和移除这些原因及其效果的可能性。实际上,这里和他处一样,只有通过哲学的("本体论的")揭露才可能揭露存有(essence)。

将人的生活史还原为有机体身上的事件并不只是在自然-科学-医学方法及其成功的压力下发生的。无论在什么情况下,当讨论到疾病时,它就可能而且已经引起了哲学上的争论,并且它最终必诉诸有机体。……但是,这里仍然遗留了一个重要的精神病学方面的问题:在一种被诊断为有病的行为中,哪一方面能从交流障碍还原到有机体中,尤其是大脑中的障碍?这总是由当前的科学方法的趋向所决定的,正如实证主义令人惊奇地展示的那样。但是,在这一点上,哲学的需求和经验研究联起手来。尽管前者警告我们不要放弃一种还不成熟的方法,并要避免转换为另一类别,但我们的这个个案却表明,追寻精神错乱之前的所有生活史是多么必要。因此,我们可以清楚地说,不要将诸如伊尔丝爱的错觉或她的参照想法,或者她手脏的感觉以及手与身体相分离等疯狂的单独联结隔离起来,也不要将它们单独地投射到有机体或大脑中。我们所能说的是,生活史主题被对待的整个方式和由主题所提出的任务的解决方式可能都是病理的,而这取决于主要器官的障碍。任何超出这一领域的内容都处于大脑-病理推测领域之中:因为不是"大脑"而是"人"(der Mensch)在看待和对待生活史主题。

当然,也可能出现这样的问题:如果伊尔丝的父亲接受了她的牺牲，如果他与她形成了一种新的联结，如果她对他的爱因此而变得"纯净"了，那么伊尔丝将变成什么样子？伊尔丝的病可能会完全停滞或者呈现完全不同的形式，这即使不是很肯定，也是非常有可能的。这种可能性本身——甚至更多的是精神神经病的"积极的"心理治疗的可能性——已足以证明，人不仅是"由心灵和肉体组成"的，像人这样的有机体不只是而且也不同于一个纯粹的有机体，心灵整体也是不同于纯粹的心灵的东西。[①] 人是且依然是一个整体，他不能被"分为"身体和心理；更确切地说，身体也是心理，心理也是身体。尽管在经验的观察中并没有观察到"完全相同的"现象，但二者是边缘性的概念，彼此相互需要；而且，如果分离开来思考，那么它们只是纯粹的理论的构造物。只有从这种观点来看，我们才能够理解，一个生活史方面的变动可能会引起生理事件的变化，后者的变化也能引发形成生活史主题的方式的转变。

既然我们已经触及心-身问题了，我们想就将精神疾病看作"灵魂的疾病"[②]的观念谈几句。我们必须反对这一表述。"灵魂"是一个宗教的、形而上的和伦理的概念。除此之外，我们只可承认它是某一具体领域——例如精神病理学领域——中理论的、辅助性的概念。这个辅助性的概念在精神病学中有什么关系呢？如果在这个领域中我们谈到灵魂的功能、事件或机制，那么我们就将有机体分为两个自然的物体，一个心理的，一个身体的。因而这两个物体被假定是互相影响的或彼此平行的，或者被看作一体的。然而，这最终可以从内部

[①] 如果一个人想要迎合心理物理理论，他就会提出这样的假设，即证明"心理与生理事件交互的程度"的可能性。

[②] 在德语用法中，"Seele"和"Psyche"几乎是可以互换的。——英译者注

或外部来看待。但是，一旦灵魂成为自然的物体或以某种方式被客观化——正如在精神病理学中一样——它就立刻不再是灵魂了，我们只要仔细考虑一下短语"心理事件"就能意识到这一点。

如果我们想要在灵魂的真正意义上来谈论它，那么我们必须从与一切包括自然的客观事物相对立的角度来理解它。我们可以将这一可能性称为"主观性"，但是不能将它等同于"我"，"我"只是一个"实体化的关系概念"（我与你、我与他或它的关系）——正如 W. 冯·洪堡（W.von Humboldt）已经清晰地理解的那样。更确切地说，我们必须意识到，主观性（与客观性相对）只是某种"超越"的、在世存在的模式，指向存在的模式，或者说是一种精神现象（Brentano），或是一种有目的的行为（Husserl）。

三、作为生活史现象和作为精神疾病的精神错乱

如我们所看到的，作为生活史现象的精神错乱与作为精神疾病的精神错乱之间的区别，根源于以下两方面：一方面是人类存在或者在世存在，另一方面是自然。当我们谈到生活史现象时，我们就谈到了一般的历史性；而当讨论历史性时，也就谈到了存在或在世存在。另外，当我们谈到自然时，我们谈到"世界"，因为通过"自然"我们理解了"内部世界中遇到的某物的存在结构的分类本体"①。相应地，

---

① 这个短语来自海德格尔——几乎不能翻译——它的原文是"Inbegriff von Seinsstrukturen eines bestimmten innerweltlich begegnenden Seienden"。——英译者注

每种情况下的知识方法论是完全不同的①：前者是现象学－人类学解释，后者是自然或自然科学的知识。

在这一点，读者可能感觉面临这样的问题，即我们对称为"人文学科"的方法和自然科学的方法二者的这种分离，是否割裂了人类原生的统一性。正如我们前面指出的那样，实际上，对这一统一体的信念是有效的信念。在古代，赫拉克利特可能仍然以这样一种方式将这一统一体带到意识中，即它的人类学的、心理学的、宇宙哲学的和神学的方面将构成一个完整的圆圈。②但是今天，我们必须意识到，欧洲人的心智，从苏格拉底以前的希腊思想家的时候开始，已经失去了它的单纯，并赞同分离的精神，也就是科学的精神。然而，科学根据它真正的本质，必须依赖于特定的哲学原则和方法假设，永远也不可能处于理解"原生的统一性"（primary unity）的位置——也就是说去关注它并理解它。当前流行的"心－身－体"的口号不能改变这种状况。后者除了代表这些领域之间（由于是关系，因此不再是统一体自身）众所周知的经验关系外，不代表任何东西；或者它意味着承认，在被科学——更确切地说被自然科学——影响的分离背后有一个不可接近的统一体。实际上，这样的洞见已经是一种哲学的洞察力，正是存在分析在应用人类学时所依赖的东西和由生活史现象提供的基础。另外，如果我们谈到心理学、生物学、生理学等，并且如果我们作为心理学家、生物学家、生理学家，那么我们既不能让这一统一体进入我们的概念之中，也不能让这一统一体进入我们的行为之中，因

---

① 这一区分构成了宾斯万格论文的基础，"Lebensfunktion und Lebensgeschichte," *Monatsschrift für Psych.und Neur.*, Bd.68, 1928。

② 参见 L.Binswanger, "Heraklits Auffassung des Menschen,"*Die Antike*, XI, 1935。

为只有通过两种方式它才能为人所理解：通过哲学和哲学系统的方式；通过爱的方式——这既包括性欲之爱又包括精神之爱。

人们对这种区别的了解很缺乏，这种区别可被归于所有人文科学对临床精神病学以及临床精神病学对人文科学的令人尴尬的超越。两个阵营在接受这种了解时都如此缓慢，因为每一个阵营都已习惯了将它的方法论看作绝对的，也就是说，已经习惯了将它的科学转变为一种世界观。但是，精神病学家的世界观是实证主义的，而人文学科的学子们仍然遵循唯心主义。因此，双方都如雅斯贝尔斯所提出的那样，以一种自己特有的方式来解决它们自己的所有问题。

"对于实证主义来说，精神疾病只是将要去研究的一种自然的过程，而对于唯心主义来说，它被看作某种反常的而不予考虑且不关心的事情，或者以它的真实的态度，被富于启发地和聪明地加以使用。所有的事情都满足于它们各自特定的方式。"① 因为它们已经以各自的方式"解决了"精神错乱的问题，所以它们对相反的观点一点兴趣也没有。

加百利·马瑟尔在与让·沃尔的争论中采取了类似的观点："如果我是一名医生，有什么东西会阻碍我将尼采的命运看作梅毒的临床个案呢？从客观上讲没有，绝对没有。"

但是，他又明智地补充道："不理解任何事也总是自由的。"② 换句话说，如果任何一方都有不理解另一方所做的任何事的自由，那么无论在什么情况下，当他们对那些只能通过另一方的方法来判断和理解的事实做出陈述时，他们自己仍然对超越他们的科学感到心虚。伦理 - 宗教领域和人文 - 艺术领域中的主题尤其受那些超越的影响。在

---

① Philosophy I, p.232.
② *Existence humaine et transcendance*, p.116.

某些条件下被精神病学家诊断为疾病症状的现象,在某些条件下的人文学科的学子看来,只是真实的宗教、伦理道德或终极艺术的表达。而且毫无疑问,精神疾病引发精神衰退,后者可能要对哲学系统(例如在尼采的个案中)或诗歌的想象世界(荷尔德林)或纯粹的心理压力[塔索(Tasso)]负责。我们已经抛开宗教领域并将我们自己限制在伦理和艺术之中。

回到我们的个案,我们在前面一节中讨论了伊尔丝的牺牲是否且以何种方式可以被看作一种伦理行为。我们意识到,那一行为,虽然受强烈感情的影响,但不能说其缺乏道德动机(考虑到她母亲的幸福,将父亲从自私中拯救出来,为了达到这些目的忍受严重的身体伤害)。这里,作为精神病学家的精神病学家必须闭嘴,因为道德判断采用的参照系统与他们自己的参照系统是不相称的。当然,道德的参考框架作为与生活史相对的事物,也代表了一些新的东西,而后者也通过暴露动机的相互作用并为其考虑提供基础,为道德判断铺平了道路。生活史观已经表明,我们可以谈到意义的背景、意义的连续性背景、意义的组织背景,而精神病学家只看到意义的混乱的碎片。假定精神病学家不得不将伊尔丝的牺牲看作疾病的症状,而且他必须在其中——与其他现象结合在一起——识别出精神疾病的征兆。进一步假定,在那一点上,他可能必须宣布伊尔丝在法庭上是不负责任的,但所有这些与纯粹的道德考虑是完全无关的。人文学科的学子们可能倾向于说,伊尔丝毅然开始烧灼的牺牲的决心是一种创造性的道德之举,是一种有计划地移除那些感到与道德相违背的生活境遇的道德直觉或想象之举——是从为了切断灵魂而必须选择毁损手的信念和执行良心深处出现的督促意念。然而,在做出决定之后,她不再有自由和创造力了，因为只要我们是自由的，我们就处在一种在道德基础上否定一个决定、去修订它、考虑我们自己的道德反作用和他人的那些道德的位置。然而，伊尔丝被她的决定淹没和驱动着，她必须"把它做完了事"。因此，执行不再仅仅是一种创造性的道德直觉行为，同时也是一种强迫性驱动的结果。

  当哲学的作品尤其是艺术作品被包括进来时，比道德领域更经常发生的是双方偶尔的越界。这里也促使生活史的探索必须尽可能地向前推进。但是，对于探索者来说，追寻纯粹的生活史主题的变化是不够的，他必须冒险去了解思想和符号的历史，以便也在这个领域去追踪每一个单个的主题，直至它的所有根源和分支。在这一点上，他不会允许精神病学家去干预，正如精神病学家不允许他去干预诊断一样。只有当人文学科的学子们觉得以高级的哲学或艺术成就为基础排除某一疾病是合理的，并因此干扰了精神病学家的工作时，或者，只有当精神病学家觉得以他的诊断为基础评价一种哲学学说或一件艺术作品是合理的，并因此干扰了其对手的工作时，判断才有可能变得草率、错误。两种越界的类型在塔索、荷尔德林、尼采、斯特林堡（Strindberg）、梵高的"个案"被真正地经历过，这里只列出这几个。（荣誉应归于卡尔·雅斯贝尔斯，他是第一个积极地消除这样的误解的人。）

  正如人文学科学子们并没受过疾病症状的临床评估和识别的训练，尤其对精神疾病病因的理论不熟悉一样，作为精神病学家的精神病学家在判断哲学的、诗歌的、艺术的或音乐的类型变化时一样也不熟悉。在这个领域中，无知的冲突和猜疑应该被理解性的合作和信赖取代。只有这样，双方才能在纯粹的科学气氛下就对双方同样重要的问题进行合作：精神疾病和创造性工作之间可能的关系——阻碍或帮助。

但是，如果对于精神病学和人文学科来说实现相互理解是困难的，那么对于精神病学和哲学来说同样如此，因为我们发现有各种各样的关于精神错乱和疾病的想法以及去执行和深化它们的尝试，精神病学家最好能够意识到这一点。柏拉图早先［在《智者篇》（*Sophistes*）中］表达过这样的观点：总之，怯懦、任性和不义之举必须被看作"我们内部的疾病"。显而易见，这里所提到的健康和疾病的参考框架纯粹是道德方面的。我们也知道柏拉图所说的：人类最伟大的事物要归于精神错乱的"非凡的天才"（精神错乱被看作预言、宣泄、诗作，最重要的是被看作爱）。自从柏拉图在这些事件中看到了人通常的有序状态的"暂停"（扬弃）（epallage），他开始使用精神错乱的术语［《斐德罗篇》（*Phaidros*）］。这种非凡的精神错乱的不同形式——"非凡的疯狂"（theia mania）意味着非凡的个性［即《会饮篇》（*Symposium*）中的狄奥提玛（Diotima）］。我们这里谈到的是精神错乱的哲学神话概念，这个概念反过来深源于柏拉图的逻辑－无知－热爱－思想理论。与之相反，柏拉图也将精神错乱看作医学意义上的疾病，对他来说，由此出现的必然结果就是他无法告诉我们如何区分临床意义上的精神错乱与非病理形式的精神错乱。

当我们意识到许多哲学家试图在纯粹的哲学基础上理解精神错乱时，哲学和精神病学之间的一致问题就变得复杂了。我们在这里想到谢林的思想，即"对精神错乱的连续刺激可能只能被克服而永远不能完全避免"——一个与他的基本观点相联系的概念是，"关于生命和存在的真实与重要的问题，实际上是可怕的""神统治巨大的恐惧"[1]。

---

[1] *Die Weltalter*.

对于在哲学层面理解一般意义上的疾病和特殊意义上的精神疾病的当前和类似的尝试来说,我们感受到了更严密的关系:保罗·黑柏林(Paul Haeberlin)[①]在严格的逻辑－存在基础上推理出,"心灵"永远不会生病,没有人可以一直"心灵有病"。

最后,我们必须记得一个伟大的人,他既发展出了一种新的哲学上的疾病概念,又提出了对作为精神疾病的精神错乱的理解。我们想起克尔凯郭尔和他的"致死的疾病"的概念,想做自己和不做自己的"绝望"愿望。对我们来说,这种"疾病"及其精细的描述和哲学－神学上的解释似乎是在纯粹的"人类学意义"上理解精神错乱,它是精神分裂症的临床形式方面最重要的贡献之一。至于临床意义上的精神错乱,我们指的是克尔凯郭尔对在精神错乱中缺少"无限的内省"的解释和对某物在这里被客观地关注,同时又被用感情来理解的矛盾的解释;或者,换句话说,"小的无限已经被确定下来了"[②]。

这里重要的是注意到这些思想。它们可能在多大程度上帮助对作为精神疾病的精神错乱的生活史与存在－分析的理解,只能通过广泛的生活与个案历史的解释来证明了。

[①] *Der Mensch*, 1941, pp.65, 94, 135 ff.

[②] *Philosophische Brocken*, I, 2. 由 Walter Lowrie 翻译成英文,并由普林斯顿大学出版社(1941)以 *Sickness Unto Death*(1941)为书名出版。

第九章

艾伦·韦斯特个案：一例人类学 - 临床研究*

路德维希·宾斯万格

一、个案史[①]

遗传

艾伦·韦斯特，非瑞士人，是一位犹太父亲唯一的女儿，她非常爱他并崇拜他。她有一个比她大 4 岁、有着一头黑发的哥哥和一个有着一头金发的弟弟，她的哥哥很像他的父亲。哥哥"没有神经质"且适应良好并令人愉快，但弟弟是"神经极度紧张的人"，是一位温柔的[②]、具有女性气质的艺术家。在 17 岁时，弟弟在精神病院住了几周，因为他头脑中常有自杀的想法；甚至在他康复之后，他仍然非常容易

---

* 由 Werner M.Mende 和 Joseph Lyons 翻译自原作 "Der Fall Ellen West," *Schweizer Archiv für Neurologie and Psychiatrie*, 1944, Vol.53, pp.255-277; Vol.54, pp.69-117, 330-360; 1945, Vol.55, pp.16-40。
在这里所用的术语"人类学"，与欧洲精神病学中通常所用的一样，指的是一门人类的科学。——英译者注

① 在本章和前面的章节里，我关于思维奔逸的研究，扩展到非 - 躁狂 - 抑郁精神病的研究。

② "温柔"这个词——一个本章中常常使用的并且重要的术语，在这里包含了德语"weich"的所有意思——既指身体上的柔软，又指心肠软、体弱、娇气或温顺。——英译者注

激动。他已经结婚了。

66岁的父亲被描述为外表非常克己、非常刚强、非常矜持的行为固执的男人。不过，他内心非常温柔和敏感，并且承受着夜间忧郁和伴随自责的恐惧状态，"就好像恐惧之海淹没了他的头脑"。他睡眠很差，早晨起床时他通常都处于恐惧的困扰之下。

父亲的姐姐在她婚礼当天得了精神病（？）。父亲的五位兄弟中，有一位在20多岁时开枪自杀（细节不明）；另一位在抑郁期间也自杀了；还有一位是严格的禁欲苦行者，起床非常早，中午什么也不吃，理由是吃东西会使人变得懒惰。另外两位兄弟患有痴呆性动脉硬化，后来都死于中风。艾伦·韦斯特的爷爷据说是一位严厉的独裁者。但是，她的奶奶却有着温和的、总是能劝慰人的性格，奶奶常有几周很"安静"，在这段时间里她一句话也不说，坐着一动不动。据说所有这些现象在奶奶年老时都有所增加。这位奶奶的母亲，也就是病人父亲的外祖母，据说曾患有严重的躁狂-抑郁症。她来自一个产生了很多杰出的、有能力的人物的家庭，但是这个家庭也产生了许多精神病患者，我曾经治疗过其中的一位（杰出的学者）。

艾伦·韦斯特的母亲也有犹太血统，据说是一位非常温和的、和善的、耳根软的、胆怯的女性。在她订婚后的三年里，她曾遭受抑郁的折磨。艾伦的外祖父英年早逝。艾伦的外祖母精力非常旺盛、健康而且快乐，她84岁时死于老年痴呆。她育有五子，这些孩子都有些神经质、个子不高、体格羸弱[①]，但是他们寿命都很长，只有一个死于肺结核。

[①] 德语为"zart"，翻译成英语是"physically delicate"，是这例个案史中的关键术语。它意指纤弱的、娇小的、虚弱的、柔和的，以及敏感的——简言之，就是丰满的和沉重的反义词。——英译者注

生活史与疾病过程

艾伦正常出生。9个月大的时候，她就拒绝喝奶了，因此大人便喂她肉汤。在随后的岁月中，她都不能忍受牛奶的味道。另外，她喜欢吃肉，不大喜欢吃有些蔬菜，对某些甜点则完全不爱吃，如果强迫她吃，就会引发极大的反抗（正如她后来承认的那样，在她还是孩子的时候，她非常喜爱糖果，很显然这并不是一个关于"厌恶"的个案，而可能是早期的一种克己行为）。不幸的是，尽管她在之后的几年里进行了两个阶段的精神分析治疗，但对于她的童年早期我们仍一无所知，她对自己人生的头十年知晓得并不多。

根据她自己以及她父母的陈述，艾伦曾是一个非常活泼，但是任性固执且好打人的孩子。据说她经常一连几个小时不为她父母的命令所动，甚或在这之后也绝不执行。有一次，有人拿一个鸟巢给她看，但是她坚持认为那不是一个鸟巢，而且什么都不能使她改变看法。她说，甚至当她还是一个小孩子的时候，她曾有过万物对她皆为空的想法，而且她还承受着一种连她自己都不清楚的压力。上完幼儿园后，从8岁到10岁，她在她的第一故乡上学。10岁时，她随家人移居欧洲，除了几次越洋旅行外，她一辈子都待在那里。在她的第二故乡，她进入一所女子学校学习。她是一位优秀的学生，喜欢上学，而且志向远大。如果她在自己喜欢的科目上不能考第一的话，她会哭上几个小时。甚至当医生嘱咐她离校休息时，她也不愿意离开，担心会落在同学之后或错过什么。她最喜欢的科目是德语和历史，她不怎么擅长算术。也是在那个时候，她还是有着活泼的性情，但仍然固执。她选择的座右铭是：只许成功，不许失败！一直到她16岁，她玩的都是男孩子的游戏，更喜欢穿裤子。从婴儿时起，艾伦·韦斯特就吮吸手指。到16岁时，她突然不吮吸手指了，同时也不再玩男孩子的游戏了，开始了一段持续两年的热恋。然而，在她17岁那年写的一首诗中，她仍然表达了想成为一个男孩的强烈愿望，因为如果那样的话，她就可以是一名战士，不怕任何敌人，并可以宝剑在手，含笑而死。

这一时期，在她其他的一些诗中已经显露出了显著的情绪变化：那时，她的心因极度的喜悦而怦怦跳动着，天空是灰暗的，风呼呼地刮着，她的人生之船毫无控制地航行着，不知道路在何方。在第二年写的另一首诗中，风在她耳畔呼啸，她想要这风冷却她滚烫的额头。当她盲目地与之作对，不顾习俗和礼节时，就好像她从一个狭窄的坟墓中挣脱出来，因一种无法驾驭的奔向自由的强烈欲望飞越天空；就好像她必须取得伟大的成就，到那个时候，她再回头凝视这个世界，一句话在脑海中浮现出来——"人，在琐事上成就你的世界"；她向她的灵魂哭泣道："继续战斗"。她认为自己要成就独特的事业。她读了很多书，专注于社会问题，深感自己的社会地位与"大众"地位之间的差距，并为改善后者草拟了计划。同年（17岁），在读了《尼尔·律内》(*Niels Lyhne*)[①]之后，她从一名虔诚的宗教徒（尽管她父亲有意采取非宗教的教养方式）变成了一名完全的无神论者。她完全不在乎外界的评价。

[①] "尼尔·律内"既是J.P.雅克布森（J.P.Jacobsen）(1847—1885) 所著的著名的斯堪的纳维亚小说的题目，又是其中的主要人物。该小说于1880年发表。它结合了十足的和伤感的现实主义、宗教上的虚无主义和感人的情节（关于一位醒悟的现实主义者），对世纪之交的求变的欧洲年轻人有很大的吸引力。——英译者注

还有她 17 岁那年所写的其他一些诗。在一首题为"吻我至死"（"Kiss Me Dead"）的诗中，太阳像火球一样沉入海底，一层薄雾笼罩在大海和沙滩上，一阵疼痛袭来，"这里不再有拯救了吗？"她呼唤冷酷、无畏的海王来到她面前，以激烈的爱－欲将她拥入怀中，并吻她至死。在另一首题为"我恨你"的诗中，她歌颂一个极其英俊的男孩，她现在因他胜利的微笑而恨他，如她以前的爱一样强烈。在另一首诗（《疲劳》）（"Tired"）中，灰色、潮湿的夜晚的薄雾笼罩在她周围，并向她长病而冰冷的内心伸出它们的手臂，而树郁郁寡欢地摇着头，唱着一首古老、悲哀的歌，听不到任何鸟的歌声，看不见天空的一点亮光，她的脑中一片空白，她的内心充满恐惧。

从 18 岁那年起，她开始在日记中歌颂工作的恩赐："没有工作，我们将会怎样，我们会成为什么？我认为，他们不久就必须为了那些自愿去死的人们扩大墓地。工作是痛苦与悲伤的麻醉剂"，"当世界所有的联合体都有崩溃的危险，当我们幸福的曙光熄灭，当我们生活中的欢乐凋谢，只有一件事能使我们免于疯狂：工作。然后，我们将自己丢入责任的海洋中，如同进入忘川①，这海浪的咆哮将我们心中死亡的丧钟淹没"，"当日子在匆忙中度过，我们在曙光渐明的窗前坐着，书从我们的手中滑落，我们凝视着远方，凝视渐渐升起的太阳，一幅幅过去的画面展现在我们面前。过去的计划和希望都没有实现，站立在我们疲惫灵魂前的是世界的无限贫瘠和我们的无限渺小。然后，古老的问题涌到了嘴边，'为了什么——为什么都是这样？为什么我们要奋斗和活着，短暂时间后的遗忘，只是在冰冷的世界中腐

---

① 忘川（Lethe）：希腊神话中的忘却之河，遗忘之河，是冥府中的五条河流之一。——中译者注

朽吗？'"，"在这样一个时刻迅速地跳起来，如果有人需要你，很好，用双手工作，直到黑夜的轮廓消失。噢，工作，你真的是我们生活的恩赐"。

她想要获得名望——伟大的、不朽的名望，几百年后，她的名字仍在人们的口中传诵。这样，她就不会白活了。她因自己而哭泣："哦，窒息伴随着工作的喃喃语声！用责任填补你的生活。我将不想这么多——我最后的住址不应该是疯人院！而且当你工作和辛苦时，你得到了什么？在我们周围，在我们的底层，仍然有如此无尽的苦难！有人在灯火通明的舞厅跳舞，而在门外，一个贫苦的女人将要饿死。饿死！桌上那么多的面包皮，却没有一块给她。你观察过那些绅士是怎样一边说话、一边慢慢捻碎手中美味的面包的吗？而在寒冷的外面，一个女人仅仅为了一张干面包皮而哭泣！想它又有什么用？我不也一样吗？……"

在同一年（她18岁）的日记中，她以最大的热情赞美了与父母在巴黎旅行所经历的一切新鲜和绝妙的事。新的小恋情发生了。同时，她产生了变得苗条和优雅的愿望，就像她所选择的女性朋友那样。直至那时，她的诗中仍表现出矛盾的心情。在一首诗中，她歌颂阳光和微笑的春天、覆盖在自由广袤的大地之上的灿烂的蓝天、快乐和幸福；在另一首诗中，她希望那充满绿色和鲜花的春之世界、那沙沙作响的树林，都能变成她自己的哀歌；在第三首诗中，留给她眼睛的唯一渴望只有黑暗，即"那耀眼的生命之太阳不再发光的地方"："上帝，如果你仍在乌云背后统治着，那么我恳求你，把我带回你身边！"

然而，生命之光一次又一次地冲破乌云和黑暗。她19岁那年与父母的海外旅行，成为她记忆里生命中"最快乐无忧的时光"。在她这一年的一首诗中，充满着栖息在田间、乡村和山谷上的阳光与"金色的麦穗"，只有山脉待在黑暗里。然而，在这次旅行中，艾伦不能独处——不能离开她的父母。尽管在拜访朋友时她很开心，但她还是央求父母把她叫回来。回到欧洲，她开始骑马，并很快就擅长于此。对她而言，没有什么马是危险的。她与有经验的骑士进行跳跃比赛。就像她所做的任何一件事一样，她"过高强度地"练习骑马，就好像那是她生活中唯一的任务。

20岁那年充满了快乐、渴望和希望。她诗中反映出生活的快乐气息——事实上是生命的狂喜：太阳高挂，春天的风暴"在世界中吼叫"，一个人怎么能落后地把自己锁进"像坟墓一样的房间里"？血液在她血管中"奔腾和吼叫"，青春的激情在胸中剧烈地迸发。她舒展她强壮年轻的身体，因为生命的活力不会停滞，对狂野欢乐热情的渴望不会干涸，不会"一点一点地锁住"。"地球太寂静、太乏味了，我渴望一场猛烈的暴风雨"。"噢，如果'他'现在能降临就好了"，当她每根纤维都在抖动的时候，她很难静静地坐下来去写作。当她的"身体和灵魂痉挛"，对她来说，没有牺牲就是极大的快乐："他一定高大而强壮，拥有像早晨阳光一样纯洁而无瑕的灵魂！他一定不游戏人生，也不梦想着如此，而是用他所有的严肃和所有的欢乐度过人生。他一定能够快乐，能喜欢我与我的孩子，能在阳光与工作中感到快乐。那么，我将给予他我全部的爱和力量。"

在同一年（她20岁），她为了护理患病很严重的哥哥而进行第二次海外旅行。她喜欢吃喝，这是她最后一次能无所顾忌地吃了。在这期间，她与一个浪漫的外国人订了婚，然而又按父亲的意愿取消了婚约。在归途中,她在西西里①停下,并写下了一些"关于女人的呼唤"的文章。在这里,根据她的日记可知,她非常热爱生活,她的脉搏跳出了指尖,世界属于她,因为她拥有太阳、风、所有属于她自己的美丽。她的神是生命与快乐之神,是力量与希望之神。她充满了强烈的求知欲望,她已经触及"宇宙的秘密"。

在西西里的最初几周是她生命中最后的快乐时光。日记中已经再次提到怀疑和恐惧的阴影。艾伦感到自己的渺小,感到完全被抛弃在一个她不能理解的世界里。诚然,她为"远离家庭约束的影响"感到高兴,她灵魂的翅膀在成长,但是,这种成长一定会在痛苦和磨难中发生。实际上,在她最愉快、最兴高采烈的时候,恐惧和痛苦也会再次出现。令人遗憾的是,她蔑视自己所有好的想法和计划,她带着强烈的愿望合上日记,希望它们可能在某一天变成行动,而不仅仅是无用的话语。

然而,一些新的东西,一种明确的恐惧——也就是对变胖的恐惧随之出现。在她刚到西西里时,艾伦仍表现出巨大的食欲。结果,她变得太胖了,以致她的女性朋友们开始因此而嘲笑她。她立即开始通过快速的、无节制的徒步旅行来克制自己。这种行为竟然达到了这种程度,即她的同伴们在一些风景秀丽的名胜之处停留时,艾伦仍然围着她们转圈。她不再吃甜食或其他令人发胖的食物,完全不吃晚餐。当她在春天回到家时,每个人都被她糟糕的样子吓到了。

那时,艾伦21岁了。夏天她回到意大利后,心情明显"抑郁"了。她总是被她变得太胖的想法折磨着,因此她老是做长途徒步运

---

① 意大利南部的一个岛屿,位于意大利半岛南端以西的地中海。——中译者注

动。她再次写日记，抱怨在哪里她都没有家，甚至不和家人在一起，抱怨她没有找到她想做的事情，抱怨她没有安宁，抱怨当她静坐时感到的真正的痛苦，抱怨她体内的每根神经都在颤抖，总而言之，她抱怨她的身体分享她灵魂的所有活动："我内部的自我与我的身体联系得如此紧密，以致二者形成一个整体，共同构成了我的'我'，我的非理性的、紧张的、个体的'我'。"她感到自己完全无价值、无用，而且害怕每一件事情，害怕黑暗和阳光、安静和嘈杂。她感到自己处于通向光明的梯子的最低一级，沦落为一只胆怯的、卑鄙的动物："我轻视我自己！"在一首诗中，无情的悲痛迎合着她的悲伤，苍白而虚弱——坐着并凝望着，既不退缩又不动摇；鸟儿无声地出现又消失，花儿在冰冻的气息中枯萎。现在，在她看来，死亡不再可怕：死亡不是手拿镰刀的男人，而是"一个美丽的女人，黑发间别着白菊，大大的眼睛，沉浸在深沉而灰暗的梦境中"。唯一仍吸引她的就是死亡："伸个懒腰，昏睡过去，这是多么美好的事。之后就什么都结束了。不用再起床，也不用做单调的工作和计划。在每一个字的背后，我真的隐藏了一个哈欠。"（这句和下面这些摘自她当时给男性朋友的一封信）"每天我一点点地发胖、变老、变丑。""死亡，我重要的朋友，如果他让我等太久，那么我将开始出发去寻找他。"她说她并不忧郁，仅仅是无动于衷："每件事对我来说都是如此地千篇一律，如此彻底地无关紧要，我不知道任何快乐的感觉，也没有恐惧"，"死亡如果不是唯一的事，也是生活中最快乐的事。如果没有终结生命的希望，那将是不可忍受的。只有这种确定性，即这个终结早晚会来到，才能给我一点安慰"。她希望永远不要孩子：在这个世界上等待他们的是什么？

同一年秋天，艾伦逐渐从抑郁中摆脱出来。她做好了按照美国模式去装修孩子们的书房的准备。但是，伴随着她重新唤起的生活乐趣和对行动的渴望，她麻痹的恐惧和失望仍然存在。看她的日记："我已很长时间没有写日记了，但今天我必须再次写日记，因为我的内心非常混乱和骚动，致使我必须打开安全阀以免在疯狂的无节制的行为中突然发作。我必须把所有这些行动的驱力和渴望转变为无声的语言，而不是有力的行动，这真是悲哀。这是我年轻生命的遗憾，是浪费我正确思想的犯罪。大自然给我健康和雄心的目的何在？一定不是遏止它、镇压它，让它在单调（humdrum）[①]生活的镣铐中受折磨，而是为不幸的人类服务。寻常生活的镣铐有传统的镣铐、财产和舒适的镣铐、感恩和体谅的镣铐，而其中最强大的就是爱的镣铐。是的，是它们限制了我，使我不能剧烈地重生，无法完全沉浸在我整个灵魂都渴望的挣扎和牺牲的世界。哦，上帝，恐惧逼得我将要发疯！恐惧几乎是必然的事！我有这种意识，最终我将失去一切：所有的勇气、所有的反抗、所有做事的动力；它——我的小世界——将使我软弱、无力且怯懦而可怜，因为他们是他们自己"，"活着？不，枯燥呆板的生活！你真的劝告我做出让步？我绝不会让步！你意识到现存的社会体制是腐朽的，腐朽直至最底部，肮脏而卑劣；但是，你不去推翻它。而我们没权利对可怜的哭声听而不闻，从我们的体制的牺牲者旁边走过去却视而不见！我21岁了，我应该像木偶一样安静地咧着嘴笑。我不是木偶。我是一个有着鲜红血液的人，是一位心在跳动的女性。在这种伪善怯懦的环境中，我不能呼吸，我计划做一些大事，必

[①] 德语"Alltag"的字面意思是除周日外的任何一天。由于这个原因，它被用来指普通且陈腐的、平常的或单调的和死板的工作日的世界。——英译者注

须离我的理想、我骄傲的理想近一点。它会付出眼泪吗？哦，我将做什么，我将怎样控制它？它在我身体里沸腾并跳动着，它想要打破外壳！自由！革命！"，"不，不，我不是哗众取宠。我并不想要灵魂解放；我指的是人们摆脱压迫者的束缚的真正、切实的解放。还要我将它表达得更清楚吗？我想要革命——一次伟大的、扩展到全世界并推翻整个社会体制的起义。我将像俄国无政府主义者那样抛弃家庭和父母，到最穷的穷人中生活，宣传伟大的事业。不是因为爱冒险！不是，不是！如果你愿意的话，可以称之为对行动之不满的驱动力（unsatisfied urge）、不屈服的雄心。这个名字和它有什么关系呢？这种在我血液中的沸腾对我而言好像是某些更好的东西。噢，我将要在这种狭隘寻常的生活中窒息。膨胀的自我满足或者自私自利的贪婪，无快乐的顺服或者粗陋漠然的态度，这些是在寻常的阳光下茁壮成长的植物。它们像野草一样成长和繁殖，它们抑制了生长于它们之间的渴望之花"，"我的每一部分都恐惧得颤抖，毒蛇般的恐惧每天都用它们冰冷的身体缠绕着我，压制我斗争的意志。但是，我以旺盛的精力抵抗之。我把它们撵走，我必须脱离它们。在这个噩梦之后，黎明一定会到来"。

冬天时，艾伦在慈善机构的帮助和充满干劲的努力下，成功地完成了儿童书房的装修。但是，仅在随后的春天，这就不能再满足她了。她渴望爱和伟大的行动。在一首题为"邪恶的思想"的诗中，她看到"邪恶的魔鬼"站在每棵树后，嘲笑着从四面八方"向她靠拢"，它们凶猛地抓住她，俘获她的心，并且最终它们自己说：

一度我们是你的思想，
你的希望纯粹而骄傲！

现在你的计划在哪里,
是过去那些拥挤的梦吗?
现在它们全都被埋葬,
在风雨中消散,
而你已变得一无是处,
一条泥土中胆小的蚯蚓。
所以我们必须离开你,
我们必须逃离黑夜;
落在你身上的诅咒,
已经使我们什么也看不到。
如果你寻找和平与安静,
那么我们将悄悄地靠近,
而且我们将报复你,
用我们嘲笑的哭喊。
如果你寻求欢喜和快乐,
我们将赶往你身边;
指责你并嘲弄你,
我们将在你身边!

在日记中,她继续以不快的方式阐述自己对周围奢侈而讲究的生活的憎恶。她哀叹自己不能"超越条件"的胆小和软弱,哀叹自己让自己在如此年少的时候被"日常生活丑陋和陈腐的氛围变得软弱无力。我仍然感到被关押的耻辱。地下室发霉的味道多大啊。鲜花的香气也不能掩盖腐烂的恶臭。难怪你已经拥有这样丑陋怯懦的灵魂,因为你在这样的环境中长大。你已经察觉不到在这里呼吸是多么难了。你的灵魂成了发育不全的肺。关于你的一切都是渺小的：想法、感情和——梦想。你斜着眼睛看我，因为，你在其中感到快乐的环境令我感到厌恶。你想要使我沮丧……我想要离开，离开——从这里离开。我害怕你们！我用手击打着墙，直到我筋疲力尽地倒下。这时，你像一个卑鄙的小人，从角落里出来，你的小眼睛像噩梦一样追逐着我"。

一个月后，艾伦创作了一首激昂的骑马歌。她催马前行"在瘦弱的马背上"，她"眼睛空洞、脸色苍白"，而"邪恶的想法，黑夜中的魔鬼"紧随其后；然而最后，"苍白的倒影"被她觉醒的疾驰的马抛下，而"生活再次获得胜利"。但一个月后，她又为她"孤独的灵魂"而悲伤，她孤独地站立着，"如同在冰冷的山顶"，只有风能理解她的渴望和她的恐惧。

在同一年的秋天，艾伦开始为毕业考试（Matura）[①]做准备，想要学习政治经济学。她五点起床，骑三个小时的马，之后的整个下午和晚间直至深夜都在黑咖啡和冷水澡的帮助下做自己的功课。

接下来的春天（那时艾伦22岁）使她抑郁，她不能享受春天的复苏，只感到"她是如此地消沉"，这种情况不仅源于她先前的理想的形象，也源于她原来真正是一个什么样的人。从前的世界"在她面前展开"，而她期望"征服"它，她的感觉和知觉是"强烈而丰富的"，她"用她整个灵魂"爱和恨。现在，她做出让步；她曾嘲笑那些预示她会做出让步的人；每一年，她"原先的力量都会消失一点"。

在同一年的秋天——艾伦在7月下旬就23岁了——她崩溃了。

[①] 这指的是高中毕业考试，它可以有效地证明一个人是否有资格进入大学。——英译者注

同时，她与一位马术教师有了一段不愉快的恋情。此外，她监控着自己的体重——只要感到体重增加，她就减少食物的摄入。但是，现在对变胖的恐惧①与对食物，尤其是对甜食的强烈渴望同时出现；而且当她因与他人相处而被弄得疲乏和紧张时，这种矛盾最为强烈。在其他人面前，吃不能给她提供任何满足。只有当独自一人时，她才能享受到吃的乐趣。像通常一样，从她害怕变胖开始，她就受到对变胖的恐惧和希望可以无所顾忌地吃喝这二者之间冲突的折磨。即使现在，她年迈的家庭教师仍观察到，这种冲突是她"生活中的乌云"。尤其在假期，她一直处于"抑郁不安"的状态，这种状况一直持续到她有固定职业和固定的每日日程计划后才消失。她再次放弃参加高中毕业考试的计划。取而代之的是，在几周内，为了能够旁听大学里的课程，她通过了教师考试。在她23岁的暑假和24岁初的寒假期间，她在X城学习，这段时光是她生命中最快乐的时光之一。在这个夏天，她与一位同学恋爱了。她的日记中吐露出生命和肉体的快乐。寒假结束之后，在一首题为"春之绪"的诗中，她写道：

我想像鸟

在最欢乐的时刻喉咙嘶哑而死；

我不想像土中蚯蚓那样活，

变得又老又丑，迟钝而愚蠢！

---

① 德语是"dick"，这个词隐含的意思是稠密、刚毅、浓厚、粗糙和肥胖。应该将"dick"这个词与第237页（指英文原书的页码。——中译者注）第四个脚注中的"weich"这个词，以及第238页（指英文原书的页码。——中译者注）第一个脚注中的"zart"这个词做一对比。这个比较对第二部分的存在分析非常重要。——英译者注

不，就感觉一下我燃烧的力量，

为我自己的火焰狂野地着迷。

艾伦对学习和学生生活充满热情。她和其他人到山上远足，但那时她仍不能独自一人，她年迈的家庭教师经常和她在一起。她也不能使自己从"固执的想法"中摆脱出来。她不吃令人发胖的食物，因为她仍然感觉自己太胖了。那一年的秋天，在医生的许可下，她进行了节食。

同时，她和那位同学订婚了。她的父母要求他们暂时分开。春天，艾伦常去海滨，而在这里，她再次承受了极其严重的"抑郁"的折磨（她24岁半了）。为了使自己变得尽可能瘦，她无所不用，徒步远足，每日吃36~48片的甲状腺片！由于想家，她向父母恳求让她回去。她回到家乡时完全骨瘦如柴，四肢发抖。她在身体遭受折磨的情况下勉强度过整个夏天，但是因为变瘦了，所以她在精神上感到满足。她有这样的感觉，即她找到了幸福的钥匙。婚约仍然有效。

秋天，在她25岁那年之初，她进行了第三次海外旅行。在那里，医生诊断出她患有"巴西多氏综合征"[①]，并建议她完全卧床休息。她在床上待了6个星期，而这又使她很快变胖，她为此一直在哭。第二年春天，她回家时，体重为165磅[②]。不久后，婚约被取消。5月份，她在（公共）疗养院疗养。夏天时，她进入一所园艺学校学习。她处于抑郁情绪之中，但是在身体上给人以十分健康的印象。因为她很快

[①] 说英语的读者知道，这是一种格雷夫斯氏病，一种突眼甲状腺机能亢进的甲状腺肿病。——英译者注

[②] 1磅约合0.454千克。——中译者注

对园艺失去兴趣，所以她提前离开了学校。她再次尝试通过大量的体育锻炼和节食的方式减肥。秋天，一位同她做了多年好友的表兄，开始对她产生了特别的兴趣。直到来年春天，他们才一起去远足，经常一天走20~25英里[①]。除此之外，她还热衷于体操锻炼，在一处儿童之家做事，尽管她并不是非常喜欢这件事，并渴望一个真正的假期。虽然与那位同学解除婚约给她留下了一个"裸露的伤口"，但与表兄的恋爱关系在发展。"固执的想法"还没有消失，但不再像以前一样主导着她。

当时，她写了一首诗，显然是为她前任未婚夫而作的。在这首诗中，她问自己，他是否曾经完全爱过她，是否她的身体"不够漂亮"到给他生儿子：

> 不幸的我，不幸的我！
> 大地结谷物，
> 而我
> 是不育的，
> 是被丢弃的贝壳，
> 破碎的，无用的，
> 无价值的壳。
> 上帝，上帝，
> 带我回去吧！
> 再造我一次
> 并把我造得更好！

[①] 1英里约合1.61千米。——中译者注

26岁那年，对音乐的爱唤醒了艾伦。她与她的表兄计划结婚。但是，在两年多的时间里，随着她与那位同学关系的恢复，她在表兄与同学之间犹豫不决。直到她28岁那年，与那位同学再次见面后（见下文），她和他永远地断绝了关系并和她表兄结婚。在这之前，她上了一些门森迪克（Mensendieck）[①]的课程，多次去旅游，按照父母和表兄的意愿，咨询了一些著名的神经病专家。她再次定期服用甲状腺片且做大量的远足。当看到镜中的自己时，她很悲伤，她恨她的身体，经常用拳头打它。女性朋友们像她一样想要苗条的想法不适宜地影响了她。当她和瘦人或吃得很少的人在一起时，她总是变得很抑郁。

她希望与表兄结婚后能摆脱这种"固执的看法"，然而事情不是这样发展的。在结婚时，她的体重是160磅，但甚至在蜜月旅行时她也节食，结果她逐渐瘦了下来。

她春天结的婚。到了夏天，她就停经了。"希望不会造成伤害地吃"的想法与她变胖的恐惧之间的冲突不断折磨着她。在秋天，她29岁生日时，当她和丈夫在附近寂静的街道徒步行走时，她的腹腔严重出血，尽管这样，她还是要继续走几个小时。医生给她做了刮除术，发现她流产了。医生说，良好的饮食是再次怀孕的先决条件！

在接下来的一整年（她29岁），艾伦在想要有个孩子的渴望和变胖的恐惧（由于充足的营养而变胖）的想法之间挣扎。"恐惧仍可控制。"她之前有规律的月经停止了。总体上，艾伦的心情又好起来，但也时常因再次怀孕的期望的落空而抑郁。她积极地工作而且对社会

[①] 门森迪克夫人是一位瑞典医生，她根据体操和一些减肥设备发展出一套体育训练方式。在20世纪早期，她在整个欧洲，乃至美国加利福尼亚州开了很多沙龙。她的治疗课程的流行至少部分是由女性自由的增加和偏好苗条身材的新的流行趋势所致。——英译者注

福利有强烈的责任感，经常去剧院，并且读很多的书。但是，当她发现自己一周之内体重增加了4磅时，她突然大哭起来，而且好长时间不能平静。当另一位内科医生告诉她，良好的饮食不是怀孕的前提时，她立即再次服用大量泻药。

在她30岁那年，艾伦更加热情积极地投身于社会的福利事业。她以最温暖的人道主义情怀关注那些受她照顾的人，并与他们保持了几年的私人关系。同时，她系统地改善她的营养摄入，逐渐成为一名素食者。甚至在遭受流行感冒的短期折磨之后，她对自己的要求仍很严格。她在皮尔蒙特（Pyrmont）①接受了第三位妇科专家的治疗，但他开的处方并没有效果，尤其是因为她服用过量泻药以至于她几乎每晚都呕吐。但当她发现她的体重稳定下降时，她非常高兴。

在她31岁那年的冬天，她的体力迅速下降。她继续做大量的工作，但不能打起精神做任何其他的事。她也第一次两天没和她丈夫远足。与之前的习惯相反，她的睡眠时间达到12个小时。此外，泻药量也有所增加，她的饮食更加单调了。尽管偶尔高烧（她对此保密），但她仍然上街，希望能得肺炎。艾伦的面相改变了，她看起来又老又憔悴。然而，自从她认为她已经在泻药中找到了防止变胖的方法，她就不再抑郁了。

这一年的春天，在她与丈夫远足期间，在原始力量的驱动下，她突然承认，她活着的唯一念头就是保持苗条的身材，她所有的行动都服从于这一目的，而且这种想法强烈地困扰着她。她认为，她能通过工作来麻痹自己，她将她在社会福利机构的志愿者工作换为有酬工

---

① 皮尔蒙特是德国的一个城市，它因有益健康的水而闻名。——英译者注

作，新工作需要她每天做7个小时的办公室工作。而几周后，即在6月份，她病倒了。在整个这段时期，她进一步减少饮食，她的体重下降到103磅。同时，她开始对食物热量表、食谱等非常着迷。在闲暇的每一分钟，她都在她的烹饪书中记录一些美味的菜肴、布丁、甜点等的烹饪法。她要求身边的那些人吃好吃饱，而她自己则拒绝吃任何东西。通过像别人那样把她的盘子装满，然后偷偷把大部分食物倒在手袋里，她巧妙地不让其他人知道她几乎不吃东西。她狼吞虎咽地吃她认为不会令人发胖的食物，诸如甲壳类动物和软体动物。通常在回家的路上，她会吃光那些她为家里带的食物，之后又严厉地责备自己。每一餐，她都汗流浃背。此时，艾伦因新陈代谢疾病而和丈夫一起去疗养院。起初，她遵从医生的要求，因此，她的体重从99磅增加到110磅。但是，在她丈夫离开后，她开始欺骗医生；当她体重增加时，她通过把食物倒进手袋的方式秘密减肥。

在她32岁那年年初，她的身体状况仍然继续恶化。她服用的泻药量超过了正常用量。每晚她服用60~70片植物泻药，结果她得承受每晚呕吐的痛苦和白天强烈的腹泻的折磨，时常还伴有心力衰竭。那时，她不再吃鱼，已经骨瘦如柴，体重只有92磅。艾伦变得越来越虚弱了，下午就上床休息，而且被诸如"她的本能胜过她的理性"，"所有内在的发展，所有真实的生活已经停止了"，她的"早就被认为是无意义的，但不可抗拒的想法"所完全支配的感觉痛苦地折磨着。然而，她的心情是相当愉快的，而且她的朋友为她担心使她获得满足。

在32岁半时，她进行了第一次精神分析。分析师是一个年轻敏感的人，他并不完全采用弗洛伊德的观点。她重获希望，再次参加演讲、去看戏剧、听音乐会，而且继续远足，但是完全不休息，并再一次每件事都做得过头。当她丈夫不在时，她年迈的家庭教师必须陪着她。很快，她认为精神分析是无用的。

她在给丈夫的信中，又一次流露出她"对生活的燃烧的爱熄灭了"，但它仍是"纯净的心情"；而对变胖的恐惧依然是她行动和思考的中心，没有改变："我的想法全部集中在我的身体、我的食物、我的泻药上"，"有时，我在地平线上看到了传说中的生活乐土，我为我自己创造了沙漠中的绿洲，这一事实只不过使我的路更难走。这样做有什么用处？它仍是一片海市蜃楼，然后再次消失。以前，当围绕我的一切都是灰色的时候，当我什么都不想做，只想虚弱地躺在床上的时候，生活要容易得多。现在，我想要健康——并且不愿为此付出代价。我常常被这无休止的冲突完全打倒。在绝望中，我离开分析师回到家中，此时唯一确定的事实是：他能给我洞察力但不能治愈我"。

艾伦认识到了分析师的观点，即她的主要目标是"所有其他人的屈从"，让自己"不可思议地正确和令人恐惧地真实"。但是她说，有一种测试是百试不爽的，她只需要问自己："艾伦，你能开心地吃一餐豆子或一份薄饼，而后不服用药物吗？"然后，她说，她就会被一种名副其实的恐惧占据，仅仅是这种恐惧的想法就令她既紧张又麻木。"所有好的决定，所有生活的乐趣，在这面我无法翻越的墙壁之前被毁掉了。""我还是不想变胖，或者用精神分析的话说——我还是不愿放弃我的'理想'。"但是现在，她不再想去死，她说她再次热爱生活，并且想要健康、工作和她的丈夫，但是实际上她"不愿为此付出代价"。她认为令她绝望的是，她不知道"帮助自己走出沼泽"的方式。

在分析期间，艾伦节食越来越厉害。恐惧感在她身上出现得更加频繁，而且最重要的是，她出现了必须不停地想食物的令人讨厌的强迫观念。她将她的恐惧感描述为"不断地在我的喉咙上跳动的鬼魂"。美好的时光对她而言像"涨潮"，但是很快再次陷入"低潮"。

在给她丈夫的一封信中，艾伦开始将她的理想，以她以前的未婚夫也就是那个同学为例，与变瘦的理想做比较："那时，你（丈夫）是我即将接受的生活，我放弃了我的理想（那位同学）。但是，它是人为得来的，是被迫的决定，并不是内在自然成熟的结果。因为这个原因，它不起作用。因为这个原因，我开始再次给他寄包裹并对你充满反感。不多久，当我的内在已经成熟，当我直面我的理想并认识到，'我犯了一个错误，这是一个虚构的理想'，那时，也只有在那时，我能平静并肯定地对你说：'我愿意。'正是如此，现在我必须能审视我的理想，这种变瘦的、没有身体的存在的理想，并意识到'它是一个虚构的理想'。然后，我才能对生活说'我愿意'。在我做那之前，一切都是假象，就像在 X（大学所在的城市）的那段时光。但是，乘火车去 Y 城（与那位同学断绝关系的地方）比明白我内心中埋葬和隐藏了什么更为简单。至于把你和生活做比较，以及把 St.（那位同学）和我的理想做比较，当然这个理想不是令人满意的，这仅仅是一个表面的类比。我说'我愿意'（在 Y 城拜访那位同学后，她对丈夫说的）也还不是正确的事。我选择你——但那时我仍不想成为你的妻子。我关于秘密理想的想法，我不是指 St.（那位同学）——因为那是一些外在的事——我指的是我的生活的理想，即变瘦，继续超过一切占据着我的思想。只有当我最后放弃我生活的理想时，我才能真正成为一个妻子。而这是如此地困难，以致今天我再次像几周前一样绝望。好可怜——我总是不得不令你失望！就表面来看，我还没有再次服药。

但是,那使我不停地摸我的肚子并且在吃的时候带着恐惧[①]和不安。"

另一次,艾伦在给丈夫的信中写道:"唯一真正的改善必须来自内心,而这里目前还没有;用涅槃来比喻这种感觉,就是'贪婪、憎恨和错觉的消失'尚未到来。你知道我这么说的意思吗?对实现我的理想的贪婪,对使我不能实现理想的周围环境的憎恶,在我将这种理想看作某些值得的东西时的妄想。"这就是对被吞并的典型呐喊:"对我来说,想到薄饼仍是最可怕的想法。"而且她说,肉和肥胖如此令她讨厌,以至于仅仅想到它们就让她恶心。至于其余的事,她现在(在分析期间)有这样的意愿,即想变胖些,但不是希望。她把它描述为康德意义上的责任和欲望之争。然而,只要仍然是那样,她就不会"解放";因为这类要求,这种"你应该"(thou shalt)像它以前那样,来自外部,因而她对统治她的执着的病态驱力束手无策。同时,她感觉到了她现在的状态,只是因为她努力不吃泻药,已成为"目前为止我所经历的最折磨人的事情。我感到自己变胖了,我对此感到恐惧、颤抖,我生活在一种恐慌之中。""只要我感到我的腰部有压迫感——我指的是我腰带的一种压力——我就精神低落,而且变得抑郁,就好像一个美好的问题偶遇悲剧性的事件一样严重。"另外,如果她"消化良好",她就有"一种平静感",并感到轻松。尽管如此,她感到"全部时间,每一分钟",她的生活被她"病态的观念"统治有多可怕。

现在,艾伦知道她丈夫已经把她的情况告诉了她的父母,她感到

[①] 德语的单词是"Angst",它的意思可能是恐惧或焦虑。对于恐惧这个概念的讨论,以及在术语学方面的一些联想,见第二章第 51 页(指英文原书页码。——中译者注)。——英译者注

非常想念她的父母，尤其是她的妈妈，她想要趴在妈妈的怀里大哭一场。但是，她说，这只是一闪而过的想法。基本上，她一点也不想回家，实际上，她对她父亲"庄重而严肃的性格"感到害怕。

在8月份，艾伦33岁生日后不久，由于客观原因，2月开始的分析结束了。她丈夫一回来，就发现她处于一种极度的恐惧和焦虑状态。艾伦的饮食变得非常不规律；她整顿饭什么也不吃，却以极大的食欲不加区分地吃手边的任何食物。她一天能吃几磅番茄和20个橘子。

与她父母一起为期三周的旅行，最初比预料的还要好。艾伦很高兴走出旅馆的环境，和家人共度夜晚，和她妈妈谈论一些事情。然而，从第二周起，情况又发生变化了。有好几天，艾伦不能从哭泣、恐惧、焦虑中恢复过来，她流着泪走在她家乡的街道上，承受着胜于以往的饥饿的痛苦，尤其是因为在家中，她不得不与那些吃得很正常的人一起坐在桌边吃饭。她现在对治愈自己的疾病完全绝望了，而且很难再平静下来。医生做了一项血样检查，发现了"不正常的血液构成"。他建议与X大学专科医院的内科医生会诊，艾伦曾在那所学校旁听课程，她和她丈夫及年迈的家庭教师在10月初返回那里。内科医生建议进行临床治疗。艾伦对此下不定决心。取而代之的是，她第二次接受了精神分析的治疗。为她治疗的第二位分析师比第一位更正统。

现在，艾伦刚刚33岁。10月6日，她丈夫不情愿地按照分析师的要求离开了她。在之前已经表达了自杀的想法后，10月8日，她试图自杀，服了56片安眠药，然而，她在夜间将大部分药都吐了出来。分析师认为，这种自杀企图并不重要，并继续进行分析。至于其他方面，分析师允许艾伦按自己的意愿行事，她流着泪漫无目的地走过街道。根据她自己的描述，这几周和接下来的几周，一直到11月中旬，是"她生活中最恐怖的日子"。在她的梦里，她也总是关注吃。她丈夫从10月16日到10月24日和她在一起，并从11月6日后一直陪伴着她。

11月7日，她服了20片的巴比妥酸盐①混合物，第二次企图自杀。第二天，她处于她的分析师所描述的一种"癔症边缘状态"。她流泪啜泣了一整天，什么也不吃，并声称，在没有防备的时候，她仍然会再次结束她的生命。11月9日，她开始贪婪地吃东西。10日，在街上，她几次试图扑到车上。11日，她想从分析师办公室的窗户跳出去。12日，她和她丈夫搬进前面提到过的内科医生②的诊所。

她在分析师的建议下重新开始写日记，接下来的10月份的记录特别有趣。

10月19日。"我认为，变胖的恐惧不是真正的强迫性神经症，而只是对食物的持续的欲望（艾伦·韦斯特别重点强调）。吃的乐趣一定是第一位的事。变胖的恐惧起着制动的作用。既然我将吃的快乐看作真正的强迫性观念，那么它像野兽一样不停地打击着我。我任它摆布，无力抵抗。它不断地缠着我，使我陷入绝望。"

10月21日。"这天像往日一样开始。我看到吃的欲望和恐惧连续不断地出现在我的面前。我起床，离开。我的心充满了沮丧。我的生活还能再快乐吗？阳光明媚，但是我的心空空如也。晚上的梦令人困

---

① 中枢神经系统抑制剂，用来镇静或催眠。——中译者注
② 在当时的欧洲，有钱的病人的家人，甚至一群仆人和病人一起住院，这一点也不稀奇。——英译者注

感。我的睡眠没有欢乐。"

"这种痛苦的空洞感——每次餐后抓住我的可怕的不满感的意义是什么？我的心在下沉，我能亲身感觉到它，它是一种无法描述的痛苦感。"

"在我不被饥饿折磨的那些天，变胖的恐惧再次移到中心。这时，两件事折磨着我：第一件，饥饿；第二件，变胖的恐惧。我找不到脱离这种束缚的方式……可怕的空洞感。可怕的对空洞感的恐惧。对于如何缓解这种感觉，我无能为力。"

"不管怎样，画面已经转变了。不过，在一年前，我期望饥饿，然后带着食欲去吃。我每日服用的泻药使我不会变胖。当然，我也相应地对我的食物做出选择，避免所有令人发胖的食物，但吃可以吃的食物时仍然很享受、很快乐。现在，尽管我很饿，但每一餐都是一种折磨，总是伴随着恐惧感。这种恐惧感再也不离开我了。我感觉它们像我身体的一部分，是一种内心的痛。"

"当我早上醒来，我怕饿，我知道饥饿很快会出现。饥饿驱使我起床。我吃早餐，一小时后又饿了。饥饿，或者对饥饿的恐惧，整个早晨都纠缠着我。这种对饥饿的恐惧是很可怕的。它将所有其他的想法都驱逐出我的脑海。即使当我饱了时，我也害怕饥饿再次到来的时刻。当我饥饿的时候，我再也不能看清任何事情，不能分析。"

"我将简单描述一个早晨。我坐在桌子旁开始工作，我有许多事情要做，许多是我一直渴望做的。但是，无休止的折磨使我不得安宁。我突然站起来，来回走，在我放面包的茶几前一次又一次地停下。我吃了一些面包，10分钟后，我又一次站起来，再吃一些。现在，我下定决心不再吃了。当然，我能振作起这样的意志力，实际上我什么也没吃。但是，我不能压抑这种吃的欲望。一整天，我不能将面包的念头赶出脑海！这种想法充斥着我的大脑，以至于我没有任何多余的空间可以容纳其他的想法，我不能集中精力工作，也不能集中精力阅读。通常最后我会跑到街上。我躲开茶几上的面包（艾伦·韦斯特重点强调）并无目的地闲逛。要么，我就服用泻药。这能怎么分析？这不可战胜的不安来自哪里？为什么我认为只有通过食物才能缓解？为什么吃能使我如此快乐？有人可能说，'吃光面包，然后你将会安静下来'。但不是，当我吃了面包后，我比以前更不快乐。然后，我坐在那儿不停地看摆在我面前的、我吃过的面包。我摸摸我的胃，而且控制不住地不停地想'现在你会变得更胖！'当我试着分析所有这些时，除了理论，什么也分析不出来。一些事情被想起来。我所能感觉到的是不平静和恐惧（这里接着努力分析）。但是，所有这些都只是不实际的画面，我必须用我的大脑将它们想出来。像这样分析其他人可能很容易。然而，我自己继续在这种致死的恐惧中徘徊，必须忍受上千小时的恐惧。每天对我来说都是度日如年，我常常对这种间歇性的（spasmodic）[①]想法如此厌烦，以致我除了死不再期望任何事情。吃过晚饭后，我的心情总是最糟糕的。我宁愿一点也不吃，那样在饭后就没有恐惧感了。我整天害怕那种感觉。我该如何描述它呢？它是一种令人厌倦的、内心的空虚感，一种恐惧感和无助感。有时，我的心跳得如此强烈，以致我头昏目眩。我们已经在分析中以这样的方式解释它：在吃的时候，我想要满足两件事——饥饿和爱。饥饿得到满足——爱没有得到满足！这里仍有一个很大的、未填补的洞。"

---

① 这个词被用来近似地表达德语"kramphaft"，它指的是像抽筋一样的频发的费力事。——英译者注

"早上,当我醒来,我开始害怕'饭后的恐惧',而且这种恐惧会伴随我一整天。我甚至害怕进入食品杂货铺。看一眼食品杂货铺,我体内吃的欲望就被它们(杂货铺)唤醒,不能再平静。好像一个人用墨水止渴一样。"

"也许我能获得解放,只要我能解决这道谜题:吃与渴望之间的联系。肛门-性欲联系是纯理论的,对我而言是完全不能理解的。我一点也不理解我自己。不了解你自己是麻烦的。我像面对一个陌生人那样面对我自己(引自路德维希·宾斯万格的话)。我害怕我自己,我害怕每一分钟都无力防御的感觉。"

"这是我生活中可怕的部分:它充满了恐惧。吃的恐惧,饥饿的恐惧,恐惧的恐惧。只有死亡能把我从这种恐惧中解救出来。每一天像在令人眩晕的桥上行走——一种悬崖上永恒的平衡。让精神分析师告诉我我所想要的正是这种恐惧、这种紧张是徒劳的,听起来好听,但是不能帮助安抚我受伤的心。谁想要这种紧张,谁?它有什么用?我什么也看不到,一切都变得模糊,所有思绪都缠绕在一起。"

"我做的唯一工作是心理的。在我内心深处,存在一点也没变,痛苦仍然是一样的。简单来说:一切都是透明的,我渴望被施加暴力——而实际上,我每小时都用暴力对待自己(引自路德维希·宾斯万格的话),在这一点上,我达到了我的目标。"

"但是,哪里,实际上哪里判断错了?因为我无止境地悲哀,而且说'那就是我想要的——变得可怜'对我来说听起来很傻。这些是词、词、词……而同时,我承受了人们都不会让一个动物去承受的痛苦。"

在前面提到,艾伦和丈夫11月12日住进诊所,她的精神开始放松，营养状况彻底地改变。从第一天开始，她吃所有摆在她面前的食物，包括那些她多年没有碰过的东西，比如汤、马铃薯、肉、甜点、巧克力。在不到两个月的时间里，她的体重从进来时的102磅增至超过114磅。自来诊所后，早晨和下午艾伦去大学听演讲，其间，从下午3点到4点接受分析；晚上通常散步或去剧院。课堂上，她非常专心地做笔记。这在她丈夫看来，好像从现在开始有真正的改善了。她的笔记和诗中显示出新的希望和新的勇气。她再次想"成为人群中的人"，"在温暖的太阳之海中，新的时光开始了"，"因而我又重生并且世界再次拥有我"，"深深的感激颤抖地穿过我的心，我已经度过了这个夜晚"。但是，她仍不太相信这种安宁：

我看到金色的星星和它们跳舞的身姿；
目前为止还是黑夜和彻底的混乱。
带着清晨清晰面容的意志，
安宁最终到来，那和谐呢？

所有这些诗（这里仅仅节选了一小部分）写于11月18日到19日的晚上。她写道："只要我闭上眼睛，就会浮现诗、诗、诗。如果我把它们全部写下来，我只好写满一页又一页——医院的诗……虚弱并充满内在的限制。它们只是轻柔地拍打着它们的翅膀；但是，至少一些事情是激动人心的。在神的许可下，它可以生长！"

从同一天晚上，我们还可以看到以下内容："我已经醒了两个小时了。但是，清醒是美好的。这在夏天的时候也发生过，但那时一切都再次土崩瓦解。这次，我相信，它将不会土崩瓦解。我感觉到了我胸中一些美好的事物，一些想成长、变化的事物。我的心怦怦跳着。是爱又回到我的生活了吗？与以前相比，更认真、更平静，而且也更神圣、更纯净。亲爱的生命，我将因你而成熟，我伸开我的双臂，深深地呼吸，羞怯而高兴。"

"我再次读《浮士德》(Faust)，现在，我第一次开始理解它，我开始了。在我的生活中有许多更沉重的事情。在我可能说'我理解它，是的，现在我理解它'之前，许多意愿必须实现。但是，发生什么我都不害怕。害怕、痛苦、成长、变化都是甜蜜的。"

然而，刚到第二天早晨（11月19日），"夜晚的美好心情像被风吹走了一样。我疲倦而悲伤"。她继续去听课、写作、阅读，但是吃的想法从未离开过她。关于这种想法的吸引，她做了一个非常特别的类比："杀人犯一定有过与我类似的感觉，不断在脑中看到受害者的画面。他能工作，甚至非常努力，从早到很晚，能参加社交活动，能交谈，能努力消遣，但所有都是徒劳的。他一次又一次地在眼前看到受害者的画面。他感到一种超强的力量把他拉回谋杀现场。他知道，这使他可疑。更糟糕的是他害怕那个地方，但是他还必须去那里。某种比他的理智和意志更强大的东西控制着他，使他的生活成为一个荒芜的恐怖的现场。杀人犯能得到救赎。他去警察局自首。在服刑期间，他赎自己的罪。我找不到救赎——除非死亡。"

艾伦痛苦地意识到"因为这种恐惧的疾病，我越来越远离人群"。"我觉得我自己被真实的生活排除在外。我非常孤立。我坐在玻璃球中，透过玻璃墙观察人们，他们的声音到我这里就变得模糊不清了。我有一种无法表达想接近他们的渴望的感觉。我叫喊着，但是他们听不到。我向他们伸出双臂，但是我的手只是击打在我的玻璃球的墙壁上。"

这时，她开始写"神经症史"，我们从中引用了一些。"既然我只是按照东西是让我变胖还是变瘦的观点来行事，那么所有的事情很快就失去了本来的意义。我的工作也是如此。我找这份工作是为了改变自己：远离我的饥饿或我对甜食的喜爱（在这期间，我从上午9点工作到下午1点，然后从2点工作到6点，我不受那些令人发胖的东西的引诱而去吃）。工作一度满足了我这个目的。它也给我带来了快乐。当一切在我面前土崩瓦解时，这太过破碎以致不值一提：工作既不能使我改变又不能给我快乐。然而，这直到后来才发生。"

"在19日的黄昏（我刚32岁时），我第一次感到恐惧，只是一种非常莫名的和模糊的恐惧；有一种相当模糊的想法，即我已开始沉溺于威胁着要破坏我的生活的神秘力量。我感到所有内在的发展正在停止，所有的变化过程和成长过程都被阻塞了，因为充满我整个灵魂的只有一个想法，而这个想法荒谬得无法形容。我的理性反抗它，而且我试图用意志的力量驱走这种想法，然而一切都是徒劳的。一切都太迟了——我不能再让自己自由，我渴望解放，渴望通过一些治疗方法获得救赎。因此，我想起精神分析。"

"我想弄明白比我的理性更强大的、莫名的驱力，这种力量迫使我根据一种指导性的观点去塑造我的整个生活。这种主导观点的目标就是变瘦。分析师让人失望。我用我的头脑去分析，但一切仍然属于理论。想要变瘦的愿望仍处于我思想的中心，没有改变。"

"接下来的几个月是我经历过的最糟糕的时期，而且我仍然不能克服它们。现在不仅仅是固定的观念使我的生活更痛苦，又多了一些更糟糕的事情：总是必须想关于吃的强迫性观念。这种强迫性观念已经成为我生活中的诅咒，它跟着我行走和睡觉，它像罪恶的幽灵一样，站在我做的每件事情的旁边，并且不管何时何地，我都不能摆脱它。它追着我，像复仇女神追杀人犯那样，它使世界成为一幅讽刺画，使我的生活成为地狱。似乎对我来说，我能轻易忍受任何其他的困难。如果我的存在因真正沉重的痛苦而处于黯淡之中，我可能有力气去承受它。但是，每天都必须以大量荒谬的、堕落的、卑鄙的想法与假想敌做斗争这种折磨破坏了我的生活。"

"早晨当我睁开双眼，巨大的痛苦就站在我的面前。甚至在我没有完全清醒之前，我就想——吃。每一餐都与恐惧和焦虑相联系，两餐之间的每一小时都充斥着这种想法，'我什么时候会再饿？或许我现在更想吃点什么？吃什么？'等等，形式有上千种，但内容总是相同的。难怪我不再快乐。我只知道恐惧和痛苦，缺乏快乐和勇气。"

自从11月末体重再次大幅度下降后，在12月初，她向克雷佩林咨询，并被诊断为患有抑郁症。分析师认为这个诊断不正确，并继续进行分析。在12月上旬，艾伦的情况再次好转。她再次听课，读《浮士德》第二部，但被医生们关于她的病情及治疗的不同观点反反复复地折磨着。对疾病判断最正确的内科医生认为，有必要继续住院治疗。而那名分析师却建议她离开诊所"回到生活"。这项建议完全动摇了艾伦对分析师的信任。她在12月19日的日记中特别记载着，"我继续活着只是因为对亲人的责任感。生活不再吸引我。没有什么能吸引我，不管我在哪里寻找，都没有什么吸引我的。一切都是灰色的，没有快乐。自从我把自己在我自己中埋葬，并且不再能爱，存在只是一种痛苦。每一小时都是折磨。从前给我带来快乐的事，现在成了一种任务，只有一种内在毫无意义的东西在设法帮我度日。从前对我而言的生活目标，所有的学习、所有的努力、所有的成就，现在都是黑暗,是我害怕的沉重的噩梦"。对她的状况,她再次找到了贴切的类比。

她告诉我们,卡尔(艾伦的丈夫)说,她的确对一些事情感兴趣;但是,他应该"在某一天问一名战犯,他是愿意待在监狱,还是回到他的祖国。在监狱,他能学习外语而且使自己关心这件或那件事。当然,这仅仅是帮助他自己熬过艰难、漫长的日子。他真的喜欢这份工作吗?他会为了这个原因在监狱集中营里多待哪怕一分钟吗?当然不会,没有人会凭空想出如此怪诞的主意。但是,对我而言它是必需的。生活已经成为我的监狱,我像西伯利亚可怜的士兵渴望回到祖国那样,强烈地渴望死亡"。

"这个坐牢的比喻不是玩文字游戏。我在监狱中,被一张我无法挣脱的网困住。我是我自己的囚徒;我越来越被缠住,每一天都是新的、无用的挣扎,网眼越来越紧。在西伯利亚,我的心一片冰冷,我周围的一切寒冷且荒凉。我最好的日子是悲伤滑稽地努力去欺骗自己关于我的真实处境,这样活着是有损尊严的。卡尔,如果你爱我,让我去死。"

另一个类比是:"我被敌人包围着。无论我转到哪里,都有一个男人手握宝剑站在那里。就好像在舞台上,不高兴的人冲向出口,停!一个手持武器的男人站在他面前。他又冲向第二个出口、第三个出口。可是,所有努力都是徒劳的。他被包围了,他再也出不去了。他在失望中崩溃了。"

"这就是我的感受:我在监狱中,不能出去。分析师告诉我,我自己放了一个带武器的人在那里,他是戏剧中虚构出来的人物,不是真实的,告诉我这些是没有好处的。对我来说,他是真实的(艾伦·韦斯特强调)。"

艾伦抱怨，几个月来，她已经"没有一小时能得到完全的自由"。同时，她说每日的画面都在变化。在某一周，早上的时间是最糟糕的；而在另外一周，晚上的时间是最糟糕的；在第三周，中午或者傍晚的时间是最糟糕的，但是，没有哪一周是"完全自由的"。不断拒绝她的是冷漠。她"知道"自己不停地"用意识"做每一件事情，永远不能简单地在这里活着。一旦偶尔她"接受了这种信念"，那么她的生活仍有意义，她仍对他人有用并帮助他们，然后恐惧来了，并"再次扑灭这微弱的生命的火花"。她越来越清晰地意识到，如果她没有成功地"打破禁令"，摆脱这种对自我的专注，那么她就不能生存。她在饭间和饭后的"精神混乱"是可怕的。她有意识地吞下每一口，带着令人费解的悲伤感。"整个世界的画面是混乱的（引自路德维希·宾斯万格的话）。好像我着了魔，一种罪恶感伴随着我，并在我所有的快乐上加一点苦味。他歪曲了所有美丽的、自然的、简单的一切事物，并设法讽刺它。他设法讽刺所有的生活。""我内心中有某种东西强烈地反对变胖。强烈地反对变健康，变得丰满红润的面颊，变成简单、强壮的女人，正如我真正的情况一样……使我失望的是，用我所有的大话也不能使我进步。我与比我强大的神奇力量做斗争。我不能理解和掌握它们……"

新年伊始，在1月3日，内科医生明确干预并阻止分析师继续分析，病人对此同意，医生建议她转到位于康仕坦仕（Kreuzlingen）的贝尔维尤（Bellevue）疗养院。在1月7日，她给她弟弟写了一封信，请求他原谅她如此直率地写信，她将不再对他说谎；她想要告诉他，她充满了恐惧，尽管她不知道为什么"生命像乌云一样压着我"。在为旅行做准备期间，其抑郁和焦虑开始增加。1月13日和1月14日的旅行是在恐惧、饥饿感和抑郁的状态下进行的。

待在康仕坦仕疗养院
从1月14日到3月30日，19___年

内科医生的转介条上写着以下内容：绝经多年，唾液腺轻微肿大。当然，因此也有内分泌失调。神经症在强迫性观念中已经显现多年，尤其在害怕变得太胖上，其次在大量和不加区分的强迫性驱力中。智力突出的病人在这两种相对立的情感之间，因她多方面的兴趣而前后摇摆不定。上一年的7月，又出现了躁狂-抑郁，几乎一个月一次，她感到恐惧，并伴有周期性自杀倾向。在抑郁加重期间，作为后果的强迫性想法更多。在诊所里，在她丈夫一直陪伴的时期，她的状况明显改善，她的丈夫对她有非常好的促进作用。她的体重明显增加，开始她的饮食是70卡路里/千克，现在稳定在52卡路里/千克（114磅），节食时50卡路里/千克。因为她近期的抑郁，在我院克雷佩林医生的强烈建议下，她将接受长时间的休息。按医院惯例，她似乎不必进入封闭的病房。

第二位分析师在他详细的报告中说，该病人患有严重的强迫性神经症和躁狂-抑郁的神经机能症。他确信，这个病人正在通往痊愈的途中！其证据是广泛的外表的改变。鉴于夏天时她讨厌给人以丑陋的感觉，从那时起，她变得越来越娇柔，几乎很漂亮。这份报告大体上肯定了上面的病史，但是也包括一些重要的额外信息和精神分析家的观点。第二位分析师认为这种抑郁"强烈地和有目的地恶化"。他说，

病人一度声明，她父亲不理解她的强迫性想法，但他完全理解她的抑郁。她过去一直害怕变胖会使她的前未婚夫（那位同学）不高兴，不管怎样，对她来说，变瘦等同于高智力的标志，变胖等同于犹太自由民的标志。解除婚约后，她的第一个行动是，松了一口气，跑到自己的食品储藏室！"但是，当她从妇科报告中得知，即使把她的高智力撇到一边，她也不能成功地沿着女性-母亲这条线走下去（在她的婚姻中，她总是忙于炫耀她所做的家务，按食谱做菜，尤其是当她弟弟的妻子——一位苗条的金发碧眼、有艺术气质、有孩子的女人——在场时）。她现在决心'按照自己的想法生活'，而不受任何抑制，并开始每日服用大量的泻药。"自从她看到那位金发的、高大的分析师——他成功地在第一次会诊中使她平静下来（这个事实也得到她丈夫的证实）——她也呈现显著的癔病特征，明显故意感动她的丈夫。很长一段时间，治疗的焦点集中于肛门-性欲期。她认识到巧克力和肛欲期之间的关系，还有这个等式："吃＝营养＝怀孕＝变胖。"当时，移情变得非常明显，以致有时候，她会突然坐在分析师的腿上并给他一个吻（即使他们先前关系良好，这也是非常不正常的）。在另一些场合，她到他这里来，带着这样的希望，即她或许可以把头倚在他的肩膀上，而他应该叫她"艾伦宝贝"。自12月初起，分析变得越来越乏味了，而这是讨论恋父情结的结果，然而，这种恋父情结只能作为次要的来治疗。她自己很清楚，"她的强迫性观念"意味着脱离父亲（犹太人）的种族。而对乱伦-渴望，却没有找到任何支持材料，甚至她的梦中也没有。不幸的是，这两位分析师都不能解释幼年期记忆的缺失。

1月14日。在疗养院入住访谈期间，刚说几句话后，该病人号啕

261 大哭，长时间不能平静，但是断断续续地报告了令人意想不到的关于她的个案史的片段。她很乐意跟丈夫回到她的房间，很高兴马上再次有机会报告她详细的病情。于是，她详尽地讲述了从13年前开始到最近在大学城里发生的事件期间，她病情发展的主要特点。克雷佩林否认了分析师强迫性神经症的假设，并假定这是一种真正的抑郁症，并告知她，强迫性观念肯定会随着抑郁症的治愈而消失，在那之后，她的强迫性观念会有什么变化很快就会被发现。即使现在，她也能对总是不得不想着吃的强迫性观念和别变胖的"固有想法""唯一目标"二者做出区分。她说，前几周她感到稍微好了一些，但绝不是真正的快乐和高兴。她来到这里，怀着一千种积极的决心，但甚至就是在来这里的途中，她又变得极度绝望了。现在对她来说，每一件小事似乎都是不能克服的障碍。她一直觉得，如果一种症状好转，另一种会更糟。"我需要在吃东西时再次有无忧无虑的感觉，每一餐对我而言都是一种内心的冲突。我总是觉得，如果某人真的爱我，他不会让我继续活着。"在诊所中，她说，她最后变得害怕每一个人，因为她一定总是期望他们会告诉她，她看起来很好。"每一件事都令我焦虑，我将每一种焦虑都体验为一种饥饿的感觉，即使我刚刚吃过。"现在，她感到所有内部的生命都停止了，一切都是不真实的，一切都是没感觉的。她也欣然地说出了她想自杀的企图。即使现在，她也什么都不期望，只是希望能让她睡去，不再醒来，因为她不再梦想着她能再次康复。在她第二次尝试后，她只是不停地想：如果她的丈夫马上回来就好了，否则她就让车撞死自己，当他离开时，她不停地想他。她开始以特别的精力与精神分析师作对。与此相反，她丈夫说她很愿意接受分析，而且，她绝不会与第二位分析师分开。

个案记录的进一步节选：

1月16日。在对日程表，诸如休息、散步等以及吃的问题进行讨论之后，病人的第一个晚上在镇静剂的作用下过得很好。病人被允许在自己的房间中吃饭，但是她欣然与丈夫去喝下午咖啡——然而之前她坚决反对这么做，因为她并不会是真的吃，而是像野兽一样狼吞虎咽——她证明过这绝对是真的。

她的身体经检查没有任何显著的不同。她是一个中等身材的女人，营养充足，体形略显矮胖，在个案记载中，她的体格表现出像男孩一样的特点。然而，她没有显著的男性特征。在个案记录中，她的颅骨被描述为相对较大且粗，但是此外不存在肢端肥大的迹象。她的脸形椭圆，十分有立体感。两边的唾液腺明显肿大。甲状腺不明显。早期的妇科检查透露，其"生殖器不成熟"。她过去骑马时在锁骨和胼胝体处造成了裂缝。没有关于内部器官的说明。脉搏完整、微弱，但速率不稳。停经多年。神经病学检查表明，除了非常虚弱的（实施了晏德腊西克氏手法①）膝跳反应（伴随着适度活跃的阿基里斯反射），绝对没有任何值得注意之处，手也不抖。

1月21日。面部表情很容易变化，与经常从一种情感状态到另一种情感状态的波动相符。然而，整体上有些呆板空洞，她时而看来很空虚，时而强烈地"充满了感情"。她的姿势也有些呆板。她的步伐坚定而迅速，她的行为非常亲切，她寻求交往，但没有明显的性欲。基本情绪是无望的绝望。即使是在这段时间，我注意到，人们也很少会产生关于她正遭受抑郁的困扰这样的印象，而更多的是觉得她感到

---

① 检查膝跳反应时，为转移病人注意力而实施的一种手法。——中译者注

自己身体上虚空和僵死，完全是空洞的，令她痛苦的恰恰是她不能获得任何感情这个事实。她有着精神能量衰退意义上的强烈的疾病感。她强烈地渴望死亡。在最显著的方面，总是不得不想着吃的强迫性观念带来了烦恼和痛苦。因此，她觉得耻辱。值得注意的是她所报告事情的客观性，通过这些事情可以预期她强烈的情感可以得到恰当地释放。思维训练既没有表现出思想紊乱，也没有表现出压抑。但是，因为她的思想总是围绕着她的"情结"，所以她很难集中思想。因此，尚不能让她的丈夫念给她听。然而，不管什么方法都没有用，包括理解的力量、关心的力量、完整的记忆的力量。不幸的是，那时还没有罗夏墨迹测验，不然在实验性地呈现病人整个世界观的画面时所得到的结果可能是最有趣的。

1月22日。在轻微镇静剂的作用下，晚上还行。不料，在第二天晚上，她非常焦虑，以致她的丈夫不得不叫来护士长。情绪波动每天都很大，通常一天时间里要波动几次，总体上更安静了。微弱的恐惧发作从心脏的"跳动"开始，"好像有蝙蝠在那里"。她几乎吃掉所有放在她面前的东西，只是偶尔吃甜食有困难。上周已经减了一磅，从那时起，她的进食更好了。散步期间，她让自己从失望中转向相对轻松的事。虽然当她还是一个孩子的时候，她就完全不受他人观点的约束，但是现在她特别在乎别人如何看待她的外表和她变胖。

既然现在每件事情都依赖于我们得出明确的诊断，因此我让病人和她的丈夫进行精确的回忆，这项工作明显能让病人平静下来。

2月8日。她承受着让自己扑到食物上，像野兽一样狼吞虎咽的强迫性冲动的巨大痛苦（通过观察得到证实）。她能一个晚上连续吞食七个橘子。相比之下，她在吃饭期间出现了禁欲的冲动，这强迫她拒绝各种各样的食物，尤其是甜食。她在散步期间是最不受管束的，但也能与其他病人和平相处；然而，她再也不能逃离她自己，而且总是有"像人群中的尸体"的感觉。

2月15日。再次明显出现内科医生的报告记录中已经发现的结果：饥饿感、贪婪的欲望和紧随关于吃的"强迫性想法"而来的严重的抑郁和沮丧。实际上，是失望。自杀冲动，以及因再次开始说谎而进行的自我指责——都在那天出现了。近来，她每天已经吃6片泻药，但面对医生的直接询问，她的回答却是什么也没吃。

2月26日。焦虑，但很快再次平息。她把自己看成举止优雅的非常瘦的女病人。"同性恋的成分非常明显。"梦非常生动而且总是关于食物和死亡。她看到最美好的事物出现在她面前，感到非常饥饿，但同时强迫观念却不允许她吃。死亡之梦如下：

梦1："我梦到很奇妙的事，战争爆发了，我去了战场。我快乐地和每一个人说再见，并希望不久我就死去。我很高兴在死前能吃一切食物，吃一大块摩卡蛋糕。"

梦2：在催眠的状态下，她梦到她是"一名卖不出画的画家的妻子，她自己不得不做类似缝纫的工作，她因虚弱不能做，所以两个人不得不挨饿。她让他找一把左轮手枪，将他们两人都杀死。'你太胆小了，以至于不能杀死我们，另外的两个画家也自杀了'"。

梦3：关于海外旅行的梦，她从舷窗跳进水里。她的第一个爱人（那位同学）和她的丈夫两人都想为她做人工呼吸。她吃了许多奶油巧克力，并塞满她的身体。

梦4：她点了红烧牛肉，说她很饿，但只想要一小份。她向她年迈的家庭教师抱怨说人们使她痛苦，她想要跳进森林中的火里。

因为心理治疗的原因，个案记录没有对她的梦做分析。

在早上处于昏睡状态并感到焦虑期间，她谈到已故者，说他们能永久地休息，而她仍然痛苦，并谈到了她的葬礼。她将不再吃橘子了，因为她的丈夫会告诉医生。如果一个农民愿意快点杀死她，她会给他五万法郎。她谈到她的弟弟，他已离开新大陆，因为他一直日夜受苍蝇嗡嗡声的折磨；她自己尽管处于同样的痛苦状态，但不被允许"去海外"，而且必须继续活着。如果她不知道其他的死亡方式，她会把自己烧死，或者撞死在玻璃窗上。她说我们都是虐待狂，以折磨她为快乐，也包括医生在内。

对于她丈夫而言，与她建立一种相互信任的友爱（rapport）①的关系是很容易的，无论是在她半睡之间，还是在她完全熟睡的时候。

3月9日。两周相对愉快的日子后，她又有了五天的焦虑，这种焦虑在前一天到达顶点。最重要的是"暴饮暴食"，然而，对它，她没有屈服。她说她不能等到"抑郁症"痊愈。因为她丈夫的出现使她不能结束自己的生命，所以她说她丈夫对她有这样"坏"的影响是很糟糕的。她想要看看上锁的病房，她可能会转移到那里。

"我觉得我自己相当被动，敌我双方的力量彼此破坏。"对此，她感到她什么也不能做，只能完全无望地旁观。

---

① 这个词在这里并不是从它传统的亲密与和谐关系的意义上使用的，而是催眠师和催眠对象之间特殊意义的交流。在催眠关系中，催眠对象对催眠师的问题和命令做出反应而没有意识到这些问题和命令。这个词在这里的使用可能意指丈夫对艾伦影响的程度。——英译者注

3月11日。对上锁病房的参观对她造成了相当不愉快的影响,"我想立即撞在结实的玻璃上"。她再次感到想"像一头扎到食物上的野兽"那样暴食。她对吃得太多充满了自我谴责。她希望从医生那里得到结束她生命的许可。她固执地想要说服她的丈夫和医生相信只有这种想法才是正确的,她反对所有辩论。

即使当她还是一个年轻的女孩时,她也不能安静地坐在家中,而总是必须忙个不停,在当时的情况下,这令她周围的人感到震惊。18岁时,她在给一位女性朋友的信中写道:"抑郁症像一只黑色的鸟一样在我的世界中存在,它在背后的某处盘旋着,直到某一时刻,向我猛扑,并要杀死我。"现在,她也有这样的感觉,即她做每件事,幽灵都跟踪着她,想要杀死她,或者她只是在等"精神失常的到来,摇晃着它黑色的大锁,抓住我并将我推向无尽的深渊"。她四年半没来过月经,性生活间断有三年,之前正常。

3月21日。她的自杀倾向变得更严重。她只想等3月24日的预定会诊。"如果有这样一种物质,它以最压缩的形式存在,但富于营养,吃它我仍会瘦,那么我很高兴活下去。""我想变得越来越瘦,但我不想总是必须监视我自己,我不想放弃任何东西,正是我想要瘦而又不想错过任何食物之间的这种冲突将我摧毁。""在其他所有事情上,我是清晰而明智的,但是在这件事上,我极其愚蠢,我讨厌这种反抗本能的挣扎。命中注定我胖而强壮,但我想要瘦小而娇弱。"她越来越喜欢宜人的春天,但在饮食方面仍很受折磨。

既往病历的第二封附信:她说,甚至在21岁固定观念出现那年之前,她就已经忧郁沮丧了。在她的日记中,在这种观念出现之前的几个月,她对突然打压她欢乐情绪的抑制因素很惊讶,所以她有一种想哭的感觉。她想，是否她对生活中的巨大变故太过敏感了。"多少次，我充满愉快地开启一个清晨，我的内心充满阳光和希望；而在我还没明白为什么自己这么高兴的时候，一些事出现，打击了我的情绪。一些鸡毛蒜皮的事，也许是我爱的人冷淡的语调，或者其他通常不重要的事，让我对某人非常失望。在我视野模糊之前，我看到世界如何在我面前变暗。"

在我的要求下，她的丈夫收集了下述有关自杀主题的材料：死的愿望伴随着她整个生活。甚至还是孩子的时候，她认为，出一次致命的事故是"有趣的"——例如，滑冰时冰裂开了。在她骑马的那段时间（19～21岁），她做了鲁莽的恶作剧，从马上掉下来，摔断了锁骨，而她认为没能有一个致命的事故真是太糟糕了。次日，她又骑上她的马，继续做出同样的行为。当她还是一个小女孩时，每次发烧过程中退烧，疾病离她而去，她都很失望。当她学习《玛多拉》（*Matura*）时（22岁），她想让她的家庭教师一遍一遍地重复读那个句子：那些被众神喜爱的人将英年早逝。对此，她的老师很生气，最终一遍一遍地拒绝这样做。当她听到女性朋友死亡的讯息时，她羡慕她们，在听到死亡的讯息那一刻两眼放光。在育婴堂工作的时候，她不顾前辈的警告，去看望得了猩红热的孩子们，并且亲吻他们，希望自己也得此病。为了得病，在洗热水澡后，她赤裸地站在阳台上，把她的脚放在冰冷的水中，或者在刮东风时站在市内有轨电车前，然后她高烧38.8℃。第一位分析师在12月19日深夜第一次咨询时称她的行为为"慢性自杀倾向"。

3月22日。昨天她在散步时还非常高兴，非常平静地坐下吃午饭，但是没过一会儿，像往常一样，好像突然发生了内部转换。接着，她立刻就想，是否能让自己离开盘子里的那些东西。她越焦虑，进食就越多。"我内心所想的事都是不寒而栗的，吃掉所有一切的欲望与不吃任何食物的决心展开了激烈的对抗，直到最后我站起身，将我剩下的所有东西带走，以便最终不会把它们都吃光。"然后，她感觉好像是被痛打一番，完全筋疲力尽，全身汗流浃背，四肢疼痛，好像被人鞭挞了一样，她马上想开枪打死自己。只有过一段时间（一到两小时），这种感觉才慢慢退去。

3月24日。主治分析师与尤金·布洛伊勒教授和一位外国精神病学家会诊。

会诊是这样开始的：鉴于自杀风险增加，让病人继续住在开放的监护所里是不适宜的。我必须当着她丈夫的面，提出做这样的选择，或者允许将他妻子转移到封闭病房中，或者带她一起离开这里。这位非常明智的丈夫觉得这样非常合适，但他说只有向他许诺能够治愈他妻子或者至少他妻子会有很大的改善，他才能同意这样。根据既往病历和我自己的观察，我不得不将其诊断为发展性单纯型精神分裂症，我能给她丈夫的希望也很小（如果当时存在休克疗法，那么它能提供暂时的摆脱窘境的方法，延缓病情，但是不能改变最终的结果）。因为很明显，出院意味着某种自杀，我必须建议她的丈夫，鉴于他的责任，不要仅仅依靠我的建议——尽管这确实是我的案例——而是一方面安排向尤金·布洛伊勒教授请教，另一方面向那些与克雷佩林-布洛伊勒的精神分裂症理论观点不太接近的外国专家请教。整个既往病史（其中的节选在下一部分给出），连同我们的个案记录，一起提前交给了会诊医生。

会诊的结果是：两位先生完全同意我的诊断，并比我更怀疑监禁治疗的治疗效用。在布洛伊勒看来，精神分裂症的存在是毋庸置疑的。第二位精神病学家宣称，只有病人存在智力缺陷才能做出精神分裂症的诊断。在我们的个案中，他将它归为逐渐演变的病态人格素质。他正确地指出，想要变瘦的"想法"不是妄想观念（因为缺乏逻辑动机），而是一个不那么合理的代价过高的观念（我们将回到这一点）。我们三个人一致认为，它不是强迫性神经症，也不是躁狂-抑郁精神病，而且不可能存在明确可靠的疗法。因此，我们决定，向病人做出让步，同意她出院。

3月30日。听到专家会诊的结果后，病人的症状明显减轻，她声称，她现在的生命掌握在自己的手中，但是，当她看到，尽管她有最好的意图，但仍不能掌控关于吃的这种进退两难的选择时，她有些动摇了。表面上，她有力地控制着自己，安静而有条理，但是，在心灵深处，她非常紧张焦虑。她想来想去，现在她要做什么，最后决定和她的丈夫就在这特别的一天回家。既然每一个改变都"令她迷惑并使她完全脱离了轨道"，她继续严格律己地走她整个人生之路，直到最后。这些想法直至最后时刻都令她极其痛苦。体重和入院时相同：104磅。

她的死亡

艾伦在她人生之旅中十分勇敢。开启人生之旅的理由给她力量。而生命旅途的一瞥带给她的是伤害。这比她在住院期间感觉无力应对生活还要糟。接下来的日子比先前所有的几周更痛苦。她感到紧张无法释放，她所有的症状都更严重。不规律的生活方式令她完全失望，与亲戚的聚会只会让她更清楚自己的病。在她回家的第三天，她好像变了一个人。早餐时，她吃了黄油和糖。中午时，她13年来第一次吃得那么多，她对她的食物很满意，而且吃得相当地饱。下午茶时间，她吃了巧克力冰激凌和复活节彩蛋。她和丈夫散步，读了一些里尔克、歌德和丁尼生（Tennyson）的诗，她被马克·吐温（Mark Twain）的《基督教科学》（Christian Science）第一章吸引，处于一种积极的快乐情绪，所有的沉重似乎离开了她。她写了很多信，最后一封信是写给这里一位她很喜爱的病友的。晚上，她服用了致命剂量的毒药。第二天早上，她死了。"她的表情是以前从没有过的——平静、快乐、安详。"

二、存在分析[①]

引言

在可信的自传与记录记载和陈述的基础上，对于我们所说的艾伦·韦斯特这个人类个体，前面的说明概述了我们所知道的。这种知识是纯粹的历史性知识，为此，我们将全部的基本事实或数据称为该个体（外部和内部）的生活史。在生活史的基础上，她特有的名字失去了仅仅是一个人类个体口头上的称呼的作用——作为这种唯一的时间－空间－决定的个体——并具有名祖（fama）[②]的意义。艾伦·韦斯

[①] 应该事先提醒读者，下面的有些部分可能用英语看起来好像很难理解。宾斯万格的风格符合德国人科学化和哲学化的文风，常使用合成的概念，尤其是将动词形式通过连字符与其他词组合在一起。在英语中，组成后的含义要比单独的词的含义多。在翻译中，我不得不在意译还是更准确地翻译宾斯万格的文章间做一选择。我选择了后者。我们当然意识到，这并不利于写作，正如克尔凯郭尔指出的，可以在下午打盹时研读它。但这绝不是我们的本意！——英译者注

[②] 名祖，指姓名被用来命名某物，如城市、地区等。例如，罗穆卢斯是罗马的名祖。——中译者注

特的名字（当然，就此而论，这个名字是真实的还是杜撰的并没有什么差别）因此成为历史人物或人格的全体。然而，关于生活史的资料可能是确定的、明确的，但关于它的判断仍然不确定、有变动、不完全。当然，在日常生活中，我们说，在报告或叙述的基础上，我们形成了一个近似的"概念"或建构了一幅人类个体多多少少有些生动的"画面"。然而，这个概念或画面，正如众所周知的那样，依赖于建构它的人或群体变化的立场和观点。仅仅是爱以及起源于它的想象，就能超越这种单一的观点；而判断，即使是科学判断，作为"被－某物－抓住"（grasping-by-something）[1]的一种形式，仍然不可避免地束缚在一种观点上。检验和比较"个人的"判断，追溯到它们的基本观点，并以科学的视角为它们定位，是历史科学的任务。然而，正如兰克所提出的，既然甚至科学的视角也是根据当前的时刻来定向的，那么"历史经常被重写"。

对个人存在的分析也依附于历史的资料。如果它的目的只是分析这种存在当前的心情，那么在某种情况下，它可能依赖于单独一个或至少一些这样的数据。

因此，我们能从两份相对有序的、彼此无关的书面文件——一份是关于谴责的抱怨、另一份是关于仔细的探究[2]——对女病人的躁狂"不安"做出存在的解释。然而，如果"障碍"加深，言语变得如此

---

[1] 这是德语"Bei-etwas-Nehmen"的直译。这是人们会心的"基本形式"之一，正如宾斯万格的主要著作中阐明的那样［见第 269 页（指英文原书页码。——中译者注）第二个脚注］。第二部分的许多段落着手于在被称为"艾伦·韦斯特"的存在，对这种基本形式与其他形式，例如爱，进行比较。——英译者注

[2] 参见宾斯万格早期著作 *Über Ideenflucht* (*On the Flight of Ideas*)，1st and 2nd Studies。

不连贯，以至于我们不得不表述一些混乱或无条理的紊乱的思想，我们很快会发现，我们自己依赖于正在讨论的关于病人大部分生活史的知识。如果我们实际上发现我们自己，正如在艾伦·韦特斯特个案中一样，被迫去分析人类个体，不但关于其情绪-基调（Gestimmtheit），而且关于其整体存在，那么整个生活史必须尽可能详细地展现在我们面前。然而，与对个体完形的历史叙述相反，我们现在尽可能不考虑所有对这个个体的判断，不管它们是道德的、审美的、社会的、医学的，或是以任何方式由一个先在的观点得出的判断，尤其是我们自己的判断，这是为了不受它们先入之见的影响，为了将我们的关注对准这个在-世（in-the-world）的特殊个体的存在形式（毕竟，"个体是它的世界，它自己的世界意义上的世界之所是"）①。从印象和判断中建构出来的历史人物，通过现象学描述与存在分析——完形，在这里出现。然而，既然这种完形并不是一生都不变，而是经历变化，那么存在分析不能以完全系统的方式进行，但必须相当严格地遵守生活史的事实。我们接下来会举例说明这一点。

因此，每当我们谈到存在的形式，我们也就是在谈在世存在和超世存在。例如，我们已经在我们的研究中对思维奔逸进行了审视，并在我们的书《人类存在的基本形式和认知》（*Basic Forms and*

---

① 这个著名的句子出自黑格尔的《精神现象学》（*The Phenomenology of Mind*），该著作首次出版于 1807 年。它引自此段："独自成为某物的，和被用来构成一个方面的存在，以及规律的普遍方面因此退出解释。在其自身的世界这个意义上说，个体是它的世界之所是。个体本身是它自己行动的集合，在其中它作为现实呈现和建立它自己，并且仅仅是被给予和被建构的整体——它的思想不像心理学定律中的思想那样，分裂为亲身给予的世界的整体，并且个体只为它自己而存在。或者如果这些方面因此通过它自身来看待彼此，那么在它们之间就不能发现必然性，而且它们彼此之间也无规律可循。"Hegel, G.W.F., *The Phenomenology of Mind*（transl. J.B.Baillie, 2nd ed., New York: Macmillan, 1931）, pp.335-336.——英译者注

Cognition of Human Existence）[1]中系统地进行了论述。在结构上，这些形式指的是世界的形式。它们的统一只有通过现象学才能讲清楚。实际上，真正的存在"居住"在世界"中"。因此，这些形式"存在于"任何特定世界中，并指的是与这种"存在于"相对应的自我，以及超出有限的世界、家乡的安全和永恒的亲爱的我们（We-ness）。[2]出于教学的原因，我们现在在艾伦·韦斯特个案中提出有关她"居住"的世界的存在形式的问题。既然"世界"总是不仅意味着一个存在内部存在什么，同时还意味着它如何存在、其存在是谁、存在的形式如何和是谁的存在形式、在其中存在和成为自己的形式，那么这些就从特定时刻的[3]世界的特性中非常"自动地"开始显现。让我们提前做出进一步的说明，即"世界"这个术语，同时有周围世界、人际世界和自我世界[4]的含义。这绝不意味着建立一个这三个世界合而为一的单一世界，而是"世界"在这三个世界-领域中构成它自己的一种普遍的表达方式。

存在分析（Daseinsanalyse，正如我们所谈到的）一定不能误解为海德格尔的存在分析（Daseinsanalytik）。前者是在实体-人类学水平上的解释学解释，是真正的人类存在的现象学分析；后者是对被理解为存有的存在的现象学解释，并且被提升到本体论的水平上。表达

---

[1] *Grundformen und Erkenntnis Menschlichen Daseins* (Zurich:Max Niehaus, 1953)，宾斯万格的主要著作。后面的脚注中再提到它就以《基本形式》来指代。——英译者注

[2] 关于"家乡"和"永恒"的术语的含义，见第312页（指英文原书页码。——中译者注）。

[3] 特定的（momentary）这个词近似于德语"jeweilig"，根据上下文，它的意思是"特定时间的存在"，而不是"暂时的、非持久的存在。"——英译者注

[4] 见本书第二章61页（指英文原书页码。——中译者注）梅在文章中对这些重要术语的讨论。——英译者注

的相似性通过这样的事实得到了证明，即人类学的或存在的分析始终依赖于作为在世存在的那种存在的结构，在世存在是由存在分析首次提出的。二者都关心它的科学结构和它的方法，因此，都十分认真地使用在本体论水平上出现的"新动力"①。

世界

艾伦·韦斯特的个案史给我们的第一手资料就是，她在9个月时拒绝喝奶，以致不得不喂她肉汤的事实。因此，贯穿她整个生命史的在食物摄入方面的特性和执拗，可以追溯到她的婴儿期。这是一种特殊的"感觉交流"，不是"反射"意义上的，而是一种"朝向世界的行为"。在感觉交流中，我们或者与人际世界②联合在一起，或者与其相分离。这种早期对牛奶的拒绝揭示了身体化的自我世界和人际世界之间的"分界线"，从前者被安置在与后者相对立的位置这个意义上说，自我世界与人际世界的结合中出现了"裂口"。在反对人际世界的同时，也可能已经存在对周围世界的反抗、对那些设法反对艾伦特质的那些人的反抗。无论如何，艾伦向我们做出的第一个言语陈述就站在与周围世界截然相反的立场上，"这个鸟巢不是鸟巢"。她这种拒绝接受周围世界所认可的一些东西的否定判断表明，她与周围世界的联合也经受着严重的打击，或者，从人类学上的表达角度来说，这里，与周围世界完全相反，自我世界的建立推进得比较早。通过人际

---

① 参见 Heidegger, *Sein und Zeit*(*Being and Time*)。
② 参见 E.W.Straus, "Ein Beitrag zur Pathologie der Zwangserscheinungen"("A Contribntion to the Pathology of Obsessive Phenomena"), *Monatsschr.f.Psych.u.Neur.*, Vol.98, 1938。

世界对她做出的判断进一步表明了这一点：反叛的、顽固的、有雄心的、狂暴的。

当我们谈到对人际世界和周围世界的反抗时，这些术语呈现界线的意义，特别是反抗或侵占的界线。这里，自我世界并不是信任地转入人际世界和周围世界中，让自己被它们包含、滋养、满足，而是将自己清楚地与它们分开。因此，获悉艾伦还是一个孩子的时候就忍受一种"她自己都不理解"的压力，我们便不感到惊讶了。然而，这种压力已经与"一切都是虚空"的感觉联系在一起。作为与一方完全相反的人际世界和周围世界的经验，以及与它相反的自我世界的严格肯定，可能伪装成一种存在充实的表达。但是，与此相反，它实际上限制了存在可能性的范围，并将这种范围缩小到可能行为的有限部分。我们所说的反叛和固执常常是对此的一种表达：存在所对应的特定情境不是"向世界开放的"，也就是说，不是在它变化、灵活的意义上[1]，而是在彻底固定的（"自己的意志"）意义上，锁定或反对人际世界和周围世界。不是"支配"情境，也就是说，不是在它所有有意义的关系上审视它并在此基础上做出决定，在这种情况下，情境作用变得极其强大，存在的自主权完全被剥夺了。自我在这种坚持中总是与其他人不同，并总是以自己的方式反抗，周围世界"否定的"最高权力在一个人自己决定的方面表现自己的权威（人际世界以不为人知的形式表现它"绝对的"最高权力）。作为反抗和固执的在世存在的自我因此没有独立性、真实性，也不是自由的自我，而是被限制的自我，虽然被周围世界否定，但它仍是一个不独立的、不真实的和不自

---

[1] 转引自 E.W.Straus, "Geschehnis and Erlebnis" ("Occurrence and Experience"), 1930；此外，我也写了相同主题的论文 Monatsschr.f.Psych.u.Neur., Vol.80, 1931。

由的自我——总而言之，一个反抗狂暴的自我。

但是，这种存在不但受到来自周围世界的命令的限制、压迫和"倒空"，而且受到来自它自己的自我命令——来自它真正抛入[①]女性角色的命令——的限制。然而，由于当事人有意地努力将这种命中注定的角色转换为一个假定的角色，所以出现了公开的反抗和公开的反叛：艾伦·韦斯特在17岁之前一直玩男孩的游戏，最喜欢穿裤子（当时，年轻女孩穿裤子还不像现在这么普遍），而且在17岁时仍然想成为一个男孩，以便能像战士一样，手握宝剑而死。我们知道，她对自己作为一个女人的命运的直言不讳的反抗源于由以前一个朋友胜利的微笑唤醒的强烈的憎恨。这里不再是自我世界和周围世界之间存在裂缝的问题了，而是自我世界与"命运世界"（world-of-fate）[②]之间存在真正的裂缝，尽管二者之间人为地架起了桥梁。这里，存在在它特有的可能性方面，体验了更深层次的、更多的"深刻的"限制。艾伦·韦斯特不是呈现她已经被赋予的角色，而是在这个角色方面，尽力地欺骗自己和周围世界。存在被幻想替代。存在在这里躲避它自己的责任，用一句流行的话来讲，它"从容不迫"。自我世界一方面与人际世界、周围世界相分离，另一方面与命运世界相分离，在这种固执的分离下，那里变为某一自己-世界的（own-worldly）自足、自大和咄咄逼人。前一方面有明显的证据可证明，即她吮吸手指，而且惊人地直至16岁那年才停止，后一方面的证据则是她"雄心勃勃的"全或无原则：只许成功，不许失败！

[①] 对"抛入"（thrownness）的讨论，见第二章。——英译者注
[②] 关于"命运世界"的进一步评论，见第297页（指英文原书页码。——中译者注）第一个脚注。——英译者注

然而，这种存在不仅拥有对其自身的一种充满激情的信赖。我们获悉，虔诚的宗教信仰（她与她直言不讳的无宗教信仰的父亲形成鲜明对比）可能在艾伦17岁之前，在她的存在中给她某种安全感。她的保姆（我必须假定她一直是一名基督徒）传达给她的这种信仰到什么程度，我们无从知晓。从她终身对这个保姆都感到依恋和该保姆是她永恒的避难所这种感觉中，我们或许可以假定，从一开始，这个保姆就对艾伦有很大影响。

在她16～17岁那年，她的存在深深地被破坏，这与第一次恋爱有关，她放弃了男孩游戏和吸吮手指；在作品《尼尔·律内》的影响下，她的宗教信仰像纸牌做的房子一样永远地土崩瓦解了。尼尔·律内谈到他"压抑的、无想象力的世界观"。"他没未来。他不知道他自己和他的天赋能够做些什么。"他期望人类能够强大而独立，"如果它能自信地努力在其个体巅峰的时候和谐地生活，依据他自己内在的东西，而不是依据令它远离他自己的自身之外的控制万事的神"。但最后，尼尔不再能忍受"存在的冷漠，到处漂流，并总被丢回自身。人间没有家，天堂没有神，未来没有目标"。他也想再次有一个他自己的家。他找到了这样的一个家，但是他深爱的妻子却早早逝去。事实上，虽然他相信上帝，但他必须"体验一个灵魂总是孤独的巨大悲伤"。"它是一个谎言，是在将一个灵魂融化为另一个灵魂时的任何信念。不是把我们抱在膝上的妈妈，不是朋友，不是留在我们心中的妻子……"他参加了战争，并受了致命伤。

这种贯穿全书的19世纪末20世纪初所特有的严格的审美的个人主义和宗教的虚无主义吸引了许多年轻人。它强化了真正有信仰的人的信仰，这是可以预料的。然而，在艾伦这里，它引起了共鸣。她突然抛弃她曾珍惜的与她父亲相反的信仰,并对此坚定不移,这实际上强化了她的个人主义。她不再信神或神的恩惠,"不再关心"周围世界的判断,她现在完全相信她自己,决定自己行动的方向和目标,用尼尔·律内的话说,就是完全"作为一个孤独的个体","通过她在她最好的时刻根据她内心的东西来排列最高的等级"。用了诸如"最好的时刻"和"最高的"概念,存在和观念被提升到最高的领域。然而,这种最高级需要是与"力量和自由"相关的一个最高的标准。读了《尼尔·律内》之后,艾伦把自己归于那个标准。

存在主义,也就是经常从存在于世并超出于世(beyond-the-world)[①]的观点看问题。这意味着,这种存在占支配地位的世界仍是自我世界,即赫拉克利特的私人世界。但是,那也意味着自我仍然仅限于强烈的希望和梦想,也就是说一个人受热烈的情感、希望和梦想[②]的限制。艾伦当时创作的诗和保留下来的日记主要反映了她自身的情况和她自己的目标在其中彻底被决定,这一事实表明,她自我世界的范围被扩大,这实际上是前青春期的特征,而且这种扩大与真正的加深自我-解释(self-interpretation)的努力同时发生。这种自我解释的准则可以非常清楚地从先前提到的最高级中获得。最重要的时刻是一个人把目光凝视于至高无上者,但是,这种至高无上者,再次用尼尔·律内的话说,是"人类在它的信念和它自身方面的独立和力量"。她与周围世界的关系,先前被彻底否定地界定为反抗和固执,

---

[①] 这总是需要做出澄清,即在"超出于世"的表达中,宾斯万格当然不是指"其他的世界",而是指这样的事实,即人类固有的关于他的世界的外显可能性的人性,以及第二章中讨论的他超越情境能力的其他方面。——编者注

[②] 参见 "Heraklits Auffassung des Menschen" ("Heraclitus' concept of man"), *Die Antike*, Vol.11, 1935。

现在通过积极的（"连接"）特质架起了桥梁，然而，其中，反抗和固执绝没有消失，而是被合并在其中。反抗和固执变为雄心，尤其变为对社会改良，甚至是社会变革的雄心。

如果它只是爱，存在的双重模式，它真的改变了被特定情境支配的反抗和固执，并能给存在一个避难所和一种永恒性，那么，源于反抗和固执的雄心、知道-更好（knowing-better）和想要-更好（willing-better）的雄心，正意味着存在的流浪①和无尽的动荡。我们发现，周围世界仅仅是由个体和其他个体结合构成的——尤其是以永不停息地被弱点-抓住（seizing-by-the-weak-point）②和不停地支配与领导他人的强烈愿望的形式。发现"他人"的、周围世界的弱点，被对这个存在主要在其中发展的周围世界，也就是家庭的反抗支配。家庭的弱点是它在"大众"的痛苦和匮乏中的快乐。当然，我们在此也遇到典型的"对人类普遍的爱"。然而，这种特征假定的形式暴露了这样的事实，即这里这种对人类的爱，像平常一样，并不是出于纯粹的爱，也没有以救济而告终，而是被野心驱使，即获得"不朽的名声"的野心。但是，我们也不要忘了那么多接受艾伦照顾的"他人"的毕生依恋和她自己对普遍的"社会不公"的真正痛苦。没有真爱的种子，所有这些都不可能发生。事实上，这粒种子非常阴郁，被压抑

---

① 我们杜撰出"nomadization"这个词用来作为德语复合词"Aufenthaltslosigkeit"的最恰当的翻译。"Aufenthalt"指的是一个人此刻或在某一时刻正在逗留之处，它意味着，一个人有一个他属于的地方，一个像在前面某些地方使用的家园（Heimat）这个词。流浪（nomadization）这个词，我们也许可以用来替代"sojournlessness"，意思就是彻底失去家园，存在陷入蛮荒之所。——英译者注

② "seizing-by-the-weak-point"是宾斯万格指两个人相遇（forms of encounter between persons）的另一种形式，在第268页（指英文原书页码）。——中译者注 第一个脚注中有提到。——英译者注

着的事实是这个存在痛苦和折磨的主要来源之一。如果没有这种（未实现的）[1]对爱的意义上的家园和永恒的渴望，没有超出于世的可能的内在知识，这个存在就不会遭受虚空和贫穷到它实际遭受的程度：这个存在不会成为地狱。对于完全缺乏爱的人而言，存在可能成为一个负担，而不是地狱。

艾伦·韦斯特对社会公益服务的"愿望"非常强烈，这种"愿望"几乎一直持续到她生命的最后时刻。行为或实践行为的世界、实践的世界，主要是通过这种愿望才向她呈现。如果我们说，一个人双脚都坚实地站在地上，我们的意思是他活在这个世界上。是实际行动将存在置于人世间，教他在人世间站立和行走；更准确地说——在实际行动中，在每天的预备行为、非职业行为（家庭、友情、游戏、运动）和职业行为中，存在在世上建立它自己，创建它自己的生存空间（Lebensraum）、它定向的可能性以及它的"实践自我"。"因为只有通过实践，我们才第一次开始真的肯定了我们自己的存在。"那个双脚稳固地站在地上的人，他知道他站在哪里、他要去哪里、他怎样去、他自己是谁（"在实际生活中"）。这样的站立、行走和了解，我们叫"踏步"（striding），就是"从一个地方到另一个地方的变动"，它了解它自己、它的立场和它的目标。我们已经用一种古老的哲学术语对这种踏步进行了分析，称其为基本存在形式中的话语（discursive）

---

[1] 宾斯万格在这里使用圆括号可能是把它作为强调存在缺失和心理愿望或需求之间重要区别的一种方式。既然指希望或实现的术语通常意味着这种需要，那么这可能间接地表明了一种不同于这里所提出的理论取向；这个词用圆括号括起来，表明它的使用并不包括同意习惯的假设。这就为用模糊的语言表达存在主义的概念的困难提供了很好的例子，而且也为宾斯万格在这个方面非常注意提供了极好的例子。——英译者注

形式。①

在艾伦·韦斯特的存在中,这种基本形式经历了重大的改变。她的存在不是"双脚稳固地站在地上";也就是说,能在实际行为中扎根的既不是它的独立,也不是定位的可能性。存在只有通过努力,实际上是拼死的努力,才能在人世间前进。它的"站立-在-世间"(standing-on-earth)不断与在空中的漂浮和摇摆以及被限制在尘世之上或之下对立。这两种存在的方向,或至少说它们的可能性和它们所暗指的世界,在艾伦的诗、日记、信和所说的话中清晰可见。

这个此在(Dasein)是"此"(Da)所在的世界,因而是地上的世界、空中的世界、地里的世界和地下的世界。在地上的存在运动是踏步,在空中的存在运动是飞行,在地里或地下的存在运动是爬行。这些运动中的每一种运动,每一种特定的物质联结、特定的光线和色彩及每一个代表特定情境(contextual)②的全体,都对应于一种特定的时间化(temporalization)③和空间化(spatialization)形式。如果第一个世界意味着实际行动意义上的情境全体,那么第二个世界意味着"高远的希望"和"最高理想"的世界,第三个世界是"拉回到世间"(pulling to earth)[《华伦斯坦》(*Wallenstein*)④]、"压迫"、"重压"、阻碍"欲望"的世界,简言之,它是按"自然存在"的要求建构的世

---

① 参见 *Basic Forms*。
② "Bewandtnis"这个词是属于海德格尔的术语。它泛指关系,某物所属的背景、它与所有处境的可能性的相关性。——英译者注
③ 德语单词是"Zeitigung",由海德格尔创造,是他思想的中心,除了意译之外,很难翻译。最接近的,可能是"发生的时间"或正在进行过程意义上的"时间化",这至少表明,作为它自身的一种必要表达,存在的概念产生时间。——英译者注
④ 弗里德里希·席勒(Friedrich Schiller)创作的一部戏剧。——英译者注

界。现在，我们可以确定，将存在的可能性降得越来越低，阻止甚至禁锢存在到最后直至其被打败和废除的世界是食欲和贪欲的世界，因此，也是人际世界的特殊部分。

但是，让我们再次从历史的观点着手。即使在艾伦经常回忆起的最早的诗《尼尔·律内》中，我们也遇到她的"幻想的"世界（即艾伦认为通过它，她以无法控制的驱力向自由飞去）和她从中站起来的狭小世界也就是坟墓之间的对比。从我们对思维奔逸的研究中，我们已经熟知了第一个世界。它是"幻想的"思想世界、"虚无的"精神世界，正如索福克勒斯（Sophocles）[1]所表达的，是一般意义上乐观认知的[2]兴高采烈的、活泼的、愉快的世界。但从一开始，这个世界就面临矛盾。准确地描绘出什么物质原因激起了这种矛盾，以及这种原因本身是如何慢慢改变的，对于我们的探索来说是最有趣的，也是最重要的。它首先是渐黑的天空，火球样沉入海中的太阳，阴森呼啸的风，漂浮在水面、无人驾驶的生命之船，升起的灰暗的、潮湿的晚雾，使人感到绝望的凄凉颤抖的树梢，逐渐减弱的鸟鸣（后面还加入冰一样的寒冷）。

除了这种最初以纯粹的艺术化的和戏剧性的面目出现的矛盾外，也有一种对"虚幻的"、乐观的宏伟计划的系统的约束和限制，然而，通过这些，艾伦同时试图摆脱聚集的幽暗。艾伦·韦斯特意识到，人必须通过小事创造他的世界。为此，她要做上面的工作：以"实践行动"去帮助她，但也不是为了自己的目的，而仅是一种获得不朽名誉

---

[1] 参见《安提戈涅》（*Antigone*）中著名的第一合唱唱段（pollata deina），它极为生动地描写了希腊人。

[2] 参见 *Über Ideenflucht*。

的方式，仅作为痛苦和悲哀的麻醉剂；工作是为了使自己忘记，是为了从灯光已熄灭和快乐已枯萎的世界中挽救自己，是为了从精神错乱和精神病院中救出她自己。我们看到艾伦·韦斯特如何通过再次双脚稳固地站在地上来拼命地努力反击她的存在所处的极端情绪的存在矛盾，这总是以且只能以这样的手段——工作来完成。但是，这种努力没有获得持久的成功。在虚无中建立世界的努力不断受轻松地穿过宽广明亮、五彩瑰丽的欢腾的"虚幻"世界的诱惑反对。

但是，她无法意识到"原来的计划和希望"并没有充当进一步建构和扩展实践行动世界的新刺激，相反，它把世界转变成无边的废墟、无声的寂静和如冰般的寒冷，其中自我世界变成一个无限小的点。她灵魂疲倦，死亡的钟声一直在她心中响着。[1] 如果只是在短暂的时间后在冷酷的世界中使遗忘消失，那么这是为了什么？为什么会出现所有这些？这种存在不是作为持久现象而存在的——换句话说，由于死亡，所以不是稳定地扩展的——而是在明确的时间段中具体化为某种现成在手（extant）[2] 的东西，具体化为有一天将不再存在，但将在遗忘中消失和埋葬的某物。[3] 这种追求不朽名誉的雄心，几百年后仍将在人类中流传着，这种雄心仅是这种存在具体化的存在结果，也就是由于期望自己的名声在世上尽可能延续而导致的麻木的存在空

---

[1] 在这一点上可以清楚地看到，死亡"阴影"的预兆袭击了生命世界。

[2] 我们用这个词来翻译海德格尔的术语"vorhanden"（现成的、现成在手的、在手的），或者叫"在手"（on hand），它指的是只作为事物的客体的世界；"vorhanden"和"zuhanden"（上手的、当下上手的），或者称"上手"（to hand）形成对照，它指的是人类物体的世界，作为现存生物的工具而出现。对于进一步区分有意义的行为可以发生的世界和不同的病理模式产生的世界来说，这种区分是必不可少的，见第 350 页（指英文原书页码。——中译者注）第一个脚注。——英译者注

[3] 在爱和友谊意义上的死亡，与现存生物的死亡和其在终结、灭亡和消失至遗忘之中这个意义上的死亡是完全相反的。参见 *Basic Forms*, "Love and Death"。

虚和软弱。

然而，在她18岁那年，其生活史中出现了一些事情，它们的确都属于飞翔的空中世界，但是绝不能将其理解为仅仅来自该世界。艾伦·韦斯特想要自己看起来娇小优雅，像她亲密的朋友们一样。出于这种愿望，缥缈的世界——正如从现在起我们将用艾伦自己的术语所称呼的——不仅投射到人际世界和周围世界中，也投射到自我世界中。然而，正是自我世界的领域，必须通过它非常严重的、固定的和紧凑的空间填充——通过它巨大的和不透明的，也就是身体领域来提供对飘化（etherealization）最有力的抵抗［这是因为，正如我们现在同样建立的那样，身体[①]代表了世间条件的同一性，而我的身体和内部的身体意识指的是"身体－中－存在"（existence-in-the-body）］。[②]带着这种希望，存在因自己的体重而使自己过度紧张。每天的谈话正好使人想起这样一种过度紧张的愿望——"迷失方向"（off the beam）[③]，因为这里存在使"迷失方向"进入一种实际上似乎不可挽回的状态[④]。

---

① 在这一段，宾斯万格在"身体"这个词的两种感觉之间做出区分，并且讨论了这两种感觉之间的关系，使用不常见的词"外形"（figure）来指肉身的两个方面。不幸的是，英语中只有"身体"（body）这个词来代表德语单词"Leib"（意思是"有生命的身体"，在一个人有生命的身体的意义上）和"Körper"（指的是肉体意义上的身体，外科医生工作于其上的有生命的客体）。——英译者注

② 参见《基本形式》。似乎对艾伦·韦斯特来说，优先选择的是第一个含义：她的肉体是一个外部感知、判断、接触、打击的身体；然而，基本上，她肉体的那个存在是她所厌恶的。

③ 德语单词是"verstiegen"，出自动词"sich versteigen"，指的是在一座山上，在一个既不能前进又不能后退的地点迷失方向。"verstiegen"被用来指过分的、夸张的、异常的、奇特的或奇怪的。"迷失方向"的表达保留了一点空间的含义。——英译者注

④ "迷失方向"的表达因此不应该在道德的意义上来理解，而应该在存在的意义上来理解。

同时，随着这种期望灾难性地出现——它意味着两个世界的冲突在一个冲突情境中进入大脑并因此固定下来——幻境同样假定越来越不同的形式，但同时，神秘的、黑暗的、阴郁的、消极的世界的抵抗也被"巩固"。充满阳光、新芽和繁花似锦的春天，沙沙作响的小树，以及自然、原始的风景之上的碧蓝的天空的世界——也就是无限广袤、生机盎然、清朗光明、温暖且多彩的世界（简言之，幻境），与地下幽闭的、死气沉沉的、阴沉黑暗的、寒冷且单调的世界，坟墓世界，"在那里，生命闪耀的光芒不再闪烁"的世界之间的对比越来越清晰。然而，对此还要补充一点。鉴于艾伦以前见到火球浸入海中、薄雾沉入海上和岸上，就要求无情的、冷酷的海神营救她，说他应该以强烈的欲望亲吻她至死，现在她哀求在黑暗中主宰的神（上帝）将她带回她自身。性欲过剩和虔诚（尽管有美学色彩，但不等同于死亡）为了将存在从潮湿、黑暗的坟墓世界和墓穴世界中挽救出来，在这里结成同盟。在幻境中，存在同样不能得到一个稳固的立足点，并在对地下腐朽的世界、坟墓世界的恐惧中返回。正如病人在他思维奔逸[①]中不知所措的个案一样，存在需要一个稳定的拯救灵魂的支柱，而且这个支柱——正如在那个个案中那样——是与上帝的契约和对回归她并与她结合的性爱-神秘的渴望。然而，这样的联合，正如她用很多话描述的那样，只有在死亡中才有可能。艾伦确实不想死，那可能会简单地将事物结束；她也不渴望不朽的名誉。再一次，通过双重存在模式，通过爱的相遇和家园、可能性以及超出于世的秘密暗示，存在的具体化被打破。然而，艾伦的超越并没有在在世存在中开始和

[①] 这里指的是宾斯万格的《思维奔逸的研究》, 3rd Study。——英译者注

结束，正如它在爱的全部存在现象中那样，而是——正如我们将展示的那样——在向虚无回归中开始和结束。

随着这些在水中和空中渴望拯救的可能性越来越突出，在世拯救、"双脚稳固地站在地上"或实践行为逐渐减退。幻境变得越光芒四射、越生机勃勃，世上和地下的世界就越强化它自己。

首先，幻境仍变得越来越生机勃勃、丰富多彩、栩栩如生。光线的波纹像金丝带一样，落在谷地、乡村和山谷中，然而，突袭的风暴穿过世界。她的身体——这再次成为最重要的——开始更多地参与这个世界。她的血液奔涌出动脉，每个纤维都在颤抖，她的胸膛不足以承载青春的快乐，她年轻的、强壮的身体伸展着，而且静静地坐着（从西西里回来后，这已成为一种痛苦）已经不可能了。骑马和跳跃代替了散步，对她而言没有什么马是危险的。很明显，这样的活动并没有接纳一个发胖的身体，而是需要一个灵活和强壮的身体。

在这种世界设计中，至少完美世界和运动锻炼也和解了，爱有了它的发言权。现在，她不再关心深海中黑暗冷酷的海王或幕后统治的上帝，而是关心男性伴侣、她的同伴——他在世间行走。他必须高大、强壮、纯洁，并且没有缺点；他必须生活，必须享受阳光和工作，欣赏她和她的孩子。这里我们发现，至少在想象中，她试图协调精神世界和世俗的、现实的世界，以及在（男-女）爱的家园中的和谐。

与这种朝气蓬勃的健康和在胸中荡漾的对爱的渴望相比，马上（正如始终那样），来自人际世界的限制再次出现。"家"成了坟墓，家的影响被视为一种限制，并被拒绝。两者，它们来自人际世界。而限制是前面纯粹的空气状态，即潮湿的雾和黑色的云，它们现在呈现一个"重要的"特征。最初,"在空气中"发生的"宇宙学的"对比,现在在植物世界里出现,特别是成为一种向上的生命(生长、发光、开花、繁茂)和退化的生命(枯萎)之间的对比。[①]她的生活是如何脆弱和暴露的,现在变得越来越清晰;它也是献身于死亡的。艾伦仍成功地与衰退、衰弱、枯竭和腐败的俗世斗争,但是(不动的)坟墓世界、退化的生命世界——腐朽和枯萎的世界——仍然围绕着无休止的繁忙世界,溢满生命的快乐和暴风的怒号。

这是她与"浪漫的外国人"订婚的时期,我们必须把这次订婚看成一种试图调节完美世界和世俗失败的实践。但是,艾伦不可思议地依从了她父亲的要求,解除了婚约。她没有为她的未婚夫感到悲伤,这从以下事实中可以看出:即使是现在(在西西里)她也非常热爱生命,有太阳、风和所有属于她自己的美丽——实际上,世界是她的。现在,她的神是生命之神,她的世界是整个宇宙,她已经窥到它们的秘密。她充满了求知的渴望,并想写一篇关于妇女呼声方面的文章。艾伦认为,在合并和协调幻境与工作世界时,这一最后认真的尝试是她快乐的最后一周。她用热情洋溢的希望结束了它们。她希望有一天,她再次遗憾地轻视的美好的计划和想法可能会变成行动,而不仅仅是无用的文字。她在一个世界与另一个世界间来回摇摆,在两者中都感觉完全不自在,将幻境与俗世协调的努力不断失败,越来越"被拖进"地下世界的坟墓,并且不再期望通过世俗的工作或超凡脱俗的爱来拯救自己。她仍处于精力旺盛的时刻,被"痛苦和突发的感情"

[①] 宾斯万格在《基本形式》中强调高低(vertical)作为一种测量人类存在的方法的重要性。这里出现了许多关键术语:"aufsteigen",上升;"absteigen",下降;以及"abfallen",衰退或萎缩。——英译者注

困扰。她的存在找不到一个爱的港湾，它也完全不能抓住它的根基[1]。这意味着她自己的虚无威胁着她的存在。我们用海德格尔的语言将这种被威胁称为恐惧或者（正如生活史所拥有的那样）害怕和发抖。存在所恐惧的是在世存在本身。一般而言，世界现在具有威胁和神秘离奇的特点。当这些威胁感和神秘离奇感演变为对确切事物的恐惧时，我们就谈到了害怕。因此，将艾伦对变胖的恐惧称为害怕变胖可能更准确。但让我们遵循她自己符合一般语言习惯的表达，尤其是当这种特定的害怕实际上是一种存在恐惧的表达时。

　　随着对变胖的恐惧和对变瘦的希望，宇宙哲学的对比经历了进一步改变，实际上是最终的改变。它从宏观世界延伸到微观世界，进入心理物理结构之中。明与暗的对照，生命生长与衰退的对照，现在在自我世界中发生，至少没有由此失去它宏观世界的特征。然而，这种对比现在所覆盖的物质外表不再是一种虚构的环境或单调贫乏的生活，而是一种心理物理类型。现在，光和成长的生命出现在无形的精神化的年轻灵魂和优美的年轻身体的外表之中；而限制的、黑暗的、衰退的生命在无生命和笨拙的灵魂中，以及退化的、年老的身体的外表中出现。在这一点上同样非常重要的是，"世界"破裂为两个矛盾的世界——一个是明亮的、光明的、宽阔的、没有阻碍的世界，即天上的世界；另一个是黑暗的、巨大的、沉重的、狭窄的、有阻碍的俗世或者坟墓世界。与"心灵"不大相同，"身体"总是归属于后一个世界。我们只要想到柏拉图的《斐德罗篇》和基督教的教义是如何把身体说成桎梏和心灵的监狱，就会明白这一点。然而，在我们的生活

---

[1]　德语"Grund"，根基，可能意指山谷之地基或基底，或一种逻辑基础，或某物的核心或底部，或所有事物在形而上学意义上的基础。——英译者注

史中,这种"归属"既不是逻辑系统,也不是宗教教义,而是具有存在本质的。肉体的存在(正如在后面将更清晰地显现的那样),作为在世存在的"物质"模式的典范,与物质和欲望都有关系,在这里被体验为沉重和监狱(抵抗)。除了在前面我们已经讨论的,在做出一种存在运动的努力时遭遇挫败,肉体存在代表了可能与光明或者幻境存在的最尖锐的对比。在某种程度上,它代表了一项对"美化"倾向的真正的挑战。

除此之外,还有艾伦对她优美的女伴的认同,以及她们因她变胖而嘲笑她给她带来的烦恼这样的周围世界的因素。在她的女性朋友中,幻境找到了它的"个人"实现,而且,反之,这种个人因素部分地促成了幻境的生成。诚然,艾伦对她女伴们的认同不是真正的爱,而只是迷恋。对于胖来说,从幻境的角度来看,总是意味着成为一个既老又丑的女人,变瘦总是意味着成为一个年轻、有吸引力的女人。然而,艾伦·韦斯特认同的是后者,而且她追求的正是后者的对立面——追求男性伙伴。但是,我们不要进一步预期我们的分析。

在她20岁时,在西西里出现的对变胖的恐惧,显示出精神病学意义上的真正的疾病,因此,从人类学上看,这不是开始而是结束。它是整个存在包围过程的"结束",因此它不再为它存在的可能性开放。现在,他们明确关注光明与黑暗之间、开花与枯萎之间、瘦等同于聪明和胖等同于愚笨之间严格的存在对比。[1] 艾伦·韦斯特自己的表达和描述非常清晰地表明,现在存在越来越受约束,限定在一个稳步减小的、规定了可能性的狭小圈子中;对这一点,想要变瘦的期

---

[1] "苗条的理想形象",正如艾伦·韦斯特曾经所述的那样,基本上是"没有躯体"的典范。

望和对变胖的恐惧仅仅是限定的（心理物理）外观。生命史的"道路"现在被明确地规定：它不再奔向广阔的未来，而是移进一个圈子中。未来的优势现在被至高无上的过去取代。所留下的只是从这个圈子中，从比以往任何时候都更清晰的体验和描述的存在监禁或束缚中逃离的徒劳的尝试，而变胖只是最后的伪装。存在现在从此处逃离，而恐惧早已被拉入网中。因此，艾伦·韦斯特生活史的方向不再指向未来，而是被过去支配，在当前与未来脱离的封闭圈子中循环。因此，在她的女伴们已经在一处景点停下来时，她仍绕着她们转圈的真实的符号行为已经显著地表达了空虚。艾伦·韦斯特并没有朝前走然后返回，因为她不能享受现在；她也不能围着她的同伴跳舞，这可能代表了当前一种有意义的运动（欧文·斯特劳斯）。但是，她行走——也就是移动——"好像"她正向前大步走一样。然而，她只是不停地在同一个圈子中走。（而所有这些又在害怕变胖的心理外表之下！）她的行为就像是这样一幅画面：一头被关在笼中的母狮沿着栅栏转圈，徒劳地寻找出口。如果我们想把这幅图看作它存在的表达，那么它一定代表——地狱。

在某种程度上，我们已从艾伦·韦斯特自己的表达中看到，对于她来说，她的身体和心灵形式是不可分离的整体。开花、枝繁叶茂、生长与凋谢、腐朽和分解、轻和重、宽广和狭小（坟墓）、自由和禁锢、飞行、行走和爬行——所有这些表达都是她的身体存在和心理存在。

但是，现在艾伦·韦斯特自己强调她的自我与身体的亲密关系二者实际上是统一的："我的内部自我与我的身体的连接是如此紧密，以至于它们形成一个整体，一起构成了我的'我'，我的不合逻辑的、神经质的、个体的'我'。"自从她失去内部的平静开始,静坐对她来说就成为一种折磨(因为静坐代表禁锢、坟墓、死亡)。在她颤抖时的每一根神经、她的身体参与了她心灵所有的激动。这种内部统一的经历、这种自我和身体的统一必须不断地被提到。这是因为,只有根据艾伦·韦斯特如此清晰地体验到的自我和身体不可分离的观点,我们才可能理解为什么身体如此多地"参与"到"幻境"当中,以及为什么自我如此多地"参与"到身体的领域。这种不可分离对于人类学家①来说是不证自明的,在这里不存在一个谜或一个问题。只有对那些相信在宗教意义上身体和灵魂是分离的人,或对那些出于特定科学或理论的原因而做出这种分离的人来说,它才成为一个问题。在这种存在中,肉身(身体以及身体的欲望)假定了这样一种优先地位的事实:正如将变得越来越清晰的那样,并没有出现一种人类学或心理学问题,而是出现一种存在问题,它与"至高无上的过去"联系得最紧密。

艾伦·韦斯特所有的恐惧是对在世存在本身之恐惧,正如如下事实显示的那样,她现在恐惧一切事情:黑暗的和阳光的、安静的和嘈杂的。她已经到了梯子的最底层。"整个"世界现在都成为一种威胁。自我变得懦弱,因此她自卑。艾伦已经注意到自己在坟墓中,旁边坐着阴郁的、灰白的痛苦;鸟儿无声地离开,鲜花在寒冷的空气中枯萎。世界本身成为一个坟墓。实践行动不再有吸引力,工作被"打哈欠和没兴趣"代替。来自这个存在的唯一救世主是死亡,但是现在死亡不再被看成阴郁的海王或上帝,而是接近俗世,被看作"美好的

---

① 即持人的科学观点的精神分析家和心理学家。——英译者注

朋友"，或者是一个"黑发间别着白菊，大大的眼睛，沉浸在深沉而灰暗的梦境中"的美丽的女人。无论它是一个男人还是一个女人，只要它意味着"终结"就好。但是，艾伦甚至不能等待终结！她讨厌慢慢地相继死去（衰退、枯萎、日趋衰弱、变得粗鄙和陈腐）。每天，她都感到自己变胖，按照她自己的说法，这意味着变得又丑又老。这里，我们也发现全或无的原则在起作用："如果我不能保持年轻、美丽和瘦，"我们听见她说，"那我宁愿——不存在。"

现在，存在被约束和烦扰着，实际上不但被肉体束缚，而且也被人际世界以及与它的日常交往束缚。人际世界的阻抗现在采取敌意强迫的形式，甚至残害的形式，而且她对人际世界的反抗充满了憎恨和轻视。艾伦·韦斯特一点也不回避，更不妥协。而这正是人际世界和日常生活所要求她的，因此二者不再只是被体验为限制，而是也成为桎梏，她反感它，而且尽力以激烈反抗的方式使自己从中摆脱。这样的桎梏是惯例、财富、安逸、感恩甚至爱。但是，在这种哈姆雷特式的反对"腐朽"社会的抗议中潜伏着恐惧，实际上是必然的事。她的"小世界"削弱她的力量，使她变成一个木偶，它将迫使她无所事事。这里，对照既不是用宇宙哲学的方式表达的，也不是用心理学的方式表达的，而只是用存在的方式表达的。[①] 如果"衰退"和"日趋衰退"的表达有存在的意义，那么"软弱""变成木偶""只是无所事事"更加真实。实际上，这里我们面对的是一个以玩偶的顺从和不抵抗为特征的，以一天又一天只是简单地、毫无目的地生活为特征的存在。

然而，艾伦·韦斯特再次想做一些大事，以便更接近她骄傲的理

---

① 这些体验模式和表达模式一般彼此改变和互相渗透到什么程度，参见 "Über Psychotherapie"（"On Psychotherapy"）, *Der Nervenarzt*, Vol.8, 1935。

想。一切再次在她心中沸腾和撞击着,并想撕碎它的壳。现在,她的目标是世界革命——这就是最贫穷的虚无主义者的生活。我们再次看到努力平衡幻境理想和实践行动世界的努力。但是,由于她这种努力可利用的力量非常夸张,以至于我们头晕目眩。限制幻境的边界现在假定了一种明确的威胁生命的特征。首先是人际世界,也就是琐碎的日常生活,带有令人窒息的气氛,让人憋闷,像野草、感伤的花;充分满足的(也就是"暴食"!)自我、任性的贪婪[①]、不快乐的顺从、粗鲁的漠视(正如"每天在太阳下茁壮成长的植物")——所有这些日常生活中的毒蛇[②]用它们冰冷的身体缠绕着她,压抑她的战斗精神,遏制她沸腾的血液。事实上,她甚至看到其他像老鼠一样的东西从角落里出来,用它们的小眼睛追踪着她。然而,这还不是最残酷的游戏!来自空中和动物王国的对生命实际的威胁现在联合起来,从各方面封锁这一范围,道德从精神领域威胁她的良心。她的颇具野心的计划和想法以罪恶、嘲弄、责难、幽灵的形式出现,从各个方向靠近她,残忍地抓住她并攫取她的心,或者是呈现暗淡凹陷的影子——骑着瘦骨嶙峋的母马紧紧地跟在她身后。她自己的想法和感觉的人格化伴随着她自我的进一步衰弱。她自己现在成为一个无关紧要之物、一条被黑暗笼罩、诅咒、折磨的胆小的蚯蚓。指责、嘲笑、摧毁,她自己的想法与她自己现在胆小懦弱的、可怜的自我为敌。这些使存在限制的象征性表达不同于我们先前所发现的那些!现在,一切不但变得更加可怕,威胁更令人不能忍受,更加黑暗和不可抗拒,而且实际上

[①] 请再次注意,这些术语产生的方式与其在植物和物质领域中产生的方式相似。

[②] 动物世界在此第一次出现。

也变得更加邪恶。自我现在只是像被诅咒折磨的爬行动物一样，过着单调的生活，像一条失明的蚯蚓。这种气氛同时变得更加令人窒息，坟墓更狭小。"这种地下室发霉的味道多大啊，"我们在艾伦这个时期所写的日记中读到，"鲜花的香气也不能掩盖腐烂的恶臭。"同时，我们看到了丑陋的、怯懦的灵魂，看到停止发育的肺，听到目光短浅的想法——艾伦以更大的激情反抗所有这一切，因为她知道它们妨碍了她自己。这种退化的生命形式、虫子般的生命形态、地下世界存在的乏味、怯懦的和腐朽的衰败、极度恶化的世界，现在似乎清楚地与被威胁的良心的形象、嘲笑、毁灭的指责、诅咒紧密相连，与邪恶和罪过的世界紧密相连。

物质限制也变得更加巨大了，这并不令人惊讶，但是，在与这种存在的存在性环绕过程保持一致的时候，它是墙，艾伦·韦斯特用她的手敲打它来反抗它（正像后来她反抗她肥胖的身体所做的那样），直到她的双手无力地垂下。我们在这里也看到：存在的恐惧将存在隔离并将它显露出来，用海德格尔的话说是独存的我（solus ipse）。即使在情绪高昂的时候，艾伦也是孤独的，不再在高空中飞，而是用一颗冰冷的心站在寒冷的山顶。

但是，艾伦仍继续努力使双脚稳固地站在地上，也就是去工作，尽管工作并没什么效果。现在对她来说，为她最后的考验做准备的时刻到了。尽管以前，世界在她面前开放并准备被征服，但现在，艾伦做出微弱的让步；她会奚落任何可能已经对她做此预言的人。现在，她不但失去了先前的一些力量，而且正如她自己所说的那样，她第一次（在 23 岁）完全崩溃了。同时，再次出现了性的冒险，她与骑术师发生了不愉快的风流韵事。

然而，由于有变瘦的渴望和对变胖的恐惧，现在她的肉体存在越来越在"存在和它本身戏剧般的游戏"中呈现主导作用。我们必须一再强调：肉身没有与常人精神状态[1]或解剖学和生理－解剖意义上的身体所混淆，但是它经常从存在的方面被理解，也就是，作为身体的存在或存在于身体上，正如我们一直描述的那样。[2]正如艾伦·韦斯特个案中自我被周围世界、人际世界和自我世界观念威胁（被扼死、被毒死、被诅咒）、包围并因其变得衰弱一样，这里并没有出现"外向精神"[3]忧郁症妄想，没有疑心病和迫害妄想，也没有有罪妄想。甚至在肉体领域，自我的束缚和无力也没有导致（"身心的"）精神错乱（如果活得更长，是否就可能导致这种状态，我们现在也不能确定）。然而，自我的束缚呈现如此大的范围以至于来自其他"世界"的限制（就像它们增强、加深它们自己以及"自治"一样）随着比较而消退。

我们注意到，从她 25 岁那年起，除了害怕变胖外，对糖的需要增加了，这种情况在儿童早期就已存在，在那个时候，可能就被苦行的自我－克制倾向所反对。由未来决定的真正自我实现（selbstigung）意义上的存在成熟也被过去至上、毫无进展的运动和存在停止所代替。在有他人的情况下，艾伦不能从吃中得到满足，只有独自吃才可以，这或许也可以解释为一种"退行的"特征。除此之外，她再也不能独处，她的家庭教师必须总是陪着她。至于其他，当与他人在一起

---

[1] 见第 277 页（指英文原书页码。——中译者注）第一个注释。——英译者注
[2] 参见 "Über Psychotherapie" and *Basic Forms*。
[3] 这个术语来自维尼克《精神病学基本纲要》（*Grundriss der Psychiatrie*, 1900）一书。在该书中，他将精神疾病分为以下几类：外向精神的，有对外部世界的定向障碍；自我精神的，在一个人自己的个性表达方面有障碍；身心的，在一个人自己的身体表现方面有障碍。——英译者注

令她疲倦又紧张时,她对甜品的渴望就尤其强烈。从我们所知的由与他人日常交往,即她的"小世界"引起的她对限制和负担的反抗中,很容易理解与他人相处使她疲倦和紧张这种情况。但是,重要的是她不能通过自我分析、工作或锻炼的方式从负担和压抑中恢复过来,而只能通过吃的方式恢复!

随着越来越强烈的吃的欲望与对变胖的恐惧之间产生强烈的冲突,幻境中的生活和死亡世界(也是变胖的世界)中的生活之间的对比继续存在。艾伦不想像泥土中的蚯蚓那样生活,又老又丑,又哑又闷——总之就是胖。她宁愿像鸟儿一样,在最后的欢呼中嘶哑而死;她也宁愿在她自己的火中疯狂地毁灭自己。这里新出现的是从幻境中闪现出的对死的渴望。存在本身的狂喜、喜悦的存在快乐、"存在之火"都被用来为死亡服务,实际上是渴望死亡的表达。这里,对死亡的渴望已经作为最完满的欢乐存在。这首诗表达了艾伦这段时间的感受,这又是艾伦称之为生命中最快乐的一段时光。她确实已经放弃为期末考试而努力,取而代之的是参加了一次教师资格的考试,并且和一位金发学生订婚。这个婚约代表了最后的、最严肃的、最长久的,通过男女之爱的方式调节幻境和地上世界的努力。

订婚期间和之后,她表兄和她的关系变得更加密切了:她在两个求婚者之间犹豫不决,金发爱人是幻境的一部分,而另一个人的双脚稳固地站在地上;未来的丈夫从事要职,是她孩子希望得到的父亲。

尘世[①]的生活再次取得胜利。艾伦渴望像肥沃的生产谷物的土地一样多产,并且为她自己不能生育而感到非常悲伤。在这种悲伤中,

[①] 正如我们所见,对于艾伦·韦斯特来说,尘世有两个相反的含义:这里(较不常用)是大地的意思,而通常它有陈腐、乏味的世俗之意。

第九章　艾伦·韦斯特个案:一例人类学-临床研究　　407

她不再将自己退化成蚯蚓（它毕竟是一种有生命的东西），而是将自己退化成无生命的、无价值的物质：她只是被丢弃的果壳，破裂、没有价值。正如她憎恶日常的琐碎世俗、憎恶与人际世界的日常交往一样，她现在也憎恶她的身体并用拳头打它。

我们发现，艾伦憎恶的是限制她驾驭情绪的、绝望的、反叛的自我支配的每样事物。同时，所有这些限制正是她所恐惧的！肉体的限制，也就是从自我世界的身体领域里产生的那种限制，似乎已经在存在转变为恐惧、恨、失望的整个转化中获得这种非常的意义，只是因为存在受到来自它根基的它的"尘世的痛苦"、它身体的肉欲、世俗贪婪的威胁。

诚然，这个存在在幻境中为自己建造了一个空中楼阁，但是我们能准确追踪这一空中建筑是如何真的逐渐被贪婪推翻在地的——也就是变成坟墓或墓穴。空中楼阁宽敞的房间变成了狭窄的地牢，薄薄的、可移动的墙成为不可穿越的、厚厚的砖石建筑。然而，最不可穿越的是肥胖的身体，它贪婪地狼吞虎咽，并让自己变得圆鼓鼓的；实际上，在最后的分析中，变成一般而言的肉身（参照她自己将瘦等同于无实体）。因此，最强烈的恨对准了身体，只有涉及身体时恐惧才变为恐慌。（肥胖的）身体始终是欲望的壁垒，并且在这个堡垒中，不但是幻境，而且存在自身的缔造者都感到绝望：因为存在限制越大，使自己脱离它们的努力就越无效。早期自我世界与人际世界、周围世界的联系被无情地切断，现在"迫切需要的复仇"遍及她整个存在。自然，谁也不能在这里谈道德意义上的内疚（schuld）[①]。像这样

[①] "schuld"既有内疚（guilt）之意，也有罪过（debt）之意，因此一定要将这里所用的这个词理解为包括这两个含义。——英译者注

的——在形而上学意义上的——存在是内疚，并且实际上，在这个个案中要比许多其他个案的程度更深：它对自身的亏欠要比其他严重。

这里没必要再次重述艾伦·韦斯特在同肥胖做斗争时所使用的所有窍门和策略。我们只能指出这一点，即这些策略逐渐替代了工作意义上的实际活动，并且成为她实际活动的真正范围，既令人筋疲力尽又毫无结果。一切都加入变胖的恐惧之中，艾伦·韦斯特所见的一切都只是贪食的束缚或仅仅参与到对变胖的恐惧中——变老、变丑、变蠢、变呆，同时也变得与她优雅的女伴不同——纯粹单调的生活（在后面，我可以将这种恐惧称为一种害怕从她无瑕的或阿耳忒弥斯（Artemis）[1]的理想形象中衰退的恐惧）。

我们已经指出为什么这里的一切都以恐惧而不是以失望或害怕而告终，因为只有当存在"根本上"被它所害怕的东西抓住或成为牺牲品时，恐惧才是不可避免的结果。在这个存在的个案中，从一开始不但可以清楚地看到被抓住的事实，而且可以看清被谁抓住了。首先在变黑的空气中很明显，之后在作物-植物的枯萎或衰退形式中，然后在有毒的动物和邪恶的幽灵形式中，此外间或在诸如网、脚镣和墙这样的纯粹物质限制形式中。在所有这些当中，存在由于受制于基础而只是更清楚突出地表明：只有贪食，这意味着存在的空虚和存在的压力，存在成为空洞的或成为一个洞，被分隔或被限制——一句话，成为一个坟墓。这是湿地中蚯蚓的存在。与这种来自它基础的对存在的威胁相反——一种威胁在从变黑的空气到沼泽，从笼罩的迷雾到墙，从狭窄的地平线到坟墓或洞穴，从欢欣地飞向空中的鸟儿到在潮湿的

---

[1] 阿耳忒弥斯，狩猎女神和月神，与阿波罗为孪生姊妹。——中译者注

土中爬行的蚯蚓，从纯洁活跃的阿耳忒弥斯到眼神空洞、面目苍白的妖怪的范围中生长——存在通过逃入更加令人眩晕的仙界来保护自己并反抗这一威胁。然而，堕落的生活以及消耗整个生命的贪婪带来的压力和沉重，要比向上的生活，开花、生长、成熟的"浮力"更强大。在整个存在的这种形变中，对变胖的恐惧实际上只是一个特别突出的特征，但绝不是孤立的或单独的事件。吃的强烈欲望只是早就预示整个存在的束缚或循环运动的一个特定特点。由于恐惧并反抗整个存在的转变，那里出现了对特定的甚至对整个存在的质变的恐惧和反抗，这里出现了对特定的活跃的、弹性的、苗条的、充满活力的身体向腐朽的沼泽，最终向小洞转变的恐惧和反抗，反对她的身体外形从纤细向粗壮肥胖的转变，实际上，这是一个人可以用拳头击打的墙。

泥泞的沼泽世界的束缚被发现得越快，这个世界就越不可避免地自动到来，人们对它的恐惧就越大。这个世界渐增的直觉性和独立性显示了这样的事实，即对食物的渴望逐渐成为一种难以承受的负担、一种疯狂的贪食，实际上，只对像甜食那样令人发胖的食物有贪欲。纯粹的植物化的贪婪变成动物化的、"野兽般的"贪婪。在这个存在中，幻境越来越失去它的主导地位，它被迫从攻势变成守势。沉重世界逐渐把存在拉向它的咒语：贪食伴随着不断想吃的压力，也就是"强迫性思维"。即使从精神病学的观点来看，我们这里涉及的也是伴随着新症状出现的某些新东西，没有理由在人类学上考虑新事物。艾伦自己说她为自己创造的"神话中的生命的乐土"、幻境、沙漠中的绿洲，像迅速消失的海市蜃楼一样，现在只是间歇性地出现在地平线上；世界的晦暗越来越缩减身体的晦暗，恐惧升级为恐慌。对她来说，想到薄饼是最可怕的想法。艾伦渴望极乐世界，这是对她理想形象的期望的灭绝，是她所憎恨的让她的理想难以实现的人际世界的灭绝，是理想中值得奋斗的幻想的灭绝。因此，幻境面临着投降。同时又产生了希望（这希望又很快再次消失），想把头放在母亲怀中并且害怕她父亲严肃认真的举止。向生命基础的母亲和"在幕后统治的"精神基础的父亲的回归都被切断了。这导致她陷入严重的恐惧和焦虑的状态，并且随后又试图自杀。

在诊所，艾伦获得了洞察力，通过精神分析可能进一步促进了该洞察力。她领悟到，不是变胖的恐惧而是对食物的不断渴望、暴食才是她"强迫神经症"的首要原因。对于暴食，她说，"它像一只野兽猛扑在我的身上"，艾伦毫无抵抗地遭遇它，而且被它驱赶到绝望之地。（在人类学上，不会有第一位和第二位的区分，因为这只有在客观化的领域才可能。这里非常恰如其分地称之为首要的或初期的症状，对我们来说，是整个存在变形的一种表达，是整个世界和整个存在方式的展开。）

我们已经知道，艾伦从少女时期就开始有可怕的空虚感，现在我们更明确地将其描述为"存在不满感"，也就是理想与现实的不一致。当获知这种感觉只在饭后才出现时，我们已不对此感到惊讶，因为对艾伦来说，吃早饭已不再是一件简单的事：它意味着"被迫"去填充洞、肚腹以及被迫变胖，也就是，强迫放弃美好的理想形象，对阴暗、压抑和有限的沼泽世界之霸权最懦弱的让步。艾伦也在强烈的身体感觉中感受到这种"无法描述的糟糕的感觉"（不满感和恐惧感）：她心脏衰弱，心脏有痛感，心跳剧烈以至于眩晕。伴随着恐惧，她时冷时热。她全身都是汗，四肢像被鞭挞一样疼。她感到筋疲力竭，完全没有力气。同时，它仍然是一个明显的悖论：正是饱食增加了她的空虚感。身体的饱食和变胖只是部分现象,代表了沼泽和坟墓、枯萎,以及充斥着乏味和腐烂的、罪恶和内疚的阴暗世界。从幻境角度来看,这是(体验到的)(精神)空虚的典型表现。对吃的饥饿的贪欲令她什么都看不清的野兽般的饥饿感,以及对变胖的恐惧,成为令存在再也不能摆脱的陷阱。每一餐都成为一种折磨。艾伦逃离装有面包的食橱,毫无目的地徘徊。然而,因为她的存在对阴郁世界的束缚,她只能通过无休止地吃来麻醉并折磨她自己,毫无疑问,吃后又会不愉快。这个圈是封闭的。

对于这种"被包围",艾伦找到了极其生动的比喻:西伯利亚的集中营,"出口被手持武器的男人封锁"的舞台,"她必须从他们那里退回到舞台";最极端的比喻是心中总是浮现出受害人形象的谋杀犯,并且他总是被拉回到使他战栗的谋杀现场。被谋杀的受害者的画面是艾伦被谋杀的存在的画面,令她战栗的谋杀现场是进餐。食物对她的存在的吸引代表了她的贪食,食物比理性和意志更强大,并且统治着她的生活,使之成为可怕的荒芜之处。这个比喻是对存在最好、最深刻的表达。正如谋杀犯一样,艾伦感到自己被所有真实的生活排除在外,远离人们,完全孤立。

原先她说感觉自己被放进了一个洞中,现在她则感觉自己被放进了玻璃球、关到了玻璃墙后。透过玻璃墙,她看到她"始终无法形容的"人们,当她向他们伸出手时,她的双手撞到玻璃墙上,透过玻璃墙传来的人们的声音变得模糊不清。但是另一方面,她再次用纯粹的人类学术语描述她存在的束缚:"自从我只依据某物是否会使我变胖或变瘦来做一切事后,所有的事都失去了它们本来的意义。工作亦如此。"(比较"神经症史")艾伦这里也谈到害怕成为毁坏她生活的神秘力量的奴隶（该恐惧最初只作为一种模糊的暗示出现），害怕她所有的内部发展都停止、所有生成和发展都被限制，因为她心里只有一个念头。总是不得不想有关食物的"强迫观念"像恶魔一样纠缠着她，像复仇女神追踪凶手一样追随着她（又是一个谋杀者的比喻），她无处可逃。这种强迫观念使她的世界成为一幅讽刺画，使她的生活变成一种无价值的、痛苦地与假想敌做斗争的地狱。自从她自己埋葬了自己，并且不能再爱时起，一切都变得灰暗了（没有意义），所有的努力和成就都是黑暗的、阴沉的、可怕的梦魇。她被网罩住，她逐渐被缠住并且网眼越拉越紧。她的心凝固了，她的周围是荒凉和冰冷："如果你爱我，请让我去死！"

然而，此前不久，艾伦曾相信她能从分裂中获救。她感到在她的胸膛里某种美好的东西想要生长和发展。同时，艾伦表示，她不但神圣而且知道爱是什么，她把她的爱描述为要比以前更认真从容、更神圣而且更加坚定不移。她第一次想要向生命充分发展，她再次向生存而非死亡张开张臂。只要有短暂的片刻，真正单一和真实的存在与真正二元和真实的爱的存在模式的可能性甚至仍然对这个此在开放。

但是，更大的惊奇等着我们。尽管整个世界的画面（用艾伦自己的话说）在她的头脑中被弄乱，并且恶魔把所有简单和自然的一切变成一幅讽刺画、一幅歪曲的图画，但是艾伦现在的确意识到，变胖是合乎自然规律的一部分。她将变胖等同于变得健康，有着红色圆润的面颊，成为一个简单、健壮的女人，与她真正的类型相符。我们看到，她对她存在朝向终结的洞察并没有减少，反而是增加了。随着她限制的增加，艾伦越来越能够超脱自己，并且对她的爱和存在之存在的条件以及她"本质的"东西有了真正的洞察。但是，"她内在的一些东西"反对这种洞察,当然,它是美好的或者阿耳忒弥斯式的理想形象,它不能忍受圆润的、红色的脸颊和女性的健壮,更不能忍受变胖。所有的美好都成为一种折磨,变成她存在的地狱。束缚她的矛盾体的影响是如此之大,以至于她在"不合自然规律的"理想形象和"超越自然规律的"贪婪之间被推来推去。

第二位分析师用了这样的说法,即对艾伦来说,瘦"意味着"智商较高的类型,胖则代表平庸的犹太类型。然而,对于"意味着"这个词,我们不可能接受一个象征的意义、一个符号表象。但是,正如我们所见,只有艾伦·韦斯特害怕变胖,以及她害怕父母亲的环境和日常生活的小世界的事实才等同于她害怕她的存在缩小和"淹没"的表达。因此,一种恐惧不能"意味着"另一个,但是两者都"在同一架飞机上",也就是在同一个存在形变中"彼此相联"。我们将在下一段再回到这个问题上。与胖胖的、平庸的犹太人种不同,弟弟的妻子苗条、金发并且以美为导向,自然很容易被她认同。

在疗养院中,艾伦已经感觉自己像人群中的行尸走肉。她以前相信自己真的不受他人观点的左右,现在她完全依赖于他人认为她看起来如何,别人认为她胖——这是束缚她的另一种表达。这里所揭示的固执和挑战不是独立于他人的,而是如前面指出的那样,只是作为一种特殊的依靠他人的类型,将他们同化到自我世界。至于其他,艾伦现在感到自己非常被动地成为一个敌对力量彼此破坏的战场。在这种情况下,她只能做一名无助的观望者。因此,她的存在已经真的成为一个舞台。然而,在"健全人"中,存在或多或少是在舞台演员("角色")、导演和观众之间均匀地展现自身,这里一方面二分为舞台和舞台上的事件,另一方面是"被动地"观看。相应地,对她存在模式的口头表达更具体化，同时也更"拟人化"。"忧郁"像一只黑鸟落在她的生活中，暗中跟随着她以便突袭她并杀了她。"疯狂"挥动它黑色的锁，抓住她，并把她推到裂开的深渊。"死亡"在她这里获得了如此大的力量，以至于她一听到一位女友死亡的消息便双眼发光，而她前面的世界一片黑暗。

在艾伦吃东西时暗中观察她，我们会看到，她居然"像野兽一样"扑在食物上，而且"像野兽一样"狼吞虎咽地将食物吃掉。

我们获悉的少数几个她的梦都是关于吃或死，或者死和吃。第一个死亡的梦不断重复出现，尽管不是以英雄的形式，但死亡的主题是在战场，我们是从她最早的一首诗中获知的。同时，她似乎期望这真的发生，在面对死亡时能安静地吃令人发胖的食物，而且对此感到开心。然而，至于这种"期望"，我们既不需要以马德（Mäder）意义上的"未来的倾向"来考虑，也不需要认为是一种梦"洞察的"特性。更确切地说，梦和它后来在现实中的实现只是同一个人类学事实，即缠绕在一起的、有内在联系的贪食和死亡主题的表达。在这个存在中，如此这般地贪食意味着堕落的生命、衰退。我们看到，变胖的恐惧越来越能清晰地被理解为对被"监禁"的恐惧。然而，一旦存在已经决意要死，那么它就克服了对俗世之物的恐惧和负担，对甜食的强烈欲望已不再令人害怕，而能再次变成享乐之事。

第二个（画家之）梦在第一个梦的基础上产生——这次更有独创性——一种能激发一对夫妻双双自杀的社会情境（事实上，当然，反过来才是真的：死亡的愿望引发梦的情境）。这种共同放弃生命的想法对清醒时的艾伦来说也是很熟悉的。这个梦也重复了清醒时对丈夫怯懦的责备。

第四个梦真实地反映了她现实生活的痛苦和对死亡的期望。她想要放火烧死自己,众所周知,在精神分析看来,这种愿望是力比多的象征,正如艾伦自己曾想在炽热的爱欲之火中疯狂地毁灭自己那样。

上述这些梦非常清楚地反映了清醒时存在的主题。然而,正如精神分裂症患者经常出现的情况,第三个梦(从舷窗跳入水中,企图再生,吃巧克力糖果,并且将其塞满躯体)需要专门讨论。为了不过分阻碍探究的进程,我们将把这个梦的讨论留在后面题为"存在分析与精神分析"的部分。

死亡

鉴于我们已经给这个存在格式塔以艾伦·韦斯特的"结束存在"的名字的事实,所以较之以前,此存在分析必须搁置所有来自任何立场或观点的判断,不管它们是伦理的还是宗教的,还是精神病医学的或精神分析的解释或者是基于动机的心理学解释。而且由"健全的常识"所秉持的带着可怜或痛恨的态度轻视任何"垂死"的人,尤其是自杀的人的"生命尊严"的观点,也不是这里的标准。对于艾伦·韦斯特自杀的行为,我们必须既不宽容又不谴责,既不用医学或精神分析的解释来轻视它,也不用道德或伦理的判断来夸大它。实际上,耶雷米亚斯·戈特赫尔夫(Jeremias Gotthelf)的一句话非常适用于像艾伦·韦斯特这样的一个存在整体:"想想当一个可怜人想要成为他自己的太阳时,生活会变得多么黑暗。"或者用克尔凯郭尔的名言:"不管一个人已经有多低落,他还可以更加低落,这个'可以'正是他恐惧的对象。"但是,存在分析以宗教或道德的方式一定不能理解这种黑暗和这种低落，而必须用人类学的方式来看待和描述它们。从任何一个视角看，这都是不可能的，不管其有多接近我们的内心，不管其对我们的理解来说有多熟悉，不管其与我们的理性有多一致。正如保罗·瓦雷里（Paul Valéry）所说："每当我们指责和判断时，我们都没有触及根基。"根基——既然它在每个人眼中都是神秘的——自然是没有触及的，但是每当人类离开判断、指责，乃至尽责的视角，也就是离开存在的多元模式，人类在想象中就理解了它。必须在任何主客二分之间理解根基。但是，只有免除双重模式的假设[①]，通过联合双重我中的"我"（I）和"你"（Thou），这才有可能。而这意味着，只有在联合人类存在与我和你共享的共识时，人类学的结构才能从中出现。

在这项联合中，我们的立场也先于决定我们与我们自己的对话、社会与个人的对话以及个人与社会的对话，最后也是统治着"历史的判断"的二分法。这项联合也先于自由和必然、犯罪和注定（命运）的二分法，或者用心理学还原论的术语说，主动和被动、行动和忍受的二分法；对于共同基础上的存在，二者都包括其中。正如在爱的眼中"一切皆有可能"一样，在爱的眼中"一切也皆必要"。换句话说，爱也不能回答艾伦·韦斯特自杀是否"命中注定"或者她是否可以从中逃脱的问题。在面对自杀时，爱力图"接触存在的根基"并从这个基础入手在人类学意义上理解存在，而不是要提出命运或罪过的问题，并试图去解决这个问题。

如果说艾伦·韦斯特从是否会令人发胖的立场判断每一种食物，

[①] "Voraussetzungslosigkeit"，照字面来看，它的意思是完全没有前提或偏见。——英译者注

那么她也从内疚的观点来看待吃。瓦雷里的一部著作①中写道，苏格拉底说："人吃东西既滋养身体中好的部分又滋养坏的部分。他感到在他体内消化和扩散的每一口食物都给他自己的美德带去新的力量，正如它也给他自己的恶习带去力量一样。它维持他的混乱的同时也增加他的希望，而且它在激情和理性之间的某处分开。爱需要它，恨也需要它，而且我的快乐和我的痛苦、我的回忆和我的计划，像兄弟一样分享同一口食物……"基本上，艾伦·韦斯特通过吃只滋养了"她坏的方面和她的恶习、她的混乱和憎恨、她的激情和她的痛苦"。只在曾经的某个时候，我们看到她吃某种东西，与所有的滋养截然不同，只带给她快乐，只带给她新的力量，只"滋养"她的希望，只服务于她的爱，并且只让她的思想活跃。但这个东西不再是生命的礼物，而是死亡的毒药。②她越清楚地知道自己的存在，她也就明白她越接近死亡（让我提醒读者一下，她痛苦地觉知真爱和真实的自然的知识，以及她日益增加的复杂的比喻），并且在面对死亡时她更加清楚这一点。

然而，正如克尔凯郭尔所说的那样，面对死亡而活意味着"死前一直死着"(to die unto death)；或者，如里尔克和舍勒所表达的那样，以自己死的方式消逝(to die one's own death)。正如歌德已经描述的那样，每一次去世，每一次死亡，不管是不是自己选择的，都是一种生命的"自发的行为"(autonomous act)③。当他谈论拉斐尔或开普勒

---

① *L'Ame et la danse*（*The Soul and the Dance*）。
② 德语"Gift"有一个比较普遍的含义"毒药"和一个不太普遍的含义"礼物"。——英译者注
③ 比较，"1813年1月25日与福克的会话"。[在这里，宾斯万格想要强调，不管一个人是自愿死亡（自杀）还是非自愿死亡，死亡都是生命的一个积极主动的部分。——编者注]

时，他说："他们两个人都是突然结束他们的生命"，但这么说的时候，他的意思是他们的非自愿死亡"从外部"到达他们那里，"是外界的命运"。因此，我们或许可以反过来将艾伦·韦斯特自己导致的死亡称为去世或即将去世。谁能告诉我在这个个案中内疚从哪开始、"命运"在哪结束？

生和死不是对立的，一定要生才能死，生则被死"包围着"，因此，不管是从生物学的观点来看，还是从历史学的观点来看，人在他存在的每一刻都会死这种说法是正确的——这种领悟在某种意义上甚至为赫拉克利特所熟知。实际上，对于赫拉克利特、"地下之神"哈迪斯（Hades）、"生命力之神"狄俄尼索斯（Dionysos）①来说，"每一个对他们狂怒和咆哮的人"都是一样的。②艾伦·韦斯特也想"像鸟儿一样，在最欢乐的时刻喉咙嘶哑而死"。

所有这些洞见是必不可少的，然而它们尚且不足以用来以存在分析的方式理解这样的事实，即：一方面"直觉的死亡确定性"（舍勒）③、"死亡的念头，"正如艾伦·韦斯特年迈的家庭教师提到的那样，"占据了她整个生命"；但是，另一方面，她知道死亡即将到来，这使她的生活充满希望。对于艾伦·韦斯特来说，她渴望死亡的勃勃生机中，正如莎士比亚戏剧中的主人公克劳迪奥（Claudio）所说："为生

---

① 又称"酒神"。——中译者注
② 参见 Diels, "Fragment 15"——正如众所周知的那样，这种对比在酒神狄俄尼索斯自己身上和酒神节盛大的狂欢中已经存在。一方面，狄俄尼索斯是富于营养、使人陶醉的酒的捐赠者，是悲痛和忧伤的抚慰者，是解放者和治疗者，是人类的快乐、高兴的舞者，是欣喜若狂的爱人；但是，另一方面，他也属于灵与肉毁灭的、令人痛苦的、长眠的领域。Walter F.Otto, "Dionysos".
③ 参见 "Tod und Fortleben" ("Death and Life after Death"). *Posthumous Papers*:I.

而努力，我力求死；在力求死时，我却找到生。"①

存在分析不满足于心理学上的判断，即用她痛苦的经历和由此而产生的结束这种痛苦的愿望来解释艾伦·韦斯特的自杀行为。我们也不满足于这样的判断，即用她希望这种痛苦的某种终结并为这种终结而高兴来解释她在面对死亡时的快乐情绪。这些判断退回作为最终解释基础的动机，然而对于存在分析来说，动机仍是问题。对于我们来说，仍然存在一个问题，即如何去理解这些动机变得有效，换句话说：它们究竟是怎样成为动机的。

从存在分析的观点来看，艾伦·韦斯特自杀是一个"偶然的行为"，同时也是一个"必然的事件"。这两种说法都基于这样的事实，即艾伦·韦斯特个案中的存在已经到了它死亡的时候，换句话说，死亡，这个死亡是这个存在生命意义的必然结果，这可用存在分析来加以证明。但是，结论性的证据需要对这个存在产生的时间性进行深入的了解。现在，我们简单将她的这个时间性问题总结如下。

当我们说在艾伦·韦斯特个案中，存在更多的是被过去主导时，当我们谈到"过去至上"时，我们想要包括这个被束缚在一个赤裸的、空洞的现在的存在，以及切断了与未来联系的存在。然而，这样一个存在丧失了真正的生命意义，丧失了它存在的成熟，这总是且只是由未来决定。过去"沉重地压在"存在上，剥夺每一个接触未来的机会。这就是艾伦不断抱怨的存在意义：她被一个陷阱捕获，所有的出路都被堵住，她变得腐朽，被锁在地牢里，被坟墓埋葬并走进坟墓。但是过去，活过的生命已经成为不可抗拒的力量，而尚未活过的

---

① *Measure for Measure*, Act III, Scene 1.——英译者注

生命被过去主导着。我们谈谈晚年，这时曾经年轻的女人艾伦·韦斯特已经变老。这种此在的生命意义已经"在早年"实现，与这个存在暴风雨般的生命——节奏，以及迂回的生命——运动一致，此在在其中很快就"无所事事"了①。存在的衰老先于生物学的衰老，正如存在的死亡，即"成为人群中的行尸走肉"，要先于生物学上生命的终结一样。自杀是这种事物存在状态的必然、自愿的结果。正如当存在向死亡生长时，我们只能谈论作为"最亲密和最甜美的预期的死亡味道"的年老的快乐，当死亡像成熟的果子掉进存在的衣兜时，在面对自己引发的死亡时也只有喜悦和欢乐的情绪可以主导。正如向死亡方向生长的年老越来越从生命的需要中将自己分离出来，变得越来越理解存在和世界的本质，在艾伦·韦斯特的个案中也是一样，存在在面对死亡时使自己摆脱贪食的魔咒，摆脱一次又一次"像一只野兽一样猛扑向她"的饥饿的强迫观念。面对死亡，她第一次能够再次无所顾忌地吃。实际上，所有的内疚和所有问题都离开了她。她读抒情诗并欣赏马克·吐温的幽默。这次存在的盛宴是一次离别的盛宴，绝不会抑制她的欢乐情绪。她放弃与丈夫一起散步和一起读书。她用最后的问候向医生告别，并且在她最后一封信中，她向她优雅的女友告别。

存在分析发现了死亡直觉的确定性，生命固有的死亡（Von Gebsattel）像阴影一样出现在整个生命中，然而接近超越生的死以明亮（实际上以存在的欢欣快乐）来表现自己，一定也要根据这样的死对这个存在意味着什么进行理解。实际上，自杀本身这一事实也一定要从这个角度来理解。对于艾伦·韦斯特、尼尔·律内的追随者和完

---

① 德语"leerlaufen"指的是无负荷转动的机器。——英译者注

全的虚无主义者来说,死亡意味着绝对的虚无,也就是不但不存在,而且是存在绝对地湮灭。确实,我们看到,在这个存在中,死亡不断地具有一种性欲的从属意义,正如在想要被可怕冷酷的海王吻死、想要被云上主宰的上帝-圣父抚养、在"密友"和有着深邃的双眼的美丽的女人的"死亡的形象"中所体现的。但是,我们丝毫没有发现一点有关死亡-性欲构成她自杀的强大动机乃至在面对死亡时她幸福的事实的迹象,更不用说证据了。正相反,在她最后给优雅的朋友的信中,艾伦·韦斯特正像她告别一切事物一样,告别了性欲。我们一定不要忘记,执行自杀是这个存在-格式塔最后的实际行动,而且它源于计划的、故意的和行动的世界,而不是源于愿望和幻想的幻境。虽然我们知道,在理性的动机"背后"常常隐藏着情绪愿望,但是艾伦的这种辞行仍然向我们表明,对她来说它意味着"永远的离别",正如不但与她怀疑论的世界观,而且与她虚无的世界观一致那样。我们没有任何支持她相信死后生命会以任何一种形式延续的证据,却有反对的证据,实际上,甚至有反对支持这样一种延续的"美好愿望"的证据。我们必须意识到,对艾伦·韦斯特来说,一切都将随死亡而终止——实际的以及幻境和坟墓世界。而且只是因为她坚持直接面对绝对的虚无,所有问题(总是相对的)、她的世界之间的所有矛盾都消失了,她的存在再次成为纯粹的庆典。但是,与起源于存在完满并被作为所有艺术最初基础的存在之美丽所激发的存在本身的喜悦不同,在艾伦·韦斯特身上,它源于面对虚无并被虚无所激发。在这里,我们认识到在一个人存在的虚无中可能有着巨大的肯定性。当这成为事实时,如同艾伦·韦斯特的情况一样,生活史在特定程度上变成死亡史,我们谈论的正是存在献祭给死亡。

虚无的肯定性有一种非常特别的存在意义：当存在将它自己建立在虚无上或依靠虚无时（我们这里再次超越了内疚和命运），它不但位于存在恐惧中，而且——这是同一事物——位于绝对的孤立中。虚无的肯定性，以及在完全孤立意义上的存在，在存在-分析上所指代的是同样的事。艾伦·韦斯特不仅不是作为"上帝面前孤独的"个体，不是作为宗教的个体，也就是在宗教意义的"我们"中毁灭她的死亡，更不是在世俗的爱的相遇的"我们"中，甚至不是在与"他人"的交流中毁灭她的死亡，而是在远离其他人后，独自在虚无前毁灭她的死亡。从这里开始，一个难以理解的阴影也降临她在面对虚无时的欢乐之上。

艾伦·韦斯特个案特别清楚地证明了下面这项主张的真实性，即一个人死的方式表明了他是如何活的。在她的死中，我们印象特别深刻地觉察到她生命存在的意义，或者更准确地说，她生命的相反的意义。这个意义不是成为她自己，而是不成为她自己。如果我们希望谈到这个存在的陷落，那么这正是它陷落之处。精神分析学家解释为"重生-幻想"（而且这也影响到对自杀的理解）的东西对我们来说是非常不同的。当艾伦·韦斯特宣称，命运想要她胖且粗壮，而她自己想要瘦且娇弱时，当她请求上帝"再造我一次，并把我造得更好"时，她显示出，在她整个生命历程中，她遭受了克尔凯郭尔用他天才的敏锐洞察力，在"从疾病到死亡"的名下，从所有可能的方面描述和说明的心灵疾病。就我所知，没有比这可以更加促进精神分裂症的存在-分析解释的文献了。那么，读者可能会说，在这个文献中，克尔凯郭尔已经凭借其直觉的天赋认识到理解精神分裂症的入口，因为在如此多的精神分裂症"个案"的最初根源处可以发现"绝望的"愿望——实际上是对一个人的自我世界、人际世界和"命运"不可动摇的控制——不成为自己,正如在它的对立面也能发现的那样,即绝望地成为自己的愿望。① 即使是与这种"疾病"纯粹的宗教概念和解释并不一致的灵魂的医师,也并不将"自我"看作宗教意义上的永恒,并不相信假定的宗教意义上的力量,并不将人类看作宗教意义上短暂和永恒的综合体,而是在从疾病到死亡的意义上存在地理解绝望——即使是这样的医师也深深地受惠于克尔凯郭尔的这部著作。自我只有"考虑到假定它具有的力量"才能发现它自己是一个真理,即其本体论的存在分析所认可的与人类学存在分析一样多,除了他们以何种方式定义这种力量、这种存在基础外。从另一方面来说,艾伦·韦斯特从她很早的时候起就希望"不服从和倔强""只做她自己",这不是反对她绝望地"不想成为她自己"的证据,而是支持它的。这是因为,一种类型的绝望与另一种是紧密相连的,实际上,正如克尔凯郭尔所示,两者可以追溯到彼此。

绝望地不想成为自己而是想成为"不一样的",这只能意味着"不一样的某人",而绝望地想要成为自己——这样的绝望很明显与死亡有着特别的关系。当绝望的折磨正包含在此中时,也就是一个人不能死,甚至最后的希望,即死亡也不能来临。一个人不能摆脱自己时,自杀(正如在我们个案中看到的那样)以及伴随它的虚无,呈现一种"绝望的"积极意义。死亡没有"自然而然地"进入她的存在,这种绝望被艾伦·韦斯特的自杀转变为对由它自己引起的进入她的

---

① 每一位精神病学家都能回忆起许多这样的个案,即病人对他们的"命运"不满,例如因为命运没有让他们成为男人或女人,因为命运给他们这样的父母而不是那样的,因为命运赋予他们这样的鼻子、这样的脸、这样的前额、这样的身材、这样的性格、这样的气质等而不是那样的,因为命运让他们在这个国家、这个阶层、这种环境而不是其他环境中成长。此外,我们更多的是遇到互补的态度,即某些人拼命地设法成为某人自己,也就是这个人而不是其他人。

存在的庆祝。这种进入是令人快乐的，不仅因为死亡作为一个朋友到来，因为来自摆脱生命的束缚的自由和解放进入它的队列，而且因为更深层次的原因，即在自愿－必须决定去死中，存在不再是"绝望的它自己"，而是真正和完整地成为它自己！我确实是我自己，或者当我果断地决定起作用的情境时我确实存在，换句话说，当前和曾经在真正的现在联合起来。与她对早期自杀企图的"情感"——负载短路反应不大相同，这种自杀是"预谋的"，是在经过充分的考虑后决定的。在这个决心中，艾伦·韦斯特并没有"变得超过她自己"，而是只有在她决定死时，她才找到她自己并选择她自己。死亡的快乐是她存在诞生的快乐。但是，只有通过放弃生命，存在才能存在，这里存在是一个悲剧性的存在。[①]

时间

艾伦·韦斯特不顾一切地反抗，她希望成为她自己，却是作为一个不同的存在——一个与被她实际的存在基础所决定的状态不同的存在。这不顾一切的反抗不但在与她的命运（她作为一名女性、她的家、她的社会阶层、她对甜品的渴望、她变胖的趋势和她最后的疾病）的对立和斗争中自发表现，而且在与时间的对立和斗争中自发表现。就她拒绝变老、变笨和变丑而言，简言之，从变胖的方面来说，她想要让时间停止，或者正如俗语所述，拒绝向时间"交纳贡品"。在她顽固地坚持她分裂的自我（这只有在她生命终结时才对于她变得明显）不是她真实的自我而是一个"永恒的"美好愿望－自我时，她

[①] 尽管这样，在面对死亡时存在快乐的问题并没有详细论述的事实可能在后面段落中看到。

没有逃离她存在的基础——没有人可以做到这一点——而是跑向它，正如跑向一个悬崖一样。①人不能逃离他的基础，就像不能逃脱他的命运一样。但是，正如在艾伦·韦斯特的生命中那样，当我们观察到这样一种清楚的循环，即存在远离它的基础而后又回到该基础，仿佛进入无底的深渊一般时，存在于是以恐惧的方式而存在。在变成某人自己意义上的真正的成熟之处，基础的自我占有之处，甚至双重我们（the dual We）之处，"必然地"被自我-毁灭和我们-毁灭，或者被"非生成"（Von Gebsattel）或"沉陷"（Kirkegaard）夺取。只不过都不是这么表述的。为了更好地理解病人委托给我们的事情，我们必须完成的任务是越来越多地观察这样一种毁灭或沉陷过程发生的物质或基本外观以及当它发生时呈现什么形式。

"基本"的存在过程和人的存在的变形都有许多非常不同的种类。它们都在空气（光和天空）、水、火和土地的基本的最初形式中发生②，并随着它们个体存在意义和彼此之间的存在关系而可能增加。然而，对于存在-分析最重要的是意识到这些主要形式和它们的变形都是时间化的形式。③例如，我们所知道的在火焰的形式中，从地到天"瞬间上升的"的变化形式。"哦，我的朋友，如果它不是瞬间本身，那什么是火焰！在刻不容缓的瞬间什么是愚蠢、幸福和恐慌！……火

---

① "Abgrund"，一个深不可测的深度，正如缺少根基（Grund）一样；参见第280页（指英文原书页码。——中译者注）脚注。——英译者注
② 关于这一点，参见：宾斯万格《梦与存在》（"Traum und Existenz"，*Schweiz. Rdsch.*，1930）和 *Über Ideenflucht*；荣格《力比多的符号和变形》（*Wandlungen und Symbole der Libido*）；米什莱（Michelet）《大海》（*La Mer*）；特别是巴什拉尔最近的《火的精神分析》（*La Psychoanalyse du feu*）和《水与梦想》（*L'Eau et les rêves*）。
③ 参见埃米尔·施泰格的"作为诗人想象力量的时间"（"Die Zeit als Einbildungskraft des Dichters"）.（涨潮代表急促的时间，弥散的灯光代表静止的时间。）

焰是地和天之间此刻的行动。哦，我的朋友，一切经过从沉重的状态到轻盈的状态的万物都经过火与光的时刻……而火焰，它不也是最高贵的毁灭的骄傲的形式吗？——那些将不会再次发生的事情魔幻般地正在我们眼前发生！"①同这个例子相对照，在艾伦·韦斯特个案中，存在的基础和时间结构变得特别清晰。这里，"破坏性的"要素不是那从大地升入天空（从沉重的状态到轻盈的状态）、"立刻"闪亮并迅速消失的火焰，而是逐渐变暗、缓缓沉淀的或渐趋腐烂的或被变为土壤（从轻盈的状态转变为沉重的状态），从天降到地。正如我们所见，艾伦·韦斯特的存在在"天和地之间"移动，但是有着一个明显的下降趋势，不是在地和火、地和水之间。火只在个案史中出现了两次——作为野蛮强烈的激情的火焰和作为"自杀的想象"（第四个梦），因此，两个事例在"瞬间的"时间-外表中。水的无数形状曾以永恒的海来显现自身，然后是作为亲吻她到死的阴沉的、冷酷的海王的住所，而在第三个梦中成为自我-毁灭的直接媒介。然而，在腐烂或转变为土壤过程中，在我们面前的既不是突然的时间模式也不是永恒的时间模式，而是痛苦地慢慢下降和湮没的时间模式——不可思议的滞缓的时间，实际上，是它的凝结。与这种模式相反的是在尘世的沉重之上飞行但很快消失，以及夸张的愿望的模式和飞逝的时间模式，然而这一次又一次地被尘世盲目地蠕行的蚯蚓的时间模式所吞没。这个被吞没也"有"它的时间：它是地狱的时间-形式（time-form）②。

---

① Paul Valéry, "L'Ame et la danse"（"The Soul and the Dance"）.
② 关于地狱——不是作为一个实际存在的事物而是作为一种"无尽的结构"意义上的存在的"存在领域"，一种"永不结束的痛苦"，一个"在它自己的黑暗中淹溺的灵魂"——参见 Berdyaev, *Von der Bestimmung des Menschen* (*The Destiny of Man*) (1937):*Die Hölle* (*The Hell*)。

该时间性（temporality）是所有存在解释的基本视域，可以在我们的个案中得到证明。如果仅在这一点上我们更加密切地关注它，这是因为（正如前面提到的）这看起来会使我们更加便利和容易：首先去呈现存在在它的世界（俗化）的其他形式，也就是空间化的、物质外表的、亮度的和颜色的形式，并且只有如此才能展示可以恰当地理解这个存在的整个"世界"的视域。艾伦·韦斯特的世界可以进行这样一种明确的变化——通过遮暗、遮蔽、毁灭、腐朽和腐化，从活泼、开朗、伶俐和多姿多彩的优美，变为狭小、黑暗、灰暗、肤浅的事实，也就是变为死亡的尘世的状态，这样一种变化的事实的存在前提是：一种明确的、具体的现象发生在这种变化之下。这种现象是一种时间化的现象。

在我们回到对这种现象的解释之前，让我们再次声明，拥有世界[①]和拥有时间性在本体论上和人类学上是不能被分开的，而只是构成了在世存在这一个问题内的两个特殊问题。这是从前面我们提到的事实得出来的，即世界（cosmos）从来不只指明什么，还指明如何，这是一个基本的人的存在在事实上存的模式。[②] 我们所说的各种各样的世界，总是同时指示某些基本模式，根据它们，存在（正如在艾伦·韦斯特个案中那样）在世界中并且表明了谁是存在者（Seiendes）。必须从时间性的视域来解释这种存在、存在物，将其作为标准并坚持它。

---

① "Weltlichkeit"，或许也可以翻译为"世界之中"（world-iness），也就是从一个人的存在与世界不可分离地联系在一起的意义上，不是作为与一个特定的世界相反的问题，而是作为一个完全存在于其中、与其共处或在世存在界内的问题。在本书中，梅对此进行了相当详尽的讨论。——英译者注

② 参见 Heidegger, "Vom Wesen des Grundes" ("On the Essence of Fround"), *Papers in Honor of Husserl*。

当我们谈到时间性的时候，我们的意思并不是指时间的体验、时间的意识或注意到时间。冯·格布萨特尔已经强调了这样的事实，即斯特劳斯"时间体验"[①]的表达会导致严重的误解。事实上，也确实如此。[②]冯·格布萨特尔提议，我们谈活着的时间（lived time）、经验时间（temps vécu）[③]，而不是谈时间体验（time experience）；并且他还说道：活着的时间和经验时间是相互联系的，这是因为它们一起发生和被注意，作为被动者和有灵性者，也是作为真实内在的发生时间和客观的、思考的时间。在前面的时间概念下，出现了被明可夫斯基和斯特劳斯已经证明是从人类学角度理解内因性抑郁症（endogenous depression）之基础，并且与压抑或生命力的迟钝有关的真正的时间紊乱。在后一时间概念下出现了冯·格布萨特尔非常准确地称之为"与时间有关的现实感丧失体验"，以及所有抑郁或精神分裂症病人报告的关于体验的内在时间和体验的先验时间之间的偏差的观察结果，也就是，明可夫斯基称之为同步性紊乱的一切事物。[④]我们自己通

[①] 在用这个术语（Zeiterleben）时，斯特劳斯的用意是强调时间体验固有的那个时间视域。例如，如果一个人切断与未来的联系，那么他的现在和他的过去都发生了变化。要与此做出区分的是，第一，发生的时间（time-happpening, Zeitgeschehen），这指的是时间在一个人"身上发生"的方式，时间内在的流动；第二，计时器的时间，或概念的、客观的时间。宾斯万格在这里表明，时间体验（Zeiterleben）可以由发生的时间（Zeitgeschehen）、生存的时间（gelebte Zeit）或过活的时间（time-as-lived）代替，后者是基于明可夫斯基的柏格森式的经验时间（temps vécu）概念。——英译者注

[②] 参见《精神病框架内的生成与时间体验的障碍》（"Die störungen des Werdens und des Zeiterlebens im Rahmen psychiatrischer Erkrankungen"）、《精神病-神经病学研究的当代问题》（*Gegenwartsprobleme der psychiatrisch-neurologischen Forschung*）（Stuttgart:1939）。

[③] 参见明可夫斯基以之命名的著作，1932。

[④] 这里的同步性指的是内在的，或者内部的时间体验和"短暂的"时间之间的。——英译者注

过"时间化"(temporalization)的理解完全站在前面的概念一方。但是，我们的理解超出了时间发生、时间体验、消极的或经验的内在时间的意义，尽管我们用时间性理解的不是存在中有什么，不是一个偶然发生的事件，也不是一个只在它自己中出现但存在同样自我－时间化的继续存在。"时间化"的含义是在当前、过去和未来的现象整体中最初的"自我之外"（忘我），海德格尔非常正确地将其称为站出来（ex-stasies）或时间性的改变（Entrückungen）。[①] 未来、曾经和当前是站出来的现象，因为它们表现出朝向哪个、逼近哪个、随同哪个的现象，也就是朝向自我、退回自我、遇见自我的现象。让我们用另外一种方式来表达它，即三种时间的忘我：先于自己（未来）、曾经（过去）和与之在一起（现在）。因此，时间化对我们来说具有存在的意义。这一点必须常记心中，即使在分析一个特定的人类存在时，我们也必须将我们自己限于展示这一存在意义是如何经历人类学变化的。

正如上述陈述清楚地显现的，病人是否以及如何表达他们自己的时间体验根本不重要。就艾伦·韦斯特来说，这样的表达是非常罕见的。她内在的发展停止了，也就是搁置不动，是她自己表达的少有的几个"时间"陈述之一。

如果我们的任务是去理解这个存在从它在世存在（Weltlichung）模式开始的时间化转变，那么根据对时间的普通理解来处理还不足以

[①] 宾斯万格在这里涉及的是源于希腊语"ex-stasis"的出神的概念，字面意思是"站在某人自我之外"，这一段很难恰当地翻译。为了表明它的起源和出神普通意义之外的意义，在上面将这个词拼为"ex-stasy"。给出的三种"出神的时间"，也就是未来、过去（或者更准确地说，"曾经"）和现在，它们来源于海德格尔的"Sein und Zeit"（存在与时间）。第二章第71页（指英文原书页码。——中译者注）讨论了人类这种超越即时的时间情境的能力。——英译者注

表述它，即只用"飞行""步行""爬行"来表示不同的速度，也许可以用"快""不慌不忙""慢"（急速的、徐缓的、缓慢的）。当然，我们任务的目的是去研究存在"在时间里"移动的这些不同存在方式以发现它们的时间化模式。

最初和真正的时间化的主要现象是未来，反过来未来是生存状态的，是一个人的自我"为他自己的利益"而设计的主要意义。在这种对时间性根本的存在解释中，我们发现舍勒已经表达的关于未来的"首要"意义的观点得到证实，我们也在明可夫斯基、斯特劳斯和冯·格布萨特尔的论述中发现了这种观点。

时间性的存在意义一般阻碍我们只是将"未来"想象为预先存在的、渴望的和期待的空洞的可能性，它也阻碍我们将过去只看作过去的现在和现在的结束。相反，我们必须在存在意义上用过去来理解曾经（has-been），这决定了不但过去而且实际上现在都来自"曾经"的观点。在这个"曾经"中构成了存在因此而存在的"能力"。实际上，存在并不是"现成在手"（being-on-hand）的意思[①]，而是"能够成为"（being-able-to-be），并且知道这种"能够成为"意味着理解。就这方面来说，未来绝不是悬浮于空中的，未来的可能性不是"空洞的"，而是有明确的可能性。因此，存在不但由未来决定，也就是由"能够成为"的理解决定，而且也总是由它的过去所决定。存有总是被"抛"入它的存在，正如我们前面发现的那样，它已经在它的存在当中，或者简言之它已经变为一个特定的键。存在的所有未来因此是"曾经"，所有的曾经是未来的。"未来和过去在这里连接起来构成存

[①] 参见第 276 页（指英文原书页码。——中译者注）第二个脚注。——英译者注

在的生命环,在它们的整体中淹没了现在。"[①]然而,现在的存在意义是:通过决定性地解决起作用的特定情境问题来创造现在。

幻境的时间性

尽管每个人都生活在一个幻境之中,也就是"拥有"他的幻境(幻想的、期望的、渴望的和希望的),但艾伦·韦斯特的幻境却与众不同,不但因为它在这个存在中起主导作用,而且因为她对实际行动的世界、人际世界、周围世界、自我世界、交流与交往的世界绝不让步。简言之,她决不对"掌握某物和被某物掌握"(taking-and-being-taken-by)的领域让步。这里,幻境没有进入实际行动的世界里,两个领域彼此没有渗透。举个例子来说,艺术可以代表这样一种相互渗透。然而,艾伦·韦斯特,尽管"上帝让她说出她所遭受的痛苦"[歌德:《塔索》(Tasso)],但她并不是一位天生的诗人。现在,幻境不但必须被认为是我们让未来"出现在我们面前"的世界,而且必须在充分的存在意义上被理解,也就是为了一个人的自我而自我设计的世界。然而,只有当"自我"对假定它具有的(超凡)力量清晰透明时(克尔凯郭尔),或者当它理解如何在真正成为一个人的自我时抓住(形而上学)基础(海德格尔),或者当它被我们通常的存在基础赋予爱的存在的双重模式时(正如我们自己先前已经阐释的那样),自我设计才有可能。但是,在存在顽固地切断它自己与存在基础的联系并大胆地躲避它之处,未来也假定了一个不同的目标,也就是指向一个不真实自

[①] 参见 Oskar Becker, "Von der Hinfälligkeit des schönen und der Abenteuerlichkeit des Künstlers" ("On the Fragility of the Beautiful and the Adventurousness of the Artist"), *Papers in Honor of Husserl*。

我，即一个幻想自我的自我设计的目标。① 这样的未来已不再是"曾经的未来"，也就是不是由构成特定存在能力和可能性的过去决定的那个未来，而是一个"没有可能性"的未来。在这样的未来里"一切皆有可能"。它是一个没有束缚的、不受阻碍的、自由的、充满远大目标和希望意义上的未来。这种未来的空间意义是没有约束、明亮、光芒四射、色彩斑斓的广阔领域；它的宇宙方面是陆地、天空和海洋；它的物质外表是空气、苍天。② 到如今，我们可以清楚地看到，这种幻境的黑暗、负担、限制、拘束和抑制，在其中像鸟一样地飞翔、对现实世界轻快地越过，也有一种时间的含义。为了"自己的缘故"而进行的"自我设计"被纯粹的——不再是未来——过去的状态、丢弃的状态和随便哪里的状态所取代，这也就是所谓的"切断与未来的联系"的通常概念。"存在于随便哪里"正是德语的 Schwermut（沉重的情绪或忧郁），法语则为 dépression（被压抑）。但让我们继续与幻境在一起，因为它是一个"不真实的"未来的世界、一个幻想"领先于自己"的世界和一个幻想的自我的世界，在这个世界里，没有阴影，没有边界，像这样的世界却时常被曾经的阴影和边界威胁。③ 虽然存在的时间-历史结构实际上可以在挑战、自我意志和雄心壮志中被改变，但它不能被突破，更不能被转变。存在，确切地说每一个存在，仍然受它基础的约束。在不真实的未来化中，在为了自我愿望而进行的自我设计中，世界的丰富含义却被歪曲和"人为地"夷平了（正如我们在

---

① 在艾伦·韦斯特个案中，这个自我带着去死的决心被改变了，在真实自我的方向上也表明在面对死亡时幻境也瓦解了。

② 参见 *Über Ideenflucht*, the topic of "Optimism"。

③ 实际上，格赖辛格（Griesinger）发现，较之抑郁情绪，所有的躁狂情绪都是显而易见的。

我们的研究——"思维奔逸的研究"中所表明的那样)。自然,每个人都可能暂时"摆向"这样的世界,但是对它虚幻的本质,也就是不会在它那里待太久的现实有了充分的知识。而当这个缺少轮廓的世界代替了实际行动的现在世界时,"事物在空间里激烈地碰撞着"(席勒),基础再次自动地显现,但是,现在已不再是回到"过去"的一个呼唤,是"必须回到现实"的一个认识,是一个被阴影威胁的无知的、盲目的、神秘的存在——也就是恐惧!而且存在越多幻境,威胁就越多、越紧凑,这个阴影的外表变得越难以进入。

坟墓世界的时间性

正如幻境被(不真实的)未来控制一样,坟墓世界被不真实的(因为它没有未来)、总是出现在当下的过去所控制。这一点一定已经变得清楚了。正如克尔凯郭尔谈到绝望一样:每一个真正的绝望时刻都可被追溯到它的可能性;每当他(绝望中的人)绝望时,他都将它归咎于自己;与现实相比,被遗留下的总是现在的时间,而不是过去发生的;在每一个绝望的时刻,绝望者将所有的过往都作为现在的事物带入它的可能性。①阴影的凝聚、固化和矫直(逐渐发展为呆板单调的腐化和无以逃避的循环,直至它成为坟墓的墙壁),是过往对这个存在的日渐强势的主宰的表达,是地狱之处曾经的霸权与无可逃避的回归的表达。这种地狱般的恐惧是存在感到被它的基础吞食的恐惧,吞没得越厉害,它就越设法跳出或飞离它。自我对它的基础的把握和对其越来越清晰的自我认识由对被此基础压倒以及退回至虚无的

---

① 参见 Kierkegaard, "The Sickness unto Death"。

恐惧所取代。

当存在不能按照自己的意愿设计人生时,当"切断它与未来的联系"时,它所在的世界沉入无意义当中,失却相关的特性,并变得没有参照性。[1] 换句话说,存在再也找寻不到任何能使其理解自我的媒介;这也意味着它恐惧并且生存在恐惧的模式当中,或者正如我们所说,它处于赤裸裸的惊恐之中。但是在这一点上,我们要谨记的是,恐惧在恐惧时所处的世界的虚无,并不意味着在恐惧时将内在世俗的内容体验为不存在。正相反,在人们空虚的无情中总是要遇到它们。[2] 还需要补充的事实是,在恐惧中所展现出的世界的无意义性揭示了在现实生活中的应对完全是无意义的,也就是在实践行动中为了建立一种"可以存在"的存有而进行的自我设计是不可能的。"恐惧因为赤裸裸的存在已经被投入神秘之中而感到焦虑"。

关于这一点,我们必须首先注意到:在坟墓世界的限制中,世界尚未全然失却它的参照特性,没有沉入完全的无意义当中,这个存在仍有它可以理解它自己的东西,那就是坟墓、地牢、地洞。这个存在还是处于恐惧之中的事实表明:与过去的至高无上和它正失去参照特性同时发生的是世界意义的矫正和窄化,这确实意味着恐惧。在从一个极度不稳的、极为短暂的世界向一个极度呆板的、没有组织的(完形缺失)的世界"沉落"时,我们一步步地追踪这个"完形缺失"的世界,在这里,存在再也不能从任何"新的"东西中理解它自己,而只能从惯常的和熟悉的死亡与腐朽中理解它自己。因此,存在已经

---

[1] 参见第275页(指英文原书页码。——中译者注)第二个脚注。——英译者注

[2] Heidegger.

非常恐惧它自己的存在的可能性,即使在它仍然能自由地"设计它自己"的地方。[①] 内部世界中的种种已不需要在它空洞的冷漠中展示它自己了。如果它在空虚的方面展示它自己,在我们的个案中,在尘世、坟墓或地洞的方面展示它自己,那么也就足够了。然而,所有这些措辞都表明,世界意义的空洞、它参照特性的格式塔缺失以及"存在空虚"表达的是同一个事物,都是建立在一个时间性的存在意义的变体基础上的。当世界变得毫无意义,越来越失去它的参照特性,存在发现它越发不能设计自身、不能由此来理解自己之时;当世界接着在空虚方面(地球、洞穴、坟墓)显露它自己之时;当存在不再领先于自身[②],而是退回到纯粹的曾经当中,在这里不能再从"任何新的事物"中理解它自己,只能从惯常的和熟悉的圈子中来理解它自己之时,所有的这一切都意味着,正如我们日常的言语所说,"没有什么事可做"而且"一切都保持原样"。这种应用到世界和存在中的无事可做和保持原样,只不过是一种静止的或至多是一种踽踽而行的状态。当艾伦·韦斯特将她自己理解成一条土地中的蚯蚓时,她由此表达的意思与她"发展已经停止"这句话相同,她认为她已与未来相割裂,并且在她面前看不到宽阔与光明,现在,她只是在一个黑暗、紧密的圆圈中缓慢地移动。这再一次只是表明了精神病理学家和艾伦·韦斯特共同称之为的从精神的高度向下沉,达到完全或几乎完全

---

① 冯·格布萨特尔曾恰当地提到"自由病理学"的系统化。"Süchtiges Verhalten im Gebiet *sexueller* Verirrungen"("Addictive Behavior in the Realm of Sexual Deviations"), *Monatsschr.f.Psychiatr.u.Neurol.*, Vol.82. 很悲哀的是,内科医生总是告诉精神病学家,我们内科医生不能使用一种"不接受精神自由这一事实和问题"的精神病学。L.von Krehl, "Über Standpunkte in der inneren Medizin"("On Points of View in Internal Medicine"),重印自 *Münchener Med.Wochenschrift*。

② "领先于自身"这个短语指的是时间化的未来模式。——编者注

呆板的水平、几近贪婪的水平。

从存在的角度看，贪婪具有世界的闭塞、狭隘和空无的特征，它像洞一样，其中存在满足于任何恰好在手边的事物，而且，正如在我们的个案中我们必须说的那样，"在嘴边"——也就是它不加选择和考虑，而是迅速夺取或咬住，迅速"像野兽一样"将她自己投入到任何恰好在那里的东西上。这种在世存在的时间性形式不再是对未来的期盼，而只是转向既不是起源于将来又不是留一个过去在身后的纯粹现在的在场（a "presenting"）。现实中"兽性的严重性""围绕"在吃或贪食的一切事实周围，作为存在仍然能理解它自己的唯一参照体现自身。从我们提出的一切来看，必须明确这一点，就像先前强调的那样，对吃的贪婪，正如对存在世界的空虚和进入纯粹的尘世的表达，是恐惧的表现。当艾伦·韦斯特"像野兽一样扑向"食物时，这就意味着她被恐惧驱赶着，可以肯定，她试图通过贪吃来麻痹恐惧（因为还可以吞咽，仍然有"一些事情可做"），只是下一个现在再次成为它的奴隶。这是不可逃脱的"套索"，存在陷于其中。因此，变胖的恐惧被另一种表达揭露出来，在肥胖、塞满、成为蚯蚓、腐烂，变得浅薄、丑陋和衰老，以及存在的这些世俗化形式中表现出来的，是对永久贪婪的恐惧。肥胖是存在直接反对自我，不断指责自我，是真正的"罪"。幻境和坟墓世界之间的对比、存在的可见性和不可见性之间的对比，证明了她是一个过分紧张自己的存在此时的体重与被它摧毁之间的矛盾体。我们病人的生活史异常清楚地表明了这个结果。另外，在两个世界之间存在的冲突并不意味着，一个完全是存在的喜悦，另一个完全是存在的痛苦或沮丧，两个世界都不是（或许有人可能会这样说）恐惧的世界。幻境表达的由想要与众不同引起的对真实未来的恐惧，此外也是思维的恐惧，坟墓世界被束缚在纯粹过去的恐惧中。一方面，存在在由幻想达成的纯粹的希望中毁灭自己；另一方面，存在在纯粹的对生活的贪食中毁灭自己。两种世界间的矛盾并不是由存在维持的不恐惧或者说"镇定"（Gelassenheit）和恐惧之间的矛盾（欧文·斯特劳斯），而是两种不同的恐惧形式，即年老恐惧和死亡恐惧，与生命恐惧之间的矛盾。在两种形式中，可以找到一种存在虚无的恐惧的表达方式，两种恐惧之间因而也可以互相转化：地狱可以表示酒神，而酒神也可以是地狱。恐惧的两种形式之间的矛盾是存在悖论意义上的一个辩证的统一体，也就是，生与死和死与生的紧密的交织。然而，自杀是通过一种"坚决的"实际行动的行为来有意突破这种悖论，其中自由最终必然战胜不自由。深入发现可知，自由本质上是作为存在的一个必需品，它也能处理存在本身。

实践行动世界的时间性

我们已经非常清楚地看到，艾伦·韦斯特的实践活动并不是真的服务于她存在的自我实现，而主要起源于她流芳百世的雄心、她改变世界的冲动，并且直接起源于她自我遗忘和转变的渴望。这种活动很大程度上是一种自我麻痹的渴望，而且艾伦·韦斯特自己也的确把它比作鸦片制剂。因此，这个存在不但对平常的甜食和令人发胖的食物狂热，而且对自我遗忘和逃离它本身狂热。随之而来的是不停的、毫不耽搁的实践活动、"流浪"和对新事物的渴望。[1] 她逃离最独特的自我中心，既不能让她真实的未来走近她，也不能真正地让过去成为曾

---

[1] 没有什么比瓦雷里的诗句更远离这种渴望：这里的一切可能都起源于无限的耐心（Tout ici bas peut naitre d'une patience infinie）。

经；她从未体验过任何"不加掩饰"的事物，从未客观地让自己遇到一些事情，例如回应真实的现在，这是行动或注意对世俗的应对。在这种程度上，她实际上从未卷入"事情本身"中，只有真正的自我和双重我才能真正地"遇见"它。日常的言语正说明：我们这里涉及的不是"客观的动机"而是"个人的"动机。但是，自从艾伦·韦斯特也表现出存在倾向，她绝望地试图把秩序带入这种散乱当中。没有真正的成熟的时间化，我们只看到"对时间的关注"，迂腐地分割"她的时间和近乎绝望地、无休止地填充它"[①]。但是，所有这些都是她征服世界的时间性的一部分，尽管既不是留心关注的时间性，（更不用说）也不是理论发现或艺术创造的时间性。这里，存在也不能恰当地将它自己时间化，亦不能在存在此刻的真正现在中抓住它自己。换句话说，在面对开放的情境时，它"此刻"不能坚决地在"这里"。只有真正的坚决才能像情境一样打开存在的"此地"，"因为开放不能遇到如此坚定的东西，以至于他从此不坚定地失去他的时间"[②]。此外，在尘世中大步走、实际行动，在艾伦·韦斯特个案中不是一种深思熟虑的和考虑周到的运动，而是一种神经质的、绝望的紧张运动，既被她想飞和飞走的倾向威胁，甚至又被她蠕行和冷漠的倾向威胁。在艾伦·韦斯特个案中，我们到处都能发现时间性差不多分解成它的单一的出神，也就是缺少真正的成熟或存在的时间化。这是这个存在基础的特性，从中（正如我们所见）她只能在自杀的决定中摆脱。

时间性再一次阐明了她的贪食和她对变胖的恐惧。必须填充她的

[①] 在西西里围着她的同伴转圈"以便不变得太胖"只是一个"填满"时间的典型特有的例子。

[②] Heidegger. 要理解非常重要的情境的存在和人类学事实，也可参见 *Sein und Zeit*。

时间、"关注时间"，只是她绝望地填充她存在的空虚这一需要的特别明显的特征。但是，这种空虚只是它存在时间性的一种现象，因此她能被"时间充满"，尽管只是少量的、人为的、暂时的。然而，这种填充只是一种权宜之计，就像对食物越需求（它变成一种贪婪，实际上是一种躁狂），存在越倒空它自己（反之亦然：参照在完成她存在的决定后她静静地等待死亡）。用食物填满肚子的需要和无限地变胖只是必须填满存在空虚的另外一种方法（尽管是一种非常不明智的方法）。贪婪或者狂热的品质与填满时间的热望，也就是逃离空虚的需要有着同样的起源。但是，对吃和变胖的恐惧，并不是起源于同样的填充恐惧；艾伦·韦斯特也可能有一种填充时间的恐惧——源于填充纯粹感官欲望上的恐惧。只有当艾伦·韦斯特已经决意选择一种外在的死亡、自杀，当她因此不再感到存在的空虚而是"完全沉迷于"这个目标时，也就是当她再次"有事要做"时，她就会再次拥有时间并不再需要贪婪地填充她的时间，并且再次从甜食中获得莫大的享受。"时间"和吃也再次变得无害。然而，我们必须提醒自己记住：享受也是一种时间化的模式、一种不真实的短暂的瞬间，它自己的时间化既不是来自未来又不是来自过去。仅仅由于这一原因，甚至在它疯狂的形式中填满存在空虚，是从束缚中将存在取回到真实的自我的一种不适当的方法。这使得享受成为一种疯狂并且贪婪正是如此，也就是作为一种纯粹暂时的满足物和镇静剂，它再次把存在置于虚空之中，因此一次又一次地使它被（有益的或有害的）世界束缚。真正的时间化或成熟的可能性被客观世界-时间束缚。在这种情况下，存在必须依赖而且也只能依赖饥饿和可能获得满足的机会（食物、酒精、药物、性满足）出现的时间点。这种恶性循环、这种锁套因此被拖曳着，这种束缚也就完成了。

让我们在结论中注意到：在艾伦·韦斯特决定自杀和吞吃毒药之间留给她的这段时间自然不是被急躁的贪婪或迫不及待的吞食填满，只是再次被"理性的"阅读、散步和无害的吃"填满"。尽管她坚决将生命的边界体验为一种真正的边界形式，尽管在这种程度上她成为真正的自我，但即便到那时她也不能超越自己而成长。

回顾与展望

在艾伦·韦斯特个案中，只有当她面对死亡时，我们才能谈到真正的存在，谈到真正单一模式意义上的时间化，确实，我们先前已经注意到了某一"存在倾向"[①]，但它们被不真实的单一模式、被与她自己有意愿的关联性窒息。当这种模式统治着存在时，它不仅不能在真正存在或自我实现意义上稳固地延伸它自己——它甚至不能在一个世界中逗留！这种模式中出现的世界的奴役，不但致使她成为自己的非常不同的、分裂的形式，也使世界分裂成几个分离的世界。如果我们想要用一个词来给这样一种存在模式命名，即使从中立的存在分析的立场来看，也没有什么比绝望这个词更合适了。这种绝望还有许多衍生形式，可以根据它们的时间化和空间化的特征，以及它们的物质外观来对它们进行更加精确的描述。在我们的个案中，时间化表明了存在缩短或收缩的特点，也就是，它丰富而柔软的清晰的本体论退化到不太清晰的水平：这种结构的统一体崩溃为它不同的出神；出神彼此之间的本体论关系消失；出神的"未来"越来越遥远，出神的"过

---

① 关于这一点，参见 *Basic Forms*。

去"占主导地位，与此一致现在成为纯粹的现在，或者最多成为一个纯粹的时间跨度。至于空间化、时间化的这种改变导致世界的压缩和空虚，它的物质一致性转变为沼泽或尘世，它的光和颜色变得灰暗、阴沉和黑暗，它的移动性冻结和僵化，所有这些——与世界和自我永恒的统一体一致——只是成为修饰过的自我，存在狭窄和空虚，存在黑暗、冻结和陷入沼泽的一种表达。

这个存在可以再次突破它的冻结，它能够再次打破过去的牢笼，换成真正的现在的世界，并因此再次成为真正和完全的自己——这证明了一般而言的自由的力量，在某种程度上，使它自己感到甚至进入隐伏的精神分裂症的形式中。但是，让我们再次弄清楚我们自己处于什么样的条件下。在我们的个案中，这种力量再次能展开它自己！它不是一种日常的或仅仅是困难的情境，也不是存在在这里再次用来寻找它自己的纯粹的生命的意义之一，而是完全唯一的情境，在这种情境当中，存在同样将自己交付给虚无。因此，使世界再次燃起，使自我再次真实地存在，所需要的不是随便的决定，而是最极端的决定。自杀在这里提供的，在不太超前的情况下——也就是在有可能突破凝结的条件下、意味着更超前的情况下，在更原始的个体身上，很可能会出现一名谋杀犯，出现某种暴力行为。这种条件也可以由一名纵火犯的行为提供，或者通过让一只手在炉中慢慢地燃烧以便做出牺牲，并通过它给心爱的人留下一个深刻的印象提供，因为我曾经能够确立我自己。① 通常，特殊的外部情境和事件，例如身体疾病、亲人突然的死亡、一次发病、一次惊吓和类似的事件会引发突破。我们精

---

① 宾斯万格在这里建议查阅收录在本书中的他关于伊尔丝个案的文章。——编者注

神病学家从外部判断和所称的显著的、异乎寻常的、病态的"精神分裂症的行为",可以存在-分析地理解为一种存在成为它自己的通常是最后的努力。然而,正如我们所见,这是一个时间性的问题。甚至当这样的一种努力不再可能时,当最后"没有任何变化时"("无事可做"),病人自己经常谈论不变永恒时间意义上"时间"的停止①,其中不再有解决的可能,每一种相互理解的可能性都中止了。同样,"天才的"病人知道绝望地挣扎着"成为自己","野性-疯狂地寻找意识"的悲剧性。因此,生病的荷尔德林在他的日记中写下"俄狄浦斯君王"(Oedipus Rex)。但是,荷尔德林也知道恢复理性需要特定的存在条件,一点点特殊的好运气,或者,如果这不再可能,那么至少是恐惧:"噢,你,苍天的女儿,从你父亲的花园来到我的面前,如果你不向我承诺世间的快乐,那么你就会感到恐惧,噢,用别的东西来吓唬我的心。"当与第二节"你在哪里?我活得卑微,但是我夜晚的呼吸已经冰冷,我像阴影一样静静地在这里,我颤抖的心无声地睡在我的怀抱里"相联系时,这首诗的最后一节在我们的上下文中就变得更容易理解了。②

永恒

当我们说到永恒时,我们从不说在世存在,而说超越世界的在世

---

① 参见在 K. 贝林格(K.Beringer)和 W. 梅耶-格罗斯的哈尼夫斯个案中的自我描述,Zeitschr.Neur., vol.96,1925。"疯狂悲剧的基本特点和要素为:正如已经指出的那样,完全没有时间标准,而且整个心理条件可能同样被看作永恒的,因此基本的意义交流完全被排除在外,每一项自由的决定事前就被破坏了。"
② "(向希望)恳求。"无须强调冰冷、沉默、阴影、颤抖(第二节中的颤抖)与我们病人的世界相似到什么程度。

存在，说作为人或处于恋爱中的我和你的我们的双重模式。我们这里不再谈论存在（成为自己）、时间和空间，而是谈论成为我们。我们谈论"家乡和永恒"[①]。这里，在场不再意味着"让某人遇见自己"，因而也不再意味着情境的决定作用，而是意味着我和你在爱的永恒的瞬间相遇。这不再是能够成为的问题，而是被允许成为的问题；不再是一种个人领域的自我占有，而是从一个人的领域中产生成为我们的优雅。

尽管也可能只是因为它是做人最本真的模式，双重模式是隐藏最深的一种，实际上也是被最严重地抑制的一种。正如在人类历史中，双重模式经过了很长时间才在爱的宗教中、在基督教中获得了突破，也正如它接着改变了人类精神面貌一样，这种突破同样也在个体存在中面临最大的障碍。当它已经基本上发生时，这种突破改变了个体的存在。眼下，存在不再是暂时的在世存在，在悬崖与悬崖间被扔来扔去（荷尔德林），而是不顾一切地在家乡和永恒的无限充实中得到保护。

如果我们问我们自己，这种双重模式能否突破以艾伦·韦斯特之名而存在的存在－格式塔，以及到了何种程度，或者它是否以及为什么只穿越一点，那么我们就会面对整个分析中最狡猾的问题。只是对于在一个人真正地涉及爱的地方，如果要理由的话，那么他就不能触及该领域。就在这里，我们必须只满足于围绕每一个存在－格式塔"实际上"代表的秘密。

当一个存在，正如在艾伦·韦斯特个案中那样，被死亡、恐惧

---

① 参见第269页（指英文原书页码。——中译者注）第二个脚注。

和内疚的存在主义形式控制到如此高的程度时，就意味着，它高度需要成为一个独立个体。当存在如此排外地要成为一个单独个体时，尤其是当它在很大程度上作为一个绝望的个体存在，并只能通过牺牲生命然后是爱，才能摆脱这种绝望时，这表明，存在作为一种具有双重属性的东西（即在永恒、安全的归属感、负罪感和真实文化的存在可能性中），显然没有达到一种突破。相反，这尤其表明，在艾伦·韦斯特不能等待（甚至不能等待死亡）的事实中，甚至就死亡的决心而论，是持续的对"失去时间"的恐惧，而爱本质上是无限的激情（passion infinie），而且绝不是"时间的傻瓜"，就像莎士比亚用这样令人印象深刻的方式所表达的那样。更明显地表明艾伦·韦斯特没有获得真正的文化的是这样的事实，即她并没有完全将自己奉献给爱的想象，奉献给任何一个伟大的"精神目标"（宗教、艺术或科学、政治或教育）。

可是，甚至在这种存在-完形中，双重模式的确在某种程度上穿透出来，正如实际上几乎在所有人身上都能发现爱的萌芽。在讨论艾伦对"社会不公"的痛苦时，我们已经观察到，虽然被野心压制和支配，但这种萌芽仍然出现了。这种存在本不该遭受如此使人烦恼的空虚和贫穷之苦；如果没有超越世界存在之可能性的秘密知识，她不仅将它们体验为一种负担，还将其体验为地狱。我们也谈到在面对她眼中呈现的死亡的不同形式时看到的这样一种可能性的模糊概念。死亡对于艾伦·韦斯特来说并不是虚无。对于她的智力和她的实际行为来说，虚无也就是自杀。从坟墓世界来看，死亡是存在腐烂过程的终结；从幻境来看，死亡是一个性欲-传奇色彩的人物（海王）；死亡是一个性欲-宗教色彩的人物（教父）；死亡是一个性欲-富有美感的人物（美丽的女人，黑发上别着白菊）；死亡是一个性欲-富有诗意的人物（知己）。我们在这里到处都能看到爱，尽管不是以它真正的形式，但也是以缥缈神秘或虚幻、充满热情的"衰败的形式"[①]——至少微微地穿透出来。此外，个案史向我们展示，她或多或少地完全实现了你的塑造（Thou-shapes）：保姆、父母、弟弟、学生和丈夫、美丽的女伴。承蒙她照顾的那些人的感谢和毕生的依恋也给我们提供了艾伦·韦斯特"愿意为你"（readiness for Thou）的迹象，特别是丈夫给予了她深深的爱。我们这里可能要补充的是，他在他整个一生中都为她保留了这份深深的爱。甚至艾伦·韦斯特个案史的读者一定已经看到她不但是一个兴趣对象，而且是你。最后，她感觉她自己越接近死亡，就越突破关于真爱的真正的知识。

但是，我们也可以从永恒的优势角度来理解艾伦·韦斯特在面对死亡时的生命。如果只有在面对死亡时，她才能完全摆脱挑战和顽固、雄心和幻想，实际上，即通常而言的"世俗的恐惧"；如果在接近死亡时，甚至面对死亡时，她能醒悟过来，将她从自己和世界中解放到这样的程度，那么我们就能再次觉察到虚无的一种积极的意义。只有在面对非存在时，艾伦·韦斯特才真正地站在存在中，她才能在从容镇静中击败存在，包括她自己的有限性。但是，只有在存在知道或感觉它自己是这个存在的格式塔，是一个永恒格式塔-形变的短暂表达时，这才有可能。这种知道或感觉是爱的知道或感觉。

这个知识只有在面对死亡时才能打破且不能通过活着来运转自身的事实表明，压力是如此之大，在该压力下，这个存在远离了最初。

[①] 参见 *Basic Forms*。

尽管如此，它能够被打破还是表明了做人的双重模式的力量。

三、存在分析与精神分析

　　精神分析如同它的经验基础一样，同样有其发展史，但它是一种可归为自然史的特殊的"历史"形式。精神分析的这个显著特点涵盖了历史研究的所有三个阶段：启发、批评和解释。① 甚至就启发而言，其对历史经验资料的获得也遵循着它自身的原则。精神分析不但关注使人厌烦的精确而琐细的资料的获得，而且为我们提供了一种新的探索方法。众所周知，这种方法主要强调幻境，正如我们的个案可能会说的那样——幻想和梦的世界。在这一点上，它立刻与存在分析对立了起来。存在分析承担设计人类存在所有可能的世界的任务，忠于黑格尔提出的事实，即个体在它自己世界的意义上，就是它的世界。② 这种对幻境偏爱的原因是，愿望（"快乐原则"）是意义的根本矢量，弗洛伊德正是利用这一点来影响人们。这再次与弗洛伊德的人类学，也就是与他对人类的看法，最紧密地联系在一起。然而，存在分析只是从没有争议的观察结果，即人类存在于这个世界之中、拥有这个世界，同时渴望超越这个世界来接近人类存在。弗洛伊德用（肉体-快乐的）自然人（homo natura）的观点接近人类。③ 这种观点只

---

　　① 参见 L.Binswanger, "Erfahren, Verstehen, Deuten in der Psychoanalyse"（"Experience, Understanding, Interpretation in Psychoanalysis"）, Imago, Vol.11, No.1, 1926。
　　② 参见第 268 页（指英文原书页码。——中译者注）第三个脚注。——英译者注
　　③ 参见 S.Freud, "Auffassung vom Menschen im Lichte der Anthropologie"（"Conception of Man in the Light of Anthropology"）, Nederl.Tijdschr.v.Psychol., Vol.4, Nos.5 & 6.1936。

有在一个完全参与人类存在本身和它的自然-科学-生物重建基础上才可以被接受,精神分析已经发展出了它对历史经验资料完整的批判和解释。历史成为自然史,人类存在的本质的可能性变成了基因发展过程。人类被这样重建后,实际上就是一种被驱动的或被驱动主宰的生物,他的本性本能地被驱动。如果在这里首先关心的是性欲本能的话,是因为性欲被弗洛伊德看作贯穿个体生活史的真正的历史-构成力,这与存在分析截然相反。在愿望、幻境或希望的世界中可以见到的本能的心理表征在人的这一图画中具有独特的重要性,正如我们所说,这被还原为一点,在该点上,图画迷失在心理机制的"装置"的理论主题之中。在应对这一器官的功能模式、它以性为主的系统发生史和个体发生史,以及它对传记的周围世界,尤其是人际世界因素的反应时,我认为(正如弗洛伊德本人所认为的那样),精神分析的真正成就、真正特色——像大多数天才的成就那样,只有在它的一个方面被认可和欣赏时才在科学上硕果累累。

既然存在分析着手于弄清楚人类存在的所有形式和它们的世界、它能够成为的(存在)、允许其成为的(爱)和必须成为的(被抛状态),而精神分析只在涉及这些中的最后一个时才这样做,很明显存在分析能够拓宽和深化精神分析的基本概念和理解。从另一方面来看,精神分析只能限制和摧毁 ① 存在分析的形式,也就是将存在分析还原为它的(片面的自然-进化)观点的水平。对此,我们必须补充一点:存在分析先要建立在现象学的基础之上并运用现象学的方法。因此,并不是客观地考虑人类存在,也即不是把人类存在看作像世

---

① Verflachen,它的意思是还原、耗尽、缩小,几乎等同于降低的意思。——英译者注

界上其他物体一样的物的存在（"在手"），更不是看作一种自然物体，而是探索他在世存在的现象，这种现象本身允许理解自然世界一般意义上的世界设计。

在这些介绍性的言语之后，将论及我必须详细引述的我的论文《关于现象学》[①]，即上面提到的讲稿和我的另一篇论文《基本形式》[②]。现在，让我们转向这样的问题，即在我们这个特殊的个案中，存在分析和精神分析究竟是如何发生联系的。这里要考虑的主题是由第二个精神分析师给出的"等式"：

1. 苗条＝精神的（geistig）；肥胖＝犹太商人。

2. 吃＝受精和怀孕。

在试图用精神分析解释第三个梦时，将会特别阐明第二个等式。

关于这两个精神分析等式，苗条＝较高的精神状态（温柔、金发、白种人）类型，肥胖＝犹太商人类型，我们不能根据各自直接的含义来理解它们，而只能根据每一个等式两边所属的世界的群体来理解。这明确意味着，就它们的归属而言，第一个等式属于幻境，第二个等式属于坟墓世界。因此，我们一定不能说，苗条"意味着"较高的类型，而肥胖就是犹太人类型。存在分析表明，在这个个案中，等式的一个方面对另一方面在我们面前并没有单方面的含义或符号关系，但是双方（在属于同一个世界意义的基础上）有一个共同的含义，在第一个等式中有天上幻境的含义，在第二个等式中有沉重－压迫的含义。我们实际上已经表明，只回到第二个意义：熟悉的人际世界、日常的小世界，同样也呈现坟墓、被墙围住的压抑含义，就像

---

① *Z.Neurol.*, Vol.82, 1922.
② 参见第 269 页（指英文原书页码。——中译者注）脚注。——英译者注

身体被外壳包裹一样。艾伦反抗这两座高墙,她"用她的双手"在身体上和精神上击打着这两座高墙。只有当最开始一个人在人类-存在中预先假定感觉或"情感"的首要地位时,才会在像这样的等号两边之间有一种"符号的"关系。但是,存在分析对这样一种首要地位一无所知,只为了纯粹的哲学和心理学理论而假想地设定,对存在分析来说,感觉总的来说既不是最重要的又不是最不重要的。对于存在分析,人际世界的拒绝和肥胖的拒绝"并肩"站在同一个水平上。然而,艾伦·韦斯特能从人际世界的压力中走出来,并且实际上这样做的次数越来越多。随着她的贪食抵消了该种逃离,她从变胖的压力下逃离的能力逐渐消失了。

对这两个等式来说是真实的,对另外一个分析师没有提及的等式也是真实的:苗条=漂亮的女伴=年轻漂亮(这里需要补充一下:肥胖=臃肿的主妇=年迈、丑陋)。在这两个等式中,我们也必须涉及两个世界,首先是向上生活的幻境,其次是向下生活的"大"世界。这里我们也不能说,渴望苗条就"意味着"渴望(认同)年轻和漂亮,而恐惧变胖就"意味着"恐惧变老和变丑。恰恰相反,愿望和恐惧二者合成整体,因为它们属于同一个愿望世界或同一个恐惧世界。这里也是主流世界,而不是特定的普遍愿望或特定的普遍恐惧具有决定权!这也是存在分析最重要的观点之一,同时也是它与精神分析的主要不同之处。

如果我们转向等式"吃=受精和怀孕"(绝对更难解决),所有这一切就都变得更加清楚了,第三个梦为它提供了有趣的贡献。诚然,我们从第二位精神分析师那里获悉艾伦·韦斯特"认可"这个等式。但是,当分析师将这个等式,特别是吃巧克力与肛欲期联系起来时,艾伦·韦斯特自己宣称,她根本不可能利用肛欲期理解。因此,她的"认可"显然仍是相当肤浅的。

至于肛欲期,我们当然能在艾伦·韦斯特身上找到一些非常明确的"肛门性格"的显著特点:她有力的反抗、任性,以及极其谨小慎微地填充她的时间。然而,除此以外,我们没有发现其他明显的谨小慎微的特征,特别是没有发现任何贪婪的迹象。此外,可供使用的精神分析资料实在太少了,其童年阶段又太模糊,以至于无法得出任何有说服力的精神分析结论。如果等式"巧克力=排泄物"在这个生活史中不能得到证实和证明,那么这就更不能用于下面的等式了,即根据精神分析的经验,接下来得出:排泄物=金钱,排泄物=儿童。假如——尽管有所有这些考虑——我们现在开始探究我们这个特殊的个案的精神分析解释,那么这是因为通过这种方法,我们就能证明精神分析和存在分析之间的主要差异。肛欲期的主题特别适合这一点。

肛欲期的主要特点就是固执地不交际或不让步。它是精神分析一个非常重要的洞见,这一点存在分析完全同意,这样一个基本特点并不受心-身差异的束缚,而是超越了它。但是,这里一致性中止了。这里,存在分析首先问道:对肛欲来说,什么样的世界设计是根本的。就艾伦·韦斯特个案来说,答案是非常简单的:在这项世界设计中,世界的重复性和多样性被还原为洞的形式。这样一个世界中的存在形式就是被束缚或被压抑,设计这样一种世界的自我是一个"空虚"的自我,只关注填满空虚。结果,明显的肛欲与口欲同时出现,贪婪地想要"结合"。但是,因为这种表达(正如精神分析已经非常准确地观察到的那样)并没有局限在肉体领域,所以我们更愿意恰当地说，这只是就纯粹的填满的意义上而言。^① 主导这种世界设计、它其中的存在和设计它的自我的"种类"，只是且完全是空虚和充实的、存在空虚和存在完满的、饥饿和饱食的自我的。这样一种存在形式的基本特点就是贪婪，投身（食物）上。正如我们所看到的那样，这种存在运动具有突然的短暂性、近距离的空间特性。这样一个存在在其中"移动"的世界是暂时朝向充满可能性的纯粹的现在和填充纯粹的此处的；这样一个世界是无光无色的（阴暗的）、单调单一的，简言之，沉闷无趣或单调乏味。这个空虚的世界，对应于存在的空虚自身（同时，它的确是后者的前提条件），即存在的空虚和由此存在的压力。这两种特征都是我们在最初关于艾伦·韦斯特的报告中发现的，并在最后系统的说明中再次看到的，"仍然存在着巨大的未被填充的洞"。在这里，世界只是一个洞，而自我（身体和心理）也只是一个洞；毕竟，世界和自我是相互决定的（与不能常常被重复引用的原则一致，即个体在它自己世界的意义上就是它的世界所是）。

处于肛欲（和口欲）底部的世界设计因而被看作洞、坟墓和墓穴的世界。在洞穴世界普遍流行的（假的-）存在模式^②是贪婪，与存在未被填满和存在并不满足，以及存在的虚空相反。但是，作为贪婪，它没有导致真正的占有或完满，而只导致饱和与膨胀。但是，这意味着"前一刻"还是迷人的、诱惑的和充满魅力的性格，"现在"却是"令人厌烦的"、实际上是叛逆的、令人讨厌和厌恶的性格；向

---

① 在艾伦·韦斯特个案中，被填满的贪婪不但通过对食物的贪婪和饥饿的形式显现出来，而且通过她对生活和权利的贪婪显现出来；也就是，她对生活普遍的渴望和她对权力的渴望（"野心"）。艾伦·韦斯特贪婪地咬住全部生活，用与我们关于遗传的讨论中提到的有关学者的非常恰当的表达就是，她"有力地咬住生活"。

② 这种表达指的是非真实的一种存在形式。——英译者注

上的生活倾覆成为向下的生活，生长、开花、繁盛变成枯萎、衰败、腐烂。生活越猛烈地不受抑制地"登上天空"，它就越快越深地再次落下并成为坟墓，它像吊锤一样抓住存在，压迫并把它拉入死亡之中；对于饱足的渴望并不能填满存在的空虚，只能暂时使它麻木；这只能意味着在这条路上一个短暂的延迟，暂时逃离死亡。死亡的吸引力，提到它让艾伦·韦斯特的双眼放光，也根据这样的事实，即它，只有它——除了可怕的结局之外——是从贪婪的自己逃离的极其被渴望的唯一选择。在死亡夜晚到来之前的生命最后的快乐的日子构成了这个存在分析例子真实的检验。

艾伦·韦斯特整个生活史只是生命向模子和死亡转变的历史。用保罗·克劳德尔（Paul Claudel）的话说，这就是"坟墓可怕的魔力"（alchimie funeste de la tombe）的最典型的例子。精神分析所称的肛欲期只是这种魔力史的一个特殊片段。换句话说，肛欲期属于枯燥、腐朽、腐败的沼泽世界和它的"最终产品"，属于冰冷的坟墓的领域。这项世界设计从我们的病人生活史的开始就坚持自己的权利，尽管一次次被实践行动，特别是被幻境否定和打破。这种矛盾在艾伦的禁欲倾向上出现，从主动放弃甜食到远离储藏柜中的面包，从无意识地放弃社交到自愿-非自愿地放弃生活。

如果接下来存在分析能够毫不犹豫地识别出诸如肛欲和口欲之类的概念（正如它认为弗洛伊德为我们提出的身体形态学，实际上是身体符号的经验，对它自己的事业是最有价值的开端一样）[①]，那么它就必须明确地反对精神分析用来探讨肛欲期和整个经验结构的尝试性解

[①] "Über Psychotherapie."

释。现象学只能承认弗洛伊德的普遍原则:"假定的努力必须让理论先于观察的现象。"①但是,它反对以这样特定的努力去解释。继续说肛欲期的存在形式:现象学不能够回归到肛欲驱力成分作为沼泽和洞穴世界的建构和巩固的遗传条件或原因。它不能这样做,这不但是因为现象学不是一门解释性科学——它将解释留给了客观科学——而且也是因为它必须反对这种类似的解释方式。存在分析不承认在排便过程中的快感,换句话说,不承认作为性欲区的肛欲区的固着,可以建构起一幅洞穴、坟墓和泥潭世界的图画,正如一般而言没有世界可以从感官和驱力中建构一样。该观点完全属于前面的时代,即实证主义时代。然而,存在分析的观点是:相反,只有当作为洞穴世界的世界设计存在时,在儿童期的特定阶段或通过"精神(geistig)分解"的特定形式,作为一个洞被填充和被倒空或保留才被体验为"快乐的"。因此,在精神分析意义上,肛欲只是整个洞穴世界的一部分,这部分被限制在自我世界中的身体部分。结果是,人们更倾向于洞穴世界和沼泽世界的表达。

"经验"在很大程度上是"身体形态学"(somatomorphic)②这一事实只表明,肉身在建构我们的世界过程中和相应地在经验的词语表达中通常所起的作用是如此之大。然而,忽视世界的另一领域可能是

---

① 这个引文来自首先由国际精神分析学会出版的弗洛伊德的《精神分析引论》。在德文中这句话(p.64)是,"*Die Wahrgenommenen Phänome müssen in unserer Auffassung gegen die nur angenommenen Strebungen zurücktreten.*" 这句话的字面翻译是:"在我看来,感知到(观察到)的现象必然屈从于纯粹假设的(假定的)努力(倾向)。"在李维尔(Riviere)的官方英文翻译(Liveright, 1920)中,该句子以语意有些减弱的形式出现在第60页上,"关于这一点,我们仅仅推断的趋势要比我们感知的现象更突出。"——英译者注

② 英文术语"anthropomorphic"(拟人的)或许可以作为"somatomorphic"(身体形态学)和"cosmomorphic"(宇宙形态学)的类比。——英译者注

完全错误的。检验语言尤为有益，因为语言起到"肯定"我们世界-图画的作用。实际上，在我们自己的个案中，我们已经看到，言语表达对体验达到什么样的程度来源于拟人化，既来自一般意义上的宇宙（Universum），也来自它不同的"领域"。当说到情况恶化的精神分裂症患者在为他的体验寻找词语如此困难时，是因为他的体验是完全"新颖的"，解释仍然是肤浅的。事实更确切地说明，精神分裂症患者在为他们的体验寻找词语时有这么多困难，是因为他的"世界"是如此新颖的、如此变动的甚或是分裂的，以至于他再找不到能够附加他言语的"依托点"。

我们现在准备以存在-分析的方式去考虑精神分析等式：吃＝变得多产＝受孕。这里，我们更要避免在符号等式即符号关系意义上理解等式。如果（第二位）分析师的观点是，暴食只是对爱的贪婪的符号表达，恐惧变胖"意味着"害怕变得多产和受孕，那么他通过他诊断的先入之见将得出这样的观点，即艾伦·韦斯特个案是一个"强迫性神经症"案例，其中一种行为无疑代替或"取代"了另一种（"被压抑"）行为-意图。但是，如果事情不像"替代"机制理论所假定的那样，只是简单的强迫性神经症，那么在艾伦·韦斯特的个案中就更不是这样了。毕竟，填充存在虚空——存在的洞和它的身体因素，以及暴食在这里绝不是被压抑的。如果我们谈到幻境的对立面是空洞的世界，这并不意味着艾伦·韦斯特压抑了她的贪欲，而是相反，她反对它，并与它做斗争。① 实际上，正如弗洛伊德自己解释的那样，它是与压抑非常不同的东西。因此，在艾伦·韦斯特的个案中，实际

---

① 实际上，轻泻剂只起到使贪欲无效的作用。这是非常不同的事情，要比压抑多一些"侵略性"而"少一些合适"，因为从长远来看它的目标是达不到的。

情况并不是一个世界统治"意识",另一个世界被"压抑到无意识",而是世界被分裂成两个同等的"意识"世界。

当然,我们绝不否定想要多产和受孕的愿望,就艾伦·韦斯特来看,也可服务于她填充的倾向(而不是相反,即填充的倾向可用来满足多产的愿望)。如果我们知道一些有关她的幼稚的性观念,那么在这里我们就可以更确定了。我们也不否认,受孕的恐惧可以产生变胖的恐惧,并融合在一起,但是,我们再次否认变胖恐惧象征性地表达或意味着怀孕恐惧。只有那些优先用性理论来看待人的存在的人,才会得到这样的解释。存在分析并不以理论的方式来处理人的存在,而是不带"理论偏见"地看待它。然而,贪食(饥饿)的欲望可以与对爱的贪欲融合在一起,而变胖的恐惧与怀孕的恐惧融合在一起,这再次来源于这样的事实,即两种欲望都是一种欲望的特殊形式,两种恐惧是一种恐惧,即对这个同一世界的恐惧的特殊形式——它是坟墓的单一世界,这个存在对它在各个方面都有"强烈的欲望",并且以所有可能的形式恐惧。这是对从向上的生活(年轻和苗条)蜕变到向下的生活(衰老、丑陋、衰退)的恐惧,简言之,对通往坟墓的一系列可怕变化(alchimie funeste de la tombe)的恐惧。这在莫扎特塑造的人物唐璜(Don Juan)身上也能看到。这个戏剧人物代表的不是生命的象征而是死亡的象征。它的发生绝非意外:对爱的贪婪也是对生活的反对。再没有比巴尔扎克的《驴皮记》表达得更彻底了[①]:驴皮,生命持续的象征,以同样的比例浓缩为对生命和"让自己活过"的爱的贪婪。

[①] 从字面上说是"悲伤的皮肤",它是一个关于魔术皮革的故事,皮革的主人每次连续许愿都会使皮革缩小。皮肤代表着时间的消失,和时间的增长是相对的。——英译者注

通过分析第三个梦，现在存在分析和精神分析的关系可能变得更清楚了。既然由于精神治疗的原因，我们不能考虑我们病人的梦的分析，因而这里没有可用的"自由联想"，我们被局限在显梦的内容上，局限在一般意义上的梦的心理分析经验和到目前为止通过我们的存在分析发现的知识上。

第三个梦是：

1. "在去海外的旅途中，她从舷窗跳进水里。"
2. "第一个爱人（那个同学）和她现在的丈夫试图救活她。"
3. "她吃了许多奶油巧克力，把她的身体塞满。"

这里的梦给我们的最初印象是，水的"因素"起着一定的作用（正如火的因素在第二个梦中所起的作用那样）。我们在个案史中很少发现水和火，除了在《吻我至死》的诗中；在该诗中，太阳像燃烧的皮球一样沉入海洋和黑暗之中，她要求冷酷的海王用强烈的爱欲将她紧抱入怀，亲吻她至死。这种火与水的相遇——爱欲的一种表达——在我们个案报告中是非常少见的。正如我们已经看到的，在艾伦的世界中，不但火与水，而且空气（白天）与土地（黑夜）彼此斗争。如果火和水（尤其）是净化因素，那么它们是表示过去和未来的因素，而空气和土壤也是合适的因素和干扰与僵化的因素[1]、提高与消沉的因素、超前和已成为的因素[2]、广阔与狭小的因素。在艾伦·韦斯特个案中，存在主要在这些存在方向上移动。现在，水（将我们自己限制

---

[1] 当我们在这里提到泥土，我们只是指"死亡"的泥土！
[2] 这里所用的表达是 Sich-vorwegsein，指的是暂时超越自身，是海德格尔意义上的从生到死。Schon-in-sein，指的是被抓住，在狭义的存在领域，差不多是捕获的意思。——英译者注。

在这个因素上）尤其是以大洋或海的形式出现的水，是深度的因素。[1]这个因素为什么只在梦中才能获得这样的重要性，这是个很有趣的问题，但是在这里不可能进一步地探讨。艾伦的自杀企图并不是想要溺死，而是想要把自己扔出窗口（扔向泥土），被碾过（在泥土上），或毒死她自己，这很值得注意。在这个问题上，存在分析至今只处于初期。让我们只注意深度（尤其是水的深度）与过去的亲密关系。巴什拉尔在他的书《水与梦想》(*L'Eau et les rêves*)[2]中问道："一个人能没有细节的想象而真正地描述过去吗？"这对存在分析非常重要。总之，他简要而明确地宣称"我们过去的灵魂是深水"[3]。如果我们将艾伦跳入海中解释为投入她自己的过去，那这就阐明了水的"母性"意义[4]和真正的海洋的多产意义。关于这，米什莱[5]说道："这就是海。它是，它看起来像世界上伟大的女性，她永不停止无法满足的欲望，永久地受精和生育孩子。"从这个解释来看，过去和未来、生成和死亡、出生和生产结合在一起。如果我们把她将自己投入海中解释为淹没在过去之中，那么我们可以将她努力复活的企图解释为她的存在回到现在的"人间"的一种表达。一旦做梦的人在人世上，她也让她自己"活动她的脚"。她和事物的关系再次非常清晰和简单，以至于

---

[1] 荣格已经引用了塞内卡的观察，即大多数湖因为它的深度而被看作神圣的东西。"Wandlungen und Symbole der Libido.I"（"Metamorphoses and Symbols of Libido.I"）.*Jahrb.f.psychoanal.u.psychol.Forsch.*, ed.Bleuler and Freud, Vol.3.

[2] Pairs:José Corti, 1942.

[3] 为了更好地理解，可参见第四章整个第三部分，"Les Eaux profondes"（"深水"）。深度和情绪（"心境"）之间的关系已经被 E. 明可夫斯基辨别出（"Vers une cosmologie.La Triade psychologique"）（"Toward a Cosmology.The Psychological Triad."）。

[4] 也可以参见 Jung, *loc.cit.*, Vol.2, 以及其他参考文献，Vol.4。

[5] Calman-Lévy, "Histoire naturelle.Le Mer"（"Natural History.The Sea"）。

她甚至可以再次吃巧克力糖果并塞满她的躯体，表明未来亦自我展现出来。

这是关于一个人可以存在-分析式地走进这个梦的方式，与根据个体的生活史分析和解释不同。存在分析不能将以精神分析生活史解释的方式解释一个梦看作它的任务，更不用说存在分析总是意识到，在一个梦中，一定不能研究整个人，而是应该研究一种存在模式，即自我-遗忘的存在这样的事实了。

然而，因为当我们看到精神分析可能如何看待这个梦时，被精神分析解释的那些梦的方面变得显而易见了，所以存在-分析的解释能划出范围。于是，精神分析解释作为基本的存在-分析基础上的特定的（弗洛伊德派）符号-解释而为人所知。

让我们接着转向根据生活史的解释。前面的两个梦和之后的那个梦，解释了贯穿始终的以毫不伪装的方式呈现的死的愿望。这个梦亦是如此。不管我们是向前读它还是向后读它，它总是以死的愿望开始和结束，因为根据精神分析的经验，即使是塞满（死亡）也象征着死的意愿。然而，没有精神分析家会满足于此，他将直接宣称：

1. 第一句，"在去海外的旅途中，她从舷窗跳进水里"，代表人所共知的生与重生的象征之一（船等同于母亲的身体），在"无意识"中后者达到这样的程度，即亲生孩子的出生的想象总是与自己从母亲那里出生（重生）相连。①

2. "第一个爱人（那个同学）和她现在的丈夫试图救活她"，这涉及两个在艾伦·韦斯特的生活中最重要的男人：一个（金发的、温

---

① 参见 in this connection my "heel Analysis," "Analyse einer hysterischen Phobie" ("Analysis of a Hysterical Phobia"), *Jahrb.f.psychoanal.u.psychol.Forsch.*, Vol.3。

柔的）是"高尚的灵魂和北欧人类型"的代表，另一个是实际严肃的世界和"自然"的代表。艾伦·韦斯特，作为一位女士遇见第一个人，作为妻子与第二个人相遇。复活的企图、从死亡中觉醒，再次是一个众所周知的"象征"，即受孕的象征。梦者愿意通过这两个男人有一个孩子。

3. "她吃了许多奶油巧克力，把她的身体塞满"，表明填塞不仅是死的象征，还是怀孕的象征（躯干等同于身体）。这属于口欲和肛欲期的领域，填满空的容器，而且这里我们实际上遇到的是吃带奶油的巧克力。通过吃来生孩子的想法实际上是口-肛怀孕和出生-想象的一部分。总而言之，可能艾伦·韦斯特在童年早期有这样的性思想。根据这个早期的观念，且只根据这个，我们真的可以说吃意味着受孕。相应地，在显梦内容的第三句，我们已经将最早的生活史层面引到我们面前，而第二句已经预先假定了男人参与受精的认识，因此源于"更新近的层面"。另外，梦中的糖果和棒棒糖，在弗洛伊德看来[1]，"一般代表爱抚、性需要"。因此，像通常的情况一样，我们必须回溯整个梦境。当时的翻译版本如下：

她吃巧克力糖果是为了减轻她的性需要并为了有一个孩子。现在，她放弃了这种方法，因为她知道，这需要一个男人。她在那位同学和她自己的丈夫之间摇摆。孩子出生，同时她亦重生了。

我们并不认为，在这个分析中，我们已经违反了弗洛伊德学派的解梦方法。毕竟，它是弗洛伊德最重要的观点，即显梦内容罗列的句子必须被"转化回"逻辑情景。我们采用完全同样的方式，研究在一

---

[1] "Aus der Geschichte einer infantilen Neurose"（"From the History of an Infantile Neurosis"）, *Coll. Works*, Vol.3.

些观点中实践的思维的并列类型和逻辑水平，这些观点在很多方面像梦的语言。就两种语言类型来说，自然而然遗留的问题是，我们有什么权利使用这种向后转化的方法，或者换句话说，在多大程度上，我们将松散地排列在一起的词语或句子中出现的"思想之种"等同于产生真正思维的思想和愿望。

到目前为止，我们已经单独分析了关于受精、怀孕和出生动机的舷窗之梦。但是，我们还必须考虑它的死亡动机，它在显梦内容中和塞满（逝世）的象征中都揭示了自身。

不管我们是向前读梦还是向后读梦，这里梦的第二句都是主要之点。毫无疑问，我们必须认真对待第一句的显梦内容，并且如同在其他梦中一样，必须识别出死的愿望和它的满足。这里，让我们回忆一下弗洛伊德在题为"反向形成"中识别和描述的梦的呈现方法。既然我们看到，在梦的第一句和第三句中都包含着死的动机，如果中间句子只谈到生而未谈到"与之相反的"死，那么这就值得注意了。如果我们将使用这个解释的含义，那么就必须在复活企图中识别出垂死时求助的愿望，实际上，艾伦在散步时不断向她的丈夫表达这样的观点。因而，该梦向前读，也可以解释为如下内容：

我有死的愿望，而那位同学或我的丈夫应该帮助我。如果他们帮助我，我就能再次不受伤害地吃巧克力糖果并填充我的身体（"为了来世"）。

另外，如果我们应该遵循第一句的外显内容，也就是根据它们实际的内容理解它们，那么我们将必须满足于下面"表面的"解释：现在，我再次活着并可以安全地吃巧克力糖果和去旅行。

现在，存在分析对所有这些必须说些什么呢？

尽管释梦并不在存在分析的能力和范围之内，但存在分析仍将加倍注意到，精神分析解释已经揭示了在一个并且是在同一个梦中，出生和怀孕动机与死亡动机这样一种紧密的相互关系。它当然能够将这种动机的缠绕加进它自己的分析，将它看作横跨整个生活史的、上升与下降生活的对比的部分现象。至于重生想象的出现和将它与自杀倾向合并的企图，无论如何，存在分析指出，通过艾伦·韦斯特清醒的表达自然可以了解她重生的愿望（"上帝，再造我一次，并把我造得更好"），但是却认为"从无意识中"解释太片面了，对整个存在不公平。精神分析——存在分析——继续根据本能单方面地作出它的解释，完全忽视了存在因素，也就是艾伦·韦斯特绝望地想要成为自己，然而却是不同于她的那个她的事实，这种绝望驱使她走向死亡。不以这种方式不顾一切的存在，可能用一些方式或其他方式向贪食妥协。在那种情况下，或者通过英雄-哲学般地向"命运"屈服，或者通过宗教般地向"神的意志"屈服，否则只有通过放弃任何"精神"存在和屈服于麻木的、动物性的存在模式，绝望才可能发生。艾伦·韦斯特既不是为某个人又不是为其他选择而创造的。

关于"食物＝受精＝怀孕"的精神分析等式，存在分析再次加倍地注意到，吃和受精的动机之间的缠绕应该出现在这里。但是，在已经证明了贪食容易还原为洞的世界和填充洞的需要之后，它只是这种在世存在的"空虚"模式的一个特征。存在分析不能承认，为了理解对食物的贪婪，我们需要假定"隐藏在其后"的对爱的贪婪。当然，在艾伦的爱情生活中，极端的特质和"对爱抚的需要"被回忆起来，但是在她的个案中，没有看到特别强烈的"压抑"迹象。但是，即使我们可能谈及对爱的贪婪，存在分析也必须再次声明，尽管根据两种欲望与地下或坟墓世界的共同关系，它们可以进入连接或融合，但是这绝不意味着，其中一个只是另一个的象征性替代物；换句话说，不能说对食物的贪婪"意味着"对爱的贪婪，因此也不能承认，恐惧变胖意味着恐惧怀孕。这也不意味着幼儿期的性观念——据此来看受精是由吃引起的——对艾伦·韦斯特的整个存在具有如此重要的影响。幼儿期性观念的象征意义和重要的影响这两个论点无疑都只有在假定力比多是存在的基础和动力时才可能。但是，存在分析并不做这样的假设。我们绝不否认有这样的存在形式，其中存在是如此刻板或最终"固着"①（"神经症"），以至于只能从"固着的"最初愿望和努力中来看才能理解它们的存在模式。但是，对一般意义上的人的存在，尤其是艾伦·韦斯特个案，我们对这些存在形式的理解并不正确。

所有这些已经将我们更近地带向这样的问题，即存在分析对弗洛伊德学派的无意识观点采取什么样的立场。之前，我们已经提出，是否将显梦内容"向后转化"为隐梦思想是无可非议的问题。如果谁遵循这种方法，那么他就在意识人格"之后"建构了一个"无意识的"第二个人，这当然是不被存在分析条件允许的，因为如果个性是它的世界（在它自己世界的意义上），并且如果它的世界只用语言来确认，换句话说，无论怎样，需要语言才能成为世界，那么在语言尚未成为语言的地方，也就是尚未有交流和有意义地表达之处，我们就不能谈到个性。因此，弗洛伊德谈到无意识时，最初并没有说"自我"，而是"伊底"。然而，后来他通过肯定也应该将"部分自我和超我"看作无意识的，对无意识是第二个自我或第二个人的流行观点给予了支持。

---

① 关于这种表达，参见 Kierkegaard, *Philosophical Fragments*, Vol.1。

根据所有这些，存在分析必须声明：在严格的精神分析意义上（即不是在疏忽或遗忘意义上），无意识或许指的是一个人，但绝不是一个存在，因为后者意味着一个此地和有此地的人（也就是说，知道它并与它有关的人）。这里的"此地"是它的开放性、它的世界。然而，无意识（正如已经注意到的那样）没有世界；世界对它并不开放，甚至不能——如在显梦中那样——"从虚无中显现"，而且它并不理解在它的世界方面的自己。无意识的伊底并不处于存在（此在）意义上的世界里，因为在世存在总是意味着作为我－我自己、他－他自己、我们－我们自己，或者无名的自己而存在于世，而且至少伊底知道"家"的任何情况，本来对双重我、我和你来说就是成立的。伊底是使存在客观化的科学建构物——一个"本能能量的容器"。

当然，这并不意味着存在分析对愿望、幻想或做梦不感兴趣。实际上，现在的研究证实了该种兴趣的存在。但是，它最终关心的是特别的世界－设计、存在于其中和与它相符的自身存在。至于梦，我们自己已经多次涉及这个问题，并做出解答，认为在世存在的做梦模式可被理解为卷入自我世界[1]、身体的存在[2]、自我－遗忘意义上的存在[3]，特别是以乐观的思维、奔逸的观点[4]来看。

我们已经表明，存在分析和精神分析如何才能在存在－完形的理解中合作，但是我们必须一次又一次地提醒读者，在这两种如此不同的科学企图之间有一条裂开的鸿沟。一个是现象学的，它致力于每一个词语表达、每一种行为模式、每一种态度的现象内容，并试图用先

---

[1] "Traum und Existenz."
[2] "Über Psychotherapie."
[3] 同上，也见 *Basic Forms*。
[4] *Über Ideenflucht.*

于身体、灵魂和心理分离、意识与无意识分离的人类存在的基本模式去理解它；而另一个是客观化的自然-科学的，它根据弗洛伊德将现象隶属于"假设的基本努力"，并不研究有关其中出现的世界-设计的词语内容，而是研究那些努力或"自然"本能，因而将人的存在投射到"自然"存在的概念水平。这样，不受个人支配的、不可名状的伊底（与我和我们不同）[1]——包括人毫不逃避地听任他所遇到的没有任何真正抵抗可能性的不可抗力的摆布——变得如此重要。自然，存在分析也一直如它所不断强调的那样，从这样的假设开始：存在并不自己打基础，但是它了解与它的基础有关的自由——自我-负责意义上的自由（从柏拉图到尼采）。人类在选择自己"品质"的态度方面存在自由意义上的自由（Le Senne），并且它知道我和你在爱中自由地相遇的恩赐。不管以何种方式，一个人都希望在理论上或宗教上去理解这种自由。存在分析坚持这样的事实，即作为人不但必须成为而且能够成为且被允许成为总体上在存在中感到安全的存在。在这种程度上，它不但考虑幻境的愿望与想象和它的"基础"、坟墓世界的愿望，而且考虑真正的我-我自己和永恒的我们，存在与爱，能够存在与允许存在，因而能实现真诚、美丽和善良的存在。既然弗洛伊德从神经症患者中发展出他的人类形象，完全忽视了他自己典型的存在，那么他的观点（总之是自然主义者的观点）必然关注不可逃避的必须成为。但是，既然甚至神经症患者都不仅仅是神经的，那么一般意义上的人也不仅仅是被驱动的。我们这里论及的是在人的科学理论框架下，人类形象的单方面扭曲。因此，精神分析只有根据人类学或存在

---

[1] 参见 Hermann Ammann, "Zum deutschen Impersonale"（"Remarks on Impersonal Expressions in German"）, *Papers in Honor of Husserl*, 1929。

的彻底研究才能成为"人的学问"(humanology)。

四、心理病理学的临床分析

在我们转向由我们的个案引发的纯粹的临床问题之前,让我们再次简要总结一下存在-分析解释的结果。在这项研究中,我们不仅感兴趣于为精神分裂症理论提供一种决疑的贡献,而且这个个案表明,精神病人可以而且必须被观察和科学地研究,而由之产生的观点和研究的方法又是多么不同,甚或说存在分歧。

我们个案的存在-分析观念在发现我们必须利用存在-完形时告终,存在-完形的世界越来越多地呈现虚空的形式或洞的形式,而且整个存在-形式只能用存在-空虚或成为一个洞(being-a-hole)来描述。实际上,成为一个洞是存在本质的一部分,它既可以被体验为虚空、被限制和被压抑或束缚,又可以被体验为对自由的渴望,同时最终也使它的表面成为一种自我的特定模式。这个存在对自己开放的所有世界-领域,对周围世界和对人际世界,以及对自我世界来说同样真实。在所有这些世界-领域,我们从所有这些中同样发现虚空、束缚、压力和对自由的渴望,而且只有在所有领域中都能看到和欣赏它们的人,才能在身体-世界领域正确地看见和欣赏它们。接着,如果我们试图再次总结个体的特征和不同世界-领域内的这种在世存在的模式的现象形式,但是完全不试着详尽地呈现它们,那么我们将再次尽全力从景观世界开始：被限制和被压抑在这里呈现为阴郁、黑夜、寒冷、退潮；边界和限制表现为潮湿的雾墙或乌云，虚空表现为怪诞，对自由的渴望表现为（从洞中）上升至空中，自我表现为安静的鸟。在植物世界中，被限制和被压抑呈现萎蔫，边界表现为令人窒息的空气，虚空表现为野草，对自由的渴望表现为生长的动力，自我表现为枯萎的植物。在物的世界里，我们在洞、地窖、坟墓中，在围墙、石头建筑、脚镣、网中，在肥沃的器皿里对自由的渴望中，在废弃的果壳中的自我中，发现被限制的存在。在动物世界之中，被限制以被放入洞中呈现，限制表现为土地或黑夜，自我表现为不能有任何对自由的渴望的蠕虫，虚空只是过呆板单调的生活。在人际世界里，被限制表现为被抑制、被压迫、被损坏和被纠缠；虚空表现为缺乏宁静、淡漠、不悦地服从、孤立、孤独；边界桎梏，或是日常的毒蛇，或是令人窒息的空气；洞本身表现为小世界（日常的）；对自由的渴望表现为独立、违抗、造反、反叛的强烈愿望；自我表现为反叛、虚无，后来表现为胆怯的妥协者。在作为思想世界的自我世界，我们在怯懦、沉溺、放弃华而不实的计划中辨认出被限制；在责难、从各个方向入侵和包围的嘲笑着的魔鬼和幽灵中发现障碍；在被一种单一的思想统治中发现虚空，甚至被当作虚无；在怯懦的蚯蚓、冰冷的心、绝望地对自由的渴望中发现自我。在作为身体世界的自我世界里，我们发现自己被限制或处于被压抑变胖中；对于脂肪层的障碍或墙壁，存在用拳头击打墙壁反对它。我们在存在的沉闷、愚蠢、衰老、丑陋甚至存在的死亡中发现虚空，在想要纤瘦中发现对自由的渴望，自我只是作为材料填充和再卸空的管道。

所有这一切清楚地表明，日常言语中使用"陷入黑暗"这样的表达方式，确实抓住了我们为之忙碌的整个现象的一个非常重要的"宇宙学"特征。但是，出于同样的原因，我们可以谈到变暗、使混乱、冷却、淹没、破坏性的；或者谈到窄化、包围、诱惑、卷入、遮蔽、压倒性的，谈到被抓住、被攻击，谈到被拴住、被围住、被压迫、被压制、被埋葬、被倒空，谈到被监禁、被孤立、被捕获和被奴役。所有这些表达和更多的表达，不但挑选出某一宇宙学特征，而且挑选出文学语言中经常描述为变得"陷入黑暗"（Umnachtung）的那种存在转变的全部现象的周围世界、人际世界和自我世界的特征。特别是，在我们的个案中，"空间的"起源于"去－排列"（de-ranged，verrückt）的表达不见了。在空间－时间－领域中的表达属于"停止"（发展的）。纯粹的时间术语也很少，源于事物领域诸如分裂这样的表达；源于植物领域诸如顺次死亡、枯萎、凋谢、腐朽的表达；源于动物、人类和灵魂世界，则关于诱捕、缠绕、孤立和除嘲弄、诅咒、责难、监视、中毒等之外的所有表达。从身体－领域得出变胖、变丑和变冷的表达；精神领域则变得迟钝、愚蠢、懦弱、屈从、死亡、战栗，不进一步发展，仅仅是一个阶段，徒然地挣扎，遭受地狱的折磨，成为行尸走肉，等等。像这样的"世界－图画"被歪曲成愁眉苦脸。

在回顾存在分析的这些结论时，我们立刻意识到，自然－历史取向的临床方法为了能够论及疾病过程并将它投射到"有机体"和大脑的功能模式与结构上，而不是考虑这样存在转变的现象整体，所必须使用的还原过程有多么激进。既然我们在前面关于思维奔逸的研究中已经简述过这种心理病理学－临床还原过程，所以在这里我们就略述了。

像存在分析和精神分析一样，心理病理学的临床分析也依赖于生活史。正是由于这种"叙述性地"特征，正如伯根斯基（Bieganski）[①]清楚地认识到的，不但精神病学，而且一般意义上的医学也与所有其他的自然科学不同。但是，存在分析贯穿深入口头表达与其他表达现象的内容和意义之中，并从中将世界和在世存在解释为历史的，因此将人的存在理解为它以自己的术语在那些现象中出现，精神分析将时间性转变为编年学（一系列"时代中"的生活事件），存在转变为客体，存在的发展过程转变为遗传的发展过程，生活史现在转变为本能驱力的特定变化的症状等。相反，临床分析将生活史变为疾病史，口头语言和其他表达现象成为某物的标志或症状，该物实际上并不在它们中表现，而是隐藏在它们之中，也就是说，疾病和现象学解释的地方被诊断所吸引：精确的自然－科学研究与在常见的症状类型和种类的指导下对疾病症状及其分类所做的集合。然而，当我们谈及诊断时，我们谈到的是正如其他的医学分支（在这里不能完全详述）一样的精神病学中的有机体。诊断判断是生物学的价值－判断。对于存在分析来说，是一直降到纯粹的存在的洞的存在虚空；对临床分析来说，则是有机体疾病过程、它的功能"紊乱"和"损害"的症状。精神病病理学系统以这个基本概念为基础，正如"内部疾病"的病理学系统一样。因此，一个人做出精神病的诊断，不但要知道这些基本概念，而且要熟悉已经建构和围绕它建构的整个实验系统。正如植物学

[①] Bieganski, *Medizin.Logik* (*Medical logic*) (German transl.by Von Fabian) (Würzburg:1909).

家或动物学家如果希望对一种植物或动物分类,他必须知道植物或动物系统一样,一个人必须知道精神病系统的类型、等级和种类,才能根据在其中观察到的症状将个体个案与其他个案相比较,并对个体个案正确地加以评估,即根据这样的比较将它"分类"。

在我们转向这项任务之前,我们必须进一步用言语表示关于心理病理学和它与存在分析的关系。像许多传统心理学一样,心理病理学也在将存在客观化和将它当作名为"心灵"的客观之物的两个方面,与存在分析直接相反。在做这个时,两者都完全错过了"心灵"在该词原初意义上的含义。作为对顺序的经验(只提到一个因素)的替代,他们将经验的序列(事件、过程、功能、机制)置于灵魂或意识之中,这使得"灵魂"或"意识"成为第二个心理有机体甚至是器官,在身体器官旁边或随同身体器官一起存在。特别是,正如我们从艾伦·韦斯特个案的描述中看到的那样,我们这里涉及的是极度简化、重新解释和将人类存在还原为自然科学的类别。然而,心理病理学为了找到与生物学的"联系"而接受所有这些,正如已经注意到的那样,单独保证了医学意义上的疾病概念和医学诊断与因果治疗的可能性。因此,在精神病学中我们得出双重有机体的结论,从该结论中得出关于一个有机体是否对另一个起作用,它们是否彼此平行或"实际上"完全相同这样无益的和空洞的争论。所有这些都是从纯粹的科学理论中引出的假问题。一旦我们已经通过这种自然科学研究加以理解,这些问题就消失了。在它们的地方出现意向性(胡塞尔)问题和在它之上与之后的存在或在世存在的问题,主体性的现象学问题深化为存在的存在性问题。

在对理解存在和非存在的情形必须根据精神病理学概念进行简要

评论后，我们最后转向我们的精神病理学临床任务。现在，艾伦·韦斯特的历史和存在完形将被艾伦·韦斯特个案代替。

让内的纳迪亚个案和艾伦·韦斯特个案

尽管在年轻女孩和妇女身上，通常会出现对变胖的说不出的厌恶和多种保持纤瘦的手段——由于空虚或对爱情失望才对变胖产生说不出的厌恶——但像我们的个案这样的情况并不常见。我所知道的文献中的类似案例，只有让内的纳迪亚个案[①]。让内用纯粹的描述性分类，报告个案带有身体耻感的强迫观念（obsession de la honte du corps）。

纳迪亚（Nadia），27岁，未婚，她在5年前被推荐向让内求助，诊断结果是厌食性癔症，她为自己设计了一种异乎寻常的营养模式（两小份肉汤、一个蛋黄、一茶匙醋和一杯非常浓的柠檬茶）。她的家人试图改变这种饮食，导致她大发雷霆。她采取这种饮食方式的动机是害怕变胖（la crainte d'engraisser）。让内很快就看出，这根本就不是强迫症个案（perte du sentiment de la faim），正相反，纳迪亚总是感觉饿，实际上有时感觉非常饿，以至于她贪婪地吞吃所有她看到的东西（dévorer gloutonnement tout ce qu'elle rencontre）。有时，她也偷偷地吃饼干。之后，她心里会非常痛苦，只是下次再有机会时她又这样做。她自己承认她很努力去克制自己不要吃东西，因此她感觉自己像个女英雄。有时，她可能光想食物就能想几个小时。她是如此地饿，以至于

[①] "Obsessions et Psychasthénie"（"Obsessions and Psychasthenia"）.

总是吞唾液、咬手绢,并在地板上滚。她总是在书中寻找描述宴会的话语,使自己在心理上沉浸其中,并欺骗她自己脱离她自己的饥饿感。让内总结道:"拒绝食物只是观念和妄想的结果。"他说,从表面上来看,这种观点是害怕变胖。纳迪亚看来好像害怕变得像她母亲一样胖。她想要既瘦又虚弱,这样才能与她自己的特征相符。她总是害怕变得面部浮肿、肌肉强壮、看起来很健康。谁都不能告诉她她看起来气色很好,这样的评论曾引得她旧病严重复发。她总要人们确定她很憔悴。这种对她外表的"强迫性质疑"的发展,使她身边的那些人非常烦恼。到目前为止,这个个案的全部症状都与我们的个案非常相符,除了下面的主要区别:一个是发展"强迫性疑问",另一个是"思维强迫"。此外,在纳迪亚个案中,对变胖的排斥涉及的是她母亲;而在艾伦·韦斯特个案中,想瘦的愿望涉及的是她漂亮的女性朋友。然而,从精神分析来看,两个个案可能反映的都只是对母亲的爱的压抑和被压抑的爱的"回归"这两个不同方面——纳迪亚是通过自恋的方式,艾伦是通过同性恋的方式。

据让内的观察,纳迪亚的强迫观念(pensée obsédante)绝对不是孤立的、令人费解的僵化观念,而是复杂的思维系统的一部分。变胖(l'embonpoint)烦扰她,并不是因为调情的原因,因为她并不想变漂亮;在病人的眼里,这是不道德的,是"她嫌弃的"东西(cela me fait horreur)。如果她真的变胖了,她可能羞于让任何人看,不管是在家里还是在街上。然而,变胖(l'obésité)对她来说本身似乎并不是"令人感到羞耻的"(honteuse),而且实际上(和我们的病人相比),她非常喜欢胖人,并认为,它是适合他们的（这表明了母亲情结的矛盾心理），只有就她自己来说，变胖才是"羞耻和不道德的"（honteux et immoral）。这种判断不但应用在变胖上，而且应用在所有与吃有关的事情上。

如同我们的病人一样，疾病始于她坚持独自用餐，好像躲着别人。以她自己的判断，她感觉她像某个被要求当众撒尿的人。当她吃太多时，她责备自己在某事方面不像样。当突然被抓到自己吃棒棒糖时，她感到非常羞愧。一旦她在"美食的好奇心"（"de gourmandize et de curiosité"）下非常冲动地吃了巧克力，她会写无数的信为此事向让内道歉。不但不应该看到她吃，而且不应该听到她吃。她自己的咀嚼——只是她自己的咀嚼——很大程度上引起丑陋和让人丢脸的噪声。她乐于吞咽食物，但是人们不应该认为他们可以强迫她去嚼。

就像艾伦·韦斯特最后的症状超出了可见的症状学范围，纳迪亚最后的症状也是如此：尽管非常漂亮和苗条，但是纳迪亚认为她的脸浮肿、呈红色并且有青春痘。任何看不到这些青春痘的人不理解，青春痘是长在皮肤和肉之间的！

从她4岁开始，纳迪亚一直为她的体型感到羞愧，因为有人告诉她，对于她的年龄来说，她长得有点高。从18岁起，她一直对她的手感到羞愧，因为她发现她的手既长又可笑。大约在她11岁时，她强烈反对穿短裙，因为她认为所有人都在看着她的腿，这是她不能忍受的。当她穿长裙时，她又为她的脚、她的大屁股、她胖胖的手臂等感到羞愧。

月经来潮后，阴毛的生长和她乳房的发育几乎让她半疯。直到她20岁，她才试着摆脱阴毛的困境。从青春期开始，她的整个身体状况开始恶化,拒绝平时的食物并拒绝在公司吃饭从这一时期开始了。

纳迪亚试图通过服饰和头饰等一切手段隐瞒她的性别(正像艾伦直到她18岁的情况),以便给人留下阳刚的印象。她尽一切努力使自己看起来像一名年轻的男学生。然而,让内认为,在这种情况下谈到性倒错是不合适的,因为纳迪亚对成为一名男孩可能同样感到羞愧,她想要变得彻底地无性别,实际上,她显然是想没有身体,因为她身体的所有部分都引起同样的感觉(情感),对食物的拒绝只是这种感觉的一种非常特别的表现。

至于哪种观点决定所有这些评价(apprèciations)的问题,让内认为,他必须承认羞愧感的重要作用。从童年时期开始,纳迪亚不能在她父母面前脱衣服;27岁之前,她不让任何医生听她的心跳。对此,她有一种模糊的罪恶感,为她贪食和所有缺点感到自责。(关于童年早期手淫,我们知道的信息像艾伦·韦斯特个案一样少。在两个个案中,我们有意从精神分析的经验中做出肯定的回答。)

在两个个案中,一个进一步的主题起到相似的作用。纳迪亚说:"我不希望变胖或长高,或者像一个女人,因为我总想仍是一个小女孩。"为什么?"因为我怕被爱得少了。"这个主题可能在艾伦·韦斯特个案中也起一部分作用,不幸的是对她儿童时期的心理生活我们知之甚少。无论如何,艾伦·韦斯特不想是一个孩子,而只想保持年轻,成为一个赫柏(Hebe)[①],像她优雅的女

[①] 赫柏是青春女神,赫拉(Hera)和宙斯(Zeus)之女,为奥林匹斯山诸神的侍女。——中译者注

朋友。但是据让内看，纳迪亚害怕丑陋和可笑的真正原因是害怕人们会嘲笑她、不再喜欢她或发现她与别人不同。"被爱的愿望"和对不配接受自身热烈渴望的爱的恐惧，无疑伴随着罪感和羞耻感（aux idees de fautes possibles et aux craintes de la pudeur），并引出身体－耻感的强迫观念（我们自己可能说：罪感和羞愧感是害怕失去爱的主题，并且也可能是身体－耻感的主题）。

让内的记录就这么多。作为纯粹的"疾病史"，它是一份关于疾病症状和它们"时间上"顺序的记录。因此，我们没有找到关于这个人类存在与它独特性的所有现象的人类学解释，而只是"通过某物来感受特定的人"，即通过它的弱点。[①]而且这里被看作弱点的特征是那些可以识别出来的脱离正常的行为，后者被预先假定为人所共知（尽管并没有公认）。该记录努力从单一的病态的基本情感，即身体－耻感的角度，去解释疾病特征的心理上的多样性。但是，只有在心理学或心理病理学谈到情感，即所有心理表达中最模糊和最不明确的情感的情况下，存在分析的科学任务才刚刚开始。为了它，"感情"这个词只意味着问题陈述的范围。

当让内已经确定，在纳迪亚个案中，身体所有部分都引发同样的罪感，实际上是耻感时，他停了下来。因此，根据他的观点，我们必须考察广义的身体－耻感。但是，我们必须以这样的问题开始：这样的身体－耻感的存在意义是什么？它怎样才能从存在的角度理解？纳迪亚甚至比艾伦更有野心[②]：她不但想要苗条，而且甚至想要没

[①] 参见 Basic Forms。
[②] 参见第 277 页（指英文原书页码。——中译者注）第三个脚注。——英译者注

有身体，或者可以说想要过着天使的生活。[①] 她的双脚也没有牢牢地站在地上，她想要逃离人类命运的有形部分，并希望既没有性又没有营养，还完全不被看见或听见。后者只意味着她意欲从人际世界中退出，并过着纯粹的唯我论的生活。她的身体-耻感并不是由于身体而感到羞耻，而是因为她作为身体——或者更好的，作为有生命的身体（Leib）——的存在。当一个人谈到肉身羞耻时，身体不是在它的同一性联合中看见作为外部对象的可见身体（对象）和身体意识，而是如同纳迪亚本身的个案一样，只是作为一个可恨的、讨厌的、要将它从身体-世界的眼中藏起来的对象。但是，我的身体永远都不只是一个对象，都不只是外部世界的一部分；正如维尼克认为的那样，我的身体也总是"我"。如果我希望脱离我的身体，摆脱或隐藏我的身体，那么我也总是希望逃离我自己，摆脱"我自己的某物"，并隐藏"我自己的某物"。我，作为天使，希望摆脱并隐藏我中恶魔般的某些其他东西，或摆脱并隐藏作为恶魔的我自己。不管这种罪的意识可能以什么方式出现——通过童年早期手淫或手淫代替物或者通过对母亲的攻击倾向——这里都不重要。实际上，和对遗传起源和从那里得出的唯一解释的单方面过分简化不同，我们的任务正是发现本质（edios），即特殊的在世存在的完形；没有这些，遗传解释仍悬在半空中。因为即使我们都遭受同样的"情结"，它也仍然必须表明，当它遇到诸如神经症或精神病时，世界-图画和在世存在是如何改变的。

回到纳迪亚个案，不仅是羞耻感，还有罪恶感在这里也比艾伦·韦斯特个案中更清楚、明显。但是，这完全不意味着在艾伦的个

[①] 两个个案之间内在的关系是非常有启发性的，也是非常有特点的。艾伦也把变瘦和没有身体的存在联系在一起："这种变瘦、变得没有身体的理想……"

案中缺少后者。艾伦的禁欲主义特点非常可能在童年早期已出现。此外，她对吃甜食的自责也明确地表明了易受良心责备的性格，在两个病人中都有这种责备，非常像"走错了轨道"。责备其自身所为的和想躲开人际世界的，是她们的贪婪，它再次成为她们存在的身体之"兽性的"、生物的、"邪恶的"方面的表达。同样，童年早期基督造物的思想（在艾伦个案中是通过保姆）可能起一部分作用。一般而言，纳迪亚和她所有的攻击性，仍然是非常依赖人际世界的；艾伦·韦斯特的本质更多的是自我-激励。这也可以从这一事实看出，即纳迪亚发展出环境世界-取向的"强迫性质问"，而艾伦·韦斯特的"强迫性思考"完全是自我世界-取向的"强迫行为"。还有，纳迪亚清楚地表达了这样的恐惧，即如果她胖了，那么别人将不那么喜欢她了。而实际上，如果艾伦变胖，她就不能再爱自己了。

此外，除了惹人注意的恐惧和怀疑其他人取笑她之外，纳迪亚还表现出了克雷奇默（Kretschmer）所说的偏执狂感觉（paranoia sensitiva）的忧郁症形式的特点。[1]尤其是考虑到难以纠正的（在我看来是彻底的）关于咀嚼、青春痘和浮肿的幻想忧郁观念，其中参照人际世界似乎要比参照身体化的自我世界起更大的作用。

这将我们带到纳迪亚个案的诊断上。大家都知道，尤金·布洛伊勒和荣格都认为，让内的大部分个案都应该被视为精神分裂症。同样，曼弗雷德·布洛伊勒[2]正确地宣称，偏执狂感觉的各种衍生形式——作为一种心理-反应的疾病——不能很清楚地从晚期精神分裂

---

[1] 参见克雷奇默的专著 *Der sensitive Beziehungswahn*（*The Sensitive Delusion of Reference*）（Berlin:Julius Springer, 1927）。——英译者注

[2] *Fortschritte d.Neur.u.Psych.*, No.9, 1943.

症中区分出来。即使是在纳迪亚个案中,我们也不能说是晚期精神分裂症,我认为这里也必须做出精神分裂症的诊断。实际上,根据既往病史非常容易有这样的看法:在童年早期发作的疾病,在青春期继而可能有第二次发作。克雷佩林已经指出,婴儿初期精神分裂症创伤似乎要比我们倾向于假定的发生得更频繁。我根据自己的材料只能证实这种假设,尤其在诸如按"神经症式"路线发展的个案中。这也不能完全排除有关艾伦·韦斯特的个案。不幸的是,让内没有告诉我们任何关于纳迪亚遗传方面的东西。

虽然在这一部分中,我们必须论述诊断的还原,但是我们必须(慢慢地)努力地用存在-分析的术语更彻底地解释纳迪亚个案——尽可能基于纳迪亚的症状,特别参照艾伦·韦斯特个案。

我们已经强调了两个个案在它们存在模式上的主要差别。在艾伦·韦斯特个案中——我们这里只涉及"最终状态"——存在主要专注于成为它自己,与它自己交流,或自我世界的存在领域之中;纳迪亚个案则主要在人际世界领域,在一个人与他人的交流中。[①] 两种存在模式本质上彼此相互依赖或缠绕在一起的程度如何,我们将看得越来越清楚。诚然,艾伦·韦斯特也感觉她自己在一个"玻璃球"中,因"玻璃墙"而与人际世界相"分离",但是她忍受着这种分离带来的痛苦。不过,对于她来说,这种痛苦不是主要的痛苦,她最痛苦的是她自己内部的或来自她自己的痛苦,来自她自己"对她自己的暴力"。因此,她不能逃脱自身,她被束缚起来,她在她自己的陷阱之中,她只能通过自杀才能将自己从陷阱中解脱出来。因此,我们也发现她在面对他人时羞愧的迹象。当然,她在吃东西时也必须将她自己

---

① 参见 *Basic Forms*, Part I, chapter 2 and 3。

与他人相分离（隐藏），但是她主要羞于面对自己，因此继续独自与命运作战，并将它掌握在自己手中，而不理会其他人。当然，他人也必须肯定她不胖，但是在这一点上，只有她，而不是他人，才是最高法庭。她将她的"贪婪"主要体验为对她自己的厌恶，而更少是对他人的厌恶。她的存在被埋葬、世俗化、虚空化，她成为一个洞，主要关注自我世界，人际世界领域的倒空只是这种存在的结果。

纳迪亚则非常不同。她避开他人，喜欢向他们隐瞒自己，并感到痛苦，因为她不能做到愿意这样做。她害怕引起他人的注意、与他们不同、他们没那么爱她了，并且她通过无数"装置"保护她不受所有这些伤害（艾伦·韦斯特所使用的"装置"则起到保护她自己的作用）。在纳迪亚个案中，出现在我们面前的是"羞耻感和耻辱感"，在广度和深度两方面病态地加重了，正是希望对他人隐藏她自己。然而，我们一定不能将这么多的感到羞愧的症状看作真实的或本质的东西，因为它们只是一些表征物，通过这些表征物，我们识别出这个存在一定对他人隐藏了它自己。这些表征物只是被羞耻的痛苦击中的突破点。此外，只有在我们看到纳迪亚将自己看成该死的、可憎的、令人厌恶的，实际上是令人作呕的时，我们才能理解这种存在形式。艾伦从她自己退回到身体世界，为了保护她，使用轻泻剂；而纳迪亚从她自己退回到人际世界，为了保护她，利用对人际世界隐藏的策略，这些隐藏策略是她的保护装置，以免其洞悉到她羞耻的存在。存在，或如欧文·斯特劳斯对它的命名——保护性羞耻，彻底成为隐藏性羞耻。[①]

[①] 关于这种区分，可参见斯特劳斯（在苏黎世）做的讲座，"Die Scham als historiologisches Problem"（"Shame as a Historiological Problem"），*Schweiz.Arch.Neur. u.Psychiat.*，1933。在我看来，在这里提到这一点很重要，即根据弗洛伊德的人类理论，他看到并试图"解释"的只是后一种羞愧类型。

就后者来说，据斯特劳斯看，它不是最初的羞耻问题，不是人之初所固有的（也不是在生活史过程中获得的），而是与人际世界相连或来源于一个人自己在他人之上的反映。面对也能使自己感到羞愧的自己，这种羞耻不能保护"存在的秘密"，相反，它服务于"社会地位"（斯特劳斯）。

羞耻现象

这里，我们必须暂停一下。斯特劳斯的区分是重要的和正确的，但它不应该导致我们忽略作为一个整体的羞耻现象。在羞耻现象的底部，存在的（保护的）羞耻和人际世界的羞耻合成一体，就像存在（成为-自己）和人际世界（与之在一起）合成一体一样。这在羞耻现象中也许比任何其他别处暴露得更清晰，因为存在的羞耻也在脸红中，也就是说，能从在某种程度上与周围世界有关的现象中看出来！我当然可以说，我在我自己面前脸红，但是实际上，我在别的或其他的人面前脸红。这里再次展现了一个事实，这对理解我们的个案极为重要，即令别人看到的羞耻正是它想要隐瞒的，换句话说，是存在的秘密。我想起了黑贝尔（Hebbel）的一个警句：

> 人类的羞耻指出了罪恶的内部边界；
> 在他将要脸红之处，无疑产生他高贵的自我。

不管我脸红是因为我自己已经触及罪恶的内部边界，还是因为其他人已经触及它，我总是通过对某事脸红来向他表露出实际上我完全不想表露出的东西，即那个触及"我内部"罪恶边界的"点"。如果我们认为"罪恶"是精神上的（geistiges）现象，脸红是身体上的现象，那么作为整体的那个羞耻现象与这种分类相抵触就变得明显了：一方面，非常像它；另一方面，依靠它。没有人比舍勒理解得更深，他提出："只是因为拥有一个身体是成为人的一部分。""一个人会进入不得不感到羞愧的状态，而且只有因为他将他精神上成为一个人体验为在本质上独立于这样的一个'身体'和能由身体产生的所有一切，对他来说，进入羞愧的状态才是可能的。"

"因此，在羞耻中，心灵和肉体、永恒和暂时、本质和存在以独特的和模糊的方式彼此相连"（当然，这里的存在不是海德格尔意义上的，而是作为一般意义上的存在和与本质相反的对立面来呈现的）。"所有不同种类和形式的羞耻感……都有这样一个重要的、无所不包的背景：那个人感觉到并知道他自己在存在和本质两种情况的深渊之间是一个'桥梁'、一个'高架桥'，他在两方同样地根深蒂固，即便是为了另一个，他也不能放弃其中一个，如果他还想被称为一个'人'的话。"[①]

根本不需要很深的洞察力就能看出，艾伦和程度更严重的纳迪亚没有认识到这种作为人的双重目的，而是想推翻它并不顾一切地与它斗争。但是，这是一种"精神"（Geist）病。

现在，既然羞耻如此倾向于隐藏，朝向－人际世界的羞耻、羞耻的独特的主要矛盾——它展现给他人的正是它想要隐藏的——变得更加明显。但是，这将我们带入我们可以称之为"疯狂地博取注意"的

[①] "Über Scham und Schamgefühl"（"On Shame and the Feeling of Shame"），*Posthumous Papers*, Vol.1.

核心。①

我们从纳迪亚的个案中非常清楚地看到了这个。她特别反感作为必须羞愧基础的肉身，导致她的肉身越发成为注意的焦点、注意的对象。但是这意味着：与他人的交流或交往（一起工作、一起游戏、一起努力、一起享乐、一起痛苦，等等）只限于被他人在被观察意义上的接受，也就是，只限于存在对象化的特定形式和到那里的特定距离。纳迪亚和窥阴癖者相反，也就是，或许可以这样说，一个"被看见的某人"（"homme-à-voir"）。这里，羞耻并不是"掩盖身体"的精巧的心理外壳（Madame Guyon），并因此是"肯定的自我价值"的一种表达，而是看不见东西的斗篷②（在它后面，她试图隐藏她的身体，她的存在的看得见和听得着的部分完全离开他人的眼睛和耳朵，是绝对的复兴自我-价值的表达）。在这个个案中，匿名性比在罗夏测验中的"伪装"反应程度更深。③这里，自我不但隐藏在无个性特征的面具之后，而且希望再也不被看见，甚至不被戴面具的人看见。让内在这里将其命名为身体-耻感，正如我们已经看到的，只是被看见、被观察，或者更准确地说，可能是被看见（de pouvoir d'être vu）的耻感。因此，所有眼中的恐惧是关于体型、身体功能、服饰、皮肤的。除此以外，正如我们已经看到的，还有在咀嚼时（honte d'être entendu）。纳迪亚也非常希望成为她自己，但却是另外一个自己，不可能像人一样的自我，即作为一个看不见、听不着，因此非身体化的

---

① 参见 Scheler。
② Tarnkappe，字面意思是一个使人隐形、它自己也被隐形的面具。——英译者注
③ 参见 Roland Kuhn, *Über Maskendeutungen im Rorschach'schen Versuch*（*On the Mask Response in the Rorschach test*）（Basel:1944）。

自我。因为这种愿望仍然比想要瘦的愿望更"离谱",更"不符合现实",所以我们从纳迪亚那里得到她比艾伦"更有病"(sicker)的印象;而且我们必须指明,她的"个案"在临床上甚至比艾伦·韦斯特的个案"更严重"(more severe)。因此,变胖的恐惧在两个个案中必须有不同的精神病理学评价。在艾伦·韦斯特个案中,它是她恐惧自己选择的、拼命维护的永葆青春的理想和将生活降级为一般的一种表达;在纳迪亚个案中,它是她恐惧一个人能被看到和听到的条件下的生物的、身体的存在的一种表达。这种恐惧因此是更加"偏离"存在的表达,因为它否认任何人的生物基础。简言之,纳迪亚拼命地努力将未公开的存在引入公众之中。一个想要引导这样一个从人的角度来看不可能的存在的人,我们有充分的权利称之为疯狂(verrückt)。

对我来说,以一种不被人际世界观察到的(看不见、听不着、完全不可触及)方式存在的想要存在的愿望似乎包括了精神分裂症存在模式的基本问题之一。从表面上看,我们可能这样解释,即纳迪亚从人际世界(公众的)中退出,退到完全难以触及的地步,这是因为她对她的体型、她的衣服、她的青春痘等感到羞愧。但是,深入地思考肯定会得出相反的结论,因为在许多不知不觉的严重的精神分裂症个案中(艾伦的个案也是其中之一),我们发现,在纳迪亚的个案史早期,有一种对她自己被"抛入"的存在的方式的反抗,简言之,对人类命运的特定模式任性的、顽固的反抗(在我自己的个案中,这种反抗通常指向父母的性别,尤其是女性病人,不愿被当作女人)。在这种反抗中(传达了绝望的意义),存在敢于成为希望成为的自我,而不是它所是的和它能是的自我,它显然与一般而言的存在结构背道而驰,它试图突破后者,实际上试图破坏后者,即使同样绝望地坚持成为自己。但是，这种结构并不让它自己被突破，也没有被破坏，而是一次又一次地坚持它自己，只是以另外一种（"异常的"）方式，正如我们已经在我们的研究中展现的那样，出现思维奔逸。对于纳迪亚，正如已经论及的那样，我们从下面的事实看到了这一点，即她越顽固地不想引人注意，她就越成为周围世界突出的目标，以"她皮肤下的"青春痘而结束。因此，存在的结构再次坚持了它自己。人类越固执地（专横地）反对他被抛入到他的存在，并随后进入一般而言的存在，这种抛入的影响就越强烈。应用到纳迪亚个案中：她越想不引人注目、不引人注意，她的存在就变得越惹人注意，也就是说，她就越觉得她引起人际世界的注意，其他人以某种方式将其"收入他们的眼中"。纳迪亚确信，对别人来说，她是惹人注意的，这离她确信别人嘲笑她仅一步之遥（这源于前面的那个信念，在其最初的构想中，她带有不受欢迎和可笑地引人注意的特点）。纳迪亚在他人面前必定感到羞耻，因为她存在的模式是一种荒谬的模式。如果我们在完全存在的意义上引起她对此的注意——这对此类精神分裂症患者来说已是不可能的了——她可能真的必须"进入她自己"（in sich gehen），但她可能不再需要在他人面前感到羞耻了。然而，如果她有可能获得一种对它的纯粹的理性理解——这在这样的个案中有时还是可能的——她可能或者自杀，或者（正如经验表明的那样）其精神分裂过程抛出更厉害的重磅炸弹。

羞耻的问题和精神分裂样过程

我们将再次更加深入地检查这个过程，尤其是连同羞耻现象的过程。这个问题（正如我们前面的讨论明确表现的那样）以存在的羞耻和潜藏的羞耻在同一个羞耻现象之内的现象学"关系"为核心。当我们谈到存在羞耻时，也就是"罪的内部界限"被存在地体验之处，因此，"高贵的自我"（黑贝尔）被当作秘密来预言和保护，在这里，人类是他自己的主人和法官，自我是它自己的主人。另外，自我越不做它自己的主人，它就越不知不觉地陷入对人际世界的依赖，人际世界就越成为自我的主人和法官。因此，儿童（作为一个依然有依赖性的存在）对人际世界的"判断"有很高的依赖度。但是，儿童——正如弗洛伊德没看到的——如果不能感受，或者至少猜测罪的内部界限就是羞耻，那么他将不能依赖人际世界的判断。在这个意义上，"病态地夸大"羞耻只是重新退回到孩童时期。但是，我们必须指出，人类是必须首先获得一个存在的位置还是从一个人已经获得的位置退回到先前的位置之间有很大的区别。

现在，关于通过羞耻的问题理解精神分裂样过程，主要的一点是：这里，我们必须研究作为人在这个意义上的改变，即"罪的内部界限"不再是根据自我的标准自由变动或流动（所谓自我的标准，即在各种情况下自我重新且自由地"决定"必须感到羞耻的情况和羞耻的程度与强度），而是这种界限一旦固定则永远固定、凝结（figé），正如马斯隆（Masselon）在他的论文中提出的那样。① 然而，马斯隆仍然片面地将这个术语应用到精神分裂症患者的思维（lapensée）中。我们在这里要和任何地方一样，不应该将思维当作我们的起点，而应该将我们的注意力集中到整个存在形式上。羞耻的解释（正如我们已

---

① 参见 Jung, *Über die Psychologie der Dementia praecox*（*On the Psychology of Dementia Praecox*），1907。

经看到的)是非常适合于此的。罪恶的内部边界不再流动——不再根据内部和外部的情况而变化——而是"凝结"的原因正是如此——自我之处被人际世界取代(这总是伴随着存在的虚空或倒空)。人际世界不是一个人自己的标准,而是一个外在的标准;而且同样,它不再依赖于我自己,而是将我看作不可移动的和不相关的某物来面对。我们非常无意地称之为羞耻感(和其他情感)的"外投",只是将我们存在的重心从自我转移到他人的判断上,作为固定的来体验。因此,自我(正如我们上面指出的那样)变成了事物的一种状态,被他人判断,因此也被我判断,换句话说,它变得客观化,成为一个"固定的"物体或东西,有着固定的形状、固定的维度和重量。结果,正是那个作为人的领域突出出来,它最易于与这些条件相符,换句话说就是身体!"身体"象征着我们此时此刻的、空间扩展的、当前此时的存在领域,也就是眼睛和耳朵可见可听的,与独立于(世界的-)时间和空间的自我的存在时间相反的领域。客观化的自我现在不能再将它自己体验为和它绝望的挣扎正好相反、本质上独立于它的身体的东西,它不能再感到存在上的羞耻,而是必须将它自己在他人面前隐蔽起来。身体-耻感是纯粹的隐藏的羞耻,也就是一种假的羞耻,将它称为丢脸(disgrace)要比将它称为羞耻感更好。因此,精神分裂症过程主要是在自由的自我朝向永远-不自由的("不自主的")自我-疏离的客体日益凝结("凝聚")意义上的存在的虚空或贫乏的过程。只有从这种观点看,它才能被理解。精神分裂样的思维、言语、动作只是这一基本过程的部分现象。存在的虚空或贫乏(正如我们已经知道的)只是自由到强迫、永恒到暂时(舍勒)、无限到有限的转变。因此,克尔凯郭尔可以公开说,在精神错乱中,"微小的有限已经被固定——它永不可能在无限（的内在性质）中发生"[1]。

这种讨论只是想要表明，如果我们谈到智力活动的损失（perte de l'activité intellectuelle）（马斯隆）、联想结构的松散（布洛伊勒）、精神活动的最初缺乏（Berze），或者活动意识状态的改变（克隆菲尔德），那么通过精神分裂症问题，我们不再确信科学对我们提出的要求。所有这些都是精神分裂症过程的理论（心理病理学的）解释，试图通过公式的方式解释它，该公式使用了一个跳过真实发生的情况和必须用作起点的解释性的理论判断。这里，我们的格言依然是：从理论返回到现象的详细描述，在今天，在可供我们使用的科学手段的帮助下是可以做到的。

为了避免误解，必须强调，用"过程"这个词，我们根本不只是指一般意义上的——在雅斯贝尔斯意义上的——心理过程，而是指精神分裂样过程，也就是与尚未知道的精神分裂症病因同时发生的在世存在或存在的转变。

对暴食的进一步观察

在题为"恐惧症的身体机能"的文章中，让内也提到了一个18岁的女孩，她没有歇斯底里的厌食症，但她看到食物时的感觉与艾伦的那些感觉表现出某些相似之处："当我看到食物时，当我试图将它们放到我嘴里时，我马上感到什么东西在我胸中拉紧，它使我窒息，它在我的心中燃烧。似乎对我来说，我正在死去，尤其使我头脑不清。"

---

[1] *Philosophical Fragments*, I.

他还提到了一位女病人。她在 21 岁时,在给一个孩子哺乳后,开始厌恶、恐惧吃东西,并拒绝食物。这种症状后来一度消失但又重现,接着再次消失,最终在绝经期以下面的形式显现出来:该病人进食正常,但是害怕她的病会复发导致她不能进食,那样她可能不得不死于饥饿,因此,她在恐惧中进食,因为她害怕她可能再一次出现害怕进食的情况。

让内正确地将这些"恐惧"从消化的恐惧方面来定义,但是他仍然将它们归入恐惧症的身体机能之中。

罗恩菲尔德(Löwenfeld)在他的著作《关于强迫性的心理现象》(On Psychic Compulsive Phenomena, 1904)中提到,贪食被归在与焦虑发作一样的症状之中。他又补充道,在马格南(Magnan)看来,对食物的欲望可以呈现强迫的特点,虽然病人在反抗,但伴有压倒病人的恐惧,例如,一个病人对她强迫性不停地吃感到绝望,自愿接受住院治疗。

斯塔赫林(Stähelin)提到某些精神病患者增加的吃的欲望与突然增加的性欲有关:"因此,我可以证明,对于某些精神病患者,重要的冲动的突破,例如猛烈增强的性驱力的突然发作,有时间歇性地伴随着完全失眠、多动,以及对吸烟、吃喝的狂热。也就是,一种基本的本能引出其他的本能与之相伴,直到最后'深层-人'(depth-person)完全获胜,而人格的较高级部分或者麻木或者完全服务于本能。"[①] 我个人只能肯定这些观察结果。

---

① "Psychopathologie der Zwischen-und Mittelhirnerkrankungen"("Psychopathology of Diseases of the Diencepgalon and Mesencephalon"), Schwei. Arch.Neurol.u.Psychiat., Vol.53, No.2.

在精神分裂症中，暴食是如此地常见以至于没必要对它进行探究。这里亦是如此，它通常与性过程、愿望和恐惧相联系。对一位奈尔肯（Nelken）的病人来说，射精是在每个人感到饥渴和"暴食"后"最恐怖的事"[1]。我们或许可以进一步提到韦伯（Weber）的指导性观察，尤其是在虚无妄想的个案中，经常发现食物的贪婪和拒绝的侵袭。[2] 在艾伦·韦斯特个案中，我们对贪食和性欲之间明显的关系知之甚少。我们也没获得任何关于贪食在月经周期之前、期间或之后是否更严重或有所减轻的信息。我们只知道，在生理周期终止之后（或期间？），艾伦的贪食有增无减。

斯塔赫林报告了一项我们的个案所感兴趣的观察[3]：

> 一个18岁、中等体格的女孩，拘谨、难相处、敏感、活泼而且聪明，已经遭受了3个月的虚弱无力、头痛、抑郁的想法的折磨。但是，她在吃饭之后感觉身体和心理都非常好。在两餐之间，只要她吃面包、水果和巧克力，她也感觉非常好。她在20岁时经期停止，有抑郁症状和自杀的冲动，"以病态的速度和数量吃东西"。虽然其他方面没有冲动，但是她在没有胃口、更不用说饥饿的情况下反复狼吞虎咽地吃整块面包和大量的甜点，之后她有时努力将其吐出来。她将这看作症状的动机："它像一种

---

[1] "Analytische Beobachtungen über Phantasien eines Schizophrenen" ("Analytical Observations of the Fantasies of a Schizophrenic"), *Jahrb.f.Psychoanal.u.psychol. Forsch.*, Vol.4.

[2] *Über nihilistischen Wahn und Depersonalisation* (*On Nihilistic Delusions and Depersonalization*) (Basel:1938).

[3] "Über pröschizophrene Somatose" ("On Pre-schizophrenic Somatization"), in "Papers in Honor of A.Gigon," *Schweiz.Med.Wochenschrift*, No.39, 1943.

躁狂。其他人也有令人厌恶的欲望，因此失去了他们的心智，我的贪食癖就像嗜酒者有酒癖一样。现在，我被毁了。"她想用食物来麻醉她自己，有意让她自己沉入虚空和不负责任之中。"通过什么也不做，只是吃，我精神上开始衰退。"接着，她出现了阻滞、愁眉苦脸和完全抑郁的行为方式。

我们发现，这里的贪食及其存在上的意义与艾伦·韦斯特个案中的一样。后者也感到贪食代表她精神上的死亡。然而，与其他病人相比，艾伦与其做斗争，不料渐渐地决定自杀，将自杀看作可能逃脱这种贪婪与精神冲突的唯一出路，并且决定逃脱完全的精神衰退的危险。与之相比，斯塔赫林的病人接受精神上的衰退并用贪婪代替自杀。"以前，我想纵身跳到窗外；现在，我再也不自杀了。"紧接着上面所引用的话就是："通过什么也不做，只是吃，我精神上开始衰退。"

在艾伦·韦斯特个案中，我们必须将存在分析的理解投注到贪食和衰退之间的内部关系上，但是在这个个案中，它们简单可见。然而，事实上，它们是如此地清晰可见，而且病人如此冷静地选择精神衰退而不是自杀，表明这里的过程要比艾伦·韦斯特的进展快得多。

在这个个案的身体检查中发现了心跳过缓和某些血液与新陈代谢方面的疾病，因此怀疑病人有复杂的内分泌紊乱，尤其是肝脏代谢紊乱。在让病人采取高糖、保肝的饮食，辅以卡罗维发利盐（Karlsbad salt）、埃弗托宁（Ephetonin）、甲状腺剂（thyroid）和女性激素后，她变得更加放松并能工作了，三周后月经又来了。五周后，病人出现显著的轻度躁狂状况（饮食正常）。在普通的和稳定的行为保持四个月后，更大的焦虑发作，导致严重的紧张症。在胰岛素和卡地阿唑

（Cardiazol）的作用下，情况有了很大改善。病人的月经没有规律。斯塔赫林将它看作明显的营养本能的中脑障碍，认为心理动机只是继发的。病人的一个完全健康的姐妹同样遭受着贪食的折磨，尤其是当她感到情绪低落时；吃东西后，她感到强壮有力，但同时也遭受良心的责备。

在讨论和诊断我们的个案时，我们会回到这个个案和前精神分裂的表现形式中。现在，我要对我们的个案进行心理病理－临床分析。

焦虑等价物？歇斯底里？

在我看来，没有什么理由可以将艾伦·韦斯特的贪食或"暴食"看作焦虑发作的等价物。在我们的个案中，持续的存在恐惧绝没有被贪食"代替"，取而代之的是，在吃的期间和之后，它不但像这样存在，而且甚至继续增加。最多有人可以说在贪婪地吞下食物时，恐惧暂时减少了。也不能有任何这样的想法，即：恐惧，正如一种等价物，被抑制贪食诱发出来。至于其他，我们必须清楚地在（植物－神经症的）贪食（易饿症）和暴食之间做出区分。易饿症本身不需要以野兽般的贪食、动物一样地吞吃食物的形式表现自己。在这种情况下，我们离开了所谓的神经症领域。

如果在艾伦·韦斯特的贪食个案中，真的有焦虑等价物，那么我们首先必须想到焦虑的歇斯底里。除了它根本不是一个单一的恐惧问题而是连续的恐惧发作的问题这一事实之外，对于这种诊断，也缺乏生活史中的诱发因素。这里的焦虑既不是依附于一个明确的"创伤"事件，也不从这样的创伤事件中或在这期间发展出来，因为这个原因，这个个案中的精神分析不能说明任何东西或显示治疗的效果，也没有任何转变为歇斯底里的证据。当第二位分析师将她的抑郁称为"强烈的和有目的的恶化"时，很明显，这是源于治疗乐观主义的错误。同样，当他谈到"明显想给她的丈夫留下印象的特性"并将这些特性命名为歇斯底里的时，个案的结果也必须证明病人并没有真的为了她的丈夫而"假装"。即使她的症状在她丈夫在场时真的似乎更明显、更严重——这一点我自己从未观察到——从个案的整个结构也很容易理解这一点。总之，我们甚至不能在这里谈到歇斯底里特征，尽管也许有人可能希望将这整个个案称为歇斯底里。对于艾伦·韦斯特来说，没有哪里有所谓的为决定发展自己的个性的歇斯底里冲动的问题，没有"歇斯底里的"说谎、欺骗或夸张的问题，她强烈的渴望只是对重要性的歇斯底里的追求。毕竟，她用她所有的力气去实现她的渴望并遭受痛苦，因为所得落后于她所想，但是她没有掩饰这一点或试图用假的成功来跨越它。

成瘾和存在性成瘾（Süchtigkeit）？

进一步的心理病理学问题是——我们是否以及在多大程度上可以将贪食称为一种成瘾——这似乎是斯塔赫林的病人用她自己的话提到的。但甚至就是在这里，正如将在我们心理病理学观察的过程中一次又一次出现的那样，它表明艾伦·韦斯特个案中的全部症状很难明确地只用既有的概念去概括。

冯·斯托克特（Von Stockert）[①]记述了他称之为糖癖的一种对甜

[①] "Zur Frage der Disposition zum Alkoholismus chronicus"（"On the question of the tendency toward chronic alcoholism"），Z.Neur., Vol.106, 1926.

食的真正成瘾。一名 21 岁的学生，只要从前线回到后方，就有一种异乎寻常的对甜食的渴望，并会从一家糖果店跑到另一家糖果店，狼吞虎咽地吃糖果。这种成瘾在战争结束后仍然存在。要是几周没去糖果店，他会突然连着去四五家这样的商店；然后，接连几周他感觉没有这样的需要。这样的无节制行为在早晨通常有点让人情绪恶劣，这使他不能下决心去上课。由于对错过上课感到苦恼，他会跑到甜品店，然后，一旦阻碍被克服，他就从一家甜品店跑到另一家，根本顾不上品尝他所吃的东西，直到他花光了钱或慢慢屈服于当时的需求。冯·斯托克特正确地将这个个案与嗜酒者的不愉快感的反应放在一起。尽管吃甜食对病人来说是令人愉悦的，但在他看来其自身也并不能解释"不能停止"。

这个个案表明，存在一种真正的甜食成瘾，它的预后、全部症状和过程与酒癖类似。但是，艾伦·韦斯特个案中对甜食的需要在它的主要方面与此不同：它不是作为"异乎寻常的"的某物出现，而是经常存在；它不需要特别的时刻并且没有终止；没有简单的虽然完全满足了这种需要但是"不能停止"的事，与此相反，这样的需要永远得不到满足，并且总是在等待中存在。

我们倒不如将艾伦·韦斯特的"食欲"及想起它的强迫性冲动与慢性吗啡成瘾者的"吗啡欲"和慢性嗜酒者对酒精的渴望进行比较。正如许多瘾君子必定想起注射器，嗜酒者必定想到瓶子或玻璃杯——或必定用几乎清晰的"幻觉"将它们形象化一样——艾伦·韦斯特亦必定不停地想到食物或几乎用幻觉将它们加以形象化。但是，这两个个案都不是真正的强迫性思维的问题，而是强迫性需要，这正是我排斥布洛伊勒、宾德（Binder）和其他人之处。在那些慢性酒精中毒的个案中，根本不是"强迫性观念作用"的问题，而是部分躯体——新陈代谢调节的问题——的需要，通过它的暂时满足或许可能很快且永远地平息这种需要。在那些不能终止的个案中，诸如艾伦·韦斯特或那些酗酒者，虽然已经喝得不省人事，但仍继续机械地喝；没有强迫性冲动出现，但是有一个更复杂的替代物——（作为一项规则，在我的经验里）一项精神分裂的冲动（对于身体成瘾，麻醉剂自身最终能强迫终止该成瘾）。因此，在艾伦·韦斯特个案中，没有持久地平息饥饿的感觉，因为饥饿就在这里，正如许多嗜毒病一样，不仅仅是身体调节的需要，同时也是填充存在虚空或空虚的需要。这样一种填满和填补的需要，我们称之为存在性的成瘾。因此，如果艾伦·韦斯特没有遭受临床意义上的成瘾之苦，那么她的"生活－形态"仍落入存在性成瘾的心理病理学类别之中。在这一方面，她近似于毒瘾者和许多性变态者的生活－形态。同时，由于缺少足够的材料，所以对于她自己的同性恋成分对她未满足的和未填充的存在的影响有多大这个问题，我们仍无法解决（在纳迪亚个案中也是这样，虽然让内的断言与此相反，这个问题仍然有待解决）。

在我们的存在性成瘾的概念方面，我们完全同意冯·格布萨特尔的观点，他追随欧文·斯特劳斯的观点，在之前的一篇论文① 中提出了对成瘾的基本观察，并在他最近的一篇论文② 中对此有所发展。在嗜物癖中，他只看到极端的，尤其是临床上显著的普遍存在的成瘾

---

① "Süchtiges Verhalten im Gebiet sexueller Verirrungen"（"Addictive Behavior in the Realm of Sexual Deviations"）, *Monatsschr.f.Psychiat.u.Neur.*, Vol.82, 1932.

② "Die Störungen des Werdens und des Zeiterlebens.Gegenwartsprobleme der psychiatrisch-neurologischen Forschung"（"Disturbances of Becoming and of Time-Experience"in *Contemporary Problems of Psychiatric-Neurological Research*）（ed. Roggenbau）（Stuttgart:1939）.

个案,"决策-抑制的"(decision-inhibited)人受此折磨。然而,在"决策-抑制的"术语中,他的理解既不是一种"生命的抑制"(vital inhibition),也不是弗洛伊德意义上的本能抑制,而是有限的"生成障碍"(disturbance of becoming),或(正如我们所说的)存在成熟意义上的存在于世的时间-结构的改变。对他来说,控制存在成瘾的时间-结构因素是重复(repetition):"成瘾,已经失去了他内部生活史的情境连续性,因此只以点状碎片的形式存在,在幻想满足的时刻,也就是中断的时刻。他时时刻刻都在活着,但是最后对所有人都不满。当他已经被他不满和宿醉——强迫性直接重复他所做的事——形式的经验的幻想抓住时,他几乎不通过享乐、感觉、麻醉、取胜、成功等方式掩盖他此刻的虚空。躁狂者总是做同样的事,持有同样的经验,在这种条件下,经验的内在时间不知流向何处。"对于任何一个对我们的讨论(即艾伦·韦斯特个案中的存在形式表现出所有"成瘾"的在世存在迹象)不清楚的人来说,一定能通过这个描述将其说服。

关于这一点,应该指出的是,汉斯·昆茨(Hans Kunz)已经接受了冯·格布萨特尔关于性倒错的观点了。[1]

强迫,恐惧症?

在我们前面的综述中,纳迪亚已经发展出质疑-强迫的倾向,艾伦则发展出强迫思考的倾向,我们这里用的是强迫这个词最普遍的含义。纯粹从临床上来说,这里我们不能说强迫。真正的强迫性质疑同样关注质疑,真正的强迫性思考同样关注思考,因此,可以说,在一

---

[1] "Zur Theorie der Perversion"("On a Theory of Perversions"), *Monatsschr.f. Psychiat.u.Neur.*, Vol.105.

个病人身上，强迫存在于作为质疑本身的质疑需要，在另一个病人身上则存在于作为思考本身的思考需要，而哪个被质疑、哪个被认为是不断变化的，是不合理的或者说是完全无意义的。① 另外，在纳迪亚和艾伦的个案中，必须被问及的某些特定事物和某些特定思想始终相同。这里，"强迫"并没有延伸到某种"与他人存在"或"与自己存在"的形式，而只是病人在特定事件状态下"过分"感兴趣的一种表达，这在她看来完全不是非理性的而是非常有意义的和有关存在的——也就是对整个存在的威胁②，实际上，在疑问中想起存在。（纳迪亚："我看起来真的很丑吗？我真的苗条吗？"③ 艾伦："要是我不必吃这么多东西就好了，要是我吃东西不会胖就好了；我想吃刚刚好的食物，这样我就可以保持苗条的身材；要是我能再一次地吃东西而不会有伤害就好了；要是我有更多东西吃就好了；要是我可以再吃奶油巧克力就好了，看在上帝的分上，不要再吃薄煎饼了"；等等。）那么，这里没有弗洛伊德意义上的替代发生，没有从真实的、"有意义的"问题内容的思考和询问转移到对代替前者的、存在"无意义"的、不能被解决的不真实内容的回答，而是"进入无限之中"。所有一切都不断再次出现，尤其是关于一个"过分的"内容，它"完全占据"了病人并且她的灵魂的喜悦就依赖于此。因此，将这看作宾德意

---

① 参见孵化-强迫、质疑-强迫、怀疑-强迫、顾忌-强迫、计数-强迫、计算-强迫、记录-强迫、准确-强迫、对比-强迫。

② 强迫性病人有时也经常将强迫感觉为对他们存在的威胁，尽管并不是因为它实际的"内容"——也就是，不是因为某类它表达的事实，而是因为这类经验：不得不与其他无意义的内容联系在一起。

③ 在复杂的精神分裂症个案中，我们经常在刻板的形式中发现这样的问题。多年来，我的一个病人在她情绪很好时仍然用一种痛苦的神态和痛苦的声调问："我美吗？我丑吗？"——当然，不需要回答。

义上的"心理混乱机制"也可能是不正确的。[①]纳迪亚完全没有体验到"关于一切都围绕她重复出现的"混乱；艾伦至少没有"混乱机制"，而只有威胁，也就是侵犯实际上毁坏了她存在的核心。在这两个个案中也不能说有什么强迫性的"防御机制"。纳迪亚的疾病如此地超前，以至于她将她自己完全与她过分的兴趣等同；而艾伦一次又一次地用她所有的力量去保护自己，抵抗贪食，同时也抵抗对变胖的恐惧，但是没有真正的强迫性的防御现象出现。纳迪亚和艾伦都不是临床意义上的强迫症患者。

然而，在两个个案中，我们都可以谈到强迫。两位病人都被她们的观念、她们的"理想"困扰。但是，这种困扰绝不是"自我－相异的"，正如艾伦"理性上"将它看作愚蠢的、反论的（contrasensical）[②]，等等。恰恰相反，"自我"与它一起分享很多，甚至一次又一次地参与其中。曾经为艾伦所憎恶地拒绝的会在另一个时刻疯狂地、贪婪地抓住她。可以肯定的是，她谈到侵扰她的邪恶的力量、魔鬼、妖怪，但是她也很清楚（并且甚至表达了）她被她自己所困扰！我们看到，没有哪个严格意义上的精神病理的类别符合这个个案。

那么，我们能将"对变胖的恐惧"称为恐惧症吗？

在我们的存在分析中，对变胖的恐惧已经作为严重存在恐惧，"堕落生活"的恐惧，衰退的、干涸的、腐朽的、腐化的、变得无价值的、磨蚀的、被活埋的恐惧的一种具体化而将它自己呈现出来，由此自我的世界成了坟墓、一个小洞。这部分是对变胖和变得世俗的恐惧。是"尘世之重"将她拉下来，而她所恐惧的正是被拉下来。引用

---

① *Zur Psychologie der Zwangsvorgänge*（*On the Psychology of Obsessions*）（Berlin:1936）.

② 与感觉相反（contra-sensical）（自相矛盾的）和没有感觉（non-sensical）不同。

冯·格布萨特尔[1]的话来说，它是对（存在）格式塔损失的恐惧，对"丧失格式塔""反-理念"的恐惧，简言之，"非生成"（Entwerden），或正如我应该说的那样是"不存在"（ver-Wesen）的恐惧。因此，艾伦·韦斯特充满恐惧地与"存在的毁灭性-格式塔力量"斗争，与变胖和变丑、变老和变笨斗争，简言之，与不存在斗争。然而，与强迫性恐惧不大相同，这种防御性战争并不是以一种生成的、病态性恐惧的形式［例如，在对狗的强迫性厌恶形式中（与冯·格布萨特尔的"狗与肮脏恐惧的个案"比较）与不洁的斗争，或者是在不停地清洗程序形式中与不洁的斗争（参见前者的"气味-幻觉的病态恐惧症个案"）］发生，而是以一种直接的、无媒介的和非生成的形式，也就是，以理性拒绝和逃避的形式发生。当艾伦将保存面包的橱柜锁起来时，这不是一种恐怖，而是一种纯理性的、"明智的"防范措施，她"夸张的"饮食规定措施亦是如此。因此，她的防御措施不是以恐怖的形式，而是以理性的形式发生。

但是，我们必须再次提出这样的疑问，诸如这样的害怕变胖的恐惧可以被称为恐惧症吗？可以，也不可以！可以的是，如果我们把它看作对生命和格式塔敌意的力量、对衰退生活的原始恐惧的具体化或清晰化，那么我们可以说，这种恐惧在她对她自己（心身）缺陷（她的"怪异"、丑陋和贪婪）的恐惧中将自己具体化。不可以的是，如果我们考虑到如下事实，即她清楚地、有意识地知道具体的恐惧内容和原始的恐惧之间的联系（这完全不是真正的恐惧症的情况，而且这也解释了为什么在这个个案中分析不能得到任何结果）。只有在恐惧

---

[1] 也参见他的优秀论文，"Die Welt der Zwangskranken," *Monatsschr. f. Psychiat. u. Neur.*, Vol.99, 1938（本书第六章。——编者注）。

变胖"意味着"掩饰对受精和受孕的恐惧的个案中，我们可以称之为真正的恐惧症——而这个我们已经否定了。

既然最初接手艾伦·韦斯特个案的精神分析师将其诊断为强迫性神经症，那他们就必须从最开始就假定这样的"替代机制"并进行相应的治疗。虽然艾伦·韦斯特大概接受了"变胖=受孕"的等式，但由于她对精神分析普遍的怀疑、她处理的理智方式，以及完全消极的结果，所以我们绝对不能太把这种接受当真。因此，我们说不可以的权重要远大于说可以！她对自己失去格式塔的恐惧并不是真正的恐惧症，而是非常恐惧对她存在的理想的威胁，实际上是对她存在的理性的毁灭。从病人世界的特征，即从占优势的幻境和与其相对的坟墓世界来看，这一点就完全可以理解了。

但是，对于真正的恐惧症（如果我们希望彻底地理解恐惧症），我们当然也必须用存在-分析的方法去探索病人的世界。这适用于歇斯底里恐惧症，它相当于弗洛伊德意义上的焦虑-恐惧症（我自己已经在我的"鞋跟分析"中分析了它的起源）[①]、强迫性[②]恐惧症、神经衰

[①] "Analyse einer hysterischen Phobie" ("The analysis of a hysterical phobia"), *Jahrb.f.psychoanal.u.psychol.Forsch.*, Ⅲ. 在那个个案中，我们并没有涉及空虚或洞的世界现象或自我现象，而是涉及连续中的分离或严重的分离。这里针对所有撕开和分离的、被分离和被分开的恐惧，传记式地集中表现为对鞋跟被扭掉和她自己与母亲分离（出生）的恐惧。但是，既然每一个孩子都是由一个母亲生出来的，并且有些人掉了一个鞋跟并没有变得歇斯底里，那么，除非我们认识到，只有在"共情关系"的原初混乱的基础上，或更确定地说，在人的"世界-设计"的个人特性的基础上才是可能的，我们才能理解传记式的动机和替代。对于产生分离焦虑的混合体或纯粹连续体的投射或世界设计，也属于恐惧症状，偶尔爆发为对一个松动的纽扣（悬在线上）或唾液的极端恐惧。无论是一个松掉的鞋跟、松动的纽扣还是唾液，它们都是传记式决定的主题，我们始终关注的是同一个收缩在一起的和空洞的在世存在的模式与相应的世界-投射的变化。

[②] 参见 Von Gebsattel, Chapter Ⅵ。

弱[1]恐惧症，冯·格布萨特尔已经用存在-分析的术语对此进行了很多解释。可以肯定的是，对变胖的恐惧属于共情关系病理学领域[2]，但是不属于这种关系障碍的次级的、歇斯底里的或强迫的表达，更确切地说，它属于那些心理形式的疾病的领域，在该领域中，共情关系的改变或者是清晰明显的，或者是呈幻想或妄想的形式。这个领域是精神分裂症群体的领域。我们经常可以观察到神经症的歇斯底里形式、强迫形式与精神分裂症形式相伴随，而且经常会退化为这些形式，对于这一点，我们可以根据其病理基础来理解。

强迫观念？幻想的观念？

我们还记得国外的咨询者将对变胖的恐惧命名为强迫观念。我们在多大程度上可以将艾伦·韦斯特想要变瘦的愿望和她对变胖的拒绝看作严格的维尼克意义上的"强迫观念"？只要这种观念真的"完全决定她做什么和不做什么"[3]，并且只要它根本没有被病人判断为她意识的外来入侵者，那么我们就可以这样看。只要病人并没有将这种观念看作"她最真实的天性的表达"，而且并没有为它而战，而是反对它，那么我们就不可以这样看。不是为了在斗争中支持该观念而是

---

[1] 参见"Zur Pathologie der Phobien: I.Die psychasthenische Phobie"（"On the pathology of phobias: I.The psychasthenic phobias"），*Der Nervenarzt*, Vol.8, Nos.7 and 8, 1935。

[2] 参见 Erwin Straus, "Ein Beitrag zur Pathologie der Zwangserscheinungen"（"A Contribution to the Pathology of Obsessive Phenomena"），*Monatsschr. f.Psychiat.u.Neur.*, Vol.98, 1938。用说教的方式来表达就是，我们在这里发现了外显特质与内隐特质之间的区别。为了防止误解，这里再多说一句，在这里提到的"共情"并不是如欧文·斯特劳斯在他的著作 *Vom Sinn der Sinne*（关于理智的意义）中所使用的那样，是共情交流意义的表达。

[3] Wernicke, *Grundriss der Psychiatrie*（*Basic Outline of Psychiatry*）, 2nd ed.

反对它，艾伦·韦斯特才为她自己的人格而战。该"观念"没有被（该病人）看作"正常的和合理的"，看作完全"被它的起源模式解释的"，而是正相反，被看作病态的和反常的，且绝对不能由这种模式解释。所有这些只意味着，正在讨论的该"观念"一定不能被称为幻想的，艾伦·韦斯特（至今？）没有遭受幻想的观念之苦。众所周知，维尼克对"主导的"或"主要的"兴趣例如专业兴趣和强迫观念做了区分，但是他也谈到了后者，例如在"明确的、冲动的愿望驱动的自杀"方面。然而，可以明确地将强迫观念与"主导的兴趣"区分开来，并且在我们的个案中明确地指出程度的，是维尼克谈到的"强迫观念或概念"（这也适用于上面提到的自杀冲动的个案）。实际上，它是这样定义的：只有在这种观念式概念中，各个"观念"才表现为"对一些特定的情感负荷的经验，或此类彼此紧密联系的整个系列的经验的回忆"。但是，因为"即使是最健康的心智生活也难以避免这些由于它们的内容而难以同化的经验"，"如果该强迫被称为病态的"，所以必须普及另一种特定的健康状态。在任何相反观念的不可能接近性中可以看到这种健康状态，因此，在正在谈论的无法矫正的观念中，以及"同时"出现的偏执狂的临床标志中也可见到。艾伦·韦斯特个案中所讨论的观念绝对不是起源于特别的情感－负载的经验，和这种情况一样，例如，迈克尔·科哈斯（Michael Kohlhaas）[①]不能接受由他自己做错的事带来的严重的愤慨经验，即一种不幸的事的补偿；但是，它基于被爱妄想（Von Gebsattel）或病态－同情的基础之

[①] 克莱斯特（Kleist）短篇小说中的英雄。该著作是在17世纪真实的人物生活基础上所撰写出来的，主要内容为：一个偏执的、脾气火暴的人的马被贵族夺去。在获取赔偿的努力失败后，他成了一名怀着报复心的罪犯，拦路抢劫无辜的人们。——英译者注

上（欧文·斯特劳斯）①。此外，艾伦·韦斯特绝不是无法接近相反的观念，实际上她总是给她自己提出这样的观念，因此我们不能说她无法接近，而只能说相反的观念无效。结果，与纳迪亚相反，艾伦没有发展出一种真实的观察－躁狂。只是在爆发时她才表达出这样的观念，即那些她周围的人从折磨她获得虐待的快乐，而且只有在比喻中，她才谈到折磨她、打搅她的罪恶的力量、神灵、鬼魂。让我们再次重申：艾伦·韦斯特的精神病一般而言不是朝向人际世界（因为不变的是维尼克的强迫观念），而是朝向周围世界和自我世界的，也就是主要朝向身体的－自我世界。但是，这并不意味着她患有维尼克意义上的身心疾病。②然而，纳迪亚表现出明显的对相反观念的不可接近且明显表现出身心疾病的特质。

情绪的波动：精神分裂症或躁狂－抑郁精神病？

我们已经注意到艾伦·韦斯特在接受克雷佩林咨询时表现出的他称之为精神忧郁症的状态。他将这个个案看作躁狂－抑郁精神病的一种，并且他的（当时）推测是被称道的。然而，艾伦·韦斯特的躁狂焦虑和抑郁表现出某些特征。诚然，虽然情绪不断变化且她的状况日

---

① Hans Kunz 在他杰出的文章 "Die Grenze der psychopathologischen Wahninterpretation" ("The Limit of Interpretation of Delusions in Psychopathology"), Z.Neur., Vol.135, 1931 中，已经阐述了关于最初的精神分裂性幻想及其原因。心理病理学家的解释在该点达到一个极限；只要我们注意，并且思考，为什么在精神分裂中我们要涉及"根本上不同的独特的存在方式"，那么我们就能够超越这个极限。关于这一点，让我们再参考一下同一位作者的文章 "Die anthropologische Betrachtungsweise in der Psychopathologie" ("The Anthropological Point of View in Psychopathology"), Z.Neur., Vol.172, 1941。

② 参见第 285 页（指英文原书页码。——中译者注）第二个脚注。——英译者注

益严重,一切仍主要在焦虑的领域之内,然而,一方面,我们没有观察到抑制,另一方面也没有思维奔逸的迹象。至于"运动和活动的冲动",它不是"重要的"冲动问题,而是一个"理想化的""疯狂－运动"(回忆一下在西西里围着她的女伴转圈)或一种"真正的活动狂热"或一种填补她空虚的"活动激情"。在11月18日到19日晚间大量涌现的诗是最清楚纯粹的疯狂迹象,然而即使在那时也没有精神错乱。这里和其他地方一样,我们论述的是一种"作为从瞬时事件变迁中摆脱出来的欣喜若狂的幸福感的体验",而不是纯粹重要的欣快感。① 在艾伦的抑郁焦虑中,再一次地,我们没有发现抑郁负罪感的症状、"不能补偿"的症状和通常"由(内容丰富的)过去最终决定"的症状(这指的是与我们称之为"过去至上"的现象不同的现象)。艾伦的抑郁焦虑表现出许多特点,这提醒我们,它更多的是一种精神反常(psychopathic)② 焦虑,而不是内源性焦虑:当受此影响时,她不是与未来切断,而是受未来的威胁!因此,她的抑郁恐惧属于我到命运(I to fate)的关系领域。时间并未停止,相反,将要到来的事在完形中呈现的是"拒绝、避免或反对"。在这里,焦虑不只源于"心理生理功能的病理变化",而且也源于"对变化的反应";不是周围世界的,而是自我世界的。③ 早在斯特劳斯之前,明可夫斯基首先进行了抑郁焦虑的现象学分析,极大地推动了它的进展。④ 但是,较之其

---

① 参见 Erwin Straus, "Das Zeiterlebnis in der endogenen Depression und in der psychopathologischen Verstimmung"("Experiencing of Time in Endogenous Depressions and Depressive Reactions"), *Monatsschr.f.Psychiat.U.Neur.*, Vol.68, 1938。
② 在瑞士－德国精神病学术语中,"psychopathic"只是指精神反常,而不是美国人认为的"精神变态者"(psychopath)。——编者注
③ 同上。
④ 参见"Etude psychologique et analyse phénoménologique d'un cas de mélancolie

1923年的论文中所描述的个案,以及其1930年发表的论文中所描述的个案[①],我们的个案非常不同。这是非常值得注意的,因为第二个个案在内容上与我们的个案尤其相似——明可夫斯基的病人一方面谈到"贪婪地吞食物质的感觉"(sentiment de matérialité accrue),另一方面谈到"成为非物质和无形的感觉"(d'être immaterial et aérien)。但是,只要他抱怨"存在(不由自主地)只是一个吞噬者和过滤器,只是会走动的肠管,只是一种植物性机能,此外,还使他自己生病"(1930),那么似乎这里我们已经与躯体性精神病有关,有点维尼克精神忧郁症的意味,即使我们自己的个案接近于躯体性精神病领域的边界,但仍不在它的范围之内。

此外,还要补充一下所观察到的这个现象——对于整个诊断来说最为重要——在艾伦·韦斯特个案中,我们并没有只处理阶段性的躁狂-抑郁性焦虑(在这种不安逐渐消失后,先前状况会再次出现),也没有只处理不断加深的抑郁沮丧,而是处理了这个世界的黑暗,它首先表现为暂时的抑郁性不安,进而接近真正的抑郁阶段,最初呈现为毁灭的和衰退的形式,接着呈现为被围墙围住和陷入洞中的形式,最终作为地狱而终结。真正发生的是——整个在世存在的结构从完全的完形到丧失-完形的逐渐萎缩——在每一次连续的抑郁中变得越来越清晰明显。贪食和变胖位于这种萎缩过程的终端,因为自我世界(既包括灵魂的又包括身体的)不仅被体验为一种丧失-完形,而

---

schizophrénique" ("A Psychological Study and Phenomenological Analysis of a Case of Schizophrenic Depression"), *Journal de Psychologie*, Vol.20, 1923。

① "Etude sur la structure des états de depression—Les Dépressions ambivalentes" ("A Study of the Structure of States of Depression-The Ambivalent Depression"), *Schweiz.Arch.f.Neur.u.Psychiat.*, Vol.26, 1930.

且在这种丧失－完形之外存在，虽然仍然不停地被理想的幻境反对，现在被迫处于无力状态。现在存在以恶性循环的方式发展，它是咬住自己尾巴的蛇。但是，存在仍然能够"反观自身"，可以在它自由地选择的死亡中最终打破这一循环，打破蛇头，这标志着这个存在战胜"地狱"的力量而获得胜利。

诊断：是人格的发展，还是精神分裂样过程？

在前面的部分还有当前部分，我们已经详细展示了为什么在艾伦·韦斯特个案中没有神经症、躁狂或过度（幻想的）观念的问题。此外，已经证明了为什么虽然明显存在情绪的内源性波动，我们却不应该满足于躁狂－抑郁精神病的诊断，我们只剩下两种诊断可能性：病态人格素质的发展或精神分裂症过程。前者可能已经被国外的咨询者详细地思考过，后者似乎必然属于布洛伊勒和我。

病态人格素质的发展只能指雅斯贝尔斯在他的"普通心理病理学"中所称的"人格发展"的东西，通过它，他理解了整个最初气质（Anlage）的发展、它与环境的交互作用，以及它对经验的反应。他思考例如嫉妒和易怒的偏执发展，也思考赖斯（Reiss）这样的个案[1]，在其中他介绍了只关注"重要性"和形式的轻躁狂人格，一个成功的商人如何变成一名节俭的、精神变态的巡回布道者。由于环境条件改变及早期性能力下降，而性格保持不变，这个存在可以在"纯粹的""外观的重塑"之上得到理解。情况立刻变得很明朗了，即艾伦·韦斯特的个案不能被归入人格发展的概念之列。就她来说，这既

---

[1] *Zeitschrift für Neurologie*, 70.

不是一个癖性发展的问题，又不是癖性和环境的广泛交互作用的问题（只有对她家庭的厌恶能这样理解），也不是对与一种同性格癖性相对应的明确经验的一致性反应（正如前面指出的，与对强迫观念存在的争论有关的那样）。但是，雅斯贝尔斯自己非常正确地宣称：我们经常遇到这样的个体，"他们在他们整个的生命历程当中呈现了特定的人格发展图画，但个别特征却指向与此发展不同的微小过程"。他认为这妨碍了能得出一个结论的讨论。

如果我们自己感到，我们已经在我们的个案中得出了一个结论，那么这是因为它不但表现了指向轻微过程的特征，而且本身也是一个可追溯的过程。然而，尽管雅斯贝尔斯并没有考虑每一名有这种精神过程的精神分裂症患者，但在我们的个案中，我们看到的只有这样的可能性：一个未知的东西，它完全不能从癖性、环境和经验来解释，再开始和继续这一过程。该过程在死亡之前暂时得到缓解，正如其实际情况那样，考虑到甚至在非常复杂的精神分裂症中也会出现这样的暂时缓解，所以这并不能让我们感到惊讶，更不能以此反对轻度的、潜伏的精神分裂症的诊断结果。[1]艾伦·韦斯特还是一个孩子时是否就经受了最初的轻度发作？尽管从大家知道的她早期的对抗、固执、过分的雄心、空虚和压力的特性，以及她推迟的青春期来看，这完全是可能的，但只能是悬而未决的问题。当然，如果艾伦·韦斯特通过延长已经阻止过她实现自杀企图的住院治疗，那么该过程可能如何发展仍是悬而未决的。参与会诊的三位医生中谁都不相信会有改善，更

---

[1] 正如我所认为的那样，克莱斯（Kläsi）的假设似乎验证了该"暂缓"的出现，但我们仍没有谈论好转的权利。克莱斯将自己限制在矛盾心理和自知力出现的方面，宣称"对疾病的矛盾心理和自知力在好转中可能的确存在，但是它们可能同样预示着该过程并在整个过程中伴随着它"（*Praxis*, No.42, 1943）。

不用说痊愈了。另外，他们可能会一致同意它根本不是一个导致完全精神衰退的精神分裂症的问题。然而，艾伦·韦斯特和纳迪亚可能已经逐步显示出带有忧郁症幻想的"躯体性精神病"和有着妄想观念的"感知性精神病"，在我看来这并不是不可能的。

如果在上面我们说，在艾伦·韦斯特那里，我们论及的是一种显而易见的精神分裂症过程，那么我们已经通过存在分析的方式呈现了这一证据。它在决心中告终，如果不是明确的中断，至少也是她生命线中确实无疑的"结"。我们在下面将再回到这个问题。此外，通过临床症候学也能给出这样的证据。在这样的"神经症似的"个案中，精神分裂症过程是通过含糊和多样的症状来证明的——这仍然很少被注意到。因此，我们确实在艾伦·韦斯特的个案中发现了一般性的成瘾，但不是真正的临床意义上的精神错乱；我们发现了精神内容的强迫性接受，但是这既不是强迫性-精神变态特质，更不是强迫性神经机制[①]；我们发现了恐惧的成分，但不是真正的恐惧症；我们发现了过分的"兴趣"，但不是"过分的观念"；我们发现了接近幻想的身心现象，但不是幻想；我们发现了明确无误的内源性沮丧，但不是纯粹的躁狂-抑郁过程；我们的确发现了病理性"人格发展"的特质，但是与之伴随的是一种无法抗拒的疾病演进过程。综合这些症状观察结果，一定能得出精神分裂症的诊断，而且实际上，正如我们在结论中将更清楚地揭示的那样，是单纯型精神分裂症的形态之一。

我们现在不需要重复存在分析从它最初到最终沉沦至失去理性的

[①] 宾德的论文已经清楚地阐述了这两种"心因性强迫现象"之间的区别，"Zur Psychologie der Zwangsvorgänge"（"On the Psychology of Compulsive Processes"），1926。

贪婪水平的整个过程所呈现的"生命线之结"的证据，尤其是既然我们已在当前部分的开头总结了我们存在分析的结果。此外，我们不但把艾伦·韦斯特个案而且把纳迪亚个案中的结果引进了存在-分析标准的讨论。在后一个个案中，我们谈到自由自我日益冻结或"凝固"为一个更不自由的（"更不独立的"）的物体。在这两个个案中，存在很大程度上失去了它的主权并大范围地变得具体化。在这两个个案中，自由越来越多地转变为束缚和痛苦，存在转变为机械的、被束缚的事。我们已经相当详细地表明了这意味着什么。

然而，这并未终止。在一些"神经症"，尤其是强迫性神经症、精神病甚至个体情感的发展中，我们发现了这样一种存在性的改变。在后一方面，戈特赫尔夫从永恒与有限之间的对比中，如此清楚明白地描述了这一转变，以至于我们必须引用他说的话："在人类的努力方面非常引人注意的，是人类通常不知道努力将如何增加、它将到哪个方向去、最终目标是否将不会成为一个有吸引力之处，以及人是否会成为一个没有渴望的生命。许多努力在最初都是值得尊敬和称赞的，在它的过程当中变成了一种负担，将这个人拉入深渊……如果除了这些努力以外没有一种超出所有有限的努力、目标在天堂中的最高努力，那么所有世俗的努力会退化并成为恶意的，变成一种总是要牺牲更好的事物的强烈感情，直到最后对一个人来说没有任何值得留下的了。这就像三叶草的枯萎病，它在整个原野上大量蔓延，直到所有的三叶草都死去。"①

---

① "Erlebnisse eines Schuldenbauers"（"The Experiences of a Farmer in Debt"），*Complete Works*, Vol.14. 实际上，戈特赫尔夫用了有教化色彩的术语来描述这些变化丝毫没有改变他描述的真实含义。

在我们的个案中,人也在有限和无限("天堂")之间被束缚,而且它表明只要"小的有限"离开无限的内在性质,或者用我们的术语来说,离开爱的两重性,它就会固着下来。

对我们来说,还要说明将被称为精神分裂症的有限固着与某种非精神分裂症的"固着"区分开来的标准。这个标准就是"时间"。

在《纯粹理性批判》中,我们读到:"如果一个人能在一项单独任务的准则下进行大量的研究,那么他就能获益良多。"那么,我们任务的准则为:研究当一个"有限固着"被称为精神分裂症的固着时,事物在时间性方面是如何维持不变的。

这里,我们也只需重复已经解决的问题。对于我们来说,在艾伦·韦斯特的个案中,对存在的固着来说,坟墓世界的时间性变得具有决定性:"从忧郁的浓缩、巩固、缩小,经由植物的腐烂和逃避不了的包围,到最终的坟墓之墙的发展。"我们注意到,"是过去对这个存在逐渐增加的至上权威的一种表达,是地狱的范围(Befindlichkeit)内已经存在的至上权威和无可逃避的回到原处的一种表达。这种地狱般的恐惧是存在感到被它的背景所吞没的恐惧,因此它越被深深地吞没,它就设法跳得越高,设法从它那里逃离。对背景的自我控制之处和自我对之可以洞见之处在退回到虚无时都被充满恐惧的存在制服了"。

虽然不能同艾伦·韦斯特个案中那样一种系统的、渐进的世界的物质外观的转变同时,但是我们也对内源性抑郁中的"过去至上"很熟悉。但是,在这个个案中增加的是时间性破裂为它的出神和广泛的自治,结果"时间"真的不再"前进"了。这就是该个案的问题所在,我们以心理病理学的语言称之为"人格解体"。在抑郁的个案中,我们不能称之为个体时间出神的瓦解,因为这里的"时间"即使或多或少慢下来，也仍然"运行着"（"延伸着"），这正是病人必定感到他被"生活"于其间的"时间"和真正"延伸的时间"之间的这种张力、对比折磨的真正原因。如果抑郁的病人能够完全与过去融合在一起，而不"知道"任何关于未来和现在的更多东西，那么他就不会再抑郁了！"被过去事物决定的"抑郁的"经验"和作为条件的"未来有限的自由"（欧文·斯特劳斯）作为心理病理事实的一种表达，是与我们的个案中已经存在－分析地解释为"已有的出神的支配"完全不同的东西。过去（或者更准确地说是曾经）的支配和时间出神的瓦解一致。因此，在病人哈尼夫斯（Hahnenfuss）看来，"灵魂的整个构成可以同样被视为永恒（而不是被看作暂时的）"，这似乎对理解我们称之为精神分裂症的精神生活非常重要。然而，必须通过对复杂个案进行的存在分析研究才能证实这种观点。我们必须从这一洞见中得出的最重要的结论是，个体以一种与我们如此不同的方式对世界进行时间化（zeitigt），正如哈尼夫斯所说，"相互理解在每一个方向上都完全被阻隔了"，或者至少使其变得非常困难。然而，这并不是明可夫斯基所说的同步障碍，也就是，在世界－时间人类交流和对话中的障碍（心理病理学将其称为"现实适应缺陷"），但是代表了一种不同的存在本身的时间化模式，这又强化了同步障碍。但是，既然在这些障碍个案中我们谈到自闭症，那么那些不同的时间化模式一定也成为自闭症的基础。出神的瓦解，作为稳步延伸的时间化可能性的失去，有拒绝相互理解（一般交流意义上）或使之变得困难的作用。自闭症像所有其他精神病症状一样，首先在某种类型的交流障碍中显露它自己。既然自闭症绝不意味着只是诸如抑郁或躁狂这样的情绪失常，而是一种更深层次的存在时间化的改变，那么这里的交流也变得更加困难。然而，即使在这里（正如我们已经看到的那样），在存在-分析上也仍然能够理解和研究存在。在这一方面，雅斯贝尔斯在共情和作为纯粹"主观"的、心理方面的反共情的精神生活之间做出的区分，不应该使我们感到慌乱。无论怎样，存在分析都没有理由克制不去探索精神分裂症的精神生活；即使如这里所做的那样，它也必须首先试着在内在过程中用它的方法。

自闭症，像所有存在-形式一样，有它的表达形式和它的表达"规则"（舍勒）。甚至在艾伦·韦斯特身上，我们发现了有点僵化和空洞的面部表情，现在变得空洞的眼神，现在"沉浸在感情之中"——不是正常意义上的"充满感情"，而是僵硬地忍受着。所有这些都是精神分裂症过程意义上的存在虚空的表达形式。除此之外是所有内部生活已经停止，一切都是不真实的，一切都是无意义的"感觉"。此外，关于与病人的"接触"——富于同情的交流（欧文·斯特劳斯）以及存在的交流，我们必须谈到自闭症，艾伦·韦斯特已不能专心于彼此的爱或友谊[①]或让自己接受存在的照料。相应地，与病

[①] 该精神分裂性自闭症是无爱并且无能力去爱的一种形式，在词和概念中都含有这样的意思。因此，例如，宾德在"Zum Problem des schizophrenen Autismus"（"On the Problem of Schizophrenic Autism"），Z.Neur., Vol.125 中，谈到了"在它外显形式中，体验亲密指向能力的降低"。这种缺失，以及它所有的影响，见贝林格专栏中著名的一篇文章：Hans Kuhn "Über stärungen des Sympathiefühlens bei Schizophrenen. Ein Beitrag zur Psychologie des schizophrenen Autismus und der Defektsymptome"（"On Disturbances of Sympathy Feelings in Schizophrenics. A Contribution to the Psychology of Schizophrenic Autism and Symptoms of Defectiveness"），Z.Neur., Vol.174, No.3。然而，"道德防御"和唯我主义以与自闭症相似的方式展现出这种能力的缺失（参见 Binder 和 Kühn）。因此，通过进一步的存在分析，说明这种相似性有多大以及如何能够区分亲密指向无能（从心中来并到心中去）的各种形式，仍然是我们的任务（比较基本形式）。然而，只有通过分析亲密经验的缺失才能解决这一问题；它要求分析个体存在形式的整个结构。

人的人际世界交流也变得很难。她易怒，敏感，转向她自己，并且她怀疑人们并不想帮她，而只是想让她受苦，实际上，只是想要折磨她，不断地为相互理解设置不可逾越的障碍。既然艾伦·韦斯特在她最基础之处只是作为一个曾经而存在，那么所有将她转变为当前（也就是让她注意到此刻的情境）和为她开启未来的努力都注定白费。

如果考虑到遗传方面，艾伦·韦斯特毫无疑问主要倾向于躁狂-抑郁的方面。但是，我们完全不能判断她的祖先中这种特质的严重程度，或者表现出来精神分裂类型的冒险和不安的程度。不管怎样，将下面描述的人看作有精神分裂型特质的观点并非天马行空：她外表非常自控，甚至有点死板，有非常保守和严肃的父亲；她的爷爷被描述为非常无情面的独裁者；她父亲有个严格苦行的哥哥（我们将很快回到他身上）；艾伦母亲矮小、羸弱、紧张的姐妹与温和、"有艺术气质"的弟弟也可以被置于精神分裂的类型。因此，我们这里可能必须论述躁狂-抑郁和精神分裂症遗传的混合体。在近年来生物遗传方面研究的基础上，我们知道，正是在这样的遗传土壤上，精神分裂症的发展有多么常见。

我们仍然必须特别讨论一下她苦行的叔叔，因为他的行为在内容方面表现出与他侄女艾伦·韦斯特惊人的一致性。他在食物摄入方面也表现出苦行的倾向，并剩下一大桌子饭菜，因为他认为，规律的进餐会让人发胖。从这一微小特质中我们看到，曼弗雷德·布洛伊勒[①]认为绝对有必要调查我们病人亲戚的心理行为模式有多么正确。他的

---

① "Schizophrenie und endokrines Krankheitsgeschehen"（"Schizophrenia and Endocrine Pathology"），*Arch.d.Julius Klaus-Stiftung*, Vol.18, 1943.

一位学生汉斯·约尔格·舒尔泽（Hans Jörg Sulzer）①发现，他所调查的一个家庭中三位成员的各种反常的观念－世界，每一种都在家庭健康成员的观念－世界中有相对应的内容，尽管没有达到幻想的极端。因此"精神分裂症家庭成员反常的思想内容并不取决于他的精神分裂症，而是明显取决于他的精神病前的人格"这个结论对我们很重要，因为它提醒我们，不能过早地将我们病人的贪食症状以及对它的憎恶完全并直接归于脑病理事件。

我们的病人的体格，如果不是非常明显的话，也在一定程度上给人留下矮胖的印象。至于内分泌，提到的假定的变异有，内科医生认为源于内分泌紊乱的轻微肢端肥大的头骨、肥厚的唾液腺，妇科医生报告的如婴儿一般的生殖器和好多年没有月经。至于增强的饥饿感，我们当然必须提防直接推断它的内分泌基础。②我们研究的结果不足以确定艾伦·韦斯特的饥饿只是因为她在心理基础上给自己的营养太少，同时对甜食却很疯狂，并且大体上有着健康的食欲，还是我们这里所遇到的是有着生理基础的反常的饥饿感。我们也不能确定她的个案是不是一种内分泌条件下脂肪数量上的增加，鉴于她讨厌变胖，尽管并没有由它引起，但也可能获得一种伪装的合理性。如果考虑到我们个案的病理成因，可以假定内分泌的共同决定性——至少不能排除这一点——那么可能要考虑主要垂体和卵巢的影响了。然而，在这个

---

① "Zur Frage der Beziehungen zwischen dyskrinem und schizophrenem Krankheitsgeschehen"（"On the Question of the Relationship between Endocrine and Schizophrenic Processes"），*Arch.d.Julius Klaus-Stiftung*, Vol.18, 1943.

② 关于众所周知的中脑和小脑与"重要感觉"之间的关系，参见 Stähelin, "Psychopathologie der Zwischen- und Mittelhirnenkrankungen"（"Psychopathology of Diseases of the Diencephalon and Mesencephalon"），*Schweiz.Archiv.f.Neur.u.Psychiat.*, Vol.53, No.2.

个案中我们必须记住，这些障碍可能反过来是精神错乱中"心理发生条件"的结果。但是在每一个个案中，考虑垂体恶病质形式对我们来说似乎是不可行的，因为艾伦·韦斯特体重的降低可归于故意不吃饱，而且正如让内在纳迪亚个案中也曾强调的那样，根本没有食欲减退，相反，却有食欲的增加。我们与布洛伊勒有同样的观点——根据他和他学生的研究——在精神分裂症中，疾病的形成（在其过程和症状学方面）很大程度上取决于某种内分泌关系。这个问题，出于完整性的考虑，被提出来加以讨论。不幸的是，关于艾伦·韦斯特亲属的内分泌结果的数据也完全缺失。

总之，问题出来了，我们是应该将艾伦·韦斯特的个案称为"精神分裂症前的躯体特征"（斯塔赫林），还是应该称之为精神分裂症？我绝对赞成后一种诊断。在斯塔赫林个案中［即本书第343页（指英文原书页码。——中译者注）］，我会从最开始（也即追溯到她18岁那年的反常现象）谈到精神分裂症。斯塔赫林正确地唤起我们对伴随"贪食"的"重要驱力变化"的注意（例如，突然的事情，明显无合理动机的过量饮酒，抑制和解除抑制的性驱力和运动驱力、睡眠-清醒规律，我在我自己的病人中经常能观察到这些），但是他将它们看作"通常在精神分裂症暴发之前的几年里就已发现的"症状。这里，一切都取决于对"精神分裂症暴发"的理解。如果这意味着惯常的、严重的第二症状的出现，尤其是在"急性发作"的意义上，那么斯塔赫林的定义是完全正确的。然而，如果一个人将精神分裂症发作看作精神分裂症过程的最早征兆，不管其有多微不足道，那么称之为前精神分裂症就不再有意义了，就像说，结核发生前，在肺顶端第一次出现结核的临床迹象或在肺顶端的X拍片中发现极小的病灶或脐腺的扩大是没有什么意义的。如果我们直到看到大量次级精神错乱症状出现，才谈精神分裂症的发作，那么内科医生也可能只能在指出肺中严重的破坏性过程时才称其为肺结核。出于纯粹临床，尤其是法庭方面的原因，我们必须继续把前精神分裂症（不要与潜伏的精神分裂症相混淆）和"外显的"精神分裂症区分开来；如果我们希望继续在纯粹的医学上探讨它，它就必须有一个贯穿从最微弱到最终的整个精神分裂症过程的名字。（与斯塔赫林的观点一致）我们在那些重要的驱力障碍，尤其在过分强烈的贪食中看到间脑障碍（贪食，正如大家所知的，也被看作一种下丘脑症状）。即使在今天，我们也未能证明将精神分裂症称为间脑疾病是正确的。因此，我将提出这样的观点，即我们把前精神分裂症和潜伏的与外显的精神分裂症归类为布洛伊勒病，就像人们可能将所有的结核病称为科赫[①]病一样。我在这里所论及的当然不是文字游戏，而是考虑了当前精神分裂症研究的现状，是纯粹的医学要求。当然，精神分裂气质，作为一种癖性（Anlage）特征，不可能出现在布洛伊勒病的名下。精神分裂气质与精神和谐一样，不是一种病。另外，对于在严重的精神分裂症人格中出现的"神经病"或类神经病现象，我们应该经常更多地思考而不是到布洛伊勒病为止，因为我们必须考虑关于在显著的完整人格中这种现象反映的抑郁的开始。我从经验中得知，当我们已经应该谈及精神病时，更多的时候诊断的是神经官能症；而且布洛伊勒声称，"如果认为神经官能症的概念不能只算作症候群，那么它们就是人为的概念"，我对此仍然

[①] 科赫·罗伯特（Koch Robert, 1843—1910），德国细菌学家，发现了霍乱细菌和炭疽的病菌起因。1905年，他因发现了结核杆菌素而获诺贝尔奖。——中译者注

持同样的观点。①

如今，只要考虑到治疗，一定会开始实施荷尔蒙疗法，前面提到的内分泌失调指定了该疗法的方向。但是，甚至在我们当前的知识和技能状态下，我们也远不能确定治愈的可能性。电击疗法亦如是，那个时候的人们也并不知晓其先驱者。个案的整个状态将医生置于一个责任重大的境况中，电击疗法当然可能提供一种非常可喜的权宜之法。考虑到个案的全部特殊症状（害怕变胖，强烈的饥饿感），我们可能暂时不会去尝试胰岛素疗法，而是采用电击疗法或注射戊四氮（cardiazol）。情况可能会获得暂时的改善，但是依据现代"治疗结果"的严格检查，尤其考虑到如此不知不觉的过程和专注于"非此即彼"的人格的情况，必须假定，这可能只是一个推迟最后不幸的问题。

结语

对于某些同行来说，我们尝试从精神分裂症问题的人类学方面来阐明一个没有"智力缺陷"，没有诸如错觉和幻觉、模块化或思想定型这样的次级精神分裂症症状，并且除了表现出突出的躁狂-抑郁的遗传性外，还呈现许多明显非精神分裂症的特征的个案，可能是令人震惊的，甚至是不当的。我愿意用下面的陈述来反驳这种异议，即正是在这类个案中，面对全部症状的混乱和含糊，我们能够一步步地探索和展示越来越严重的窄化、动力丧失和"俗化"，或者用心理病理学的表述来说，在精神分裂症过程中观察到的人格的虚空。由于头脑清醒的病人有较好的自我观察与自我描述的才能，同时我们进行了延

---

① 福雷尔（Forel）对精神分析的看法发表在 *Jahrb.Bleuler u.Freud*, Ⅳ 上。

续达 17 年的充分观察，所以我们的任务变得更容易了。在那些迅速导致精神崩溃和那些病人头脑不太清醒的个案中，从健康到反常的过渡，对我们和对病理生理学家一样重要（如果不是更重要的话）。如果一点也不重要，那么就不能清楚地观察了。在这里，我们观察到了"大量的"精神分裂症症状；至于在所谓的原发精神病①的例子中，我们没有看到精神分裂症的"发生"，但是在我们面前，已经有了完整的结论，不管还跟随着什么。在这里，我完全同意维舍的观点，他的优点是已经再次指出单纯型精神分裂症特殊的科学价值。② 我们的个案和他的安娜个案（第 13 个案）完全是一类，安娜非常清楚"有内部不稳定和发展停止的体验"，并且她用这种"徒劳的和令人精疲力竭的努力"去"塑造存在和她自身"。而那些对维舍来说"特殊的个案"，在我的个案材料中却经常看到。

迪姆（Diem）在他的基础性著作《关于早发痴呆的简单痴呆形式》（"On the Simple Demented Form of Dementia Praecox"）③中已经指出：从病中痊愈的可能性是显而易见的，"但是，只有通过对原发阶段的详细观察才能得出解释，这可能只能在受过教育的病人身上获得"。当然，他非常怀疑在更有文化的阶级中是否能发现许多这样的个案，并且为了证明这一点，他引用了卡尔鲍姆的著作《论单纯型早

---

① 关于这一点，特别参见 Schulz-Henke, "Die Struktur der Psychose"（"The Structure of Psychosis"）, *Z.Neur.*, Vol.175。

② Jakob Wyrsch, "Über die Psychopathologie einfacher Schizophrenien"（"On the Psychopathology of SimpleSchizophrenias"）, *Monatsschr.f.Psychiat.u.Neur.*, Vol.102, No.2, 1940. 另外，对我不太有说服力的是他次年（1941 年）的随笔："Krankheitsprozess oder Psychopath.Zustand?"（"Disease Process or Psychopathic Condition?"），同前，Vol.103, Nos.4/5。

③ *Archiv.f.Psychiatrie*, Vol.37, 1903.

发痴呆》("On Heboidophrenia")[1]。然而，在我自己材料的基础上，我肯定持与迪姆的怀疑相反的观点。从我在这个机构从事精神病治疗工作开始，对我来说，在精神分裂症的三种主要形式方面做出诊断就是不可能的。即使引入第四种形式——单纯型早发性痴呆，最初对我来说，似乎也不足以对我的个案进行区别和分类。将许多常常观察到的个案，在他们独特的全部症状和过程基础上，归到一个特定的标题——"多形态精神分裂症"下，对我来说似乎是绝对必要的。我很快就意识到，纯粹的临床分析仍然一定要将这些个案归到某类的精神分裂症之下，然而根据他们大量明显的非精神分裂症症状，他们大都不属于纯粹恶化的"非生产性的"个案。

在"多形态"的标题下，我列出了所有那些没有显著的青春型精神分裂症、紧张症和偏执妄想症状的精神分裂症，它们表现出明显的躁狂-抑郁波动、表面上的精神病-强迫、强迫性神经症、"歇斯底里"或"神经衰弱"症状，成瘾的倾向（酒精、吗啡、可卡因），道德缺陷和性反常（尤其是同性恋）（很少包括犯罪行为）。[2] 除了前述这些情况外，下面的特点也包括在多形态形式症候群当中：长期的症状或缓慢的过程或数年的停滞，病人智力能力的丧失（可是保持了表面的智力和语言能力），病人社会职责（学习、工作、建立一个家庭）的最终放弃或经常性的变化，或从他们的社会阶层掉下来，对心理分析的不易感性，以及电击疗法对其的相对无效性。无疑，并不是所有的个案都表现出那些"并发症"，但是通常还是能观察到个别几个的。

---

[1] Allg.Zschr.f.Psych., Vol.46.
[2] 关于这类个案，参见 Hans Binder, "Zwang und Kriminalität"（"Compulsion and Criminality"），Schweiz.Arch.f.Neur.u.Psychiat., Vol.54（"The Case of Joseph B"）。

然而，在相当多的个案中，妄想偏执或紧张症的现象可能在数年后的追踪研究中才观察得到，而真正的精神分裂性痴呆一直很少出现。严格地应用这个多形态形式的概念——也就是排除所有从最初甚至到数年后都没有青春型精神分裂症、紧张症或偏执妄想症状迹象的那些个案，这些个案占我的精神分裂症患者总数的5%，在一个更广泛的意义上，也就是包括那些迟早会表现出这些症状中的一种的个案，这个比例占到10%。与这种多形态单纯型精神分裂症的频发不同，无建设性的、单纯恶化的个案在我的个案史中非常少见。

第十章

企图谋杀一名妓女*

罗兰德·库恩

如果我们"对他的思想比对其行为更在意，并且又对他思想的来源比对那些行为的后果更在意的话"（弗里德里希·席勒），那么描述这样一个罪犯的故事总是富有意义的。但有些人自己既不能意识到其思想，也不能意识到其思想的来源。当这样的一个人在没有任何明显的外部理由的情况下犯罪时，即使我们以最好的意图去理解他也无法解开这一谜团。在此类案例中，心理学通常即使不能令我们解开这些精神谜团，也至少能令我们弄明白一点，这是通过教导我们重构此人的外部和内部生活史，获得对他的梦和幻想生活的洞察，在其心理倾向的框架下及其与家庭环境的相互关系中看待他而实现的。心理学还利用一个人对待包括他的医生在内的他人的所有态度的一种理解性描述。此外，心理学还在被实验简化的条件下考察他，并在分类标准（这些标准是通过无数病例的相互比对建立的）的基础上，以临床诊断的精神病学术语来理解他。

然而，不借助任何规范概念来描述一个人，并且因此撇开健康人

---

* 由 ERNEST ANGEL 译自初版的 "Mordversuch eines depressiven Fetischisten und Sodomisten an einer Dirne". *Monatsschrift für Pschiatrie und Neurologie*, Vol.116, 1948, pp.66-151。

与病人之间的区别是有可能的（不但是有可能的，而且就此而言无须经过任何判断）。在这里，我们涉及埃德蒙德·胡塞尔[1]的现象学方法，这种方法被马丁·海德格尔[2]和路德维希·宾斯万格[3]扩展到存在分析学中。

此时此地，我们不应对存在分析学研究方法进行描述，也不应列出支持它的论据。相反，一个实际的案例（无论如何，该案例的新颖性都足以引起人们的兴趣）将作为一种测试，以确定存在分析学能否比通常的临床和心理学的方法更有助于我们对一个人的理解，如果是的话，是以怎样的方式。对这样一项研究而言，自然要选择一个特别高深莫测和难懂的案例。但是，其他案例也并非不合适。

一、证据与精神病学证词

1939年3月23日，鲁道夫，一个没有任何犯罪前科、21岁、工作努力、不引人注目的屠夫，故意枪击一名妓女。

他在早上离开工作岗位，穿上周日的衣服，买了一把手枪和子弹，买了一张单程车票去了苏黎世。到了那里，他白天在大街上闲逛，在数家酒吧逗留但是并未喝多。下午5点，他在酒吧遇到一名妓

---

[1] E.Husserl, *Logische Untersuchungen*（Ⅱ.Aufl.; Halle:1913).Bd.2.
[2] M.Heidegger, *Sein und zeit* (Halle: 1935); "Vom Wessen des Grundes," *Jahrbuch f.Phil.und phaenomenologische Forschung*, Husserl-Festschrift, 1929; *Platons Lehre von der Wahrheit*（Bern: 1947).
[3] L.Binswanger, *Grundformen und Erkenntnis menschlichen Daseins* (Zurich: 1942); *Ausgewaehlte Vortraege und Aufsaetze* (Bern; 1947), Bd.I; case histories of "Ellen West und Juerg Zuend" in *Schw.Archiv fuer Neur.und Psch.*, Bd.53-59.

女,和她到她的房间,与她发生了性关系,在他们都穿上衣服后开了枪。她被子弹击中,但是只受了轻伤。在犯罪行为实施后不久,鲁道夫向警察自首。

在该行动实施前后,在鲁道夫的行为中,也许除了他的极度平静之外,没有任何引人注意之处。在被问及动机时,他说他注意到苏黎世的妓女赚钱太容易了。他把大量时间花在看电影和阅读毫无价值的文学作品上。他的志向是要变得像一位英雄一样有名。

在进行了一次彻底的精神病学检查之后,这一事件和鲁道夫的人格被描述如下:12岁时,鲁道夫卷入偷窃教会捐款事件;后来,他受到女性的性引诱。随后的内疚感导致心理孤立,并使他对外部世界有所保留。在实施犯罪行为之前,他越来越把自己投入一个幻想的世界中,在这个世界里他扮演各种各样的英雄角色。此前有一个晚上,他只睡了两个小时,并且在一种性亢奋状态下在街上闲逛,试图寻找性交机会,却没有成功。彼时彼处,在他的头脑里形成在苏黎世枪杀一名妓女的想法。鲁道夫挣扎着对抗它,到开始工作时,这个念头被忘记了。但是,在工作中,这个念头突然重新出现了,从那时起,他所做的任何事情似乎都是自动发生的。他不再能聚集任何对抗的力量来抵制这一犯罪驱力。

这份证词得出结论:鲁道夫是一名精神分裂、歇斯底里的精神病患者,他在一种异常的、神经质的状态下行动。他被宣判无责任能力,被置于监护之下,并于1939年9月1日被带到他的家乡门斯特林根(Muensterlingen)的公共机构,接受长期的心理治疗。当时没有发现支持精神分裂或者其他精神病诊断的任何症状。

二、关于鲁道夫直系亲属的情况[①]

在鲁道夫的母亲早逝之后，鲁道夫的父亲一度患有相当严重的抑郁症，持续了大约一年的时间。他不能工作，非常悲痛和自责。从那时起，他患上了越来越严重的三叉神经痛，这可以追溯到他青年时代偷猎时所患的感冒。动脉硬化突发后，他做了一次手术，并在64岁时因中风去世。他一直拥有一种强烈的收集和隐藏东西的冲动。他所隐藏的钱币在他死后被发现。

鲁道夫的母亲相当聪明且天生非常敏感。在14年里，她生了10个孩子。最后一个孩子出生之后，她一直没有恢复过来，患病5个半月后，于1922年去世。

鲁道夫的外祖父拥有一个相当大的农场，此外还做一些生意。已知他极不体贴妻子，已经很老了还与妓女乱搞。他乐于让他的家人为他工作，他很喜欢旅行。即使在收获季节中，他也会把可疑的女性朋友带回家介绍给妻子。

三、鲁道夫的记忆

现在，我们应该报告一下来自鲁道夫生活史的那些事实，它们已被证明对于理解其人格必不可少。在提供证词的时候，鲁道夫仅仅意

[①] 这一章有关超出直系亲属范围的其他亲属那一部分已被删除。然而，应该提到的是，鲁道夫的一个叔叔和一个堂兄弟曾被送进精神病院。——编者注

识到了这些经历中的少数。我们将描述这些事件，而不讨论它们被回忆起来的方法和特殊条件。

鲁道夫最早的童年记忆可追溯到他生命的第4年。他的母亲刚去世，鲁道夫睡在已故母亲的床上，挨着他的父亲。父亲在夜里频繁地拎起他，把他放到房间的尿罐上（这个孩子尿床）。随后，父亲自己也使用尿罐——这个程序给这个小男孩留下了深刻的印象。有一段时间，父亲把用于包扎自己腿部溃烂伤口的绷带放在鲁道夫的腿上，此时男孩有机会观察父亲腿上深深的伤疤（儿童期的骨髓炎症状）。与这些程序有关的是，父亲常常带着一种接近狂暴的情感拥抱鲁道夫，这给男孩留下了怪诞的印象。鲁道夫大概在父亲旁边睡了两年半的时间。

在这段时期里，这个男孩得到了他的第一条短裤。他在同一天尿湿了它，还拉了一裤子。

大多数时间，他待在屋子里，并试图与父亲的管家交谈，但都被不近人情地拒绝了。他整天搜索房子，从地窖到阁楼，翻遍每一个角落和每一件家具。

鲁道夫6岁时，他的父亲娶了他的一位管家。鲁道夫仍然记得她怎样要求自己称她为"母亲"，而他一开始又是怎样拒绝的。那段时间，他曾经在厨房的洗菜水里撒过尿。很快，他的继母支使他出门到村子里办各种差事，例如去为她买酒。她酗酒，常常生气，并一连好几天把自己锁在房间里，把家务留给年长的孩子去做。鲁道夫不喜欢他的继母；在她抑郁发作期间，他还受到其奇怪行为的折磨。这个女人曾被作为一名嗜酒者而遭判罚，她可能患有精神分裂症。

在鲁道夫还未上学时，他被带去看望一位亡故邻居——一位有着大胡子的老人——的遗体，他完全被吓坏了。后来，在他13岁的时候，他拒绝看他去世的祖母的遗体。在看到那位死去的老人之后，他开始在夜里害怕。他想象遇到了魔鬼；在地窖或阁楼的风声中，在走廊或厕所里，他想象他听见了即将死去的人的呻吟和叹息。在夜里，他会闭着眼睛在房子里徘徊。

在他上学的头几年，儿童版《圣经》上的插图给他留下了非常深刻的印象——尤其是施洗者约翰被斩首以及基督和撒旦站在耶路撒冷圣殿上的插图。那时，有一次，他从干草棚跳到脱粒的地板上，但是由于过高估计了地上干草的厚度，右脚骨折了。他父亲出于经济原因拒绝听从医生的建议把男孩送到医院，导致其末端碎骨移向了最近的那根骨头，并在这个位置愈合。几星期之后，当鲁道夫回到学校时，他因为报告摔断了自己脚上的"一小块骨头"而遭到嘲笑。很长一段时间，鲁道夫都相信他生来就有两只畸形脚：他曾经摔断左脚，在此过程中它变得正常起来，因此现在只有一只畸形脚——右脚。

这次意外导致他的焦虑增加。他很难冒险过一座桥，因为害怕会掉下去。塔和屋顶也会唤起他掉落的念头。他还想象掉入某个工厂的下水道里，被吸入一台机器，在那里他被撕成了碎片——就像马克斯和莫里茨（Max and Moritz）[①]那样（我们不确定那时他是否知道这本书）。在听说附近发现一具被老鼠啃咬的尸体后，他产生了被森林里的老鼠活活吃掉的恐惧。此后，在跟朋友做游戏时，他还开始害怕"什么事情会发生"，并且越来越多地退缩。不久，他有了这样的印象：他的同学对他有些妒忌，并且不再关心他。对此，他有一种古怪

[①] 威廉·布希（Wilhelm Busch）所创作的德国流行儿童读物中的人物，他的文字和插图生动地刻画了由于两个坏男孩不断做恶作剧而降临到他们身上的惩罚。——英译者注

的感觉。

　　鲁道夫从他的一个哥哥那里接手弥撒期间为教会募集捐赠的工作，其中一个男孩向他演示了怎样打开盒子。从儿童早期起，鲁道夫就喜爱硬币和闪闪发亮的东西。他屈服于诱惑，拿走了一些钱。他用其中的一部分给同学买香烟，努力让自己再次受到欢迎。他还变得勤劳起来，买卖兔子，并做起以物易物的交易。他学会了一种建筑游戏。他购买烟花，通过燃放许多烟花而使自己引人注意。他在教堂中受到监视，并在又一次的偷窃中被捉住。那时，鲁道夫大概12岁。在被发现之后，他一回到家就在厕所里手淫，并狂怒地把剩下的烟花扔进粪坑。第二天，他在学校里挨了老师的打，随后又被他父亲揍了一顿。据说，牧师曾诅咒他受到下地狱的惩罚。他受到了教区委员的彻底审问，但是泪水让他如此哽咽，以致他很难说出话来。他内心愤怒，而他的无助令他更加愤怒。当他被迫当着当权者的面，在点燃蜡烛的十字架前道歉时，他内心里发誓要通过谋杀或纵火的方式复仇。无论何时，只要家里吃烤兔子，他就会受到家人含沙射影的进一步羞辱，比如说这肉是由教会赞助的。最重要的是，鲁道夫在学校里开始结巴，这招来了老师和同学的嘲笑。仅仅几年之后，在他做学徒期间，结巴消失了。

　　鲁道夫的父亲会在这个男孩旁观的时候在地窖里宰杀兔子。在这些场合，鲁道夫常常会问起母亲为什么会去世，父亲似乎要么回避这一问题、要么提起黄疸病。鲁道夫记得，当他是个孩子时，他一直憎恨任何黄色的东西。他称姐姐的一位穿黄裙子的朋友为"黄色的危险人物"或"黄热病"。

　　从身体上来说，鲁道夫体格健壮，发育良好。其青春期很早就开始了。在教堂偷窃事件不久之前，跟鲁道夫睡在一张床上的那个哥哥，以性教育为借口引诱他互相手淫。接下来的几年间，他经常手淫，大多数是在厕所里或独处之时。在这期间，他产生一种强烈的恐惧，害怕被穿过窗户的一只骷髅手抓住或者从马桶掉进下水道。随后，他想象他可以粘在水管上，看到女性的生殖器，令他的脸上挂满粪便和经血。他经历带有性兴奋气息的极度焦虑，想象着感受魔鬼在身体的各个敏感区域触摸，尤其是皮肤上那种凉飕飕的感觉。

在偷窃事件发生之后的一段时期，他被带到一位与母亲年龄相仿的妇女处。但是随后，这位妇女发现他又一次在教堂捣蛋并告诉了他的父亲。在受到惩罚之后，鲁道夫对那位妇女由爱变恨，并决定杀了她。与此同时，尽管他很失望，他却不得不继续去看望她。当他被指示把她的鞋子带给鞋匠时，他顺从即刻产生的本能冲动去了厕所，在那里他用一只手手淫，而另一只手拿着她的鞋子。

在偷窃插曲之前，鲁道夫一直对教堂的礼仪印象深刻。尤其是在耶稣升天节（很可能被鲁道夫混淆成耶稣复活节）那天，这个男孩子为一种摄人心魄的美丽所震惊。在欢庆这个节日时，总是有生动的演出，伴着嘹亮的号角。在其不端行为发生之后，他开始憎恨和抗拒牧师、教会、学校，尤其是宗教教导。在其他事情中，他反对"不可杀人"的戒律，因为一次又一次地，每当任何不利的事情发生在他身上时，他就怀有谋杀和复仇的想法。他总是对失望非常敏感；在年幼时，如果许诺和期待没有实现的话，他会哭上好几个小时。

在学业结束时，鲁道夫开始为一个舅舅工作。那个舅舅是名屠夫，住在离他父母的房子大约15英里远的地方。他必须送肉，在其差使中有过各种各样的冒险经历。有一次，他看到工人从河里拖上来一具可怕的、面目全非的尸体。他跟学徒和年轻屠夫大量交谈。粗野的性话题是例行主题。他们时常沉迷于互相手淫和同性性行为。一个周日的晚上，年长的男孩安排15岁的鲁道夫在他的房间与一个还未成年的女仆发生了正常的性关系。

16岁时，鲁道夫开始跟随阿彭策尔的一位屠夫做学徒。在孩童时，他说过想成为屠夫，因为屠夫拥有最漂亮的妻子。后来，他变得焦虑，不太愿意做这种工作，而更想成为一名机修工，但是他父亲坚持先前的计划。一开始，杀死动物的工作让鲁道夫烦恼，好几次都让他呕吐。但是，他很快适应了这份工作，不久就非常喜欢它了。

在其做学徒早期，鲁道夫再次承担了送肉的工作。在这些情况下，他开始与家庭主妇有了详细的交谈。他试图了解她们的私密之事，例如月经周期、分娩、婚姻关系等。一个女人告诉了他关于她儿子的可怕故事：她的儿子认为一对邻居夫妇实施巫术，对他的马厩中发生的灾祸、他弟弟的死以及他妹妹的难产负有责任，在这种念头驱使下，他枪杀了这对夫妇。① 这次杀戮是在年轻的T（后来因精神分裂受到指控）经过其邻居的房子，并被那个女人问到他妹妹的生产时发生的。由于他相信她已经知晓，不必询问他，所以他变得暴怒并开了枪。

在这期间，可能部分与这个故事有关，当女人们向他讲述事情时，鲁道夫就体验到对她们掺杂着谋杀冲动的性兴奋。通常他只要离开就能避开这些情感，然而他感觉这些冲动是奇特的，并产生焦虑。他喜欢被一位R夫人称为"塞巴斯蒂安"（Sebastian），并想到这位圣

---

① 这一案例被赫尔曼·罗夏（Rorschach, Hermann）公开过；参见 "Ein Mordfall aus Aberglauben"（"A Case of Murder from Superstition"）, *Schweizer Volkskunde*, Bd.10, 1920, S.39。

徒、他的事迹和殉难。但是，当他的雇主偶然陪他到这个女人家中时，他的真实名字被泄露了，鲁道夫非常羞愧。

在拜访 R 夫人的那段时间里，鲁道夫与雇主的妻子有一段风流韵事，她告诉他她的婚姻生活在性方面如何不幸，并引诱这位学徒作为替代品。随后，她向丈夫忏悔自己的不端，鲁道夫不得不离开这份工作。鲁道夫的父亲得知这一事件后，忍不住为自己的儿子能在这样的年纪与一个穿得严严实实的女人发生性关系——对他而言这是一种特殊潜力的标志——而赞扬他。

鲁道夫想成为机修工的新企图被父亲的顽固阻止了，他被安排给另一位屠夫继续当学徒。在那里，有一天鲁道夫发现女仆不省人事地躺在沙发上。他起初检查她，然后触摸她的身体察看她是否活着，他试图让她睁开眼睛，最终试图与她发生性关系，但没有成功。她逐渐清醒过来。与这个女孩的亲密关系很快接着发生，他们时常在他或她的床上发生性关系。鲁道夫的雇主听到风声后勃然大怒，他闯进男孩的房间，把他从睡梦中打醒。

从他的第一份学徒工作开始，鲁道夫在周日几乎都会被躁狂驱使着去看廉价的犯罪电影，通常一天看三部。他还阅读了大量毫无价值的文学作品，并且无论何时何地，他总在等待发生性关系的机会。由于他的方式粗鲁，所以他极少成功。于是，有一次他试图诱奸自己的一个姐姐，但是遭到拒绝。他成天把时间花在犯罪和性幻想上。

在被他的雇主打了之后，鲁道夫陷入严重的抑郁。当他回到家时，他的一个姊妹问他出了什么事。他没有回答，打电话叫了一辆出租车，在同一天晚上离开家，计划用随身携带的屠刀割断司机的喉咙。他没有实施这个计划。但在附近的一个镇上下了出租车之后，他偷了一辆汽车。他开着车漫无目的地游荡，从一个汽车修理厂的工人那里骗来了汽油，于清晨时分在一个花园的栅栏处停了下来。他丢弃了汽车，并设法到了一个兄弟的家里，这个兄弟给了他一些钱，并送他回去工作。

这些事情发生后不久，他的学徒生涯结束了，鲁道夫开始从事有收入的工作。这导致他与父亲之间新的冲突，父亲希望他能寄钱回家，而鲁道夫很难依靠这些薪水生活。他时常去镇上，半夜时分徘徊在可疑的地方，寻找妓女陪伴。他曾经跟一位喝醉了的中年酒吧女招待睡觉，她用蓝色的面纱裹着身体。另一次，他为一名夜间俱乐部的表演者买了香槟，然而对方在他陷入经济困境时离开了他。他常常发现自己处于一种不确定的冲动和性兴奋之中。由于他的生活方式和经济条件不允许他为自己获得满足和放松，因此他求助于早期的做法。他频繁手淫，有时采用反常的程序，例如使用硬币、女人的丝袜、丝手绢和动物的肠子。偶尔，他在杀猪之前对之兽奸。他还接受了一名同性恋外科医生的钱，充当男妓。

一个朋友劝他参与入室行窃。鲁道夫希望以这种方式弄到钱，但是由于客观原因，他的朋友自己前往，被抓到并被关进了监狱。后来，他告诉鲁道夫在监狱里并不那么糟糕，他被允许一直工作，已经喜欢上那里。

在这期间，鲁道夫与一个农夫的女儿保持着友谊。他们偶尔在周日见面，他跟她一起去她父亲的"高山牧场"，有时在那里"亲吻"，但从没有发生过实际的性关系。他跟她的雇主相处得不错，工作勤快。他被说成相当不起眼。当他雇主的女房东招致雇主的怨恨时，鲁道夫曾幻想杀死她。

鲁道夫在1938年圣诞节最后一次回家。他父亲又一次责怪他没有给家里寄钱。随后，当他的姊妹写信说父亲患了中风、可能很快就会死去时，他很高兴。1月18日，他得到父亲的死讯。他雇主的妻子告诉他说，他看上去不像是死了父亲的人。除了轻微发烧和有点咳嗽之外，他到家时心情愉快。他发现父亲的遗体被放在他的床上。最初，他非常胆怯，但是当继母允许他触摸遗体时，他做了，而且行为非常疯狂。他一次又一次地开合父亲的眼睛，想要越来越彻底地检查遗体，表示愿意为其刮脸，并把遗体搬出去靠着走廊的墙，他的兄弟们正在那里等候——因为害怕进入房间。当尸体被放进棺材后，鲁道夫要求检查床铺，但是遭到拒绝。

葬礼在第二天举行。鲁道夫睡得很少，感觉不好。在哀悼者集合之前，他想听收音机里很大声的流行音乐。但是，在棺材被搬出房子的那一刻，他开始失声痛哭并遭到家人責骂。在前往墓地的途中，一想到父亲现在正最后一次经过这些房子，他就变得非常悲伤。当他们经过学校时，他有些振奋，回想起小学时代：他总是嫉妒那些在送葬队伍中走过的人，因为他们被允许走一会儿，而他被迫只能安静地坐着学习。实际的葬礼对他来说是恐怖的，在棺材放进墓穴时他又一次大哭。丧葬宴席上提供肉和红酒，他被其他人的尽情狂欢触怒，自己拒绝吃任何东西。

第二天早晨，一个周日，他看到一个女邻居，童年时他非常喜欢她，而她却令他那么痛苦地失望过。在与她的交谈中，他越来越意识到，与第二任妻子过得不幸福的父亲必定与这位同酗酒的丈夫不和谐地生活在一起的女人有一种亲密关系。

与兄弟姐妹的希望相反，他在同一天中午就离开了，有意中途在苏黎世逗留,去拜访一名妓女。在他乘坐一辆沿着班霍夫街（Bahnhofstrasse）行进的电车时,父亲的送葬队伍浮现于他的脑海。他感觉仿佛他就是灵柩中的父亲,最后一次乘车穿过家乡的街道。与此同时,他被想勒死他计划拜访的那名妓女这一不可遏制的欲望攫住心智。他进了一间酒吧,并马上发现了他要找的人。他跟随那名妓女进了房间,仍然被要勒死她的想法控制着。当他在她的要求下拉上窗帘时,她告诉他她不会脱衣服。在这一刻,谋杀冲动突然消失了。他跟那个女孩正常发生性关系,接着就回去工作了。

在接下来的几星期里,除了他无法去看他的女朋友之外,没有什么特别的事情发生。1939 年 3 月 22 日,星期三,他去了附近的镇上,在一间便宜的酒吧里寻找妓女却一无所获。一名他在先前的光顾中认识的女招待用手帮他获得了满足。他错过了最后一趟火车,像以往一样,夜间绝大部分时间在街上游荡,并在清晨回到家中。

上午 8 点,他正在搬一个上面装有几大块肉的托盘时,突然把它放下了。从那以后,每件事情都好像自动按照其程序进行。此前一晚的谋杀冲动眼下在何种程度上出现,我们永远无法弄清。这份证词所获得的那些联系曾在催眠状态下出现过,此后便再也没有被提到过。

正如前面描述的那样,他在上午早些时候抵达苏黎世。然而,他不能指望只在一间酒吧里找到妓女,因此他没有多喝,而是光顾了多家小酒吧。一名女招待给他讲述了一个很长的发生在巴塞尔的谋杀案的故事,这个故事刚刚被报纸刊登过。她谈到现在的谋杀犯会不得不进监狱待很多年⋯⋯那么,他从中得到了什么呢？

在下午早些时候,他回到他几个星期前去过的酒吧。不久,就进去了三名妓女。他选择了金发的一位,跟她进了她的房间。当她突然站住，在他面前完全赤裸时，他变得非常惊恐。他脱了衣服，但是在发生性关系时却不能射精。随后，女孩不得不用手帮他得到满足。然后，他们都穿上了衣服。

他付了 20 法郎，然后那把被他以某种方式藏在身前的左轮手枪不知不觉地滑了出来。那个女人把它当成了打火机，他要求她试一试。于是，在没有实际瞄准的情况下，他扣动了扳机。她被击中脖子倒下了。他头也不回地跑掉……感到仿佛从一场梦中醒来一样。

最初，他在街上漫无目的地游荡。然后，他想到打电话给警察说发生了一些事情，他们应该过去看看……接下来，他打电话给自己的雇主说他做了错事不能回去了。

与此同时，救护车赶到了，他站在旁观者中间，注视着受伤的女孩被抬走。后来，他给医院打电话，想知道受害者的情况，但没有成功。最后，他感到非常饥饿，走进一家餐馆，点了肉和红酒。他从餐馆给警察打电话，告诉他们在哪里可以找到企图谋杀的那个人。在他吃饭之前他们就到了。他已经把左轮手枪藏到面包篮中。在警车上，他说他感到如此饥饿，能吃掉一匹马、鞋子和所有东西。

被审问时，鲁道夫表现出异常冷静和放松的态度。他不知道为什么他会做出那些事。在被关押在监狱的早期，他也保持得非常平静，并扎实地工作。然而，由于从他朋友的讲述中他得知自己已拥有了一幅关于所有事物的完全不同的图景，因此他失望了。在复活节时，当他听到钟声响起，看到无瑕的蓝色天空，他开始阵阵哭泣。于是，监狱长提醒他：

幻想短暂，

而悔恨漫长。

此后不久，他被转到布格豪兹里（Burghoelzli）接受检查和评估。

四、来自鲁道夫的童年早期

现在，我们不得不提到鲁道夫无法回忆起的那些事件。他对这些事件有过大量幻想。根据这些幻想，我们已经做了彻底的调查。接下来的材料就是这些调查的结果，顺便一提的是，这些结果大部分与那些幻想一致。鲁道夫做过大量阐明其早年经历的梦。

鲁道夫是 10 个孩子中的第 8 个，出生于 1918 年 10 月 9 日。在他之后出生的那个孩子在婴儿期就因肺炎而夭折。接下来，一个女孩出生了。母亲没有从最后一次生育中恢复过来。她反复罹患生殖器出血、黄疸和发热，于 1922 年 2 月 23 日去世。

在母亲生病的 5 个半月里，鲁道夫睡在母亲的卧室里，在她的床上度过光阴。他在她跟他说话时围着她的身体爬来爬去。他穿着一条裙子。由于年长的孩子照看房子，因此他们很高兴母亲自己负责照料这个 3 岁的孩子。最年幼的妹妹还是婴儿，不会制造麻烦。母亲在经历漫长而痛苦的挣扎之后，在夜里去世了，全部家人和牧师都在场，牧师主持了圣水仪式。由于她的床铺肮脏、血迹斑斑，而且她的尸体很轻，父亲就把它搬到另一个房间。鲁道夫夜里就睡在那间发生了所有这一切的房间里。

第二天早晨，他像往常一样寻找母亲，仔细搜查了她仍未清理的床。然后，有人给他穿上衣服，告诉他母亲已经死了。

夜间转移尸体在地板上留下了斑斑血迹，鲁道夫很可能跟着这些痕迹进入放置母亲尸体的房间。他把一张椅子拉到床边，爬上去，跪在母亲的尸体上。他用手触摸着那张脸，并对母亲说："妈妈，您没有死，对吗？玛丽告诉我您死了……您是睡着了，对吗？"他的一个姐姐找到这个男孩，把他抱起来带走了。据说他没有哭泣或者显示任何害怕的症状（类似的情景有可能在第二天上演，但是不能证实）。

他母亲是在星期四去世的，葬礼在接下来的星期天举行。那天是狂欢节。鲁道夫很可能花了大量的时间坐在窗前，注视着狂欢的场面和化装舞会。鲁道夫第一批真实的记忆可能就来源于这一时期。他记得关于拉着一架四轮马车的马匹的一些事情，但是似乎以某种方式与母亲的灵柩和继母的搬场车混在一起。

哥哥姐姐强调说，从葬礼那天起，鲁道夫变成了完全不同的一个人。关于母亲尸体的场景一直被家人认为是非常令人伤感的，而这个可怜的孩子得到同情，是因为他不得不忍受来自下一任家庭主妇的如此多的痛苦。

五、对鲁道夫在公共机构中的态度的观察

从一开始，鲁道夫就以其良好的外部控制和理智行为使自己和普通病人区别开来，并因此获得很多特权。

当鲁道夫在布格豪兹里受雇佣做家务劳动时，他遇到了一个女佣，并开始了一段在他转到门斯特林根之后仍尽力维持的友谊。在布格豪兹里，他开始遭遇暂时性的严重抑郁，在此期间，他一阵阵地哭泣，看上去非常绝望。在其他时间，他讲述戏剧般的幻想。

在门斯特林根，鲁道夫又一次完全克制，友善、愉快，而且非常渴望工作。很快，他替代了去服兵役的男仆。仅仅一年之后，鲁道夫很明显早已经滥用了这份工作，克服几乎难以逾越的差异并运用娴熟的伪装技巧，与一位厨娘开始了一段不正当的恋爱关系。他运用一系列复杂的谎言、虚构的梦境，以及每一种可信的方式，将医生和随从人员引入歧途。他与这位医生的定期会面由于后者服兵役而被频繁取消，对他的监管也因这一事实而变得困难。

在会谈中，鲁道夫最初相当沉默和封闭。他宁愿做任何事情，也不愿自由联想。他甚至不想接受治疗——部分是因为害怕，而这恰恰会延长对他的收容，部分是基于对和那个厨娘的事的不道德感。总之，就是由于他想保持原样，而且不去设想改变他的存在模式。他友好而迷人的态度和他的聪明使其到处获得喜爱和接受。他强壮的身躯和娴熟的刀工为他赢得大量同情，特别是护士和女病人们的同情。因此，他对他的生活感到非常满意。

1940年3月11日，正当鲁道夫尚在继续其私情时，意想不到的事情发生了。突然，鲁道夫完全变了。他说，他想起了父亲的很多事情，而且几乎好几个晚上睡不着觉。他失去食欲，食物对他来说似乎很"愚蠢"，他的胃里有一种饱的感觉。性冲动仿佛消失了。鲁道夫抱怨头痛，并停止吸烟。他感到吸烟仿佛使他失去知觉。他感觉不舒服，但是说不出毛病在哪里。他感到疲劳、憔悴、筋疲力尽和虚弱，不再喜欢工作了。他病了，厌倦任何事情。鲁道夫说他不知道发生了什么，只是看不到未来，并因此感到绝望。他相信他会越来越恶化，而且永远不会出院……没有人能帮助他……他甚至再也不会死去……他应该被殴打并被转到暴力病房……他不配其他任何待遇。他告诉我们他感到困惑……没有留下任何感觉，但是不同于以往，他一点都不害怕，而是相当平静，再一次任何时候都可以去杀人……对他来说这没有什么不同，并使他相当冷酷。然而，他坚持他头脑清楚，并确切地知道他在做什么和说什么。

在随后的日子里，鲁道夫的情况在改善与恶化之间转变。这位病人说，他只能"思考到这种程度，无法进一步思考"，不但他自己，而且他周围所有人看上去都陌生而冷酷。有一种想法一次又一次地冲击着他，即所有人都知道他为什么在这里，并因此不尊重他。

许多个星期他都处于这种状态，伴随着一些变化。最初，占据主导的是抱怨他的心灵中体验的变化，他解释说，他的思想仿佛处于符咒之下。好几次，他有自杀的冲动，或者以戏剧化的、有些歇斯底里的姿势请求医生给予帮助。后来，他变得平静些了，最坏的情况是抱怨他全身虚弱和各种身体疾病，只有过后才承认他感到怎样受到折磨。他曾以复杂的算术问题测试自己，以确定他的思维能力是否仍完好无损——希望困扰会以这种方式消失。有一次，在认为通过看到鲜血流出也许会减轻痛苦的情况下，他割伤了自己的左前臂。

大约3个月之后，在几天之内，鲁道夫的情绪发生了一次完全的逆转。他跃入亢奋的精神状态，大声讲话而且滔滔不绝，从一个话题跳到另一个话题。在这段时期，为了掩盖他同那位厨娘的关系，他毫无拘束地编出复杂的故事。他准备考虑关于未来的宏伟计划……想学习英语，看看大千世界。他对于关押渐渐变得不耐烦，要求在最短时间内被释放。

这么多年来，他第一次前去忏悔和领受圣餐。他对之非常狂热，并告诉每个愿意倾听发生在他身上的这个奇迹的人——仿佛从他灵魂中卸掉了一个沉重的包袱。接下来,他像一个喜欢在女人中间厮混的男人那样忙碌起来,在海滩上度过大量的时间。他精心着装,打着花哨的领带,使用护肤品和护发素,并在几周内设法挥霍了15瓶香水。他的睡眠和胃口都"极好",没有留下任何身体症状的"迹象"。他偶尔变得愤怒、蛮横并开始抱怨这家公共机构,说即使坐牢他也会过得更好些。他还与合作者发生冲突,时常威胁他们。因此,我们最后不得不把这个病人转移到一间封闭病房,这使他的行动中止了。

这些最初的情绪强烈时期因其缺少一致性和连续性而引人注目。在他几乎是躁狂的活动过程中,鲁道夫会变得相当绝望,并哭泣一两个钟头。在接下来的几年中,即便是对于粗心的观察者来说,鲁道夫情绪的涨落也仍然是明显的,尽管它们比最初较少极端性。在似乎不规则的时间间隔里,鲁道夫会出现具有抑郁性沮丧、绝望、厌恶的情绪低落,还具有一种处于符咒之下的感觉。然后,他会突然变得易怒和好争吵,有一种受到歧视的感觉,或者会变得快乐而无所拘束。这些情绪通常只持续数小时或数天。有时,它们似乎在没有任何外部原因的情况下出现。在其他时候,它们与鲁道夫的日常生活事件紧密地联系在一起。任何预料之外的事件(例如一位病人的逃跑)都会触发低落情绪。抑郁的情绪一般来说在春天更加强烈。

在强烈的抑郁之下,还出现了不易被追踪到的其他情绪过程。1940年的严重抑郁之后,鲁道夫出现了一种明显的抑郁性格,尤其是在躯体区域——并且延续超过两年时间。鲁道夫感到长期且难以描述的不舒服,并且一次又一次做出倾向于疑病症患者的反应。他的心智被其母亲大量占据。他从未感到非常自由,而且他的字迹总是很小。

从1941年年底到1943年年底,鲁道夫的基本性格出现了与原来相反的倾向。他几乎总是雷鸣般地大声讲话，食欲巨大，以很大的字母写字，书写流畅，并且向左倾斜。焦虑和自杀的冲动退去了，与此同时，他对这家公共机构、医生和他自己都不满意。他认为自己被误解了，并成为一个经常光顾这家医院的已婚女人的知己。在一次医院的舞会上，他特地与这个女人跳舞，并又一次说长道短，以至于我们不得不再一次加以干涉。接下来的两年，也就是进入1945年后，鲁道夫基本上处于抑郁状态，躯体感觉也相应地起伏：他的字迹小而工整，声音较低。同样，他的巨大食欲也逐渐减小，而且他更愿意适应医院的规则。1944年春天，虽然最初相当不情愿（因为他仍然顽固地坚持做一名屠夫的想法），但他还是在这家公共机构中从作为一位园丁的学徒开始工作。在那段时间，鲁道夫不得不与把自己抛到一辆正在行驶的火车前面的强烈冲动做斗争。

然而，当他急切地展开他的园丁工作，并且暗地里深深地喜欢一位护士时，他的情况越来越改善。他的人格变得更加平衡，他开始阅读好书。1947年春天，他作为图尔高州（Thurgau Kanton）300名学徒中的第2名，通过最终的学徒考试，随后获准离开医院。自此之后，他作为一名园丁工作了一年，他的雇主感到满意，他的任何反应中也都没有惹人注目的表现。1948年春天，在他被判罪9年之后，他被这家公共机构明确释放，并进了一所商贸学校接受进一步训练。监护暂时继续。

六、鲁道夫的白日梦和梦

可以确定地认为，在犯罪之前，鲁道夫多年来是一个沉迷于白日梦的人，他的行为只有根据那些幻想才能得到理解。但是，由于这些经验的本质，它们的内容从来没有变成清晰的意识，所以鲁道夫无法将其告知我们。在精神病治疗的过程中，这些来自早期的幻想的各种片段显露出来，不过永远无法被组织成一个整体，也就是说，以一种鲁道夫的行为能从其中被完全理解的方式。随后再现的被遗忘的幻想内容几乎总是歪曲的，因此只能有所保留地被用于解释其令人迷惑不解的行为。

但是后来，在鲁道夫住院期间，我们观察到大量的幻想，尤其是我们在后面篇幅中将要描述的梦的内容。

起初，鲁道夫几乎根本不做梦，并且极其小心地不泄露任何他的白日梦。由于他对什么都缺少兴趣，所以很难找到任何谈话主题。作为一个不相信上帝的人，他也不去教堂。他一直通过偷偷地阅读毫无价值的作品为他的想象提供新材料，正如他早前曾利用电影和廉价文学作品为他的幻想提供材料一样。

1939年9月下旬，我们与鲁道夫谈了一次，向他解释我们如何按计划对他进行治疗。于是，9月25日，他以一个梦作为开端。在这个梦中，医生被枪杀了。

在接下来的半年期间，鲁道夫只叙述了6个梦。在其中一个梦里，医生又一次被枪杀了。他两次梦到了偷窃、隐藏和搬运女尸。在当时，这两个梦都无法得到解释。后来表明，它们原来涉及的是鲁道夫和那位厨娘的秘密关系以及他对医生的欺骗。

女尸的梦可以追溯到对电影的记忆，这些电影有关杜莎夫人蜡像馆和一个施虐狂杀人犯把受害人变成蜡像。鲁道夫早年阅读的廉价惊险小说也发挥了作用。他经常提起一次次进入脑海的幻想，例如，幻想他在外面遇到的人在他周围暴毙。他还幻想自己成为运动竞赛中的胜利者——尽管他从不积极参加运动——他想象自己是射击冠军，受到美丽女子的亲吻。他似乎有一些模糊的感觉，他的精神有些问题，他相信他只要发生尽可能多的性关系就能得到帮助。这就是为什么从一开始，他就如此匆忙地要被释放，而且强烈反对对他进行阉割，尽管从未有人建议对他实施这种手术。

在其处于抑郁状态期间（这一状态在 1940 年 3 月被观察到），鲁道夫高度关注他自己及其健康。他只报告了一个梦——他的面孔被丑陋的疮痂所覆盖。

在任何事情对他来说似乎都是冷漠而奇怪的那一时期，他回忆起了在早些时候感觉到的某些相似的事件，尤其是犯罪前不久对他的女友的感觉，那是他在那段时间没有见她的原因之一。在他与医生的交谈中，《圣经》的历史通常是一个主题——尤其是它的血腥事件。正是在这一时期，他报告了他夜乘出租车和他对司机的谋杀冲动。

在其躁狂时期，鲁道夫大量谈论死亡，这令我们震惊。死亡作为一种无形的力量或者被伪装成一个人登场，俯身靠近那个随即死去的人。小孩受到一位笑容和善、身着白袍的女性的拜访，士兵受到一位官员的拜访。只有上了年纪的人才会被一具骷髅靠近；骷髅抓住他们的手，像一位朋友那样对其欢迎。鲁道夫总是极度害怕死亡，无论何时有人谈论死亡,他总是不敢自己上床睡觉。蜡像被认为能帮助他战胜死亡。

随后,鲁道夫做了一些延续的戏剧一样的梦,这些梦利用了对当地节日①的童年回忆、电影、书籍、马戏团表演和《圣经》历史。在几个节日中,女人受到威胁、折磨和杀害。他还讲述了一些夸大的白日梦,在这些梦里,他把自己视为血腥战役中的一位将军,并被作为一位得胜的英雄歌颂;或者他是一位伟大的政治家或政客,或者他发现了治愈一种危险疾病的药物,或者他作为一名探险家经历了勇敢的冒险。所有这些和其他为数众多的幻想,有些是关于谋杀和肢解的——尤其和与他单独相处过或者令他兴奋的女人有关——他已经做了很多年。他叙述了父亲葬礼后在苏黎世那天的经历。他还告诉我们,在医院里他的思想整天强迫他去思考下一次他不会错过那个女人,他将会更加平静地开枪、更好地瞄准,他不会只杀死一个,而是杀死她们中的几个,等等。

他还描述了令人恐怖的焦虑状态,这种焦虑状态在他与女人单独相处并且出现谋杀冲动时降临,他只有以最大的努力才能击退这种冲动。他变得越来越频繁地害怕夜间冰冷的尸体。他相信有一具尸体被放置在他去厕所的路上,并且认为每走一步都是用光脚接触冰冷的尸体。不久,他甚至相信床上有一具女尸在他旁边,所以不敢再把手从毯子下面抽出来。他把对寒冷的空气的感觉当作对尸体冰冷的触摸。他的身体好几个小时都冒冷汗,不敢在床上移动。

在这样一种情绪下,鲁道夫做了一个梦,在梦中他看到从一个

---

① 例如割草节(Sechseläutenfeier),一个在苏黎世要庆祝的流行节日。在该节日中,一个稻草人被沿街传送、烧毁并扔进河里。——编者注

沙丘中伸出的两只胳膊和两条腿。在这个梦里,有人解释了有关的事情,而他向我保证说沙丘之下躺着的是一具尸体,他曾在早前的一个梦中在一辆火车下面看见过这个人。在会谈中,鲁道夫继续专注于死人、棺材、血和相似的主题。沙丘引发了对他父母房子的一个小房间里一堆木头的想象,据说正是在同一个房间,他母亲躺在棺材里。于是,在这个梦之后的第三天,在一阵疯狂的情绪爆发中,他幻想到他母亲尸体的重要场景,该想象直到被他忘记才不为我们所知。

以一种平行的发展,鲁道夫产生了一些偶然的、似乎抵制任何解释企图的梦,但是,实际上,它们暗指他的秘密私情,并促使他编出一套复杂的谎言来减少医生的怀疑。这是他在躁狂状态下的典型反应之一。

接下来,鲁道夫更加频繁地做梦,甚至每天做好几次。在他的梦中,可以识别出两个新的意象,这些意象在随后几年的进程中呈现许多变化。一开始,鲁道夫把自己看作一个小孩,后来把自己看作一位所有事件都在他身上发生的小王子。在梦见小王子之后的日子里,鲁道夫幻想他不是父母的孩子。在这些梦中,鲁道夫穿过一扇古老的、废弃的、生锈的门,进入地下通道,这条通道通向富丽堂皇的房间,或者一座洞穴迷宫或教堂或地下室或墓室。在那里,庄重的仪式在彩色火炬的暗淡光亮下上演,而且他经常挖掘出一个箱子,或者棺材,或者钱柜,或者一些类似的装有秘密财宝的东西。一次又一次地,该内容通常与人的尸体和逝去的生命有关,但是,箱子与此同时也是一个令死者复活的装置。杀人与被杀是这些梦中常见的主题。例如,在一个梦中,鲁道夫在海底被一个女孩的头发缠住,这个女孩从一艘船的残骸中走出来,并用一把匕首威胁他。

在他承认了与那位厨娘的关系后——这段关系在相当长一段时间之前就结束了——他更加自由自在，而且正如后来经常得到证实的那样，他在交流中更加可以信赖。他的女友此时结婚并怀孕。他梦见他参与了分娩。生下来的是"一小堆像孩子一样的棕色的东西"。

在这一时期，鲁道夫产生了大量关于他母亲的死的幻想，并试图以各种方式回想他母亲尸体的形象。梦的分析使他回忆起葬礼队伍中的马匹、制作棺材的细木工匠和雕刻墓碑的人。尸体屡次出现，最为多样化的谋杀方式在鲁道夫的梦中实施，或者是鲁道夫实施的，或者是在鲁道夫身上实施的，或者有时仅仅是他目睹的。从早年开始的整个朋友圈子出现了。他常常与之一起漫游的男孩们——尤其是那些后来误入歧途或罹患精神病的男孩——在最多样的、冒险的和血腥的事业中扮演他们的角色。只在极少的时候，他才梦见他以前的女友。

1941年春天，鲁道夫经历了一次持续的抑郁状态，但是远未到极端症状。谋杀的念头仍然时常在他的幻想中占有显著地位。尤其是在他手淫之后，他会想象谋杀女人会是怎样的感觉。在这样的时期，他总是变得对医生更有敌意。尽管他在表面上保持镇静，但是他产生了大量关于谋杀医生或者谋杀方式和手段的幻想。治疗变得无效而危险。

在前一年的3月和4月，鲁道夫坦白了他乘坐出租车和谋杀司机的计划。他还讲述了他犯罪之前的岁月里的同性恋经历。它们必定部分发生在当年的同一时间。现在，他开始明显地频繁梦到病房中的病友。在那段时间，他在梦中反复与他们打斗，看到他们手淫，并推测遭到他们检查"生殖器"。在讨论他的梦时，他会自发地和一而再再而三地提到手术和阉割。

随后的夏季，曾经偶尔出现在梦中的解剖的斫杀主题，越来越多涌现出来，伴随有轻微的躁狂状态——这通过病人的健谈和兴奋性可以识别出来。涉及病人自己身体的肢解和残缺的白日幻想越来越多地出现。鲁道夫开始讲述他犯罪之后奇怪的饥饿感，并且感到对吃肉日益厌恶。有时，他感觉闻到尸体的气味。他还报告说在经历抑郁心境时感到极其口渴。

1940年10月，鲁道夫专注于他母亲的尸体，而在随后一年的同一时期，他更加注意自己的身体。他夸耀他的力量，卷起袖子到处跑，到医生办公室也是这样着装：正如在先前的躁狂期中那样，他护理皮肤和头发，使用各种化妆品，试图让自己显得最棒。他为自己拥有"讨人喜欢的长相"而骄傲，但是与此同时也非常在意自己残疾的右脚，这给他带来了痛苦感，他把自己在女人方面缺少成功归咎于它。他疑病症性地关注生殖器的功能。他为之感到紧张和痛苦，没完没了地谈论它们。

大约在1941年年底，当鲁道夫的抑郁心境慢慢改变时，他做了一个与先前所有的梦都不同的梦。他透过一扇窗看到一幅美妙的雪景。与此同时，真实的害羞体验开始出现在鲁道夫身上——既在梦中又在他与医生的谈话中——而他对后者的敌意态度也逐渐消失。他幻想这位医生也像他一样犯过谋杀罪，也经历过同样的白日梦和相似的事情。

在3月份的抑郁期间出现了一些新的东西，那就是对兽奸的坦白。它把一种动物和屠夫专长的特征引入鲁道夫的梦和幻想中，这些梦和幻想此时展示了令人恐怖和厌恶的施虐主题。1942年，一次躁狂期再一次取代春天的抑郁。在秋天，观察者又一次发现他把注意力

第十章 企图谋杀一名妓女　　545

转向自己的身体。梦中经常出现火,而幻想经常围绕地狱之火和炼狱展开。

1943年3月,鲁道夫重新产生他早年在厕所里的恐惧。斫杀主题随之减退,而污水泥浆和泥潭主题变得从未有过地重要。在一年多的时间里,鲁道夫的幻想和梦的内容都聚焦于出生。孩提时,鲁道夫曾想象鹳咬了妈妈的腿,而孩子通过这个伤口出生;后来,他相信分娩是通过肠子,并想象孩子像粪便一样在恶劣的气味中生出来。鲁道夫的梦又一次出现盒子和箱子,这一次装的是人的器官和散发臭气的肉汤,牧师以一种神秘的方式处理它们。鲁道夫讲述了他童年时代的观念,即孩子是在做弥撒时在教堂中被制造出来的,甚至还有牧师为了制造孩子而杀人,因为死人和婴儿总是被带到教堂。

与这些内容相混合,在梦中,甚至是星期天的教堂里,还出现了与狂欢的伪装、性别转换和雌雄同体有关的渎圣念头,用尿液弄脏外衣的唱诗班男孩在教堂中展示自己,孩子们带来由牧师证婚的动物。在他的一个梦中,鲁道夫看到一个白痴或一个裸体女人被钉死在十字架上。另一次,他梦见他的"十二个伙伴",于是暴露出他多年来幻想自己成为耶稣并施行神迹的潜意识。此外,他还想出了一个复杂的装置,用于把自己钉死在树林中,完全依靠他自己,没有任何人注意到它,以便让那些发现他的人相信这是一种新的神迹。

一种阴郁的心境一次又一次占据鲁道夫的梦。尸体和骷髅几乎天天出现,鲁道夫在这方面的创新性似乎永不枯竭。有一次,在一个梦中,鲁道夫看见手持钟表的女人雕像。

1944年3月下旬,大约自他出事的第5年时,鲁道夫又一次梦见地窖里的一只箱子,这只箱子被一只钟表锁着。鲁道夫很容易就把钟表拆开，打开箱子。他不记得里面是什么，但他随后的确报告说，他多年以来一直藏着一只装满纽扣、玻璃碎片和布片的盒子。他说，从儿童早期起，他就一直搜寻这些物体，无论何时，只要发现一个，就会抓住它，非常开心，像对待珍宝一样珍惜它。他还从闪闪发亮的硬币上获得极大的乐趣。在早年，他曾在纽扣和硬币的帮助下进行过手淫，而且把小零钱含在嘴里。这一爱好可以追溯到他母亲去世之后的那段时间，当时他搜索整个房子并偶然透过窗户看到外面的田地里闪闪发亮的东西。于是，他出去，在这片田地里彻底寻找这件物体。

各种各样的梦都暗示，那些发亮的事物与闪亮的眼睛，尤其是与他已故母亲的眼睛存在密切联系。随后，在青春期，发亮的物体——如今包括丝绸的光泽——变得至少是性驱力的部分目标，并导致一种恋物癖，这种恋物癖与其他东西一起，阻碍鲁道夫与不穿衣服的女人发生性关系。衣服的重要性一方面由纽扣决定，另一方面则是由这一事实所决定的，即在孩提时，鲁道夫在狂欢节穿着他已故母亲的衣服到处乱跑。对于这一点，不得不加上各种令人恐惧的戴面具的经历。

1944年9月22日，鲁道夫做了下面这样一个梦：他在公共机构的一间病房中，但是该建筑物从外面看起来像他父母的房子。一条小溪流经房子，鲁道夫从其发臭的、浑浊的水里捞鱼。小溪里面产鱼很多。在房子里，鲁道夫把两个音符拴在一个窗帘上方。然后，他坐在一个房间里的一个脸盆架上，并向镜子里看，他从那里看到对面墙上的一扇门。一个女人通过这扇门进来，并停在他后面。"我东奔西跑，抱住她，并热情地亲吻她的嘴唇……可怕……她的眼睛突出、雪白、目光黯淡，脸色苍白，嘴唇性感——好像是肿胀的——在里面，一种发臭的肉汤……整个身体是僵硬、不能弯曲的一团。然后，人们走进来并察看房间……我不情愿地离开，而且由于那个女人，我不得不通过在地板上滚动并发出很尖厉的声音来假装。然后，我躺在另一个房间的床上。一道白光追随我到床的右侧，但慢慢地失去了力量。我内心的骚动平静下来，并能入睡了……后来，我看见同一个女人，穿着黑衣站在我的门前。"〔摘自鲁道夫的梦书（dream-book）〕

很明显，这个梦只能被解释为对鲁道夫与他母亲尸体相遇的再次体验。对鲁道夫自己来说，这一解释是当然的。他从此梦推断，他一定亲吻过母亲的尸体，而且通过移动它，必定产生腐烂、极其难闻的气味，甚或从嘴里涌出液体。

在接下来的几个月里，鲁道夫遭受了强烈的自杀冲动的折磨，同时还有与伙伴们接触的巨大障碍。他感到被误解了，无法理解为什么我们不得不阻止他与一个已婚妇女的关系，所讨论的那个女人在他的梦中对他来说就像是一个魔鬼。他仍然偶尔幻想到肢解，但是腐烂的内容显著减少。

自然，出于很多原因，包括治疗的原因，我们一直试图在有意义的书籍的帮助下满足鲁道夫对幻想材料的需要。在这一点上，我们实际上从未取得成功，因为他会阅读大量书籍而不去注意书中的内容，除非这些内容达到他对血腥和泥潭的兴趣的标准。不过，1942年夏天，我们的病人在一次花园聚会中，创作了一幕来自《仲夏夜之梦》（*A Midsummer-Night's Dream*）的小丑喜剧。鲁道夫扮演皮拉姆斯（Pyramus）一角。他对整出戏剧产生兴趣，并热衷于其神话和魔法的气氛。他自动继续阅读莎士比亚的戏剧，并且在《理查三世》（*Richard Ⅲ*）和《雅典的泰门》（*Timon of Athens*）中发现了满足他血腥口味的戏剧。在接下来的几年里，尤其是从1943年夏天开始，他反复通读莎士比亚的所有戏剧著作，而且后来用他自己赚的第一笔钱购买了一部十卷册的莎士比亚著作。

1944—1945年的冬天，鲁道夫第一次前往贸易学校，并因此更经常地待在该公共机构外面。在学校里很勤奋学习的同时，他设想他在最后一天会怎样以意外事故为借口把自己拖进湖里。他相信他精神失常，无法抵抗可怕的想法和自杀冲动（他感到被拖向他的母亲）。他想带着荣誉离开人世，并且有人谈到他，会说："多可惜啊！……如今他痊愈了，却发生了这种事情！"

有一次，在他能够执行自杀计划之前，他不得不等了大约一个钟头的火车。他走进一座天主教堂，在祭坛前念诵主祷文，并继续在圣母的祭坛前念诵出自《浮士德》的格雷琴（Gretchen）的祈祷。于是，圣母和圣子的肖像发出奇异的闪光，看上去仿佛是活的。鲁道夫受到震动，打消了这种自杀冲动——一种他体验为强迫症的冲动。后来，他说，他不知道是他想象了这件事情，还是真的发生了这件事情。这发生在1945年的2月23日，他母亲去世的23周年纪念日，但是鲁道夫没有注意到这个日子。

在事件发生后的几周里，鲁道夫爱上了那位护士。几个月来，他都没有感到满足，并再次感觉受到歧视，认为他吃得越多状态越好，用语法混乱的语言记述梦境，并且偶尔给人留下这样的印象，即他真的非常缺乏情感。如果有的话，那么这就是这样的一个时期。在这一时期中，尽管没有发现任何确切的症状，但人们还是会出于各种合理的原因怀疑其患有精神分裂症。

鲁道夫的状态逐渐改善。他又能与人接触了，并越来越多地投入他的贸易训练中。他以日益增强的理解力阅读各种各样的文学著作，而且黏上了他所爱的人，即那位护士。

他害怕参加商贸学校的结业考试，实际上，他第一次没有通过。但是，经过几次心理治疗会谈之后，他做得很好。自杀冲动、焦虑状态、幻想和过度的梦在最后两年中均慢慢消失。抑郁状态还会出现，但是与"正常人"所经历的那种状态几乎没有区别。亲密关系障碍在主观上或客观上均不再显著。鲁道夫从不敢接近他心爱的人。他偶尔看到她并感到受约束。他越来越后悔自己的行径和过去的生活。他感觉到新生，并宣布他正在一个接一个地发现世界之美，不断开始了解人们。

七、临床精神病学和法庭评估

情感生活

鲁道夫的人格主要受他的情感生活主导，且同样多地受他的心理病理状态主导。

起初，我们发现了大量典型的躁郁性气质特征。无疑，鲁道夫具有一种特别敏感的本性，他会被诗歌和古典音乐深深打动。尽管仅仅在几年的治疗之后，他就变得易于接受此类情感体验，但是这种气质必定始终存在。实际上，这本身已经通过宗教情感的感人经历和他加入歌唱社团揭示出来。他还非常注意女性之美，并试图在诗意浪漫的情感迸发中赞美它。

在与别人的日常交往中，鲁道夫反映出在情感体验方面的能力。

不管鲁道夫走到哪里，他都受到欢迎和喜爱。他能适应情境，友好而乐于助人，知道说什么，对他人感兴趣，非常了解怎样讨别人喜欢。鲁道夫还能够表达自己的情感。除了在与女友——她当然没有回应他的爱——的关系中之外，他不会拘束。鲁道夫非同寻常地喜欢工作，在实际工作中显得非常熟练和有天赋，而且手很巧。他知道如何安排时间对自己有益处。他动作流畅——无论如何不生硬——舞跳得很好。

鲁道夫还极端倾向于气质波动，从轻微的躁狂状态到严重的抑郁和去人格解体症状之间的变动。这些状态展示了有关情感经验的重大层面的极大变化。人们必须区分延续多年的临床相和那些其心境基于反应性和内源性条件的临床相，以及可能每周都在变化，常常每天，甚至偶尔每个小时都在变化的临床相。这种重大的临床相决定了情感表现，例如声音的音量、笔迹的大小、食欲和与自己身体的关系——像在疑病症中所表现的那样，而外部行为、敏锐的心境和满足感以及穿着方式都更加容易变化。

除了所有这些，鲁道夫还明白无误地表现出精神分裂症[①]特征。正如上面描述的那样，鲁道夫的情绪体验没有完全满足他……它没有完全与他融合。在它之中有很多人为的和不自然的东西，有些缺少透明度。它包含比通常的躁郁性气质所具有的更多的沉思，因此鲁道夫的人格有一点复杂，也有一些问题，这在单纯的躁郁症个体身上没有被发现。在童年时期，鲁道夫确实无疑是羞怯的。为了战胜他的

[①] 这一术语在这里被理解为最初由布洛伊勒和克雷奇默做出的界定。后者区分了以其整体人格对刺激做出反应的"精神和谐的人"和以其部分人格做出反应（就像库恩的病人鲁道夫那样）的"精神分裂的人"。——编者注

害羞，他参加了舞蹈课。他不得不观察别人，以便学会怎样与他们相处。他常常以一种敏感的方式做出反应，实际上，他在法庭精神病学检查中给人留下了敏感的印象。

鲁道夫倾向于对许多经验做复杂化（complexhaft）的详细描述，倾向于做出恐惧和强迫的反应，并且表现出倒错的性欲。在他的精神分裂症特征中，人们不该忘记鲁道夫的犯罪，以及他在其间与随后的冷酷、平静的行为。在内心深处，鲁道夫仍然感到孤独，尤其在他离开公共机构的环境、再次面对生活之后。有两年的时间，他极度爱慕这家公共机构里的一位护士，却没有得到对方情感的回应信号。他也不曾找到一位朋友。但只有极少时间或偶尔，我们才在他的情感关系中观察到一种真正的障碍。对鲁道夫来说，变得神经质和易兴奋都是例外——如果有过的话，那也最可能发生在心理治疗的会谈中。他绝不是不合群和缺乏幽默感的。通过在公共机构中的治疗，他的情感生活获得大量自由。因此，鲁道夫提供了一幅融合了躁郁性与精神分裂性气质特征的成分杂乱的混合图像，在这幅图像中，前者在外部表现方面占据主导，而后者可能在内部人格方面占据更大比重。在他的身体结构中，矮壮-运动的特征也占主导。我们可以设想一种基于遗传的极其混合的气质——在某种程度上，它被家庭照片证实。当根据他气质中的精神分裂成分来看时，鲁道夫的抑郁的特殊形式，以及与之相伴随的犯罪就变得有些更容易理解了。但是，鲁道夫的行为不能仅仅通过其情感生活加以解释，因为我们无法为严格意义上的情感行为找到一种气质，而犯罪本身也不能被看作这样一种行为。

本能生活

鲁道夫的本能——就其力量而言——根据他的情绪广泛地波动，他的本能生活也是倒错的。

行为本身——试图谋杀——最容易揭示这种倒错。它展示了一种施虐狂倾向。当然，鲁道夫的目的不是要让受害人遭受痛苦——他只是想要杀了她。从狭义上说，在鲁道夫早期的生活中，我们也没有找到任何施虐狂的特征。他的确是个屠夫，但是我们找不到任何他对动物施加折磨或者从杀死它们中体验到任何愉悦或兴奋的证据。他一般不残酷对待妇女。他至多制定计划报复她们，因为在他看来，她们的态度阻止了他找到性满足（例如，他沉浸于这一想法中：尽可能多地让女孩怀孕，然后自杀）。当然，这种犯罪根本不属于为了淫欲而谋杀这一类。谋杀的念头没有增加他的性兴奋，相反抑制了性功能的过程。这种行为不是被用来获得最大可能的性的或其他的兴奋，而是在抑郁状态下被无情地实施，紧随这种抑郁状态的是性发泄。另外，人们不得不考虑这一事实，即性发泄无法用一种自然的方法获得，当然不会导致真正的满足。实际上，在接下来的几年里，鲁道夫的梦中生活和幻想都表现出极端的施虐（还有受虐的）特征，包括肢解主题。在犯罪前，此类意象通过廉价的电影和侦探故事一次又一次地被发掘和培养起来。然而，单单施虐狂似乎不是理解这种行为的充分根据。

在鲁道夫的本能生活中，比施虐特征更明显的是恋物癖特征。正如我们已看到的那样，这种恋物癖的对象是发亮的东西——尤其是纽扣、硬币、女人的丝绸内衣和长袜。如果我们想要调查鲁道夫的倒错与他的谋杀袭击之间的可能关系，那么我们不得不从探索其躯体经验开始。

尽管在关于恋物癖的文学作品中，恋物者与他所恋之物之间的关系经常得到描述，但是恋物者这类人迄今为止一直被忽略。与配偶身体之间的一种心理不正常关系怎样以及是否有可能与对自己身体的一种心理不正常关系相联系，这一问题一直没有得到注意。在这种关系的许多可能形式中，似乎一个人自己身体的无能、对这种无能的特殊强调以及对它的排斥，可能在恋物倾向的起源和保持方面起作用。我们应该在一个例子中对此加以论证，它在这个例子中比在鲁道夫的案例中展示得更加清楚：

一名鞋袜恋物者，为遗传的愚笨、精神病和自杀的倾向、情绪不稳定所折磨，跛脚迫使他要借助拐杖行走。他仍然确切地记得，孩提时他如何穿着鞋袜站在水里，如何在脚下感到的寒冷的滑腻中体验到兴奋。后来，他对此产生性的感觉——当他看到光滑的鞋子并深情地触摸它时，这种感觉再次出现。渐渐地，他对女人鞋袜的兴趣变得更加明显。当他看到女性穿着鞋子进入水中时，他就变得兴奋。在这种情况下，他会手淫，而且当他能够想象，尤其是生动地想象女人穿着鞋子浸入水中时，他就感到特别满足。实际上，她们不得不表现出仿佛她们本身就是跛脚，并像他一样喜欢这种行为。

回到鲁道夫身上，我们发现，他对他残疾的右脚并非仅仅采取否定的态度。他的老师曾有一次向全班同学展示这只脚，说女舞蹈家就拥有像这样的脚。因此，鲁道夫为之骄傲，并在许多场合想要成为一个女孩。在很长一段时间里，他总是坚持说他的两只脚最初都是畸形的，经过一次意外，其中一只又变得正常了。与此同时，他产生了解剖女性的幻想。他想象自己如何成为一起交通事故的遇难者，失去肢体，不得不受到护理和照料。他显然喜欢这一角色。有一次，他在幻想中把自己看作一名谋杀者。还有一次，他幻想自己的暴力性死亡，就像在十字架上一样。换句话说，谋杀的冲动加上了自杀的冲动。所有这些与其他事物一起，表达了他对自己身体和女人身体的态度。在他对自身畸形（他自己体型的畸形）的尊重中，人们可能会发现他损坏性伴侣身体形状的倾向的根源之一——对其幻想、梦和冲动中的肢解和谋杀主题的一种解释。

这样，我们就被一种相当直接的方式引向了"畸形"这一概念；在最近的倒错理论中，尤其是斯特劳斯和冯·格布萨特尔的理论中，这一概念被赋予普遍和核心的重要性。根据冯·格布萨特尔关于恋物癖的观点[1]，人们可以假定，杀死携带所恋之物的人的想法并非与这名恋物者完全无关。由于这名恋物者因为本能生活的畸形而无法掌握整体的爱的现实，于是，全部人类伴侣都阻碍了他对恋物性地爱恋的那一部分的专注。完全排除困扰因素（人类伴侣）的暗示是明显的。当然，还存在一些案例，在这些案例中外部事实大半对应于这一理论：

一个男人饱受典型的对女性袜子的恋物吸引之苦——他总是随身携带它们，甚至穿上它们，因此他不断与妻子发生冲突，直到有一次，在一场争吵中，他突然开枪把她打死。除了他恨这位女性之外，他没有提到其他原因。

如果人们设想，鲁道夫实际上通过恋物情结表达他对母亲的爱，并在通过恋物载体实现他的意象过程中感到受阻，那么鲁道夫的谋杀

---

[1] *Nervenarzt*, Bd.2, 1929, S.8-20.

冲动就可以得到双重理解。于是，杀人将不仅意味着把令人烦恼的客体移出这个世界，还意味着通过把它转变为尸体，令它与最初所爱的、也已死去的意象相似。实际上，许多恋物癖者既不畸形又没有攻击性的态度。在任何案例中，这种观察和思考都有助于我们的理解。

但是，在这一案例中，似乎对该病人经验进行解释的事实基础太薄弱了。不管该解释是否像畸形假说一样诱人，也不管它提供的参照如何有价值，它都无法澄清我们的案例而不引导我们走向一种无意识动机理论，这意味着我们也许不得不采取一种我们尽力避免的方法论步骤。①

下一步将澄清鲁道夫的性欲是否以及可能以怎样的方式通过内在背景完全与犯罪相关。

鉴于鲁道夫试图杀害的是一个性伴侣这一事实，这一背景几乎无法质疑。然而，这一企图肯定不是狭隘意义上的一种倒错行为，因为这种倒错行为的目标是性驱力的满足——一种只有以变态的方式才能达到的满足。导致这种变态的是性满足只有通过阻碍才有可能，这种障碍是通过倒错的"世界设计"决定的，在其中，这种"世界设计"不允许任何其他路径（正如鲍斯有说服力地展示的那样）。然而，鲁道夫的谋杀攻击出现在性行为之后，它的目标是要阻碍在未来发生任何这种行为。这种行为实际上没有完成实现其目标这一事实，可能有助于其作为一次性犯罪的评估。因此，这一犯罪至少部分变成倒错的结果，而它本身并非一种倒错行为。倒错、爱的无能以及随之而来获

---

① 当然，从精神分析的观点可以提出很多要点。但是，由于它们几乎不会有很多新的贡献，因此，我们忍住不提出它们，而假定每位读者都将增加似乎有助于其理解的任何东西。

得满意的性和爱的体验的无能都是该犯罪的前提条件，但不是它的唯一原因。

在兽奸行为中，可以发现这样一个此类的更深层的前提条件。当鲁道夫用猪获得性满足然后杀了它们时（正如发生过的几次那样），他为他的行为设置了一种模式。但是，谋杀是否以任何方式与这种性行为有更深层的密切联系，这一点无法得到明确证实。

在兽奸者的心目中，一般没有充分地发展出人与动物之间的区别。还有一类人，赋予动物个人化的人类价值。例如，如果鲁道夫梦见儿童带着动物去教堂参加婚礼仪式，那么它不仅仅是一个渎圣的梦，还表现出把人的价值分配给动物。另一位病人——一名年轻的农场工人——只挑选一头特定的奶牛作为性满足的对象。由于它的名字、它的美丽还有它把铃声摇得悦耳的能力，他对它采取了这样一种喜爱，以至于他实际上爱上了它。[1] 另外，还有一类兽奸，据知没有把个人价值观加诸人或者动物。在这些病例中，杀死一个人与杀死一只动物差不多。在鲁道夫犯罪的时候，很可能当时就是这种类型的兽奸冲动（以上提到的那个梦发生于后来的一个时期）。最终，我们还必须考虑

---

[1] 我们认为，兽奸行为应该始终根据人与动物之间的一般关系加以理解。在农村地区，兽奸绝不像想象的那样罕见。在我们的公共机构中，过去的8年里至少有8个确切的病例。还应该加上这样一些病例，在这些病例中，与动物的关系引人注目，尽管没有可利用的实际倒错的行为证据。为了理解兽奸，此类病例也不该忽略。人与动物之间关系的各种形式都应该加以调查。原始人的图腾崇拜已经为心理学提供了很多材料和任务。我们必须记得，神话和寓言中的动物具有语言天赋——这指出，个人价值观被分派给了它们。人与动物的关系从早期向越来越分化发展。人的形象只是逐渐地从兽性领域分离出来，而且通常这两个领域在很多方面还保持了融合。今天，罗夏测验为研究这一难题提供了最完美的方法；很多病例似乎向我们揭示了人类这部书籍中的动物篇幅，因为大多数人的幻想都具有一个任其支配的"动物领域"，服务于他们构成其世界［论及这整个问题的是 G.Bachelard, *Lautréamont* (Paris: Corti, 1939)］。

鲁道夫身上的同性恋成分，它也许对谋杀一名女性具有特别的推动作用。实际上，同性恋在鲁道夫身上从来就不是非常明显，属于一种起主导作用的被动性质。尽管如此，它却是存在的，并通过他与他兄弟的相互手淫，明确参与了鲁道夫的性驱力发展。它还由在犯罪之后的那一时期反复出现的梦得到充分的证实。当然，同性恋男性与女性的关系变化很大。但是，这种导致厌女症、导致以各种方式折磨女性，并最终导致谋杀她们的形式，已得到足够的了解，在心理学中常常是如此明确，以至于我们克制自己不再对其做任何进一步的讨论。

总之，我们可以说，鲁道夫的确具有一种性倒错的人格——这种倒错推动他并为他的犯罪铺平道路。但是，行为在其特定时间的执行不能仅仅根据本能情境加以理解。实际上，犯罪企图更多的是一种自动化（automatic）行为，而不是一种本能（instinctual）行为，因为鲁道夫选择了一个目标这一事实完全被另一事实所超越，即他的犯罪实际上使他非常冷淡，他没有以任何方式感到对它负有责任，它始终与他格格不入（他在犯罪之后立即潜逃）——根据经验来说，它发生在他之外。

有人可能认为，鲁道夫的心境波动也引起倒错的本能在强度和表达方式上的波动，而这可以作为对此犯罪的一种解释。这种反对意见尽管并不完全错误，却没有改变基本的现象学事实，即谋杀企图不能被简单地理解为一种倒错行为。

强迫症状

毋庸置疑，鲁道夫的病例是那些罕见病例中的一种；在这些病例中，犯罪起源于一种名副其实的强迫经验。[①]鲁道夫在童年时期害怕从桥上、屋顶上掉入小溪中，害怕在工厂中被切碎或者被老鼠吃掉，我们在这种害怕中发现最初的强迫观念。鲁道夫不得不与这些想法做斗争，在此过程中，焦虑状态产生了。具有更明确的强迫性特征的是在给家庭主妇送肉时想要谋杀她们的冲动。当他压抑这些冲动时，他经受了巨大的痛苦并产生了严重的焦虑发作。这些强迫性的冲动已经在与性兴奋有关的情况下出现。

这种强迫经历特别偏爱位置。就我们所知，只有当他站在门口并发现自己正面对一个女人时，它们才会出现。这很可能可以追溯到一个来自阿彭策尔的迷信的谋杀犯的故事，此人的戏剧性事件也开始于门口。只是当鲁道夫已经知晓那个故事之后，他的强迫冲动才开始，他也枪击了那个站在他面前的女人。起初，他曾计划在走廊里实施犯罪，只是为了使枪声不被大厅里的人听到才回到房间。这些环境如此清晰地展现出在强迫性的冲动与犯罪之间的一种紧密的心理联系，就像该犯罪不是在这种冲动的直接影响下发生一样肯定无疑。因此，我们在此并非在处理一种严格意义上的合适的强迫行为，因为没有发生内部冲突，而且通常无法显示出任何类型的"防御机制"。

此外，虐待狂的性幻想从不会以强迫的形式发生。鲁道夫几乎不曾与之做过斗争，它们也没有与他格格不入。相反，对家庭主妇的谋杀冲动则是完全不同的事情，这是与他的想法相吻合的、他自己都不能理解的事情。

在治疗期间，鲁道夫偶尔感觉到一种强迫本质的冲动。当鲁道夫

[①] 但是，正像库恩接下来所说的那样，这种直接的行为本身不能被理解为一种严格意义上的强迫行为。——编者注

第十章 企图谋杀一名妓女

在门斯特林根教堂里和天主教病人一起从事服务时，好多个月里，他不得不与冲下阳台、跳到会众中间的冲动做斗争。一次又一次地，他不得不对自己描绘着，他会怎样粉身碎骨地躺在石头地面上，参加礼拜的人会说什么，接着会产生怎样的惶恐，诸如此类。那种驱力也与鲁道夫格格不入，被他感觉为非常不同于自杀、肢体残缺和意外幻想的某些东西。这些强迫驱力催生严重的焦虑状态，以致鲁道夫几乎不敢继续去教堂。在这里，强迫冲动也与明确的地点联系在一起。

一旦鲁道夫承认了他的强迫冲动，通过讨论那曾导致他的右脚跛掉的一跳以及与耶路撒冷圣殿围墙上的基督的诱惑有关的梦和幻想，他就能够得到帮助战胜它们。

当然，鲁道夫的病例不代表一种"强迫的精神变态"，因为在他身上缺少这种品质的根本特征，强迫经历只是偶然地发生。他的强迫体验是典型的精神性症状，起源于一个明确的形式复杂的经验丛（Komplexhaften Erlebens），并很可能因此固着于某个地点。

思维和意识

鲁道夫智力正常。他的思维没有显示出变态的特性——除例外状态时期以外。在抑郁时期，思维在其联系中看上去偶尔有些松散，尽管不是典型的受抑制。在躁狂状态下，思维稍微倾向于奔逸。在我们与鲁道夫的很多谈话中，我们从未发现任何散乱的精神分裂症思维或妄想的迹象。

鲁道夫的意识状态很难加以判断。我们的确知道，直到犯罪的那一刻为止，鲁道夫通常生活在减弱的意识清醒状态中，并处于空想世界中。尽管他当时工作勤奋，但是他仍然从未彻底完成从儿童的幻想世界向拥有其客体和现实的成人世界的过渡。受到侦探小说和电影的刺激，他希望越来越远地漂离完全清醒的白天意识。

真正的朦胧状态——伴随着健忘症——几乎无法建立，除了鲁道夫在犯罪之前的一段短暂时光，那时他撕碎了女友的照片。至于其屠夫学徒生涯末期"准游荡症状地"夜间乘坐汽车，不存在健忘症。在鲁道夫的记忆中，不存在关于犯罪行为本身的任何缺口，然而幻想内容以及活动本身的动机，却很少或完全未被记住。对鲁道夫来说，他的犯罪就像其对于那些不得不参与审判的人一样莫名其妙。

无论如何，父亲葬礼那天夜间乘车期间以及犯罪那天的某个阶段，被证明是在一种特殊意识状态下得到清晰描绘的插曲。在此，行动是完全自动化的。尽管这些行为的意识没有被消除，甚至没有被削弱，但是活跃的思维丝毫没有干扰心灵和活动过程。

在这种背景下，我们避免提出与意识和自动化的障碍概念有关的所有可能被讨论的难题。我们有这种印象，即在这个领域中，研究被推进得还不够远，不足以提供给我们比我们从对事实的最清晰的可能的现象学阐述中能够获得的更多的理解。对于这一点，我们认为本质在于，尽管鲁道夫察觉到这一进程，但是在他身上没有产生反冲动。这反驳了发生在许多机体疾病中的一种完全与自我不相容的冲动，例如癫痫患者的谋杀冲动。的确，在癫痫症患者身上有时会出现自动化的行为，而没有反冲动，并且没有失去意识，但是在这些行为中，没有看到障碍的癫痫基础的证据。

生理问题

关于该病例的这一方面，由于没有进行实验室研究，因此要报告的不多。不过，我们想要提到的是，鲁道夫一开始待在公共机构时出现的严重抑郁状态部分地与外部影响有关。例如，身体暴露于强烈的阳光之下数小时后陷入明显的抑郁状态。起初，我们试图用甲状腺素治疗，随后多年开了微量的碘化钾治疗。从那时开始，病人的状态无疑改善了。休克疗法或者延长睡眠治疗从来不必要，因此从未施行。

精神病学诊断

如果我们想要让鲁道夫病例的图景符合按照我们的术语接受的临床诊断模式，那么抑郁状态的严重性、征候学以及相伴随的症状全部明确地指向了一种精神病。我们首先必须考虑躁狂－抑郁精神病，但是不得不立即补充说明，这幅图景被与那种疾病格格不入的特征涂上颜色，例如，精神分裂、明确的歇斯底里、反应性和倒错的色调。由人格解体经验所标志的抑郁状态，让我们想起由冯·格布萨特尔[1]和A.韦伯[2]描述的此类病例，以及希尔德（Schilder）报告的关于躁狂者的虐待狂幻想[3]。

无论如何，没有哪个发现使得我们可以将其诊断为精神分裂症。

---

　　① Von Gebsattel, *Nervenarzt*, Bd.10, 1937, S.169, u.248.
　　② A.Weber, *Ueber nihilistischen Wahn und Depersonalisation*（Basel: 1938）.
　　③ P.Schilder, *Entwurf einer Psychiatrie auf psychoanalytischer Grundlage*（Zuerich: 1925）, S.139.

然而，鲁道夫所犯的罪以及他所体现出来的精神分裂病样成为某种特定怀疑的根据。到后来，许多年以后，精神分裂症或许（很可能具有一种妄想狂特征）将会出现。

我们可能会想到由遗传产生的一种癫痫的影响，在鲁道夫身上存在意识障碍、行为暴力、幻想内容这些倾向，但是，正如我们已经表明的，这些障碍几乎不可能是癫痫的表现。现今，关于这一问题，我们已经没有什么更多的内容可以说了。

法庭－精神病学意见

当然，由鲁道夫的精神病理症状推知其无责任能力的早期判断是一种精确的看法，即使当时还无法做出一项完全的诊断。这一病例再一次证明给出一个正确的法庭－精神病学意见是多么困难，而且间或不得不经过很多年才可以获得一种决定性领悟。

今天，我们必须假定，鲁道夫在一种抑郁状态下实施犯罪，这不得不被认为是一种实际的精神疾病。通常来说，内源性抑郁不被法庭重视；而在精神分析文献中[1]，抑郁症患者的犯罪倾向被赋予的重要程度远远超过扩大性自杀。但是，我们在此处理的仅仅是一种表面上的矛盾，因为一切都依赖于我们对"抑郁"的定义。这一概念变得越广泛，其覆盖犯罪病例的数量也就越多。在这一相同的背景下，一项与此相关的有趣的研究成果是荷兰人胡特尔（Hutter）撰写的《忧郁的罪犯》(*Melancholische Kriminialitaet*)[2]，不幸的是，在我们看来，它

---

[1] H.Nunberg, *Allgemeine Neurosenlehre*（Bern: 1932), S.121, 149.
[2] Schweiz. *Zeitschrigt fuer Strafrecht*, Bd.62, 1947, S.280.

既没有得到病例史又没有得到参考书目的充分支持。这项研究也使用了精神分析的理论。但是，在无法理解的犯罪案例和就罪犯而言引人注目的淡漠行为中，考虑抑郁的可能性也许仍然是正确的。这样，人们也许不难找到在其中稍微非典型的精神病性抑郁与这种犯罪紧密联系在一起的病例。

八、尝试通过存在分析理解鲁道夫的犯罪

迄今为止，我们已经主要根据生活史内容考察了鲁道夫的病例。然而，从诊断的考虑来看，他的人格的其他方面成为焦点。

鲁道夫犯罪之谜已经通过对其生活史的澄清，对其梦和幻想生活的洞察，以及经由临床－诊断思考得到某种程度的阐明。但是，我们已经避免了通过理论（它们天生地倾向于曲解经验）得出可靠的联系，在理论中实际上只能看到甚或仅仅是感觉到松散的关系。当然，如果一个人想要在此处的"可能性"王国中进行操作，正如在每一个病例中那样，那么可以证明无数论点。但是，我们指出的那些联系固定于鲁道夫的自发经验，并且可以被他认识到。我们不得不从可供支配的大量的材料中做出选择（我们的会谈记录由300多页不隔行打印的纸张组成，关于梦的记录更多）。我们集中于最重要的事实，尤其是似乎有助于理解谜一般的犯罪行为的事实。现在，我们将试图通过存在分析的方法更进一步地使这一行为得到理解，这种方法已经在我们的导论中提到。在这一语境中，我们将呈现鲁道夫所存在的"世界"。"世界"在这里不是以它具有习语性质的意义（或者在"世界的

方式"的意义上,或者在非常不同的《圣经》语言的"世俗愿望"的意义上)来使用的。"世界"一词毋宁说是在"世界设计"的意义上加以使用的,"世界设计"可以说被每个人放在一切的存在之上,他通过它解释存在的一切,而且他从它得到一个参照背景(Bewandtnis-Zusammenhang),每一个人的存在都在此背景下被决定。①

我们的首要任务将是找出鲁道夫的"世界"。在这个"世界"中,他的犯罪不仅是可能的,而且是不可避免的。这当然将会使我们面临各种困难。存在分析不是一种已经完成的、完美周到的理论,听凭我们"解释"发生在一个心灵中的某些或者全部事件。此外,我们目前仍处于这一方向上的工作的开端。通常仅仅是事后会认为这一点或那一点也许已经得到更精确的阐明。甚至最初的解释步骤也必须沿着一个在很多方面我们都不熟悉的方向前进。所有这些导致各种不完美,这些不完美今天仍影响着我们的存在分析工作,但是不能阻止我们应用这一方法,因为我们只有通过应用才能改进它。

尽管我们研究的目的是理解鲁道夫的犯罪,但是更清楚地阐明他的日常存在——他日常行为的方式、他的实际生活——仍然首先是必要的。

日常生活

一个小男孩正在搜索房子,寻找他死去的母亲。在找到尸体后,他对它讲话并抚摸它。后来,在他通过葬礼失去尸体之后,他翻遍了整个房子——围着所有家具,勘察所有角落。在所有这些场合,鲁道

---

① 关于"世界"这一概念,参见 M.Heidegger, "Vom Wesen des Grundes"。

夫都在行动，以一种特有的活动方式行事，这种方式已经展现出某种勤奋。在他早年的记忆中，我们没有发现沉思的东西。例如，他让其他孩子把他放在一个小手推车上在村子里拖来拖去，或者为了得到钱而裸体涉过图尔河（River Thur）以取悦他的同伴。他注视街道生活的所有事件，看到凶狗咬人、马发狂、丑陋的尸体从河里被拖上来。在早年，钱对他来说变得很重要。[①]他用从教堂拿来的钱开始真正的交易，买卖兔子。他还从事物物交换，很快用他的圣诞玩具换了一个新的玩具。后来，他的勤奋转移到他的工作中，他变成了一个效率高、有雄心的工人。他做的工作比他分担的要多，他甚至在没有监督的情况下也勤恳工作，并且为此得到表扬和赏识。实际上，在他的工作中，挣钱是主要目标，但是在公共机构中从事无报偿的工作时，他也一样勤勉，即使他在那里不能受雇做屠夫——他特别熟悉的一行工作。当他从公共机构中被释放出来以后，他立即开始狂热地工作。他翻遍整个村庄的阁楼寻找古董，把它们当作礼物来接受，后来卖掉它们。

不但他的工作生活，而且他的整个存在都充满范围广泛的忙碌活动。通常，他在一个星期天观看三部不同的电影；在更早些时期，他阅读大量的廉价文学作品。即使是在他的性关系中，他也只是追求活动。他会匆忙地从一间酒吧赶到另一间去寻找妓女，并满足于在女服务生的帮助下用手达到的性满足。以一种完成交易的方式来处理与妓女的关系对他来说是很自然的。

另外，在犯罪前的一段时期里，他经常见到女友，但是不知道和

[①] 金钱与一种显著独特的活跃生活方式相互关联的各种方式，由齐美尔的（G.Simmel）《货币哲学》（Philosophy of Money）中所研究的大量事实揭示出来（3 Aufl., Muenchen: 1920）。仅仅应该提到的是，钱被称为"最纯粹的工具形式"（S.205）。歌德也称钱是一种"工具"（在写给席勒的一封信中，Dec.25, 1794）。

她做什么事。她不允许自己简单地被他利用，因此，这种关系在可能受到外部事件干扰之前就逐渐淡漠了。

鲁道夫在很大程度上被工作和活动所消耗。那条街道——拥有新的相遇的持续希望，拥有无限丰富的、不断变化的任何人和事，拥有无限向前的延伸——这是他所喜爱的。那条街道实际上是鲁道夫的存在首先发生的空间，也就是说，他在水平地运动。那条永不宁静的、繁忙的、匆促地向前延伸的街道，还是"时间"的象征，鲁道夫就生活这一"时间"中。气喘吁吁的匆忙，对体验新事物按捺不住的狂热，像从女人那里打探出秘密信息的需要所表现的那样实际的好奇，对出乎意料、惊魂动魄和危险的事件的喜爱——所有这些都使这一存在负载了不确定的成分。生活在预期的不确定中是鲁道夫的世界设计的基础。对鲁道夫来说，"世界"仅仅是以不确定的形式向他显示以及把他安置于不确定状态中的世界。对他来说，哪里没有不确定，哪里就没有"世界"——没有任何东西，空虚、寒冷、麻木、无趣。这种存在没有连续，没有历史。在宾斯万格的意义上，它是"跳跃的"[1]，它是被剁碎的时间。

屠夫的工作无疑包含大量的不确定性；而园丁工作（鲁道夫在公共机构中获得的某项技能）却较少具有该特征，因此在很长一段时间由于太无趣而遭到鲁道夫的拒绝。

处于不确定中的某个存在的另一面是它对于罪犯的着迷。我们在鲁道夫身上发现了显著程度的这种特征：他通过观看劣质电影、阅读侦探故事以及与来自那条街的罪犯混在一起，培养这种着迷。在被罪

---

[1] L.Binswanger, *Über Ideenflucht*（Zurich: 1933）.

犯吸引的过程中，鲁道夫变成这伙人中的一个，所以我们在这里面对的（至少是在那些大城市中）是一种大众心理现象。①

从本质上说，一个处于不确定中的存在总是涉及他人，并由此具有社会性的一面。

不确定中的存在具有其自身的规律，就我们所知，这一规律已经得到心理学和精神病学的充分研究。而在很长的时间里，文学史通过专注于艺术和生活中的戏剧性主题，涉及一种预期的生活风格。从文学史中，我们了解到处于不确定中的存在倾向于终结——也许通过一种悲剧行为自我毁灭，也许通过像喜剧那样的其他解决方式。我们可以把鲁道夫的犯罪理解成为了消除紧张、离开不确定的一种尝试吗？对此有些线索吗？当然，它不能是对鲁道夫的行为进行"戏剧化"的一项科学研究任务，但是我们必须避开"临床"方法中暗含的偏见——对人的巨大简化偏见。它们会轻而易举地促使我们声称鲁道夫的犯罪没有受到充分的"激发"。相反，我们应该试图指出犯罪对于处于日常生活世界中的鲁道夫而言可能具有的含义。我们可能将因此找出他是否陷入某些可能被称为悲剧的事情中。

在法律和精神病学调查的开始，鲁道夫列出了其犯罪的三组动机。在意识到其声明的后果之后，他撤回了它们。这三组动机是：

1. 鲁道夫想要报复妓女，因为他在她们身上花了太多钱。在他看来，她们赚钱太容易了。

2. 他希望看上去是一个敢于同妓女战斗的、消灭并公开揭露这种

---

① 斯塔赫林在最近的一篇文章中（*Schw.Arch.f.Neur, u.Psych.*, Bd.60, v.1947, S.269-278）探究了大众心理与临床精神病学的关系。当鲁道夫作为一个更大的社会单位的一个成员行动时，原始化和人类整体性在人群中的丢失（正如斯塔赫林令人印象深刻地揭示的那样）也可以在他身上发现。

罪恶（对他来说，受害者的名字会出现在报纸上很重要，这会令其蒙羞；他相信，其他妓女会因此害怕且会改变职业）的人。他还认为，如果一名妓女被杀，这没什么大不了。

3. 最后，鲁道夫想要避开世界的诱惑，并在监狱牢房的隔离中继续他的生活。

如果我们严肃对待这些动机——从客观观点来看我们无论如何没有理由不对之严肃对待——那么我们必须把鲁道夫的犯罪归咎于一种"可悲的"①意义，这令其进入戏剧形式的王国，因为鲁道夫"被应该所是的那种东西所推动，而他的行为与现在存在背道而驰"②。他想要与妓女做斗争，并使自己朝向那一理想目标行动。通过此，他把自己从人群中抬升出来，他将自己与他人区别开来。他也遭受了痛苦，他的痛苦被每个人承认，但是与此同时他也被毁灭了。"痛苦耗损了个性"，而且"在各种意义上说都是残忍的"③。

把鲁道夫从人群中抬升出来的这种"可悲的"行为与那些在其中他扮演英雄角色的全部幻想有关。例如，当他想象自己是一名骄傲的运动员，在庆典队列中被抬在同伴的肩膀之上时；或者，当他看到自己高高骑在别人身上，耀武扬威地带领着他的队伍穿过被占领的城市时。通常，鲁道夫以这种方式达到高峰，提升存在的垂直轴，并由此离开了地平面。当然，这是一种非常费力且绝不快捷的上升方式。显然，在他的垂直运动中，他被某种强大的力量向下拽着。当后面讨论到梦和白日梦的世界（其中也包含有关英雄角色的幻想）时，我们会

---

① "可悲的"——此处在可怜的和令人感动的意义上被使用。——英译者注
② Emil Staiger, *Grundbergriffe der Poetik* (Zurich: 1946), p.164.
③ 同上，p.168。

回到这些问题上来。

在悲剧性的存在中，情绪性行为与这些"问题"，与一个人必须要抓住的"预见"——预先抛下的所有努力都朝向它的目标——密切联系。在鲁道夫的案例中，面纱将从人类的眼前被撕下，这些眼睛关注的是妓女的邪恶本质。这一问题有一个起点——一个人从该点开始追赶"预见"。对鲁道夫来说，这个起点是以妓女为形式的人的道德堕落，或者更精确地说，是他自己对这一事实的评价。

就像悲剧英雄一样，鲁道夫被是什么以及不应是什么紧紧缠绕。他本身是妓女的受害者，而且通过敢于反抗这种致命的邪恶，他也想从其陷阱中解脱自己。但是，他的目标实际上是什么呢？不再有妓女仅仅是一个消极的目标。鲁道夫不能够——在一般意义上或为自己——设置一个现行的目标；仅仅通过努力与世俗的诱惑分离，他本质上没有为自己获得任何东西。这是鲁道夫和真正的悲剧英雄的区别所在。

鲁道夫的犯罪动机还以另一种方式内在地与他的现行生活有关。通过说妓女挣钱太容易，他把妓女的本质与工作联系起来。这样，他反对这一事实，即存在挣钱比别人更容易的人。我们在此看到与一种普遍的社会憎恨有关的动机闪现，我们能够推测鲁道夫可能并不总是对他的工作抱有同样的热情。然而，他的枪击可能不仅仅指向一名妓女，还超越她指向他自己整个的现行生活、其勤奋和工作、其赚钱以及与此有关的任何事情。所有那些都应该停止，因此它们证明，鲁道夫通过他的行为实际上试图为自己生活的不确定带来一种解决办法。

由于我们以这种方式可以瞥见鲁道夫的人格功能中的某些联系，

因此进一步从不确定的角度考察其存在的其他特征似乎是适宜的。至于他对出租车司机的谋杀意图，我们仅仅知道它产生于一种极度抑郁的状态。在这里，我们又一次发现了走出日常生活的倾向——在这个病例中，主要是进入冒险生活。在该场合没有出现情绪冲动。

法庭在鲁道夫的世界中特别重要。正如此类病例中经常出现的那样，鲁道夫的想象被出现在法庭上的想法所占据。通过被判为无责任能力，他被剥夺了体验。通过在讲演中得到陈述的机会，他获得某种程度的替代体验。多年后，他仍然会梦到这些陈述，并被自己的重要性打动。他还做了各种梦，在其中法庭得到直接描述。最后，在他的一份罗夏测验记录中，我们发现了一种特别的道德化内容。这种与审判观念的密切关系又一次具有戏剧的特点，在其中，生活、决定和行为受到审判。"这是内部力量也向外部审判形式挤压的原因。"①

最终，我们必须考察在治疗期间莎士比亚戏剧对鲁道夫的影响。尽管他实际上对这些戏剧很狂热，但他不会热衷于莎士比亚的十四行诗，后者对他来说似乎揭示了它们的作者只是"一个人类存在，而非其他东西"。在这些戏剧中，鲁道夫看到了超越纯粹的人的某些东西——也就是说人的行为（action）——决定性的行动（deed），他们通过这些行动把命运掌握在自己手中。人通过经由其行动战胜自身及其限制，获得一种更一般的、类似典型的重要性。因为鲁道夫无法在十四行诗中发现那种行动——只发现放弃——所以他对它们很失望。

在鲁道夫的存在中体现出来的悲剧已经向我们展示了——除了别的以外——一种观点的可能性，该观点不同于这样一种观点，即在那

---

① Emil Staiger, *Grund bergriffe der Poetik* (Zurich:1946), p.192.

些"为了出名而实施犯罪的少数谋杀者"身上只看到"道德深渊"①。但是，我们还不知道为什么鲁道夫恰恰在那一时刻犯罪——是什么引起了它。我们只能推测在他身上发生了某些具有悲剧性影响的事情。这就是那种情况，当时事件"剥夺了人的拥有物，剥夺了重要的最后保留的目标，以至于从现在开始他犹豫并精神恍惚；当时，不但某些意愿或希望被毁灭，而且世界有意义背景的结合点被毁灭"②。考虑到鲁道夫的母亲死于 17 年前的 2 月 23 日星期四，犯罪的日期——3 月 23 日星期四——提供了一个线索（四个星期的不一致似乎与天主教会的节日有关，耶稣升天节和圣体节也在周四庆祝。我们在此无法进一步讨论）。我们可以假定在母亲的死与他的犯罪之间存在联系，但是明显的是，鲁道夫在行为本身中没有意识到这种联系。因此，我们克制不进一步讲这个理论故事。然而，我们在下一节中会更加紧密地追踪另一个连接的环节。

鲁道夫的犯罪与他父亲的死

鲁道夫的犯罪——他对一名妓女谋杀性的攻击——首先与他父亲的死有着明显的时间联系，因为他在父亲葬礼之后的那天第一次产生那种冲动。在这里，我们为对鲁道夫犯罪的存在分析研究找到了一个决定性的起点。存在分析将首先阐明他父亲去世时鲁道夫的经验结构，目前，依赖于三个明确的事实，这些事实已被目击者的观察所证实。

---

① Goering, "Kriminal Psychologie," in Kafka's *Handbuch der vergl.Psychologie*, Bd. Ⅲ, S.182.
② Staiger, 同前书, p.201。

1. 当鲁道夫得知父亲患上了严重的疾病时，以及后来当他得知父亲去世时，他表面上保持无动于衷。

2. 他在父亲的尸体面前的行为是奇特的。他表现出各种表面上难以理解的怪诞行为。

3. 在他父亲的葬礼上，鲁道夫通过猛烈和大声的哭泣表达了巨大的悲伤。

鲁道夫自己以一种明显令人信服的方式增加了这些观察；他承认，他一开始对父亲的死感到完全的快乐，这种感觉作为一种完全自发的情感流露出来，就像他随后的悲伤一样。他对这两种情感只能给出极少的信息，就像关于他触摸父亲尸体的冲动一样，后者对他来说同样难以理解和令人困惑。

现在，我们的任务将是尽可能充分地描述鲁道夫的经验和态度，对它们的起因和影响不从外部加以判断，否则，我们将不得不接受鲁道夫的判断结果，即它们"难以理解"或者借助于没有经验基础的假定的"无意识"。但是，我们更愿意论证通常被描述为"无意识"的东西如何能够通过存在分析加以理解。

就鲁道夫来说，对父亲死讯的快乐反应很难通过我们对他的了解得到理解，因为既没有金钱又没有其他资产供其继承，死亡对于那些饱受病痛之苦的可怜人来说也许是一种解救，这样一种念头也未曾出现在他的头脑中。他与父亲的争吵不是会导致一个人希望父亲死去的那一种。另外，鲁道夫总是意识到，在孩提时他已经把父亲的死想象为一个正在到来的快乐事件，只要外部发生的事情提供机会，他就会幻想这一事件。作为一个男生，他羡慕经过校舍的葬礼队列中的人，部分因为他们不必学习，部分因为他们明显地以某种方式参与了这一快乐的事件。在他父亲活着时和得知他父亲的死讯时，鲁道夫都不知道这种快乐实际上在哪里。由于死者的命运让他无动于衷，而他仅仅关心自己的快乐，他与已故父亲的关系必然有些疏远。同时，鲁道夫必定有过一种关于死亡的特殊念头、一种缺少恐惧的念头。所有这些都是在他父亲去世时他的经验的条件，但是它们本身不足以解释他的行为。

然而，事件的进一步进程的确暗示了鲁道夫以怎样的方式期待来自他父亲的死亡的快乐。即便他自己没有意识到它，我们也必须假定他必定通过他父亲的尸体发现了他如此快乐地期待的东西是什么。我们不得不考虑，冲动一般来说通过朝一种特定方向努力获得满足，而无须我们的思想必须意识到目标。实际上，作为一个念头的感情目标的阐述，通常不但是在特定条件下才发生的，而且是一个广泛派生的过程。①

我们假设鲁道夫在对父亲尸体的专注中发现了他曾快乐地期待的东西，只有当这种行为实际上令人愉快时，这种假设才可能正确。我们确实从他的亲戚那里得知，一旦他开始与尸体在一起，他就很难被劝导离开，在此过程中，他逐渐使自己陷入一种引人注目的兴奋中。那种情形后来在各种梦中重现，在梦中他主要在复杂机器的帮助下让自己专注于他的父亲或他不认识的人——主要是女性——的尸体。在大多数这些梦中，他成功地让死人复活，这是一个给他带来难以描述的幸福感觉的结果。后来，他倾向于回忆起当面对他父亲的尸体时，他最先的感觉是怀疑他父亲是否真的死了，而这带给他的第一个冲动

---

① 参见 M.Scheler, *Der Formalismus in der Ethik und die materiale Wertethik*, S.263。

也许就是打开尸体的眼睛。无论如何，可以肯定那一夜在其怪诞行为期间，他没有悲伤的感觉。

第二天，当鲁道夫看到装着他父亲尸体的棺材是怎样放置到房前时，他才意识到死亡的真正意义，此时，掠过他头脑的想法是他父亲将要"最后一次"路过这些房子。此时，他无法再怀疑死亡是否真的已经发生了，他无法改变关于它的任何事情，他被剥夺了那个给他带来短暂的快乐期待的客体。这样，对愉快的快乐期待、为了满足一种需要的令人愉悦的行为，以及关于失去产生快乐的客体的悲伤，这些在鲁道夫的头脑中以一种完全可理解的序列相继出现，在这个方面，只有获得快乐的手段，即尸体看上去是变态和奇怪的。按照临床诊断术语，我们将把这描述为一种恋尸癖的倾向，尽管在当前案例中没有提到这种恋尸癖愉悦中特定的性的气息。

鲁道夫对他父亲尸体所做的事情，我们了解得很清楚。除了别的之外，他尤其触摸了父亲的脸，开合后者的眼睛，并且动了后者的下颌。这些操作使我们想起鲁道夫在他三岁零四个月时对母亲尸体所做的事情。但是，多年来他完全无法记得这些早年的情景，而在他的家庭成员向他描述了它们之后不久，他又一次忘记了它们。在鲁道夫的精神治疗期间，这些有关其母亲死亡的事件只有以最大的努力才能发现，而且从未被实际地回忆起。另外，鲁道夫充分意识到这一事实，即他以前曾有一次以非常类似的方式操纵过他无意中发现的那个女仆的身体，他设法让那个似乎死去的女孩复活。此外，从侦探电影和类似的文学作品中，鲁道夫了解到"与尸体相联系"的某些事情，而且他总是通过这些报告变得格外的兴奋和入迷。

我们进一步了解到，在明确地否认其死去的母亲面前，鲁道夫是如何地充满希望。只要他关注她的尸体,他就明显感觉到非常舒适,而正如他大姐告诉我们的那样,他的整个本质"从葬礼那天"就改变了。那正是他开始不安地搜索整个房子之时。不但对尸体的操纵在17年后又出现,而且在这些操作及在葬礼之后,鲁道夫的心态发生了另一个根本的改变。这并不一定暗示,与鲁道夫的母亲的死有关的经验,作为一个必然结果,17年后在他父亲去世时重复出现了。人们应该更愿意假定,与之相反的一面才是真实的,即3岁时的行为在很大程度上应归于他情绪与精神发展的幼稚状态,在17年的过程中,他的人格经历了一种改变。当然,与此同时也发生了大量的事情,但是同样可以肯定的是,就父亲和母亲的死亡来说,根本的经验结构在本质上是同一个。

为了更严密地界定这种根本的经验结构,我们必须考虑到,我们在此论及的是一种分为两个截然不同的方面的经验:首先是在对期待事件的享受中达到顶峰的快乐期待,但是这种快乐猛然停止,随之而来的是另一种经验,这种经验的时间结构没有呈现明确的界限。这不是指出这样一种经验结构的普遍重要性的地方,相反,我们必须尽我们的最大能力去理解鲁道夫这些经验的特殊内容。现在,我的目标暂且转向第二点——对因死亡而失去所爱的人的失望以及随之而来的哀伤。

关于哀伤

关于失去我们爱过或崇拜的某些事物的哀伤,对外行人来说看上去如此自然,因此,它被以为是理所当然的事。但是,对心理学家来说，哀伤是一个巨大的谜，是那些人们无法澄清自己，却把其他模糊的事物追溯到它的现象之一。

弗洛伊德的这些言论今天仍然正确。对哀伤的现象学研究当然使我们有可能抓住它的本质，但是也会让我们离题太远；因此，我们限制自己根据其对理解鲁道夫犯罪的有用性来报告这样一种研究的结果。[1]

在为数众多的关于死亡问题的文学作品中，哀伤现象似乎是被遗漏最多的，在我们看来，这导致我们忽略这一事实，即每个人头脑中具有的死亡意象在本质上都是由这个人哀伤中的痛苦所造就的。[2]

在这里，我们只关注因死亡而失去所爱之人的哀伤。[3] 因此，我

---

[1] 为了概述关于哀伤的现象学和心理学研究，作者查阅的原始资料包括来自马丁·路德（Martin Luther）、耶雷米亚斯·戈特赫尔夫、卡尔·雅斯贝尔斯、马克斯·舍勒和路德维希·宾斯万格的许多哲学和文学著作。我们仅仅列出了他对精神病治疗这一主题的引用。——编者注

S.Freud, "Zeitgemaesses ueber Krieg und Tod," in *Werke*（London: 1946）, Bd, X, S.325-355; "Vergaegenglichkeit," in *Werke*（London: 1946）Bd., .X, S.359-360; "Trauer und Melancholie," in *Werke*（London: 1946）, Bd., X, S.425-466; "Aus der Geschichte einer infantilen Neurose," in *Werke*（London: 1947）, Bd., XII, S.46-47.K.Abraham, "Ansaetze zur psychoanalytischen Erforschung und Behandlung des manisch-depressive Irreseins und verwandter Zustaende," *Klinische Beitraege zur Paychoanalyse*, Wien, 1921, S.95.K.Landauer, "Aequivalente der Trauer," *Int.Z.Psychoan*., Bd., XI, 1925, S.194-205. H.Deutsch, "Ueber verseaumte Trauerarbeit," in *Festschrigt Josef Reinhold*（Bruenn: 1936）, S.44-52.O.Kanders, "Der Todesgedanke in der Neurose und in der Psychose," *Nervenarzt*, Bd.7, 1934, S.288-297.

[2] 一份关于死亡问题的详尽参考书目最近由 H.Kunz 编汇，并被用于其著作 *Die anthropologische Bedeutung der Phantasie*（Basel:1946）, Bd.II, S.71，尤其是第 75 页的脚注。

[3] 在其更广泛的意义上，哀伤包括思乡和对并非由死亡引起的丧失（被爱人抛弃、经济损失等）的反应。鲁道夫的案例可能令我们相信，与出于思乡或爱的痛苦的犯罪进行比较会是富有成效的；但是，我们对此类案例的了解仍然相当有限，我们无法期望通过同样模糊的某些事物照亮黑暗。

们必须在两个概念之间做出区分：一个是哀伤的情感，它存在于丧失亲人的人由丧失所触发的情绪体验中；另一个是在存在的一种深刻而持续的转变意义上的哀伤，如果死者被爱过——在该词的完全意义上，这一哀伤代替了哀伤的情感。因此，弗洛伊德意义上的"哀伤作用"——力比多能量从所丧失的客体上撤回并转向其他客体——并没有发生，相反（特别是像宾斯万格展现的那样），哀伤者自己通过向过世者告别进入对自身早前存在方式的告别，丧失亲人者以某种方式接管了死者的存在。

哀伤感的外在表现形式迥异：从号啕大哭、哀号、悲哀以及尤其是儿童和原始人表现出来的出于毁灭性冲动的行为，到安静、庄重和通常坚强的抑制。悲伤的喧闹与安静的表现容易彼此转化，或者哀伤感可能突然消失，这通常是一种极端的动力现象。

习俗大大地制约着哀伤的表现。这促进了并非根据充分的情感经验的哀伤的错误表达。这两种相对照的哀伤形式，即喧闹和安静的情感表现，也反映在习俗之中。明显的侵犯行为通常是针对自己实施的，同样也是针对构成"世界"的任何事物实施的，尤其，并非偶然地，是针对当时风尚所要求的那种东西实施的。但是，随后哀伤者又一次被期待表现出一种有尊严的态度。

主观上说，哀伤者体验到痛苦，即一种要求猛烈爆发的痛苦。他感到有负担，周身沉重，他的力量、勇气以及对一切事物的喜好都消

从有关文献来看，也许该提及的参考资料如下：K.Jaspers, "Heimweh und Verbrechen," *Archiv fuer Kriminalanthropologie und Kriminalistik*, Bd.34, 1909, S.1-116. Siefert, "Der Fall Fischer," *Arch.f.Kriminalanthropologie*, Bd.9, 1902, S.160-178. Voss, "Beitrag zur Psychologie des Brautmordes," *Mschr.fuer Kriminalpsychologie*, Bd.8, 1912, S.622-630, und Bd.9, 1913, S.244-246。

失了。他讨厌吃饭，食不下咽，消化不良，性欲消失。对于哀伤者来说，一切似乎都荒凉而空虚，仿佛透过一个面罩看到的那样；眼睛注视着空间，压抑着声音，谨慎地移动脚步；念念都在死者，眼睛寻找他，想尽可能长久地留住他；脚步一次又一次转向尸体。每当外面的世界闯入，悲痛就又一次大声爆发，就像在埋葬时那样。当这些结束时，哀伤者通常感到明显的缓解。

在哀伤感中实际上发生的事情被海德格尔极其清楚地描述为："与'死者'形成对照：'死者'已经从丧失亲人者那里被剥夺，成为一个'关心'的对象——通过葬礼、埋葬和扫墓的方式。而这之所以发生，是因为处于这种存在方式中的死者仍然多过仅仅是环境中的某种'手边的材料'。在他们留给他的哀伤纪念中，生存者以一种尊敬的、关心的方式与他在一起。因此，与死者的存在的关系必然不是被理解成仅仅是对手边的某些事情的处理。在这种与死者在一起中，死者本身实际上已不再'在那里'。但是，在一起总是意味着在同一世界中在一起。死者已经离开和抛弃了我们的世界：只有在它之外，留下的人才能仍然与他在一起。"①

海德格尔以如下阐述，即"这样一种与死者在一起根本不会让一个人体验到死者的实际终结"给出了这种分析。那么，这些句子对于理解哀伤意味着什么呢？如果"在一起"总是意味着在同一个世界中与"已经离开和抛弃了我们的"死者"在一起"，那么我们不再能与死者一起居住于同一个世界（在这个世界中，只要他还活着，我们就与他在一起）。通过我们"与死者在一起"——死者"本身实际上已

---

① M.Heidegger, *Sein und Zeit*, S.238.

不再'在那里'"——我们真实存在的世界,或更简单地表达为"真实世界",这个我们此前生活的世界呈现少许非真实性,它被改变了。我们可以说,它已经变得更加幻想化、空幻或者神秘,因此我们可以指出,哀伤者已经背离真实的日常生活世界,转向过去。引诱我们并企图吸引我们的世界失去了力量和重要性,我们走出它并转向死者。如果海德格尔说"只有在它(他们的世界)之外,留下的人才能仍然与他在一起",那么这同样必须在外在于该世界的一种运动,即外在于他们之前曾与死者在一起的世界的意义上加以理解。如果我们知道在哀伤的安静阶段,人们总是念及已故者,那么它具有的含义与海德格尔所谓的"与死者在一起"完全一样。

孤寂和空虚、缺少对任何介入世界的方式的兴趣,都是一种感受的表现,这种感受就是哀伤者已被驱逐出他此前熟悉的世界。被抑制的行为对应着一个空虚的世界,就像我们在夜间行事较少喧闹一样。① 毁灭性冲动可以部分被理解为对外部世界的诱惑的反抗,它们可能部分与这种抑制有关。当然,要理解这种抑制要困难得多,尽管它可能是最初的现象,这个现象造成该知觉到的世界的这一转变。抑制和沉重感很可能与死者身体的静止经验有关,且涉及一个原始含义,在这种含义中,运动与生命同一。在试图克服这些抑制的过程中,如果哀伤者接受他所"知道"的死者身上的运动形式,那么他就拥有了成功的最佳机会。另外,我们从罗夏测验中得知,以受抑制的行为进行的反应倾向于使周围世界和人际世界复生。但是,我们在此已经达到一

---

① 关于这一问题,尤其是关于对寂静与黑暗之间的现象学区分,在对哀伤情感的进一步研究中值得注意。参见 E.Minkowski, *Vers une cosmologie* (Paris:1936), S.173-178, "Le Silence et l'obscurité"。

点，哀伤的情感已经得到克服，而存在意义上的哀伤开始了。

鲁道夫的哀伤

对哀伤感进行现象学描述的结果可以被很好地应用于某一个案，甚至应用到一个患有精神疾病的人的案例中，因为现象学描述的有效性并不受到对正常和异常的判断的限制。尽管哀伤感的许多方面对于不同人来说非常相似，但还是有特殊的个体差异。像发生在鲁道夫身上的这种哀伤感的特殊形式，我们将通过追踪该个体的生活史和贯穿其生活的哀伤感的发展来进行探讨。

对母亲的哀伤。就我们所知，鲁道夫在三岁零四个月时第一次遇到了死亡现象，当时他母亲去世了。但是，我们应该当心不要简单地把我们在成人身上了解到的哀伤感迁移到一个三岁孩子的身上……[①]

在观察儿童遭遇死亡时，我们不得不清晰地把对死亡本质的洞察——其本身能够触发类似于哀伤的情感反应——与由所爱之人的死亡所引起的真实的丧失体验区别开来。但是，我们不知道的是，如果一个孩子在没有实际理解死亡的意义之前经历所爱之人的死亡，会发生什么。这似乎在鲁道夫的案例中发生了。据说鲁道夫曾对母亲的尸体说过的话很可能得到了正确的转述。如果是这样的话，我们将不得不得出结论，即：鲁道夫的确知道死亡，但是他没有认识到死亡已经降临在母亲身上这一事实。他把尸体认为是母亲处在睡眠状态。鲁道夫在尸体面前没有表现出害怕和恐惧的迹象，这一观察也支持了这一

[①] 作者省略掉的一篇参考文献是 A. 韦伯的一篇关于年幼儿童死亡体验的文章："Zum Erlebnis des Todes bei Kindern", *Mschr, f.Neur.u.Psych.*, Bd.107, 1943, S.192-225。——编者注

假设，即他并不理解他正在应对的是什么事情，而儿童看到一具尸体的反应通常是害怕和恐惧（Weber, Zulliger）。然而，鲁道夫很可能确实察觉到母亲尸体眼睛中的浊斑，即使当时他无法正确地加以解释。一般来说，儿童不把没有光泽的眼睛视为死亡的象征，部分是由于他们看到的尸体通常是闭着眼睛的。

由于鲁道夫后来赋予眼睛的光泽和缺乏光泽这样一种特殊的重要性，所以我们必须从他的人格或者生活史的个体本质中寻找原因。

鲁道夫的哀伤所采取的特殊形式起源于他对母亲尸体的情形的误解。由于他不相信母亲已死，所以对他来说搜寻失去的母亲是自然的、有意义的。一旦他理解了死亡的真正意义，他就再也不会这样行动。从母亲被埋葬那天开始，鲁道夫变化非常大，这一事实无疑暗示着悲哀，但是，那种情感在本质上与她母亲出门旅行时他所感到的悲哀没有区别，他仍然会希望所失去的亲爱的母亲无论如何会回来。由于没有任何此类事情可以向其承诺，所以他自己继续行进；而由于他此前搜寻时曾有一次至少找到尸体，所以他在这样做时感到更有理由。当然，他的搜寻不会是一种有计划的搜寻，因为曾导致丧失的事件背景仍然不为他所知。这是令一次搜寻如此匆忙和紧张的原因所在，在这种搜寻中，人易于采取最荒谬的措施，搜寻已经很长时间未被碰过的地方，并检查那些仅仅由于空间大小的原因就毫无可能成功的地点。人到达了一个位置，在这里，搜寻仿佛为了自己的缘故而执行，并且该存在由于发现自己一次又一次地面对某些它没有拥有的东西而产生真实的焦虑。失去的对象越有意义，焦虑就会越强。这种不安宁的焦虑和慌张当然并不反映这样一个人的态度，此人感觉到一种哀伤感的影响，并且正如我们已经看到的那样，此人受到相当的抑制。但是，没有这种抑制的话，将导致战胜这种哀伤感的路径被阻塞。

我们能够相当肯定，最初鲁道夫正是在寻找活着的母亲——那个对他说话、爱他的母亲。人们必须假定，即使是在已经找到尸体之后，他仍在寻找活着的母亲，因为他相信她睡着了，并期望她能醒过来。后来，他可能意识到他从母亲的眼睛里所观察到的浊斑的含义，但是，与此同时，他发现了闪闪发亮的物体。在向我们描述他是怎样发现它们时，他表现出真实的情感，孩提时的他必定曾感受到的幸福仍然生动地呈现在这个成年人身上。对他来说，那必定曾是一个格外重要的事件。

人通常会对闪亮的东西做出反应。我们知道这个婴儿对眼睛光泽的反应是如何之早，以及他后来是如何抓握闪闪发亮的客体。但是，即使是在成年生活中，闪亮的东西也具有重要性（即盯着看[①]的眼睛，出于自我装饰心理的小发光物，以及珠宝的角色）。[②]可以说，正如一种人格被扩展，其范围被闪闪发亮的珠宝所加强，以致它变成"多"于未装饰的人格的某种东西，眼睛没有光泽的人也因此"更小"了。但是，这仅仅就在第一个人身上观察到光泽的另一个人而言才是真实的。尽管严格来说，这种光泽是外部的，并且无论如何没有传送暗示性的人格力量或重要性，但是它的确具有其影响（所有这些都是根据G.Simmel）。实际上，关于闪闪发亮现象的现象学研究告诉我们，闪亮的光从来都不是产生于该对象所置于的平面中，而总是产生于这个

[①] G.Simmel, *Grundfragen der Soziologie*（Gorschen: 1917), S.62.

[②] G.Simmel, *Soziologie*（Leipzig: 1908), "Exkurs ueber den Schmuck," S.365-372.Stephane Mallarmé, "La Mode"（关于珠宝的文章）。

平面之前（in front）或之上（above）。① 光泽的这种外表化以及它与个人价值之间松散的关系，使其意义有可能变成自主的，因此，闪闪发亮的东西由于其自身的缘故而受到渴望（或者，正如我们所知，以一种恐惧的形式被害怕，即看到闪闪发亮的对象就头昏眼花）。②

此类事情发生在鲁道夫身上。在闪闪发亮的物体中，他再一次发现已故母亲眼睛中的那种光泽。这些联系通过梦和鲁道夫自己的解释得到揭示。这令下面的事更容易理解，即发现闪闪发亮的东西令鲁道夫如此高兴，以及他屈服于钱币的光泽的诱惑而窃取教堂钱物。同样，在这一背景下，后来在青春期，他的性驱力转向闪闪发亮的东西似乎也不再如此奇怪。

当然，闪闪发亮的对象永远无法提供给鲁道夫所有他在其中寻找的东西。因此，他永远不能满足于他已经发现的东西，他不得不继续寻找。那么，不得不添加到闪闪发亮的对象中，令它们成为一个整体的东西是什么呢？它可能仅仅是一个眼睛没有光泽的人——换句话说是一具尸体。现在，我们理解为什么鲁道夫在白天总是渴望看到尸体，为什么他在夜间害怕一具想象中的冰冷的尸体在他的床上；为什么在他的梦里尸体多次出现；为什么他在床上用被单和枕头造成一具"尸体"，并交替地对它进行遮盖和去除遮盖。

一旦他承认他的恋物癖，并放弃对闪闪发亮之物的狂热，他关于尸体的梦和幻想几乎就停止了。

鲁道夫生活中残留着悲哀的特征。从他母亲去世那时起，悲哀

---

① D.Katz, *Der Aufbau der Farbenwelt*, Ⅱ.Aufl.Leipzig 1930, S.30.
② Von Gebsattel, "Die psychastheniche Phobie," *Nervenarzt*, Bd.8, 1935, S.337-398.

就从来没有完全离开鲁道夫，正如他的兄弟姐妹表述的那样，"他从没有变得像别人一样"。考虑到他活跃的生活，我们绝不能忽略这一事实，即其中完全没有快乐。鲁道夫没有告诉我们任何他曾可能感到快乐的时光。他在童年的很长一段时间倾向于容易哭泣。他遭受失望时，会悲伤地哭上好几个小时。他对庄重和正式之事特别敏感，例如在宗教体验中感觉到的那样，这必须被理解为愿意重视生活的严肃性，所有这些都应该作为悲伤性格的一种表现来理解。① 我们进一步记起，实施犯罪行为时以及犯罪之后，尤其是在审讯期间，在明确表现出一种莫名其妙的仪式性行为时，鲁道夫十分平静、沉着。

但是，我们了解更多的是有关鲁道夫在他母亲死后的悲伤的发展。我们知道，后来，可能在大约六岁时，他看到一位死去的邻居的尸体，其"外表"极度地惊吓到了他，他很可能看到其黯淡的眼睛。随后，他好几天不能吃东西，这暗示了一种强烈的哀伤感，尽管在此人死亡之前，他绝没有特别与其接近。与此同时，他开始感到害怕；夜的黑暗影响到他的生活，由焦虑引起的幻想出现了。接下来，男孩拒绝看他祖母的尸体。显然，鲁道夫头一次意识到闪闪发亮的东西属于什么。他知道了一具死尸的含义，体验到一种哀伤感，并且我们可以假定，与这种体验一道，抑制进入他的生活。从此以后，他不仅能看到幻影，而且产生了对危险的普遍焦虑和恐惧。

鲁道夫的屠夫工作必定决定性地影响了他的情感生活，并因此影响了他的悲哀。我们知道，他做了动物研究以发现眼睛是怎么"死"的，他开始感到自己像一个超越生与死的主人，显然具有魔法力量

---

① 参见 O.F.Bollnow, *Das Wesen der Stimmungen* (Frankfurt/M: 1943)。

（在过去的时间中，这种力量把刽子手变成了医治者①）。因此，当鲁道夫在一次对怀孕母牛的突然宰杀中成功地挽救了小牛时，他极度兴奋。在那一时期，他经常幻想到自己成为基督并施行魔法。当看上去死亡的女仆在他的手下复活时，他甚至经历了一次对这些幻想的证实。在这些超越生与死的力量的幻想中，我们发现了婴儿的特征。按照韦伯的观点②，这些幻想有助于年幼的儿童战胜死亡体验。当然，鲁道夫极大地发展了这种心理装置，并在多年里依附于它；而在正常儿童身上，它只是在或许几周或者数月的时间里为问题和游戏提供材料。

对父亲的哀伤。正如前面所显示的那样，鲁道夫只是在他父亲的葬礼上才感到悲痛，而当他接到父亲的死讯时却没有。疯狂的无节制哭泣以及保留在记忆里的悲痛感受都表明一种真正的悲伤感。在葬礼之后，丧失亲属者立即因为葬礼盛宴聚到一起。正如通常在这种场合那样，一般的心境首先是抑郁，但是不久就变得如此喜气洋洋，以致一位吝啬的叔叔决定免除去世者子女们一笔主要的债务（一种慷慨的冲动，他后来后悔了并试图取消）。鲁道夫独自保持悲伤，吃不下任何东西（正如他十年前看到邻居的尸体之后那样），并憎恨其他人的愉悦。由于他的哀伤感仅仅一个小时之前才出现，不难理解他无法符合葬礼聚餐的一般心境。而对于通常的哀伤感来说，尸体的消失有助于解除抑制，这反过来使得首次克服这种情感成为可能。在鲁道夫的案例中，这种情感恰恰因为尸体的失去而出现。人们不得不考虑，他

---

① 例如，在德国，刽子手被认为能够治疗骨折——也许是因为在那些年代，罪犯会被打断骨头。——编者注

② A. Weber, "Zum Erlebnis des Todes bei Kindern," S.192-225.

可能曾希望以他的动作也把父亲从死亡中唤醒。这样，他发现自己处在一种情境中，类似于在母亲尸体面前的那一种，在其中，他实际上没有认识到死亡，或者至少不相信它是真实的。

在葬礼之后的那天，鲁道夫仍然没有走出悲痛。当他叙述在苏黎世的电车上怎么回想起前一天葬礼的过程，以及他是怎样感到仿佛他就是他父亲，在灵柩中向前移动并"最后一次"经过所有房子时，他描述了与海德格尔所称的"与死者在一起"同样的现象。更精确的表达就是，在那一时刻，哀伤感又一次变得剧烈。当然，最重要的是，在同一时刻，谋杀冲动也被自己感受到了。谋杀冲动与哀伤感如何紧密地联系也通过前者的突然消失得到证明。这种不稳定性恰恰是典型的哀伤感。

鲁道夫对于他父亲之死的哀伤感并非由丧失所爱的活人触发，而是由丧失尸体——"手边的材料"（海德格尔）——触发。在这一案例中，人们不能期待在哀伤的存在意义上这种哀伤感会跟随着一种内在的人格转变，因为这只有在生者爱过死者时才是可能的。然而，爱另一个人与把他看作"手边的材料"是相互排斥的。一种不跟随存在转变的哀伤感可能会突然消失。它可能同样突然重现，并正好以与最初同样的方式，因为在此期间什么也没有发生，确实什么也没有发生。

在鲁道夫犯罪之前与犯罪期间，哀伤感起作用的方式这一问题目前只能间接地得到回答，因为鲁道夫在他犯罪后，在一家酒吧里点了那些正好是他在父亲葬宴上没有碰过的菜，独自吃了一顿葬宴，这当然不只是偶然。我们也确实知道，他在被捕后强烈地感觉饥饿，显然处于一种与丧失亲属者在葬礼后相似的状态。现在，我们不得不描述和理解，在离开哀伤的房子与其犯罪的时间之间，在鲁道夫身上以及关于鲁道夫发生了什么。我们已经知道，哀伤感导致一个人的所有经验都转向"与死者在一起"，进入过去远离现实的范围，这致使他疏远现在和围绕他的现实。于是，问题是：父亲之死把鲁道夫带入怎样的世界？一般说来，我们可以说它是幻想和梦的世界，现在这一世界将得到更为细致的描述。

幻想和梦的世界及其与日常生活的关系

由于鲁道夫的"与死者在一起"，一方面把他引向死者，另一方面把他引入他的幻想和梦中，因此我们首先不得不询问，在这些幻想和梦中，他以什么角色分配尸体。首先，我们知道，鲁道夫无法产生他母亲尸体的记忆形象，也不能产生他母亲活着的记忆形象。另外，我们不得不假定，在鲁道夫的童年，在某些无法确定的时候，他拥有某些关于教堂和人的死亡之间因果联系的理论。他相信做弥撒的神父在圣餐仪式上从尸体中造出小孩，这是一个伴随着腐烂气味的过程。对不可思议的遗迹的崇拜，似乎曾在这种联系中起到了某种作用。而最后，我们知道鲁道夫对尸体的态度从来不是一种漠不关心的态度，而其中必定，甚至是同时，始终存在死亡恐惧与恋尸癖的特征。

指出这些态度中的含糊性不能获得任何东西，承认一个人对尸体的通常反应的多样性也是如此。① 只有当我们意识到死亡恐惧与恋尸

---

① 此处，术语"死亡恐惧"与"恋尸癖"在一种更广泛的意义上使用。这两个相对照的术语之间如何紧密相关，可通过一位患有严重恐惧症和强迫神经症的病人的陈述得到阐明。他认为，人类的尸体是地球上最干净的事物，因为它不再出汗，也不再排出任何东西。另外，我们知道，很多恐惧的人特别害怕尸体。不敢经过墓地的精神衰弱者与这些人正相反，例如，我们的一位病人在午夜时分在一位已故朋友的坟墓上吹奏长笛。

癖以何种方式属于两种不同的世界设计，真正的理解才会成为可能。我们以前曾看到，死亡恐惧的特征与现行生活的世界相联系，在这个世界上显然没有死亡恐惧的位置。

但是，死亡恐惧应该与一种夜间存在相联系，正如我们从鲁道夫那里知道的那样——他仅仅在夜间才害怕尸体。我们还记得那个恐惧的梦，在梦中他亲吻了尸体，这又是在黑暗的环境中发生（而且，与此同时，这整个时期结束，因为此后无法察觉到任何尸体恐惧的症状）。但是，黑夜同样是梦和幻想的世界。基于梦和幻想内容的几乎无法测量的丰富性，可以收集到尸体恐惧的世界的组成特征。

说到想象的材料要素基础，梦的内容反复涉及泥土。[①] 此前，我们指出过灰尘、泥浆和粪便的突出地位，我们提醒注意石头雕像、像"一小堆棕色的东西"的新生儿以及硬币形式的钱。在所有这些中，我们涉及的都是物质。我们可以补充说，有形的物质也是制造机器的基本材料，那些机器如此显著地和一再地充满鲁道夫的生活、幻想和梦，或者以成为一名机修工的愿望的形式，以或多或少复杂的设备——这些设备使得其主人可以唤醒死者——的形式，以机械装置——它们在鲁道夫的幻想中会帮助他把自己钉死在十字架上——的

汉斯-乔基姆·劳赫（Hans-Joachim Rauch）最近区分了"真正的恋尸癖"（尸体成为性本能的首要目标）和"伪恋尸癖"（性本能从最初的目标——活着的性伴侣向尸体的转变）（*Z.Neur.*, Bd.179, S.54-93）。此外，他讨论了恋尸癖-虐待狂的行为和象征性恋尸癖。我们可以把安东·弗朗西斯科·多尼（Anton Francesco Doni）的小说 *Eine Liebesgeschichte Karls des Grossen* 添加到涉及描写恋尸癖倾向的文献中（Manesse Bibliothek）。此外能想起的还有查拉图斯特拉带着走钢丝者的尸体漫游（尼采）和精神错乱者乔安娜。

① 关于梦和幻想，参见巴什拉尔的下列著作——*La Psychanalyse du feu, L'Eau et les rêves, L'Air et les songes*（一项关于泥土的研究成果发表过晚，以致在此无法考虑）。

形式，或者以时钟的形式频繁出现于他的梦中，并以神秘树干上的一把锁的形状暗示"时间到了"。只有物质材料具有对鲁道夫来说如此重要的品质，即光泽和温暖，而且只有一种物质材料能被切碎、被吃掉、被消化并在此出现，只有某些构成物质的东西能被杀死。

对鲁道夫来说，尸体也是一块物质，因此，它可以像其他任何这样的块状物一样被手工操作。由于对他来说，尸体的问题代表其本质，因此人与动物看上去彼此如此接近，以致在肢解和在施虐行为中，它们被他同样对待。相似地，在某种条件下，活人和死尸并非如此不同。实际上，人类的物质性被死尸更充分地表现出来，因为在活人身上，其他因素妨碍性地介入其中。

无法被人们轻易穿透是泥土的本质。但是，在某些地方，它是开放的，而且可以通过深渊和洞穴接近。但是，人们不得不长期而艰辛地搜寻这些入口。通过力量，通过挖掘洞穴和壕沟、建造地道等进入泥土是有可能的。只有有形、物质的客体才具有真实的外部和内部。因此，鲁道夫把他对泥土物质材料的兴趣与刺入这些物质内部的愿望联系起来，以其最多样的形式：进入泥土、建筑物、盒子和箱子甚至（人类和动物的）尸体的内部，乃至通过自我毁灭的幻想进入自己身体的内部。当然，从外部穿透泥土和物质需要力量和强力。性行为也包含在穿透到内部这一概念中，尽管它并非必然代表这些努力的最初形象。但是，从这里，我们可以获得接近理解鲁道夫身上的攻击与性之间的紧密联系的机会。

其他因素如火，在鲁道夫的梦中只扮演一个非主要角色，因为鲁道夫认为所有富有魔力的光线或者水，都以泥浆的形式与泥土相混合。有一个例外是，鲁道夫在一个梦中发现自己在一艘船上，船将沿着丛林航行，他会看到岩石上面的一个花园，这块岩石高耸在海面上。一般来说，他需要泥土以获得高度——例如，他会用一座房子，以便儿童可以从上面跳下，或者在一个裂缝的深处发生一次危险的坠落。关于空气，鲁道夫几乎没有叙述过。

从他的梦中清楚显现出来的东西也表现在他的日常世界中，即使是以更隐蔽的方式。在那里，物质同样占据优势，就像在他做屠夫和园丁的工作中，在他与钱的特殊关系中，或者在他于性领域的恋物癖中。

正如我们回忆了他的幻想和梦的存在空间那样，我们发现它们几乎只发生在封闭的空间中，例如屠宰场、电影院或者酒吧内。而室外场所——甚至也包括教堂或森林——凡是有着开阔而自由的视野、巨大纵深的空间，正如在自然界中首先遇到的那样，则几乎未被提及。光线通常是昏暗的。在这些空间中除了偶然的工具、金钱和尸体之外，就没什么物体了，人类关系没有出现在这里。如果有人在场，他们都是残酷地或猥亵地行事，或者按标准的仪式行事；听不到任何话语，只有人类和动物的尖叫。

在梦中，那些被现实所阻隔的构建空间的人格力量获得了属于自己的东西。在鲁道夫的梦中，尤其是地下的东西被开启了，我们了解到地窖、地下墓穴、迷宫似的洞穴、通道和地下室。它们或多或少地被火把朦胧地照亮。因此，被仪式化的标准的、神秘的暴力行为——包括谋杀的执行——能够毫无阻碍地展现。我们应该指出，来自鲁道夫的儿童《圣经》的某些插图在建立这一世界的过程中变成决定性因素，尤其是一幅表现施洗者约翰在昏暗的拱顶下被斩首的插图。在这个地下世界中，人们遇到尸体、棺材、柜子、箱子，以及类似的充满腐烂物、发臭的填充物、粪肥、渣滓的东西。

这个地下世界的开启涉及存在的垂直轴,当我们讨论借助于幻想和情绪行为实现的现行日常世界的水平存在平面（horizontal existential plane）的扩展时,我们与之相遇。处于"被抬到高处"和"被刺入深处"①的特别形式的上升与下降——在垂直轴上的存在——被证明是鲁道夫的梦和幻想的实际空间存在形式。对此有相当一些证据,例如,我们提到在鲁道夫的一个梦中被置于房间高处的音符,他在这个房间内亲吻尸体。高处的音符,还有在梦的最后鲁道夫在地板上滚动,这个梦倾向于显示一种垂直的空间组织。还应该注意到要把鲁道夫举起来需要怎样巨大的努力,以及他是如何严重地受到深度的阻碍。

记得此前我们描述过鲁道夫的一种存在空间,即他实际生活和忙碌活动的空间,现在我们意识到它是如何不同于我们现在正遇到的这种空间。在这两种世界设计经验中的两种类型的时间结构的并列将帮助我们更清楚和清晰地区分它们。

在鲁道夫梦和幻想的存在空间中,一切都是古老的。在那里,我们发现了古老的箱子、生锈的门以及对古老的《圣经》故事、木乃伊和尸体的讲述,甚至发生了所有这一切的地下室本身也是古老的并且已经很久没有人进入过。其中的物体腐朽和腐烂。一般来说,我们在这里应对的是一个曾经的世界。而正好相反,在实际生活的空间中,新事物扮演主要角色,有着一种对新事物（Gier nach Neuem）的实际

---

① 关于存在的垂直平面的问题,参见 L.Binswanger, "Traum und Existenz," *Ausgewaehlte Vortraege*, (Bern: 1947), S.74-98; *Über Ideenflucht* (Zuerich: 1933).E.Straus, " Die Formen des Raeumlichen," *Nervenarzt*, 3, S.633-656。

的贪婪、明确的好奇（Neugierde），以及寻找不断更新的印象和遭遇的向前冲的运动。总之，新的事物还有可能闪亮。而梦和幻想的空间朝向古老和黑暗，并由此朝向曾经（having been），现行生活的空间指向新鲜和闪亮，因此指向期待（expected）。通过某种保留，我们可以很好地指定两个世界是鲁道夫的过去和未来。

迄今为止，我们已经检查了鲁道夫的两个世界——明亮的大街世界和腐朽的地窖世界——仅仅是他身体外部的世界。但是，对他的身体经验似乎也能够做出同样的分析。人的外表，通常包含衣着，对应于明亮的存在。而地窖的世界在身体内部得到重复，在那里到处是黑暗，可接触的是有限的，神秘的过程（所谓的消化）发生了，这一过程似乎与地下室里发生的事情具有一种清楚明白的关系。我们还应该记住生育，以及与之相联系的关于儿童的由来的早期理论。再一次地，在身体意识中可以发现具有上下特征的垂直性。对鲁道夫来说，口部是贯穿上与下之间的分界线。因此，垂直被分成相当不平衡的两半——一个较小的上部和一个巨大的下部。

现实世界与幻想世界之间的关系和转换；它们与哀伤和犯罪的关系

幻想世界与现行生活世界的确彼此拥有接触点。在外部世界，大门使大街与房子内部之间的交流成为可能；在身体领域，外部与内部通过身体的开口被联系起来。鲁道夫在女性生殖器中看到了两个世界的转换点。脱衣服代表通向内部世界的一条道路，他对之感到害怕，以致到了现实中他会避开这条通往幻想世界的道路。我们已经指出，垂死和被杀也影响从一个世界向另一个世界的转变，因为活人属于现行的世界，死者属于幻想世界。在某种意义上，从一个世界向另一个世界的转变也代表从幻想走向现实，反之亦然。在幻想世界中，人们尽力小心以免精神内容变成现实。这解释了这一世界中固有的恐惧特征。只要一个人成功地保持了两种世界设计之间严格的彼此分离，就不存在犯罪幻想和梦会被转变为行动，或者行为会受到来自梦的世界的影响危险。

然而，正如他与女人的性关系所证明的那样，鲁道夫并非总是完全成功地维持这种分离。他在外面，在大街上寻找和发现他的性伴侣。只要她穿着衣服，她就留在现行世界的王国中。她必须留在那里，否则他将不得不杀了她，因为没有活着的人类存在符合幻想世界。因此，可以说，通过保持伪装留在现行世界，而在现实中他正插入内部并因此插入另一个世界，他不得不哄骗自己进行性行为。他能更容易地维持这种伪装，只要性伴侣始终穿着衣服，只要他能以一种随意和偶然的方式顺便从事这一行动。但是，即便鲁道夫能够在这一行动中维持那种伪装，他仍然陷入与"内部"如此紧密的联系中，以致具有恐怖内容的幻想增长了力量。这有助于我们理解为什么性交在鲁道夫身上引发一种严重的抑郁，正如我们所知，在这种抑郁中，朝向未来的时间取向也总是处于不利地位。[1]

那么，当从这一角度观察时，肉店里发生的是什么呢？我们看到鲁道夫站在那里，在其存在的一个关键点上，采取生与死的形式的两个完全不同的世界在那里彼此最紧密地接触。鲁道夫在这种情境中

---

[1] Von Gebsattel, "Zur Frage der Depersonalisation" (Beitrag zur Theorie d.Melancholie), *Nervenarzt*, 1937, 10.Jahrg.S.169.E.Straus, "Das Zeiterlebnis in der endogenen Depression und in der psychopathischen Verstimmung," *Monatsschrift fuer Psychiatrie und Neurologie*, 1928.68, S.640-656.

行动，他是现行生活的一部分。但是，通过杀死动物，他把它们移交到另一个世界。在被杀中，动物变成了梦和幻想的世界的成分——可以说它们被合并到那个世界中——并通过转变为食品也获得进入肉体的内部世界的机会。事实上，如果仅在动物的王国中，杀死动物——正如把活的动物变成死的那样——实际上代表一种幻想的实现。杀死——以其设计——与性行为紧密关联，而对动物的性虐待是一种与屠杀动物完全接近的行为，他能够意识到这一点已经很好了。

现在，我们必须回到鲁道夫在送肉时谋杀他所遇到的女人的强迫性冲动。当行动的、活着的和穿衣服的女人面对他时，她们能够并容易令其性兴奋。但是，通过从房子内部出现，她们站在一个她们不属于那里的地方，除非她们实际上是尸体。以这种方式可以理解鲁道夫的谋杀冲动。

最终，我们不得不考察，鲁道夫对他已故父亲的哀伤如何构建了他的两种世界设计之间的关系。从我们对哀伤感的一般讨论中已经得出，"与死者在一起"——由于受到哀伤感的影响——引发从现行的日常生活的撤退，以及用在鲁道夫身上作为幻想和梦的世界自我揭示的倾向。那个世界由于丧失而增加了力量。但是，必须补充一点，在鲁道夫的案例中，从幻想世界方面来讲，这种力量的增长以一种非常特殊的形式发生。当鲁道夫观察到装着他父亲尸体的棺材怎样被运过门口时，哀伤感冲了出来。与之一道，直到那时之前仍被限制在房子内部的梦的存在的内容也涌了出来。两个世界之间的界限被打破，而幻想世界可以说把自身放在了日常世界之上，或者换句话说，在那一时刻，日常世界被幻想和梦的世界设计所"调整"（gestimmt）。对鲁道夫来说，这导致他整个存在的一种根本改变。现在我们理解，对他

418

来说，哀伤感与性欲联系在一起，因为在性行为中被找到的东西恰恰是对内部的刺穿。从他父亲葬礼的那一天起，鲁道夫可以说更加接近那个内部。但是，在哀伤感的影响下，早先只在房子门口才出现的冲动——在那里令人性兴奋的女人站在错误的地方并因此容易被杀死——扩散了，以至于每个令人性兴奋的女人现在都激发了这种谋杀冲动，正如幻想世界覆盖了整个存在那样。我们也不再惊奇，恰恰是那名妓女、那个在外面引诱男人的女人，成为鲁道夫的最初目标和他谋杀攻击的对象。那名妓女是街上的人，本身曾是鲁道夫真实日常生活世界的成分之一。但是，大街的意象，它的"调子"，在哀伤感的影响下已经改变了，这反过来又改变了鲁道夫与妓女约会的本质。因为鲁道夫不再站在他的两种世界设计的边界，并因此无法再像他早前那样，从一个角度看待另一个，所以无论谋杀冲动什么时候出现，一种对抗谋杀冲动的驱力都不会产生。现在，他完全处在了幻想和梦的世界中，这个世界已经与日常生活世界融合——或者人们可以说，幻想和现实达成了一致。更多地从外部来看，人们可以说幻想闯入现实王国，或者现行世界占有了幻想。

对已故父亲的哀伤与对妓女的谋杀冲动之间的紧密联系，对此冲动无法形成阻抗，以致它残忍地获胜并达到实现暴力的程度——对于我们来说，所有这些都变得大大地可以理解了。

我们已经简要考察了该犯罪行为的推延。只有当人们意识到哀伤感的存在是行为发生的一个限定条件时，它才能够得到理解。在葬礼之后的那天，当鲁道夫与一名妓女待在一起时，现实世界以两种方式获得基础：首先，女孩拒绝脱衣服，仿佛她希望保留现行的、与幻想不同的世界的面貌；其次，在鲁道夫得知女孩拒绝脱衣服的同一时刻，在他关上百叶窗时，他通过开着的窗户从房子里面看了一眼。这也使他朝向始终在外面的那个世界（这让我们想起了后来在监狱里发生的相似的过程，当时鲁道夫透过牢房的窗户看着蓝天，听到复活节的铃声敲响，在那一刻，现实的世界再一次增强力量，鲁道夫意识到他犯罪的意义和他所处环境的含义，开始大哭）。

在葬礼后那天突然消失的谋杀冲动可以被追溯到哀伤感的突然消失，这种情感屈服于真实世界的诱惑。在葬宴上可以又一次观察到同样的过程，唯一不同的是现实诱惑采取了食物和酒的形式。有人可能会问，为什么谋杀冲动没有在父亲的房子前面，当哀伤冲动爆发时出现。答案是，在那一刻没有任何冲动的对象在身边。鲁道夫首先不得不在大街上结识外面的妓女，或者至少强烈地关注她。

在苏黎世的电车上，在他意识到谋杀冲动之前，他计划去见一名妓女，这是真的。但是，一旦我们思考这种哀伤感是如何不稳定，以及它在强度方面的波动如何之大，这也变得清晰起来。在电车上，当鲁道夫强烈地回想起他过世的父亲，并必然经历了来自前一天的哀伤感的简单重现时，谋杀冲动出现了。但是，现在，那种情感以谋杀冲动的形式出现，而不是哭泣和哀悼的爆发。只要我们在这两个案例中都体验到不再能被理性思考和日常行为所控制和战胜的强烈情感，那么从哭泣到谋杀冲动的情感释放的置换——正如我们将不得不从外部观点来描述该心理过程那样——就是特别的，但是并非不可理解。尽管第一眼看，它似乎很奇怪，但我们必须说鲁道夫的犯罪要比根据临床方法所能预期的更接近一种"情感行为"。当然，只有当人们承认谋杀冲动和哭泣都是哀伤感的表现时，这才适用。（这非常合乎逻辑，因为我们了解大量作为哀伤感的表达的攻击案例，尤其在儿童身上，也在原始人身上。看过歌德的《浮士德》的读者可能记得，浮士德博士起初哭泣，后来诅咒世界——毁灭它。）

现在，我们不得不又一次询问，为什么大约七周之后谋杀冲动又一次出现，且为什么这一次没有阻止因素出现。答案可能只是哀伤感又出现了，还有现实世界在面对它时仍然无力。哀伤感的性质就是，一旦它的路径被扫清，它就能在长时间间隔后突然出现。这也会发生在哀伤者没有实现进一步发展——在"整合"已故者的存在的意义上——的地方。这肯定是鲁道夫在父亲去世时的情况。我们无法明确地确定，在鲁道夫犯罪那天是什么触发了这种哀伤感，因为这些被早先处于催眠状态下的探索（出于得到精神病证词的目的）所干扰的过程，不再能以其最初的形式理解。但是，我们能够说明，在犯罪那天，鲁道夫没有机会加强现实世界。那位女招待关于谋杀案的饶舌，无疑没有比这一事实，即那名妓女突然裸体站在他面前（这完全吓到了他），更多地帮助鲁道夫走出他的幻想与现实的融合。

但是，在实施犯罪之后，鲁道夫"仿佛从梦中"醒过来，正如他自己所说的那样。我们愿意设想，哀伤感在那一刻再次减退。于是，鲁道夫进一步的行动（他打电话给警察和他的老板，以及他的自首）是一个已经回到日常生活世界的人的行动。这为我们提供了一种恰当的证明，即这一日常世界如何也是一个与他人共有的世界。而在他的幻想世界中，像其他任何人一样，鲁道夫非常孤独地站在那里。在行动之后这种情感的突然消失，可以通过正常哀伤的现象学得到解释。我们知道，在尸体被埋葬之后，哀伤者感到一种类似的解脱。很多天来，尸体在某种意义上是他们哀伤的对象，随着这个对象的消失，某种解脱发生了。当然，哀伤者想要保留死者，但是由于所爱之人变成了一个物体——一具尸体——像与事物有关的一样，与死者有关的同样的疏远形成了。由于这些变成了一个人在哀伤感的影响下想要摆脱的负担，因此，一般来说，尸体变成了一个负担。提及鲁道夫的哀伤感，正是那个活生生的、诱人的女人，那个具有性需要的女人，对鲁道夫来说变成一个负担，他通过他的犯罪行为摆脱她。接下来，就像正常的哀伤者在葬礼之后那样，他放松下来，并且感到饥饿，此时他能够再一次掌控现实。

一个人很难以具有充分动力性的术语想象这两种世界设计彼此的相互影响以及它们的相互重叠。就像它们实际上永远不会完全相同，它们也永远不会完全分离。通过它们在任何既定时刻的主导关系，它们决定鲁道夫的现存。

鲁道夫的这一现存，以其变化的结构，使我们在临床上称其为抑郁、躁狂状态，或者性本能的倒错、强迫经验、自动行为、朦胧状态等。但是，我们的目的是以存在分析的术语理解鲁道夫的行为，而不是分析所讨论的状态，当然，我们从事后者时并非缺少理由。

这样，通过揭示为什么鲁道夫会做出犯罪行为及其怎样与对他已故父亲的哀伤相联系，我们的研究已经得到某种结论。但是，到这里为止，我们对鲁道夫发现两种被描述的世界设计的方式以及心理治疗对他的影响都一无所知。我们不得不克制在这一方向上继续研究，而是希望在简短的最后部分概述一下将怎样进行这一分析。

关于鲁道夫母亲的死与他的世界设计之间关系的一些评论

我们研究鲁道夫在母亲死去时的行为，因为它会帮助我们理解为什么这个男孩随后开始他的搜索，以及为什么他找到的东西（闪闪发亮的物体）具有特殊的重要性。我们进一步的分析主要论述哀伤感，但是我们也已经知道，鲁道夫在母亲死后发生了改变，他不再真正喜欢自己，他倾向于保持悲伤的感情。这可能暗示，从他母亲死的那一刻起，某种哀伤就已经与他待在一起。如果我们比较鲁道夫人格的其他特征与由亲戚给出的对他母亲的描述，我们会为明显的一致所震惊：二者都表现出同样亲切、平静和彬彬有礼的行为。这些性格特质未必是遗传，因为我们知道，在所爱之人死后，死者的特点常常被幸存者接收，死者存在（Wesenseinbildung）的整合发生了，在这种整合中，幸存者自身的先前存在会经历一次根本的改变。无疑，任何这种存在转变的一个先决条件就是对已故者的真正的爱。当然，即便对于小孩，我们也不应该否认爱的能力；而至于鲁道夫，所有爱他母亲的前提对他来说都是存在的。但是，我们是否能预期这种年龄的孩子具有一种存在转变意义上的"整合存在"的能力，是有疑问的。就我们的知识来说，我们不知道任何关于它的确定的东西。这样一种转变的可能性当然不应被排除。实际上，在幼小儿童心灵中的某些特性让我们相信儿童以一种比成人更显著的形式经历这种转变（尽管这两类现象之间有一些明显的不同）。无疑，与成人相比，儿童以其全部存在更紧密地与他的环境和他的伙伴的世界，尤其是与被牢牢固定的环境网络（Bewandtniszusammenhang）——他在这个网络中遇见他人——相联系。死者继续存在于这一背景中，儿童在此背景中经历过与他相识的时光，而随着死者从这一背景中消失，就像一个曾一起旅行的伙伴走了（这是在短暂分离之后，儿童在大街上遇到其保姆时不容易认出她的原因）。由于死者没有重新出现在另一种背景中，故而在整个环境——他把幸存的儿童留在其中——中没有任何东西被改变。因此，与已故者的关系无法以任何方式进一步发展。但是，我们知道，当特殊的环境为他们提供一个机会时，儿童会顽皮地复制他们之前经历过的情境。可能正是以这样一种方式，某些至少与"存在的整合"相关的事情也发生在年幼儿童身上。

在鲁道夫的案例中，我们不得不补充道，正好在进入精神病治疗期间，他患有一种相当严重的、令其困扰的瘙痒症，这种瘙痒症在讨论了他母亲的黄疸之后立即消失，而鲁道夫从不知道在黄疸中也会出现这种瘙痒。这可能是一种相当外在的症状，然而它显示鲁道夫如何甚至在很晚的阶段仍然紧密地朝向他的母亲。当然，关于这一假设，即鲁道夫为他的母亲而哀伤——在该词的存在意义上——我们需要更好的证据，但是绝不能简单地将其抛弃。相形之下，紧接他父亲死后却没有发生任何存在的改变和存在的哀伤。但是，他哀伤的意愿必定与存在的哀伤有关系，这能解释为什么跟鲁道夫不是很亲密的一个邻居的死会触发一种如此强烈的哀伤感。另外，不应得出结论，即任何种类的存在哀伤都会令哀伤者倾向于哀伤感，相反，我们在鲁道夫身上发现的是一种非常特殊的存在哀伤形式。

当我们意识到，鲁道夫保留他的母亲的"存在"，忘记作为一个"对象"的她，或者我们还可以说，他忘记了她是一具"尸体"时，我们更接近于这种对其母亲的哀伤的特殊形式。现象学的研究已经显示"忘记"与"肉体性"彼此紧密联系；我们在我们的口中寻找这个失去的词，我们说"它就在我嘴边"；我们在它失去的地方寻找它，而那似乎是以某种方式处于尸体的边缘。[①] 鲁道夫同样在尸体的

---

① 参见 L.Binswanger, *Grundformen und Erkenntnis menschlichen Daseins*, S.472-474。

边缘，即在眼睛的光泽和衣服中，寻找失去的和被遗忘的东西。另外，在他的幻想世界中，他略过边缘，避开表面并直接穿透到内部，在那里永远不会发现任何失去和被遗忘的东西。很可能，他追踪被遗忘的东西的愿望受到另一种试图阻止发现的愿望的反对——这是我们之前在鲁道夫与尸体的关系（具有恋尸癖和尸体恐惧特征）中遇到的一种对照。在这一背景下，我们不应惊讶于这一事实，即被恐惧性地害怕的东西恰恰是幻想和梦的主题。被害怕的东西正是那些幻想和梦的实现，而恐惧症是它的一种表达，通过恐惧症受到压制的不是内容本身。

在青春期，当性欲指向另一个人的身体时，这一问题变得特别严重。对尸体的恐惧性遗忘的世界设计很可能导致性兴趣转向物体。一旦"被遗忘的尸体"以来自事物王国的闪闪发亮的物体形式被再次发现，将会接着发生关系到此人深层命运的严重后果。经验表明，通过把所爱之人的存在整合进自己，他能够再次发现并再次爱另一个人身上的存在。但是，如果对一个所爱的死者的"记忆"被分裂为无法再被融合的两个"部分"，因为该对象永远无法是一个具有其应该所是的存在的对象（一颗闪闪发亮的纽扣永远无法是一个"存在"），那么通向爱的道路就完全被阻塞了，存在哀伤和恋物癖的倾向都会保留，除此之外，还有那种对哀伤感的特殊倾向。

这一过程——在这里仅仅粗略地提出——通过一种方法得到干净利落的证实，以这种方法，心理治疗对鲁道夫的作用得以实现。在他治疗的某一刻，一幅圣母玛利亚的教堂画像对他来说复活了，仿佛她的眼睛呈现一种格外的光泽。这幅画展示的那种类型必定曾与鲁道夫本人引人注目的特征性微笑有关联——我们可以假定，它同样与他母亲的面部表情有关联。在那一时刻，他以某种方式回想起被遗忘的对象或者尸体的格式塔；在那一时刻，存在与尸体又一次融为一体，通向爱的道路对他敞开（顺便一提的是，在此如此频繁地被提到的"存在"，似乎以一种仍然十分神秘的方式与"运动"相关联）。

最终，我们要面对究竟为什么"对象"和"尸体"被遗忘这一问题。当然，人们无法解释自己身上的"遗忘的过程"。但是，对尸体已死的事实和它令人厌恶的外表的认识导致鲁道夫忘记了它，这明显是一个假设。此外，如果对象本身已被遗忘，他只能在闪闪发亮的东西中设法看到该丧失对象的替代物，因为只有这才使忽视巨大差异成为可能。我们相信，此处，如果宾斯万格关于保留与遗忘主要是爱欲的而非理智的注释①和胡塞尔的"关于内部事件意识的现象学研究"②被应用于我们的案例，人们能够相当大地前进一步。这将在完全崭新的领域中揭示遗忘和幻想之间、这两种现象和犯罪之间的深层联系。我们不得不克制在这一方向上继续进行分析，因为这会把我们带到纯粹现象学的最为复杂的领域。但是，我们可以在这一背景下提出，超越当前的研究，关于遗忘和谋杀的现象学研究会揭露出它们紧密的内在联系。这会导向模糊的领域，在那里，"正在消亡"的事物与"无法被遗忘的存在"相结合［莎士比亚的《麦克白》(Macbeth)］。在鲁道夫的幻想世界中无处不在的杀人动机（从教堂偷窃事件被揭发之后，从他的复仇誓言，到他的精神治疗之初以及在此期间和之后的许多次的梦——在梦中治疗者被枪杀），能够以这种方式在其最广泛的

---

① 参见 L.Binswanger, *Grundformen und Erkenntnis menschlichen Daseins*, S.472-474。

② E.Husserl, *Vorlesungen zur Phaenomenologie des innern Zeitbewusstseins* (Halle a.d.Saale:1928).

背景下被理解,并在其与强迫经验的联系中被看到。我们无法再进一步详细说明所有这些。

但是,我们的确不得不简要讨论来自研究文献的一些案例,在这些案例中,对病人"世界"的分析产生了与鲁道夫个案分析类似的结论。我们想到冯·格布萨特尔所描写的病人[①]和宾斯万格的艾伦·韦斯特个案[②]。特别是在后一个个案中,我们发现了一个类似于鲁道夫幻想世界的占主导地位的"洞"和"坟墓世界"。如果一个人只考虑临床表现,那么很难进行这两个个案的比较:在艾伦·韦斯特个案中,我们发现了一种在肥胖恐惧症之下发展并采取一种灾难性过程的精神病,在这个过程中,情感经验的能力日益枯竭,乃至到了自杀是唯一出路的地步;另外,贯穿其精神病的始终,鲁道夫都保持着情感体验的能力,精神治疗甚至成功地把情感释放到这种地步,即最初倒错的本能生活容许真正的爱。艾伦变得游手好闲且陷入困境(versandet),而鲁道夫保持积极工作的态势和活力。根据世界设计的不同可以更多地阐明在两个病例的结果方面的差异。艾伦·韦斯特的坟墓世界越来越主导她的整个存在,并把她的整个状态变成某种静止的东西。而由于我们成功地赋予鲁道夫的过去一种崭新的、不同的意义,鲁道夫具有恐怖基调的幻想世界逐渐从他的存在中撤离。这是提及鲁道夫上述不确定经验和他的"戏剧性生活方式"的合适场所。只要他的两种世界设计都没有在他的存在中占据主导地位,他就仍然能自由地从其中一个的角度判断另一个。

[①] Von Gebsattel, "Die Welt des Zwangskranken," *Monatsschrift fuer Psychiatrie und Neurologie*, Bd.99, 1938, S.10-74.

[②] L.Binswanger, "Der Fall Ellen West"(Chap. IX).

正如此前所指出的那样，判断是一个戏剧性存在的本质固有的。但是，在这种环境背景下，哪里是导致鲁道夫实施一种情绪行为的裂口？在这里，通向理解的道路可能转回鲁道夫对于父亲的死讯所感到的喜悦。建立了多年，并与希望和安慰联系在一起的期待（即使我们没有精确地知道期待什么）似乎都将得到实现——并在痛苦的失望中结束——因为他没有设法唤醒死者，或者因为他被剥夺了他的喜悦的对象或可能被卷入的任何别的东西。

即使偶然处于他的一种世界设计的主导之下，一种特定的命运自然发展，鲁道夫紧接着仍能获得一个外在于这种命运的观念，并因此能再一次进行判断。这样，戏剧性成为可能，尽管它仍然是无目的的。艾伦·韦斯特同样具有走出那个坟墓世界的可能，但只是在面对即将到来的死亡时才有此可能。因此，我们在鲁道夫这边看到世界设计相互转变和重叠的不稳定的动力学；但在艾伦·韦斯特这边，我们看到的是致命的停滞和不变。在一个案例中是行动，在另一个案例中是凝滞。

现在，我们是否处在这样的点上，在那里，具有自相矛盾的结构的躁狂-抑郁精神病和具有发展性毁灭倾向的精神分裂症问题彼此对立、接触并相互交叉，以致存在精神分析的研究发现自己改道进入临床领域？

回答这些无所不包的问题的时刻尚未到来。目前，我们不得不继续留在这一案例的领域中，该案例往往在各个方向上开启足够广阔的视野。母亲的死这一事件对一个年幼儿童精神发展的影响很难被完全理解。

爱伦·坡（E.A.Poe）是另一个这样的孩子。爱伦·坡的故事和

第十章　企图谋杀一名妓女　605

诗歌与鲁道夫的梦和幻想如此相似，以至于它们几乎会被互相误认（鲁道夫不曾阅读过爱伦·坡的著作）。已知爱伦·坡在他生活的第三年，整天都待在离他母亲尸体非常近的地方。

圣特蕾莎·德朗方·耶稣（Sainte Thérèse de l'Enfant Jésus）[①]的《灵魂自述》（*Histoire d'une ame*）中揭示了一个拥有类似体验的儿童的非常不同的发展，圣特蕾莎·德朗方·耶稣也看到一幅画像中的圣母玛利亚对她微笑。

最后，我想引用莱纳·马利亚·里尔克（Rainer Maria Rilke）所写的《给奥菲斯的十四行诗》（*Sonnets to Orpheus*）中的一段诗句，这段诗句乍一听可能很神秘，但是证明了诗人对人类灵魂的深刻洞察：

> 杀戮是我们神志恍惚的
> 哀伤形式中的一种……

[①] 16世纪基督教会神秘主义代表人物之一。——中译者注

撰稿人生平简介

尤金·明可夫斯基（Eugene Minkowski），医学博士。1885年生于波兰，在华沙完成中学学习，然后进入当地一所大学的医学院。当学校由于学生革命运动而被关闭时，他前往德国继续学业并于1909年在慕尼黑大学取得医学学位。明可夫斯基的生平故事读起来像是对他那个时代欧洲紧张的政治形势和错综复杂的思想的一种反映——实际上的确如此。1910年，他在俄罗斯的喀山获得医学文凭，然后前往德国学习哲学。第一次世界大战爆发后，他逃到瑞士。从1914年到1915年，他成为伯格尔兹尼（Burghölzli）精神病大学医院的一名住院医生，在尤金·布洛伊勒手下工作。后来，他成为法国军队的一名志愿者，并且获得军功十字勋章和荣誉军团勋章。取得法国国籍后，他被授予法国的医学毕业证书，并作为一名精神病医生在巴黎执业多年。他还在亨利－罗塞利医院（Hôpital Henri-Rouselle）、罗斯柴尔德基金会（Fondation Rotschild）担任顾问，是苏利纳之家（Foyer de Soulins）（一所为性格障碍儿童开设的公共机构）的医学指导。

在这些重要的年份里，明可夫斯基受到柏格森和胡塞尔及其学派的至关重要的影响。他的医学论文是关于医学生物学课题的，但是他结束医学学习时，表现出对人类心理和哲学问题的显著兴趣。他的第一篇作品发表于第一次世界大战之前，是关于颜色知觉和心身平行论的理论，这预示着他后来将在现象学精神病学领域开展广泛研究。

他是医学心理学协会（1947年）和法国心理学协会（1950年）前主席，是法国公共健康部精神病患者委员会和医疗高级委员会的成员。他是《精神病学进展》(Evolution Psychiatrique) 的创始人和前主席，还担任同名杂志的主编。他获得的荣誉包括荣誉军团勋章、瑞士精神病协会的荣誉会员和苏黎世大学的荣誉医学学位。

明可夫斯基发表在法国和国外临床精神病学和心理治疗杂志上的大量作品均充满现象学精神病学观点。他最重要的著作是1926年的《论精神分裂症》(La Schizophrénie)，该书修订于1954年；1933年的《论时间生活》(Le Temps vécu)；1936年的《走向一种宇宙论》(Vers une Cosmologie)。

冯·格布萨特尔（Freiherr Viktor E.von Gebsattel），哲学博士、医学博士。1883年出生于慕尼黑。青年时期，他在柏林、巴黎和慕尼黑学习哲学和艺术史，在慕尼黑获得他的第一个博士头衔。他的职业生涯从作家开始，除了其他作品，他还撰写了《对立统一的道德》(Moral in Gegensätzen)。在第一次世界大战之初，他决定学习医学，并于1920年获得医学学位。他受教于克雷佩林和马莱塞（Malaise）教授，成为一名精神病学家和神经病学家。1924年，他担任了柏林最大的私人疗养院西部温泉（Kuranstalt Westend）的主管，并于1926年在柏林附近创办了神经病疗养院——弗斯滕伯格堡（Schloss Furstenberg）。在此期间，冯·格布萨特尔撰写了很多科学著作。1939年，他受邀到柏林的中央心理学和心理治疗研究所讲课，并在1944年担任维也纳一所精神治疗诊所的主管。

在晚年，冯·格布萨特尔的事业逐渐被大学认可。他在 1946 年应邀到弗赖堡（Freiburg）讲授医学心理学和精神治疗学，随后在 1951 年被任命为符兹堡大学精神病院的主管，后来被任命为该大学的人类学和人类遗传学教授。

关于他的著作，我们仅仅提到《基督教与人文主义》(*Christentum und Humanismus*) 和《医疗人类学绪论》(*Prolegomena einer medizinischen Anthropologie*)。

欧文·W. 斯特劳斯（Erwin W. Straus），医学博士——像其他现象学和存在精神病学的前辈一样，斯特劳斯博士的教育和经历也跨越了几个学科，他的背景广度包括与不同学派的精神病学和心理学领导者的联系。斯特劳斯博士出生在德国的法兰克福，于 1909—1911 年在柏林大学医学院学习，1911—1914 年在慕尼黑大学学习（在那里他上过克雷佩林的课），在这期间他还参加了苏黎世的一所暑期学校的培训，在那里他聆听了布洛伊勒和荣格的讲授。第一次世界大战之后，他在柏林大学获得医学文凭。随后，他供职于那所大学的神经病和精神疾病医院，能力逐渐提高，直到 1931 年被任命为柏林大学的精神病学教授。

在 20 年代末期和 30 年代这些年里，斯特劳斯博士还在柏林作为精神病医生继续私人执业，在几所欧洲大学做讲座，担任了期刊《神经学家》(*Der Nervenarzt*) 的撰稿人，还撰写了众多的科学论文和几部著作。1938 年，他作为欧洲剧变无意中贡献的礼物之一去了美国，从那一年直到 1944 年，他在北卡罗来纳的黑山学院担任精神病学教授。尽管他继续写作，成果也经常发表（主要在德国和其他欧洲国家或地区的报刊上），但他的贡献的重要性在这个国家却多年未获赏识。

在获得了约翰·霍普金斯大学的亨利·菲普斯精神病学诊所一笔精神病学研究基金之后，他在美国召开了他的精神病学和神经病学会议。尽管有好几次受邀回德国的机会（1948年，柏林大学为他提供了心理治疗教授的职位），他还是选择留在美国，在肯塔基州的列克星敦担任美国退役军人管理局医院的职业教育和研究主任，以及路易斯维尔医学院的精神病学助理教授。

路德维希·宾斯万格（Ludwig Binswanger），医学博士，荣誉哲学博士。由于宾斯万格教授的背景在这个国家比其他投稿者更为人所知，尤其是在关于他与弗洛伊德的友谊的个人回忆录出版之后（*Sigmund Freud: Reminiscences of a Friendship*，1958年由Grune & Stratton出版），故而我们在此仅略做说明。他于1881年出生在瑞士图尔高的克罗伊茨林根（Kreuzlingen）一个世代以名医和精神病学家而闻名的家庭中。他在洛桑、海德堡和苏黎世学习医学，并于1907年在苏黎世大学获得医学学位，这期间曾在荣格的指导下学习。然后，他到苏黎世，在尤金·布洛伊勒的手下做精神病实习医生，后来到耶拿大学神经疾病精神病诊所，在他的叔叔奥托·宾斯万格（Otto Binswanger）手下做住院医师。那时，他的父亲罗伯特·宾斯万格（Robert Binswanger）是克罗伊茨林根的贝尔维尤（Bellevue）疗养院的主任，路德维希·宾斯万格在1908—1910年担任他的助手。1911年，路德维希·宾斯万格博士接替他父亲（追随他的祖父）担任这家疗养院的医学主任，而且尽管他在1956年放弃了主任职务，但他还活跃在那里。

拜访过这所位于康士坦茨湖畔的疗养院的人说，宾斯万格博士永远不会对从容不迫和敏锐的讨论失去兴趣，这些讨论涉及与其广泛的智力和科学关注有关的几乎任何话题。他的人文主义背景也在这份关于他部分著作的清单中表现出来:《普通心理学问题导论》(*Introduction into the Problems of General Psychology*, 1922);《从古希腊至今对梦的理解和解释中的变化》(*Changes in Understanding and Interpretation of the Dream from the Greeks to the Present*, 1928);《思维奔逸的研究》(*On the Flight of Ideas*, 1933);《人类存在的基本形式与认识》(*Basic Forms and Cognition of Human Existence*, 1943),修订于 1953 年;《现象学人类学论文选》(*Selected Essays, On Phenomenological Anthropology*, 1947);《精神病学研究的问题》(*The Problems of Psychiatric Research*, 1955);《亨利克·易卜生与艺术中的自我实现问题》(*Henrik Ibsen and the Problem of Self-Realization in Art*, 1949);《不成功的三种形式:偏离、古怪、造作》[*Three Forms of Unsuccessful Dasein-Eccentricity* (*Vertiegenheit*), *Queerness* (*Verschrobenheit*), *Affectedness* (*Manieriertheit*), 1956)];《精神病学中的人》(*Man in Psychiatry*, 1957);《精神分裂症》(*Schizophrenia*, 1957)。一份完整的宾斯万格德语作品的目录将会过于冗长,此不赘述。(尽管上面提到的这些著作仍未被翻译成英文,但我们还是在这里以翻译成英文的书名进行引用。)

宾斯万格的职业荣誉包括以下这些:马德里医学国家学会(前)通讯会员,瑞士精神病学会名誉会员,德国神经病学家和精神病学家学会名誉会员,澳大利亚心理治疗普通医学学会和维也纳医学心理学协会名誉会员,纳伊斯·马恩医学心理学国外协会(法国)会员。1956 年,他在德国慕尼黑被授予国际克雷佩林奖章。

罗兰德·库恩(Roland Kuhn),医学博士。我们最年轻的撰稿者罗兰德·库恩于 1912 年出生在瑞士的比尔。他在比尔、伯尔尼、巴黎学习过,在 1937 年春天获得医学文凭。他花了两年的时间在伯尔尼附近的瓦尔多大学的精神病医院实习,从那时起,他一直是瑞士图尔高门斯特林根州立精神病院的副主任。

库恩尤其以从事罗夏测验的现象学方法研究而著名。除了存在分析之外,他感兴趣的其他精神病领域还有飞行精神病学、电子脑照相术的精神病学应用。他的科学作品有:《罗夏测验中的现象学解释》(*Über Maskendeutungen im Rorschach'schen Formdeutversuch*,1943);《对一个精神分裂症案例的存在分析》("Daseinsanalyse eines Falles von Schizophrenie"),载于《精神病学和神经病学月刊》(*Monatsschrift für Psychiatrie und Neurologie*),1946年第112期;《心理治疗面谈中的存在分析》("Daseinsanalyse im psychotherapeutischen Gespräch"),载于《瑞士神经精神病学档案》(*Schweizer Archiv für Neurologie und Psychiatrie*),1951年第67期;《神经症的存在结构》("Zur Daseinsstruktur einer Neurose"),载于《心理学和心理治疗年鉴》(*Jahrbuch für Psychologie und Psychotherapie*),1954年第1期;《关于妄想边界之重要性的存在分析研究》("Daseinsanalytische Studie ueber die Bedeutung von Grenzen im Wahn"),载于《精神病学和神经病学月刊》(*Monatsschrift für Psychiatrie und Neurologie*),1952年第124期;《患者与医生的对话以及沟通问题》("Der Mensch in der Zwiesprache des Kranken mit seinem Artz und das Problem der Uebertragung"),载于《精神病学和神经病学月刊》(*Monatsschrift fur Psychiatrie und Neurologie*),1955年第129期;《有关精神病学的职业培训》("Über die Ausbildung zum Spezialartz fur Psychiatrie"),载于《瑞士神经精神病学档案》(*Schweizer Archiv für Neurologie und Psychiatrie*),1956年第77期。

译后记

《存在：精神病学和心理学的新方向》（以下简称《存在》）是罗洛·梅与恩斯特·安杰尔和亨利·F.艾伦伯格合作主编的一部译文集，主要面向英语世界介绍欧洲存在心理学思想。本书的编写历时四年，最初由心理学家安杰尔发起；在出版商联系下，罗洛·梅加入进来；后又邀请艾伦伯格一起工作。罗洛·梅撰写导言，参与协调与定稿工作；安杰尔与艾伦伯格则负责选编与翻译。罗洛·梅非常享受这项工作，认为该书"满足了自己的需要和爱好"。书稿完成时，他称自己"就像是某个看着天空的人，一颗新的行星滑入视野"。

《存在》一书包括"导言""现象学""存在分析"三部分。其中，"现象学"和"存在分析"部分均为译自德文的论文。第一部分为"导言"，由罗洛·梅和亨利·F.艾伦伯格撰写，概述精神病学和心理学中的存在取向。罗洛·梅负责心理学部分，即《心理学中的存在主义运动的起源与意义》和《存在心理治疗的贡献》这两篇论文。这两篇论文后收入其文集《存在之发现》（1983），构成该书主体第二和第三部分。罗洛·梅提出，西方社会自文艺复兴以来，存在主客二元对立问题。这使得人耽于物质，远离自身，出现人格破碎、生活区隔化等现象。克尔凯郭尔、尼采、海德格尔等存在主义者揭示了现代人的生存困境，呼吁返回人的存在。心理治疗由此应从存在出发，关注人在世界中的具体生存,尤其是环境、人际和自我世界中的现实境况,使患者回到当下,觉知本心,从而勇于担当,开辟出新天地。艾伦伯格则负责精神病学部分,即《精神病现象学和存在分析的临床导论》。在现象学中,他区分出描述现象学、生成-结构现象学和范畴现象学三种取向,用以研究患者的世界;在存在分析中,以宾斯万格的观点为代表,分析存在治疗的内涵与意义。

第二部分为"现象学",主要采用现象学思想,描述患者的生活世界。该部分包括法国精神病学家尤金·明可夫斯基、德国精神病学家欧文·W.斯特劳斯和冯·格布萨特尔的三项研究。明可夫斯基从现象学角度,描述了一位有被害妄想的精神分裂性抑郁症患者。他发现患者人格解体、时间破碎,由于与世界相对立,视人为迫害者,视物为刑具,从而生活于被害妄想之中。斯特劳斯以感觉经验为基础,解释幻觉等异常心理现象。他批判笛卡儿以来的主客二元对立思想,以我与他者的关系为核心,提倡回到感觉经验。他从常态入手,将疾病视作常态的变形。当我与他者的关系扭曲时,感觉经验出现变异,幻觉等现象由此而生。冯·格布萨特尔从我与世界的关系出发,描述了一位强迫症患者的心理世界。他认为,强迫症患者有一种强迫性的恐惧。在想象恐惧的对象时,患者在自己的世界中制造了一个对立的世界;他为消除对立,不断重复强迫思想和行为,就如拔着自己的头发,要使双脚离开大地一样。

第三部分为"存在分析",主要采用存在于世的观点,分析患者的生活世界。该部分包括路德维希·宾斯万格撰写的一篇导论,以及由宾斯万格和罗兰德·库恩撰写的三篇案例研究。宾斯万格在导论中并没有介绍题目中所谓的"思想学派",而是重点阐述了存在分析的基本观点,强调从存在出发,根据人的世界设计来理解患者。在伊尔丝个案中，宾斯万格从生活史视角分析了一位精神错乱患者。患者因无法接受自己命运中存在一位专制的父亲，在与世界的冲突中陷入精神错乱。宾斯万格比较了生活史与精神疾病这两种视角，认为前者更能深入人的世界。在艾伦·韦斯特个案中，宾斯万格通过分析一位进行性精神分裂症患者，系统阐述了存在分析观点。他认为，韦斯特采用了单一的世界设计，与周围世界和人际世界对立起来，活在自己的痛苦世界之中；她远离自身的真实存在，最终选择了结束生命。最后一项研究是罗兰德·库恩对企图谋杀一名妓女的罪犯的分析。他认为，罪犯的存在由于父母去世所产生的哀伤而发生了变化，他无法分开想象世界与现实世界，从而做出了犯罪的行为。这三个案例均是存在心理学治疗的经典案例，尤其是艾伦·韦斯特个案，它后来被罗杰斯从人本主义心理学角度重新进行了解释。

《存在》一书初版于1958年，迄今已有半个多世纪。该书在文化史、思想史方面均有着重要意义。在文化史上，它从心理治疗层面回应了现代人的精神困境问题。罗洛·梅在"导言"中，明确将存在主义置于文艺复兴以来的西方文化背景下，认为它致力于解决主客观间的分裂。心理治疗应从现代人的困境出发，处理分裂、空虚、焦虑、无意义等精神问题。正是在此意义上，罗洛·梅的良师益友保罗·蒂利希评价说："本书为精神分析和心理治疗开启了一种新维度。这是终极问题的维度，关于人之本质及其在整体或现实中地位问题的维度。"

在思想史上，《存在》开创了美国的存在心理学取向。它通过三篇"导言"和七篇欧洲存在心理学家的经典作品，首次向美国系统地介绍了欧洲存在心理学思想。在它之前，未见系统引介欧洲存在心理学之作问世。它甫一问世，就成为美国存在心理学最佳之作。《个体心理学杂志》称,"《存在》简直就是当前以英语论述存在分析的主要著作"。马斯洛也认为它"对困惑于欧洲现象学家们和存在主义学家们的美国人来说,无疑是可用到的最好的导论"。在它之后,未有存在心理学作品集能与其相媲美。它被尊为美国存在心理学的《圣经》,为美国心理学开辟了新的天地。G.W. 奥尔波特敏锐地指出:"本书并未反映美国精神病学和心理学的当前风尚,而是反映了远比它重要的东西:它预示着一种未来的倾向……"美国存在心理学正是在《存在》的基础上获得了蓬勃的发展。另外,它通过"导言"部分,系统阐述了存在心理学的思想,标志着美国存在心理学本土化的完成。人本主义心理学史学家 R. J. 德卡瓦胡甚至称罗洛·梅所撰写的两篇导言"与整卷书一样,是划时代的"。

《存在》在罗洛·梅本人的学术发展中也具有重要的意义。在《存在》之前,罗洛·梅并不熟谙欧洲存在思潮。他的两部著作《焦虑的意义》(1950)和《人的自我寻求》(1953)其实是自发之作。通过《存在》,罗洛·梅掌握了欧洲存在主义以及存在心理学思想。他所撰写的导言,对存在心理学的思想背景、主要先驱、核心观点、治疗技术等方面进行了全面的阐述。在《存在》之后,他将研究拓展到爱、意志、焦虑、勇气、神话等各个具体领域。可以说,《存在》一书标志着罗洛·梅正式进入存在心理学阶段。《存在》一书的出版也给罗洛·梅带来了巨大的声誉。他因此书被称作"美国存在心理学的代言人",甚至"美国存在心理学之父"。《人本主义心理学杂志》前主编汤姆·格林为庆祝罗洛·梅85岁生日,曾赋诗说:

回到 1958 年,那时我带着
一本论存在思想的书

> 当然，我不知道
> 这本好书将成为
> 此时此地我们向罗洛·梅致敬的
> 来源

但是，《存在》一书也存在一些缺憾。首先，"导言"部分未能对存在主义思潮进行系统梳理。存在主义先后有海德格尔、萨特、梅洛-庞蒂、马塞尔、马丁·布伯等众多思想家，其间存在诸多分歧，仅就海德格尔而言，就有前期和后期之分。围绕存在心理学也意见纷呈。例如，宾斯万格接受海德格尔前期思想，强调世界的设计；鲍斯则接受海德格尔后期思想，强调存在的澄明。其次，"现象学"和"存在分析"部分未能收入麦达德·鲍斯的作品，这不能不说是一个遗憾。鲍斯是存在心理学的领军人物。他通过佐林克研讨会，与海德格尔交往达十年之久。其思想之精深，在存在心理学界独树一帜。最后，《存在》一书的"心理学"局限于心理治疗，对一般心理重视不足。该书似可称作"存在：精神病学和心理治疗的新方向"。

《存在》一书主要内容本身就是从德文翻译成英文的，其中夹杂着许多德文词语和术语，当初接手该书的翻译工作本身就是一种挑战。将本书译为中文历时三年之久，吃了很多苦头，现在终于到了写译后记的时候，但翻译的心路历程仍不堪回首。

郭本禹

2011 年 9 月

于南京郑和宝船遗址公园·海德卫城

罗洛·梅文集

Rollo May

《人的自我寻求》

《爱与意志》

《祈望神话》

《自由与命运》

《创造的勇气》

《存在之发现》

《心理学与人类困境》

《权力与无知:寻求暴力的根源》

《存在:精神病学和心理学的新方向》

《存在心理学:一种整合的临床观》

Existence: A New Dimension in Psychiatry and Psychology by Rollo May, Ernest Angel and Henri F.Ellenberger
Copyright © 1958 by Basic Books, Inc., New York, N.Y.
Simplified Chinese translation copyright © 2025 by China Renmin University Press.
This edition published by arrangement with Basic Books, an imprint of Perseus Books, LLC, a subsidiary of Hachette Book Group, Inc., New York, New York, USA.
ALL RIGHTS RESERVED.

图书在版编目（CIP）数据

存在：精神病学和心理学的新方向 /（美）罗洛·梅（Rollo May），（加）恩斯特·安杰尔（Ernest Angel），（美）亨利·艾伦伯格（Henri F. Ellenberger）主编；郭本禹等译 . -- 北京：中国人民大学出版社，2025.4. --（罗洛·梅文集 / 郭本禹，杨韶刚主编）. --ISBN 978-7-300-33650-3

Ⅰ. B84-066

中国国家版本馆 CIP 数据核字第 2025T4J121 号

罗洛·梅文集
郭本禹　杨韶刚　主编
存在：精神病学和心理学的新方向
［美］罗洛·梅
［加］恩斯特·安杰尔　主编
［美］亨利·艾伦伯格
郭本禹　等译
任其平　方　红　校

Cunzai: Jingshenbingxue he Xinlixue de Xinfangxiang

出版发行	中国人民大学出版社		
社　　址	北京中关村大街 31 号	邮政编码	100080
电　　话	010-62511242（总编室）	010-62511770（质管部）	
	010-82501766（邮购部）	010-62514148（门市部）	
	010-62515195（发行公司）	010-62515275（盗版举报）	
网　　址	http://www.crup.com.cn		
经　　销	新华书店		
印　　刷	北京联兴盛业印刷股份有限公司		
开　　本	890 mm×1240 mm　1/32	版　次	2025 年 4 月第 1 版
印　　张	20.75　插页 3	印　次	2025 年 4 月第 1 次印刷
字　　数	475 000	定　价	139.00 元

版权所有　　侵权必究　　印装差错　　负责调换